21世纪数学教育信息化精品教材

Math 大学数学立体化教材

线性代数
学习辅导与习题解答
（医药类）

·吴赣昌 主编·

中国人民大学出版社
·北京·

前言

人大版“21 世纪数学教育信息化精品教材”（吴赣昌主编）是融纸质教材、教学软件与网络服务于一体的创新性“立体化教材”. 教材自出版以来，历经多次的升级改版，已形成了独特的立体化与信息化的建设体系，更加适应我国大众化教育新时代的教育改革，受到全国广大师生的好评，迄今已被全国 600 余所大专院校广泛采用.

大学数学是自然科学的基本语言，是应用模式探索现实世界物质运动机理的主要手段. 对于非数学专业的大学生而言，大学数学的教育，其意义则远不仅仅是学习一种专业的工具而已. 事实上，在大学生涯中，就提高学习基础、提升学习能力、培养科学素质和创新能力而言，大学数学是最有用且最值得你努力学习的课程.

为方便同学们使用“21 世纪数学教育信息化精品教材”，学好大学数学，作者团队建设了与该系列教材同步配套的“学习辅导与习题解答”. 该系列教辅书籍均根据教材章节顺序编排了相应的学习辅导内容，其中每一节的设计中包括了该节的**主要知识归纳、典型例题分析**与**习题解答**等内容，而每一章的设计中包括了该章的**教学基本要求、知识点网络图、题型分析**和**总习题解答**，上述设计有助于学生在课后自主研读时通过这些教辅书更好更快地掌握所学知识，在较短时间内取得好成绩.

在大学数学的学习过程中，要主动把握好从“学数学”到“做数学”的转变，不要以为你在课堂教学过程中听懂了就等于学到了，事实上，你需要在课后花更多的时间主动去做相关训练才能真正掌握所学知识. 而在课后的自学与练习过程中，首先要反复、认真地阅读教材，真正掌握大学数学的基本概念；在做习题时，你应先尝试独立完成习题，尽量不看答案，做完习题后，再参考本书进行分析和比较，这样便于发现哪些知识自己还没有真正理解.

与传统的教材和教辅建设不同的是，我们有一支实力雄厚、专业专职的作者队伍，我们还为读者朋友打造了数苑网（www. math168. com)，此网站为本系列教材与教辅的用户提供丰富的资源性与交互性的网络学习服务，其中最为直接相关的是数苑论坛中专门建设的**“大学公共数学同步学习论坛”**（建设中，待投入使用)，该论坛的建设旨在为全国大学数学相关课程的教学双方提供一个基于网络进行学习辅导与交流讨论的平台；**其最大的特色**在于该论坛的编辑工具中集成了作者团队开发的、国际领先的网页公式编辑系统 Web-FES 与网页图形编辑系统 Web-GES，使得论坛能支持文字、公式与图形的在线编辑、发布、复制、粘贴与修改，从而使得该论坛能全面支持用户基于网络进行数学与科学知识的在线交流与讨论. 在该论坛中，用户不仅可用跟帖方式对各类教学要点、例题与习题进行交流讨论，还可用主动发帖方式将自己学习中遇到的困惑、问题或者获得的经验、心得发布到论坛上进行交流讨论. 大学公共数学同步学习论坛的建设有利于汇聚广大师生的智慧对课程教育与学习相关的各类问题进行深入的讨论，而论坛中建设与积累的丰富教学资源又能进一步为参与交流讨论的师生创造良好的教学环境.

与"21 世纪数学教育信息化精品教材"配套建设的教辅书籍包含了面向普通本科理工类、经管类、农林类、医药类、医学类与纯文科类的 14 套共 16 本，面向各类三本院校理工类与经管类的 6 套共 7 本，面向高职高专院校的理工类、经管类与综合类的 7 套共 7 本，总计 27 套 30 本. 此外，该系列教辅书籍的内容建设与编排具有相对的独立性，它们还可以作为相应大学数学课程教学双方的参考书.

经常登录作者团队倾力为你建设的"数苑网"（www.math168.com)，你将会获得意想不到的收获. 在那里，你不仅能进一步拓展自己的学习空间，下载优秀的学习交流软件，寻找到更多教材教辅之外的学习资源，而且还能与来自全国各地的良师益友建立联系.

吴赣昌

2010 年 6 月 18 日

目　录

第 1 章　行 列 式

行列式实质上是由一些数值排列成的数表按一定的法则计算得到的一个数. 历史上，行列式的概念是在研究线性方程组的解的过程中产生的. 如今，它在数学的许多分支中都有着非常广泛的应用，是一种常用的计算工具. 特别是在本门课程中，它是研究后面线性方程组、矩阵及向量组的线性相关性的一种重要工具.

本章教学基本要求：

1. 会求 n 元排列的逆序数；

2. 深入领会 n 阶行列式的定义；

3. 熟练掌握行列式的性质，并且会正确使用行列式的有关性质化简行列式，利用“三角化”计算行列式；

4. 理解行列式元素的子式、余子式和代数余子式的概念，灵活掌握行列式按行（列）展开的法则（降阶法）；

5. 理解克莱姆法则，并会用克莱姆法则判定线性方程组解的存在性、唯一性及求出方程组的解.

§1.1　二阶与三阶行列式

一、主要知识归纳

表 1—1—1　　二阶行列式

定义	$\begin{vmatrix} a_{11} & a_{12} \\ a_{21} & a_{22} \end{vmatrix} = a_{11}a_{22} - a_{12}a_{21}$
规律	对角线法则：$\begin{vmatrix} a_{11} & a_{12} \\ a_{21} & a_{22} \end{vmatrix}$（主对角线 +，副对角线 −）
应用	二元线性方程组 $\begin{cases} a_{11}x_1 + a_{12}x_2 = b_1 \\ a_{21}x_1 + a_{22}x_2 = b_2 \end{cases}$ 记 $D=\begin{vmatrix} a_{11} & a_{12} \\ a_{21} & a_{22} \end{vmatrix}$，$D_1=\begin{vmatrix} b_1 & a_{12} \\ b_2 & a_{22} \end{vmatrix}$，$D_2=\begin{vmatrix} a_{11} & b_1 \\ a_{21} & b_2 \end{vmatrix}$，则 $x_1=\frac{D_1}{D}$，$x_2=\frac{D_2}{D}$.

表 1—1—2　　三阶行列式

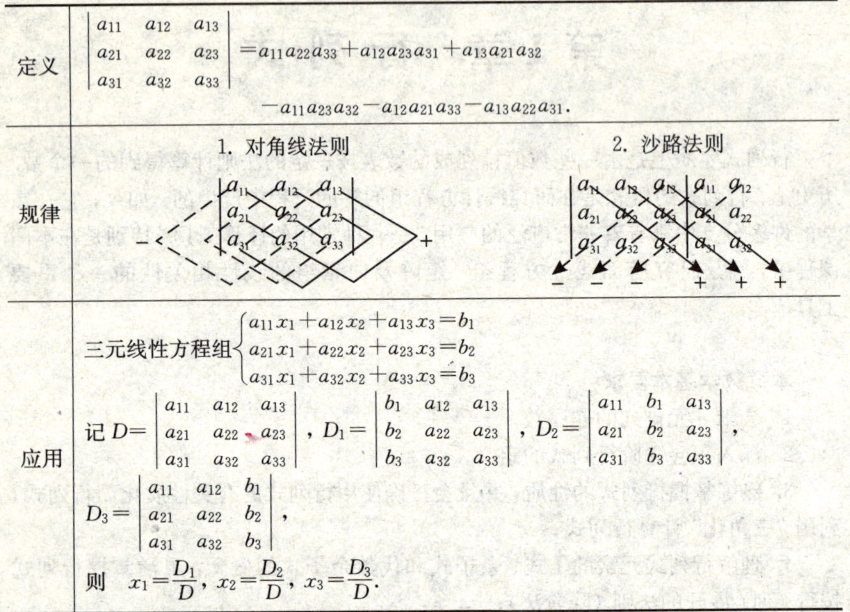

定义	$\begin{vmatrix} a_{11} & a_{12} & a_{13} \\ a_{21} & a_{22} & a_{23} \\ a_{31} & a_{32} & a_{33} \end{vmatrix}=a_{11}a_{22}a_{33}+a_{12}a_{23}a_{31}+a_{13}a_{21}a_{32}-a_{11}a_{23}a_{32}-a_{12}a_{21}a_{33}-a_{13}a_{22}a_{31}.$
规律	1. 对角线法则　　2. 沙路法则
应用	三元线性方程组 $\begin{cases} a_{11}x_1+a_{12}x_2+a_{13}x_3=b_1 \\ a_{21}x_1+a_{22}x_2+a_{23}x_3=b_2 \\ a_{31}x_1+a_{32}x_2+a_{33}x_3=b_3 \end{cases}$ 记 $D=\begin{vmatrix} a_{11} & a_{12} & a_{13} \\ a_{21} & a_{22} & a_{23} \\ a_{31} & a_{32} & a_{33} \end{vmatrix}$，$D_1=\begin{vmatrix} b_1 & a_{12} & a_{13} \\ b_2 & a_{22} & a_{23} \\ b_3 & a_{32} & a_{33} \end{vmatrix}$，$D_2=\begin{vmatrix} a_{11} & b_1 & a_{13} \\ a_{21} & b_2 & a_{23} \\ a_{31} & b_3 & a_{33} \end{vmatrix}$， $D_3=\begin{vmatrix} a_{11} & a_{12} & b_1 \\ a_{21} & a_{22} & b_2 \\ a_{31} & a_{32} & b_3 \end{vmatrix}$， 则　$x_1=\dfrac{D_1}{D}$，$x_2=\dfrac{D_2}{D}$，$x_3=\dfrac{D_3}{D}$.

二、典型例题分析

例 1　设 $\begin{vmatrix} a & 1 & 0 \\ 1 & a & 0 \\ 4 & 0 & 1 \end{vmatrix}$，试给出 $D>0$ 的充分必要条件.

解　$D=\begin{vmatrix} a & 1 & 0 \\ 1 & a & 0 \\ 4 & 0 & 1 \end{vmatrix}=a^2-1>0$

$$\Rightarrow |a|>1$$

$$\Rightarrow a>1 \text{ 或 } a<-1.$$

小结：本题的关键是计算三阶行列式，三阶行列式一般采用对角线法则和沙路法则来计算，但对角线法则只适用于二阶和三阶行列式的计算.

例 2　解方程组

$$\begin{cases} bx-ay+2ab=0 \\ -2cy+3bz-bc=0 \\ cx+az=0 \end{cases}.$$

解　因为

$$D=\begin{vmatrix} b & -a & 0 \\ 0 & -2c & 3b \\ c & 0 & a \end{vmatrix}$$

$$=b\times(-2c)\times a+(-a)\times 3b\times c+0-0-0-0=-5abc,$$

$$D_1=\begin{vmatrix} -2ab & -a & 0 \\ bc & -2c & 3b \\ 0 & 0 & a \end{vmatrix}$$

$$=-2ab\times(-2c)\times a+0+0-0-(-a)\times bc\times a-0=5a^2bc,$$

$$D_2=\begin{vmatrix} b & -2ab & 0 \\ 0 & bc & 3b \\ c & 0 & a \end{vmatrix}$$

$$=b\times bc\times a+(-2ab)\times 3b\times c+0-0-0-0=-5ab^2c,$$

$$D_3=\begin{vmatrix} b & -a & -2ab \\ 0 & -2c & bc \\ c & 0 & 0 \end{vmatrix}$$

$$=0+(-a)\times bc\times c+0-(-2ab)\times(-2c)\times c=-5abc^2,$$

所以

$$x=\frac{D_1}{D}=\frac{5a^2bc}{-5abc}=-a,\ y=\frac{D_2}{D}=\frac{-5ab^2c}{-5abc}=b,\ z=\frac{D_3}{D}=\frac{-5abc^2}{-5abc}=c.$$

小结：本题求解三元线性方程组，但其关键在于计算相关的三阶行列式.

例 3　设 $f(x)=\begin{vmatrix} 1 & x+1 & 3x-2 \\ 1 & x+2 & 5x-4 \\ 1 & x+3 & 7x-6 \end{vmatrix}$，证明：存在 $\xi\in(0,1)$，使得 $f'(\xi)=0$.

证　由三阶行列式的定义知，$f(x)$ 是 x 的二次多项式，因而 $f(x)$ 在 $[0,1]$ 上连续，$(0,1)$ 内可导，又

$$f(0)=\begin{vmatrix} 1 & 1 & 2 \\ 1 & 2 & 4 \\ 1 & 3 & 6 \end{vmatrix}=0,\ f(1)=\begin{vmatrix} 1 & 2 & 1 \\ 1 & 3 & 1 \\ 1 & 4 & 1 \end{vmatrix}=0,$$

故由罗尔定理知，存在 $\xi\in(0,1)$，使 $f'(\xi)=0$.

小结：本题的证明利用了高等数学微分学中的罗尔中值定理，只不过这里的函数是用三阶行列式的形式来表示的一个多项式.

三、习题1—1解答

1. 计算下列二阶行列式：

(1) $\begin{vmatrix} 1 & 3 \\ 1 & 4 \end{vmatrix}$.

解 原式$=1\times4-3\times1=1$.

(2) $\begin{vmatrix} 2 & 1 \\ -1 & 2 \end{vmatrix}$.

解 原式$=2\times2-1\times(-1)=5$.

(3) $\begin{vmatrix} a & b \\ a^2 & b^2 \end{vmatrix}$.

解 原式$=a\cdot b^2-b\cdot a^2=ab(b-a)$.

(4) $\begin{vmatrix} x-1 & 1 \\ x^2 & x^2+x+1 \end{vmatrix}$.

解 原式$=(x-1)(x^2+x+1)-1\cdot x^2=x^3-x^2-1$.

(5) $\begin{vmatrix} \frac{1-t^2}{1+t^2} & \frac{2t}{1+t^2} \\ \frac{-2t}{1+t^2} & \frac{1-t^2}{1+t^2} \end{vmatrix}$.

解 原式$=\frac{1-t^2}{1+t^2}\cdot\frac{1-t^2}{1+t^2}-\frac{-2t}{1+t^2}\cdot\frac{2t}{1+t^2}=\frac{(1-t^2)^2+4t^2}{(1+t^2)^2}=\frac{1+2t^2+t^4}{(1+t^2)^2}=1$.

(6) $\begin{vmatrix} 1 & \log_b a \\ \log_a b & 1 \end{vmatrix}$.

解 原式$=1\cdot1-\log_a b\cdot\log_b a=0$.

2. 计算下列三阶行列式：

(1) $\begin{vmatrix} 1 & 2 & 3 \\ 3 & 1 & 2 \\ 2 & 3 & 1 \end{vmatrix}$.

解 原式$=1\times1\times1+3\times3\times3+2\times2\times2-2\times1\times3-3\times2\times1-1\times3\times2=18$.

(2) $\begin{vmatrix} 1 & 1 & 1 \\ 3 & 1 & 4 \\ 8 & 9 & 5 \end{vmatrix}$.

解 原式$=1\times1\times5+3\times9\times1+1\times4\times8-1\times1\times8-3\times1\times5-1\times9\times4=5$.

(3) $\begin{vmatrix} 1 & 0 & -1 \\ 3 & 5 & 0 \\ 0 & 4 & 1 \end{vmatrix}$.

解 原式$=1\times5\times1+0\times0\times0+(-1)\times3\times4-(-1)\times5\times0-3\times0\times1-1\times4\times0=-7.$

(4) $\begin{vmatrix} 2 & 0 & 1 \\ 1 & -4 & -1 \\ -1 & 8 & 3 \end{vmatrix}.$

解 原式$=2\times(-4)\times3+0\times(-1)\times(-1)+1\times1\times8-0\times1\times3-2\times(-1)\times8-1\times(-4)\times(-1)$

$=-24+8+16-4=-4.$

(5) $\begin{vmatrix} 0 & a & 0 \\ b & 0 & c \\ 0 & d & 0 \end{vmatrix}.$

解 原式$=0\times0\times0+0\times b\times d+0\times a\times c-0\times0\times0-b\times a\times0-0\times d\times c=0.$

(6) $\begin{vmatrix} a & b & c \\ b & c & a \\ c & a & b \end{vmatrix}.$

解 原式$=acb+bac+cba-bbb-aaa-ccc=3abc-a^3-b^3-c^3.$

(7) $\begin{vmatrix} 1 & 1 & 1 \\ a & b & c \\ a^2 & b^2 & c^2 \end{vmatrix}.$

解 原式$=bc^2+ca^2+ab^2-ac^2-ba^2-cb^2$

$=(a-b)(b-c)(c-a).$

(8) $\begin{vmatrix} x & y & x+y \\ y & x+y & x \\ x+y & x & y \end{vmatrix}.$

解 原式$=x(x+y)y+yx(x+y)+(x+y)yx-y^3-(x+y)^3-x^3$

$=3xy(x+y)-y^3-3x^2y-3y^2x-x^3-y^3-x^3$

$=-2(x^3+y^3).$

3. 证明下列等式：

$$\begin{vmatrix} a_1 & b_1 & c_1 \\ a_2 & b_2 & c_2 \\ a_3 & b_3 & c_3 \end{vmatrix}=a_1\begin{vmatrix} b_2 & c_2 \\ b_3 & c_3 \end{vmatrix}-b_1\begin{vmatrix} a_2 & c_2 \\ a_3 & c_3 \end{vmatrix}+c_1\begin{vmatrix} a_2 & b_2 \\ a_3 & b_3 \end{vmatrix}.$$

证 $\begin{vmatrix} a_1 & b_1 & c_1 \\ a_2 & b_2 & c_2 \\ a_3 & b_3 & c_3 \end{vmatrix}=a_1b_2c_3+c_1a_2b_3+b_1c_2a_3-c_1b_2a_3-a_1c_2b_3-b_1a_2c_3$

$$=a_1(b_2c_3-c_2b_3)-b_1(a_2c_3-c_2a_3)+c_1(a_2b_3-b_2a_3)$$

$$=a_1\begin{vmatrix} b_2 & c_2 \\ b_3 & c_3 \end{vmatrix}-b_1\begin{vmatrix} a_2 & c_2 \\ a_3 & c_3 \end{vmatrix}+c_1\begin{vmatrix} a_2 & b_2 \\ a_3 & b_3 \end{vmatrix}.$$

4. 当 x 取何值时，$\begin{vmatrix} 3 & 1 & x \\ 4 & x & 0 \\ 1 & 0 & x \end{vmatrix}\neq 0$.

解 $\begin{vmatrix} 3 & 1 & x \\ 4 & x & 0 \\ 1 & 0 & x \end{vmatrix}=3\times x\times x+4\times x\times 0+1\times 0\times 1-x\times x\times 1-3\times 0\times 0-1\times 4\times x$

$$=3x^2-x^2-4x=2x^2-4x=2x(x-2),$$

所以当 $x\neq 0$ 且 $x\neq 2$ 时，$\begin{vmatrix} 3 & 1 & x \\ 4 & x & 0 \\ 1 & 0 & x \end{vmatrix}\neq 0$.

§1.2　n 阶行列式

一、主要知识归纳

表 1—2—1　　**排列与逆序**

定义	在一个 n 级排列 $(i_1i_2\cdots i_t\cdots i_s\cdots i_n)$ 中，若数 $i_t>i_s$，则称数 i_t 与 i_s 构成一个逆序. 一个 n 级排列中逆序数的总数称为该排列的逆序数，记为 $N(i_1i_2\cdots i_n)$. 逆序数为奇数的排列称为奇排列，逆序数为偶数的排列称为偶排列.
计算方法	先计算出排列中每个元素逆序的个数，即计算出排列中每个元素前面比它大的数码个数之和，该排列中所有元素的逆序数之总和即为所求排列的逆序数.

表 1—2—2　　***n* 阶行列式**

n 阶行列式	$\begin{vmatrix} a_{11} & a_{12} & \cdots & a_{1n} \\ a_{21} & a_{22} & \cdots & a_{2n} \\ \cdots & \cdots & \cdots & \cdots \\ a_{n1} & a_{n2} & \cdots & a_{nn} \end{vmatrix}=\sum(-1)^N a_{1j_1}a_{2j_2}\cdots a_{nj_n}$, $=\sum(-1)^N a_{i_11}a_{i_22}\cdots a_{i_nn}$ $=\sum(-1)^N a_{i_1j_1}a_{i_2j_2}\cdots a_{i_nj_n}$ 它表示所有取自不同行、不同列的 n 个元素乘积的代数和，其中 N 为行标组成的排列与列标组成的排列的逆序数之和.

二、典型例题分析

例 1 计算行列式 $D=\begin{vmatrix} 0 & \cdots & 0 & \lambda_1 \\ 0 & \cdots & \lambda_2 & 0 \\ \vdots & & \vdots & \vdots \\ \lambda_n & \cdots & 0 & 0 \end{vmatrix}$.

解 $D=(-1)^{N(n(n-1)\cdots 21)}a_{1n}a_{2n-1}\cdots a_{n1}=(-1)^{N(n(n-1)\cdots 21)}\lambda_1\lambda_2\cdots\lambda_n$,

又 $N(n(n-1)\cdots 21)=0+1+2+\cdots+(n-1)=\dfrac{n(n-1)}{2}$,则

$$D=(-1)^{\frac{n(n-1)}{2}}\lambda_1\lambda_2\cdots\lambda_n.$$

小结:本题中的行列式的特征为非副对角线上的元素全为 0,此类行列式可按定义直接计算出结果.一般来说,对于含零元素较多的行列式可直接按定义计算,因行列式中的项只要有一元素为零,则该项的值就为零,所以只需求出所有非零项即可.

例 2 已知

$$f(x)=\begin{vmatrix} -x & 3 & 1 & 3 & 0 \\ x & 3 & 2x & 11 & 4 \\ -1 & x & 0 & 4 & 3x \\ 2 & 21 & 4 & x & 5 \\ 1 & -7x & 3 & -1 & 2 \end{vmatrix},$$

试求 $f(x)$ 中 x^4 的系数.

解 $f(x)$ 中以 x 为因子的元素有

$$a_{11}=-x,\ a_{21}=x,\ a_{23}=2x,\ a_{32}=x,\ a_{35}=3x,\ a_{44}=x,\ a_{52}=-7x,$$

即含有以 x 为因子的元素 a_{ij_i} 的列下标只能取

$$j_1=1;\ j_2=1,\ 3;\ j_3=2,\ 5;\ j_4=4;\ j_5=2.$$

则含 x^4 的项中元素 a_{ij_i} 的列下标只能取

$$j_1=1,\ j_2=3,\ j_3=2,\ j_4=4 \quad 和 \quad j_2=1,\ j_3=5,\ j_4=4,\ j_5=2,$$

对应的项为 $a_{11}a_{23}a_{32}a_{44}a_{55}$ 和 $a_{13}a_{21}a_{35}a_{44}a_{52}$,则含 x^4 的项为

$$(-1)^{N(13245)}a_{11}a_{23}a_{32}a_{44}a_{55}=4x^4,$$

和 $$(-1)^{N(31542)}a_{13}a_{21}a_{35}a_{44}a_{52}=21x^4,$$

即 $f(x)$ 中 x^4 的系数为 $21+4=25$.

小结：本题求一个用行列式形式表示的五次多项式中 x^4 的系数，本题的关键是利用行列式的定义根据列下标来讨论出现 x^4 的项.

此类求 x^n 的系数的题，只需考虑行列式按定义展开的不同行不同列元素乘积中出现 x^n 的项，然后将它们的系数相加即可.

例 3　设

$$D_1=\begin{vmatrix} a_{11} & a_{12} & \cdots & a_{1n} \\ a_{21} & a_{22} & \cdots & a_{2n} \\ \cdots & \cdots & \cdots & \cdots \\ a_{n1} & a_{n2} & \cdots & a_{nn} \end{vmatrix},\ D_2=\begin{vmatrix} a_{11} & a_{12}b^{-1} & \cdots & a_{1n}b^{1-n} \\ a_{21}b & a_{22} & \cdots & a_{2n}b^{2-n} \\ \cdots & \cdots & \cdots & \cdots \\ a_{n1}b^{n-1} & a_{n2}b^{n-2} & \cdots & a_{nn} \end{vmatrix},$$

证明：$D_1=D_2$.

证　由行列式的定义有

$$\begin{aligned} D_1 &= \sum(-1)^N a_{1j_1}a_{2j_2}\cdots a_{nj_n}, \\ D_2 &= \sum(-1)^N(a_{1j_1}b^{1-j_1})(a_{2j_2}b^{2-j_2})\cdots(a_{nj_n}b^{n-j_n}) \\ &= \sum(-1)^N a_{1j_1}a_{2j_2}\cdots a_{nj_n}b^{(1+2+\cdots+n)-(j_1+j_2+\cdots+j_n)}, \end{aligned}$$

其中 $N=N(j_1j_2\cdots j_n)$，又 $j_1+j_1+\cdots+j_n=1+2+\cdots+n$，则

$$D_2=\sum(-1)^N a_{1j_1}a_{2j_2}\cdots a_{nj_n}.$$

故

$$D_1=D_2.$$

小结：本题证明的关键在于按行列式的定义计算出两个 n 阶行列式的值.

三、习题 1—2 解答

1. 求下列排列的逆序数：

解题思路　利用逆序数的定义. 即

$$N(i_1i_2\cdots i_n)=t_1+t_2+\cdots+t_n=\sum_{k=1}^{n}t_k.$$

(1) 4132.

解　写出排列中各元素的逆序：

排列 4 1 3 2

↓ ↓ ↓ ↓

逆序 0 1 1 2

故题设排列的逆序数为

$$N=0+1+1+2=4.$$

(2) 2413.

解 写出排列中各元素的逆序：

排列 2 4 1 3

↓ ↓ ↓ ↓

逆序 0 0 2 1

故题设排列的逆序数为

$$N=0+0+2+1=3.$$

(3) 36715284.

解 写出排列中各元素的逆序：

排列 3 6 7 1 5 2 8 4

↓ ↓ ↓ ↓ ↓ ↓ ↓ ↓

逆序 0 0 0 3 2 4 0 4

故题设排列的逆序数为

$$N=0+0+0+3+2+4+0+4=13.$$

(4) 3712456.

解 写出排列中各元素的逆序：

排列 3 7 1 2 4 5 6

↓ ↓ ↓ ↓ ↓ ↓ ↓

逆序 0 0 2 2 1 1 1

故题设排列的逆序数为

$$N=0+0+2+2+1+1+1=7.$$

(5) $1\ 3\ \cdots(2n-1)2\ 4\ \cdots\ (2n)$.

解 写出排列中各元素的逆序：

排列 $1\quad 3\quad \cdots\quad (2n-1)\quad 2\quad 4\quad \cdots\quad (2n-2)\quad (2n)$

↓ ↓ … ↓ ↓ ↓ … ↓ ↓

逆序 $0\quad 0\quad \cdots\quad 0\quad n-1\quad n-2\quad \cdots\quad 1\quad 0$

故题设排列的逆序数为

$$N=(n-1)+(n-2)+(n-3)+\cdots+2+1+0=\frac{n(n-1)}{2}.$$

(6) $1\ 3\ \cdots(2n-1)(2n)(2n-2)\ \cdots\ 2$.

解 写出排列中各元素的逆序：

排列	1	3	…	$(2n-1)$	$(2n)$	$(2n-2)$	…	4	2
	↓	↓	…	↓	↓	↓	…	↓	↓
逆序	0	0	…	0	0	2	…	$2n-4$	$2n-2$

故题设排列的逆序数为

$$N=2+4+\cdots+2n-4+2n-2=2[1+2+\cdots+(n-2)+(n-1)]=n(n-1).$$

2. 写出四阶行列式中含有因子 $a_{11}a_{23}$ 的项.

解题思路 利用 n 阶行列式的一般项的定义.

解 由定义知，四阶行列式的一般项为：

$$(-1)^t a_{1p_1}a_{2p_2}a_{3p_3}a_{4p_4},$$

其中 t 为 $p_1p_2p_3p_4$ 的逆序数.

由于 $p_1=1$，$p_2=3$ 已固定，$p_1p_2p_3p_4$ 只能形如

13□□.

即 1324 或 1342，其对应的 t 分别为

$$0+0+1+0=1 \quad 或 \quad 0+0+0+2=2,$$

∴ $-a_{11}a_{23}a_{32}a_{44}$ 和 $a_{11}a_{23}a_{34}a_{42}$ 即为所求.

3. 在六阶行列式 $|a_{ij}|$ 中，下列各元素乘积应取什么符号？

(1) $a_{15}a_{23}a_{32}a_{44}a_{51}a_{66}$； (2) $a_{11}a_{26}a_{32}a_{44}a_{53}a_{65}$；

(3) $a_{21}a_{53}a_{16}a_{42}a_{65}a_{34}$.

解 (1) 因为 $N(123456)+N(532416)=0+8=8$，
所以 $a_{15}a_{23}a_{32}a_{44}a_{51}a_{66}$ 的符号为正.

(2) 因为 $N(123456)+N(162435)=0+5=5$，
所以 $a_{11}a_{26}a_{32}a_{44}a_{53}a_{65}$ 的符号为负.

(3) 因为 $N(251463)+N(136254)=6+5=11$，
所以 $a_{21}a_{53}a_{16}a_{42}a_{65}a_{34}$ 的符号为负.

4. 选择 k，l，使 $a_{13}a_{2k}a_{34}a_{42}a_{5l}$ 成为五阶行列式 $|a_{ij}|$ 中带有负号的项.

解 因为 $N(12345)+N(3k42l)=N(3k42l)$. 根据行列式的定义，$k$，$l$ 只能取 1 或 5. 若 $k=5$，$l=1$，则 $N(35421)=8$；若 $k=1$，$l=5$，则 $N(31425)=3$.

所以 $k=1$，$l=5$.

5. 设 n 阶行列式中有 n^2-n 个以上的元素为零，证明该行列式为零.

证 如果 n 阶行列式中有 n^2-n 个以上的元素为零，则至多有 $n-1$ 个不为零的元素.

由于 n 阶行列式的每一项为 n 个不同的元素的乘积，从而每一项均为零，故该行列式为零.

6. 用行列式的定义计算下列行列式：

(1) $\begin{vmatrix} 0 & 0 & \cdots & 0 & 1 \\ 0 & 0 & \cdots & 2 & 0 \\ \cdots & \cdots & \cdots & \cdots & \cdots \\ 0 & n-1 & \cdots & 0 & 0 \\ n & 0 & \cdots & 0 & 0 \end{vmatrix}$.

解 行列式的展开式中除了 $(-1)^{N(12\cdots n)+N(n(n-1)\cdots 21)}n!$ 外，其余各项都为零. 由于 $(-1)^{N(12\cdots n)+N(n(n-1)\cdots 21)}n! =(-1)^{\frac{1}{2}n(n-1)}n!$，故原行列式等于 $(-1)^{\frac{1}{2}n(n-1)}n!$.

(2) $\begin{vmatrix} 0 & 1 & 0 & \cdots & 0 \\ 0 & 0 & 2 & \cdots & 0 \\ \cdots & \cdots & \cdots & \cdots & \cdots \\ 0 & 0 & 0 & \cdots & n-1 \\ n & 0 & 0 & 0 & \cdots \end{vmatrix}$.

解 行列式的展开式中除了 $(-1)^{N(12\cdots n)+N(23\cdots n1)}n!$ 外，其余各项都为零. 由于 $(-1)^{N(12\cdots n)+N(23\cdots n1)}n! =(-1)^{(n-1)}n!$，故原行列式等于 $(-1)^{(n-1)}n!$.

(3) $\begin{vmatrix} a_{11} & a_{12} & a_{13} & a_{14} & a_{15} \\ a_{21} & a_{22} & a_{23} & a_{24} & a_{25} \\ a_{31} & a_{32} & 0 & 0 & 0 \\ a_{41} & a_{42} & 0 & 0 & 0 \\ a_{51} & a_{52} & 0 & 0 & 0 \end{vmatrix}$.

解 由于在五阶行列式的展开式中每一项的五个元素均分布在不同的行和不同的列，显然任意的这样五个元素中都至少有一个为零，从而行列式的每一项都为零，故所求行列式为零.

(4) $\begin{vmatrix} a_{11} & \cdots & a_{1,n-1} & a_{1n} \\ a_{21} & \cdots & a_{2,n-1} & 0 \\ \cdots & \mathinner{\kern1mu\raise1pt{.}\kern2mu\raise4pt{.}\kern2mu\raise7pt{.}} & \cdots & \cdots \\ a_{n1} & \cdots & 0 & 0 \end{vmatrix}$.

解 根据行列式的定义，行列式中唯一可能不为零的项为

$$(-1)^{N(n(n-1)\cdots 2,1)}a_{1n}a_{2,n-1}\cdots a_{n1}$$

而逆系数 $N(n(n-1)\cdots 2\cdot 1)=\frac{n(n-1)}{2}$，故

$$原行列式=(-1)^{\frac{n(n-1)}{2}}a_{1n}a_{2,n-1}\cdots a_{n1}.$$

注：同理易知，$\begin{vmatrix} 0 & \cdots & a_{1n} \\ \vdots & \mathinner{\kern1mu\raise1pt{.}\kern2mu\raise4pt{.}\kern2mu\raise7pt{.}} & \vdots \\ a_{n1} & \cdots & a_{nn} \end{vmatrix}=(-1)^{\frac{n(n-1)}{2}}a_{1n}a_{2,n-1}\cdots a_{n1}$.

(5) $\begin{vmatrix} 0 & 0 & 1 & 0 \\ 0 & 1 & 0 & 0 \\ 0 & 0 & 0 & 1 \\ 1 & 0 & 0 & 0 \end{vmatrix}$.

解 $\begin{vmatrix} 0 & 0 & 1 & 0 \\ 0 & 1 & 0 & 0 \\ 0 & 0 & 0 & 1 \\ 1 & 0 & 0 & 0 \end{vmatrix}=(-1)^{N(1234)+N(3241)}\cdot 1=1$.

(6) $\begin{vmatrix} 1 & 1 & 1 & 0 \\ 0 & 1 & 0 & 1 \\ 0 & 1 & 1 & 1 \\ 0 & 0 & 1 & 0 \end{vmatrix}$.

解 $\begin{vmatrix} 1 & 1 & 1 & 0 \\ 0 & 1 & 0 & 1 \\ 0 & 1 & 1 & 1 \\ 0 & 0 & 1 & 0 \end{vmatrix} = (-1)^{N(1234)+N(1243)}+(-1)^{N(1234)+N(1342)}=-1+1=0$.

§1.3 行列式的性质

一、主要知识归纳

表 1—3—1

性质 1	行列式与它的转置行列式相等，即 $D=D^{\mathrm{T}}$.
性质 2	交换行列式的两行（列），行列式变号. 推论 若行列式中有两行（列）的对应元素相同，则此行列式为零.
性质 3	用数 k 乘行列式的某一行（列），等于用数 k 乘此行列式. 推论 1 行列式的某一行（列）中所有元素的公因子可以提到行列式符号的外面. 推论 2 行列式中若有两行（列）元素成比例，则此行列式为零.
性质 4	若行列式的某一行（列）的元素都是两数之和，则此行列式可写成两个行列式的和，这两个行列式分别以这两个数为所在行（列）位置对应的元素，其它位置元素不变.

续前表

性质 5	将行列式的某一行（列）的所有元素都乘以数 k 后加到另一行（列）对应位置的元素上，行列式不变.
三角化	反复利用行列式的性质，把给定的行列式化为三角形行列式，此时行列式的值即为该三角形行列式主对角线上元素的乘积.

二、典型例题分析

例 1 证明行列式 $D=\begin{vmatrix}1&0&4\\3&2&5\\4&1&6\end{vmatrix}$ 能被 13 整除（不计算行列式的值）.

证 将 D 中的每一行看成一个三位数，分别为 104，325，416，利用行列式的性质将 D 的第 1，2 列分别乘以 10^2，10 都加到第 3 列，得

$$D=\begin{vmatrix}1&0&104\\3&2&325\\4&1&416\end{vmatrix}$$

因第 3 列能被 13 整除，由行列式可提取公因数的性质可得 D 也能被 13 整除.

小结： 证明行列式能被某整数 k 整除，通常的方法是证明行列式的某行（列）的各元素都有公因子 k，本题的关键是利用行列式的性质把第三列"凑"成 13 的倍数.

例 2 计算行列式 $\begin{vmatrix}1&-1&1&x-1\\1&-1&x+1&-1\\1&x-1&1&-1\\x+1&-1&1&-1\end{vmatrix}$ 的值.

解 方法一 将各列加至第 1 列，提取公因子. 再将第 1 列加至第 2，4 列，减至第 3 列得

$$D=x\begin{vmatrix}1&-1&1&x-1\\1&-1&x+1&-1\\1&x-1&1&-1\\1&-1&1&-1\end{vmatrix}=x\begin{vmatrix}1&0&0&x\\1&0&x&0\\1&x&0&0\\1&0&0&0\end{vmatrix}=x^4.$$

方法二 拆分法，将各列均看做两数之和，再拆分为 2^4 个行列式，其中仅有 5 个非零，即得

$$D=\begin{vmatrix}0+1&0-1&0+1&x-1\\0+1&0-1&x+1&0-1\\0+1&x-1&0+1&0-1\\x+1&0-1&0+1&0-1\end{vmatrix}$$

$$=\begin{vmatrix}0&0&0&x\\0&0&x&0\\0&x&0&0\\x&0&0&0\end{vmatrix}+\begin{vmatrix}0&0&0&-1\\0&0&x&-1\\0&x&0&-1\\x&0&0&-1\end{vmatrix}+\begin{vmatrix}0&0&1&x\\0&0&1&0\\0&x&1&0\\x&0&1&0\end{vmatrix}$$

$$+\begin{vmatrix}0&-1&0&x\\0&-1&x&0\\0&-1&0&0\\x&-1&0&0\end{vmatrix}+\begin{vmatrix}1&0&0&x\\1&0&x&0\\1&x&0&0\\1&0&0&0\end{vmatrix}$$

$$=x^4-x^3+x^3-x^3+x^3=x^4.$$

小结：该题采用了两种计算方法：方法一利用了行（列）和相等的性质：先将各列（行）加到第一列（行）后提出公因式，再三角化；方法二利用行列式的性质将行列式拆分成几个易于计算的简单行列式之和.

例3 计算四阶行列式 $D=\begin{vmatrix}a&b&c&d\\-b&a&-d&c\\-c&d&a&-b\\-d&-c&b&a\end{vmatrix}$.

解 由行列式的性质可知行列式与它的转置行列式相等，则 $D^2=DD^{\mathrm{T}}$，容易计算

$$D^2=DD^{\mathrm{T}}=\begin{vmatrix}a&b&c&d\\-b&a&-d&c\\-c&d&a&-b\\-d&-c&b&a\end{vmatrix}\begin{vmatrix}a&-b&-c&-d\\b&a&d&-c\\c&-d&a&b\\d&c&-b&a\end{vmatrix}=\begin{vmatrix}f&0&0&0\\0&f&0&0\\0&0&f&0\\0&0&0&f\end{vmatrix},$$

其中 $f=a^2+b^2+c^2+d^2$.

从而 $D^2=(a^2+b^2+c^2+d^2)^4$，

所以 $D=\pm\sqrt{D^2}=\pm(a^2+b^2+c^2+d^2)^2$，

但由行列式的数字特征可知 D 中 a^4 的系数为1，故

$$D=(a^2+b^2+c^2+d^2)^2.$$

小结：本题利用了行列式的性质1（即行列式与它的转置行列式相等），通过易于计算的 $D^2=DD^{\mathrm{T}}$ 来反求行列式 D.

例 4 计算 $D=\begin{vmatrix} 3 & 4 & 5 & 6 \\ 3 & 5-x^2 & 5 & 6 \\ 7 & 8 & 9 & 10 \\ 7 & 8 & 9 & 14-x^2 \end{vmatrix}$.

解 由行列式的性质 3 的推论 2 可知：

当 $5-x^2=4$ 即 $x=\pm1$ 时，D 中的第 1、2 行对应元素相等，此时 $D=0$，即 D 有因子 $(x-1)(x+1)$.

当 $14-x^2=10$ 即 $x=\pm2$ 时，D 中第 3、4 行对应元素相等，因此 D 还有因子 $(x-2)(x+2)$.

由行列式的定义知，D 为 x 的 4 次多项式，故

$$D=a(x-1)(x+1)(x-2)(x+2). \qquad (*)$$

令 $x=0$，代入行列式可算出 $D=-32$，再将 $x=0$，$D=-32$ 代入（*）式可得 $a=-8$，故

$$D=-8(x-1)(x+1)(x-2)(x+2).$$

小结：本题中计算行列式的方法称为析因子法，即根据行列式中有两行（列）的对应元素相等时行列式为零这一性质找出行列式 D 的全部因子，列出表达式，再通过确定 D 的表达式中最高次项的系数即可求出行列式 D 的值.

三、习题 1—3 解答

1. 用行列式的性质计算下列行列式：

(1) $\begin{vmatrix} 34\,215 & 35\,215 \\ 28\,092 & 29\,092 \end{vmatrix}$.

解 $\begin{vmatrix} 34\,215 & 35\,215 \\ 28\,092 & 29\,092 \end{vmatrix}=\begin{vmatrix} 34\,215 & 1\,000 \\ 28\,092 & 1\,000 \end{vmatrix}=1\,000\begin{vmatrix} 34\,215 & 1 \\ 28\,092 & 1 \end{vmatrix}$

$=1\,000(34\,215-28\,092)=6\,123\,000.$

(2) $\begin{vmatrix} -ab & ac & ae \\ bd & -cd & de \\ bf & cf & -ef \end{vmatrix}$.

解 $\begin{vmatrix} -ab & ac & ae \\ bd & -cd & de \\ bf & cf & -ef \end{vmatrix}=adf\begin{vmatrix} -b & c & e \\ b & -c & e \\ b & c & -e \end{vmatrix}=adfbce\begin{vmatrix} -1 & 1 & 1 \\ 1 & -1 & 1 \\ 1 & 1 & -1 \end{vmatrix}$

$=adfbce\begin{vmatrix} -1 & 1 & 1 \\ 1 & -1 & 1 \\ 1 & 1 & -1 \end{vmatrix}=adfbce\begin{vmatrix} -1 & 0 & 0 \\ 1 & 0 & 2 \\ 1 & 2 & 0 \end{vmatrix}$

$=4adfbce.$

(3) $\begin{vmatrix} 1 & 1 & 1 & 1 \\ -1 & 1 & 1 & 1 \\ -1 & -1 & 1 & 1 \\ -1 & -1 & -1 & 1 \end{vmatrix}$.

解 $\begin{vmatrix} 1 & 1 & 1 & 1 \\ -1 & 1 & 1 & 1 \\ -1 & -1 & 1 & 1 \\ -1 & -1 & -1 & 1 \end{vmatrix} = \begin{vmatrix} 1 & 1 & 1 & 1 \\ 0 & 2 & 2 & 2 \\ 0 & 0 & 2 & 2 \\ 0 & 0 & 0 & 2 \end{vmatrix} = 8.$

2. 把下列行列式化为上三角形行列式，并计算其值：

(1) $\begin{vmatrix} -2 & 2 & -4 & 0 \\ 4 & -1 & 3 & 5 \\ 3 & 1 & -2 & -3 \\ 2 & 0 & 5 & 1 \end{vmatrix}$.

解

$$\begin{vmatrix} -2 & 2 & -4 & 0 \\ 4 & -1 & 3 & 5 \\ 3 & 1 & -2 & -3 \\ 2 & 0 & 5 & 1 \end{vmatrix} = 2\begin{vmatrix} -1 & 1 & -2 & 0 \\ 4 & -1 & 3 & 5 \\ 3 & 1 & -2 & -3 \\ 2 & 0 & 5 & 1 \end{vmatrix} = 2\begin{vmatrix} -1 & 1 & -2 & 0 \\ 0 & 3 & -5 & 5 \\ 0 & 4 & -8 & -3 \\ 0 & 2 & 1 & 1 \end{vmatrix}$$

$$= -2\begin{vmatrix} 1 & -1 & 2 & 0 \\ 0 & 1 & -6 & 4 \\ 0 & 0 & -10 & -5 \\ 0 & 2 & 1 & 1 \end{vmatrix} = -2\begin{vmatrix} 1 & -1 & 2 & 0 \\ 0 & 1 & -6 & 4 \\ 0 & 0 & -10 & -5 \\ 0 & 0 & 13 & -7 \end{vmatrix}$$

$$= 10\begin{vmatrix} 1 & -1 & 2 & 0 \\ 0 & 1 & -6 & 4 \\ 0 & 0 & 2 & 1 \\ 0 & 0 & 13 & -7 \end{vmatrix} = 10\begin{vmatrix} 1 & -1 & 2 & 0 \\ 0 & 1 & -6 & 4 \\ 0 & 0 & 2 & 1 \\ 0 & 0 & 1 & -13 \end{vmatrix}$$

$$= -10\begin{vmatrix} 1 & -1 & 2 & 0 \\ 0 & 1 & -6 & 4 \\ 0 & 0 & 1 & -13 \\ 0 & 0 & 2 & 1 \end{vmatrix} = -10\begin{vmatrix} 1 & -1 & 2 & 0 \\ 0 & 1 & -6 & 4 \\ 0 & 0 & 1 & -13 \\ 0 & 0 & 0 & 27 \end{vmatrix}$$

$$= -270.$$

(2) $\begin{vmatrix} 1 & 2 & 3 & 4 \\ 2 & 3 & 4 & 1 \\ 3 & 4 & 1 & 2 \\ 4 & 1 & 2 & 3 \end{vmatrix}$.

解 $\begin{vmatrix}1&2&3&4\\2&3&4&1\\3&4&1&2\\4&1&2&3\end{vmatrix}=\begin{vmatrix}10&2&3&4\\10&3&4&1\\10&4&1&2\\10&1&2&3\end{vmatrix}=10\begin{vmatrix}1&2&3&4\\1&3&4&1\\1&4&1&2\\1&1&2&3\end{vmatrix}$

$$=10\begin{vmatrix}1&2&3&4\\0&1&1&-3\\0&2&-2&-2\\0&-1&-1&-1\end{vmatrix}=-20\begin{vmatrix}1&2&3&4\\0&1&1&-3\\0&1&-1&-1\\0&1&1&1\end{vmatrix}$$

$$=-20\begin{vmatrix}1&2&3&4\\0&1&1&-3\\0&0&-2&2\\0&0&0&4\end{vmatrix}=160.$$

3. 设行列式 $|a_{ij}|=m(i,j=1,2,\cdots,5)$，依下列次序对 $|a_{ij}|$ 进行变换后，求其结果：交换第一行与第五行，再转置，用 2 乘所有元素，再用（-3）乘以第二列加到第四列，最后用 4 除第二行各元素.

解 由 $|a_{ij}|=m$，交换第 1 行与第 5 行后得 $-m$，再转置得 $-m$，用 2 乘所有元素得 $-32m$，再用（-3）乘以第 2 列加到第 4 列得 $-32m$，最后用 4 除以第 2 行各元素得 $-8m$.

4. 用行列式的性质证明下列等式：

(1) $\begin{vmatrix}a_1+kb_1&b_1+c_1&c_1\\a_2+kb_2&b_2+c_2&c_2\\a_3+kb_3&b_3+c_3&c_3\end{vmatrix}=\begin{vmatrix}a_1&b_1&c_1\\a_2&b_2&c_2\\a_3&b_3&c_3\end{vmatrix}$.

证 $\begin{vmatrix}a_1+kb_1&b_1+c_1&c_1\\a_2+kb_2&b_2+c_2&c_2\\a_3+kb_3&b_3+c_3&c_3\end{vmatrix}=\begin{vmatrix}a_1+kb_1&b_1&c_1\\a_2+kb_2&b_2&c_2\\a_3+kb_3&b_3&c_3\end{vmatrix}+\begin{vmatrix}a_1+kb_1&c_1&c_1\\a_2+kb_2&c_2&c_2\\a_3+kb_3&c_3&c_3\end{vmatrix}$

$$=\begin{vmatrix}a_1+kb_1&b_1&c_1\\a_2+kb_2&b_2&c_2\\a_3+kb_3&b_3&c_3\end{vmatrix}=\begin{vmatrix}a_1&b_1&c_1\\a_2&b_2&c_2\\a_3&b_3&c_3\end{vmatrix}+k\begin{vmatrix}b_1&b_1&c_1\\b_2&b_2&c_2\\b_3&b_3&c_3\end{vmatrix}=\begin{vmatrix}a_1&b_1&c_1\\a_2&b_2&c_2\\a_3&b_3&c_3\end{vmatrix},$$

证毕.

(2) $\begin{vmatrix}y+z&z+x&x+y\\x+y&y+z&z+x\\z+x&x+y&y+z\end{vmatrix}=2\begin{vmatrix}x&y&z\\z&x&y\\y&z&x\end{vmatrix}$.

证　左边 $=\begin{vmatrix} y & z+x & x+y \\ x & y+z & z+x \\ z & x+y & y+z \end{vmatrix}+\begin{vmatrix} z & z+x & x+y \\ y & y+z & z+x \\ x & x+y & y+z \end{vmatrix}$

$$=\begin{vmatrix} y & z+x & x \\ x & y+z & z \\ z & x+y & y \end{vmatrix}+\begin{vmatrix} z & x & x+y \\ y & z & z+x \\ x & y & y+z \end{vmatrix}$$

$$=\begin{vmatrix} y & z & x \\ x & y & z \\ z & x & y \end{vmatrix}+\begin{vmatrix} z & x & y \\ y & z & x \\ x & y & z \end{vmatrix}=2\begin{vmatrix} x & y & z \\ z & x & y \\ y & z & x \end{vmatrix}=\text{右边}.$$

5. 计算下列行列式：

(1) $\begin{vmatrix} x & a & \cdots & a \\ a & x & \cdots & a \\ \cdots & \cdots & \cdots & \cdots \\ a & a & \cdots & x \end{vmatrix}$.

解　将原行列式的第 2 列至第 n 列加到第 1 列，并提出第 1 列公因子 $x+(n-1)a$，得

$$\text{原式}=[x+(n-1)a]\begin{vmatrix} 1 & a & a & \cdots & a \\ 1 & x & a & \cdots & a \\ 1 & a & x & \cdots & a \\ \cdots & \cdots & \cdots & \cdots & \cdots \\ 1 & a & a & \cdots & x \end{vmatrix}$$

$$\xlongequal[i=2,\,3,\,\cdots,\,n]{r_i+r_1\times(-1)}[x+(n-1)a]\begin{vmatrix} 1 & a & a & \cdots & a \\ 0 & x-a & 0 & \cdots & 0 \\ 0 & 0 & x-a & \cdots & 0 \\ \cdots & \cdots & \cdots & \cdots & \cdots \\ 0 & 0 & 0 & \cdots & x-a \end{vmatrix}$$

$$=[x+(n-1)a](x-a)^{n-1}.$$

(2) $\begin{vmatrix} 1 & 2 & 3 & \cdots & n-1 & n \\ -1 & 0 & 3 & \cdots & n-1 & n \\ -1 & -2 & 0 & \cdots & n-1 & n \\ \cdots & \cdots & \cdots & \cdots & \cdots & \cdots \\ -1 & -2 & -3 & \cdots & 0 & n \\ -1 & -2 & -3 & \cdots & -(n-1) & 0 \end{vmatrix}$.

解 原式$=\begin{vmatrix} 1 & 2 & 3 & \cdots & n-1 & n \\ 0 & 2 & 6 & \cdots & 2(n-1) & 2n \\ 0 & 0 & 3 & \cdots & 2(n-1) & 2n \\ \cdots & \cdots & \cdots & \cdots & \cdots & \cdots \\ 0 & 0 & 0 & \cdots & n-1 & 2n \\ 0 & 0 & 0 & \cdots & 0 & n \end{vmatrix}=n!.$

(3) $\begin{vmatrix} 1 & a_1 & a_2 & \cdots & a_n \\ 1 & a_1+b_1 & a_2 & \cdots & a_n \\ 1 & a_1 & a_2+b_2 & \cdots & a_n \\ \cdots & \cdots & \cdots & \cdots & \cdots \\ 1 & a_1 & a_2 & \cdots & a_n+b_n \end{vmatrix}.$

解 原式$=\begin{vmatrix} 1 & 0 & 0 & \cdots & 0 \\ 1 & b_1 & 0 & \cdots & 0 \\ 1 & 0 & b_2 & \cdots & 0 \\ \cdots & \cdots & \cdots & \cdots & \cdots \\ 1 & 0 & 0 & \cdots & b_n \end{vmatrix}=b_1b_2\cdots b_n.$

(4) $\begin{vmatrix} a_0 & 1 & 1 & \cdots & 1 \\ 1 & a_1 & 0 & \cdots & 0 \\ 1 & 0 & a_2 & \cdots & 0 \\ \vdots & \vdots & \vdots & \vdots & \vdots \\ 1 & 0 & 0 & \cdots & a_n \end{vmatrix}$，其中 $a_i\neq 0$.

解 原式$=\begin{vmatrix} a_0-\sum\limits_{i=1}^{n}\dfrac{1}{a_i} & 1 & 1 & \cdots & 1 \\ 0 & a_1 & 0 & \cdots & 0 \\ 0 & 0 & a_2 & \cdots & 0 \\ \vdots & \vdots & \vdots & \vdots & \vdots \\ 0 & 0 & 0 & \cdots & a_n \end{vmatrix}=(a_1a_2\cdots a_n)\left(a_0-\sum\limits_{i=1}^{n}\dfrac{1}{a_i}\right).$

6. 解下列方程：

(1) $\begin{vmatrix} 1 & 1 & 2 & 3 \\ 1 & 2-x^2 & 2 & 3 \\ 2 & 3 & 1 & 5 \\ 2 & 3 & 1 & 9-x^2 \end{vmatrix}=0.$

解 $\begin{vmatrix} 1 & 1 & 2 & 3 \\ 1 & 2-x^2 & 2 & 3 \\ 2 & 3 & 1 & 5 \\ 2 & 3 & 1 & 9-x^2 \end{vmatrix} = \begin{vmatrix} 1 & 1 & 2 & 3 \\ 0 & 1-x^2 & 0 & 0 \\ 2 & 3 & 1 & 5 \\ 0 & 0 & 0 & 4-x^2 \end{vmatrix}$

$= \begin{vmatrix} -3 & -5 & 2 & 3 \\ 0 & 1-x^2 & 0 & 0 \\ 0 & 0 & 1 & 5 \\ 0 & 0 & 0 & 4-x^2 \end{vmatrix} = -3(1-x^2)(4-x^2)=0$

$\Rightarrow x=\pm 1$，$x=\pm 2$.

(2) $\begin{vmatrix} 1 & 1 & 1 & \cdots & 1 & 1 \\ 1 & 1-x & 1 & \cdots & 1 & 1 \\ 1 & 1 & 2-x & \cdots & 1 & 1 \\ \cdots & \cdots & \cdots & \cdots & \cdots & \cdots \\ 1 & 1 & 1 & \cdots & (n-2)-x & 1 \\ 1 & 1 & 1 & \cdots & 1 & (n-1)-x \end{vmatrix} = 0.$

解　方程左边$= \begin{vmatrix} 1 & 1 & 1 & \cdots & 1 & 1 \\ 0 & -x & 0 & \cdots & 0 & 0 \\ 0 & 0 & 1-x & \cdots & 0 & 0 \\ \cdots & \cdots & \cdots & \cdots & \cdots & \cdots \\ 0 & 0 & 0 & \cdots & (n-3)-x & 0 \\ 0 & 0 & 0 & \cdots & 0 & (n-2)-x \end{vmatrix}$

$= -x(1-x)\cdots[(n-3)-x][(n-2)-x]$

$\Rightarrow x_1=0$，$x_2=1$，$\cdots$，$x_{n-2}=n-3$，$x_{n-1}=n-2$.

7. 设 n 阶行列式 $D=\det(a_{ij})$，把 D 上下翻转，或逆时针旋转 $90°$，或依副对角线翻转，依次得

$$D_1 = \begin{vmatrix} a_{n1} & \cdots & a_{nn} \\ \cdots & \cdots & \cdots \\ a_{11} & \cdots & a_{1n} \end{vmatrix},\ D_2 = \begin{vmatrix} a_{1n} & \cdots & a_{nn} \\ \cdots & \cdots & \cdots \\ a_{11} & \cdots & a_{n1} \end{vmatrix},\ D_3 = \begin{vmatrix} a_{nn} & \cdots & a_{1n} \\ \cdots & \cdots & \cdots \\ a_{n1} & \cdots & a_{11} \end{vmatrix},$$

证明 $D_1=D_2=(-1)^{n(n-1)/2}D$，$D_3=D$.

证　$\because D=\det(a_{ij})$

$$\therefore D_1 = \begin{vmatrix} a_{n1} & \cdots & a_{nn} \\ \cdots & \ddots & \cdots \\ a_{11} & \cdots & a_{1n} \end{vmatrix} = (-1)^{n-1} \begin{vmatrix} a_{11} & \cdots & a_{1n} \\ a_{n1} & \cdots & a_{nn} \\ \cdots & \cdots & \cdots \\ a_{21} & \cdots & a_{2n} \end{vmatrix} = (-1)^{n-1+n-2} \begin{vmatrix} a_{11} & \cdots & a_{1n} \\ a_{21} & \cdots & a_{2n} \\ a_{n1} & \cdots & a_{nn} \\ \cdots & \cdots & \cdots \\ a_{31} & \cdots & a_{3n} \end{vmatrix}$$

$$=\cdots=(-1)^{1+2+\cdots+n-2+n-1}\begin{vmatrix}a_{11}&\cdots&a_{1n}\\\cdots&\cdots&\cdots\\a_{n1}&\cdots&a_{nn}\end{vmatrix}=(-1)^{n(n-1)/2}D$$

同理可证 $D_2=(-1)^{n(n-1)/2}D$

$$D_3=(-1)^{\frac{n(n-1)}{2}}D_2=(-1)^{\frac{n(n-1)}{2}}(-1)^{\frac{n(n-1)}{2}}D=(-1)^{n(n-1)}D=D.$$

8. 已知 255，459，527 都能被 17 整除，不求行列式的值，证明行列式 $\begin{vmatrix}2&4&5\\5&5&2\\5&9&7\end{vmatrix}$ 能被 17 整除.

证 将行列式第 1 行的 100 倍，第 2 行的 10 倍加到第 3 行，得

$$\begin{vmatrix}2&4&5\\5&5&2\\5&9&7\end{vmatrix}=\begin{vmatrix}2&4&5\\5&5&2\\255&459&527\end{vmatrix}=17\begin{vmatrix}2&4&5\\5&5&2\\15&27&31\end{vmatrix}.$$

因为 $\begin{vmatrix}2&4&5\\5&5&2\\15&27&31\end{vmatrix}$ 是整数，所以 $\begin{vmatrix}2&4&5\\5&5&2\\5&9&7\end{vmatrix}$ 能被 17 整除.

§1.4 行列式按行（列）展开

一、主要知识归纳

表 1—4—1

代数余子式	在 n 阶行列式 D 中，去掉元素 a_{ij} 所在的第 i 行和第 j 列后，余下的 $n-1$ 阶行列式，称为 D 中元素 a_{ij} 的余子式，记为 M_{ij}. $A_{ij}=(-1)^{i+j}M_{ij}$，称 A_{ij} 为元素 a_{ij} 的代数余子式.
按行（列）展开	$\sum\limits_{k=1}^{n}a_{ki}A_{kj}=\begin{cases}D, & i=j\\0, & i\neq j\end{cases}$，$\sum\limits_{k=1}^{n}a_{ik}A_{jk}=\begin{cases}D, & i=j\\0, & i\neq j\end{cases}$.

续前表

范德蒙行列式	$D_n=\begin{vmatrix} 1 & 1 & \cdots & 1 \\ x_1 & x_2 & \cdots & x_n \\ x_1^2 & x_2^2 & \cdots & x_n^2 \\ \vdots & \vdots & & \vdots \\ x_1^{n-1} & x_2^{n-1} & \cdots & x_n^{n-1} \end{vmatrix}=\prod_{n\geqslant i>j\geqslant 1}(x_i-x_j)$， Π 表示全体同类因子的乘积.
降阶法	用按行（列）展开法则与行列式的性质将高阶行列式化为低阶行列式的方法：先用行列式的性质将行列式的某一行（列）化为仅含有一个非零元素，再按此行（列）展开，变为低一阶的行列式，如此继续下去直到化为三阶或二阶行列式.

二、典型例题分析

例 1　计算 n 阶行列式 $D_n=\begin{vmatrix} 0 & 1 & 1 & \cdots & 1 \\ 1 & 2 & 0 & \cdots & 0 \\ 1 & 0 & 3 & \cdots & 0 \\ \cdots & \cdots & \cdots & \cdots & \cdots \\ 1 & 0 & 0 & \cdots & n \end{vmatrix}$.

解　D_n 类似爪形行列式◸，将第 $i(i=2,\cdots,n)$ 列乘上 $\left(-\frac{1}{i}\right)$ 后加到第一列，得

$$D_n \xlongequal[i=2,\cdots,n]{r_1+r_i\times\left(-\frac{1}{i}\right)} \begin{vmatrix} -\frac{1}{2}-\frac{1}{3}-\cdots-\frac{1}{n} & 1 & 1 & \cdots & 1 \\ 0 & 2 & 0 & \cdots & 0 \\ 0 & 0 & 3 & \cdots & 0 \\ \cdots & \cdots & \cdots & \cdots & \cdots \\ 0 & 0 & 0 & \cdots & n \end{vmatrix},$$

再将 D_n 按第一列展开，有

$$D_n=-\left(\frac{1}{2}+\frac{1}{3}+\cdots+\frac{1}{n}\right)\begin{vmatrix} 2 & 0 & \cdots & 0 \\ 0 & 3 & \cdots & 0 \\ \cdots & \cdots & \cdots & \cdots \\ 0 & 0 & \cdots & n \end{vmatrix}$$

$$=-\left(\frac{1}{2}+\frac{1}{3}+\cdots+\frac{1}{n}\right)n!.$$

小结：类似这种爪形行列式，一般的方法是先将行列式三角化，再用降阶法

即按行或列展开进行计算.

例 2 计算 $\begin{vmatrix} 1+a_1 & 1 & \cdots & 1 \\ 2 & 2+a_2 & \cdots & 2 \\ \vdots & \vdots & & \vdots \\ n & n & \cdots & n+a_n \end{vmatrix}$，其中 $a_1a_2\cdots a_n\neq 0$.

解 采用加边法，即令

$$D=\begin{vmatrix} 1 & 0 & 0 & \cdots & 0 \\ 1 & 1+a_1 & 1 & \cdots & 1 \\ 2 & 2 & 2+a_2 & \cdots & 2 \\ \vdots & \vdots & \vdots & & \vdots \\ n & n & n & \cdots & n+a_n \end{vmatrix}$$

其余各列依次去减第 1 列，有

$$D=\begin{vmatrix} 1 & -1 & -1 & \cdots & -1 \\ 1 & a_1 & 0 & \cdots & 0 \\ 2 & 0 & a_2 & \cdots & 0 \\ \vdots & \vdots & \vdots & & \vdots \\ n & 0 & 0 & \cdots & a_n \end{vmatrix}$$

$$=\begin{vmatrix} 1+\frac{1}{a_1}+\frac{2}{a_2}+\cdots+\frac{n}{a_n} & 0 & 0 & \cdots & 0 \\ 1 & a_1 & 0 & \cdots & 0 \\ 2 & 0 & a_2 & \cdots & 0 \\ \vdots & \vdots & \vdots & \vdots & \vdots \\ n & 0 & 0 & 0 & a_n \end{vmatrix}$$

$$=\left(1+\sum_{k=1}^{n}\frac{k}{a_k}\right)a_1a_2\cdots a_n.$$

小结：本题计算 n 阶行列式采用的方法为加边法（升阶法）：是将原行列式中增添若干适当的行与列，构成一个新的行列式. 本题的关键在于通过加行把原行列式化为爪形并进而三角化.

例 3 设 $|A|=\begin{vmatrix} 1 & 0 & 1 & 2 \\ -1 & 1 & 0 & 3 \\ 1 & 1 & 1 & 0 \\ -1 & 2 & 3 & 4 \end{vmatrix}$，求：

(1) $A_{12}-A_{22}+A_{32}-A_{42}$；　　　(2) $A_{41}+A_{42}+A_{43}+A_{44}$.

解　(1) 线性组合系数为 (1，−1，1，−1) 是 $|A|$ 的第 1 列元素，但代数余子式所在列为第 2 列，因此，有 $A_{12}-A_{22}+A_{32}-A_{42}=0$.

(2) 线性组合系数为 (1，1，1，1)，与 $|A|$ 的任何一行元素无关，故有

$$A_{41}+A_{42}+A_{43}+A_{44}=\begin{vmatrix}1&0&1&2\\-1&1&0&3\\1&1&1&0\\1&1&1&1\end{vmatrix}=\begin{vmatrix}1&0&1&2\\-1&1&0&3\\1&1&1&0\\0&0&0&1\end{vmatrix}$$

$$=\begin{vmatrix}1&0&1\\-1&1&0\\1&1&1\end{vmatrix}=\begin{vmatrix}1&0\\1&1\end{vmatrix}+\begin{vmatrix}-1&1\\1&1\end{vmatrix}=-1.$$

小结：按照行列式求值方法，求某行某列代数余子式的代数和，应先考虑某线性组合的系数，若系数为行列式中代数余子式所在行（或列）的元素，则其值即为行列式的值；若系数为行列式种代数余子式所在行（或列）以外的行（或列）元素，则其值为零. 除去以上两种情况外，其他情况则应将系数置换代数余子式所在行（或列）的元素，其值即为置换后行列式的值.

例 4　计算 n 阶行列式 $D_n=\begin{vmatrix}1&1&\cdots&1\\x_1&x_2&\cdots&x_n\\x_1^2&x_2^2&\cdots&x_n^2\\\cdots&\cdots&\cdots&\cdots\\x_1^{n-2}&x_2^{n-2}&\cdots&x_n^{n-2}\\x_1^n&x_2^n&\cdots&x_n^n\end{vmatrix}$.

解　行列式 D_n 与范德蒙行列式相似，但少了一行 x_i^{n-1}，采用加边法加上含 x_i^{n-1} 的一行，再加上相应的一列为 1，y，y^2，…，y^n，得

$$D_{n+1}=\begin{vmatrix}1&1&\cdots&1&1\\x_1&x_2&\cdots&x_n&y\\x_1^2&x_2^2&\cdots&x_n^2&y^2\\\cdots&\cdots&\cdots&\cdots&\cdots\\x_1^{n-2}&x_2^{n-2}&\cdots&x_n^{n-2}&y^{n-2}\\x_1^{n-1}&x_2^{n-1}&\cdots&x_n^{n-1}&y^{n-1}\\x_1^n&x_2^n&\cdots&x_n^{n-1}&y^n\end{vmatrix}=(y-x_1)(y-x_2)\cdots(y-x_n)\prod_{n\geqslant i>j\geqslant 1}(x_i-x_j),$$

将行列式 D_{n+1} 按最后一列展开得

$$D_{n+1}=1\cdot A_{1,n+1}+y\cdot A_{2,n+1}+\cdots+y^{n-2}\cdot A_{n-1,n+1}+y^{n-1}A_{n,n+1}+y^nA_{n+1,n+1}$$

则 D_n 的值为 D_{n+1} 中 y^{n-1} 的代数余子式 $A_{n,n+1}$，即展开后 y^{n-1} 的系数，又

$$D_{n+1}=(y-x_1)(y-x_2)\cdots(y-x_n)\prod_{n\geqslant i>j\geqslant 1}(x_i-x_j),$$

则 y^{n-1} 的系数为 $(x_1+x_2+\cdots+x_n)\prod\limits_{n\geqslant i>j\geqslant 1}(x_i-x_j)$，即

$$D_n=(x_1+x_2+\cdots+x_n)\prod_{n\geqslant i>j\geqslant 1}(x_i-x_j).$$

小结：计算这种类似范德蒙行列式的一种常用方法是先用加边法将行列式变换为范德蒙行列式，再将行列式按新加的列展开，然后通过比较系数法得出行列式的值.

三、习题 1—4 解答

1. 求行列式 $\begin{vmatrix}-3 & 0 & 4\\ 5 & 0 & 3\\ 2 & -2 & 1\end{vmatrix}$ 中元素 2 和 −2 的代数余子式.

解 元素 2 的代数余子式为

$$(-1)^{3+1}\begin{vmatrix}0 & 4\\ 0 & 3\end{vmatrix}=0;$$

元素 −2 的代数余子式为

$$(-1)^{3+2}\begin{vmatrix}-3 & 4\\ 5 & 3\end{vmatrix}=29.$$

2. 已知四阶行列式 D 中第 3 列元素依次为 −1，2，0，1，它们的余子式依次为 5，3，−7，4，求 D.

解 利用行列式等于它的任一行（列）的各元素与其对应的代数余子式乘积之和的性质，得

$$D=a_{i1}A_{i1}+a_{i2}A_{i2}+\cdots+a_{in}A_{in}\quad(i=1,2,\cdots,n),$$

或

$$D=a_{1j}A_{1j}+a_{2j}A_{2j}+\cdots+a_{nj}A_{nj}\quad(j=1,2,\cdots,n).$$

$$D=(-1)\times 5-2\times 3+0\times(-7)-1\times 4=-15.$$

3. 按第 3 列展开下列行列式，并计算其值：

(1) $\begin{vmatrix}1 & 0 & a & 1\\ 0 & -1 & b & -1\\ -1 & -1 & c & -1\\ -1 & 1 & d & 0\end{vmatrix}$.

解 原式$=a\begin{vmatrix}0&-1&-1\\-1&-1&-1\\-1&1&0\end{vmatrix}-b\begin{vmatrix}1&0&1\\-1&-1&-1\\-1&1&0\end{vmatrix}+c\begin{vmatrix}1&0&1\\0&-1&-1\\-1&1&0\end{vmatrix}$

$-d\begin{vmatrix}1&0&1\\0&-1&-1\\-1&-1&-1\end{vmatrix}=a\left(\begin{vmatrix}-1&-1\\1&0\end{vmatrix}-\begin{vmatrix}-1&-1\\-1&-1\end{vmatrix}\right)$

$-b\left(\begin{vmatrix}-1&-1\\1&0\end{vmatrix}+\begin{vmatrix}-1&-1\\-1&1\end{vmatrix}\right)+c\left(\begin{vmatrix}-1&-1\\1&0\end{vmatrix}-\begin{vmatrix}0&1\\-1&-1\end{vmatrix}\right)$

$-d\left(\begin{vmatrix}-1&-1\\-1&-1\end{vmatrix}-\begin{vmatrix}0&1\\-1&-1\end{vmatrix}\right)=a+b+d.$

(2) $\begin{vmatrix}a_{11}&a_{12}&a_{13}&a_{14}&a_{15}\\a_{21}&a_{22}&a_{23}&a_{24}&a_{25}\\a_{31}&a_{32}&0&0&0\\a_{41}&a_{42}&0&0&0\\a_{51}&a_{52}&0&0&0\end{vmatrix}.$

解 $\begin{vmatrix}a_{11}&a_{12}&a_{13}&a_{14}&a_{15}\\a_{21}&a_{22}&a_{23}&a_{24}&a_{25}\\a_{31}&a_{32}&0&0&0\\a_{41}&a_{42}&0&0&0\\a_{51}&a_{52}&0&0&0\end{vmatrix}=a_{13}\begin{vmatrix}a_{21}&a_{22}&a_{24}&a_{25}\\a_{31}&a_{32}&0&0\\a_{41}&a_{42}&0&0\\a_{51}&a_{52}&0&0\end{vmatrix}$

$-a_{23}\begin{vmatrix}a_{11}&a_{12}&a_{14}&a_{15}\\a_{31}&a_{32}&0&0\\a_{41}&a_{42}&0&0\\a_{51}&a_{52}&0&0\end{vmatrix}=0.$

4. 证明：$\begin{vmatrix}1&1&1&1\\a&b&c&d\\a^2&b^2&c^2&d^2\\a^4&b^4&c^4&d^4\end{vmatrix}=(a-b)(a-c)(a-d)(b-c)(b-d)(c-d)(a+b+c+d).$

证明思路 计算行列式时，一般可先用行列式的性质将行列式中某一行（列）化为仅含有一个非零元素，再按此行（列）展开，化为低一阶的行列式，如此继续下去直到化为三阶或二阶行列式.

证 左边$=\begin{vmatrix}1&0&0&0\\a&b-a&c-a&d-a\\a^2&b^2-a^2&c^2-a^2&d^2-a^2\\a^4&b^4-a^4&c^4-a^4&d^4-a^4\end{vmatrix}$

$$=\begin{vmatrix} b-a & c-a & d-a \\ b^2-a^2 & c^2-a^2 & d^2-a^2 \\ b^2(b^2-a^2) & c^2(c^2-a^2) & d^2(d^2-a^2) \end{vmatrix}$$

$$=(b-a)(c-a)(d-a)\begin{vmatrix} 1 & 1 & 1 \\ b+a & c+a & d+a \\ b^2(b+a) & c^2(c+a) & d^2(d+a) \end{vmatrix}$$

$$=(b-a)(c-a)(d-a)\times$$

$$\begin{vmatrix} 1 & 0 & 0 \\ b+a & c-b & d-b \\ b^2(b+a) & c^2(c+a)-b^2(b+a) & d^2(d+a)-b^2(b+a) \end{vmatrix}$$

$$=(b-a)(c-a)(d-a)(c-b)(d-b)\times$$

$$\begin{vmatrix} 1 & 1 \\ (c^2+bc+b^2)+a(c+b) & (d^2+bd+b^2)+a(d+b) \end{vmatrix}$$

$$=(a-b)(a-c)(a-d)(b-c)(b-d)(c-d)(a+b+c+d).$$

5. 用降阶法计算下列行列式：

解题思路 先利用行列式的性质及其相关的推论把行列式按一行（列）展开，再把展开后的行列式化成三阶或二阶行列式.

(1) $\begin{vmatrix} 1+x & 1 & 1 & 1 \\ 1 & 1-x & 1 & 1 \\ 1 & 1 & 1+y & 1 \\ 1 & 1 & 1 & 1-y \end{vmatrix}$.

解 原行列式$=\begin{vmatrix} 1 & 0 & 0 & 0 \\ 1 & -x & 0 & 0 \\ 1 & 0 & y & 0 \\ 1 & 0 & 0 & -y \end{vmatrix}+\begin{vmatrix} x & 1 & 1 & 1 \\ 0 & 1-x & 1 & 1 \\ 0 & 1 & 1+y & 1 \\ 0 & 1 & 1 & 1-y \end{vmatrix}$

$$=xy^2+x\begin{vmatrix} 1 & 1 & 1 \\ 1 & 1+y & 1 \\ 1 & 1 & 1-y \end{vmatrix}+x\begin{vmatrix} -x & 1 & 1 \\ 0 & 1+y & 1 \\ 0 & 1 & 1-y \end{vmatrix}$$

$$=xy^2+x\begin{vmatrix} y & 0 \\ 0 & -y \end{vmatrix}-x^2\begin{vmatrix} 1+y & 1 \\ 1 & 1-y \end{vmatrix}$$

$$=xy^2-xy^2-x^2(1-y^2-1)=x^2y^2.$$

(2) $\begin{vmatrix} 0 & a & b & a \\ a & 0 & a & b \\ b & a & 0 & a \\ a & b & a & 0 \end{vmatrix}$.

解 将 c_2，c_3，c_4 都加到 c_1，得

$$原行列式=\begin{vmatrix}2a+b & a & b & a\\ 2a+b & 0 & a & b\\ 2a+b & a & 0 & a\\ 2a+b & b & a & 0\end{vmatrix}=(2a+b)\begin{vmatrix}1 & a & b & a\\ 1 & 0 & a & b\\ 1 & a & 0 & a\\ 1 & b & a & 0\end{vmatrix}$$

$$=(2a+b)\begin{vmatrix}1 & a & b & a\\ 0 & -a & a-b & b-a\\ 0 & 0 & -b & 0\\ 0 & b-a & a-b & -a\end{vmatrix}=(2a+b)\begin{vmatrix}-a & a-b & b-a\\ 0 & -b & 0\\ b-a & a-b & -a\end{vmatrix}$$

$$=(2a+b)(-b)\begin{vmatrix}-a & b-a\\ b-a & -a\end{vmatrix}=b^2(b^2-4a^2).$$

(3) $\begin{vmatrix}x & y & 0 & \cdots & 0 & 0\\ 0 & x & y & \cdots & 0 & 0\\ \cdots & \cdots & \cdots & \cdots & \cdots & \cdots\\ 0 & 0 & 0 & \cdots & x & y\\ y & 0 & 0 & \cdots & 0 & x\end{vmatrix}$.

解 $原行列式=x\begin{vmatrix}x & y & \cdots & 0 & 0\\ \cdots & \cdots & \cdots & \cdots & \cdots\\ 0 & 0 & \cdots & x & y\\ 0 & 0 & \cdots & 0 & x\end{vmatrix}+(-1)^{n+1}y\begin{vmatrix}y & 0 & \cdots & 0 & 0\\ x & y & \cdots & 0 & 0\\ \cdots & \cdots & \cdots & \cdots & \cdots\\ 0 & 0 & \cdots & x & y\end{vmatrix}$

$$=x^n+(-1)^{n-1}y^n.$$

(4) $\begin{vmatrix}-a_1 & a_1 & 0 & \cdots & 0 & 0\\ 0 & -a_2 & a_2 & \cdots & 0 & 0\\ \cdots & \cdots & \cdots & \cdots & \cdots & \cdots\\ 0 & 0 & 0 & \cdots & -a_n & a_n\\ 1 & 1 & 1 & \cdots & 1 & 1\end{vmatrix}$.

解 将第2列至第 $n+1$ 列分别加到第1列，得

$$原行列式=\begin{vmatrix}0 & a_1 & 0 & \cdots & 0 & 0\\ 0 & -a_2 & a_2 & \cdots & 0 & 0\\ \cdots & \cdots & \cdots & \cdots & \cdots & \cdots\\ 0 & 0 & 0 & \cdots & -a_n & a_n\\ n+1 & 1 & 1 & \cdots & 1 & 1\end{vmatrix}$$

$$=(-1)^{n+1+1}(n+1)\begin{vmatrix}a_1 & 0 & \cdots & 0 & 0\\ -a_2 & a_2 & \cdots & 0 & 0\\ \cdots & \cdots & \cdots & \cdots & \cdots\\ 0 & 0 & \cdots & -a_n & a_n\end{vmatrix}$$

$$=(-1)^n(n+1)a_1a_2\cdots a_n.$$

6. 已知四阶行列式 D 中第 1 行的元素分别为 1，2，0，-4，第 3 行元素的余子式依次为 6，x，19，2，试求 x 的值.

解　由题设知，a_{11}，a_{12}，a_{13}，a_{14} 分别为 1，2，0，-4；M_{31}，M_{32}，M_{33}，M_{34} 分别为 6，x，19，2.

从而得 A_{31}，A_{32}，A_{33}，A_{34} 分别为 6，$-x$，19，-2.

由行列式换行（列）展开定理，得

$$a_{11}A_{31}+a_{12}A_{32}+a_{13}A_{33}+a_{14}A_{34}=0,$$

即　$1\times6+2\times(-x)+0\times19+(-4)\times(-2)=0$，

所以 $x=7$.

§1.5　克莱姆法则

一、主要知识归纳

表 1—5—1　　**克莱姆法则**

定理	若非齐次线性方程组 $$\begin{cases}a_{11}x_1+a_{12}x_2+\cdots+a_{1n}x_n=b_1\\a_{21}x_1+a_{22}x_2+\cdots+a_{2n}x_n=b_2\\\cdots\cdots\cdots\cdots\cdots\cdots\cdots\cdots\\a_{n1}x_1+a_{n2}x_2+\cdots+a_{nn}x_n=b_n\end{cases}\qquad(1)$$ 的系数行列式 $D\neq0$，则线性方程组（1）有唯一解，其解为： $$x_j=\frac{D_j}{D}\quad(j=1,2,\cdots,n),$$ 其中 $D_j(j=1,2,\cdots,n)$ 是把 D 中第 j 列元素 a_{1j}，a_{2j}，…，a_{nj} 对应地换成常数项 b_1，b_2，…，b_n，而其余各列保持不变所得到的行列式.
条件	(a) 方程个数等于未知量的个数； (b) 系数行列式不等于零.

表 1—5—2　　**线性方程组解的判定定理**

定理	如果线性方程组（1）的系数行列式 $D\neq0$，则（1）一定有解，且解是唯一的.
	如果线性方程组（1）无解或解不唯一，则它的系数行列式必为零.
	如果线性方程组（1）对应的齐次线性方程组的系数行列式 $D\neq0$，则齐次线性方程组只有零解.
	如果线性方程组（1）对应的齐次线性方程组有非零解，则它的系数行列式 $D=0$.

二、典型例题分析

例 1　解下列线性方程组

$$\begin{cases} x_1+a_1x_2+a_1^2x_3+\cdots+a_1^{n-1}x_n=1 \\ x_1+a_2x_2+a_2^2x_3+\cdots+a_2^{n-1}x_n=1 \\ \cdots\cdots\cdots\cdots\cdots\cdots\cdots\cdots\cdots\cdots \\ x_1+a_nx_2+a_n^2x_3+\cdots+a_n^{n-1}x_n=1 \end{cases},$$

其中 $a_i\neq a_j(i\neq j,\ i,\ j=1,\ 2,\ \cdots,\ n)$.

解　该方程组的系数行列式 D 为转置的范德蒙行列式，由于 $D=D^{\mathrm{T}}$，故

$$D=\begin{vmatrix} 1 & a_1 & a_1^2 & \cdots & a_1^{n-1} \\ 1 & a_2 & a_2^2 & \cdots & a_2^{n-1} \\ \cdots & \cdots & \cdots & \cdots & \cdots \\ 1 & a_n & a_n^2 & \cdots & a_n^{n-1} \end{vmatrix}=\begin{vmatrix} 1 & 1 & 1 & \cdots & 1 \\ a_1 & a_2 & a_3 & \cdots & a_n \\ \cdots & \cdots & \cdots & \cdots & \cdots \\ a_1^{n-1} & a_2^{n-1} & a_3^{n-1} & \cdots & a_n^{n-1} \end{vmatrix}$$

$$=\prod_{1\leqslant j\leqslant i\leqslant n}(a_i-a_j)\neq 0,$$

由克莱姆法则知，方程组有唯一解.

设 D_i 为用常用项 1，1，…，1 取代 D 的第 i 列后所构成的行列式，由行列式性质 2 的推论 1 可知

$$D_1=D,\ D_2=\cdots=D_n=0,$$

故

$$x_1=\frac{D_1}{D}=1,\ x_2=\frac{D_2}{D}=0,\ \cdots,\ x_n=\frac{D_n}{D}=0,$$

即原方程组的解为

$$\begin{cases} x_1=1 \\ x_2=0 \\ \cdots\cdots \\ x_n=0 \end{cases}.$$

小结：本题主要考查了用克莱姆法则求线性方程组的解，其关键在于相应行列式的计算.

***例 2**　已知三阶矩阵 $\boldsymbol{B}\neq\boldsymbol{O}$，且 $\boldsymbol{B}$ 的每个列向量都是下列方程组

$$\begin{cases} x_1+2x_2-2x_3=0 \\ 2x_1-x_2+\lambda x_3=0 \\ 3x_1+x_2-x_3=0 \end{cases}$$

的解向量，求 λ 的值.

解 由矩阵 $\boldsymbol{B}\neq\boldsymbol{0}$ 可知 $\boldsymbol{B}$ 中至少有一个非零的列向量，又 $\boldsymbol{B}$ 的每个列向量都是方程组的解，故齐次线性方程组有非零解，从而系数行列式为零，则

$$\begin{vmatrix}1 & 2 & -2\\ 2 & -1 & \lambda\\ 3 & 1 & -1\end{vmatrix}=0,$$

当行列式的 2，3 列对应成比例时行列式为 0，故

$$\lambda=1.$$

小结： 本题计算 λ 值的关键在于利用了齐次线性方程组有非零解的判定定理.

例 3 当 a，b 取什么值时，齐次线性方程组 $\begin{cases}ax_1+x_2+x_3=0\\ x_1+bx_2+x_3=0\\ x_1+2bx_2+x_3=0\end{cases}$

(1) 只有零解？

(2) 有非零解？

解 由方程组的系数行列式得

$$D=\begin{vmatrix}a & 1 & 1\\ 1 & b & 1\\ 1 & 2b & 1\end{vmatrix}=\begin{vmatrix}a & 1 & 1\\ 1 & b & 1\\ 0 & b & 0\end{vmatrix}=-b\begin{vmatrix}a & 1\\ 1 & 1\end{vmatrix}=-b(a-1),$$

所以由克莱姆法则可得：

(1) 当 $D\neq0$，即 $a\neq1$ 且 $b\neq0$ 时，方程组只有零解；

(2) 当 $D=0$，即 $a=1$ 或 $b=0$ 时，方程组有非零解.

小结： 齐次线性方程组只有零解的充要条件是系数行列式不等于零；反之，若有非零解，则系数行列式等于零. 本题的关键是计算系数行列式的值及对其进行讨论.

三、习题 1—5 解答

1. 用克莱姆法则解下列线性方程组：

解题思路 利用克莱姆法则：若线性方程组的系数行列式 $D\neq0$，则线性方程组有唯一解，其解为

$$x_j=\frac{D_j}{D}\quad(j=1,2,\cdots,n),$$

其中 $D_j(j=1,2,\cdots,n)$ 是把 D 中第 j 列元素 a_{1j}，a_{2j}，…，a_{nj} 对应地换成常数项 b_1，b_2，…，b_n，而其余各列保持不变所得到的行列式.

(1) $\begin{cases}2x+5y=1\\3x+7y=2\end{cases}$.

解 $D=\begin{vmatrix}2&5\\3&7\end{vmatrix}=-1$, $D_1=\begin{vmatrix}1&5\\2&7\end{vmatrix}=-3$, $D_2=\begin{vmatrix}2&1\\3&2\end{vmatrix}=1$,

于是 $x=\frac{D_1}{D}=\frac{-3}{-1}=3$, $y=\frac{D_2}{D}=\frac{1}{-1}=-1$.

(2) $\begin{cases}6x_1-4x_2=10\\5x_1+7x_2=29\end{cases}$.

解 $D=\begin{vmatrix}6&-4\\5&7\end{vmatrix}=62$, $D_1=\begin{vmatrix}10&-4\\29&7\end{vmatrix}=186$, $D_2=\begin{vmatrix}6&10\\5&29\end{vmatrix}=124$,

于是

$$x_1=\frac{D_1}{D}=\frac{186}{62}=3,\ x_2=\frac{D_2}{D}=\frac{124}{62}=2.$$

2. 用克莱姆法则解下列线性方程组：

(1) $\begin{cases}x+\ y-2z=-3\\5x-2y+7z=22\\2x-5y+4z=4\end{cases}$.

解 $D=\begin{vmatrix}1&1&-2\\5&-2&7\\2&-5&4\end{vmatrix}=63$, $D_1=\begin{vmatrix}-3&1&-2\\22&-2&7\\4&-5&4\end{vmatrix}=63$,

$$D_2=\begin{vmatrix}1&-3&-2\\5&22&7\\2&4&4\end{vmatrix}=126,\ D_3=\begin{vmatrix}1&1&-3\\5&-2&22\\2&-5&4\end{vmatrix}=189,$$

于是

$$x=\frac{D_1}{D}=\frac{63}{63}=1,\ y=\frac{D_2}{D}=\frac{126}{63}=2,\ z=\frac{D_3}{D}=\frac{189}{63}=3.$$

(2) $\begin{cases}bx-\ ay\quad +2ab=0\\-2cy+3bz-\ bc=0\\cx\quad +az\quad =0\end{cases}$，其中 $abc\neq 0$.

解 $D=\begin{vmatrix}b&-a&0\\0&-2c&3b\\c&0&a\end{vmatrix}=-5abc$, $D_1=\begin{vmatrix}-2ab&-a&0\\bc&-2c&3b\\0&0&a\end{vmatrix}=5a^2bc$,

$$D_2=\begin{vmatrix}b&-2ab&0\\0&bc&3b\\c&0&a\end{vmatrix}=-5ab^2c,\ D_3=\begin{vmatrix}b&-a&-2ab\\0&-2c&bc\\c&0&0\end{vmatrix}=-5abc^2,$$

于是

$$x=\frac{D_1}{D}=\frac{5a^2bc}{-5abc}=-a, \ y=\frac{D_2}{D}=\frac{-5ab^2c}{-5abc}=b, \ z=\frac{D_3}{D}=\frac{-5abc^2}{-5abc}=c.$$

3. 用克莱姆法则解下列线性方程组：

(1) $\begin{cases} 2x_1+x_2-5x_3+x_4=8 \\ x_1-3x_2-6x_4=9 \\ 2x_2-x_3+2x_4=-5 \\ x_1+4x_2-7x_3+6x_4=0 \end{cases}$.

解 系数行列式 $D=\begin{vmatrix} 2 & 1 & -5 & 1 \\ 1 & -3 & 0 & -6 \\ 0 & 2 & -1 & 2 \\ 1 & 4 & -7 & 6 \end{vmatrix}=27\neq 0$,

$$D_1=\begin{vmatrix} 8 & 1 & -5 & 1 \\ 9 & -3 & 0 & -6 \\ -5 & 2 & -1 & 2 \\ 0 & 4 & -7 & 6 \end{vmatrix}=81, \ D_2=\begin{vmatrix} 2 & 8 & -5 & 1 \\ 1 & 9 & 0 & -6 \\ 0 & -5 & -1 & 2 \\ 1 & 0 & -7 & 6 \end{vmatrix}=-108,$$

$$D_3=\begin{vmatrix} 2 & 1 & 8 & 1 \\ 1 & -3 & 9 & -6 \\ 0 & 2 & -5 & 2 \\ 1 & 4 & 0 & 6 \end{vmatrix}=-27, \ D_4=\begin{vmatrix} 2 & 1 & -5 & 8 \\ 1 & -3 & 0 & 9 \\ 0 & 2 & -1 & -5 \\ 1 & 4 & -7 & 0 \end{vmatrix}=27,$$

于是

$$x_1=\frac{D_1}{D}=\frac{81}{27}=3, \ x_2=\frac{D_2}{D}=\frac{-108}{27}=-4,$$

$$x_3=\frac{D_3}{D}=\frac{-27}{27}=-1, \ x_4=\frac{D_4}{D}=\frac{27}{27}=1.$$

(2) $\begin{cases} 2x_1+3x_2+11x_3+5x_4=6 \\ x_1+x_2+5x_3+2x_4=2 \\ 2x_1+x_2+3x_3+4x_4=2 \\ x_1+x_2+3x_3+4x_4=2 \end{cases}$.

解 系数行列式 $D=\begin{vmatrix} 2 & 3 & 11 & 5 \\ 1 & 1 & 5 & 2 \\ 2 & 1 & 3 & 4 \\ 1 & 1 & 3 & 4 \end{vmatrix}=10\neq 0$,

$$D_1=\begin{vmatrix}6&3&11&5\\2&1&5&2\\2&1&3&4\\2&1&3&4\end{vmatrix}=0,\ D_2=\begin{vmatrix}2&6&11&5\\1&2&5&2\\2&2&3&4\\1&2&3&4\end{vmatrix}=20,$$

$$D_3=\begin{vmatrix}2&3&6&5\\1&1&2&2\\2&1&2&4\\1&1&2&4\end{vmatrix}=0,\ D_4=\begin{vmatrix}2&3&11&6\\1&1&5&2\\2&1&3&2\\1&1&3&2\end{vmatrix}=0,$$

于是

$$x_1=\frac{D_1}{D}=\frac{0}{10}=0,\ x_2=\frac{D_2}{D}=\frac{20}{10}=2,$$

$$x_3=\frac{D_3}{D}=\frac{0}{10}=0,\ x_4=\frac{D_4}{D}=\frac{0}{10}=0.$$

4. 变量 x_1，x_2，x_3，x_4 与变量 y_1，y_2，y_3，y_4 有下面的线性关系

$$\begin{aligned}x_1&=a_{11}y_1+a_{12}y_2+a_{13}y_3+a_{14}y_4\\x_2&=a_{21}y_1+a_{22}y_2+a_{23}y_3+a_{24}y_4\\x_3&=a_{31}y_1+a_{32}y_2+a_{33}y_3+a_{34}y_4\\x_4&=a_{41}y_1+a_{42}y_2+a_{43}y_3+a_{44}y_4\end{aligned}$$

已知其系数行列式不等于0，将 y_1，y_2，y_3，y_4 用 x_1，x_2，x_3，x_4 表示.

解 $D=\begin{vmatrix}a_{11}&a_{12}&a_{13}&a_{14}\\a_{21}&a_{22}&a_{23}&a_{24}\\a_{31}&a_{32}&a_{33}&a_{34}\\a_{41}&a_{42}&a_{43}&a_{44}\end{vmatrix}\neq 0,$

$$D_1=\begin{vmatrix}x_1&a_{12}&a_{13}&a_{14}\\x_2&a_{22}&a_{23}&a_{24}\\x_3&a_{32}&a_{33}&a_{34}\\x_4&a_{42}&a_{43}&a_{44}\end{vmatrix}=\sum_{i=1}^{4}A_{i1}x_i,\ D_2=\begin{vmatrix}a_{11}&x_1&a_{13}&a_{14}\\a_{21}&x_2&a_{23}&a_{24}\\a_{31}&x_3&a_{33}&a_{34}\\a_{41}&x_4&a_{43}&a_{44}\end{vmatrix}=\sum_{i=1}^{4}A_{i2}x_i,$$

$$D_3=\begin{vmatrix}a_{11}&a_{12}&x_1&a_{14}\\a_{21}&a_{22}&x_2&a_{24}\\a_{31}&a_{32}&x_3&a_{34}\\a_{41}&a_{42}&x_4&a_{44}\end{vmatrix}=\sum_{i=1}^{4}A_{i3}x_i,\ D_4=\begin{vmatrix}a_{11}&a_{12}&a_{13}&x_1\\a_{21}&a_{22}&a_{23}&x_2\\a_{31}&a_{32}&a_{33}&x_3\\a_{41}&a_{42}&a_{42}&x_4\end{vmatrix}\sum_{i=1}^{4}A_{i4}x_i,$$

$$\therefore\ y_j=\sum_{i=1}^{4}A_{ij}x_i/D\quad(j=1,2,3,4).$$

5. 判断齐次线性方程组$\begin{cases}2x_1+2x_2-x_3=0\\x_1-2x_2+4x_3=0\\5x_1+8x_2-2x_3=0\end{cases}$是否仅有零解.

解题思路 克莱姆法则在一定条件下给出了线性方程组解的存在性、唯一性. 结合定理 2（定理 2′）和定理 3（定理 3′）即可解题.

解 $D=\begin{vmatrix}2 & 2 & -1\\1 & -2 & 4\\5 & 8 & -2\end{vmatrix}=\begin{vmatrix}0 & 6 & -9\\1 & -2 & 4\\0 & 18 & -22\end{vmatrix}=-30\neq 0,$

但 $D_1=D_2=D_3=0$，所以方程组仅有零解.

6. 问 λ,μ 取何值时，齐次线性方程组

$$\begin{cases}\lambda x_1+\ \ x_2+x_3=0\\x_1+\ \mu x_2+x_3=0\\x_1+2\mu x_2+x_3=0\end{cases}$$

有非零解？

解 $D=\begin{vmatrix}\lambda & 1 & 1\\1 & \mu & 1\\1 & 2\mu & 1\end{vmatrix}=\mu-\mu\lambda.$

齐次线性方程组有非零解，则 $D=0$，即 $\mu-\mu\lambda=0$

$\Rightarrow\mu=0$ 或 $\lambda=1$.

不难验证，当 $\mu=0$ 或 $\lambda=1$ 时，该齐次线性方程组确有非零解.

7. 大学生在饮食方面存在很多问题，多数大学生不重视吃早餐，日常饮食没有规律. 为了身体的健康就需制定营养改善计划，大学生每天的配餐中需要摄入一定的蛋白质、脂肪和碳水化合物，下表给出了这三种食物提供的营养以及大学生正常所需的营养（它们的质量以适当的单位计量）：

营养	单位食物所含的营养量			所需营养量
	食物一	食物二	食物三	
蛋白质	36	51	13	33
脂肪	0	7	1.1	3
碳水化合物	52	34	74	45

试根据这个问题建立一个线性方程组，并通过求解方程组来确定每天需要摄入上述三种食物的量.

解 设 x_1，x_2，x_3 分别为三种食物的量，则由表中的数据可得出下列线性方程组：

$$\begin{cases}36x_1+51x_2+13x_3=33\\7x_2+1.1x_3=3\\52x_1+34x_2+74x_3=45\end{cases}$$

由克莱姆法则可得

$$D=\begin{vmatrix}36&51&13\\0&7&1.1\\52&34&74\end{vmatrix}=15\,486.8,\ D_1=\begin{vmatrix}33&51&13\\3&7&1.1\\45&34&74\end{vmatrix}=4\,293.3,$$

$$D_2=\begin{vmatrix}36&33&13\\0&3&1.1\\52&45&74\end{vmatrix}=6\,069.6,\ D_3=\begin{vmatrix}36&51&33\\0&7&3\\52&34&45\end{vmatrix}=3\,612.$$

则

$$x_1=\frac{D_1}{D}\approx 0.277,\ x_2=\frac{D_2}{D}\approx 0.392,\ x_3=\frac{D_3}{D}\approx 0.233.$$

从而我们每天可以摄入 0.277 个单位的食物一、0.392 个单位的食物二、0.233 个单位的食物三就可以保证我们的健康饮食了.

本章小结

一、本章知识点网络图

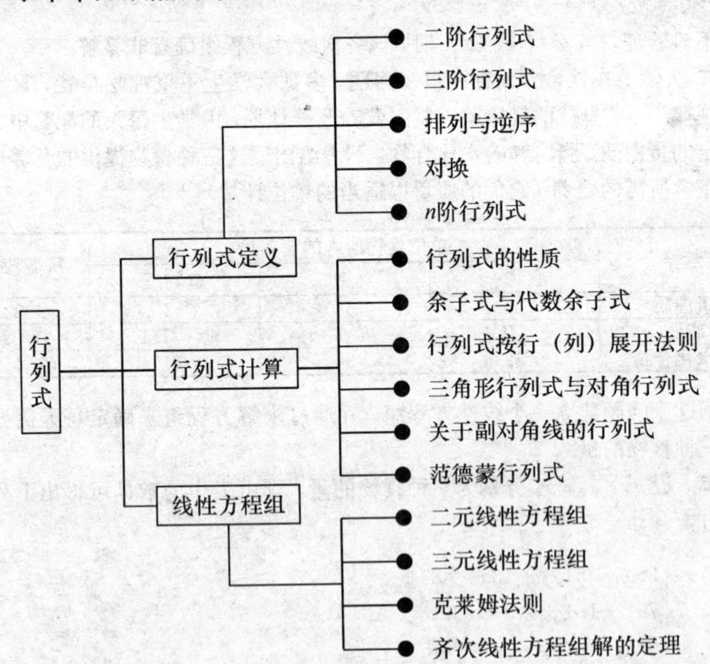

二、题型分析

题型 1　利用行列式的定义计算行列式

解题思路　对含零元素较多的行列式，可直接用定义计算. 因行列式中的项有一元素为零时，该项的值为零，故只需求出所有非零项即可. 为求出所有非零项，将行标按标准顺序排列，再讨论列标所有可能的取值. 具体做法是：对一般项 $a_{1j_1}a_{2j_2}\cdots a_{nj_n}$，先由第 1 行的非零元素及其位置，写出 j_1 可能取的数码，再由第 2，3，…，n 行的非零元素及其位置分别写出 j_2，j_3，…，j_n 可能取的数码，进而求出 $j_1j_2\cdots j_n$的所有 n 级排列，该 n 级排列的个数即为所有非零项的项数（见总习题一题 1）. 如果这样的非零项一个也没有，则该行列式的值为零（如例 1）. 此外，若一个 n 阶行列式中零元素的个数大于 n^2-n，则此行列式等于零.

例 1　用行列式定义计算 $D_5=\begin{vmatrix} 0 & a_{12} & a_{13} & 0 & 0 \\ a_{21} & a_{22} & a_{23} & a_{24} & a_{25} \\ a_{31} & a_{32} & a_{33} & a_{34} & a_{35} \\ 0 & a_{42} & a_{43} & 0 & 0 \\ 0 & a_{52} & a_{53} & 0 & 0 \end{vmatrix}$.

解　设 D_5 中第 1，2，3，4，5 行的元素分别为 a_{1p_1}，a_{2p_2}，a_{3p_3}，a_{4p_4}，a_{5p_5}，则由 D_5 中第 1，2，3，4，5 行可能的非零元素分别得到

$$p_1=2,\ 3;\qquad p_2=1,\ 2,\ 3,\ 4,\ 5;$$

$$p_3=1,\ 2,\ 3,\ 4,\ 5;\quad p_4=2,\ 3;\quad p_5=2,3.$$

因为 p_1，p_2，p_3，p_4，p_5 在上述可能取的数码中，一个 5 元排列也不能组成，故

$$D_5=0.$$

题型 2　化行列式为三角形行列式进行计算

解题思路　利用行列式的性质，采用“化零”的方法，逐步将所给行列式化为三角形行列式. 化零时一般尽量选含有 1 的行（列）及含零较多的行（列）；若没有 1，则可适当选取便于化零的数，或利用行列式性质将某行（列）中的某数化为 1（见总习题一题 2（1））；若所给行列式中元素间具有某些特征，则应充分利用这些特征，常见的如：行列式所有行（或列）对应元素相加后相等，则可通过提取公因子将第 1 行（或列）全部元素化为 1（见总习题一题 2（3），（4））；对爪形（$|\overline{|\diagdown}|$, $|\overline{\diagup|}|$, $|\underline{|\diagdown}|$, $|\underline{\diagup|}|$）行列式，可通过将其余各行（或列）的某一倍数加至第 1 行（或列）而化为三角形行列式（如例 1）；通过作辅助行列式使其具有可利用的特征（如例 2），等等.

掌握行列式的特征是计算行列式的关键，在此基础上，充分利用行列式的性质以达到将其化为三角形行列式的目的.

例 1　计算行列式

$$D_{n+1}=\begin{vmatrix} a_0 & b_1 & b_2 & \cdots & b_{n-1} & b_n \\ c_1 & a_1 & 0 & \cdots & 0 & 0 \\ c_2 & 0 & a_2 & \cdots & 0 & 0 \\ \cdots & \cdots & \cdots & \cdots & \cdots & \cdots \\ c_n & 0 & 0 & \cdots & 0 & a_n \end{vmatrix},\ a_i\neq 0.$$

解　化为三角形行列式，把第 $i+1(i=1,\cdots,n)$ 列的 $-\frac{c_i}{a_i}$ 倍加到第 1 列，得

$$D_{n+1}=\begin{vmatrix} a_0-\sum\limits_{i=1}^{n}\frac{b_ic_1}{a_i} & b_1 & b_2 & \cdots & b_{n-1} & b_n \\ 0 & a_1 & 0 & \cdots & 0 & 0 \\ 0 & 0 & a_2 & \cdots & 0 & 0 \\ \cdots & \cdots & \cdots & \cdots & \cdots & \cdots \\ 0 & 0 & 0 & \cdots & 0 & a_n \end{vmatrix}=a_1a_2\cdots a_n\left(a_0-\sum_{i=1}^{n}\frac{b_ic_i}{a_i}\right).$$

例 2　计算 $D_n=\begin{vmatrix} x_1+a_1^2 & a_1a_2 & \cdots & a_1a_n \\ a_2a_1 & x_2+a_2^2 & \cdots & a_2a_n \\ \cdots & \cdots & \cdots & \cdots \\ a_na_1 & a_na_2 & \cdots & x_n+a_n^2 \end{vmatrix}$，$x_1x_2\cdots x_n\neq 0$.

解　D_n 除主对角线上的元素外，其第 i 列的元素分别为 $n-1$ 个元素 a_1，a_2，…，a_{i-1}，a_{i+1}，…，a_n 的 a_i 倍，故作如下辅助行列式：

$$D_n=D_{n+1}=\begin{vmatrix} 1 & 0 & 0 & \cdots & 0 \\ a_1 & x_1+a_1^2 & a_1a_2 & \cdots & a_1a_n \\ a_2 & a_2a_1 & x_2+a_2^2 & \cdots & a_2a_n \\ \cdots & \cdots & \cdots & \cdots & \cdots \\ a_n & a_na_1 & a_na_2 & \cdots & x_n+a_n^2 \end{vmatrix}=\begin{vmatrix} 1 & -a_1 & -a_2 & \cdots & -a_n \\ a_1 & x_1 & 0 & \cdots & 0 \\ a_2 & 0 & x_2 & \cdots & 0 \\ \cdots & \cdots & \cdots & \cdots & \cdots \\ a_n & 0 & 0 & \cdots & x_n \end{vmatrix}$$

$$\xlongequal[\quad]{c_1-\frac{a_1}{x_1}c_2-\cdots-\frac{a_n}{x_n}c_{n+1}}\begin{vmatrix} 1+\sum\limits_{i=1}^{n}(a_i^2/x_i) & -a_1 & -a_2 & \cdots & -a_n \\ 0 & x_1 & 0 & \cdots & 0 \\ 0 & 0 & x_2 & \cdots & 0 \\ \cdots & \cdots & \cdots & \cdots & \cdots \\ 0 & 0 & 0 & \cdots & x_n \end{vmatrix}$$

$$=\left(1+\sum_{i=1}^{n}(a_i^2/x_i)\right)\prod_{j=1}^{n}x_j.$$

题型 3　利用行列式性质和展开定理计算行列式

解题思路　利用行列式的性质和按行（列）展开定理计算行列式，一般总是先利用行列式的性质，把行列式的某行（列）的元素化为尽可能多的零，然后再按此行（列）展开以达到降低行列式阶数，将行列式转化为较低阶行列式来计算的目的，此即所谓的降阶法．计算中，对具体的问题应具体分析，注意所给行列式的特征（见总习题一题 5～题 7，例 1）；

通常情况下，如此所求行列式的某一行（或某一列）至多只有两个非零元素，一般可按此行（或此列）展开降阶求解（见总习题一题 6(2)、6(3)）．

例 1　计算行列式 $D=\begin{vmatrix} a_1b_1 & a_1b_2 & a_1b_3 & a_1b_4 \\ a_1b_2 & a_2b_2 & a_2b_3 & a_2b_4 \\ a_1b_3 & a_2b_3 & a_3b_3 & a_3b_4 \\ a_1b_4 & a_2b_4 & a_3b_4 & a_4b_4 \end{vmatrix}$.

解　观察行列式中元素的规律，第 4 行提出公因子 b_4 后，再把第 4 行的 $-b_1$，$-b_2$，$-b_3$ 倍分别加到第 1，2，3 行，得

$$D=b_4\begin{vmatrix} a_1b_1 & a_1b_2 & a_1b_3 & a_1b_4 \\ a_1b_2 & a_2b_2 & a_2b_3 & a_2b_4 \\ a_1b_3 & a_2b_3 & a_3b_3 & a_3b_4 \\ a_1 & a_2 & a_3 & a_4 \end{vmatrix}$$

$$=b_4\begin{vmatrix} 0 & a_1b_2-a_2b_1 & a_1b_3-a_3b_1 & a_1b_4-a_4b_1 \\ 0 & 0 & a_2b_3-a_3b_2 & a_2b_4-a_4b_2 \\ 0 & 0 & 0 & a_3b_4-a_4b_3 \\ a_1 & a_2 & a_3 & a_4 \end{vmatrix}$$

$$=b_4(-1)^{4+1}a_1\begin{vmatrix} a_1b_2-a_2b_1 & a_1b_3-a_3b_1 & a_1b_4-a_4b_1 \\ 0 & a_2b_3-a_3b_2 & a_2b_4-a_4b_2 \\ 0 & 0 & a_3b_4-a_4b_3 \end{vmatrix}$$

$$=-a_1b_4\sum_{i=1}^{3}(a_ib_{i+1}-a_{i+1}b_i).$$

题型 4　递推公式法与数学归纳法

解题思路　递推公式法：应用按行（列）展开定理，把一个 n 阶行列式表示为具有相同结构的较低阶行列式的线性关系：

$$D_n=\alpha D_{n-1}+\beta D_{n-2}\quad 或\quad D_n=\alpha D_{n-1}+\beta,$$

再根据此关系递推求得所给行列式的值，形如 |⋱⋱⋱| 的三对角行列式常用递推公式法计算（见例 1，总习题一题 8(1)，例 2）.

数学归纳法：对于包含整数 n 的公式，若要证的结果已知时，可用数学归纳法来证明（见总习题一题 8(2)），其步骤如下：

(1) 验证 n 取第一个值（$n=0$，1 或 2 等）时公式成立；

(2) 假定 $n=k$ 时公式成立，验证当 $n=k+1$ 时公式也成立.

若要求的结果未知时，也可先猜想其结果，然后用数学归纳法证明其猜想结果成立（如例 3）.

例 1　计算 $\begin{vmatrix} 2 & 1 & 0 & 0 & 0 \\ 1 & 2 & 1 & 0 & 0 \\ 0 & 1 & 2 & 1 & 0 \\ 0 & 0 & 1 & 2 & 1 \\ 0 & 0 & 0 & 1 & 2 \end{vmatrix}$.

解　由于 a_{11} 的代数余子式是 D_4，因而也可直接对第一行展开，通过建立递推关系来求 D_5，即

$$D_5 = 2D_4 - \begin{vmatrix} 1 & 1 & 0 & 0 \\ 0 & 2 & 1 & 0 \\ 0 & 1 & 2 & 1 \\ 0 & 0 & 1 & 2 \end{vmatrix} = 2D_4 - D_3.$$

把上述关系整理成

$$D_5 - D_4 = D_4 - D_3.$$

那么，递推地运用上述关系式就有

$$D_5 - D_4 = D_4 - D_3 = D_3 - D_2 = D_2 - D_1 = 3-2=1$$

$$\Rightarrow \quad D_5 = D_4 + 1.$$

再依此递推，得到

$$D_5 = D_4 + 1 = D_3 + 2 = D_2 + 3 = D_1 + 4 = 6.$$

注：本题也可用化为三角形行列式的方法进行计算.

例 2　计算 n 阶行列式 $D_n = \begin{vmatrix} x & -1 & 0 & \cdots & 0 & 0 \\ 0 & x & -1 & \cdots & 0 & 0 \\ \cdots & \cdots & \cdots & \cdots & \cdots & \cdots \\ 0 & 0 & 0 & \cdots & x & -1 \\ a_n & a_{n-1} & a_{n-2} & \cdots & a_2 & a_1 \end{vmatrix}$.

解 按第1列展开得

$$D_n=xD_{n-1}+(-1)^{n+1}a_n\begin{vmatrix}-1&0&\cdots&0&0\\x&-1&\cdots&0&0\\\cdots&\cdots&\cdots&\cdots&\cdots\\0&0&\cdots&x&-1\end{vmatrix}=xD_{n-1}+a_n.$$

由此递推得

$$\begin{aligned}D_n&=a_n+xD_{n-1}=a_n+x(a_{n-1}+xD_{n-2})=a_n+xa_{n-1}+x^2D_{n-2}\\&=\cdots=a_n+a_{n-1}x+a_{n-2}x^2+\cdots+x^{n-1}D_1\\&=a_n+a_{n-1}x+a_{n-2}x^2+\cdots+a_2x^{n-2}+a_1x^{n-1}.\end{aligned}$$

例3 计算行列式 $D_n=\begin{vmatrix}x&-1&0&\cdots&0&0\\0&x&-1&\cdots&0&0\\\cdots&\cdots&\cdots&\cdots&\cdots&\cdots\\0&0&0&\cdots&x&-1\\a_n&a_{n-1}&a_{n-2}&\cdots&a_2&a_1+x\end{vmatrix}$.

解 用数学归纳法，当 $n=2$ 时，

$$D_2=\begin{vmatrix}x&-1\\a_2&x+a_1\end{vmatrix}=x^2+a_1x+a_2,$$

从规律上猜想并假设 $n=k$ 时，有

$$D_k=x^k+a_1x^{k-1}+a_2x^{k-2}+\cdots+a_{k-1}x+a_k,$$

则当 $n=k+1$ 时，把 D_{n+1} 按第1列展开，有

$$\begin{aligned}D_{k+1}&=xD_k+a_{k+1}=x(x^k+a_1x^{k-1}+\cdots+a_{k-1}+a_k)+a_{k+1}\\&=x^{k+1}+a_1x^k+\cdots+a_kx+a_{k+1}.\end{aligned}$$

题型5 利用展开定理求代数余子式

解题思路 设 $D=\begin{vmatrix}a_{11}&a_{12}&\cdots&a_{1n}\\a_{21}&a_{22}&\cdots&a_{2n}\\\cdots&\cdots&\cdots&\cdots\\a_{n1}&a_{n2}&\cdots&a_{nn}\end{vmatrix}$，则有

$$D=a_{i1}A_{i1}+a_{i2}A_{i2}+\cdots+a_{in}A_{in}\quad(i=1,2,\cdots,n)$$

或 $$D=a_{1j}A_{1j}+a_{2j}A_{2j}+\cdots+a_{nj}A_{nj}\quad(j=1,2,\cdots,n).$$

其中 A_{ij} 为 a_{ij} 的代数余子式. 反之，若要求某行（列）对应元素代数余子式的线性组合，可利用展开定理将其转化为一个 n 阶行列式来计算，即

$$k_1A_{i1}+k_2A_{i2}+\cdots+k_nA_{in}=\begin{vmatrix} a_{11} & a_{12} & \cdots & a_{1n} \\ \cdots & \cdots & \cdots & \cdots \\ a_{i-11} & a_{i-12} & \cdots & a_{i-1n} \\ k_1 & k_2 & \cdots & k_n \\ a_{i+11} & a_{i+12} & \cdots & a_{i+1n} \\ \cdots & \cdots & \cdots & \cdots \\ a_{n1} & a_{n2} & \cdots & a_{nn} \end{vmatrix}$$

例 1 设$|a_{ij}|_{4\times4}=\begin{vmatrix} 3 & 6 & 9 & 12 \\ 2 & 4 & 6 & 8 \\ 1 & 2 & 0 & 3 \\ 5 & 6 & 4 & 3 \end{vmatrix}$，试求 $A_{41}+2A_{42}+3A_{44}=?$ 其中 A_{4j} 为元素 a_{4j} $(j=1, 2, 4)$ 的代数余子式.

解 $A_{41}+2A_{42}+3A_{44}=1\cdot A_{41}+2\cdot A_{42}+0\cdot A_{43}+3\cdot A_{44}=\begin{vmatrix} 3 & 6 & 9 & 12 \\ 2 & 4 & 6 & 8 \\ 1 & 2 & 0 & 3 \\ 1 & 2 & 0 & 3 \end{vmatrix}=0.$

例 2 已知四阶行列式 $D_4=\begin{vmatrix} 1 & 2 & 3 & 4 \\ 3 & 3 & 4 & 4 \\ 1 & 5 & 6 & 7 \\ 1 & 1 & 2 & 2 \end{vmatrix}=-6$，试求 $A_{41}+A_{42}$ 与 $A_{43}+A_{44}$，其中 A_{4j} $(j=1, 2, 3, 4)$ 是 D_4 中第 4 行第 j 个元素的代数余子式.

解 由题设把此行列式按第 4 行展开，以及用第 2 行元素乘以对应第 4 行元素的代数余子式，得

$$\begin{cases} A_{41}+A_{42}+2(A_{43}+A_{44})=-6 \\ 3(A_{41}+A_{42})+4(A_{43}+A_{44})=0 \end{cases},$$

由此解得

$$A_{41}+A_{42}=12,\ A_{43}+A_{44}=-9.$$

题型 6 利用范德蒙行列式计算行列式

解题思路 若一行列式可转化为具有如下特征的行列式：其各行（列）都以第一行（列）的升幂从上到下（从左到右）由 0 到 $n-1$ 排列，则可利用范德蒙行列式的结论来计算所给行列式（如例 1）.

利用范德蒙行列式的结论来计算或证明所给问题，其难点在于要根据所给

行列式的特点，充分利用行列式的性质和按行（列）展开定理将其转化为范德蒙行列式的形式（如例2）；有时候需要通过构造辅助行列式来达到这一目的（见总习题一题9(1)）.

例1 计算 $n+1$ 阶行列式 $\begin{vmatrix} a_1^n & a_1^{n-1}b_1 & \cdots & a_1b_1^{n-1} & b_1^n \\ a_2^n & a_2^{n-1}b_2 & \cdots & a_2b_2^{n-1} & b_2^n \\ \cdots & \cdots & & \cdots & \cdots \\ a_{n+1}^n & a_{n+1}^{n-1}b_{n+1} & \cdots & a_{n+1}b_{n+1}^{n-1} & b_{n+1}^n \end{vmatrix}$，其中 $a_i\neq 0$ $(i=1, 2, \cdots, n+1)$.

解 每行元素 a_i 的幂次由 n 次递减为 0 次，b_i 为升幂由 0 次升至 n 次幂，引入新变量 b_i/a_i 化为范德蒙行列式.

每行提出 $a_i^n(i=1, 2, \cdots, n+1)$ 有

$$D=a_1^na_2^n\cdots a_{n+1}^n\begin{vmatrix} 1 & b_1/a_1 & (b_1/a_1)^2 & \cdots & (b_1/a_1)^n \\ 1 & b_2/a_2 & (b_2/a_2)^2 & \cdots & (b_2/a_2)^n \\ \cdots & \cdots & \cdots & \cdots & \cdots \\ 1 & b_{n+1}/a_{n+1} & (b_{n+1}/a_{n+1})^2 & \cdots & (b_{n+1}/a_{n+1})^n \end{vmatrix}$$

$$=a_1^na_2^n\cdots a_{n+1}^n\prod_{1\leqslant j<i\leqslant n+1}\left(\frac{b_i}{a_i}-\frac{b_j}{a_j}\right)=\prod_{1\leqslant j<i\leqslant n+1}(a_jb_i-a_ib_j).$$

例2 设 $a>b>c>0$，试用范德蒙行列式证明

$$D=\begin{vmatrix} a & a^2 & bc \\ b & b^2 & ac \\ c & c^2 & ab \end{vmatrix}<0.$$

证 先利用行列式性质将第3列进行变换，再用范德蒙行列式证明. 将 D 的第1列乘以 $a+b+c$ 加到第3列，得

$$D=\begin{vmatrix} a & a^2 & a^2+ab+bc+ca \\ b & b^2 & b^2+ab+bc+ca \\ c & c^2 & c^2+ab+bc+ca \end{vmatrix}\xlongequal{c_3-c_2}\begin{vmatrix} a & a^2 & ab+bc+ca \\ b & b^2 & ab+bc+ca \\ c & c^2 & ab+bc+ca \end{vmatrix}$$

$$=(ab+bc+ca)\begin{vmatrix} a & a^2 & 1 \\ b & b^2 & 1 \\ c & c^2 & 1 \end{vmatrix}\xlongequal[c_2\leftrightarrow c_1]{c_3\leftrightarrow c_2}(ab+bc+ca)\begin{vmatrix} 1 & a & a^2 \\ 1 & b & b^2 \\ 1 & c & c^2 \end{vmatrix}$$

$$=(ab+bc+ca)(b-a)(c-a)(c-b)<0.$$

题型7 利用多项式分解因式计算行列式

解题思路 对由行列式表示的 m 次多项式：

$$f(x)=|a_{ij}(x)|,$$

若已知其有 m 个根 x_1，x_2，…，x_m，则

$$f(x)=A(x-x_1)(x-x_2)\cdots(x-x_m),$$

令 $x=0$，求出 A 即可，或通过比较 x^m 的系数也可求出 A. 解题时应充分利用行列式的性质来判断该行列式的零点（见例 1）.

例 1　计算行列式 $D=\begin{vmatrix}1 & 1 & 2 & 3\\ 1 & 2-x^2 & 2 & 3\\ 2 & 3 & 1 & 5\\ 2 & 3 & 1 & 9-x^2\end{vmatrix}$.

解　当 $x=\pm1$ 时，第 1，2 行对应元素相同，所以 $D=0$，可见 D 中含有因子

$$(x-1)(x+1).$$

当 $x=\pm2$ 时，第 3，4 行对应元素相同，所以 $D=0$，可见 D 中含有因式 $(x-2)(x+2)$，由于 D 是 x 的 4 次多项式，所以

$$D=A(x-1)(x+1)(x-2)(x+2).$$

当 D 中含有 x^4 的项为

$$1\cdot(2-x^2)\cdot1\cdot(9-x^2)-2\cdot(2-x^2)\cdot2\cdot(9-x^2),$$

比较 x^4 的系数，得 $A=-3$，故

$$D=-3(x-1)(x+1)(x-2)(x+2).$$

题型 8　利用克莱姆法则求解线性方程组

解题思路　克莱姆法则只适用于方程的个数与未知量的个数相等的线性方程组

$$\begin{cases}a_{11}x_1+a_{12}x_2+\cdots+a_{1n}x_n=b_1\\ a_{21}x_1+a_{22}x_2+\cdots+a_{2n}x_n=b_2\\ \cdots\cdots\cdots\cdots\cdots\cdots\cdots\cdots\cdots\cdots\\ a_{n1}x_1+a_{n2}x_2+\cdots+a_{nn}x_n=b_n\end{cases}$$

当系数行列式 $D\neq0$ 时，则方程组有且仅有唯一解.

注意克莱姆法则对于齐次线性方程组的几个命题与结论在解题中的应用（见总习题一题 13，题 14）.

三、总习题一解答

1. 用行列式定义计算 $D=\begin{vmatrix} 0 & 0 & \cdots & 0 & 1 & 0 \\ 0 & 0 & \cdots & 2 & 0 & 0 \\ \cdots & \cdots & \cdots & \cdots & \cdots & \cdots \\ 2002 & 0 & \cdots & 0 & 0 & 0 \\ 0 & 0 & \cdots & 0 & 0 & 2003 \end{vmatrix}$.

解题思路 此行列式中的含零元素较多，可直接用定义进行计算，只需找出行列式中的非零项即可.

解 D 中第一行的非零元素只有 $a_{1,2002}$，故 j_1 只能取 2002，同理由第 2，3，…，2002 行知

$$j_2=2001,\ j_3=2000,\ \cdots,\ j_{2002}=1,\ j_{2003}=2003.$$

于是 $j_1, j_2, \cdots, j_{2003}$ 在可能取的数码中，只能组成一个 2003 级排列.

故 D 中非零项只有一项，即

$$\begin{aligned} D&=(-1)^{N(2002\ 2001\ \cdots 2\ 1\ 2003)}a_{1,2002}a_{2,2001}\cdots a_{2002,1}a_{2003,2003} \\ &=(-1)^{2001+2000+\cdots+2+1}1\cdot 2\cdot 3\cdots\cdot 2002\cdot 2003=-2003! \end{aligned}$$

2. 计算下列行列式：

(1) $\begin{vmatrix} 2 & 1 & 0 & 0 & 0 \\ 1 & 2 & 1 & 0 & 0 \\ 0 & 1 & 2 & 1 & 0 \\ 0 & 0 & 1 & 2 & 1 \\ 0 & 0 & 0 & 1 & 2 \end{vmatrix}$.

解 本题有多种解法，例如，可利用递推公式法，这里利用化为上三角形行列式的方法进行计算.

$$D=\begin{vmatrix} 2 & 1 & 0 & 0 & 0 \\ 0 & \frac{3}{2} & 1 & 0 & 0 \\ 0 & 1 & 2 & 1 & 0 \\ 0 & 0 & 1 & 2 & 1 \\ 0 & 0 & 0 & 1 & 2 \end{vmatrix}=\begin{vmatrix} 2 & 1 & 0 & 0 & 0 \\ 0 & \frac{3}{2} & 1 & 0 & 0 \\ 0 & 0 & \frac{4}{3} & 1 & 0 \\ 0 & 0 & 1 & 2 & 1 \\ 0 & 0 & 0 & 1 & 2 \end{vmatrix}$$

$$=\begin{vmatrix}2&1&0&0&0\\0&\frac{3}{2}&1&0&0\\0&0&\frac{4}{3}&1&0\\0&0&0&\frac{5}{4}&1\\0&0&0&1&2\end{vmatrix}=\begin{vmatrix}2&1&0&0&0\\0&\frac{3}{2}&1&0&0\\0&0&\frac{4}{3}&1&0\\0&0&0&\frac{5}{4}&1\\0&0&0&0&\frac{6}{5}\end{vmatrix}$$

$$=2\cdot\frac{3}{2}\cdot\frac{4}{3}\cdot\frac{5}{4}\cdot\frac{6}{5}=6.$$

(2) $\begin{vmatrix}0&4&5&-1&2\\-5&0&2&0&1\\7&2&0&3&-4\\-3&1&-1&-5&0\\2&-3&0&1&3\end{vmatrix}$.

解题思路　利用行列式的性质，采用“化零”的方法逐步将所给行列式化为三角形行列式. 化零时一般尽量选取含 1 和零较多的行（列）.

解　原式 $\xlongequal[c_1\Leftrightarrow c_5]{r_1\Leftrightarrow r_2}\begin{vmatrix}1&0&2&0&-5\\2&4&5&-1&0\\-4&2&0&3&7\\0&1&-1&-5&-3\\3&-3&0&1&2\end{vmatrix}=\begin{vmatrix}1&0&2&0&-5\\0&4&1&-1&10\\0&10&10&1&7\\0&1&-1&-5&-3\\0&-3&-6&1&17\end{vmatrix}$

$$=-\begin{vmatrix}1&0&2&0&-5\\0&1&-1&-5&-3\\0&10&10&1&7\\0&4&1&-1&10\\0&-3&-6&1&17\end{vmatrix}=-\begin{vmatrix}1&0&2&0&-5\\0&1&-1&-5&-3\\0&0&20&51&37\\0&0&5&19&22\\0&0&-9&-14&8\end{vmatrix}$$

$$=\begin{vmatrix}1&0&2&0&-5\\0&1&-1&-5&-3\\0&0&0&-25&-51\\0&0&5&19&22\\0&0&1&24&52\end{vmatrix}=\begin{vmatrix}1&0&2&0&-5\\0&1&-1&-5&-3\\0&0&1&24&52\\0&0&5&19&22\\0&0&0&-25&-51\end{vmatrix}$$

$$=\begin{vmatrix}1&0&2&0&-5\\0&1&-1&-5&-3\\0&0&1&24&52\\0&0&0&-101&-238\\0&0&0&-25&-51\end{vmatrix}=\begin{vmatrix}1&0&2&0&-5\\0&1&-1&-5&-3\\0&0&1&24&52\\0&0&0&1&34\\0&0&0&25&51\end{vmatrix}$$

$$=\begin{vmatrix}1&0&2&0&-5\\0&1&-1&-5&-3\\0&0&1&24&52\\0&0&0&1&34\\0&0&0&0&-799\end{vmatrix}$$

$$=-799.$$

(3) $D_n=\begin{vmatrix}2&1&1&\cdots&1\\1&2&1&\cdots&1\\1&1&2&\cdots&1\\\cdots&\cdots&\cdots&\cdots&\cdots\\1&1&1&\cdots&2\end{vmatrix}$.

解 注意到该行列式中每一列中的 n 个元素之和都为 $n+1$，故将第 2，3，…，n 行元素都加到第 1 行上，得

$$D_n=\begin{vmatrix}n+1&n+1&n+1&\cdots&n+1\\1&2&1&\cdots&1\\1&1&2&\cdots&1\\\cdots&\cdots&\cdots&\cdots&\cdots\\1&1&1&\cdots&2\end{vmatrix}$$

$$=(n+1)\begin{vmatrix}1&1&1&\cdots&1\\1&2&1&\cdots&1\\1&1&2&\cdots&1\\\cdots&\cdots&\cdots&\cdots&\cdots\\1&1&1&\cdots&2\end{vmatrix}=(n+1)\begin{vmatrix}1&1&1&\cdots&1\\0&1&0&\cdots&0\\0&0&1&\cdots&0\\\cdots&\cdots&\cdots&\cdots&\cdots\\0&0&0&\cdots&1\end{vmatrix}$$

$$=n+1.$$

(4) $D_{n+1}=\begin{vmatrix}x&a_1&a_2&a_3&\cdots&a_n\\a_1&x&a_2&a_3&\cdots&a_n\\a_1&a_2&x&a_3&\cdots&a_n\\\cdots&\cdots&\cdots&\cdots&\cdots&\cdots\\a_1&a_2&a_3&a_4&\cdots&x\end{vmatrix}$.

解　将第 2，3，…，$n+1$ 列都加到第 1 列，得

$$D_{n+1}=\begin{vmatrix} x+\sum_{i=1}^{n}a_i & a_1 & a_2 & a_3 & \cdots & a_n \\ x+\sum_{i=1}^{n}a_i & x & a_2 & a_3 & \cdots & a_n \\ x+\sum_{i=1}^{n}a_i & a_2 & x & a_3 & \cdots & a_n \\ \cdots & \cdots & \cdots & \cdots & \cdots & \cdots \\ x+\sum_{i=1}^{n}a_i & a_2 & a_3 & a_4 & \cdots & x \end{vmatrix}$$

$$=\left(x+\sum_{i=1}^{n}a_i\right)\begin{vmatrix} 1 & a_1 & a_2 & \cdots & a_n \\ 1 & x & a_2 & \cdots & a_n \\ 1 & a_2 & x & \cdots & a_n \\ \cdots & \cdots & \cdots & \cdots & \cdots \\ 1 & a_2 & a_3 & \cdots & x \end{vmatrix}$$

$$=\left(x+\sum_{i=1}^{n}a_i\right)\begin{vmatrix} 1 & 0 & 0 & \cdots & 0 \\ 1 & x-a_1 & 0 & \cdots & 0 \\ 1 & a_2-a_1 & x-a_2 & \cdots & 0 \\ \cdots & \cdots & \cdots & \cdots & \cdots \\ 1 & a_2-a_1 & a_3-a_2 & \cdots & x-a_n \end{vmatrix}$$

$$=\left(x+\sum_{i=1}^{n}a_i\right)\prod_{i=1}^{n}(x-a_i).$$

3. 利用行列式的性质证明：$\begin{vmatrix} a^2 & (a+1)^2 & (a+2)^2 & (a+3)^2 \\ b^2 & (b+1)^2 & (b+2)^2 & (b+3)^2 \\ c^2 & (c+1)^2 & (c+2)^2 & (c+3)^2 \\ d^2 & (d+1)^2 & (d+2)^2 & (d+3)^2 \end{vmatrix}=0.$

证　左边 $\xlongequal[c_4-c_1]{\substack{c_2-c_1\\c_3-c_1}}\begin{vmatrix} a^2 & 2a+1 & 4a+4 & 6a+9 \\ b^2 & 2b+1 & 4b+4 & 6b+9 \\ c^2 & 2c+1 & 4c+4 & 6c+9 \\ d^2 & 2d+1 & 4d+4 & 6d+9 \end{vmatrix}$

$$=2\begin{vmatrix} a^2 & a & 4a+4 & 6a+9 \\ b^2 & b & 4b+4 & 6b+9 \\ c^2 & c & 4c+4 & 6c+9 \\ d^2 & d & 4d+4 & 6d+9 \end{vmatrix}+\begin{vmatrix} a^2 & 1 & 4a+4 & 6a+9 \\ b^2 & 1 & 4b+4 & 6b+9 \\ c^2 & 1 & 4c+4 & 6c+9 \\ d^2 & 1 & 4d+4 & 6d+9 \end{vmatrix}$$

$$\xlongequal[\text{第二项}\,c_3-4c_2,\ c_4-9c_2]{\text{第一项}\,c_3-4c_2,\ c_4-6c_2}\begin{vmatrix} a^2 & a & 4 & 9 \\ b^2 & b & 4 & 9 \\ c^2 & c & 4 & 9 \\ d^2 & d & 4 & 9 \end{vmatrix}+\begin{vmatrix} a^2 & 1 & 4a & 6a \\ b^2 & 1 & 4b & 6b \\ c^2 & 1 & 4c & 6c \\ d^2 & 1 & 4d & bd \end{vmatrix}=0.$$

4. 已知 $D=\begin{vmatrix} -1 & 0 & x & 1 \\ 1 & 1 & -1 & -1 \\ 1 & -1 & 1 & -1 \\ 1 & -1 & 1 & 1 \end{vmatrix}$，则 D 中 x 的系数是____.

解 应填-4.

含 x 的项是

$$(-1)^{N(3,1,2,4)}(-1)x+(-1)^{N(3,1,4,2)}x+(-1)^{N(3,2,1,4)}x$$
$$+(-1)^{N(3,2,4,1)}(-1)x+(-1)^{N(3,4,1,2)}x+(-1)^{N(3,4,1,2)}x$$
$$=-4x.$$

5. $D=\begin{vmatrix} 103 & 100 & 204 \\ 199 & 200 & 395 \\ 301 & 300 & 600 \end{vmatrix}=$____.

解题思路 利用行列式的性质和按行（列）展开定理计算行列式，一般总是先利用行列式的性质，把行列式的某行（列）的元素化为尽可能多的零，然后再按此行（列）展开以达到降低行列式阶数，将行列式转化为较低阶行列式来计算的目的，此即所谓的降阶法.

通常情况下，如果所求行列式的某一行（或某一列）至多只有两个非零元素，一般可按此行（或此列）展开降阶求解.

解 应填 2000.

行列式中第 1 列的三个数分别与 100，200，300 较接近，而第 3 列的数与 200，400，600 相近，故可把第 2 列的-1倍及-2倍分别加至第 1 列与第 3 列，第 2 列再提取公因数 100，便可化简计算，即

$$D=\begin{vmatrix} 3 & 100 & 4 \\ -1 & 200 & -5 \\ 1 & 300 & 0 \end{vmatrix}=100\begin{vmatrix} 3 & 1 & 4 \\ -1 & 2 & -5 \\ 1 & 3 & 0 \end{vmatrix}=100\begin{vmatrix} 3 & -8 & 4 \\ -1 & 5 & -5 \\ 1 & 0 & 0 \end{vmatrix}$$

$$=100\begin{vmatrix}-8 & 4\\ 5 & -5\end{vmatrix}=2000.$$

6. 计算下列行列式：

(1) $\begin{vmatrix}a & b & c & d\\ b & a & d & c\\ c & d & a & b\\ d & c & b & a\end{vmatrix}$.

解题思路 行列式所有行（或列）对应元素相加后相等，则可通过提取公因子将第1行（或列）全部元素化为1，采用“化零”的方法来计算.

解 将D的第2、3、4行都加到第1行，并从第1行中提取公因子$a+b+c+d$得

$$D=(a+b+c+d)\begin{vmatrix}1 & 1 & 1 & 1\\ b & a & d & c\\ c & d & a & b\\ d & c & b & a\end{vmatrix}.$$

再将第2、3、4列都减去第1列，得

$$D=(a+b+c+d)\begin{vmatrix}1 & 0 & 0 & 0\\ b & a-b & d-b & c-b\\ c & d-c & a-c & b-c\\ d & c-d & b-d & a-d\end{vmatrix}$$

$$=(a+b+c+d)\begin{vmatrix}a-b & d-b & c-b\\ d-c & a-c & b-c\\ c-d & b-d & a-d\end{vmatrix}$$

把上面右端行列式第2行加到第1行，再从第1行中提取公因子$a-b-c+d$，得

$$D=(a+b+c+d)(a-b-c+d)\cdot\begin{vmatrix}1 & 1 & 0\\ d-c & a-c & b-c\\ c-d & b-d & a-d\end{vmatrix}$$

$$=(a+b+c+d)(a-b-c+d)\cdot\begin{vmatrix}a-d & b-c\\ b-c & a-d\end{vmatrix}$$

$$=(a+b+c+d)(a-b-c+d)\cdot[(a-d)^2-(b-c)^2]$$

$$=(a+b+c+d)(a-b-c+d)\cdot(a+b-c-d)(a-b+c-d).$$

(2) $\begin{vmatrix} a_1 & 0 & 0 & b_1 \\ 0 & a_2 & b_2 & 0 \\ 0 & b_3 & a_3 & 0 \\ b_4 & 0 & 0 & a_4 \end{vmatrix}$.

解题思路 利用行列式的性质和按行（列）展开定理计算行列式.

解 按第1行展开，得

$$D=a_1\begin{vmatrix} a_2 & b_2 & 0 \\ b_3 & a_3 & 0 \\ 0 & 0 & a_4 \end{vmatrix}-b_1\begin{vmatrix} 0 & a_2 & b_2 \\ 0 & b_3 & a_3 \\ b_4 & 0 & 0 \end{vmatrix}$$

$$=a_1a_4(a_2a_3-b_2b_3)-b_1b_4(a_2a_3-b_2b_3)=(a_2a_3-b_2b_3)(a_1a_4-b_1b_4).$$

(3) $\begin{vmatrix} 0 & 0 & \cdots & 0 & \alpha & \beta \\ 0 & 0 & \cdots & \alpha & \beta & 0 \\ \cdots & \cdots & \cdots & \cdots & \cdots & \cdots \\ \alpha & \beta & \cdots & 0 & 0 & 0 \\ \beta & 0 & \cdots & 0 & 0 & \alpha \end{vmatrix}$.

解题思路 利用行列式的性质和按行（列）展开定理计算行列式.

解 第1行和第1列均只有两个非零元素，可按第1行展开，得

$$D_n=(-1)^n\alpha\begin{vmatrix} 0 & 0 & \cdots & 0 & \alpha & 0 \\ 0 & 0 & \cdots & \alpha & \beta & 0 \\ \cdots & \cdots & \cdots & \cdots & \cdots & \cdots \\ \alpha & \beta & \cdots & 0 & 0 & 0 \\ \beta & 0 & \cdots & 0 & 0 & \alpha \end{vmatrix}+(-1)^{n+1}\beta\begin{vmatrix} 0 & 0 & \cdots & \alpha & \beta \\ 0 & 0 & \cdots & \beta & 0 \\ \cdots & \cdots & \cdots & \cdots & \cdots \\ \alpha & \beta & \cdots & 0 & 0 \\ \beta & 0 & \cdots & 0 & 0 \end{vmatrix}$$

$$=(-1)^n\alpha^2\begin{vmatrix} 0 & 0 & \cdots & 0 & \alpha \\ 0 & 0 & \cdots & \alpha & \beta \\ \cdots & \cdots & \cdots & \cdots & \cdots \\ \alpha & \beta & \cdots & 0 & 0 \end{vmatrix}+(-1)^{n+1}\beta\cdot(-1)^{\frac{(n-1)(n-2)}{2}}\cdot\beta^{n-1}$$

$$=(-1)^n\alpha^2\cdot(-1)^{\frac{(n-2)(n-3)}{2}}\cdot\alpha^{n-2}+(-1)\frac{n(n-1)}{2}\cdot\beta^n$$

$$=(-1)^{\frac{(n-1)(n-2)}{2}}\cdot\alpha^n+(-1)^{\frac{n(n-1)}{2}}\cdot\beta^n.$$

7. 计算下列行列式：(1) $\begin{vmatrix} 1 & 2 & 3 & \cdots & n \\ 2 & 3 & 4 & \cdots & 1 \\ 3 & 4 & 5 & \cdots & 2 \\ \cdots & \cdots & \cdots & \cdots & \cdots \\ n & 1 & 2 & \cdots & n-1 \end{vmatrix}$.

解题思路 行列式所有行（或列）对应元素相加后相等，则可通过提取公因

子将第1行（或列）全部元素化为1，采用“化零”的方法来计算.

$$原式=\frac{1}{2}n(n+1)\begin{vmatrix}1&2&3&\cdots&n\\1&3&4&\cdots&1\\1&4&5&\cdots&2\\\cdots&\cdots&\cdots&\cdots&\cdots\\1&1&2&\cdots&n-1\end{vmatrix}$$

$$\xlongequal[r_n-r_{n-1}]{\substack{r_2-r_1\\r_3-r_2\\\cdots}}\frac{1}{2}n(n+1)\begin{vmatrix}1&2&3&\cdots&n\\0&1&1&\cdots&1-n\\0&1&1&\cdots&1\\\cdots&\cdots&\cdots&\cdots&\cdots\\0&1-n&1&\cdots&1\end{vmatrix}$$

$$\xlongequal[至第一行]{将各行加}\frac{1}{2}n(n+1)\begin{vmatrix}1&1&\cdots&1&1-n\\1&1&\cdots&1-n&1\\1&1&\cdots&1&1\\\cdots&\cdots&\cdots&\cdots&\cdots\\1-n&1&\cdots&1&1\end{vmatrix}$$

$$=\frac{1}{2}n(n+1)\begin{vmatrix}-1&-1&\cdots&-1&-1\\0&0&\cdots&-n&0\\0&0&\cdots&0&0\\\cdots&\cdots&\cdots&\cdots&\cdots\\-n&0&\cdots&0&0\end{vmatrix}$$

$$=(-1)^{\frac{n(n-1)}{2}}\frac{n^n+n^{n-1}}{2}.$$

(2) $\begin{vmatrix}x-2&x-1&x-2&x-3\\2x-2&2x-1&2x-2&2x-3\\3x-3&3x-2&4x-5&3x-5\\4x&4x-3&5x-7&4x-3\end{vmatrix}$.

解题思路　利用行列式的性质和按行（列）展开定理计算行列式.

解　先把第1行的（−1）倍加到第2行，

$$D=\begin{vmatrix}x-2&1&0&-1\\2x-2&1&0&-1\\3x-3&1&x-2&-2\\4x&-3&x-7&-3\end{vmatrix}=\begin{vmatrix}x-2&1&0&-1\\x&0&0&0\\3x-3&1&x-2&-2\\4x&-3&x-7&-3\end{vmatrix}$$

$$=(-1)^{2+1}x\begin{vmatrix}1&0&-1\\1&x-2&-2\\-3&x-7&-3\end{vmatrix}=-x\begin{vmatrix}1&0&-1\\0&x-2&-1\\0&x-7&-6\end{vmatrix}=5x(x-1).$$

8. 计算下列行列式：

解题思路 递推公式法：应用按行（列）展开处理，把一个 n 阶行列式表示为具有相同结构的较低阶行列式的线性关系

$$D_n=\alpha D_{n-1}+\beta D_{n-2}\quad 或\quad D_n=\alpha D_{n-1}+\beta,$$

再根据此关系递推求得所给行列式的值，形如 |⋱⋱⋱| 的三对角行列式常用递推公式法计算.

(1) $D_n=\begin{vmatrix}5&3&0&\cdots&0&0\\2&5&3&\cdots&0&0\\0&2&5&\cdots&0&0\\\cdots&\cdots&\cdots&\cdots&\cdots&\cdots\\0&0&0&\cdots&5&3\\0&0&0&\cdots&2&5\end{vmatrix}.$

解 用递推法，先按 D_n 的第 1 行展开，得

$$D_n=5D_{n-1}-3\begin{vmatrix}2&3&0&\cdots&0&0\\0&5&3&\cdots&0&0\\0&2&5&\cdots&0&0\\\cdots&\cdots&\cdots&\cdots&\cdots&\cdots\\0&0&0&\cdots&5&3\\0&0&0&\cdots&2&5\end{vmatrix}=5D_{n-1}-6D_{n-2},$$

于是得递推公式 $D_n=5D_{n-1}-6D_{n-2}$,

或 $D_n-2D_{n-1}=3(D_{n-1}-2D_{n-2})$,

递推下去得到 $D_n-2D_{n-1}=3^{n-2}(D_2-2D_1)$,

同样可得公式 $D_n-3D_{n-1}=2(D_{n-1}-3D_{n-2})$,

递推下去得到 $D_n-3D_{n-1}=2^{n-2}(D_2-3D_1)$.

$\because D_1=5,\ D_2=\begin{vmatrix}5&3\\2&5\end{vmatrix}=19$,

$\therefore \begin{cases}D_n-2D_{n-1}=3^n\\D_n-3D_{n-1}=2^n.\end{cases}$

解方程组得 $D_n=3^{n+1}-2^{n+1}$.

(2) $D_n=\begin{vmatrix} \cos\alpha & 1 & 0 & \cdots & 0 & 0 \\ 1 & 2\cos\alpha & 1 & \cdots & 0 & 0 \\ 0 & 1 & 2\cos\alpha & \cdots & 0 & 0 \\ \cdots & \cdots & \cdots & \cdots & \cdots & \cdots \\ 0 & 0 & 0 & \cdots & \cdots & 1 \\ 0 & 0 & 0 & \cdots & 1 & 2\cos\alpha \end{vmatrix}$.

解题思路　数学归纳法：对于包含整数 n 的公式，若要证的结果已知时，可用数学归纳法来证明，其步骤如下：

① 验证 n 取第一个值（$n=0$，1 或 2 等）时公式成立；

② 假定 $n=k$ 时公式成立，验证当 $n=k+1$ 时公式也成立.

若要求的结果未知时，也可先猜想其结果，然后用数学归纳法证明其猜想结果成立.

解　令 $D_n=\cos n\alpha$.

对阶数 n 用数学归纳法.

$\because$ $D_1=\cos\alpha$，$D_2=\begin{vmatrix} \cos\alpha & 1 \\ 1 & 2\cos\alpha \end{vmatrix}=2\cos^2\alpha-1=\cos 2\alpha$，

$\therefore$ 当 $n=1$，$n=2$ 时，结论成立.

假设对阶数小于 n 的行列式结论成立，下面证对于阶数等于 n 的行列式也成立. 现将 D_n 按最后一行展开，得

$$D_n=2\cos\alpha D_{n-1}-D_{n-2}.$$

由归纳假设，$D_{n-1}=\cos(n-1)\alpha$，$D_{n-2}=\cos(n-2)\alpha$，

$$\begin{aligned} D_n &=2\cos\alpha\cos(n-1)\alpha-\cos(n-2)\alpha \\ &=[\cos n\alpha+\cos(n-2)\alpha]-\cos(n-2)\alpha=\cos n\alpha. \end{aligned}$$

9. 证明：

(1) $\begin{vmatrix} 1 & 1 & 1 \\ x_1^2 & x_2^2 & x_3^2 \\ x_1^3 & x_2^3 & x_3^3 \end{vmatrix}=(x_1x_2+x_2x_3+x_3x_1)\prod\limits_{3\geqslant i>j\geqslant 1}(x_i-x_j)$.

证明思路　若一行列式可转化为具有如下特征的行列式：其各行（列）都以第一行（列）的升幂从上到下（从左到右）由 0 到 $n-1$ 排列，则可利用范德蒙行列式的结论来计算所给行列式.

利用范德蒙行列式的结论来计算或证明所给问题，其难点在于要根据所给行列式的特点，充分利用行列式的性质和按行（列）展开定理将其转化为范德蒙行列式的形式. 有时候需要通过构造辅助行列式来达到这一目的.

证　该行列式与范德蒙行列式很接近，仅缺少一次项，可通过构造辅助行列式来证明.

令 $D=\begin{vmatrix} 1 & 1 & 1 & 1 \\ x_1 & x_2 & x_3 & y \\ x_1^2 & x_2^2 & x_3^2 & y^2 \\ x_1^3 & x_2^3 & x_3^3 & y^3 \end{vmatrix}$，则

$$D=(y-x_1)(y-x_2)(y-x_3)\prod_{3\geqslant i>j\geqslant 1}(x_i-x_j). \qquad ①$$

另一方面，按第 4 列展开，得

$$D=1\cdot A_{14}+y\cdot A_{24}+y^2\cdot A_{34}+y^3\cdot A_{44}.$$

题设行列式正是 A_{24}，即 y 的系数，展开 ① 式，易得到 y 的系数为

$$(x_1x_2+x_2x_3+x_3x_1)\prod_{3\geqslant i>j\geqslant 1}(x_i-x_j).$$

证毕.

(2) 设 $a_1\,a_2\,a_3\cdots a_n\neq 0$，则

$$\begin{vmatrix} 1+a_1 & 1 & 1 & \cdots & 1 & 1 \\ 1 & 1+a_2 & 1 & \cdots & 1 & 1 \\ 1 & 1 & 1+a_3 & \cdots & 1 & 1 \\ \vdots & \vdots & \vdots & \vdots & \vdots & \vdots \\ 1 & 1 & 1 & \cdots & 1 & 1+a_n \end{vmatrix}=a_1a_2\cdots a_n\left(1+\sum_{i=1}^{n}\frac{1}{a_i}\right)$$

证 原式$=\begin{vmatrix} 1+a_1 & 1 & 1 & \cdots & 1 \\ -a_1 & a_2 & 0 & \cdots & 0 \\ -a_1 & 0 & a_3 & \cdots & 0 \\ \vdots & \vdots & \vdots & \vdots & \vdots \\ -a_1 & 0 & 0 & \cdots & a_n \end{vmatrix}$ $\left(\text{第 } i \text{ 行}\times\dfrac{-1}{a_i}\text{加到第 1 行}, i=1, 3, \cdots, n\right)$

$$=\begin{vmatrix} b & 0 & 0 & \cdots & 0 \\ -a_1 & a_2 & 0 & \cdots & 0 \\ -a_1 & 0 & a_3 & \cdots & 0 \\ \vdots & \vdots & \vdots & \vdots & \vdots \\ -a_1 & 0 & 0 & \cdots & a_n \end{vmatrix}=a_2a_3a_4\cdots a_nb.$$

式中 $b=1+a_1+a_1\left(\dfrac{1}{a_2}+\dfrac{1}{a_3}+\cdots+\dfrac{1}{a_n}\right)=a_1\left(1+\displaystyle\sum_{i=1}^{n}\frac{1}{a_i}\right)$.

原式$=a_1\,a_2\cdots a_n\left(1+\displaystyle\sum_{i=1}^{n}\frac{1}{a_i}\right)$.

10. 设$|a_{ij}|_{4\times4}=\begin{vmatrix}3&6&9&12\\2&4&6&8\\1&2&0&3\\5&6&4&3\end{vmatrix}$，试求 $A_{41}+2A_{42}+3A_{44}$，其中 A_{4j} 为元素 $a_{4j}(j=1,2,4)$ 的代数余子式.

解 $A_{41}+2A_{42}+3A_{44}=1\cdot A_{41}+2\cdot A_{42}+0\cdot A_{43}+3\cdot A_{44}=\begin{vmatrix}3&6&9&12\\2&4&6&8\\1&2&0&3\\1&2&0&3\end{vmatrix}=0.$

11. 已知四阶行列式 $D_4=\begin{vmatrix}1&2&3&4\\3&3&4&4\\1&5&6&7\\1&1&2&2\end{vmatrix}=-6$，试求 $A_{41}+A_{42}$ 与 $A_{43}+A_{44}$，其中 $A_{4j}(j=1,2,3,4)$ 是 D_4 中第四行第 j 列元素的代数余子式.

解 由题设把此行列式按第四行展开，以及用第二行元素乘以对应第四行元素的代数余子式，得

$$\begin{cases}A_{41}+A_{42}+2(A_{43}+A_{44})=-6.\\3(A_{41}+A_{42})+4(A_{43}+A_{44})=0\end{cases},$$

由此解得

$$A_{41}+A_{42}=12,\ A_{43}+A_{44}=-9.$$

12. 用克莱姆法则解下列线性方程组：

解题思路 克莱姆法则只适用于方程的个数与未知量的个数相等的线性方程组

$$\begin{cases}a_{11}x_1+a_{12}x_2+\cdots+a_{1n}x_n=b_1\\a_{21}x_1+a_{22}x_2+\cdots+a_{2n}x_n=b_2\\\cdots\cdots\cdots\cdots\cdots\cdots\cdots\cdots\cdots\cdots\\a_{n1}x_1+a_{n2}x_2+\cdots+a_{nn}x_n=b_n\end{cases}$$

当系数行列式 $D\neq0$ 时，则方程组有且仅有唯一解.

$$(1)\begin{cases}x_1+x_2+x_3+x_4=0\\x_2+x_3+x_4+x_5=0\\x_1+2x_2+3x_3=2\\x_2+2x_3+3x_4=-2\\x_3+2x_4+3x_5=2\end{cases}.$$

解 $D=\begin{vmatrix}1&1&1&1&0\\0&1&1&1&1\\1&2&3&0&0\\0&1&2&3&0\\0&0&1&2&3\end{vmatrix}=16\neq 0$，$D_1=\begin{vmatrix}0&1&1&1&0\\0&1&1&1&1\\2&2&3&0&0\\-2&1&2&3&0\\2&0&1&2&3\end{vmatrix}=16$，

$$D_2=\begin{vmatrix}1&0&1&1&0\\0&0&1&1&1\\1&2&3&0&0\\0&-2&2&3&0\\0&2&1&2&3\end{vmatrix}=-16,\ D_3=\begin{vmatrix}1&1&0&1&0\\0&1&0&1&1\\1&2&2&0&0\\0&1&-2&3&0\\0&0&2&2&3\end{vmatrix}=16,$$

$$D_4=\begin{vmatrix}1&1&1&0&0\\0&1&1&0&1\\1&2&3&2&0\\0&1&2&-2&0\\0&0&1&2&3\end{vmatrix}=-16,\ D_5=\begin{vmatrix}1&1&1&1&0\\0&1&1&1&0\\1&2&3&0&2\\0&1&2&3&-2\\0&0&1&2&2\end{vmatrix}=16,$$

$\therefore x_1=\dfrac{D_1}{D}=\dfrac{16}{16}=1$，$x_2=\dfrac{-16}{16}=-1$，$x_3=\dfrac{16}{16}=1$，

$x_4=\dfrac{-16}{16}=-1$，$x_5=16/16=1$.

(2) $\begin{cases}5x_1+6x_2=1\\x_1+5x_2+6x_3=0\\x_2+5x_3+6x_4=0.\\x_3+5x_4+6x_5=0\\x_4+5x_5=1\end{cases}$

解 $D^{(5)}=\begin{vmatrix}5&6&0&0&0\\1&5&6&0&0\\0&1&5&6&0\\0&0&1&5&6\\0&0&0&1&5\end{vmatrix}=5D^{(4)}-\begin{vmatrix}5&6&0&0\\1&5&6&0\\0&1&5&0\\0&0&1&6\end{vmatrix}$

$=5D^{(4)}-6D^{(3)}=5(5D^{(3)}-6D^{(2)})-6D^{(3)}=19D^{(3)}-30D^{(2)}$

$=65D^{(2)}-114D^{(1)}=65\times 19-114\times 5=665$，

$$D_1=\begin{vmatrix}1&6&0&0&0\\0&5&6&0&0\\0&1&5&6&0\\0&0&1&5&6\\1&0&0&1&5\end{vmatrix}=1\,507,\ D_2=\begin{vmatrix}5&1&0&0&0\\1&0&6&0&0\\0&0&5&6&0\\0&0&1&5&6\\0&1&0&1&5\end{vmatrix}=-1\,145,$$

同理可得 $D_3=703$，$D_4=-395$，$D_5=212$，

$\therefore x_1=\frac{1\,507}{665}$；$x_2=-\frac{1\,145}{665}$；$x_3=\frac{703}{665}$；$x_4=-\frac{395}{665}$；$x_5=\frac{212}{665}$，

13. 证明平面上三条不同的直线

$$ax+by+c=0,\ bx+cy+a=0,\ cx+ay+b=0$$

相交于一点的充分必要条件是 $a+b+c=0$.

证明思路 克莱姆法则和线性方程组解的关系在几何中的应用.

证 必要性 设所给三条直线交于一点 $M(x_0, y_0)$，则 $x=x_0$，$y=y_0$，$z=1$可视为齐次线性方程组

$$\begin{cases}ax+by+cz=0\\bx+cy+az=0\\cx+ay+bz=0\end{cases}$$

的非零解. 从而有系数行列式

$$\begin{vmatrix}a&b&c\\b&c&a\\c&a&b\end{vmatrix}=\left(-\frac{1}{2}\right)(a+b+c)\cdot[(a-b)^2+(b-c)^2+(c-a)^2]=0.$$

因为三条直线互不相同，所以 a，b，c 也不全相同，故 $a+b+c=0$.

充分性 若 $a+b+c=0$，将方程组

$$\begin{cases}ax+by=-c\\bx+cy=-a\\cx+ay=-b\end{cases}\qquad①$$

的第一、二两个方程加到第三个方程，得

$$\begin{cases}ax+by=-c\\bx+cy=-a.\\0=0\end{cases}\qquad②$$

下证此方程组 ② 有唯一解. 反证：若方程组的解不唯一，则

$$\begin{vmatrix}a&b\\b&c\end{vmatrix}=ac-b^2=0\Rightarrow ac=b^2\geqslant 0,$$

由 $b=-(a+c)$ 得

$$ac=[-(a+c)]^2=a^2+2ac+c^2\Rightarrow ac=-(a^2+c^2)\leqslant 0\Rightarrow ac=0.$$

不妨设 $a=0$，由 $b^2=ac$ 得 $b=0$. 再由 $a+b+c=0$ 得 $c=0$，矛盾. 故 $\begin{vmatrix} a & b \\ b & c \end{vmatrix}\neq 0$.

由克莱姆法则知，方程组 ② 有唯一解. 从而知方程组 ① 有唯一解. 即三条不同直线交于一点.

14. 设 $f(x)=c_0+c_1x+c_2x^2+\cdots+c_nx^n$，用克莱姆法则证明：如果 $f(x)$ 有 $n+1$ 个互不相同的根，则 $f(x)$ 是零多项式.

证明思路 克莱姆法则与线性方程组解的关系在多项式中的应用.

证 设 $a_1, a_2, \cdots, a_{n+1}$ 为 $f(x)$ 的 $n+1$ 个互不相同的根，其中

$$a_i\neq a_j(i\neq j, \text{且 } i, j=1, 2, \cdots, n+1),$$

则由

$$f(a_i)=0 \quad (i=1, 2, \cdots, n+1),$$

得线性方程组 $\begin{cases} c_0+a_1c_1+a_1^2c_2+\cdots+a_1^nc_n=0 \\ c_0+a_2c_1+a_2^2c_2+\cdots+a_2^nc_n=0 \\ \cdots\cdots \\ c_0+a_{n+1}c_1+a_{n+1}^2c_2+\cdots+a_{n+1}^nc_n=0 \end{cases}$，它是关于 $c_0, c_1, c_2, \cdots, c_n$ 的齐次线性方程组，其系数行列式

$$D_{n+1}=\begin{vmatrix} 1 & a_1 & a_1^2 & \cdots & a_1^n \\ 1 & a_2 & a_2^2 & \cdots & a_2^n \\ \cdots & \cdots & \cdots & \cdots & \cdots \\ 1 & a_{n+1} & a_{n+1}^2 & \cdots & a_{n+1}^n \end{vmatrix}=\prod_{n+1\geqslant i>j\geqslant 1}(a_i-a_j)\neq 0.$$

故由克莱姆法则知：齐次线性方程组只有唯一的零解，即

$$c_0=c_1=c_2=\cdots=c_n=0,$$

故 $f(x)=0$，即 $f(x)$ 是零多项式.

第 2 章　矩　　阵

矩阵是研究线性变换、向量的线性相关性及线性方程组的解法等的有力且不可替代的工具，在线性代数中具有重要地位. 本章中我们首先要引入矩阵的概念，然后深入讨论矩阵的运算、矩阵的变换以及矩阵的某些内在特征.

本章教学基本要求：

1. 深入理解矩阵的概念及应用；
2. 了解单位矩阵、对角矩阵、三角矩阵、共轭矩阵、对称矩阵和反对称矩阵以及它们的性质；
3. 掌握矩阵的线性运算、乘法运算、线性变换、转置运算，以及它们的运算规律，了解方阵的幂、方阵的行列式；
4. 理解逆矩阵的概念，掌握逆矩阵的性质，以及矩阵可逆的充要条件，会用伴随矩阵求逆矩阵；
5. 了解分块矩阵及其运算；
6. 了解共轭矩阵；
7. 掌握矩阵的初等变换，了解初等矩阵的性质和矩阵等价的概念；
8. 清楚矩阵秩的概念，重点掌握用矩阵的初等变换求矩阵的秩和逆矩阵.

§2.1　矩阵的概念

一、主要知识归纳

表 2—1—1

定义	由 $m\times n$ 个数 a_{ij} $(i=1, 2, \cdots, m;\ j=1, 2, \cdots, n)$ 排成的 m 行 n 列的数表 $$\mathbf{A}=\begin{pmatrix} a_{11} & a_{12} & \cdots & a_{1n} \\ a_{21} & a_{22} & \cdots & a_{2n} \\ \cdots & \cdots & \cdots & \cdots \\ a_{n1} & a_{n2} & \cdots & a_{mn} \end{pmatrix}$$ 称为一个 $m\times n$ 矩阵，简记 $\mathbf{A}=\mathbf{A}_{m\times n}=(a_{ij})_{m\times n}=(a_{ij})$，其中 a_{ij} 称为矩阵 $\mathbf{A}$ 的第 i 行第 j 列元素.

续前表

矩阵相等	如果两个矩阵具有相同的行数与相同的列数，则称这两个矩阵为同型矩阵. 如果矩阵 $\boldsymbol{A}$, $\boldsymbol{B}$ 为同型矩阵，且对应元素相等，则称矩阵 $\boldsymbol{A}$ 与矩阵 $\boldsymbol{B}$ 相等 即 $\boldsymbol{A}=(a_{ij})$, $\boldsymbol{B}=(b_{ij})$，且 $a_{ij}=b_{ij}(i=1, 2, \cdots, m; j=1, 2, \cdots, n)$，则 $\boldsymbol{A}=\boldsymbol{B}$.
特殊矩阵	(1) 零矩阵：元素 a_{ij} 全为零的矩阵. (2) 行矩阵：只有一行的矩阵，也称行向量. (3) 列矩阵：只有一列的矩阵，也称列向量. (4) 方阵：行数和列数相等的矩阵. (5) 对角阵：除对角线元素外全为零的矩阵. (6) 单位矩阵：主对角线元素都为 1 的对角阵，记为 $\boldsymbol{E}$. (7) 数量矩阵：主对角线元素全为某一数的对角阵，记为 $a\boldsymbol{E}$.

二、典型例题分析

例 1 在时装表演中，编号分别为 1，2，3，4 的不同样式的时装由四个编号同样为 1，2，3，4 的不同体型的模特儿在四场表演中交换着表演，每个模特儿都只能穿衣服编号小于等于体型编号的衣服，且每场表演中只能展示与此表演的出场序号一样编号的衣服（即第一场表演中只能有编号为 1 的衣服展示），用矩阵表示四场表演中模特的出席情况（1 表示出席，0 表示没有出席）.

解 由题意可知，表演的出场序号与衣服的编号须一致，且模特儿只能穿衣服编号小于等于体型编号的衣服，可得如下矩阵：

$$\begin{array}{cc} & \text{模特编号} \\ & \begin{array}{cccc} 1 & 2 & 3 & 4 \end{array} \\ \begin{array}{cc} \text{出} & 1 \\ \text{场} & 2 \\ \text{序} & 3 \\ \text{号} & 4 \end{array} & \begin{pmatrix} 1 & 1 & 1 & 1 \\ 0 & 1 & 1 & 1 \\ 0 & 0 & 1 & 1 \\ 0 & 0 & 0 & 1 \end{pmatrix} \end{array},$$

它描述了四场表演中模特的出席情况：第一场全部模特出席；第二场 2、3、4 号模特出席；第三场 3、4 号模特出席；第四场 4 号模特出席.

小结：此题利用矩阵的数表特征来表示模特的出场顺序与所穿衣服编号的关系，从而将模特出席的情况清晰简明地展现出来.

例 2 A, B, C 三人进行某项比赛(不取并列名次). 已知：

(1) A 是第二名或第三名；

(2) B 是第一名或第三名；

(3) C 的名次在 B 之前.

问 A, B, C 的名次到底如何?

解 设

$$M=(a_{ij})_{3\times 3}=\begin{array}{c} \quad 一 \quad 二 \quad 三 \\ \begin{pmatrix} a_{11} & a_{12} & a_{13} \\ a_{21} & a_{22} & a_{23} \\ a_{31} & a_{32} & a_{33} \end{pmatrix}\begin{matrix} A \\ B \\ C \end{matrix} \end{array}, 其中\ a_{ij}=1\ 或\ 0.$$

由条件 (1) 知，可令 $a_{12}=1$ 或 $a_{13}=1$，且 $a_{11}=0$；

由条件 (2) 知，可令 $a_{21}=1$ 或 $a_{23}=1$，且 $a_{22}=0$；

由条件 (3) 知，$a_{21}\neq 1$，即 $a_{21}=0$，$a_{31}=1$.

可依次对矩阵添 1 补 0 得到最终矩阵的过程为：

$$M=\begin{pmatrix} 0 & & \\ 0 & 0 & \\ 1 & & \end{pmatrix}=\begin{pmatrix} 0 & 1 & \\ 0 & 0 & 1 \\ 1 & & \end{pmatrix}=\begin{pmatrix} 0 & 1 & 0 \\ 0 & 0 & 1 \\ 1 & 0 & 0 \end{pmatrix}.$$

故 A 是第二名，B 是第三名，C 是第一名.

小结： 本题主要利用矩阵的形式来表示比赛排名情况，在表示矩阵中同一行（列）有且只有一个元素为 1，其余元素皆为 0.

三、习题 2—1 解答

1. 二人零和对策问题. 两儿童玩石头—剪子—布的游戏，每人的出法只能在｛石头，剪子，布｝中选择一种，当他们各选定一个出法（亦称策略）时，就确定了一个“局势”，也就决定了各自的输赢. 若规定胜者得 1 分，负者得 −1 分，平手各得零分，则对于各种可能的局势（每一局势得分之和为零即零和），试用矩阵表示他们的输赢状况.

解题思路 利用矩阵的概念表示实际问题.

解

$$\begin{array}{cc} & \quad B\ 策略\rightarrow \\ & \begin{matrix} 石头 & 剪子 & 布 \end{matrix} \\ \begin{matrix} A & 石头 \\ 策 & 剪子 \\ 略 & 布 \\ \downarrow & \end{matrix} & \begin{pmatrix} 0 & 1 & -1 \\ -1 & 0 & 1 \\ 1 & -1 & 0 \end{pmatrix} \end{array}$$

2. 有 6 名选手参加乒乓球比赛，成绩如下：选手 1 胜选手 2，4，5，6，负于 3；选手 2 胜 4，5，6，负于 1，3；选手 3 胜 1，2，4，负于 5，6；选手 4 胜 5，6，负于 1，2，3；选手 5 胜 3，6，负于 1，2，4；若胜一场得 1 分，负一场得零分，试用矩阵表示输赢状况，并排序.

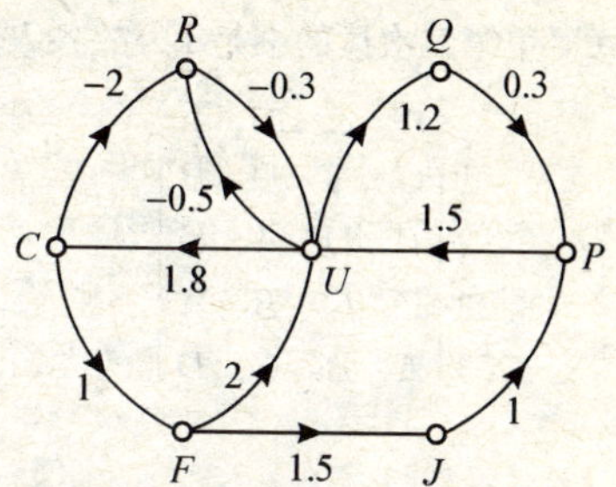

解

$$\begin{array}{c} \\ 1 \\ 2 \\ 3 \\ 4 \\ 5 \\ 6 \end{array}\begin{array}{c} \begin{array}{cccccc} 1 & 2 & 3 & 4 & 5 & 6 \end{array} \\ \begin{pmatrix} & 1 & 0 & 1 & 1 & 1 \\ 0 & & 0 & 1 & 1 & 1 \\ 1 & 1 & & 1 & 0 & 0 \\ 0 & 0 & 0 & & 1 & 1 \\ 0 & 0 & 1 & 0 & & 1 \\ 0 & 0 & 1 & 0 & 0 & \end{pmatrix} \end{array}$$

选手按胜多负少排序为 1 2 3 4 5 6.

3. 能源利用系统表示为加权有向图（如右图所示），试用矩阵表示之.

解

$$\begin{array}{c} \\ C \\ F \\ J \\ P \\ Q \\ R \\ U \end{array}\begin{array}{c} \begin{array}{ccccccc} C & F & J & P & Q & R & U \end{array} \\ \begin{pmatrix} 0 & 1 & 0 & 0 & 0 & -2 & 0 \\ 0 & 0 & 1.5 & 0 & 0 & 0 & 2 \\ 0 & 0 & 0 & 1 & 0 & 0 & 0 \\ 0 & 0 & 0 & 0 & 0 & 0 & 1.5 \\ 0 & 0 & 0 & 0.3 & 0 & 0 & 0 \\ 0 & 0 & 0 & 0 & 0 & 0 & -0.3 \\ 1.8 & 0 & 0 & 0 & 1.2 & -0.5 & 0 \end{pmatrix} \end{array}$$

行表示始，列表示终.

4. 甲、乙、丙、丁四人各从图书馆借来一本小说，他们约定读完后互相交换，这四本书的厚度以及他们四人的阅读速度差不多，因此，四人总是同时交换书，经三次交换后，他们四人读完了这四本书，现已知：(1) 乙读的最后一本书是甲读的第二本书；(2) 丙读的第一本书是丁读的最后一本书；用矩阵表示各人的阅读顺序.

解 设甲乙丙丁最后读的书的代号依次为 A、B、C、D，则根据题设条件可以列出初始矩阵

$$\begin{array}{c} \\ 1 \\ 2 \\ 3 \\ 4 \end{array}\begin{array}{c} \begin{array}{cccc} 甲 & 乙 & 丙 & 丁 \end{array} \\ \begin{pmatrix} & & D & \\ B & & & \\ & & & \\ A & B & C & D \end{pmatrix} \end{array}.$$

下面我们来分析矩阵中各位置的书名代号. 已知每个人都读完了所有的书，所以丙第二次读的书不可能是 C、D，又甲第二次读的书是 B，所以丙第二次读的书也不可能是 B，从而丙第二次读的书是 A，同理可依次推出丙第三次读的书是 B，丁第二次读的书是 C，丁第三次读的书是 A，丁第一次读的书是 B；乙第二次读的书是 D，甲第一次读的书是 C，乙第一次读的书是 A ，乙第三次读的书是

C，甲第三次读的书是 D. 故各人阅读的顺序可用矩阵表示为

$$\begin{array}{c} \\ 1 \\ 2 \\ 3 \\ 4 \end{array}\begin{array}{c} \begin{array}{cccc} 甲 & 乙 & 丙 & 丁 \end{array} \\ \begin{pmatrix} C & A & D & B \\ B & D & A & C \\ D & C & B & A \\ A & B & C & D \end{pmatrix} \end{array}.$$

§2.2　矩阵的运算

一、主要知识归纳

表 2—2—1　矩阵的基本运算

加法	$\boldsymbol{A}+\boldsymbol{B}=(a_{ij}+b_{ij})$.
数乘	$k\boldsymbol{A}=\boldsymbol{A}k=(ka_{ij})$.
线性运算规律	(1) $\boldsymbol{A}+\boldsymbol{B}=\boldsymbol{B}+\boldsymbol{A}$；(2) $(\boldsymbol{A}+\boldsymbol{B})+\boldsymbol{C}=\boldsymbol{A}+(\boldsymbol{B}+\boldsymbol{C})$； (3) $\boldsymbol{A}+\boldsymbol{0}=\boldsymbol{A}$；(4) $\boldsymbol{A}+(-\boldsymbol{A})=\boldsymbol{0}$； (5) $1\boldsymbol{A}=\boldsymbol{A}$；(6) $k(l\boldsymbol{A})=(kl)\boldsymbol{A}$； (7) $(k+l)\boldsymbol{A}=k\boldsymbol{A}+l\boldsymbol{A}$；(8) $k(\boldsymbol{A}+\boldsymbol{B})=k\boldsymbol{A}+k\boldsymbol{B}$.
乘法	$\boldsymbol{AB}=(c_{ij})_{m\times n}$　其中 $c_{ij}=\sum a_{ik}b_{kj}=a_{i1}b_{1j}+a_{i2}b_{2j}+\cdots+a_{is}b_{sj}$ $(i=1, 2, \cdots, m;\ j=1, 2, \cdots, n)$.
乘法运算规律	(1) $(\boldsymbol{AB})\boldsymbol{C}=\boldsymbol{A}(\boldsymbol{BC})$；(2) $(\boldsymbol{A}+\boldsymbol{B})\boldsymbol{C}=\boldsymbol{AC}+\boldsymbol{BC}$； (3) $\boldsymbol{C}(\boldsymbol{A}+\boldsymbol{B})=\boldsymbol{CA}+\boldsymbol{CB}$；(4) $k(\boldsymbol{AB})=(k\boldsymbol{A})\boldsymbol{B}=\boldsymbol{A}(k\boldsymbol{B})$.
转置	(1) $(\boldsymbol{A}^{\mathrm{T}})^{\mathrm{T}}=\boldsymbol{A}$；(2) $(\boldsymbol{A}+\boldsymbol{B})^{\mathrm{T}}=\boldsymbol{A}^{\mathrm{T}}+\boldsymbol{B}^{\mathrm{T}}$； (3) $(k\boldsymbol{A})^{\mathrm{T}}=k\boldsymbol{A}^{\mathrm{T}}$；(4) $(\boldsymbol{AB})^{\mathrm{T}}=\boldsymbol{B}^{\mathrm{T}}\boldsymbol{A}^{\mathrm{T}}$.

表 2—2—2　方阵的性质

方阵的幂	(1) $\boldsymbol{A}^m\boldsymbol{A}^n=\boldsymbol{A}^{m+n}$($m$, n 为非负整数)；(2) $(\boldsymbol{A}^m)^n=\boldsymbol{A}^{mn}$.
方阵行列式	(1) $\|\boldsymbol{A}^{\mathrm{T}}\|=\|\boldsymbol{A}\|$；(2) $\|k\boldsymbol{A}\|=k^n\|\boldsymbol{A}\|$；(3) $\|\boldsymbol{AB}\|=\|\boldsymbol{A}\|\|\boldsymbol{B}\|$.
对称矩阵	$\boldsymbol{A}^{\mathrm{T}}=\boldsymbol{A}$，即 $a_{ij}=a_{ji}(i, j=1, 2, \cdots, n)$，则称 $\boldsymbol{A}$ 为对称矩阵. $\boldsymbol{A}^{\mathrm{T}}=-\boldsymbol{A}$，则称 $\boldsymbol{A}$ 为反对称矩阵.

表 2—2—3　线性变换

线性变换	变量 $x_1, x_2, \cdots, x_n$ 与变量 $y_1, y_2, \cdots, y_m$ 之间的关系式 $\begin{cases} y_1=a_{11}x_1+a_{12}x_2+\cdots+a_{1n}x_n \\ y_2=a_{21}x_1+a_{22}x_2+\cdots+a_{2n}x_n \\ \cdots\cdots\cdots\cdots\cdots\cdots \\ y_m=a_{m1}x_1+a_{m2}x_2+\cdots+a_{mn}x_n \end{cases}$ 称为从变量 $x_1, x_2, \cdots, x_n$ 到变量 $y_1, y_2, \cdots, y_m$ 的线性变换. 线性变换的系数 a_{ij} 构成的矩阵 $\boldsymbol{A}=(a_{ij})_{m\times n}$ 称为线性变换的系数矩阵. 线性变换的矩阵表示为：$\boldsymbol{y}=\boldsymbol{Ax}$.

二、典型例题分析

例 1　设 $\boldsymbol{\alpha}$ 是 3 维列向量，满足 $\boldsymbol{\alpha\alpha}^{\mathrm{T}}=\begin{pmatrix}1&-1&1\\-1&1&-1\\1&-1&1\end{pmatrix}$，求 $\boldsymbol{\alpha}^{\mathrm{T}}\boldsymbol{\alpha}$.

解　由 $\boldsymbol{\alpha}$ 是 3 维列向量可知，$\boldsymbol{\alpha}^{\mathrm{T}}\boldsymbol{\alpha}$ 为一个常数，则

$$(\boldsymbol{\alpha\alpha}^{\mathrm{T}})^2=\boldsymbol{\alpha}(\boldsymbol{\alpha}^{\mathrm{T}}\boldsymbol{\alpha})\boldsymbol{\alpha}^{\mathrm{T}}=\boldsymbol{\alpha}^{\mathrm{T}}\boldsymbol{\alpha}(\boldsymbol{\alpha\alpha}^{\mathrm{T}}),$$

即

$$(\boldsymbol{\alpha\alpha}^{\mathrm{T}})^2=\begin{pmatrix}1&-1&1\\-1&1&-1\\1&-1&1\end{pmatrix}^2=\begin{pmatrix}3&-3&3\\-3&3&-3\\3&-3&3\end{pmatrix}=3\boldsymbol{\alpha\alpha}^{\mathrm{T}},$$

故 $\boldsymbol{\alpha}^{\mathrm{T}}\boldsymbol{\alpha}=3$.

小结：本题计算 $\boldsymbol{\alpha}^{\mathrm{T}}\boldsymbol{\alpha}$ 的值，关键是巧妙利用矩阵关于乘法具有结合律，通过 $(\boldsymbol{\alpha\alpha}^{\mathrm{T}})^2$ 来间接求常数 $\boldsymbol{\alpha}^{\mathrm{T}}\boldsymbol{\alpha}$.

例 2　设 $\boldsymbol{\alpha},\boldsymbol{\beta},\boldsymbol{\gamma}_1,\boldsymbol{\gamma}_2$ 均为 3 维行向量，矩阵 $\boldsymbol{A}=\begin{pmatrix}\boldsymbol{\alpha}\\2\boldsymbol{\gamma}_1\\3\boldsymbol{\gamma}_2\end{pmatrix}$，$\boldsymbol{B}=\begin{pmatrix}\boldsymbol{\beta}\\\boldsymbol{\gamma}_1\\\boldsymbol{\gamma}_2\end{pmatrix}$，已知 $|\boldsymbol{A}|=18$，$|\boldsymbol{B}|=2$. 求 $|\boldsymbol{A}-\boldsymbol{B}|$.

解　由

$$\boldsymbol{A}-\boldsymbol{B}=\begin{pmatrix}\boldsymbol{\alpha}-\boldsymbol{\beta}\\\boldsymbol{\gamma}_1\\2\boldsymbol{\gamma}_2\end{pmatrix},$$

有

$$|\boldsymbol{A}-\boldsymbol{B}|=\begin{vmatrix}\boldsymbol{\alpha}-\boldsymbol{\beta}\\\boldsymbol{\gamma}_1\\2\boldsymbol{\gamma}_2\end{vmatrix}=\begin{vmatrix}\boldsymbol{\alpha}\\\boldsymbol{\gamma}_1\\2\boldsymbol{\gamma}_2\end{vmatrix}-\begin{vmatrix}\boldsymbol{\beta}\\\boldsymbol{\gamma}_1\\2\boldsymbol{\gamma}_2\end{vmatrix}=\begin{vmatrix}\boldsymbol{\alpha}\\2\boldsymbol{\gamma}_1\\\boldsymbol{\gamma}_2\end{vmatrix}-2\begin{vmatrix}\boldsymbol{\beta}\\\boldsymbol{\gamma}_1\\\boldsymbol{\gamma}_2\end{vmatrix}=\frac{1}{3}\begin{pmatrix}\boldsymbol{\alpha}\\2\boldsymbol{\gamma}_1\\3\boldsymbol{\gamma}_2\end{pmatrix}-2\begin{pmatrix}\boldsymbol{\beta}\\\boldsymbol{\gamma}_1\\\boldsymbol{\gamma}_2\end{pmatrix}$$

$$=\frac{1}{3}|\boldsymbol{A}|-2|\boldsymbol{B}|=2.$$

小结：本题求行列式，关键运用了矩阵的线性运算及行列式的性质把目标行列式“凑”成已知行列式线性组合从而达到化简计算的目的.

例 3　已知下列矩阵 $\boldsymbol{A}$，求 $\boldsymbol{A}^n$（n 为整数）

(1) $\boldsymbol{A}=\begin{pmatrix}1 & a\\0 & 1\end{pmatrix}$； (2) $\boldsymbol{A}=\begin{pmatrix}1 & 1 & 0\\0 & 1 & 1\\0 & 0 & 1\end{pmatrix}$； (3) $\boldsymbol{A}=\begin{pmatrix}1 & -3 & 2\\2 & -6 & 4\\-1 & 3 & -2\end{pmatrix}$.

解 (1) 根据矩阵加法可将 $\boldsymbol{A}$ 分解为

$$\boldsymbol{A}=\begin{pmatrix}1 & a\\0 & 1\end{pmatrix}=\begin{pmatrix}1 & 0\\0 & 1\end{pmatrix}+\begin{pmatrix}0 & a\\0 & 0\end{pmatrix},$$

又 $\begin{pmatrix}0 & a\\0 & 0\end{pmatrix}^2=\begin{pmatrix}0 & 0\\0 & 0\end{pmatrix}$，故由二项式的展开定理可得

$$\boldsymbol{A}^n=\left(\boldsymbol{E}+\begin{pmatrix}0 & a\\0 & 0\end{pmatrix}\right)^n=\boldsymbol{E}^n+\mathrm{C}_n^1\begin{pmatrix}0 & a\\0 & 0\end{pmatrix}=\begin{pmatrix}1 & na\\0 & 1\end{pmatrix}.$$

(2) $$\boldsymbol{A}=\begin{pmatrix}1 & 1 & 0\\0 & 1 & 1\\0 & 0 & 1\end{pmatrix}=\begin{pmatrix}1 & 0 & 0\\0 & 1 & 0\\0 & 0 & 1\end{pmatrix}+\begin{pmatrix}0 & 1 & 0\\0 & 0 & 1\\0 & 0 & 0\end{pmatrix}=\boldsymbol{E}+\boldsymbol{B},$$

又 $\boldsymbol{B}^3=\boldsymbol{0}$，故

$$\begin{aligned}\boldsymbol{A}^n&=(\boldsymbol{E}+\boldsymbol{B})^n=\sum_{k=0}^{n}\mathrm{C}_n^k\boldsymbol{E}^{n-k}\boldsymbol{B}^k=\boldsymbol{E}^n+n\boldsymbol{E}^{n-1}\boldsymbol{B}+\frac{n(n-1)}{2}\boldsymbol{E}^{n-2}\boldsymbol{B}^2\\&=\begin{pmatrix}1 & n & \frac{n(n-1)}{2}\\0 & 1 & n\\0 & 0 & 1\end{pmatrix}.\end{aligned}$$

(3) $$\boldsymbol{A}=\begin{pmatrix}1 & -3 & 2\\2 & -6 & 4\\-1 & 3 & -2\end{pmatrix}=\begin{pmatrix}1\\2\\-1\end{pmatrix}(1,-3,2),$$

$$\begin{aligned}\boldsymbol{A}^2&=\begin{pmatrix}1\\2\\-1\end{pmatrix}(1,-3,2)\begin{pmatrix}1\\2\\-1\end{pmatrix}(1,-3,2)\\&=\begin{pmatrix}1\\2\\-1\end{pmatrix}(-7)(1,-3,2)=-7\boldsymbol{A},\end{aligned}$$

$$A^3=A^2A=-7AA=-7A^2=(-7)^2A,$$

由数学归纳法可得

$$A^n=(-7)^{n-1}A.$$

小结：本题求方阵的幂，一般方阵的高次幂计算比较复杂，但对某些特殊的方阵常常能够找到巧妙的计算方法：(1)、(2) 先用矩阵的加法运算对矩阵进行分解，再利用二项式定理展开计算，采用这种方法的关键在于分解后的矩阵中有一个的幂零指数很小；(3) 对于秩为 1 的矩阵可以先把它分解为列矩阵和行矩阵的乘积，再利用矩阵乘法的结合律就可以巧妙地计算出矩阵的幂.

例 4　甲、乙两种合金均含某三种金属，其成分如下表所示：

含量百分比 金属 / 合金	A	B	C
甲	0.8	0.1	0.1
乙	0.4	0.3	0.3

现有甲种合金 30 吨，乙种合金 20 吨，求两种合金中三种金属的含量.

分析　甲、乙两种合金中含 A, B, C 的百分比可记作矩阵 $\boldsymbol{D}=(d_{ij})$，第 j 种金属含量即为 $30\times d_{1j}+20\times d_{2j}$，因此可用矩阵乘法表示.

解　设甲、乙两种合金中含 A, B, C 的百分比可用矩阵 $\boldsymbol{D}=(d_{ij})$ 表示，即两种合金中 A, B, C 的含量百分比为

$$\boldsymbol{D}=\begin{pmatrix}0.8 & 0.1 & 0.1\\ 0.4 & 0.3 & 0.3\end{pmatrix},$$

其中 d_{ij} 表示第 i 种合金中第 j 种金属含量的百分比，另设 $\boldsymbol{G}=(30, 20)$，其中 g_{1i} 表示第 i 种合金的数量（单位：吨），于是第 j 种金属含量即为 $30\times d_{1j}+20\times d_{2j}$，故三种金属的含量为

$$\boldsymbol{G}\cdot\boldsymbol{D}=(30, 20)\begin{pmatrix}0.8 & 0.1 & 0.1\\ 0.4 & 0.3 & 0.3\end{pmatrix}=(32, 9, 9),$$

即两种合金中含 A 种金属 32 吨，含 B 种金属 9 吨，含 C 种金属 9 吨.

小结：本题主要应用了矩阵的概念和矩阵乘法来求解应用问题，关键是要理解解答过程中矩阵的构成以及矩阵乘法的含义.

三、习题 2—2 解答

1. 计算：

(1) $\begin{pmatrix} 1 & 6 & 4 \\ -4 & 2 & 8 \end{pmatrix} + \begin{pmatrix} -2 & 0 & 1 \\ 2 & -3 & 4 \end{pmatrix}$；

(2) $\begin{pmatrix} 1 & 2 \\ 0 & 1 \end{pmatrix} - \begin{pmatrix} 2 & -2 \\ 0 & 3 \end{pmatrix}$.

解题思路　利用矩阵的线性运算.

解　(1) 原式$=\begin{pmatrix} -1 & 6 & 5 \\ -2 & -1 & 12 \end{pmatrix}$；

(2) 原式$=\begin{pmatrix} -1 & 4 \\ 0 & -2 \end{pmatrix}$.

2. 设 $\boldsymbol{A}=\begin{pmatrix} 1 & 2 & 1 & 2 \\ 2 & 1 & 2 & 1 \\ 1 & 2 & 3 & 4 \end{pmatrix}$，$\boldsymbol{B}=\begin{pmatrix} 4 & 3 & 2 & 1 \\ -2 & 1 & -2 & 1 \\ 0 & -1 & 0 & -1 \end{pmatrix}$，计算：

(1) $3\boldsymbol{A}-\boldsymbol{B}$.

解　
$$3\boldsymbol{A}-\boldsymbol{B}=3\begin{pmatrix} 1 & 2 & 1 & 2 \\ 2 & 1 & 2 & 1 \\ 1 & 2 & 3 & 4 \end{pmatrix}-\begin{pmatrix} 4 & 3 & 2 & 1 \\ -2 & 1 & -2 & 1 \\ 0 & -1 & 0 & -1 \end{pmatrix}$$
$$=\begin{pmatrix} 3 & 6 & 3 & 6 \\ 6 & 3 & 6 & 3 \\ 3 & 6 & 9 & 12 \end{pmatrix}-\begin{pmatrix} 4 & 3 & 2 & 1 \\ -2 & 1 & -2 & 1 \\ 0 & -1 & 0 & -1 \end{pmatrix}$$
$$=\begin{pmatrix} -1 & 3 & 1 & 5 \\ 8 & 2 & 8 & 2 \\ 3 & 7 & 9 & 13 \end{pmatrix}.$$

(2) $2\boldsymbol{A}+3\boldsymbol{B}$.

解　
$$2\boldsymbol{A}+3\boldsymbol{B}=2\begin{pmatrix} 1 & 2 & 1 & 2 \\ 2 & 1 & 2 & 1 \\ 1 & 2 & 3 & 4 \end{pmatrix}+3\begin{pmatrix} 4 & 3 & 2 & 1 \\ -2 & 1 & -2 & 1 \\ 0 & -1 & 0 & -1 \end{pmatrix}$$
$$=\begin{pmatrix} 2 & 4 & 2 & 4 \\ 4 & 2 & 4 & 2 \\ 2 & 4 & 6 & 8 \end{pmatrix}+\begin{pmatrix} 12 & 9 & 6 & 3 \\ -6 & 3 & -6 & 3 \\ 0 & -3 & 0 & -3 \end{pmatrix}$$

$$=\begin{pmatrix}14 & 13 & 8 & 7\\ -2 & 5 & -2 & 5\\ 2 & 1 & 6 & 5\end{pmatrix}.$$

(3) 若 $\boldsymbol{X}$ 满足 $\boldsymbol{A}+\boldsymbol{X}=\boldsymbol{B}$，求 $\boldsymbol{X}$.

解 $\boldsymbol{X}=\boldsymbol{B}-\boldsymbol{A}$

$$=\begin{pmatrix}4 & 3 & 2 & 1\\ -2 & 1 & -2 & 1\\ 0 & -1 & 0 & -1\end{pmatrix}-\begin{pmatrix}1 & 2 & 1 & 2\\ 2 & 1 & 2 & 1\\ 1 & 2 & 3 & 4\end{pmatrix}$$

$$=\begin{pmatrix}3 & 1 & 1 & -1\\ -4 & 0 & -4 & 0\\ -1 & -3 & -3 & -5\end{pmatrix}.$$

3. 设 $\boldsymbol{A}=\begin{pmatrix}x & 0\\ 7 & y\end{pmatrix}$，$\boldsymbol{B}=\begin{pmatrix}u & v\\ y & 2\end{pmatrix}$，$\boldsymbol{C}=\begin{pmatrix}3 & -4\\ x & v\end{pmatrix}$，且 $\boldsymbol{A}+2\boldsymbol{B}-\boldsymbol{C}=\boldsymbol{0}$，求 x，y，u，v 的值.

解 $\boldsymbol{A}+2\boldsymbol{B}-\boldsymbol{C}=\begin{pmatrix}x & 0\\ 7 & y\end{pmatrix}+2\begin{pmatrix}u & v\\ y & 2\end{pmatrix}-\begin{pmatrix}3 & -4\\ x & v\end{pmatrix}$

$$=\begin{pmatrix}x+2u-3 & 2v+4\\ 7+2y-x & y+4-v\end{pmatrix}=\begin{pmatrix}0 & 0\\ 0 & 0\end{pmatrix}$$

$$\Rightarrow\begin{cases}x+2u-3=0\\ 7+2y-x=0\\ 2v+4=0\\ y+4-v=0\end{cases}\Rightarrow x=-5,\ y=-6,\ u=4,\ v=-2.$$

4. 计算：

(1) $\begin{pmatrix}4 & 3 & 1\\ 1 & -2 & 3\\ 5 & 7 & 0\end{pmatrix}\begin{pmatrix}7\\ 2\\ 1\end{pmatrix}$.

解 $\begin{pmatrix}4 & 3 & 1\\ 1 & -2 & 3\\ 5 & 7 & 0\end{pmatrix}\begin{pmatrix}7\\ 2\\ 1\end{pmatrix}=\begin{pmatrix}4\times7+3\times2+1\times1\\ 1\times7+(-2)\times2+3\times1\\ 5\times7+7\times2+0\times1\end{pmatrix}=\begin{pmatrix}35\\ 6\\ 49\end{pmatrix}$.

(2) $\begin{pmatrix}1 & 2 & 3\\ 2 & 4 & 6\\ 3 & 6 & 9\end{pmatrix}\begin{pmatrix}-1 & -2 & -4\\ -1 & -2 & -4\\ 1 & 2 & 4\end{pmatrix}$.

解 $\begin{pmatrix}1&2&3\\2&4&6\\3&6&9\end{pmatrix}\begin{pmatrix}-1&-2&-4\\-1&-2&-4\\1&2&4\end{pmatrix}=\begin{pmatrix}0&0&0\\0&0&0\\0&0&0\end{pmatrix}$.

(3) $(1,2,3)\begin{pmatrix}3\\2\\1\end{pmatrix}$.

解 $(1,2,3)\begin{pmatrix}3\\2\\1\end{pmatrix}=(1\times3+2\times2+3\times1)=(10)$.

(4) $\begin{pmatrix}3\\2\\1\end{pmatrix}(1\quad 2\quad 3)$.

解 $\begin{pmatrix}3\\2\\1\end{pmatrix}(1\quad 2\quad 3)=\begin{pmatrix}3&6&9\\2&4&6\\1&2&3\end{pmatrix}$.

(5) $\begin{pmatrix}1&2&3\\-2&1&2\end{pmatrix}\begin{pmatrix}1&2&0\\0&1&1\\3&0&-1\end{pmatrix}$.

解 $\begin{pmatrix}1&2&3\\-2&1&2\end{pmatrix}\begin{pmatrix}1&2&0\\0&1&1\\3&0&-1\end{pmatrix}=\begin{pmatrix}10&4&-1\\4&-3&-1\end{pmatrix}$.

(6) $(x_1,x_2,x_3)\begin{pmatrix}a_{11}&a_{12}&a_{13}\\a_{12}&a_{22}&a_{23}\\a_{13}&a_{23}&a_{33}\end{pmatrix}\begin{pmatrix}x_1\\x_2\\x_3\end{pmatrix}$.

解 $(x_1,x_2,x_3)\begin{pmatrix}a_{11}&a_{12}&a_{13}\\a_{12}&a_{22}&a_{23}\\a_{13}&a_{23}&a_{33}\end{pmatrix}\begin{pmatrix}x_1\\x_2\\x_3\end{pmatrix}$

$$=(a_{11}x_1+a_{12}x_2+a_{13}x_3,\ a_{12}x_1+a_{22}x_2+a_{23}x_3,\ a_{13}x_1+a_{23}x_2+a_{33}x_3)\begin{pmatrix}x_1\\x_2\\x_3\end{pmatrix}$$

$$=a_{11}x_1^2+a_{22}x_2^2+a_{33}x_3^2+2a_{12}x_1x_2+2a_{13}x_1x_3+2a_{23}x_2x_3.$$

5. 设$A=\begin{pmatrix}1&1&1\\1&1&-1\\1&-1&1\end{pmatrix}$，$B=\begin{pmatrix}1&2&3\\-1&-2&4\\0&5&1\end{pmatrix}$，求 $3AB-2A$ 及 A^TB.

解题思路　利用矩阵的乘法和矩阵的转置.

解　$3AB-2A=3\begin{pmatrix}1&1&1\\1&1&-1\\1&-1&1\end{pmatrix}\begin{pmatrix}1&2&3\\-1&-2&4\\0&5&1\end{pmatrix}-2\begin{pmatrix}1&1&1\\1&1&-1\\1&-1&1\end{pmatrix}$

$$=3\begin{pmatrix}0&5&8\\0&-5&6\\2&9&0\end{pmatrix}-2\begin{pmatrix}1&1&1\\1&1&-1\\1&-1&1\end{pmatrix}=\begin{pmatrix}-2&13&22\\-2&-17&20\\4&29&-2\end{pmatrix}.$$

$$A^TB=\begin{pmatrix}1&1&1\\1&1&-1\\1&-1&1\end{pmatrix}\begin{pmatrix}1&2&3\\-1&-2&4\\0&5&1\end{pmatrix}=\begin{pmatrix}0&5&8\\0&-5&6\\2&9&0\end{pmatrix}.$$

6. 设有线性变换 $y=Ax$，其中系数矩阵 A 分别取$\begin{pmatrix}1&0\\0&0\end{pmatrix}$、$\begin{pmatrix}1&0\\0&-1\end{pmatrix}$时，试求出向量 $x=\begin{pmatrix}1\\1\end{pmatrix}$ 在相应变换下对应的新变量 y，并指出该变换的几何意义.

解　(1) $y=Ax=\begin{pmatrix}1&0\\0&0\end{pmatrix}\begin{pmatrix}1\\1\end{pmatrix}=\begin{pmatrix}1\\0\end{pmatrix}$，其几何意义是：在线性变换 $y=Ax$ 下，向量 $y=\begin{pmatrix}1\\0\end{pmatrix}$ 是平面 x_1Ox_2 上的向量 $x=\begin{pmatrix}1\\1\end{pmatrix}$ 在 x_1 轴上的投影，见题 6 图 a.

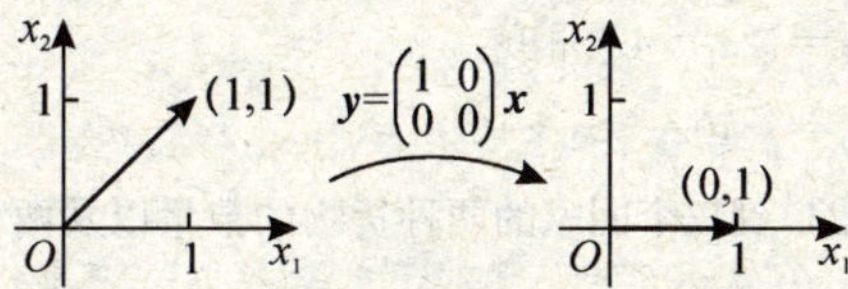

题 6 图 a

(2) $y=Ax=\begin{pmatrix}1&0\\0&-1\end{pmatrix}\begin{pmatrix}1\\1\end{pmatrix}=\begin{pmatrix}1\\-1\end{pmatrix}$，其几何意义是：在线性变换 $y=Ax$ 下，

向量 $\boldsymbol{y}=\begin{pmatrix}1\\-1\end{pmatrix}$ 是平面 x_1Ox_2 上的向量 $\boldsymbol{x}=\begin{pmatrix}1\\1\end{pmatrix}$ 在 x_1 轴上的反射，见题6图b.

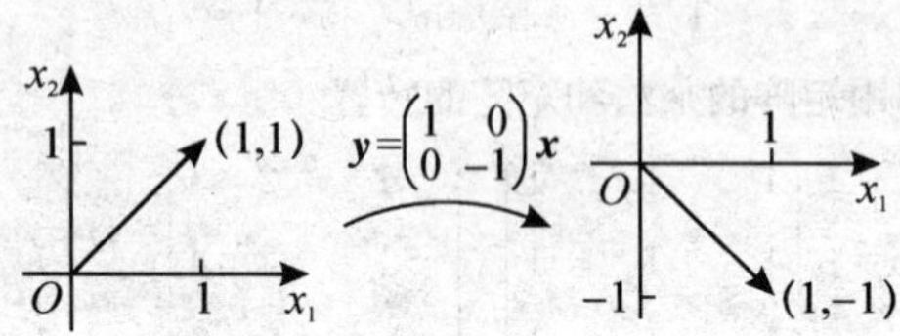

题6图b

7. 已知两个线性变换

$$\begin{cases}x_1=2y_1+y_3\\x_2=-2y_1+3y_2+2y_3,\\x_3=4y_1+y_2+5y_3\end{cases}\quad\begin{cases}y_1=-3z_1+z_2\\y_2=2z_1+z_3\\y_3=-z_2+3z_3\end{cases},$$

求从 z_1，z_2，z_3 到 x_1，x_2，x_3 的线性变换.

解题思路　利用矩阵的乘法在线性变换中的应用.

解

$$\begin{pmatrix}x_1\\x_2\\x_3\end{pmatrix}=\begin{pmatrix}2&0&1\\-2&3&2\\4&1&5\end{pmatrix}\begin{pmatrix}y_1\\y_2\\y_3\end{pmatrix}=\begin{pmatrix}2&0&1\\-2&3&2\\4&1&5\end{pmatrix}\begin{pmatrix}-3&1&0\\2&0&1\\0&-1&3\end{pmatrix}\begin{pmatrix}z_1\\z_2\\z_3\end{pmatrix}$$

$$=\begin{pmatrix}-6&1&3\\12&-4&9\\-10&-1&16\end{pmatrix}\begin{pmatrix}z_1\\z_2\\z_3\end{pmatrix}$$

$$\Rightarrow\begin{cases}x_1=-6z_1+z_2+3z_3\\x_2=12z_1-4z_2+9z_3\\x_3=-10z_1-z_2+16z_3\end{cases}.$$

8. 某企业某年出口到三个国家的两种货物的数量以及两种货物的单位价格、重量、体积如下表：

货物＼数量＼国家	美国	德国	日本	单位价格（万元）	单位重量（吨）	单位体积（m^3）
A_1	3 000	1 500	2 000	0.5	0.04	0.2
A_2	1 400	1 300	800	0.4	0.06	0.4

利用矩阵乘法计算该企业出口到三个国家的货物的总价值、总重量、总体积.

解题思路 利用矩阵的乘法解决实际问题.

解 $\begin{pmatrix} 3\,000 & 1\,400 \\ 1\,500 & 1\,300 \\ 2\,000 & 800 \end{pmatrix}\begin{pmatrix} 0.5 & 0.04 & 0.2 \\ 0.4 & 0.06 & 0.4 \end{pmatrix}=\begin{pmatrix} 2\,060 & 204 & 1\,160 \\ 1\,270 & 138 & 820 \\ 1\,320 & 128 & 720 \end{pmatrix}$.

总价值：2 060＋1 270＋1 320＝4 650（万元）；

总重量：204＋138＋128＝470（吨）；

总体积：1 160＋820＋720＝2 700（m^3）.

9. 某商店一周内售出商品甲、乙、丙的数量及单位如下表：

商品	日销售量							单价（元）
	日	一	二	三	四	五	六	
甲	11	9	3	0	10	7	2	4
乙	12	7	5	8	11	9	0	3
丙	10	6	4	5	6	10	3	2

试用矩阵计算和表示每天的销售额.

解 每天的销售额为

$$(4,3,2)\begin{pmatrix} 11 & 9 & 3 & 0 & 10 & 7 & 2 \\ 12 & 7 & 5 & 8 & 11 & 9 & 0 \\ 10 & 6 & 4 & 5 & 6 & 10 & 3 \end{pmatrix}$$

$$(100 \quad 69 \quad 35 \quad 34 \quad 85 \quad 75 \quad 14)$$

日　一　二　三　四　五　六

10. 解下列矩阵方程，求出未知矩阵 $\boldsymbol{X}$.

解题思路 利用线性方程组解矩阵方程.

(1) $\begin{pmatrix} 2 & 5 \\ 1 & 3 \end{pmatrix}\boldsymbol{X}=\begin{pmatrix} 4 & -6 \\ 2 & 1 \end{pmatrix}$；

解 设 $\boldsymbol{X}=\begin{pmatrix} x_{11} & x_{12} \\ x_{21} & x_{22} \end{pmatrix}$，由题设，有

$$\begin{pmatrix} 2 & 5 \\ 1 & 3 \end{pmatrix}\begin{pmatrix} x_{11} & x_{12} \\ x_{21} & x_{22} \end{pmatrix}=\begin{pmatrix} 4 & -6 \\ 2 & 1 \end{pmatrix}.$$

$$\begin{pmatrix} 2x_{11}+5x_{21} & 2x_{12}+5x_{22} \\ x_{11}+3x_{21} & x_{12}+3x_{22} \end{pmatrix}=\begin{pmatrix} 4 & -6 \\ 2 & 1 \end{pmatrix}.$$

即 $\begin{cases}2x_{11}+5x_{21}=4\\x_{11}+3x_{21}=2\end{cases}$，$\begin{cases}2x_{12}+5x_{22}=-6\\x_{12}+3x_{22}=1\end{cases}$，

分别解上述两个方程组得

$$x_{11}=2,\ x_{21}=0,\ x_{12}=-23,\ x_{22}=8.$$

所以，$\boldsymbol{X}=\begin{pmatrix}2 & -23\\0 & 8\end{pmatrix}$.

(2) $\begin{pmatrix}1 & 1 & -1\\-2 & 1 & 1\\1 & 1 & 1\end{pmatrix}\boldsymbol{X}=\begin{pmatrix}2\\3\\6\end{pmatrix}$.

解　设 $\boldsymbol{X}=\begin{pmatrix}x_1\\x_2\\x_3\end{pmatrix}$，由题设，有

$$\begin{pmatrix}1 & 1 & -1\\-2 & 1 & 1\\1 & 1 & 1\end{pmatrix}\begin{pmatrix}x_1\\x_2\\x_3\end{pmatrix}=\begin{pmatrix}2\\3\\6\end{pmatrix}$$

解上述方程组得　$x_1=1,\ x_2=3,\ x_3=2$.

所以 $\boldsymbol{X}=\begin{pmatrix}1\\3\\2\end{pmatrix}$.

11. 设 $\mathbf{A}=\begin{pmatrix}1 & 1\\0 & 1\end{pmatrix}$，求所有与 **A** 可交换的矩阵.

解题思路　求与已知矩阵可交换的矩阵：定义法、方程法.

解　设与 **A** 可交换的矩阵为 $\boldsymbol{X}=\begin{pmatrix}x_{11} & x_{12}\\x_{21} & x_{22}\end{pmatrix}$，

则 $\begin{pmatrix}x_{11} & x_{12}\\x_{21} & x_{22}\end{pmatrix}\begin{pmatrix}1 & 1\\0 & 1\end{pmatrix}=\begin{pmatrix}1 & 1\\0 & 1\end{pmatrix}\begin{pmatrix}x_{11} & x_{12}\\x_{21} & x_{22}\end{pmatrix}$，

即 $\begin{pmatrix}x_{11} & x_{11}+x_{12}\\x_{21} & x_{21}+x_{22}\end{pmatrix}=\begin{pmatrix}x_{11}+x_{21} & x_{12}+x_{22}\\x_{21} & x_{22}\end{pmatrix}$

$\Rightarrow$　$x_{11}=x_{22}=a,\ x_{12}=b,\ x_{21}=0$，

所以与 **A** 可交换的矩阵为 $\begin{pmatrix}a & b\\0 & a\end{pmatrix}$，$a, b\in\mathbf{R}$.

12. 已知 $\boldsymbol{A}=(a_{ij})$ 为 n 阶矩阵，写出：

解题思路　利用矩阵的乘法和矩阵的转置.

(1) $\boldsymbol{A}^2$ 的第 k 列第 l 列的元素.

解　由 $\boldsymbol{A}=\begin{pmatrix} a_{11} & a_{12} & \cdots & a_{1n} \\ a_{21} & a_{22} & \cdots & a_{2n} \\ \cdots & \cdots & \cdots & \cdots \\ a_{n1} & a_{n2} & \cdots & a_{nn} \end{pmatrix}$，

$$\boldsymbol{A}^2=\begin{pmatrix} a_{11} & a_{12} & \cdots & a_{1n} \\ \cdots & \cdots & \cdots & \cdots \\ a_{k1} & a_{k2} & \cdots & a_{kn} \\ \cdots & \cdots & \cdots & \cdots \\ a_{n1} & a_{n2} & \cdots & a_{nn} \end{pmatrix}\begin{pmatrix} a_{11} & \cdots & a_{1l} & \cdots & a_{1n} \\ a_{21} & \cdots & a_{2l} & \cdots & a_{2n} \\ \cdots & \cdots & \cdots & \cdots & \cdots \\ a_{n1} & \cdots & a_{nl} & \cdots & a_{nn} \end{pmatrix}.$$

易见 $\boldsymbol{A}^2$ 的第 k 行第 l 列的元素为

$$a_{k1}a_{1l}+a_{k2}a_{2l}+\cdots+a_{kn}a_{nl}=\sum_{j=1}^{n}a_{kj}a_{jl}.$$

(2) $\boldsymbol{A}\boldsymbol{A}^{\mathrm{T}}$ 的第 k 行第 l 列的元素.

解　由 $\boldsymbol{A}=\begin{pmatrix} a_{11} & a_{12} & \cdots & a_{1n} \\ a_{21} & a_{22} & \cdots & a_{2n} \\ \cdots & \cdots & \cdots & \cdots \\ a_{n1} & a_{n2} & \cdots & a_{nn} \end{pmatrix}$，

$$\boldsymbol{A}\boldsymbol{A}^{\mathrm{T}}=\begin{pmatrix} a_{11} & a_{12} & \cdots & a_{1n} \\ \cdots & \cdots & \cdots & \cdots \\ a_{k1} & a_{k2} & \cdots & a_{kn} \\ \cdots & \cdots & \cdots & \cdots \\ a_{n1} & a_{n2} & \cdots & a_{nn} \end{pmatrix}\begin{pmatrix} a_{11} & \cdots & a_{l1} & \cdots & a_{n1} \\ a_{12} & \cdots & a_{l2} & \cdots & a_{n2} \\ \cdots & \cdots & \cdots & \cdots & \cdots \\ a_{1n} & \cdots & a_{ln} & \cdots & a_{nn} \end{pmatrix}.$$

易见 $\boldsymbol{A}\boldsymbol{A}^{\mathrm{T}}$ 的第 k 行第 l 列的元素为

$$a_{k1}a_{l1}+a_{k2}a_{l2}+\cdots+a_{kn}a_{ln}=\sum_{j=1}^{n}a_{kj}a_{lj}.$$

13. 计算下列矩阵（其中 n 为正整数）：

解题思路　用数学归纳法求矩阵的幂.

(1) $\begin{pmatrix} 1 & 1 \\ 0 & 0 \end{pmatrix}^n$.

解 $\begin{pmatrix}1&1\\0&0\end{pmatrix}^2=\begin{pmatrix}1&1\\0&0\end{pmatrix}\begin{pmatrix}1&1\\0&0\end{pmatrix}=\begin{pmatrix}1&1\\0&0\end{pmatrix}$,

$$\begin{pmatrix}1&1\\0&0\end{pmatrix}^3=\begin{pmatrix}1&1\\0&0\end{pmatrix}\begin{pmatrix}1&1\\0&0\end{pmatrix}^2=\begin{pmatrix}1&1\\0&0\end{pmatrix}\begin{pmatrix}1&1\\0&0\end{pmatrix}=\begin{pmatrix}1&1\\0&0\end{pmatrix},$$

……

由此推测 $\begin{pmatrix}1&1\\0&0\end{pmatrix}^n=\begin{pmatrix}1&1\\0&0\end{pmatrix}$.

利用数学归纳法证明之.

当 $k=2$ 时显然成立. 设当 $k=n-1$ 时成立，则当 $k=n$ 时有

$$\begin{pmatrix}1&1\\0&0\end{pmatrix}^n=\begin{pmatrix}1&1\\0&0\end{pmatrix}\begin{pmatrix}1&1\\0&0\end{pmatrix}^{n-1}=\begin{pmatrix}1&1\\0&0\end{pmatrix}\begin{pmatrix}1&1\\0&0\end{pmatrix}=\begin{pmatrix}1&1\\0&0\end{pmatrix},$$

故由数学归纳法知：$\begin{pmatrix}1&1\\0&0\end{pmatrix}^n=\begin{pmatrix}1&1\\0&0\end{pmatrix}$.

(2) $\begin{pmatrix}1&0\\\lambda&1\end{pmatrix}^n$.

解 $\boldsymbol{A}^2=\begin{pmatrix}1&0\\\lambda&1\end{pmatrix}\begin{pmatrix}1&0\\\lambda&1\end{pmatrix}=\begin{pmatrix}1&0\\2\lambda&1\end{pmatrix}$,

$$\boldsymbol{A}^3=\boldsymbol{A}^2\boldsymbol{A}=\begin{pmatrix}1&0\\2\lambda&1\end{pmatrix}\begin{pmatrix}1&0\\\lambda&1\end{pmatrix}=\begin{pmatrix}1&0\\3\lambda&1\end{pmatrix}.$$

利用数学归纳法证明：$\boldsymbol{A}^k=\begin{pmatrix}1&0\\k\lambda&0\end{pmatrix}$.

当 $k=1$ 时，显然成立，假设 k 时成立，则 $k+1$ 时

$$\boldsymbol{A}^{k+1}=\boldsymbol{A}^k\boldsymbol{A}=\begin{pmatrix}1&0\\k\lambda&1\end{pmatrix}\begin{pmatrix}1&0\\\lambda&1\end{pmatrix}=\begin{pmatrix}1&0\\(k+1)\lambda&1\end{pmatrix}.$$

由数学归纳法原理知：$\boldsymbol{A}^n=\begin{pmatrix}1 & 0\\ n\lambda & 1\end{pmatrix}$.

(3) $\begin{pmatrix}a & 0 & 0\\ 0 & b & 0\\ 0 & 0 & c\end{pmatrix}^n$.

解 $\begin{pmatrix}a & 0 & 0\\ 0 & b & 0\\ 0 & 0 & c\end{pmatrix}^2=\begin{pmatrix}a & 0 & 0\\ 0 & b & 0\\ 0 & 0 & c\end{pmatrix}\begin{pmatrix}a & 0 & 0\\ 0 & b & 0\\ 0 & 0 & c\end{pmatrix}=\begin{pmatrix}a^2 & 0 & 0\\ 0 & b^2 & 0\\ 0 & 0 & c^2\end{pmatrix},\cdots,$

由此易推测 $\begin{pmatrix}a & 0 & 0\\ 0 & b & 0\\ 0 & 0 & c\end{pmatrix}^n=\begin{pmatrix}a^n & 0 & 0\\ 0 & b^n & 0\\ 0 & 0 & c^n\end{pmatrix}$.

利用数学归纳法证明之.

当 $k=2$ 时显然成立，设当 $k=n-1$ 时成立，则当 $k=n$ 时有

$$\begin{pmatrix}a & 0 & 0\\ 0 & b & 0\\ 0 & 0 & c\end{pmatrix}^n=\begin{pmatrix}a & 0 & 0\\ 0 & b & 0\\ 0 & 0 & c\end{pmatrix}\begin{pmatrix}a^{n-1} & 0 & 0\\ 0 & b^{n-1} & 0\\ 0 & 0 & c^{n-1}\end{pmatrix}=\begin{pmatrix}a^n & 0 & 0\\ 0 & b^n & 0\\ 0 & 0 & c^n\end{pmatrix}.$$

故由数学归纳法知：$\begin{pmatrix}a & 0 & 0\\ 0 & b & 0\\ 0 & 0 & c\end{pmatrix}^n=\begin{pmatrix}a^n & 0 & 0\\ 0 & b^n & 0\\ 0 & 0 & c^n\end{pmatrix}$.

(4) $\begin{pmatrix}\lambda & 1 & 0\\ 0 & \lambda & 1\\ 0 & 0 & \lambda\end{pmatrix}^n$.

解 首先观察

$$\boldsymbol{A}^2=\begin{pmatrix}\lambda & 1 & 0\\ 0 & \lambda & 1\\ 0 & 0 & \lambda\end{pmatrix}\begin{pmatrix}\lambda & 1 & 0\\ 0 & \lambda & 1\\ 0 & 0 & \lambda\end{pmatrix}=\begin{pmatrix}\lambda^2 & 2\lambda & 0\\ 0 & \lambda^2 & 2\lambda\\ 0 & 0 & \lambda^2\end{pmatrix}$$

$$\boldsymbol{A}^3=\boldsymbol{A}^2\cdot\boldsymbol{A}=\begin{pmatrix}\lambda^3 & 3\lambda^2 & 3\lambda\\ 0 & \lambda^3 & 3\lambda^2\\ 0 & 0 & \lambda^3\end{pmatrix}$$

由此推测 $\boldsymbol{A}^k=\begin{pmatrix}\lambda^k & k\lambda^{k-1} & \frac{k(k-1)}{2}\lambda^{k-2}\\ 0 & \lambda^k & k\lambda^{k-1}\\ 0 & 0 & \lambda^k\end{pmatrix}\quad(k\geqslant 2)$.

用数学归纳法证明：

当 $k=2$ 时，显然成立. 假设 k 时成立，则 $k+1$ 时，

$$\boldsymbol{A}^{k+1}=\boldsymbol{A}^{k}\cdot\boldsymbol{A}=\begin{pmatrix}\lambda^{k} & k\lambda^{k-1} & \frac{k(k-1)}{2}\lambda^{k-2}\\ 0 & \lambda^{k} & k\lambda^{k-1}\\ 0 & 0 & \lambda^{k}\end{pmatrix}\begin{pmatrix}\lambda & 1 & 0\\ 0 & \lambda & 0\\ 0 & 0 & \lambda\end{pmatrix}$$

$$=\begin{pmatrix}\lambda^{k+1} & (k+1)\lambda^{k} & \frac{(k+1)k}{2}\lambda^{k-1}\\ 0 & \lambda^{k+1} & (k+1)\lambda^{k}\\ 0 & 0 & \lambda^{k+1}\end{pmatrix}.$$

由数学归纳法原理知结论成立.

14. 已知 $\boldsymbol{\alpha}=(1,\ 2,\ 3)$，$\boldsymbol{\beta}=\left(1,\ \frac{1}{2},\ \frac{1}{3}\right)$，设矩阵 $\boldsymbol{A}=\boldsymbol{\alpha}^{\mathrm{T}}\boldsymbol{\beta}$，其中 $\boldsymbol{\alpha}^{\mathrm{T}}$ 是 $\boldsymbol{\alpha}$ 的转置，求 $\boldsymbol{A}^{n}$（n 为正整数).

解题思路 用递推法计算矩阵的幂.

解 $\boldsymbol{A}^{2}=(\boldsymbol{\alpha}^{2}\boldsymbol{\beta})(\boldsymbol{\alpha}^{\mathrm{T}}\boldsymbol{\beta})=\boldsymbol{\alpha}^{\mathrm{T}}(\boldsymbol{\beta}\boldsymbol{\alpha}^{\mathrm{T}})\boldsymbol{\beta}=3\boldsymbol{\alpha}^{\mathrm{T}}\boldsymbol{\beta}=3\boldsymbol{A}$,

$\boldsymbol{A}^{3}=\boldsymbol{A}^{2}\cdot\boldsymbol{A}=3^{2}\boldsymbol{A}$, …

依此类推，可得 $\boldsymbol{A}^{n}=3^{n-1}\boldsymbol{A}$，而

$$\boldsymbol{A}=\boldsymbol{\alpha}^{\mathrm{T}}\boldsymbol{\beta}=\begin{pmatrix}1\\2\\3\end{pmatrix}\left(1,\ \frac{1}{2},\ \frac{1}{3}\right)=\begin{pmatrix}1 & 1/2 & 1/3\\ 2 & 1 & 2/3\\ 3 & 3/2 & 1\end{pmatrix}.$$

故 $\boldsymbol{A}^{n}=3^{n-1}\begin{pmatrix}1 & 1/2 & 1/3\\ 2 & 1 & 2/3\\ 3 & 3/2 & 1\end{pmatrix}$.

15. 设 $\boldsymbol{A}$, $\boldsymbol{B}$ 都是 n 阶对称矩阵，证明 $\boldsymbol{AB}$ 为对称矩阵的充分必要条件是 $\boldsymbol{AB}=\boldsymbol{BA}$.

解题思路 利用对称矩阵的定义与性质解题.

证 充分性 $\boldsymbol{AB}=\boldsymbol{BA}\Rightarrow\boldsymbol{AB}=\boldsymbol{B}^{\mathrm{T}}\boldsymbol{A}^{\mathrm{T}}$

$$\Rightarrow\boldsymbol{AB}=(\boldsymbol{AB})^{\mathrm{T}},$$

即 $\boldsymbol{AB}$ 是对称矩阵.

必要性

$$(\boldsymbol{AB})^{\mathrm{T}}=\boldsymbol{AB}\Rightarrow\boldsymbol{B}^{\mathrm{T}}\boldsymbol{A}^{\mathrm{T}}=\boldsymbol{AB}\Rightarrow\boldsymbol{BA}=\boldsymbol{AB},$$

证毕.

16. 证明：对任意 $m\times n$ 矩阵 $\boldsymbol{A}$，$\boldsymbol{A}^{\mathrm{T}}\boldsymbol{A}$ 及 $\boldsymbol{A}\boldsymbol{A}^{\mathrm{T}}$ 都是对称矩阵.

证 设 $\boldsymbol{A}=\begin{pmatrix}a_{11} & a_{12} & \cdots & a_{1n}\\ a_{21} & a_{22} & \cdots & a_{2n}\\ \cdots & \cdots & \cdots & \cdots\\ a_{m1} & a_{m2} & \cdots & a_{mn}\end{pmatrix}$.

根据本节第12题，A^TA 的第 i 行第 j 列处的元素为 $\sum_{k=1}^{m} a_{ki}a_{kj}$，第 j 行第 i 列处的元素为 $\sum_{k=1}^{m} a_{kj}a_{ki}$，从而 A^TA 为对称矩阵；而 AA^T 的第 i 行第 j 列处的元素为 $\sum_{k=1}^{n} a_{ik}a_{jk}$，第 j 行第 i 列处的元素为 $\sum_{k=1}^{m} a_{jk}a_{ik}$，从而 AA^T 为对称矩阵.

17. 设矩阵 A 为三阶矩阵，且已知 $|A|=m$，求 $|-mA|$.

解题思路　利用矩阵与行列式的联系和区别解题.

解　设 $A=\begin{pmatrix} a_{11} & a_{12} & a_{13} \\ a_{21} & a_{22} & a_{23} \\ a_{31} & a_{32} & a_{33} \end{pmatrix}$，

则　$-mA=\begin{pmatrix} -ma_{11} & -ma_{12} & -ma_{13} \\ -ma_{21} & -ma_{22} & -ma_{23} \\ -ma_{31} & -ma_{32} & -ma_{33} \end{pmatrix}$，

从而　$|-mA|=\begin{vmatrix} -ma_{11} & -ma_{12} & -ma_{13} \\ -ma_{21} & -ma_{22} & -ma_{23} \\ -ma_{31} & -ma_{32} & -ma_{33} \end{vmatrix}=-m^3|A|=-m^4$.

§2.3　逆矩阵

一、主要知识归纳

表 2—3—1

定义	对于 n 阶矩阵 A，如果存在一个 n 阶矩阵 B，使得 $AB=BA=E$，则称矩阵 A 为可逆矩阵，而矩阵 B 称为 A 的逆矩阵. 如果矩阵 A 可逆，则 A 的逆矩阵是唯一的.
定义	行列式 $\|A\|$ 的各个元素的代数余子式 A_{ij} 所构成的矩阵 $A^*=\begin{pmatrix} A_{11} & A_{21} & \cdots & A_{n1} \\ A_{12} & A_{22} & \cdots & A_{n2} \\ \cdots & \cdots & \cdots & \cdots \\ A_{1n} & A_{2n} & \cdots & A_{nn} \end{pmatrix}$ 称为矩阵 A 的伴随矩阵.
可逆条件	n 阶矩阵 A 可逆的充分必要条件是其行列式 $\|A\|\neq 0$.

续前表

求逆法则	(1) 定义法：若 $AB=E$（或 $BA=E$），则 $B=A^{-1}$； (2) 伴随矩阵法：若 $\|A\|\neq 0$，则 $A^{-1}=\frac{1}{\|A\|}A^*$.
性质	(1) $(A^{-1})^{-1}=A$，　(2) $(kA)^{-1}=\frac{1}{k}A^{-1}$，　(3) $(AB)^{-1}=B^{-1}A^{-1}$， (4) $(A^{T})^{-1}=(A^{-1})^{T}$，　(5) $\|A^{-1}\|=\|A\|^{-1}$.
矩阵方程	(1) $AX=B\Rightarrow X=A^{-1}B$，　(2) $XA=B\Rightarrow X=BA^{-1}$， (3) $AXB=C\Rightarrow X=A^{-1}CB^{-1}$.

二、典型例题分析

例 1　已知 n 阶矩阵 A 满足 $A^2+3A-5E=0$.

(1) 求 A^{-1}；

(2) 求 $(A-E)^{-1}$.

解　(1) 由 $A^2+3A-5E=0$ 可得

$$A(A+3E)=5E,$$

即
$$A\frac{A+3E}{5}=E,$$

故
$$A^{-1}=\frac{A+3E}{5}.$$

(2) $A^2+3A-5E=(A-E)(A+4E)-E=0$，

即　$(A-E)(A+4E)=E$，

故 $(A-E)^{-1}=A+4E$.

小结：本题是根据表达式求逆矩阵，利用了逆矩阵的定义将表达式进行恒等变形.

例 2　设 $A=\begin{pmatrix}1&0&0\\2&2&0\\3&4&5\end{pmatrix}$，$A^*$ 是 A 的伴随矩阵，求 $(A^*)^{-1}$.

解　由 $A\cdot A^*=|A|E=10E$ 可得 $\left(\frac{1}{10}A\right)\cdot A^*=E$，则

$$(A^*)^{-1}=\left(\frac{1}{10}A\right)=\frac{1}{10}\begin{pmatrix}1&0&0\\2&2&0\\3&4&5\end{pmatrix}=\begin{pmatrix}\frac{1}{10}&0&0\\\frac{1}{5}&\frac{1}{5}&0\\\frac{3}{10}&\frac{2}{5}&\frac{1}{2}\end{pmatrix}.$$

小结：本题根据定义式 $A^*(A^*)^{-1}=E$ 求伴随矩阵的逆，关键在于利用了伴

随矩阵的性质 $\boldsymbol{A}\cdot\boldsymbol{A}^*=|\boldsymbol{A}|\boldsymbol{E}=10\boldsymbol{E}$ 的变形式 $\left(\frac{1}{10}\boldsymbol{A}\right)\cdot\boldsymbol{A}^*=\boldsymbol{E}$.

例 3 设 $\boldsymbol{A}$, $\boldsymbol{B}$ 为 n 阶矩阵，且满足 $\boldsymbol{AB}+\boldsymbol{I}=\boldsymbol{A}^2+\boldsymbol{B}$，已知 $\boldsymbol{A}=\begin{pmatrix}1&0&1\\0&2&0\\-1&0&1\end{pmatrix}$，求矩阵 $\boldsymbol{B}$.

解 由 $\boldsymbol{AB}+\boldsymbol{I}=\boldsymbol{A}^2+\boldsymbol{B}$ 可得

$$(\boldsymbol{A}-\boldsymbol{I})\boldsymbol{B}=(\boldsymbol{A}-\boldsymbol{I})(\boldsymbol{A}+\boldsymbol{I}),$$

又 $\boldsymbol{A}-\boldsymbol{I}=\begin{pmatrix}0&0&1\\0&1&0\\-1&0&0\end{pmatrix}$ 可逆，故

$$\boldsymbol{B}=\boldsymbol{A}+\boldsymbol{I}=\begin{pmatrix}2&0&1\\0&3&0\\-1&0&2\end{pmatrix}.$$

例 4 设 $\boldsymbol{A}$, $\boldsymbol{B}$ 满足 $\boldsymbol{A}^*\boldsymbol{BA}=2\boldsymbol{BA}-8\boldsymbol{E}$，其中 $\boldsymbol{A}=\begin{pmatrix}1&&\\&-2&\\&&1\end{pmatrix}$，求矩阵 $\boldsymbol{B}$.

解 将等式 $\boldsymbol{A}^*\boldsymbol{BA}=2\boldsymbol{BA}-8\boldsymbol{E}$ 两边同时左乘 $\boldsymbol{A}$，右乘 $\boldsymbol{A}^{-1}$，得

$$\begin{aligned}(\boldsymbol{AA}^*)\boldsymbol{B}(\boldsymbol{AA}^{-1})&=2\boldsymbol{AB}(\boldsymbol{AA}^{-1})-8\boldsymbol{E}\\&\Rightarrow|\boldsymbol{A}|\boldsymbol{E}\cdot\boldsymbol{B}\cdot\boldsymbol{E}=2\boldsymbol{AB}-8\boldsymbol{E}\\&\Rightarrow-2\boldsymbol{B}=2\boldsymbol{AB}-8\boldsymbol{E}\\&\Rightarrow(\boldsymbol{A}+\boldsymbol{E})\boldsymbol{B}=4\boldsymbol{E},\end{aligned}$$

故

$$\boldsymbol{B}=4(\boldsymbol{A}+\boldsymbol{E})^{-1}=4\begin{pmatrix}2&&\\&-1&\\&&2\end{pmatrix}^{-1}=4\begin{pmatrix}\frac{1}{2}&&\\&-1&\\&&\frac{1}{2}\end{pmatrix}=\begin{pmatrix}2&&\\&-4&\\&&2\end{pmatrix}.$$

小结：本题为求解矩阵方程，通常的方法是先用矩阵运算将矩阵方程化简，得出所要求的矩阵的表达式，再进行计算.

三、习题 2—3 解答

1. 求下列矩阵的逆矩阵：

解题思路 用伴随矩阵法求逆矩阵.

(1) $\begin{pmatrix}1 & 2\\ 2 & 5\end{pmatrix}$.

解　$\boldsymbol{A}=\begin{pmatrix}1 & 2\\ 2 & 5\end{pmatrix}$, $|\boldsymbol{A}|=1$,

$A_{11}=5$, $A_{21}=2\times(-1)=-2$, $A_{12}=2\times(-1)=-2$, $A_{22}=1$,

$$\boldsymbol{A}^*=\begin{pmatrix}A_{11} & A_{21}\\ A_{12} & A_{22}\end{pmatrix}=\begin{pmatrix}5 & -2\\ -2 & 1\end{pmatrix}.$$

故 $\boldsymbol{A}^{-1}=\frac{1}{|\boldsymbol{A}|}\boldsymbol{A}^*=\begin{pmatrix}5 & -2\\ -2 & 1\end{pmatrix}$.

(2) $\begin{pmatrix}1 & 2 & -1\\ 3 & 4 & -2\\ 5 & -4 & 1\end{pmatrix}$.

解　$|\boldsymbol{A}|=2$, 故 $\boldsymbol{A}^{-1}$存在，而

$A_{11}=-4$,　$A_{21}=2$,　$A_{31}=0$,
$A_{12}=-13$,　$A_{22}=6$,　$A_{32}=-1$,
$A_{13}=-32$,　$A_{23}=14$,　$A_{33}=-2$,

故
$$\boldsymbol{A}^{-1}=\frac{1}{|\boldsymbol{A}|}\boldsymbol{A}^*=\begin{pmatrix}-2 & 1 & 0\\ -\frac{13}{2} & 3 & -\frac{1}{2}\\ -16 & 7 & -1\end{pmatrix}.$$

(3) $\begin{pmatrix}1 & 2 & 3 & 4\\ 0 & 1 & 2 & 3\\ 0 & 0 & 1 & 2\\ 0 & 0 & 0 & 1\end{pmatrix}$.

解　$A_{11}=1$,　$A_{21}=-2$,　$A_{31}=1$,　$A_{41}=0$,
$A_{12}=0$,　$A_{22}=1$,　$A_{32}=-2$,　$A_{42}=1$,
$A_{13}=0$,　$A_{23}=0$,　$A_{33}=1$,　$A_{43}=-2$,
$A_{14}=0$,　$A_{24}=0$,　$A_{34}=0$,　$A_{44}=1$,

故
$$\boldsymbol{A}^{-1}=\begin{pmatrix}1 & -2 & 1 & 0\\ 0 & 1 & -2 & 1\\ 0 & 0 & 1 & -2\\ 0 & 0 & 0 & 1\end{pmatrix}.$$

2. 用逆矩阵解下列矩阵方程：

(1) $\begin{pmatrix}2&5\\1&3\end{pmatrix}\boldsymbol{X}=\begin{pmatrix}4&-6\\2&1\end{pmatrix}$.

解 $\boldsymbol{X}=\begin{pmatrix}2&5\\1&3\end{pmatrix}^{-1}\begin{pmatrix}4&-6\\2&1\end{pmatrix}=\begin{pmatrix}3&-5\\-1&2\end{pmatrix}\begin{pmatrix}4&-6\\2&1\end{pmatrix}=\begin{pmatrix}2&-23\\0&8\end{pmatrix}$.

(2) $\begin{pmatrix}1&4\\-1&2\end{pmatrix}\boldsymbol{X}\begin{pmatrix}2&0\\-1&1\end{pmatrix}=\begin{pmatrix}3&1\\0&-1\end{pmatrix}$.

解 $\boldsymbol{X}=\begin{pmatrix}1&4\\-1&2\end{pmatrix}^{-1}\begin{pmatrix}3&1\\0&-1\end{pmatrix}\begin{pmatrix}2&0\\-1&1\end{pmatrix}^{-1}=\frac{1}{12}\begin{pmatrix}2&-4\\1&1\end{pmatrix}\begin{pmatrix}3&1\\0&-1\end{pmatrix}\begin{pmatrix}1&0\\1&2\end{pmatrix}$

$=\frac{1}{12}\begin{pmatrix}6&6\\3&0\end{pmatrix}\begin{pmatrix}1&0\\1&2\end{pmatrix}=\begin{pmatrix}1&1\\1/4&0\end{pmatrix}$.

(3) $\begin{pmatrix}0&1&0\\1&0&0\\0&0&1\end{pmatrix}\boldsymbol{X}\begin{pmatrix}1&0&0\\0&0&1\\0&1&0\end{pmatrix}=\begin{pmatrix}1&-4&3\\2&0&-1\\1&-2&0\end{pmatrix}$.

解 $\boldsymbol{X}=\begin{pmatrix}0&1&0\\1&0&0\\0&0&1\end{pmatrix}^{-1}\begin{pmatrix}1&-4&3\\2&0&-1\\1&-2&0\end{pmatrix}\begin{pmatrix}1&0&0\\0&0&1\\0&1&0\end{pmatrix}^{-1}$

$=\begin{pmatrix}0&1&0\\1&0&0\\0&0&1\end{pmatrix}\begin{pmatrix}1&-4&3\\2&0&-1\\1&-2&0\end{pmatrix}\begin{pmatrix}1&0&0\\0&0&1\\0&1&0\end{pmatrix}=\begin{pmatrix}2&-1&0\\1&3&-4\\1&0&-2\end{pmatrix}$.

3. 已知线性变换

$$\begin{cases}x_1=2y_1+2y_2+y_3\\x_2=3y_1+y_2+5y_3\\x_3=3y_1+2y_2+3y_3\end{cases},$$

求从变量 x_1，x_2，x_3 到变量 y_1，y_2，y_3 的线性变换.

解 由题设 $\begin{pmatrix}x_1\\x_2\\x_3\end{pmatrix}=\begin{pmatrix}2&2&1\\3&1&5\\3&2&3\end{pmatrix}\begin{pmatrix}y_1\\y_2\\y_3\end{pmatrix}$，故

$$\begin{pmatrix}y_1\\y_2\\y_3\end{pmatrix}=\begin{pmatrix}2&2&1\\3&1&5\\3&2&3\end{pmatrix}^{-1}\begin{pmatrix}x_1\\x_2\\x_3\end{pmatrix}=\begin{pmatrix}-7&-4&9\\6&3&-7\\3&2&-4\end{pmatrix}\begin{pmatrix}x_1\\x_2\\x_3\end{pmatrix},$$

从而 $\begin{cases} y_1=-7x_1-4x_2+9x_3 \\ y_2=6x_1+3x_2-7x_3 \\ y_3=3x_1+2x_2-4x_3 \end{cases}$.

4. 利用逆矩阵解下列线性方程组：

(1) $\begin{cases} x_1+2x_2+3x_3=1 \\ 2x_1+2x_2+5x_3=2 \\ 3x_1+5x_2+x_3=3 \end{cases}$.

解　方程组可表示为

$$\begin{pmatrix} 1 & 2 & 3 \\ 2 & 2 & 5 \\ 3 & 5 & 1 \end{pmatrix}\begin{pmatrix} x_1 \\ x_2 \\ x_3 \end{pmatrix}=\begin{pmatrix} 1 \\ 2 \\ 3 \end{pmatrix},$$

故 $\begin{pmatrix} x_1 \\ x_2 \\ x_3 \end{pmatrix}=\begin{pmatrix} 1 & 2 & 3 \\ 2 & 2 & 5 \\ 3 & 5 & 1 \end{pmatrix}^{-1}\begin{pmatrix} 1 \\ 2 \\ 3 \end{pmatrix}=\begin{pmatrix} 1 \\ 0 \\ 0 \end{pmatrix}$，从而 $\begin{cases} x_1=1 \\ x_2=0 \\ x_3=0 \end{cases}$.

(2) $\begin{cases} x_1-x_2-x_3=2 \\ 2x_1-x_2-3x_3=1 \\ 3x_1+2x_2-5x_3=0 \end{cases}$.

解　方程组可表示为 $\begin{pmatrix} 1 & -1 & -1 \\ 2 & -1 & -3 \\ 3 & 2 & -5 \end{pmatrix}\begin{pmatrix} x_1 \\ x_2 \\ x_3 \end{pmatrix}=\begin{pmatrix} 2 \\ 1 \\ 0 \end{pmatrix}$，

故 $\begin{pmatrix} x_1 \\ x_2 \\ x_3 \end{pmatrix}=\begin{pmatrix} 1 & -1 & -1 \\ 2 & -1 & -3 \\ 3 & 2 & -5 \end{pmatrix}^{-1}\begin{pmatrix} 2 \\ 1 \\ 0 \end{pmatrix}=\begin{pmatrix} 5 \\ 0 \\ 3 \end{pmatrix}$，从而 $\begin{cases} x_1=5 \\ x_2=0 \\ x_3=3 \end{cases}$.

5. 若 $\boldsymbol{A}^k=\boldsymbol{O}$（$k$ 是正整数），求证：

$$(\boldsymbol{E}-\boldsymbol{A})^{-1}=\boldsymbol{E}+\boldsymbol{A}+\boldsymbol{A}^2+\cdots+\boldsymbol{A}^{k-1}.$$

证明思路　利用逆矩阵的定义解题.

证　$\because (\boldsymbol{E}-\boldsymbol{A})(\boldsymbol{E}+\boldsymbol{A}+\boldsymbol{A}^2+\cdots+\boldsymbol{A}^{k-1})=\boldsymbol{E}-\boldsymbol{A}^k=\boldsymbol{E}$,

$\therefore (\boldsymbol{E}-\boldsymbol{A})^{-1}=\boldsymbol{E}+\boldsymbol{A}+\boldsymbol{A}^2+\cdots+\boldsymbol{A}^{k-1}$.

6. 若 $\boldsymbol{A}$ 可逆，证明：$\boldsymbol{A}^k$ 也可逆（k 是自然数），且

$$(\boldsymbol{A}^k)^{-1}=(\boldsymbol{A}^{-1})^k \text{（以后记 } (\boldsymbol{A}^{-1})^k=\boldsymbol{A}^{-k}\text{）}.$$

证明思路　利用逆矩阵的定义，可以证明矩阵的幂和逆是可交换的.

证　因为 $\boldsymbol{A}^k\cdot(\boldsymbol{A}^{-1})^k=\boldsymbol{A}^{k-1}(\boldsymbol{A}\boldsymbol{A}^{-1})(\boldsymbol{A}^{-1})^{k-1}$

$$=A^{k-1}(A^{-1})^{k-1}=A^{k-2}(AA^{-1})(A^{-1})^{k-2}$$
$$=A^{k-2}(A^{-1})^{k-2}=\cdots=AA^{-1}=E.$$

故 A^k 可逆，且 $(A^k)^{-1}=(A^{-1})^k$.

7. 设 A 是一个 n 阶上三角形矩阵，主对角线元素 $a_{ii}\neq 0$ $(i=1, 2, \cdots, n)$，证明 A 可逆，A^{-1} 也是上三角形矩阵.

证明思路 结合逆矩阵的定义，利用待定系数法求逆矩阵.

证 设 $A=\begin{pmatrix} a_{11} & a_{12} & \cdots & a_{1n} \\ 0 & a_{22} & \cdots & a_{2n} \\ \cdots & \cdots & \cdots & \cdots \\ 0 & 0 & \cdots & a_{nn} \end{pmatrix}$,

$a_{ii}\neq 0$ $(i=1, 2, \cdots, n)\Rightarrow |A|=a_{11}\cdots a_{nn}\neq 0$，故 A 可逆.

设 $A^{-1}=\begin{pmatrix} b_{11} & b_{12} & \cdots & b_{1n} \\ b_{21} & b_{22} & \cdots & b_{2n} \\ \cdots & \cdots & \cdots & \cdots \\ b_{n1} & b_{n2} & \cdots & b_{nn} \end{pmatrix}$，则 $A^{-1}A=E$.

$A^{-1}A$ 的第 1 列为 $\begin{pmatrix} b_{11}a_{11} \\ b_{21}a_{11} \\ \vdots \\ b_{n1}a_{11} \end{pmatrix}=\begin{pmatrix} 1 \\ 0 \\ \vdots \\ 0 \end{pmatrix}\Rightarrow b_{11}=\dfrac{1}{a_{11}}$, $b_{21}=\cdots=b_{n1}=0$,

$A^{-1}A$ 的第 2 列主对角线以下的元素为

$$\begin{pmatrix} b_{22}a_{22} \\ b_{32}a_{22} \\ \vdots \\ b_{n2}a_{22} \end{pmatrix}=\begin{pmatrix} 1 \\ 0 \\ \vdots \\ 0 \end{pmatrix}\Rightarrow b_{22}=\frac{1}{a_{22}},\ b_{32}=\cdots=b_{n2}=0.$$

…

$A^{-1}A$ 的第 $n-1$ 列主对角线以下的元素为

$$\begin{pmatrix} b_{n-1,\,n-1} & a_{n-1,\,n-1} \\ b_{n,\,n-1} & a_{n,\,n-1} \end{pmatrix}=\begin{pmatrix} 1 \\ 0 \end{pmatrix}\Rightarrow b_{n-1,\,n-1}=\frac{1}{a_{n-1,\,n-1}},\ b_{n,\,n-1}=0.$$

故 A^{-1} 是上三角形矩阵，且 $b_{ii}=1/a_{ii}$ $(i=1, 2, \cdots, n)$.

注： 对于下三角形矩阵有同样的结果.

8. 设矩阵 A 可逆，证明其伴随矩阵 A^* 也可逆，且

$$(A^*)^{-1}=(A^{-1})^*.$$

证明思路　利用伴随矩阵与逆矩阵的关系，可以证明矩阵的逆和伴随矩阵是可交换的.

证　因 $\boldsymbol{A}^*=|\boldsymbol{A}|\boldsymbol{A}^{-1}$，由 $\boldsymbol{A}^{-1}$ 的可逆性及 $|\boldsymbol{A}|\neq 0$ 知 $\boldsymbol{A}^*$ 可逆，且

$$(\boldsymbol{A}^*)^{-1}=(|\boldsymbol{A}|\boldsymbol{A}^{-1})^{-1}=\frac{1}{|\boldsymbol{A}|}\boldsymbol{A},$$

另一方面，由伴随矩阵的性质 $\boldsymbol{A}\boldsymbol{A}^*=|\boldsymbol{A}|\boldsymbol{E}$，有

$$\boldsymbol{A}^{-1}(\boldsymbol{A}^{-1})^*=|\boldsymbol{A}^{-1}|\boldsymbol{E}.$$

用 $\boldsymbol{A}$ 左乘此式两边得

$$(\boldsymbol{A}^{-1})^*=|\boldsymbol{A}^{-1}|\boldsymbol{A}=|\boldsymbol{A}|^{-1}\boldsymbol{A}=\frac{1}{|\boldsymbol{A}|}\boldsymbol{A},$$

比较以上两个式子，即知结论成立.

9. 设 $\boldsymbol{A}$ 为 3×3 矩阵，$\boldsymbol{A}^*$ 是 $\boldsymbol{A}$ 的伴随矩阵，若 $|\boldsymbol{A}|=2$，求 $|\boldsymbol{A}^*|$.

解　因为 $|\boldsymbol{A}|=2$，所以 $\boldsymbol{A}$ 可逆. 由求逆公式得

$$|\boldsymbol{A}^*|=||\boldsymbol{A}|\boldsymbol{A}^{-1}|=|\boldsymbol{A}|^3|\boldsymbol{A}^{-1}|.$$

又由 $\boldsymbol{A}\boldsymbol{A}^{-1}=\boldsymbol{E}$ 得　$|\boldsymbol{A}||\boldsymbol{A}^{-1}|=|\boldsymbol{E}|$，

即　$|\boldsymbol{A}^{-1}|=\dfrac{1}{|\boldsymbol{A}|}$，

代入 $|\boldsymbol{A}^*|$ 得　　$|\boldsymbol{A}^*|=|\boldsymbol{A}|^3\cdot\dfrac{1}{|\boldsymbol{A}|}=|\boldsymbol{A}|^2=4.$

10. 设 $\boldsymbol{A}=\begin{pmatrix}1&0&0\\10&2&0\\20&30&5\end{pmatrix}$，$\boldsymbol{A}^*$ 是 $\boldsymbol{A}$ 的伴随矩阵，求 $(\boldsymbol{A}^*)^{-1}$.

解　因为 $|\boldsymbol{A}|=10$，所以 $\boldsymbol{A}$ 可逆. 由求逆公式得

$$(\boldsymbol{A}^*)^{-1}=(|\boldsymbol{A}|\boldsymbol{A}^{-1})^{-1}=\frac{1}{|\boldsymbol{A}|}(\boldsymbol{A}^{-1})^{-1}$$

$$=\frac{1}{10}\boldsymbol{A}=\begin{pmatrix}\frac{1}{10}&0&0\\1&\frac{1}{5}&0\\2&3&\frac{1}{2}\end{pmatrix}.$$

11. 设 $\boldsymbol{A}=\begin{pmatrix}1&0&0\\0&1/2&3/2\\0&1&5/2\end{pmatrix}$，$\boldsymbol{A}^*$ 是 $\boldsymbol{A}$ 的伴随矩阵，求 $[(\boldsymbol{A}^*)^{\mathrm{T}}]^{-1}$.

解题思路 利用矩阵的转置、伴随矩阵与逆矩阵的关系解题.

解 因 $(\boldsymbol{A}^*)^{-1}=(|\boldsymbol{A}|\boldsymbol{A}^{-1})^{-1}=\frac{1}{|\boldsymbol{A}|}\boldsymbol{A}$, 故

$$[(\boldsymbol{A}^*)^{\mathrm{T}}]^{-1}=[(\boldsymbol{A}^*)^{-1}]^{\mathrm{T}}=\left(\frac{1}{|\boldsymbol{A}|}\boldsymbol{A}\right)^{\mathrm{T}}=\frac{1}{|\boldsymbol{A}|}\boldsymbol{A}^{\mathrm{T}}=\begin{pmatrix}-4&0&0\\0&-2&-4\\0&-6&-10\end{pmatrix}.$$

12. 设 $\boldsymbol{A}=\begin{pmatrix}1&0&1\\0&2&0\\1&0&1\end{pmatrix}$, $\boldsymbol{AB}+\boldsymbol{E}=\boldsymbol{A}^2+\boldsymbol{B}$, 求 $\boldsymbol{B}$.

解题思路 利用矩阵乘法的运算规律和逆矩阵的运算性质, 通过在方程两边左乘或右乘相应的矩阵的逆矩阵, 可求解矩阵方程.

解 由方程 $\boldsymbol{AB}+\boldsymbol{E}=\boldsymbol{A}^2+\boldsymbol{B}$, 合并含有未知矩阵 $\boldsymbol{B}$ 的项得

$$(\boldsymbol{A}-\boldsymbol{E})\boldsymbol{B}=\boldsymbol{A}^2-\boldsymbol{E}=(\boldsymbol{A}-\boldsymbol{E})(\boldsymbol{A}+\boldsymbol{E}),$$

又 $$\boldsymbol{A}-\boldsymbol{E}=\begin{pmatrix}0&0&1\\0&1&0\\1&0&0\end{pmatrix},$$

其行列式 $|\boldsymbol{A}-\boldsymbol{E}|=-1\neq0$, 故 $\boldsymbol{A}-\boldsymbol{E}$ 可逆, 用 $(\boldsymbol{A}-\boldsymbol{E})^{-1}$ 左乘上式两边, 即得

$$\boldsymbol{B}=\boldsymbol{A}+\boldsymbol{E}=\begin{pmatrix}2&0&1\\0&3&0\\1&0&2\end{pmatrix}.$$

13. 设 $\boldsymbol{A}, \boldsymbol{B}, \boldsymbol{C}$ 为同阶矩阵, 且 $\boldsymbol{C}$ 非奇异, 满足 $\boldsymbol{C}^{-1}\boldsymbol{AC}=\boldsymbol{B}$, 求证:

$$\boldsymbol{C}^{-1}\boldsymbol{A}^m\boldsymbol{C}=\boldsymbol{B}^m \quad (m\text{ 是正整数}).$$

证 用数学归纳法证明之.

当 $m=1$ 时显然成立, 假设当 $m=k$ 时等式成立.

$$\boldsymbol{C}^{-1}\boldsymbol{A}^k\boldsymbol{C}=\boldsymbol{B}^k,$$

则当 $m=k+1$ 时, 有

$$\begin{aligned}\boldsymbol{C}^{-1}\boldsymbol{A}^{k+1}\boldsymbol{C}&=\boldsymbol{C}^{-1}\boldsymbol{A}^k\boldsymbol{AC}\\&=\boldsymbol{C}^{-1}\boldsymbol{A}^k\boldsymbol{CC}^{-1}\boldsymbol{AC}=\boldsymbol{B}^k\boldsymbol{B}=\boldsymbol{B}^{k+1},\end{aligned}$$

从而对于任意的正整数 m 有

$$\boldsymbol{C}^{-1}\boldsymbol{A}^m\boldsymbol{C}=\boldsymbol{B}^m.$$

14. 设 $\boldsymbol{AP}=\boldsymbol{P\Lambda}$, 其中 $\boldsymbol{P}=\begin{pmatrix}1&1&1\\1&0&-2\\1&-1&1\end{pmatrix}$, $\boldsymbol{\Lambda}=\begin{pmatrix}-1&&\\&1&\\&&5\end{pmatrix}$, 求

$$\varphi(\boldsymbol{A})=\boldsymbol{A}^8(5\boldsymbol{E}-6\boldsymbol{A}+\boldsymbol{A}^2).$$

解题思路 先利用矩阵方程求出矩阵 $\boldsymbol{A}$ 的表达式，然后根据矩阵多项式的运算求解.

解 $\because |\boldsymbol{P}|=-6\neq 0$,

$\therefore \boldsymbol{P}$ 可逆，且 $\boldsymbol{P}^{-1}=\frac{1}{6}\begin{pmatrix}2&2&2\\3&0&-3\\1&-2&1\end{pmatrix}$

$$\Rightarrow \boldsymbol{A}=\boldsymbol{P\Lambda P}^{-1}\Rightarrow \boldsymbol{A}^k=\boldsymbol{P\Lambda}^k\boldsymbol{P}^{-1},$$

$$\begin{aligned}\varphi(\boldsymbol{A})&=5\boldsymbol{A}^8-6\boldsymbol{A}^9+\boldsymbol{A}^{10}=\boldsymbol{P}[5\boldsymbol{\Lambda}^8-6\boldsymbol{\Lambda}^9+\boldsymbol{\Lambda}^{10}]\boldsymbol{P}^{-1}\\&=\boldsymbol{P}\begin{pmatrix}12&&\\&0&\\&&0\end{pmatrix}\boldsymbol{P}^{-1}=\begin{pmatrix}1&1&1\\1&0&-2\\1&-1&1\end{pmatrix}\begin{pmatrix}12&0&0\\0&0&0\\0&0&0\end{pmatrix}\\&\quad\left(\frac{1}{6}\begin{pmatrix}2&2&2\\3&0&-3\\1&-2&1\end{pmatrix}\right)=\begin{pmatrix}4&4&4\\4&4&4\\4&4&4\end{pmatrix}=4\begin{pmatrix}1&1&1\\1&1&1\\1&1&1\end{pmatrix}.\end{aligned}$$

15. 设矩阵 $\boldsymbol{A}$、$\boldsymbol{B}$ 及 $\boldsymbol{A}+\boldsymbol{B}$ 都可逆，证明 $\boldsymbol{A}^{-1}+\boldsymbol{B}^{-1}$ 也可逆，并求其逆矩阵.

证明思路 如果 n 阶矩阵 $\boldsymbol{A}$ 的行列式 $|\boldsymbol{A}|\neq 0$，则称 $\boldsymbol{A}$ 为非奇异的，利用逆矩阵的运算性质求其逆矩阵.

证 因 $\boldsymbol{A}$、$\boldsymbol{B}$ 以及 $\boldsymbol{A}+\boldsymbol{B}$ 均可逆，

$$\boldsymbol{AA}^{-1}=\boldsymbol{A}^{-1}\boldsymbol{A}=\boldsymbol{E},\ \boldsymbol{BB}^{-1}=\boldsymbol{B}^{-1}\boldsymbol{B}=\boldsymbol{E},$$

于是
$$\begin{aligned}\boldsymbol{A}^{-1}+\boldsymbol{B}^{-1}&=\boldsymbol{A}^{-1}\boldsymbol{E}+\boldsymbol{EB}^{-1}=\boldsymbol{A}^{-1}\boldsymbol{BB}^{-1}+\boldsymbol{A}^{-1}\boldsymbol{AB}^{-1}\\&=\boldsymbol{A}^{-1}(\boldsymbol{B}+\boldsymbol{A})\boldsymbol{B}^{-1}=\boldsymbol{A}^{-1}(\boldsymbol{A}+\boldsymbol{B})\boldsymbol{B}^{-1}.\end{aligned}$$

即 $\boldsymbol{A}^{-1}+\boldsymbol{B}^{-1}$ 可表示为三个可逆矩阵的乘积，故 $\boldsymbol{A}^{-1}+\boldsymbol{B}^{-1}$ 可逆. 由可逆矩阵的性质，有

$$\begin{aligned}(\boldsymbol{A}^{-1}+\boldsymbol{B}^{-1})^{-1}&=[\boldsymbol{A}^{-1}(\boldsymbol{A}+\boldsymbol{B})\boldsymbol{B}^{-1}]^{-1}\\&=(\boldsymbol{B}^{-1})^{-1}(\boldsymbol{A}+\boldsymbol{B})^{-1}(\boldsymbol{A}^{-1})^{-1}=\boldsymbol{B}(\boldsymbol{A}+\boldsymbol{B})^{-1}\boldsymbol{A}.\end{aligned}$$

16. 设 $\boldsymbol{A}$ 为 n 阶非零实矩阵，$\boldsymbol{A}^*=\boldsymbol{A}^{\mathrm{T}}$，其中 $\boldsymbol{A}^*$ 为 $\boldsymbol{A}$ 的伴随矩阵. 证明：$\boldsymbol{A}$ 可逆.

证 设 $\boldsymbol{A}=(a_{ij})_{n\times n}$，因 $\boldsymbol{A}^*=\boldsymbol{A}^{\mathrm{T}}$，故

$$a_{ij}=A_{ij}\quad (i,\ j=1,\ 2,\ \cdots,\ n).$$

因 $\boldsymbol{A}\neq 0$，不妨设 $a_{11}\neq 0$. 于是

$$|\boldsymbol{A}|=a_{11}A_{11}+a_{12}A_{12}+\cdots+a_{1n}A_{1n}=a_{11}^2+a_{12}^2+\cdots+a_{1n}^2>0.$$

故 $\boldsymbol{A}$ 可逆.

§2.4　分块矩阵

一、主要知识归纳

表 2—4—1　分块矩阵的概念

定义	(1) 将矩阵 $\boldsymbol{A}$ 用若干条纵线和横线分成多个小矩阵．每个小矩阵为 $\boldsymbol{A}$ 的子块，以子块为元素的形式上的矩阵为分块矩阵． (2) 若 $\boldsymbol{A}$ 的分块矩阵只有在对角线上有非零子块，其余子块都为零矩阵，且在对角线上的子块都是方阵，则称 $\boldsymbol{A}$ 为分块对角矩阵，即 $\boldsymbol{A}=\begin{pmatrix}\boldsymbol{A}_1 & & & \boldsymbol{O}\\ & \boldsymbol{A}_2 & & \\ & & \ddots & \\ \boldsymbol{O} & & & \boldsymbol{A}_s\end{pmatrix}$， 其中 $\boldsymbol{A}_i(i=1,2,\cdots,s)$ 都是方阵． (3) 形如 $\begin{pmatrix}A_{11} & A_{12} & \cdots & A_{1s}\\ 0 & A_{22} & \cdots & A_{2s}\\ \cdots & \cdots & \cdots & \cdots\\ 0 & 0 & \cdots & A_{ss}\end{pmatrix}$ 或 $\begin{pmatrix}A_{11} & 0 & \cdots & 0\\ A_{21} & A_{22} & \cdots & 0\\ \cdots & \cdots & \cdots & \cdots\\ A_{s1} & A_{s2} & \cdots & A_{ss}\end{pmatrix}$ 的分块矩阵，分别称为分块上三角形矩阵或分块下三角形矩阵，其中 A_{pp} $(p=1,2,\cdots,s)$ 是方阵． 同结构的分块上（下）三角形矩阵的和、差、积、数乘及逆仍是分块上（下）三角形矩阵．

表 2—4—2　分块矩阵的运算

加法	设矩阵 $\boldsymbol{A}$ 与 $\boldsymbol{B}$ 的行列数相同，并采用相同的分块法，则 $\boldsymbol{A}+\boldsymbol{B}$ 的每个分块是 $\boldsymbol{A}$ 与 $\boldsymbol{B}$ 中对应分块之和．
数乘	设 $\boldsymbol{A}$ 是一个分块矩阵，k 为一实数，则 $k\boldsymbol{A}$ 的每个子块是 k 与 $\boldsymbol{A}$ 中相应子块的数乘．
乘法	将 $\boldsymbol{A}$ 与 $\boldsymbol{B}$ 中的子块当作数量依照普通矩阵的乘积进行运算，但 $\boldsymbol{A}$ 的列的划分必须与 $\boldsymbol{B}$ 的行的划分一致．
转置	设 $\boldsymbol{A}=\begin{pmatrix}A_{11} & \cdots & A_{1t}\\ \cdots & \cdots & \cdots\\ A_{s1} & \cdots & A_{st}\end{pmatrix}$，则 $\boldsymbol{A}^{\mathrm{T}}=\begin{pmatrix}A_{11}^{\mathrm{T}} & \cdots & A_{s1}^{\mathrm{T}}\\ \cdots & \cdots & \cdots\\ A_{1t}^{\mathrm{T}} & \cdots & A_{st}^{\mathrm{T}}\end{pmatrix}$．

表 2—4—3　分块对角矩阵的运算

规律	(1) 若 $\|\boldsymbol{A}_i\|\neq 0(i=1,2,\cdots,s)$，则 $\|\boldsymbol{A}\|\neq 0$，且 $\|\boldsymbol{A}\|=\|\boldsymbol{A}_1\|\|\boldsymbol{A}_2\|\cdots\|\boldsymbol{A}_s\|$； (2) $\boldsymbol{A}^{-1}=\begin{pmatrix}\boldsymbol{A}_1^{-1} & & & \boldsymbol{O}\\ & \boldsymbol{A}_2^{-1} & & \\ & & \ddots & \\ \boldsymbol{O} & & & \boldsymbol{A}_s^{-1}\end{pmatrix}$，$\boldsymbol{A}^n=\begin{pmatrix}\boldsymbol{A}_1{}^n & & & \boldsymbol{O}\\ & \boldsymbol{A}_2{}^n & & \\ & & \ddots & \\ \boldsymbol{O} & & & \boldsymbol{A}_s{}^n\end{pmatrix}$； (3) 同结构的分块对角矩阵的和、差、积、数乘及逆仍是分块对角矩阵，且运算表现为对应子块的运算．

二、典型例题分析

例 1　判断矩阵

$$A=\begin{pmatrix}1&9&0&0\\9&9&0&0\\1&0&2&0\\0&1&0&1\end{pmatrix}$$

是否可逆，若可逆求 A^{-1}.

解　对矩阵 A 进行分块得

$$A=\left(\begin{array}{cc:cc}1&9&0&0\\9&9&0&0\\ \hdashline 1&0&2&0\\0&1&0&1\end{array}\right)=\begin{pmatrix}C&O\\E&B\end{pmatrix},$$

则

$$|A|=|C|\,|B|=-72\times2=-144\neq0,$$

故 A 可逆. 且

$$A^{-1}=\begin{pmatrix}C&O\\E&B\end{pmatrix}^{-1}=\begin{pmatrix}C^{-1}&O\\-B^{-1}C^{-1}&B^{-1}\end{pmatrix}.$$

又 $C^{-1}=-\frac{1}{72}\begin{pmatrix}9&-9\\-9&1\end{pmatrix}=\begin{pmatrix}-\frac{1}{8}&\frac{1}{8}\\\frac{1}{8}&-\frac{1}{72}\end{pmatrix}$，$B^{-1}=\begin{pmatrix}\frac{1}{2}&0\\0&1\end{pmatrix}$，则

$$-B^{-1}C^{-1}=\begin{pmatrix}\frac{1}{16}&-\frac{1}{16}\\-\frac{1}{8}&\frac{1}{72}\end{pmatrix}$$

故

$$A^{-1}=\begin{pmatrix}-\frac{1}{8}&\frac{1}{8}&0&0\\\frac{1}{8}&-\frac{1}{72}&0&0\\\frac{1}{16}&-\frac{1}{16}&\frac{1}{2}&0\\-\frac{1}{8}&\frac{1}{72}&0&1\end{pmatrix}.$$

小结：判断矩阵 A 是否可逆主要是判断矩阵 A 的行列式是否为零，本题的关键在于计算逆矩阵时用到了矩阵的分块.

例2 已知 A, B 为3阶矩阵，且满足 $2A^{-1}B=B-4E$.

(1) 证明 $A-2E$ 可逆.

(2) 若 $B=\begin{pmatrix}1 & -2 & 0\\ 1 & 2 & 0\\ 0 & 0 & 2\end{pmatrix}$，求 A.

解 (1) 将 $2A^{-1}B=B-4E$ 的两边同时乘以 A 得

$$AB-2B-4A=0,$$
$$(A-2E)(B-4E)=8E,$$

即
$$(A-2E)\left(\frac{1}{8}(B-4E)\right)=E,$$

因此 $A-2E$ 可逆，且 $(A-2E)^{-1}=\frac{1}{8}(B-4E)$.

(2) 由 (1) 中 $(A-2E)(B-4E)=8E$ 可知

$$A=2E+8(B-4E)^{-1},$$

又
$$(B-4E)^{-1}=\begin{pmatrix}-3 & -2 & 0\\ 1 & -2 & 0\\ 0 & 0 & -2\end{pmatrix}^{-1}=\begin{pmatrix}C & O\\ O & D\end{pmatrix}^{-1}=\begin{pmatrix}C^{-1} & O\\ O & D^{-1}\end{pmatrix}$$
$$=\begin{pmatrix}-\frac{1}{4} & \frac{1}{4} & 0\\ -\frac{1}{8} & -\frac{3}{8} & 0\\ 0 & 0 & -\frac{1}{2}\end{pmatrix},$$

则
$$A=2E+8(B-4E)^{-1}=\begin{pmatrix}0 & 2 & 0\\ -1 & -1 & 0\\ 0 & 0 & -2\end{pmatrix}.$$

小结：(1) 利用定义法求矩阵多项式的逆，关键是根据已知方程凑出以目标矩阵为因子的方程；

(2) 矩阵多项式的计算，重点考查了分块对角矩阵的求逆性质.

例3 设矩阵 $A=\begin{pmatrix}1 & 2 & 0 & 0\\ 0 & 1 & 0 & 0\\ 0 & 0 & 3 & 4\\ 0 & 0 & 4 & 3\end{pmatrix}$，求：

(1) $|A|^n$;

(2) $|A|^{2n}$.

解　根据 A 的特征可将 A 分块

$$A=\begin{pmatrix} A_1 & O \\ O & A_2 \end{pmatrix},$$

其中 $A_1=\begin{pmatrix} 1 & 2 \\ 0 & 1 \end{pmatrix}$, $A_2=\begin{pmatrix} 3 & 4 \\ 4 & -3 \end{pmatrix}$.

(1) 由分块对角矩阵的性质以及行列式的运算规律有

$$|A|^n=|A^n|=|A_1^nA_2^n|=|A_1^n|\cdot|A_2^n|=|A_1|^n|A_2|^n,$$

故　$$|A|^n=|A_1|^n|A_2|^n=(-25)^n.$$

(2) 方法一：与 (1) 同理有

$$|A|^{2n}=|A^{2n}|=|A_1^{2n}A_2^{2n}|=|A_1^{2n}|\cdot|A_2^{2n}|=|A_1|^{2n}|A_2|^{2n},$$

即　$$|A|^{2n}=|A_1|^{2n}|A_2|^{2n}=(-25)^{2n}=5^{4n}.$$

方法二：容易计算得

$$A_1^n=\begin{pmatrix} 1 & 2n \\ 0 & 1 \end{pmatrix}, A_1^{2n}=\begin{pmatrix} 1 & 4n \\ 0 & 1 \end{pmatrix}, A_2^2=5^2E, A_2^3=5^2A_2, A_2^4=5^4E, \cdots, A_2^{2n}=5^{2n}E,$$

所以

$$A^{2n}=\begin{pmatrix} 1 & 4n & 0 & 0 \\ 0 & 1 & 0 & 0 \\ 0 & 0 & 5^{2n} & 0 \\ 0 & 0 & 0 & 5^{2n} \end{pmatrix}.$$

则　$$|A|^{2n}=5^{4n}.$$

小结：本题为求方阵的幂的行列式，其关键在于对矩阵进行分块，利用了分块对角矩阵的性质.

三、习题 2—4 解答

1. 按指定分块的方法，用分块矩阵乘法求下列矩阵的乘积：

(1) $$\left(\begin{array}{ccc} 2 & 1 & -1 \\ \hdashline 3 & 0 & -2 \\ \hdashline 1 & -1 & 1 \end{array}\right)\left(\begin{array}{c:c:c} 1 & 1 & 0 \\ 0 & 0 & -1 \\ -1 & 2 & 1 \end{array}\right).$$

解 原式$=\begin{pmatrix} (2\ \ 1\ \ -1)\begin{pmatrix}1\\0\\-1\end{pmatrix} & (2\ \ 1\ \ -1)\begin{pmatrix}1\\0\\2\end{pmatrix} & (2\ \ 1\ \ -1)\begin{pmatrix}0\\-1\\1\end{pmatrix} \\ (3\ \ 0\ \ -2)\begin{pmatrix}1\\0\\-1\end{pmatrix} & (3\ \ 0\ \ -2)\begin{pmatrix}1\\0\\2\end{pmatrix} & (3\ \ 0\ \ -2)\begin{pmatrix}0\\-1\\1\end{pmatrix} \\ (1\ \ -1\ \ 1)\begin{pmatrix}1\\0\\-1\end{pmatrix} & (1\ \ -1\ \ 1)\begin{pmatrix}1\\0\\2\end{pmatrix} & (1\ \ -1\ \ 1)\begin{pmatrix}0\\-1\\1\end{pmatrix} \end{pmatrix}$

$$=\begin{pmatrix}3 & 0 & -2\\5 & -1 & -2\\0 & 3 & 2\end{pmatrix}.$$

(2) $\left(\begin{array}{cc:cc} a & 0 & 0 & 0\\ 0 & a & 0 & 0\\ \hdashline 1 & 0 & b & 0\\ 0 & 1 & 0 & b\end{array}\right)\left(\begin{array}{cc:cc} 1 & 0 & c & 0\\ 0 & 1 & 0 & c\\ \hdashline 0 & 0 & d & 0\\ 0 & 0 & 0 & d\end{array}\right).$

解 原式$=\begin{pmatrix} \begin{pmatrix}a & 0\\0 & a\end{pmatrix}\begin{pmatrix}1 & 0\\0 & 1\end{pmatrix}+\begin{pmatrix}0 & 0\\0 & 0\end{pmatrix}\begin{pmatrix}0 & 0\\0 & 0\end{pmatrix} & \begin{pmatrix}a & 0\\0 & a\end{pmatrix}\begin{pmatrix}c & 0\\0 & c\end{pmatrix}+\begin{pmatrix}0 & 0\\0 & 0\end{pmatrix}\begin{pmatrix}d & 0\\0 & d\end{pmatrix} \\ \begin{pmatrix}1 & 0\\0 & 1\end{pmatrix}\begin{pmatrix}1 & 0\\0 & 1\end{pmatrix}+\begin{pmatrix}b & 0\\0 & b\end{pmatrix}\begin{pmatrix}0 & 0\\0 & 0\end{pmatrix} & \begin{pmatrix}1 & 0\\0 & 1\end{pmatrix}\begin{pmatrix}c & 0\\0 & c\end{pmatrix}+\begin{pmatrix}b & 0\\0 & b\end{pmatrix}\begin{pmatrix}d & 0\\0 & d\end{pmatrix} \end{pmatrix}$

$$=\begin{pmatrix}a & 0 & ac & 0\\0 & a & 0 & ac\\1 & 0 & c+bd & 0\\0 & 1 & 0 & c+bd\end{pmatrix}.$$

2. 计算 $\left(\begin{array}{cc:cc} 1 & 2 & 1 & 0\\ 0 & 1 & 0 & 1\\ \hdashline 0 & 0 & 2 & 1\\ 0 & 0 & 0 & 3\end{array}\right)\left(\begin{array}{cc:cc} 1 & 0 & 3 & 0\\ 0 & 1 & 2 & -1\\ \hdashline 0 & 0 & -2 & 3\\ 0 & 0 & 0 & -3\end{array}\right).$

解 原式$=\begin{pmatrix} \begin{pmatrix}1&2\\0&1\end{pmatrix}\begin{pmatrix}1&0\\0&1\end{pmatrix}+\begin{pmatrix}1&0\\0&1\end{pmatrix}\begin{pmatrix}0&0\\0&0\end{pmatrix} & \begin{pmatrix}1&2\\0&1\end{pmatrix}\begin{pmatrix}3&0\\2&-1\end{pmatrix}+\begin{pmatrix}1&0\\0&1\end{pmatrix}\begin{pmatrix}-2&3\\0&-3\end{pmatrix} \\ \begin{pmatrix}0&0\\0&0\end{pmatrix}\begin{pmatrix}1&0\\0&1\end{pmatrix}+\begin{pmatrix}2&1\\0&3\end{pmatrix}\begin{pmatrix}0&0\\0&0\end{pmatrix} & \begin{pmatrix}0&0\\0&0\end{pmatrix}\begin{pmatrix}3&0\\2&-1\end{pmatrix}+\begin{pmatrix}2&1\\0&3\end{pmatrix}\begin{pmatrix}-2&3\\0&-3\end{pmatrix} \end{pmatrix}$

$$=\begin{pmatrix}1&2&5&1\\0&1&2&-4\\0&0&-4&3\\0&0&0&-9\end{pmatrix}.$$

3. 设 n 阶矩阵 $\boldsymbol{A}$ 及 s 阶矩阵 $\boldsymbol{B}$ 都可逆，求：$\begin{pmatrix}\boldsymbol{O}&\boldsymbol{A}\\\boldsymbol{B}&\boldsymbol{O}\end{pmatrix}^{-1}$.

解题思路 类似于分块对角矩阵求逆，利用分块矩阵的运算求分块反对角矩阵的逆矩阵.

解 将 $\begin{pmatrix}\boldsymbol{O}&\boldsymbol{A}\\\boldsymbol{B}&\boldsymbol{O}\end{pmatrix}^{-1}$ 分块为 $\begin{pmatrix}\boldsymbol{C}_1&\boldsymbol{C}_2\\\boldsymbol{C}_3&\boldsymbol{C}_4\end{pmatrix}$，其中 $\boldsymbol{C}_1$ 为 $s\times n$ 矩阵，$\boldsymbol{C}_2$ 为 $s\times s$ 矩阵，$\boldsymbol{C}_3$ 为 $n\times n$ 矩阵，$\boldsymbol{C}_4$ 为 $n\times s$ 矩阵.

则 $\begin{pmatrix}\boldsymbol{O}&\boldsymbol{A}_{n\times n}\\\boldsymbol{B}_{s\times s}&\boldsymbol{O}\end{pmatrix}\begin{pmatrix}\boldsymbol{C}_1&\boldsymbol{C}_2\\\boldsymbol{C}_3&\boldsymbol{C}_4\end{pmatrix}=\boldsymbol{E}=\begin{pmatrix}\boldsymbol{E}_n&\boldsymbol{O}\\\boldsymbol{O}&\boldsymbol{E}_s\end{pmatrix}$

由此得 $\boldsymbol{A}\boldsymbol{C}_3=\boldsymbol{E}_n\Rightarrow\boldsymbol{C}_3=\boldsymbol{A}^{-1}$

$\boldsymbol{A}\boldsymbol{C}_4=\boldsymbol{O}\Rightarrow\boldsymbol{C}_4=\boldsymbol{O}$ （$\boldsymbol{A}^{-1}$存在）

$\boldsymbol{B}\boldsymbol{C}_1=\boldsymbol{O}\Rightarrow\boldsymbol{C}_1=\boldsymbol{O}$ （$\boldsymbol{B}^{-1}$存在）

$\boldsymbol{B}\boldsymbol{C}_2=\boldsymbol{E}_s\Rightarrow\boldsymbol{C}_2=\boldsymbol{B}^{-1}$

故 $\begin{pmatrix}\boldsymbol{O}&\boldsymbol{A}\\\boldsymbol{B}&\boldsymbol{O}\end{pmatrix}^{-1}=\begin{pmatrix}\boldsymbol{O}&\boldsymbol{B}^{-1}\\\boldsymbol{A}^{-1}&\boldsymbol{O}\end{pmatrix}.$

4. 用矩阵的分块求下列矩阵的逆矩阵：

(1) $\left(\begin{array}{cc:c}0&0&2\\\hdashline 1&2&0\\3&4&0\end{array}\right)$.

解 对原矩阵作分块 $\boldsymbol{A}=\begin{pmatrix}\boldsymbol{O} & \boldsymbol{A}_1\\ \boldsymbol{A}_2 & \boldsymbol{O}\end{pmatrix}$，其中

$$\boldsymbol{A}_1=(2),\qquad \boldsymbol{A}_1^{-1}=\left(\frac{1}{2}\right);$$

$$\boldsymbol{A}_2=\begin{pmatrix}1 & 2\\ 3 & 4\end{pmatrix},\boldsymbol{A}_2^{-1}=\begin{pmatrix}-2 & 1\\ 3/2 & -1/2\end{pmatrix}.$$

故 $$\boldsymbol{A}^{-1}=\begin{pmatrix}\boldsymbol{O} & \boldsymbol{A}_2^{-1}\\ \boldsymbol{A}_1^{-1} & \boldsymbol{O}\end{pmatrix}=\begin{pmatrix}0 & -2 & 1\\ 0 & 3/2 & -1/2\\ 1/2 & 0 & 0\end{pmatrix}.$$

(2) $$\left(\begin{array}{cc:cc}5 & 2 & 0 & 0\\ 2 & 1 & 0 & 0\\ \hdashline 0 & 0 & 8 & 3\\ 0 & 0 & 5 & 2\end{array}\right).$$

解 $\boldsymbol{A}=\begin{pmatrix}\boldsymbol{A}_1 & \boldsymbol{O}\\ \boldsymbol{O} & \boldsymbol{A}_2\end{pmatrix}$，其中 $\boldsymbol{A}_1=\begin{pmatrix}5 & 2\\ 2 & 1\end{pmatrix}$，$\boldsymbol{A}_2=\begin{pmatrix}8 & 3\\ 5 & 2\end{pmatrix}$

$$\Rightarrow \boldsymbol{A}_1^{-1}=\begin{pmatrix}1 & -2\\ -2 & 5\end{pmatrix},\ \boldsymbol{A}_2^{-1}=\begin{pmatrix}2 & -3\\ -5 & 8\end{pmatrix},$$

故 $$\boldsymbol{A}^{-1}=\begin{pmatrix}\boldsymbol{A}_1^{-1} & \boldsymbol{O}\\ \boldsymbol{O} & \boldsymbol{A}_2^{-1}\end{pmatrix}=\begin{pmatrix}1 & -2 & 0 & 0\\ -2 & 5 & 0 & 0\\ 0 & 0 & 2 & -3\\ 0 & 0 & -5 & 8\end{pmatrix}.$$

(3) $$\left(\begin{array}{c:cccc}0 & a_1 & 0 & \cdots & 0\\ 0 & 0 & a_2 & \cdots & 0\\ \cdots & \cdots & \cdots & \cdots & \cdots\\ \hdashline 0 & 0 & 0 & \cdots & a_{n-1}\\ a_n & 0 & 0 & \cdots & 0\end{array}\right)\ (a_1a_2\cdots a_n\neq 0).$$

解 对原矩阵作分块 $\boldsymbol{A}=\begin{pmatrix}\boldsymbol{O} & \boldsymbol{A}_1\\ \boldsymbol{A}_2 & \boldsymbol{O}\end{pmatrix}$，

$$\boldsymbol{A}_1^{-1}=\begin{pmatrix}a_1^{-1} & & \\ & \ddots & \\ & & a_{n-1}^{-1}\end{pmatrix},\ \boldsymbol{A}_2^{-1}=(a_n^{-1}),$$

$$
故\ \boldsymbol{A}^{-1}=\begin{pmatrix}\boldsymbol{O} & \boldsymbol{A}_2^{-1}\\ \boldsymbol{A}_1^{-1} & \boldsymbol{O}\end{pmatrix}=\begin{pmatrix}0 & 0 & \cdots & 0 & a_n^{-1}\\ a_1^{-1} & 0 & \cdots & 0 & 0\\ 0 & a_2^{-1} & \cdots & 0 & 0\\ \vdots & \vdots & & \vdots & \vdots\\ 0 & 0 & \cdots & a_{n-1}^{-1} & 0\end{pmatrix}.
$$

5. 设 $\boldsymbol{A}=\left(\begin{array}{cc|cc}3 & 4 & & \\ 4 & -3 & \multicolumn{2}{c}{\boldsymbol{O}}\\ \hline & & 2 & 0\\ \multicolumn{2}{c|}{\boldsymbol{O}} & 2 & 2\end{array}\right)$，求 $|\boldsymbol{A}^8|$ 及 $\boldsymbol{A}^4$.

解题思路　利用分块对角矩阵的幂运算.

解　按题设方法将原矩阵分块 $\boldsymbol{A}=\begin{pmatrix}\boldsymbol{A}_1 & \boldsymbol{O}\\ \boldsymbol{O} & \boldsymbol{A}_2\end{pmatrix}$，则

$$
\boldsymbol{A}^8=\begin{pmatrix}\boldsymbol{A}_1 & \boldsymbol{O}\\ \boldsymbol{O} & \boldsymbol{A}_2\end{pmatrix}^8=\begin{pmatrix}\boldsymbol{A}_1^8 & \boldsymbol{O}\\ \boldsymbol{O} & \boldsymbol{A}_2^8\end{pmatrix},
$$

$$
|\boldsymbol{A}^8|=|\boldsymbol{A}_1^8||\boldsymbol{A}_2^8|=|\boldsymbol{A}_1|^8|\boldsymbol{A}_2|^8=10^{16},
$$

$$
而\quad \boldsymbol{A}^4=\begin{pmatrix}\boldsymbol{A}_1^4 & \boldsymbol{O}\\ \boldsymbol{O} & \boldsymbol{A}_2^4\end{pmatrix}=\begin{pmatrix}5^4 & 0 & & \\ 0 & 5^4 & \multicolumn{2}{c}{\boldsymbol{O}}\\ & & 2^4 & 0\\ \multicolumn{2}{c}{\boldsymbol{O}} & 2^6 & 2^4\end{pmatrix}.
$$

6. 设 $\boldsymbol{A}$ 为 3×3 矩阵，$|\boldsymbol{A}|=-2$，把 $\boldsymbol{A}$ 按列分块为 $\boldsymbol{A}=(\boldsymbol{A}_1,\boldsymbol{A}_2,\boldsymbol{A}_3)$，其中 $\boldsymbol{A}_j\,(j=1,2,3)$ 为 $\boldsymbol{A}$ 的第 j 列. 求

(1) $|\boldsymbol{A}_1,2\boldsymbol{A}_2,\boldsymbol{A}_3|$；

(2) $|\boldsymbol{A}_3-2\boldsymbol{A}_1,3\boldsymbol{A}_2,\boldsymbol{A}_1|$.

解题思路　利用行列式的性质及其推论计算分块矩阵的行列式.

解　(1) $|\boldsymbol{A}_1,2\boldsymbol{A}_2,\boldsymbol{A}_3|=2\,|\boldsymbol{A}_1,\boldsymbol{A}_2,\boldsymbol{A}_3|=2\times(-2)=-4$；

(2) $|\boldsymbol{A}_3-2\boldsymbol{A}_1,3\boldsymbol{A}_2,\boldsymbol{A}_1|=3\,|\boldsymbol{A}_3,\boldsymbol{A}_2,\boldsymbol{A}_1|-6\,|\boldsymbol{A}_1,\boldsymbol{A}_2,\boldsymbol{A}_1|$

$=-3\,|\boldsymbol{A}_1,\boldsymbol{A}_2,\boldsymbol{A}_3|-6\times0=-3\times(-2)=6.$

7. 设 $\boldsymbol{A}$ 为 n 阶矩阵，$\boldsymbol{\beta}_1,\boldsymbol{\beta}_2,\cdots,\boldsymbol{\beta}_n$ 为 $\boldsymbol{A}$ 的列子块，试用 $\boldsymbol{\beta}_1,\boldsymbol{\beta}_2,\cdots,\boldsymbol{\beta}_n$ 表示 $\boldsymbol{A}^{\mathrm{T}}\boldsymbol{A}$.

解题思路　利用分块矩阵的转置和分块矩阵的乘积运算.

解　$\boldsymbol{A}^{\mathrm{T}}\boldsymbol{A}=(\boldsymbol{\beta}_1\quad\boldsymbol{\beta}_2\quad\cdots\quad\boldsymbol{\beta}_n)^{\mathrm{T}}(\boldsymbol{\beta}_1\quad\boldsymbol{\beta}_2\quad\cdots\quad\boldsymbol{\beta}_n)$

$$=\begin{pmatrix}\boldsymbol{\beta}_1^{\mathrm{T}}\\ \boldsymbol{\beta}_2^{\mathrm{T}}\\ \vdots\\ \boldsymbol{\beta}_n^{\mathrm{T}}\end{pmatrix}(\boldsymbol{\beta}_1\quad\boldsymbol{\beta}_2\quad\cdots\quad\boldsymbol{\beta}_n)=\begin{pmatrix}\boldsymbol{\beta}_1^{\mathrm{T}}\boldsymbol{\beta}_1 & \boldsymbol{\beta}_1^{\mathrm{T}}\boldsymbol{\beta}_2 & \cdots & \boldsymbol{\beta}_1^{\mathrm{T}}\boldsymbol{\beta}_n\\ \boldsymbol{\beta}_2^{\mathrm{T}}\boldsymbol{\beta}_1 & \boldsymbol{\beta}_2^{\mathrm{T}}\boldsymbol{\beta}_2 & \cdots & \boldsymbol{\beta}_2^{\mathrm{T}}\boldsymbol{\beta}_n\\ \vdots & \vdots & \ddots & \vdots\\ \boldsymbol{\beta}_n^{\mathrm{T}}\boldsymbol{\beta}_1 & \boldsymbol{\beta}_n^{\mathrm{T}}\boldsymbol{\beta}_2 & \cdots & \boldsymbol{\beta}_n^{\mathrm{T}}\boldsymbol{\beta}_n\end{pmatrix}.$$

§2.5 矩阵的初等变换

一、主要知识归纳

表 2—5—1　初等变换

定义	矩阵的下列三种变换称为矩阵的初等行变换： (1) 交换矩阵的两行（交换 i，j 两行，记为 $r_i\leftrightarrow r_j$）； (2) 以一个非零的数 k 乘矩阵的某一行（第 i 行乘数 k，记为 $r_i\times k$）； (3) 把矩阵的某一行的 k 倍加到另一行（第 j 行乘数 k 加到第 i 行，记为 r_i+kr_j）. 矩阵的初等行变换与初等列变换统称为初等变换.
性质	任意一个矩阵 $\boldsymbol{A}=(a_{ij})_{m\times n}$经过有限次初等变换，可以化为下列标准形矩阵 $\boldsymbol{D}=\begin{pmatrix}1&&&&&\\&\ddots&&&&\\&&1&&&\\&&&0&&\\&&&&\ddots&\\&&&&&0\end{pmatrix}$ r 行 $=\begin{pmatrix}\boldsymbol{E}_r & \boldsymbol{O}\\ \boldsymbol{O} & \boldsymbol{E}_{(m-r)\times(n-r)}\end{pmatrix}$. r 列 如果 $\boldsymbol{A}$ 为 n 阶可逆矩阵，则 $\boldsymbol{D}=\boldsymbol{E}$.
等价	若矩阵 $\boldsymbol{A}$ 经过有限次初等变换变成矩阵 $\boldsymbol{B}$，则称矩阵 $\boldsymbol{A}$ 与 $\boldsymbol{B}$ 等价，记为 $\boldsymbol{A}\sim\boldsymbol{B}$ 或 $\boldsymbol{A}\to\boldsymbol{B}$.
性质	(1) 自反性　$\boldsymbol{A}\sim\boldsymbol{A}$. (2) 对称性　若 $\boldsymbol{A}\sim\boldsymbol{B}$，则 $\boldsymbol{B}\sim\boldsymbol{A}$. (3) 传递性　若 $\boldsymbol{A}\sim\boldsymbol{B}$，$\boldsymbol{B}\sim\boldsymbol{C}$，则 $\boldsymbol{A}\sim\boldsymbol{C}$.

表 2—5—2　初等矩阵

定义	对单位矩阵 $\boldsymbol{E}$ 施以一次初等变换得到的矩阵称为初等矩阵，三种初等变换分别对应着三种初等矩阵. (1) $\boldsymbol{E}$ 的第 i，j 行（列）互换得到的矩阵，记为 $\boldsymbol{E}(i, j)$. (2) $\boldsymbol{E}$ 的第 i 行（列）乘以非零数 k 得到的矩阵，记为 $\boldsymbol{E}(i(k))$. (3) $\boldsymbol{E}$ 的第 j 行乘以数 k 加到第 i 行上，或 $\boldsymbol{E}$ 的第 i 列乘以数 k 加到第 j 列上得到的矩阵，记为 $\boldsymbol{E}(ij(k))$.
性质	设 $\boldsymbol{A}=(a_{ij})_{m\times n}$，对 $\boldsymbol{A}$ 施以某种初等行（列）变换，相当于用同种的 $m(n)$ 阶初等矩阵左（右）乘 $\boldsymbol{A}$.

表 2—5—3　　利用初等变换求矩阵的逆

性质	n 阶矩阵 $\boldsymbol{A}$ 可逆的充分必要条件是 $\boldsymbol{A}$ 可以表示为若干初等矩阵的乘积.
方法	$(\boldsymbol{A}\quad \boldsymbol{E})\xrightarrow{\text{初等行变换}}(\boldsymbol{E}\quad \boldsymbol{A}^{-1})$.
应用	(1) 求解矩阵方程 $\boldsymbol{AX}=\boldsymbol{B}$, $(\boldsymbol{A}\quad \boldsymbol{B})\xrightarrow{\text{初等行变换}}(\boldsymbol{E}\quad \boldsymbol{A}^{-1}\boldsymbol{B})$. (2) 求解矩阵方程 $\boldsymbol{XA}=\boldsymbol{B}$, $\begin{pmatrix}\boldsymbol{A}\\ \boldsymbol{B}\end{pmatrix}\xrightarrow{\text{初等列变换}}\begin{pmatrix}\boldsymbol{E}\\ \boldsymbol{BA}^{-1}\end{pmatrix}$.

二、典型例题分析

例 1　求 $\begin{pmatrix}0&1&0\\1&0&0\\0&0&1\end{pmatrix}^{2008}\begin{pmatrix}1&2&3\\4&5&6\\7&8&9\end{pmatrix}\begin{pmatrix}1&0&0\\-2&1&0\\0&0&1\end{pmatrix}^{5}$ 的值.

解　由于 $\begin{pmatrix}0&1&0\\1&0&0\\0&0&1\end{pmatrix}^2=\boldsymbol{I}$, 故

$$\begin{pmatrix}0&1&0\\1&0&0\\0&0&1\end{pmatrix}^{2008}=\boldsymbol{I}$$

又

$$\begin{pmatrix}1&0&0\\-2&1&0\\0&0&1\end{pmatrix}^{5}=\begin{pmatrix}1&0&0\\-10&1&0\\0&0&1\end{pmatrix},$$

因此

$$\begin{pmatrix}0&1&0\\1&0&0\\0&0&1\end{pmatrix}^{2008}\begin{pmatrix}1&2&3\\4&5&6\\7&8&9\end{pmatrix}\begin{pmatrix}1&0&0\\-2&1&0\\0&0&1\end{pmatrix}^{5}=\begin{pmatrix}-19&2&3\\-46&5&6\\-73&8&9\end{pmatrix}.$$

小结：从本题可以看出初等矩阵的幂对 $\boldsymbol{A}$ 作初等变换的累计效果. 一般地，有

$$\boldsymbol{I}^k(i,j)=\begin{cases}\boldsymbol{I}, & k\text{ 为偶函数}\\ \boldsymbol{I}(i,j), & k\text{ 为奇函数}\end{cases},\quad \boldsymbol{I}^k(i(l))=\boldsymbol{I}(i(l^k)),$$

$$\boldsymbol{I}^k(i,j(l))=\boldsymbol{I}(i,j(kl)).$$

且用初等矩阵左（右）乘矩阵等价于对其作相应的初等行（列）变换.

例 2　已知矩阵 $\boldsymbol{A}$, $\boldsymbol{B}$ 均为 3 阶方阵，将 $\boldsymbol{A}$ 的第 1 行与第 2 行交换得到 $\boldsymbol{A}_1$，将 $\boldsymbol{B}$ 的第 1 列加到第 2 列得到 $\boldsymbol{B}_1$，又知 $\boldsymbol{A}_1\boldsymbol{B}_1=\begin{pmatrix}1&2&3\\0&1&2\\0&0&1\end{pmatrix}$. 判断 $\boldsymbol{AB}$ 是否可逆？若可逆，求 $(\boldsymbol{AB})^{-1}$.

解　由于矩阵左（右）乘初等矩阵表示对矩阵进行初等行（列）变换，设

$$\boldsymbol{E}_1=\boldsymbol{E}(1,2)=\begin{pmatrix}0&1&0\\1&0&0\\0&0&1\end{pmatrix},\ \boldsymbol{E}_2=\boldsymbol{E}(1\quad 2(1))=\begin{pmatrix}1&1&0\\0&1&0\\0&0&1\end{pmatrix},$$

根据条件可得

$$\boldsymbol{A}_1=\boldsymbol{E}_1\boldsymbol{A},\ \boldsymbol{B}_1=\boldsymbol{B}\boldsymbol{E}_2,$$

故

$$\boldsymbol{A}_1\boldsymbol{B}_1=\boldsymbol{E}_1\boldsymbol{A}\boldsymbol{B}\boldsymbol{E}_2,$$

即　$$\boldsymbol{AB}=\boldsymbol{E}_1^{-1}(\boldsymbol{A}_1\boldsymbol{B}_1)\boldsymbol{E}_2^{-1}.$$

由于 $|\boldsymbol{AB}|=|\boldsymbol{E}_1^{-1}|\cdot|\boldsymbol{A}_1\boldsymbol{B}_1|\cdot|\boldsymbol{E}_2^{-1}|\neq 0$，故 $\boldsymbol{AB}$ 可逆，且 $(\boldsymbol{AB})^{-1}=\boldsymbol{E}_2(\boldsymbol{A}_1\boldsymbol{B}_1)^{-1}\boldsymbol{E}_1$，又

$$(\boldsymbol{A}_1\boldsymbol{B}_1)^{-1}=\begin{pmatrix}1&2&3\\0&1&2\\0&0&1\end{pmatrix}^{-1}=\begin{pmatrix}1&-2&1\\0&1&-2\\0&0&1\end{pmatrix},$$

由初等矩阵的定义可知：$(\boldsymbol{AB})^{-1}$ 即将矩阵 $\begin{pmatrix}1&-2&1\\0&1&-2\\0&0&1\end{pmatrix}$ 的第 2 行加到第 1 行，再将第 1 列与第 2 列互换而得到的矩阵，即

$$(\boldsymbol{AB})^{-1}=\begin{pmatrix}-1&1&-1\\1&0&-2\\0&0&1\end{pmatrix}.$$

小结：本题为判断矩阵可逆与求逆，但关键在于初等矩阵的性质运用，即对

矩阵进行初等变换等价于用相应的初等矩阵去乘矩阵.

例3　设$A=\begin{pmatrix}0&0&0&2&1\\0&0&0&5&3\\1&2&3&0&0\\4&5&8&0&0\\3&4&6&0&0\end{pmatrix}$，求$A^{-1}$.

解　将矩阵A进行分块得

$$A=\begin{pmatrix}O&A_1\\A_2&O\end{pmatrix},$$

其中$A_1=\begin{pmatrix}2&1\\5&3\end{pmatrix}$，$A_2=\begin{pmatrix}1&2&3\\4&5&8\\3&4&6\end{pmatrix}$，有

$$A^{-1}=\begin{pmatrix}O&A_2^{-1}\\A_1^{-1}&O\end{pmatrix}.$$

对A_1用伴随矩阵法求逆阵，得

$$A_1^{-1}=\frac{1}{|A_1|}A_1^*=\begin{pmatrix}3&-1\\-5&2\end{pmatrix},$$

对A_2用初等变换法求逆阵，得

$$(A_2\quad E)=\begin{pmatrix}1&2&3&1&0&0\\4&5&8&0&1&0\\3&4&6&0&0&1\end{pmatrix}\xrightarrow[r_3-3r_1]{r_2-4r_1}\begin{pmatrix}1&2&3&1&0&0\\0&-3&-4&-4&1&0\\0&-2&-3&-3&0&1\end{pmatrix}$$

$$\xrightarrow[r_2-r_3]{r_1+r_3}\begin{pmatrix}1&0&0&-2&0&1\\0&-1&-1&-1&1&-1\\0&-2&-3&-3&0&1\end{pmatrix}$$

$$\xrightarrow[r_2\times(-1)]{r_3-2r_2}\begin{pmatrix}1&0&0&-2&0&1\\0&1&1&1&-1&0\\0&0&-1&-1&-2&3\end{pmatrix}$$

$$\xrightarrow[r_3\times(-1)]{r_2+r_3}\begin{pmatrix}1&0&0&-2&0&1\\0&1&0&0&-3&4\\0&0&1&1&2&-3\end{pmatrix}.$$

即 $$\boldsymbol{A}_2^{-1}=\begin{pmatrix}-2&0&1\\0&-3&4\\1&2&-3\end{pmatrix},$$

故 $$\boldsymbol{A}^{-1}=\begin{pmatrix}\boldsymbol{O}&\boldsymbol{A}_2^{-1}\\\boldsymbol{A}_1^{-1}&\boldsymbol{O}\end{pmatrix}=\begin{pmatrix}0&0&-2&0&0\\0&0&0&-3&4\\0&0&1&2&-3\\3&-1&0&0&0\\-5&2&0&0&0\end{pmatrix}.$$

小结：本题利用矩阵的分块来求逆矩阵，而在子块中则根据矩阵的特点采用初等行变换法求子块的逆.

三、习题 2—5 解答

1. 选择题.

解题思路 对矩阵 $\boldsymbol{A}$ 施以行（列）变换就相当于用相应的初等矩阵左（右）乘 $\boldsymbol{A}$.

（1）设矩阵

$$\boldsymbol{A}=\begin{pmatrix}a_{11}&a_{12}&a_{13}&a_{14}\\a_{21}&a_{22}&a_{23}&a_{24}\\a_{31}&a_{32}&a_{33}&a_{34}\\a_{41}&a_{42}&a_{43}&a_{44}\end{pmatrix},\ \boldsymbol{B}=\begin{pmatrix}a_{14}&a_{13}&a_{12}&a_{11}\\a_{24}&a_{23}&a_{22}&a_{21}\\a_{34}&a_{33}&a_{32}&a_{31}\\a_{44}&a_{43}&a_{42}&a_{41}\end{pmatrix},$$

$$\boldsymbol{P}_1=\begin{pmatrix}0&0&0&1\\0&1&0&0\\0&0&1&0\\1&0&0&0\end{pmatrix},\quad \boldsymbol{P}_2=\begin{pmatrix}1&0&0&0\\0&0&1&0\\0&1&0&0\\0&0&0&1\end{pmatrix}.$$

其中 $\boldsymbol{A}$ 可逆，则 $\boldsymbol{B}^{-1}$ 等于（　　）.

(A) $\boldsymbol{A}^{-1}\boldsymbol{P}_1\boldsymbol{P}_2$;　　(B) $\boldsymbol{P}_1\boldsymbol{A}^{-1}\boldsymbol{P}_2$;

(C) $\boldsymbol{P}_1\boldsymbol{P}_2\boldsymbol{A}^{-1}$;　　(D) $\boldsymbol{P}_2\boldsymbol{A}^{-1}\boldsymbol{P}_1$.

解 应选 (C).

由于 $\boldsymbol{B}=\boldsymbol{A}\boldsymbol{P}_2\boldsymbol{P}_1$，故 $\boldsymbol{B}^{-1}=(\boldsymbol{A}\boldsymbol{P}_2\boldsymbol{P}_1)^{-1}=\boldsymbol{P}_1^{-1}\boldsymbol{P}_2^{-1}\boldsymbol{A}^{-1}$.

而 $\boldsymbol{P}_1^{-1}=\boldsymbol{P}_1$，$\boldsymbol{P}_2^{-1}=\boldsymbol{P}_2$，所以 $\boldsymbol{B}^{-1}=\boldsymbol{P}_1\boldsymbol{P}_2\boldsymbol{A}^{-1}$.

（2）设矩阵

$$\boldsymbol{A}=\begin{pmatrix} a_{11} & a_{12} & a_{13} \\ a_{21} & a_{22} & a_{23} \\ a_{31} & a_{32} & a_{33} \end{pmatrix},\ \boldsymbol{B}=\begin{pmatrix} a_{21} & a_{22} & a_{23} \\ a_{11} & a_{12} & a_{13} \\ a_{31}+a_{11} & a_{32}+a_{12} & a_{33}+a_{13} \end{pmatrix},$$

$$\boldsymbol{P}_1=\begin{pmatrix} 0 & 1 & 0 \\ 1 & 0 & 0 \\ 0 & 0 & 1 \end{pmatrix},\quad \boldsymbol{P}_2=\begin{pmatrix} 1 & 0 & 0 \\ 0 & 1 & 0 \\ 1 & 0 & 1 \end{pmatrix},$$

则必有（　　）.

(A) $\boldsymbol{AP}_1\boldsymbol{P}_2=\boldsymbol{B}$；　　(B) $\boldsymbol{AP}_2\boldsymbol{P}_1=\boldsymbol{B}$；

(C) $\boldsymbol{P}_1\boldsymbol{P}_2\boldsymbol{A}=\boldsymbol{B}$；　　(D) $\boldsymbol{P}_2\boldsymbol{P}_1\boldsymbol{A}=\boldsymbol{B}$.

解　应选 (C).

因为 $\boldsymbol{A}$ 的第 1 行加到第 3 行，再交换第 1，2 行，从而得到 $\boldsymbol{B}$，故 $\boldsymbol{A}$ 左乘 $\boldsymbol{P}_2$，再左乘 $\boldsymbol{P}_1$，即 $\boldsymbol{P}_1\boldsymbol{P}_2\boldsymbol{A}=\boldsymbol{B}$.

(3) 设矩阵

$$\boldsymbol{A}=\begin{pmatrix} a_{11} & a_{12} & a_{13} \\ a_{21} & a_{22} & a_{23} \\ a_{31} & a_{32} & a_{33} \end{pmatrix},\qquad \boldsymbol{B}=\begin{pmatrix} a_{21} & a_{22}+ka_{23} & a_{23} \\ a_{31} & a_{32}+ka_{33} & a_{33} \\ a_{11} & a_{12}+ka_{13} & a_{13} \end{pmatrix},$$

$$\boldsymbol{P}_1=\begin{pmatrix} 0 & 1 & 0 \\ 0 & 0 & 1 \\ 1 & 0 & 0 \end{pmatrix},\qquad \boldsymbol{P}_2=\begin{pmatrix} 1 & 0 & 0 \\ 0 & 1 & 0 \\ 0 & k & 1 \end{pmatrix},$$

则 $\boldsymbol{A}$ 等于（　　）.

(A) $\boldsymbol{P}_1^{-1}\boldsymbol{BP}_2^{-1}$；　　(B) $\boldsymbol{P}_2^{-1}\boldsymbol{BP}_1^{-1}$；

(C) $\boldsymbol{P}_1^{-1}\boldsymbol{P}_2^{-1}\boldsymbol{B}$；　　(D) $\boldsymbol{BP}_1^{-1}\boldsymbol{P}_2^{-1}$.

解　应选 (A).

由于 $\boldsymbol{P}_1^{-1}=\begin{pmatrix} 0 & 0 & 1 \\ 1 & 0 & 0 \\ 0 & 1 & 0 \end{pmatrix}$，$\boldsymbol{P}_2^{-1}=\begin{pmatrix} 1 & 0 & 0 \\ 0 & 1 & 0 \\ 0 & -k & 1 \end{pmatrix}$，故 $\boldsymbol{P}_1^{-1}\boldsymbol{BP}_2^{-1}=\boldsymbol{A}$.

2. 设 $\begin{pmatrix} 0 & 1 & 0 \\ 1 & 0 & 0 \\ 0 & 0 & 1 \end{pmatrix}\boldsymbol{A}\begin{pmatrix} 1 & 0 & 1 \\ 0 & 1 & 0 \\ 0 & 0 & 1 \end{pmatrix}=\begin{pmatrix} 1 & 2 & 3 \\ 4 & 5 & 6 \\ 7 & 8 & 9 \end{pmatrix}$，求 $\boldsymbol{A}$.

解　注意到所给等式左端的两个矩阵是初等矩阵 $\boldsymbol{E}(1,2)$ 及 $\boldsymbol{E}(1\quad 3(1))$，把等式右端记作 $\boldsymbol{B}$，等式即为

$$\boldsymbol{E}(1,2)\boldsymbol{AE}(1\quad 3(1))=\boldsymbol{B}\Rightarrow\boldsymbol{A}=\boldsymbol{E}(1,2)^{-1}\boldsymbol{EB}(1\quad 3(1))^{-1}.$$

由 $\boldsymbol{E}(1,2)^{-1}=\boldsymbol{E}(1,2)$，$\boldsymbol{E}(1\quad 3(1))^{-1}=\boldsymbol{E}(1\quad 3(-1))$

$\Rightarrow\boldsymbol{A}=\boldsymbol{E}(1,2)\boldsymbol{BE}(1\quad 3(-1))$.

根据初等矩阵与初等变换的关系，得 $\boldsymbol{B}\underset{c_3-c_1}{\overset{r_1\leftrightarrow r_2}{\sim}}\boldsymbol{A}$，故

$$\boldsymbol{B}=\begin{pmatrix}1&2&3\\4&5&6\\7&8&9\end{pmatrix}\xrightarrow{r_1\leftrightarrow r_2}\begin{pmatrix}4&5&6\\1&2&3\\7&8&9\end{pmatrix}\xrightarrow{c_3-c_1}\begin{pmatrix}4&5&2\\1&2&2\\7&8&2\end{pmatrix}=\boldsymbol{A}.$$

3. 把下列矩阵化为标准形矩阵 $\boldsymbol{D}=\begin{pmatrix}\boldsymbol{E}_r&\boldsymbol{O}\\\boldsymbol{O}&\boldsymbol{O}\end{pmatrix}$.

解题思路　利用初等行变换把已知矩阵化成标准形.

(1) $\begin{pmatrix}1&-1&2\\3&2&1\\1&-2&0\end{pmatrix}$.

解

$$\begin{pmatrix}1&-1&2\\3&2&1\\1&-2&0\end{pmatrix}\xrightarrow[r_3-r_1]{r_2-3r_1}\begin{pmatrix}1&-1&2\\0&5&-5\\0&-1&-2\end{pmatrix}\xrightarrow[r_2+5r_3]{r_1-r_3}$$

$$\begin{pmatrix}1&0&4\\0&0&-15\\0&-1&-2\end{pmatrix}\xrightarrow[r_3\times(-1)]{r_2\times\left(-\frac{1}{15}\right)}\begin{pmatrix}1&0&4\\0&0&1\\0&1&2\end{pmatrix}\xrightarrow[r_3-2r_2]{r_1-4r_2}$$

$$\begin{pmatrix}1&0&0\\0&0&1\\0&1&0\end{pmatrix}\xrightarrow{c_3\leftrightarrow c_2}\begin{pmatrix}1&0&0\\0&1&0\\0&0&1\end{pmatrix}.$$

(2) $\begin{pmatrix}1&-1&2\\3&-3&1\\-2&2&-4\end{pmatrix}$.

解

$$\begin{pmatrix}1&-1&2\\3&-3&1\\-2&2&-4\end{pmatrix}\xrightarrow[r_3+2r_1]{r_2-3r_1}\begin{pmatrix}1&-1&2\\0&0&-5\\0&0&0\end{pmatrix}\xrightarrow{r_2\times\left(-\frac{1}{5}\right)}$$

$$\begin{pmatrix}1&-1&2\\0&0&1\\0&0&0\end{pmatrix}\xrightarrow{c_2+c_1}\begin{pmatrix}1&0&2\\0&0&1\\0&0&0\end{pmatrix}\xrightarrow{r_1-2r_2}\begin{pmatrix}1&0&0\\0&0&1\\0&0&0\end{pmatrix}\xrightarrow{c_2\leftrightarrow c_3}$$

$$\begin{pmatrix}1&0&0\\0&1&0\\0&0&0\end{pmatrix}.$$

(3) $\begin{pmatrix}1&0&2&-1\\2&0&3&1\\3&0&4&-3\end{pmatrix}$.

解 $\begin{pmatrix}1&0&2&-1\\2&0&3&1\\3&0&4&-3\end{pmatrix}\xrightarrow[r_3+(-3)r_1]{r_2+(-2)r_1}\begin{pmatrix}1&0&2&-1\\0&0&-1&3\\0&0&-2&0\end{pmatrix}\xrightarrow{\substack{r_2\div(-1)\\r_3\div(-2)}}$

$\begin{pmatrix}1&0&2&-1\\0&0&1&-3\\0&0&1&0\end{pmatrix}\xrightarrow{r_3-r_2}\begin{pmatrix}1&0&2&-1\\0&0&1&-3\\0&0&0&3\end{pmatrix}\xrightarrow{r_3\div 3}$

$\begin{pmatrix}1&0&2&-1\\0&0&1&-3\\0&0&0&1\end{pmatrix}\xrightarrow{r_2+3r_3}\begin{pmatrix}1&0&2&-1\\0&0&1&0\\0&0&0&1\end{pmatrix}\xrightarrow[r_1+r_3]{r_1+(-2)r_2}$

$\begin{pmatrix}1&0&0&0\\0&0&1&0\\0&0&0&1\end{pmatrix}\xrightarrow[c_3\leftrightarrow c_4]{c_2\leftrightarrow c_3}\begin{pmatrix}1&0&0&0\\0&1&0&0\\0&0&1&0\end{pmatrix}$.

(4) $\begin{pmatrix}1&-1&3&-4&3\\3&-3&5&-4&1\\2&-2&3&-2&0\\3&-3&4&-2&-1\end{pmatrix}$.

解 $\begin{pmatrix}1&-1&3&-4&3\\3&-3&5&-4&1\\2&-2&3&-2&0\\3&-3&4&-2&-1\end{pmatrix}\xrightarrow[\substack{r_3-2r_1\\r_4-3r_1}]{r_2-3r_1}\begin{pmatrix}1&-1&3&-4&3\\0&0&-4&8&-8\\0&0&-3&6&-6\\0&0&-5&10&-10\end{pmatrix}$

$\xrightarrow[\substack{r_3\div(-3)\\r_4\div(-5)}]{r_2\div(-4)}\begin{pmatrix}1&-1&3&-4&3\\0&0&1&-2&2\\0&0&1&-2&2\\0&0&1&-2&2\end{pmatrix}\xrightarrow[\substack{r_3-r_2\\r_4-r_2}]{r_1-3r_2}\begin{pmatrix}1&-1&0&2&-3\\0&0&1&-2&2\\0&0&0&0&0\\0&0&0&0&0\end{pmatrix}$

$\longrightarrow\begin{pmatrix}1&0&0&0&0\\0&1&0&0&0\\0&0&0&0&0\\0&0&0&0&0\end{pmatrix}$.

(5) $\begin{pmatrix}2&3&1&-3&-7\\1&2&0&-2&-4\\3&-2&8&3&0\\2&-3&7&4&3\end{pmatrix}$.

解 $\begin{pmatrix} 2 & 3 & 1 & -3 & -7 \\ 1 & 2 & 0 & -2 & -4 \\ 3 & -2 & 8 & 3 & 0 \\ 2 & -3 & 7 & 4 & 3 \end{pmatrix} \xrightarrow[\substack{r_3-3r_2 \\ r_4-2r_2}]{r_1-2r_2} \begin{pmatrix} 0 & -1 & 1 & 1 & 1 \\ 1 & 2 & 0 & -2 & -4 \\ 0 & -8 & 8 & 9 & 12 \\ 0 & -7 & 7 & 8 & 11 \end{pmatrix} \xrightarrow[\substack{r_3-8r_1 \\ r_4-7r_1}]{r_2+2r_1}$

$$\begin{pmatrix} 0 & -1 & 1 & 1 & 1 \\ 1 & 0 & 2 & 0 & -2 \\ 0 & 0 & 0 & 1 & 4 \\ 0 & 0 & 0 & 1 & 4 \end{pmatrix} \xrightarrow[\substack{r_2\times(-1) \\ r_4-r_3}]{r_1\leftrightarrow r_2} \begin{pmatrix} 1 & 0 & 2 & 0 & -2 \\ 0 & 1 & -1 & -1 & -1 \\ 0 & 0 & 0 & 1 & 4 \\ 0 & 0 & 0 & 0 & 0 \end{pmatrix} \xrightarrow{r_2+r_3}$$

$$\begin{pmatrix} 1 & 0 & 2 & 0 & -2 \\ 0 & 1 & -1 & 0 & 3 \\ 0 & 0 & 0 & 1 & 4 \\ 0 & 0 & 0 & 0 & 0 \end{pmatrix} \longrightarrow \begin{pmatrix} 1 & 0 & 0 & 0 & 0 \\ 0 & 1 & 0 & 0 & 0 \\ 0 & 0 & 1 & 0 & 0 \\ 0 & 0 & 0 & 0 & 0 \end{pmatrix}.$$

4. 用初等变换判定下列矩阵是否可逆，如可逆，求其逆矩阵.

(1) $\begin{pmatrix} 1 & 0 & 0 \\ 1 & 2 & 0 \\ 1 & 2 & 3 \end{pmatrix}$.

解 $\left(\begin{array}{ccc:ccc} 1 & 0 & 0 & 1 & 0 & 0 \\ 1 & 2 & 0 & 0 & 1 & 0 \\ 1 & 2 & 3 & 0 & 0 & 1 \end{array}\right) \to \left(\begin{array}{ccc:ccc} 1 & 0 & 0 & 1 & 0 & 0 \\ 0 & 2 & 0 & -1 & 1 & 0 \\ 0 & 2 & 3 & -1 & 0 & 1 \end{array}\right) \to$

$$\left(\begin{array}{ccc:ccc} 1 & 0 & 0 & 1 & 0 & 0 \\ 0 & 2 & 0 & -1 & 1 & 0 \\ 0 & 0 & 3 & 0 & -1 & 1 \end{array}\right) \to \left(\begin{array}{ccc:ccc} 1 & 0 & 0 & 1 & 0 & 0 \\ 0 & 1 & 0 & -\frac{1}{2} & \frac{1}{2} & 0 \\ 0 & 0 & 1 & 0 & -\frac{1}{3} & \frac{1}{3} \end{array}\right),$$

因此所求逆矩阵为：$\begin{pmatrix} 1 & 0 & 0 \\ -\frac{1}{2} & \frac{1}{2} & 0 \\ 0 & -\frac{1}{3} & \frac{1}{3} \end{pmatrix}$.

(2) $\begin{pmatrix} 2 & 2 & -1 \\ 1 & -2 & 4 \\ 5 & 8 & 2 \end{pmatrix}$.

解 $\begin{pmatrix} 2 & 2 & -1 & 1 & 0 & 0 \\ 1 & -2 & 4 & 0 & 1 & 0 \\ 5 & 8 & 2 & 0 & 0 & 1 \end{pmatrix} \to \begin{pmatrix} 1 & -2 & 4 & 0 & 1 & 0 \\ 2 & 2 & -1 & 1 & 0 & 0 \\ 5 & 8 & 2 & 0 & 0 & 1 \end{pmatrix}$

$$\rightarrow\begin{pmatrix}1&-2&4&0&1&0\\0&6&-9&1&-2&0\\0&18&-18&0&-5&1\end{pmatrix}\rightarrow\begin{pmatrix}1&-2&4&0&1&0\\0&6&-9&1&-2&0\\0&0&9&-3&1&1\end{pmatrix}$$

$$\rightarrow\begin{pmatrix}1&-2&4&0&1&0\\0&6&0&-2&-1&1\\0&0&9&-3&1&1\end{pmatrix}\rightarrow\begin{pmatrix}1&-2&4&0&1&0\\0&1&0&-1/3&-1/6&1/6\\0&0&1&-1/3&1/9&1/9\end{pmatrix}$$

$$\rightarrow\begin{pmatrix}1&0&0&2/3&2/9&-1/9\\0&1&0&-1/3&-1/6&1/6\\0&0&1&-1/3&1/9&1/9\end{pmatrix}$$

故所求逆矩阵为 $\begin{pmatrix}2/3&2/9&-1/9\\-1/3&-1/6&1/6\\-1/3&1/9&1/9\end{pmatrix}$.

(3) $\begin{pmatrix}3&2&1\\3&1&5\\3&2&3\end{pmatrix}$.

解 $\begin{pmatrix}3&2&1&1&0&0\\3&1&5&0&1&0\\3&2&3&0&0&1\end{pmatrix}\rightarrow\begin{pmatrix}3&2&1&1&0&0\\0&-1&4&-1&1&0\\0&0&2&-1&0&1\end{pmatrix}$

$$\rightarrow\begin{pmatrix}3&2&0&3/2&0&-1/2\\0&-1&0&1&1&-2\\0&0&2&-1&0&1\end{pmatrix}\rightarrow\begin{pmatrix}3&0&0&7/2&2&-9/2\\0&-1&0&1&1&-2\\0&0&1&-1/2&0&1/2\end{pmatrix}$$

$$\rightarrow\begin{pmatrix}1&0&0&7/6&2/3&-2/3\\0&1&0&-1&-1&2\\0&0&1&-1/2&0&1/2\end{pmatrix}.$$

故所求逆矩阵为 $\begin{pmatrix}7/6&2/3&-3/2\\-1&-1&2\\-1/2&0&1/2\end{pmatrix}$.

(4) $\begin{pmatrix}3&-2&0&-1\\0&2&2&1\\1&-2&-3&-2\\0&1&2&1\end{pmatrix}$.

解 $\begin{pmatrix}3&-2&0&-1&1&0&0&0\\0&2&2&1&0&1&0&0\\1&-2&-3&-2&0&0&1&0\\0&1&2&1&0&0&0&1\end{pmatrix}\rightarrow\begin{pmatrix}1&-2&-3&-2&0&0&1&0\\0&1&2&1&0&0&0&1\\0&4&9&5&1&0&-3&0\\0&2&2&1&0&1&0&0\end{pmatrix}$

$$\to\begin{pmatrix}1&-2&-3&-2&0&0&1&0\\0&1&2&1&0&0&0&1\\0&0&1&1&1&0&-3&-4\\0&0&-2&-1&0&1&0&-2\end{pmatrix}$$

$$\to\begin{pmatrix}1&-2&-3&-2&0&0&1&0\\0&1&2&1&0&0&0&1\\0&0&1&1&1&0&-3&-4\\0&0&0&1&2&1&-6&-10\end{pmatrix}$$

$$\to\begin{pmatrix}1&-2&0&0&1&-1&-2&-2\\0&1&0&0&0&1&0&-1\\0&0&1&0&-1&-1&3&6\\0&0&0&1&2&1&-6&-10\end{pmatrix}$$

$$\to\begin{pmatrix}1&0&0&0&1&1&-2&-4\\0&1&0&0&0&1&0&-1\\0&0&1&0&-1&-1&3&6\\0&0&0&1&2&1&-6&-10\end{pmatrix}$$

故所求逆矩阵为 $\begin{pmatrix}1&1&-2&-4\\0&1&0&-1\\-1&-1&3&6\\2&1&-6&-10\end{pmatrix}$.

5. 解下列矩阵方程：

解题思路 利用初等变换法求解矩阵方程.

(1) 设 $\boldsymbol{A}=\begin{pmatrix}4&1&-2\\2&2&1\\3&1&-1\end{pmatrix}$，$\boldsymbol{B}=\begin{pmatrix}1&-3\\2&2\\3&-1\end{pmatrix}$，求 $\boldsymbol{X}$ 使 $\boldsymbol{AX}=\boldsymbol{B}$.

解 $(\boldsymbol{A}|\boldsymbol{B})=\left(\begin{array}{ccc|cc}4&1&-2&1&-3\\2&2&1&2&2\\3&1&-1&3&-1\end{array}\right)\xrightarrow{\text{初等行变换}}\left(\begin{array}{ccc|cc}1&0&0&10&2\\0&1&0&-15&-3\\0&0&1&12&4\end{array}\right)$

$\therefore\ \boldsymbol{X}=\boldsymbol{A}^{-1}\boldsymbol{B}=\begin{pmatrix}10&2\\-15&-3\\12&4\end{pmatrix}$.

(2) 设 $\boldsymbol{A}=\begin{pmatrix}0&2&1\\2&-1&3\\-3&3&-4\end{pmatrix}$，$\boldsymbol{B}=\begin{pmatrix}1&2&3\\2&-3&1\end{pmatrix}$，求 $\boldsymbol{X}$ 使 $\boldsymbol{XA}=\boldsymbol{B}$.

解 $\left(\dfrac{\boldsymbol{A}}{\boldsymbol{B}}\right)=\begin{pmatrix}0&2&1\\2&-1&3\\-3&3&-4\\\hline 1&2&3\\2&-3&1\end{pmatrix}\xrightarrow{\text{初等列变换}}\begin{pmatrix}1&0&0\\0&1&0\\0&0&1\\\hline 2&-1&-1\\-4&7&4\end{pmatrix}$

$\therefore \boldsymbol{X}=\boldsymbol{BA}^{-1}=\begin{pmatrix}2&-1&-1\\-4&7&4\end{pmatrix}$.

(3) 设 $\boldsymbol{A}=\begin{pmatrix}1&-1&0\\0&1&-1\\-1&0&1\end{pmatrix}$，$\boldsymbol{AX}=2\boldsymbol{X}+\boldsymbol{A}$，求 $\boldsymbol{X}$.

解 $(\boldsymbol{A}-2\boldsymbol{E})\boldsymbol{X}=\boldsymbol{A}$，即

$$\begin{pmatrix}-1&-1&0\\0&-1&-1\\-1&0&-1\end{pmatrix}\boldsymbol{X}=\begin{pmatrix}1&-1&0\\0&1&-1\\-1&0&1\end{pmatrix},$$

$$\boldsymbol{X}=\begin{pmatrix}-1&-1&0\\0&-1&-1\\-1&0&-1\end{pmatrix}^{-1}\begin{pmatrix}1&-1&0\\0&1&-1\\-1&0&1\end{pmatrix}$$

$$=\begin{pmatrix}-1/2&1/2&-1/2\\-1/2&-1/2&1/2\\1/2&-1/2&-1/2\end{pmatrix}\begin{pmatrix}1&-1&0\\0&1&-1\\-1&0&1\end{pmatrix}$$

$$=\begin{pmatrix}0&1&-1\\-1&0&1\\1&-1&0\end{pmatrix}.$$

(4) 设 $\begin{pmatrix}0&1&0\\1&0&0\\0&0&1\end{pmatrix}\boldsymbol{X}\begin{pmatrix}1&0&0\\-2&1&0\\0&0&1\end{pmatrix}=\begin{pmatrix}1&-4&3\\2&0&-1\\0&-2&1\end{pmatrix}$，求 $\boldsymbol{X}$.

解 令 $\boldsymbol{P}=\begin{pmatrix}0&1&0\\1&0&0\\0&0&1\end{pmatrix}$，$\boldsymbol{Q}=\begin{pmatrix}1&0&0\\-2&1&0\\0&0&1\end{pmatrix}$，则 $\boldsymbol{P}$，$\boldsymbol{Q}$ 为初等矩阵，且

$$P^{-1}=P,\ Q^{-1}=\begin{pmatrix}1&0&0\\2&1&0\\0&0&1\end{pmatrix}$$

由初等矩阵左乘一个矩阵是行初等变换，初等矩阵右乘一个矩阵是列初等变换，有

$$X=P^{-1}\begin{pmatrix}1&-4&3\\2&0&-1\\0&-2&1\end{pmatrix}Q^{-1}=\begin{pmatrix}2&0&-1\\1&-4&3\\0&-2&1\end{pmatrix}\begin{pmatrix}1&0&0\\2&1&0\\0&0&1\end{pmatrix}$$

$$=\begin{pmatrix}2&0&-1\\-7&-4&3\\-4&-2&1\end{pmatrix}.$$

6. 设矩阵

$$A=\begin{pmatrix}1&0&0\\1&1&0\\1&1&1\end{pmatrix},\ B=\begin{pmatrix}0&1&1\\1&0&1\\1&1&0\end{pmatrix},$$

矩阵 X 满足

$$AXA+BXB=AXB+BXA+E,$$

其中 E 是三阶单位矩阵，试求矩阵 X.

解 由于 $AXA+BXB-AXB-BXA=E$,

于是 $AX(A-B)-BX(A-B)=E$, 即 $(A-B)X(A-B)=E$.

因为 $|A-B|\neq 0$. 故

$$X=[(A-B)^{-1}]^2=\begin{pmatrix}1&2&5\\0&1&2\\0&0&1\end{pmatrix}.$$

7. 设 A, B 为 n 阶矩阵，且满足 $2B^{-1}A=A-4E$, 其中 E 为 n 阶单位矩阵，

(1) 证明:$B-2E$ 为可逆矩阵，并求 $(B-2E)^{-1}$；

(2) 已知 $A=\begin{pmatrix}1&-2&0\\1&2&0\\0&0&2\end{pmatrix}$, 求矩阵 B.

解题思路 利用逆矩阵的定义和矩阵的运算即可，用初等变换求逆矩阵.

证 (1) 由于 $2B^{-1}A=A-4E$, 方程两边同时左乘 B, 有

$$2A=BA-4B,$$

$$BA-4B-2A+8E=8E,$$
$$(B-2E)(A-4E)=8E,$$

故 $B-2E$ 可逆，

$$(B-2E)^{-1}=\frac{1}{8}(A-4E).$$

解 (2) 由题 (1) 知，$(B-2E)(A-4E)=8E$.

因为 $|A-4E|\neq 0$，所以 $B=8(A-4E)^{-1}+2E$.

而 $A-4E=\begin{pmatrix}-3 & -2 & 0\\ 1 & -2 & 0\\ 0 & 0 & -2\end{pmatrix}$，$(A-4E)^{-1}=\begin{pmatrix}-1/4 & 1/4 & 0\\ -1/8 & -3/8 & 0\\ 0 & 0 & -1/2\end{pmatrix}$，故

$$B=8(A-4E)^{-1}+2E=\begin{pmatrix}0 & 2 & 0\\ -1 & -1 & 0\\ 0 & 0 & -2\end{pmatrix}.$$

§2.6 矩阵的秩

一、主要知识归纳

表 2—6—1

定义	在 $m\times n$ 矩阵 A 中，任取 k 行 k 列 ($1\leqslant k\leqslant m$，$1\leqslant k\leqslant n$)，位于这些行列交叉处的 k^2 个元素，不改变它们在 A 中所处的位置次序而得到的 k 阶行列式，称为矩阵 A 的 k 阶子式.
	设 A 为 $m\times n$ 矩阵，如果存在 A 的 r 阶子式不为零，而任何 $r+1$ 阶子式皆为零，则称数 r 为矩阵 A 的秩，记为 $\mathrm{r}(A)$，并规定零矩阵的秩等于零.
性质	(1) 若矩阵 A 中有某个 s 阶子式不为 0，则 $\mathrm{r}(A)\geqslant s$； (2) 若 A 中所有 t 阶子式全为 0，则 $\mathrm{r}(A)<t$； (3) 若 A 为 $m\times n$ 矩阵，则 $0\leqslant\mathrm{r}(A)\leqslant\min\{m, n\}$； (4) $\mathrm{r}(A)=\mathrm{r}(A^{\mathrm{T}})$； (5) $\max\{\mathrm{r}(A), \mathrm{r}(B)\}\leqslant\mathrm{r}(A, B)\leqslant\mathrm{r}(A)+\mathrm{r}(B)$； (6) $\mathrm{r}(A+B)\leqslant\mathrm{r}(A)+\mathrm{r}(B)$； (7) $\mathrm{r}(AB)\leqslant\min\{\mathrm{r}(A), \mathrm{r}(B)\}$； (8) 若 $A_{m\times n}B_{n\times l}=0$，则 $\mathrm{r}(A)+\mathrm{r}(B)\leqslant n$； (9) 若 $A\rightarrow B$，则 $\mathrm{r}(A)=\mathrm{r}(B)$.
求秩方法	(1) 定义法 利用定义寻找矩阵中非零子式的最高阶数. (2) 初等行变换法 利用初等行变换将所给矩阵化为行阶梯形矩阵，行阶梯形矩阵中非零行的行数即为矩阵的秩.

二、典型例题分析

例 1 (1) 设 $\boldsymbol{A}=\begin{pmatrix}1 & 2 & -1 & 1\\ 2 & 0 & t & 0\\ 0 & -4 & 5 & -2\end{pmatrix}$，且 $\mathrm{r}(\boldsymbol{A})=2$，求 t 的值；

(2) 求矩阵 $\boldsymbol{A}=\begin{pmatrix}1 & -1 & 2\\ 0 & -1 & 3\\ -1 & 2 & -5\\ 2 & -4 & 10\end{pmatrix}$ 的秩.

解 (1) 由矩阵 $\boldsymbol{A}$ 的秩为 2 可知，$\boldsymbol{A}$ 的一切 3 阶子式都为 0，故

$$\begin{vmatrix}1 & 2 & -1\\ 2 & 0 & t\\ 0 & -4 & 5\end{vmatrix}=0 \Rightarrow 4t-12=0,$$

解得 $t=3$.

(2) 方法一 容易看出 $\begin{vmatrix}1 & -1\\ 0 & -1\end{vmatrix}\neq 0$，即有二阶子式非零，因此 $\mathrm{r}(\boldsymbol{A})\geqslant 2$，又 $\boldsymbol{A}$ 的所有三阶子式：

$$\begin{vmatrix}1 & -1 & 2\\ 0 & -1 & 3\\ -1 & 2 & -5\end{vmatrix}=0, \quad \begin{vmatrix}1 & -1 & 2\\ 0 & -1 & 3\\ 2 & -4 & 10\end{vmatrix}=0,$$

$$\begin{vmatrix}0 & -1 & 3\\ -1 & 2 & -5\\ 2 & -4 & 10\end{vmatrix}=0, \quad \begin{vmatrix}1 & -1 & 2\\ -1 & 2 & -5\\ 2 & -4 & 10\end{vmatrix}=0.$$

知 $\mathrm{r}(\boldsymbol{A})=2$.

方法二 将矩阵 $\boldsymbol{A}$ 作初等行变换有

$$\boldsymbol{A}\to\begin{pmatrix}1 & -1 & 2\\ 0 & -1 & 3\\ 0 & 1 & -3\\ 0 & -2 & 6\end{pmatrix}\to\begin{pmatrix}1 & -1 & 2\\ 0 & -1 & 3\\ 0 & 0 & 0\\ 0 & 0 & 0\end{pmatrix}$$

知 $\mathrm{r}(\boldsymbol{A})=2$.

小结：(1) 利用了矩阵的秩的定义（即矩阵中阶数大于秩的子式都为零）求矩阵中的未知元素值.

(2) 求矩阵的秩可用定义，即利用子式判断，也可用初等变换求秩. 做法是

利用初等变换化矩阵为阶梯形矩阵，阶梯形矩阵含非零行的数目即为秩.

例 2　求矩阵 $\boldsymbol{A}=\begin{pmatrix}2 & 1 & -6 & 4 & -1\\1 & 1 & -2 & 3 & 0\\3 & 2 & a & 7 & -1\\1 & -1 & -6 & -1 & b\end{pmatrix}$ 的秩.

解　对矩阵 $\boldsymbol{A}$ 进行初等行变换有

$$\boldsymbol{A}=\begin{pmatrix}2 & 1 & -6 & 4 & -1\\1 & 1 & -2 & 3 & 0\\3 & 2 & a & 7 & -1\\1 & -1 & -6 & -1 & b\end{pmatrix}\rightarrow\begin{pmatrix}1 & 1 & -2 & 3 & 0\\0 & -1 & -2 & -2 & -1\\0 & -1 & a+6 & -2 & -1\\0 & -2 & -4 & -4 & b\end{pmatrix}$$

$$\rightarrow\begin{pmatrix}1 & 1 & -2 & 3 & 0\\0 & -1 & -2 & -2 & 1\\0 & 0 & a+8 & 0 & 0\\0 & 0 & 0 & 0 & b+2\end{pmatrix}$$

则：

(1) 当 $a=-8$, $b=-2$ 时，$\mathrm{r}(\boldsymbol{A})=2$；

(2) 当 $a=-8$, $b\neq-2$ 时，$\mathrm{r}(\boldsymbol{A})=3$；

(3) 当 $a\neq-8$, $b=-2$ 时，$\mathrm{r}(\boldsymbol{A})=3$；

(4) 当 $a\neq-8$, $b\neq-2$ 时，$\mathrm{r}(\boldsymbol{A})=4$.

小结：本题主要利用初等行变换法，根据阶梯形矩阵非零行的行数判断矩阵秩，只不过要通过讨论字母的取值来确定非零行的行数.

例 3　设 $\boldsymbol{A}=\begin{pmatrix}1 & 2 & -2\\4 & t & 3\\3 & -1 & 1\end{pmatrix}$，$\boldsymbol{B}$ 为 3 阶非零矩阵，且 $\boldsymbol{AB}=\boldsymbol{O}$，则 t 为何值？

解　由矩阵秩的性质可知：

$$\boldsymbol{AB}=\boldsymbol{O}\Rightarrow\mathrm{r}(\boldsymbol{A})+\mathrm{r}(\boldsymbol{B})\leqslant 3,$$

又 $\boldsymbol{B}$ 为非零矩阵，则

$$\mathrm{r}(\boldsymbol{B})\geqslant 1,$$

故 $\mathrm{r}(\boldsymbol{A})\leqslant 2$. 由条件可知 $\boldsymbol{A}$ 为三阶矩阵，$|\boldsymbol{A}|=0$，即

$$|\boldsymbol{A}|=\begin{vmatrix}1 & 2 & -2\\4 & t & 3\\3 & -1 & 1\end{vmatrix}=7(t+3)=0\Rightarrow t=-3.$$

小结：本题利用了矩阵的秩的性质：若 $\boldsymbol{AB}=\boldsymbol{O}$，则 $\mathrm{r}(\boldsymbol{A})+\mathrm{r}(\boldsymbol{B})\leqslant n$.

三、习题 2—6 解答

1. 设矩阵 $A=\begin{pmatrix}1&-5&6&-2\\2&-1&3&-2\\-1&-4&3&0\end{pmatrix}$，试计算 A 的全部三阶子式，并求 $r(A)$.

解题思路 利用 k 阶子式的定义和矩阵的秩的定义.

解 $\begin{vmatrix}1&-5&6\\2&-1&3\\-1&-4&3\end{vmatrix}=\begin{vmatrix}1&-5&-2\\2&-1&-2\\-1&-4&0\end{vmatrix}=\begin{vmatrix}1&6&-2\\2&3&-2\\-1&3&0\end{vmatrix}=\begin{vmatrix}-5&6&-2\\-1&3&-2\\-4&3&0\end{vmatrix}=0$，

又 A 有一个不等于零的二阶子式 $\begin{vmatrix}1&-5\\2&-1\end{vmatrix}=9$，所以 $r(A)=2$.

2. 设 A 为 $m\times n$ 矩阵，b 为 $m\times 1$ 矩阵，试说明 $r(A)$ 与 $r(A\quad b)$ 的大小关系.

解 由题设条件和矩阵的秩的概念，易见

$$r(A)\leqslant r(A\quad b)\leqslant r(A)+1.$$

3. 在秩是 r 的矩阵中，有没有等于 0 的 $r-1$ 阶子式？有没有等于 0 的 r 阶子式？

解 在秩是 r 的矩阵中，可能存在等于 0 的 $r-1$ 阶子式，也可能存在等于 0 的 r 阶子式.

例如，$A=\begin{pmatrix}1&0&0&0\\0&1&0&0\\0&0&1&0\\0&0&0&0\\0&0&0&0\end{pmatrix}$，$r(A)=3$，同时存在等于 0 的 3 阶子式和 2 阶子式.

4. 从矩阵 A 中划去一行得到矩阵 B，问 A，B 的秩的关系怎样？

解 此时有关系 $r(A)\geqslant r(B)$.

设 $r(B)=r$，且 B 的某个 r 阶子式 $D_r\neq 0$. 矩阵 B 是由矩阵 A 划去一行得到的，所以在 A 中能找到与 D_r 相同的 r 阶子式 $\bar{D}_r$，由于

$$\bar{D}_r=D_r\neq 0,$$

故而 $r(A)\geqslant r(B)$.

5. 设 A 为 n 阶矩阵，$r(A)=1$，证明：

证明思路 利用矩阵的运算和结合律，证明秩为 1 的矩阵的特性.

(1) $A=\begin{pmatrix}a_1\\a_2\\\vdots\\a_n\end{pmatrix}(b_1,b_2,\cdots,b_n)$.

证　由 $r(\mathbf{A})=1 \Rightarrow \mathbf{A} \xrightarrow{\text{初等列变换}} \begin{pmatrix} a_1 & 0 & \cdots & 0 \\ a_2 & 0 & \cdots & 0 \\ \vdots & \vdots & \vdots & \vdots \\ a_n & 0 & \cdots & 0 \end{pmatrix}$，

其中 $a_1, a_2, \cdots, a_n$ 不全为零，即矩阵 $\mathbf{A}$ 的任意两列元素成比例. 故

$$\mathbf{A}=\begin{pmatrix} a_1 \\ a_2 \\ \vdots \\ a_n \end{pmatrix}(b_1, b_2, \cdots, b_n).$$

(2) $\mathbf{A}^2=k\mathbf{A}$（k 为一常数）.

证　$\mathbf{A}^2=\begin{pmatrix} a_1 \\ \vdots \\ a_n \end{pmatrix}(b_1, \cdots, b_n)\begin{pmatrix} a_1 \\ \vdots \\ a_n \end{pmatrix}(b_1, \cdots, b_n)=k\begin{pmatrix} a_1 \\ \vdots \\ a_n \end{pmatrix}(b_1, \cdots, b_n)=k\mathbf{A}$，

其中 $k=a_1b_1+a_2b_2+\cdots+a_nb_n$.

6. 求下列矩阵的秩，并求一个最高阶非零子式：

解题思路　用初等行变换把矩阵变成行阶梯形矩阵，行阶梯形矩阵中非零行的行数就是该矩阵的秩，而以非零行的行数为阶数的方阵所成的非零行列式对应到原矩阵中的数表组成的行列式就是最高阶非零子式.

(1) $\begin{pmatrix} 3 & 1 & 0 & 2 \\ 1 & -1 & 2 & -1 \\ 1 & 3 & -4 & 4 \end{pmatrix}$.

解　$\begin{pmatrix} 3 & 1 & 0 & 2 \\ 1 & -1 & 2 & -1 \\ 1 & 3 & -4 & 4 \end{pmatrix} \xrightarrow{r_1 \leftrightarrow r_2} \begin{pmatrix} 1 & -1 & 2 & -1 \\ 3 & 1 & 0 & 2 \\ 1 & 3 & -4 & 4 \end{pmatrix} \xrightarrow[r_3-r_1]{r_2-3r_1}$

$\begin{pmatrix} 1 & -1 & 2 & -1 \\ 0 & 4 & -6 & 5 \\ 0 & 4 & -6 & 5 \end{pmatrix} \xrightarrow{r_3-r_2} \begin{pmatrix} 1 & -1 & 2 & -1 \\ 0 & 4 & -6 & 5 \\ 0 & 0 & 0 & 0 \end{pmatrix}$，

原矩阵的秩为 2，一个最高阶非零子式为二阶子式

$$\begin{vmatrix} 3 & 1 \\ 1 & -1 \end{vmatrix}=-4.$$

(2) $\begin{pmatrix} 3 & 2 & -1 & -3 & -2 \\ 2 & -1 & 3 & 1 & -3 \\ 7 & 0 & 5 & -1 & -8 \end{pmatrix}$.

解　$\begin{pmatrix} 3 & 2 & -1 & -3 & -2 \\ 2 & -1 & 3 & 1 & -3 \\ 7 & 0 & 5 & -1 & -8 \end{pmatrix} \xrightarrow[r_3-7r_1]{\substack{r_1-r_2 \\ r_2-2r_1}} \begin{pmatrix} 1 & 3 & -4 & -4 & 1 \\ 0 & -7 & 11 & 9 & -5 \\ 0 & -21 & 33 & 27 & -15 \end{pmatrix}$

$$\xrightarrow{r_3-3r_2}\begin{pmatrix}1 & 3 & -4 & -4 & 1\\0 & -7 & 11 & 9 & -5\\0 & 0 & 0 & 0 & 0\end{pmatrix}.$$

原矩阵的秩为 2，一个最高阶非零子式为二阶子式

$$\begin{vmatrix}3 & 2\\2 & -1\end{vmatrix}=-7.$$

(3) $\begin{pmatrix}1 & -1 & 2 & 1 & 0\\2 & -2 & 4 & 2 & 0\\3 & 0 & 6 & -1 & 1\\0 & 3 & 0 & 0 & 1\end{pmatrix}$.

解 $\begin{pmatrix}1 & -1 & 2 & 1 & 0\\2 & -2 & 4 & 2 & 0\\3 & 0 & 6 & -1 & 1\\0 & 3 & 0 & 0 & 1\end{pmatrix}\to\begin{pmatrix}1 & -1 & 2 & 1 & 0\\0 & 0 & 0 & 0 & 0\\0 & 3 & 0 & -4 & 1\\0 & 3 & 0 & 0 & 1\end{pmatrix}\to\begin{pmatrix}1 & -1 & 2 & 1 & 0\\0 & 0 & 0 & 0 & 0\\0 & 0 & 0 & -4 & 0\\0 & 3 & 0 & 0 & 1\end{pmatrix}$

原矩阵的秩为 3，一个最高阶非零子式为三阶子式

$$\begin{vmatrix}1 & 1 & 0\\3 & -1 & 1\\0 & 0 & 1\end{vmatrix}=-4.$$

7. 设矩阵 $\boldsymbol{A}=\begin{pmatrix}1 & \lambda & -1 & 2\\2 & -1 & \lambda & 5\\1 & 10 & -6 & 1\end{pmatrix}$，其中 λ 为参数，求矩阵 $\boldsymbol{A}$ 的秩.

解 对 $\boldsymbol{A}$ 作初等行变换，得

$$\boldsymbol{A}\to\begin{pmatrix}0 & \lambda-10 & 5 & 1\\0 & -21 & \lambda+12 & 3\\1 & 10 & -6 & 1\end{pmatrix}$$

$$\to\begin{pmatrix}1 & 10 & -6 & 1\\0 & 9-3\lambda & \lambda-3 & 0\\0 & \lambda-10 & 5 & 1\end{pmatrix}\to\begin{pmatrix}1 & 10 & -6 & 1\\0 & \lambda-10 & 5 & 1\\0 & 9-3\lambda & \lambda-3 & 0\end{pmatrix},$$

当 $\lambda=3$ 时，$\mathrm{r}(\boldsymbol{A})=2$；当 $\lambda\neq3$ 时，$\mathrm{r}(\boldsymbol{A})=3$.

8. 设矩阵 $\boldsymbol{A}=\begin{pmatrix}3 & -2 & \lambda & -16\\2 & -3 & 0 & 1\\1 & -1 & 1 & -3\\3 & \mu & 1 & -2\end{pmatrix}$，其中 λ,μ 为参数. 求矩阵 $\boldsymbol{A}$ 的秩的最大值和最小值.

解 对 $\boldsymbol{A}$ 作行、列的初等变换，得

$$A \to \begin{pmatrix} 1 & 3 & 1 & -1 \\ 0 & 7 & 2 & 1 \\ 0 & 0 & \lambda-5 & 0 \\ 0 & 0 & 0 & \mu+4 \end{pmatrix}.$$

当 $\lambda=5$，$\mu=-4$ 时，$r(A)$ 的最小值是 2；当 $\lambda\neq5$，$\mu\neq-4$ 时，$r(A)$ 的最大值是 4.

本章小结

一、本章知识点网络图

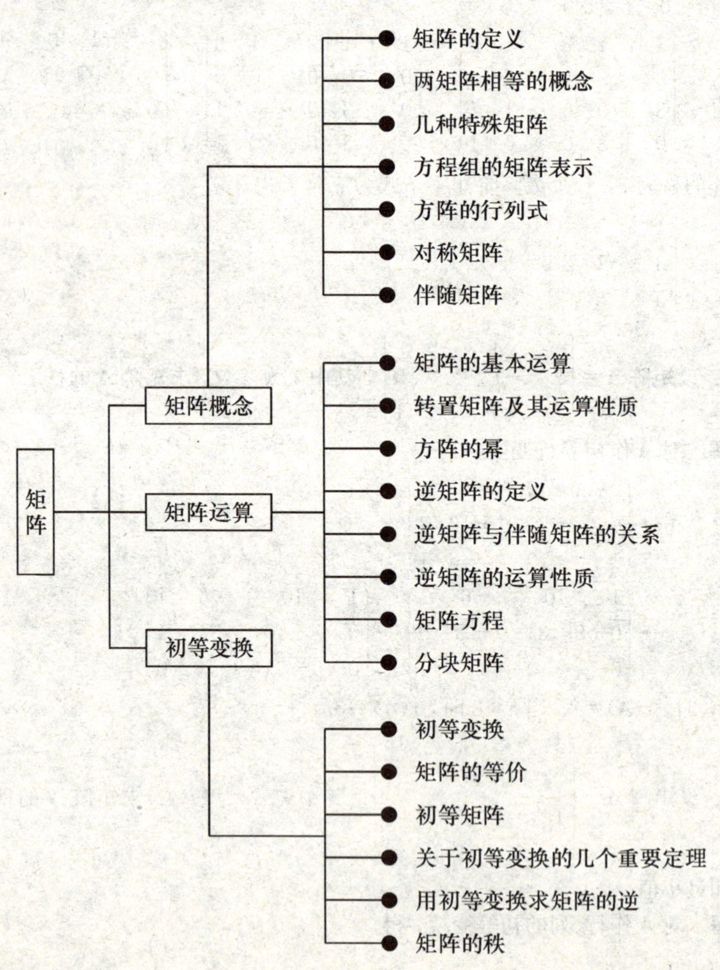

二、题型分析

题型 1　矩阵的概念与运算

解题思路　(1) 深入理解矩阵的理念，矩阵是由数构成的一种表格，掌握应用矩阵概念求解应用问题的基本方法（见总习题二题 1）；

(2) 矩阵运算实质上是表格的运算，故矩阵的运算规律与数的运算法则不尽相同，掌握矩阵的加法、数乘、乘法、转置、逆矩阵和伴随矩阵的运算规律，此外，要注意矩阵与行列式的联系与区别（如例 1～例 2）；

(3) 矩阵的运算一般不满足交换律 $\boldsymbol{AB}\neq\boldsymbol{BA}$，但满足结合律

$$\boldsymbol{A}(\boldsymbol{BC})=(\boldsymbol{AB})\boldsymbol{C},$$

巧妙利用矩阵的结合律往往可简化计算（如题型 2 的例 3）；

(4) 掌握几类特殊方阵的定义与性质：对称矩阵、反对称矩阵、伴随矩阵、对角矩阵、三角矩阵等，并用之解题（如例 3）；

(5) 求与已知矩阵可交换的矩阵：定义法、方程法（如例 4～例 5）；

(6) 掌握矩阵的分块运算规律，对某些矩阵进行适当的分块会大大简化运算（如例 6）.

例 1　设 $\boldsymbol{A}$, $\boldsymbol{B}$ 为 n 阶矩阵，下列运算正确的是（　　）.

(A) $(\boldsymbol{AB})^k=\boldsymbol{A}^k\boldsymbol{B}^k$；

(B) $|-\boldsymbol{A}|=-|\boldsymbol{A}|$；

(C) $\boldsymbol{A}^2-\boldsymbol{B}^2=(\boldsymbol{A}-\boldsymbol{B})(\boldsymbol{A}+\boldsymbol{B})$；

(D) 若 $\boldsymbol{A}$ 可逆，$k\neq0$，则 $(k\boldsymbol{A})^{-1}=k^{-1}\boldsymbol{A}^{-1}$.

解　因为 $\boldsymbol{A}$ 可逆，$k\neq0$，则

$$|k\boldsymbol{A}|=k^n|\boldsymbol{A}|\neq0,$$

所以 $k\boldsymbol{A}$ 可逆，而

$$(k\boldsymbol{A})k^{-1}\boldsymbol{A}^{-1}=kk^{-1}\boldsymbol{A}\boldsymbol{A}^{-1}=\boldsymbol{A}\boldsymbol{A}^{-1}=\boldsymbol{E},$$

即
$$(k\boldsymbol{A})^{-1}=k^{-1}\boldsymbol{A}^{-1}.$$

故应选 (D).

例 2　已知 $\boldsymbol{A}=(a_{ij})_{n\times n}$，$\boldsymbol{B}=(b_{ij})_{n\times n}$，且 $\boldsymbol{A}$, $\boldsymbol{B}$ 均可逆，又

$$2b_{ij}=a_{ij}-\sum_{k=1}^{n}b_{ik}a_{kj}\quad(i,\ j=1,\ 2,\ \cdots,\ n)$$

证明 $\boldsymbol{B}=\boldsymbol{E}-2(2\boldsymbol{E}+\boldsymbol{A})^{-1}$（其中 $\boldsymbol{E}$ 为 n 阶单位矩阵）.

证　由 $2b_{ij}=a_{ij}-\sum\limits_{k=1}^{n}b_{ik}a_{kj}\,(i,\ j=1,\ 2,\ \cdots,\ n)$，有 $2\boldsymbol{B}=\boldsymbol{A}-\boldsymbol{BA}$，即

$$\boldsymbol{B}(2\boldsymbol{E}+\boldsymbol{A})-\boldsymbol{A}=\boldsymbol{O}.$$

两端同加$-2\boldsymbol{E}$，有$\boldsymbol{B}(2\boldsymbol{E}+\boldsymbol{A})-2\boldsymbol{E}-\boldsymbol{A}=-2\boldsymbol{E}$，即

$$(\boldsymbol{B}-\boldsymbol{E})(2\boldsymbol{E}+\boldsymbol{A})=-2\boldsymbol{E},$$

故 $$\boldsymbol{B}-\boldsymbol{E}=-2(2\boldsymbol{E}+\boldsymbol{A})^{-1},\ \boldsymbol{B}=\boldsymbol{E}-2(2\boldsymbol{E}+\boldsymbol{A})^{-1}.$$

例3 设$\boldsymbol{A}$，$\boldsymbol{B}$都是对称矩阵，$\boldsymbol{B}$和$\boldsymbol{E}+\boldsymbol{AB}$都可逆，求证$\boldsymbol{B}(\boldsymbol{E}+\boldsymbol{AB})^{-1}$是对称矩阵.

证 $\because \boldsymbol{B}$和$\boldsymbol{E}+\boldsymbol{AB}$都可逆，

$$\begin{aligned}\therefore \boldsymbol{B}(\boldsymbol{E}+\boldsymbol{AB})^{-1}&=\boldsymbol{B}(\boldsymbol{B}^{-1}\boldsymbol{B}+\boldsymbol{AB})^{-1}=\boldsymbol{B}[(\boldsymbol{B}^{-1}+\boldsymbol{A})\boldsymbol{B}]^{-1}\\&=\boldsymbol{B}\boldsymbol{B}^{-1}(\boldsymbol{B}^{-1}+\boldsymbol{A})^{-1}=(\boldsymbol{B}^{-1}+\boldsymbol{A})^{-1},\end{aligned}$$

又$\because \boldsymbol{A}$，$\boldsymbol{B}$都是对称矩阵，即$\boldsymbol{A}^{\mathrm{T}}=\boldsymbol{A}$，$\boldsymbol{B}^{\mathrm{T}}=\boldsymbol{B}$，

$$\begin{aligned}\therefore [\boldsymbol{B}(\boldsymbol{E}+\boldsymbol{AB})^{-1}]^{\mathrm{T}}&=[(\boldsymbol{B}^{-1}+\boldsymbol{A})^{-1}]^{\mathrm{T}}=[(\boldsymbol{B}^{-1}+\boldsymbol{A})^{\mathrm{T}}]^{-1}\\&=[(\boldsymbol{B}^{\mathrm{T}})^{-1}+\boldsymbol{A}^{\mathrm{T}}]^{-1}=(\boldsymbol{B}^{-1}+\boldsymbol{A})^{-1}=\boldsymbol{B}(\boldsymbol{E}+\boldsymbol{AB})^{-1},\end{aligned}$$

于是$\boldsymbol{B}(\boldsymbol{E}+\boldsymbol{AB})^{-1}$是对称矩阵.

例4 已知矩阵$\boldsymbol{A}=\begin{pmatrix}1&1&0\\0&1&0\\0&0&1\end{pmatrix}$，求与$\boldsymbol{A}$可交换的矩阵$\boldsymbol{B}$.

解 设$\boldsymbol{B}=\begin{pmatrix}a_1&a_2&a_3\\b_1&b_2&b_3\\c_1&c_2&c_3\end{pmatrix}$，则

$$\boldsymbol{AB}=\begin{pmatrix}a_1+b_1&a_2+b_2&a_3+b_3\\b_1&b_2&b_3\\c_1&c_2&c_3\end{pmatrix},\ \boldsymbol{BA}=\begin{pmatrix}a_1&a_1+a_2&a_3\\b_1&b_1+b_2&a_3\\c_1&c_1+c_2&c_3\end{pmatrix},$$

由$\boldsymbol{AB}=\boldsymbol{BA}$得

$$\begin{cases}a_1+b_1=a_1,\ a_2+b_2=a_1+a_2,\ a_3+b_3=a_3\\b_1=b_1,\ b_2=b_1+b_2,\ b_3=b_3\\c_1=c_1,\ c_2=c_1+c_2,\ c_3=c_3\end{cases}$$

$\Rightarrow$ $$b_1=b_3=c_1=0,\ b_2=a_1.$$

所以与$\boldsymbol{A}$可交换的矩阵为

$$\boldsymbol{B}=\begin{pmatrix}a_1&a_2&a_3\\0&a_1&0\\0&c_2&c_3\end{pmatrix},$$

其中 a_1，a_2，a_3，c_2，c_3 可取任意实数.

例 5 已知 $\boldsymbol{\Lambda}=\begin{pmatrix} a_1 & & & \\ & a_2 & & \\ & & \ddots & \\ & & & a_n \end{pmatrix}$，其中 a_1，a_2，…，a_n 两两不等. 证明与 $\boldsymbol{\Lambda}$ 可交换的矩阵只能是对角矩阵.

证 设 $\boldsymbol{A}$ 与 $\boldsymbol{\Lambda}$ 可交换，并对 $\boldsymbol{A}$ 按列（行）分块

$$\boldsymbol{A}=\begin{pmatrix} a_{11} & a_{12} & \cdots & a_{1n} \\ a_{21} & a_{22} & \cdots & a_{2n} \\ \vdots & \vdots & & \vdots \\ a_{n1} & a_{n2} & \cdots & a_{nn} \end{pmatrix}=(\boldsymbol{\alpha}_1, \boldsymbol{\alpha}_2, \cdots, \boldsymbol{\alpha}_n)=\begin{pmatrix} \boldsymbol{\beta}_1 \\ \boldsymbol{\beta}_2 \\ \vdots \\ \boldsymbol{\beta}_n \end{pmatrix},$$

则

$$\boldsymbol{A\Lambda}=(\boldsymbol{\alpha}_1, \boldsymbol{\alpha}_2, \cdots, \boldsymbol{\alpha}_n)\begin{pmatrix} a_1 & & & \\ & a_2 & & \\ & & \ddots & \\ & & & a_n \end{pmatrix}=(a_1\boldsymbol{\alpha}_1, a_2\boldsymbol{\alpha}_2, \cdots, a_n\boldsymbol{\alpha}_n),$$

$$\boldsymbol{\Lambda A}=\begin{pmatrix} a_1 & & & \\ & a_2 & & \\ & & \ddots & \\ & & & a_n \end{pmatrix}\begin{pmatrix} \boldsymbol{\beta}_1 \\ \boldsymbol{\beta}_2 \\ \vdots \\ \boldsymbol{\beta}_n \end{pmatrix}=\begin{pmatrix} a_1\boldsymbol{\beta}_1 \\ a_2\boldsymbol{\beta}_2 \\ \vdots \\ a_n\boldsymbol{\beta}_n \end{pmatrix}.$$

因为 $\boldsymbol{A\Lambda}=\boldsymbol{\Lambda A}$，即

$$\begin{pmatrix} a_1a_{11} & a_2a_{12} & \cdots & a_na_{1n} \\ a_1a_{21} & a_2a_{22} & \cdots & a_na_{2n} \\ \vdots & \vdots & & \vdots \\ a_1a_{n1} & a_2a_{n2} & \cdots & a_na_{nn} \end{pmatrix}=\begin{pmatrix} a_1a_{11} & a_1a_{12} & \cdots & a_1a_{1n} \\ a_2a_{21} & a_2a_{22} & \cdots & a_2a_{2n} \\ \vdots & \vdots & & \vdots \\ a_na_{n1} & a_na_{n2} & \cdots & a_na_{nn} \end{pmatrix}$$

$\Rightarrow$ $\quad a_ja_{ij}=a_ia_{ij}$，

又 $\quad a_i\neq a_j$

$\Rightarrow$ $\quad a_{ij}\equiv 0\ (\forall\, i\neq j)$，

即 $\boldsymbol{A}$ 是对角矩阵.

例 6 设 $\boldsymbol{A}$，$\boldsymbol{B}$，$\boldsymbol{C}$，$\boldsymbol{D}$ 都是 n 阶方程，$\boldsymbol{A}$ 是非奇异的，$\boldsymbol{E}$ 是 n 阶单位矩阵，并且

$$\boldsymbol{X}=\begin{pmatrix} \boldsymbol{E} & \boldsymbol{O} \\ -\boldsymbol{CA}^{-1} & \boldsymbol{E} \end{pmatrix}, \boldsymbol{Y}=\begin{pmatrix} \boldsymbol{A} & \boldsymbol{B} \\ \boldsymbol{C} & \boldsymbol{D} \end{pmatrix}, \boldsymbol{Z}=\begin{pmatrix} \boldsymbol{E} & -\boldsymbol{A}^{-1}\boldsymbol{B} \\ \boldsymbol{O} & \boldsymbol{E} \end{pmatrix}.$$

(1) 求乘积 $\boldsymbol{XYZ}$.

解　根据分块矩阵的乘法，得

$$\boldsymbol{XYZ}=\begin{pmatrix}\boldsymbol{E} & \boldsymbol{O}\\ -\boldsymbol{CA}^{-1} & \boldsymbol{E}\end{pmatrix}\begin{pmatrix}\boldsymbol{A} & \boldsymbol{B}\\ \boldsymbol{C} & \boldsymbol{D}\end{pmatrix}\begin{pmatrix}\boldsymbol{E} & -\boldsymbol{A}^{-1}\boldsymbol{B}\\ \boldsymbol{O} & \boldsymbol{E}\end{pmatrix}$$

$$=\begin{pmatrix}\boldsymbol{A} & \boldsymbol{B}\\ \boldsymbol{O} & \boldsymbol{D}-\boldsymbol{CA}^{-1}\boldsymbol{B}\end{pmatrix}\begin{pmatrix}\boldsymbol{E} & -\boldsymbol{A}^{-1}\boldsymbol{B}\\ \boldsymbol{O} & \boldsymbol{E}\end{pmatrix}=\begin{pmatrix}\boldsymbol{A} & \boldsymbol{O}\\ \boldsymbol{O} & \boldsymbol{D}-\boldsymbol{CA}^{-1}\boldsymbol{B}\end{pmatrix}.$$

(2) 证明 $\begin{vmatrix}\boldsymbol{A} & \boldsymbol{B}\\ \boldsymbol{C} & \boldsymbol{D}\end{vmatrix}=|\boldsymbol{A}|\cdot|\boldsymbol{D}-\boldsymbol{CA}^{-1}\boldsymbol{B}|$.

证　$\because |\boldsymbol{XYZ}|=\begin{vmatrix}\boldsymbol{A} & \boldsymbol{O}\\ \boldsymbol{O} & \boldsymbol{D}-\boldsymbol{CA}^{-1}\boldsymbol{B}\end{vmatrix}$，$|\boldsymbol{XYZ}|=|\boldsymbol{X}|\,|\boldsymbol{Y}|\,|\boldsymbol{Z}|$，

而 $|\boldsymbol{X}|=|\boldsymbol{Z}|=1$，故

$$\begin{vmatrix}\boldsymbol{A} & \boldsymbol{B}\\ \boldsymbol{C} & \boldsymbol{D}\end{vmatrix}=|\boldsymbol{A}|\cdot|\boldsymbol{D}-\boldsymbol{CA}^{-1}\boldsymbol{B}|.$$

题型 2　求方阵的幂

解题思路　一般方阵的高次幂的计算是比较繁杂的，但对某些特殊的方阵，常常可以利用矩阵的运算规律、矩阵的分解以及递推规律等巧妙计算方阵的幂：

(1) 利用矩阵的数乘与乘法运算法则计算方阵的幂（如例 1）；

(2) 若 $\mathrm{r}(\boldsymbol{A})=1$，则矩阵 $\boldsymbol{A}$ 可分解为列矩阵与行矩阵的乘积，再利用矩阵乘法的结合律能方便地计算出 $\boldsymbol{A}$ 的幂（如例 2～例 3）；

(3) 若矩阵 $\boldsymbol{A}$ 能分解成两个矩阵的和 $\boldsymbol{A}=\boldsymbol{B}+\boldsymbol{C}$，则 $\boldsymbol{A}^n=(\boldsymbol{B}+\boldsymbol{C})^n$，再利用二项式定理展开即可计算，采用这种方法关键在于分解后的矩阵 $\boldsymbol{B}$、$\boldsymbol{C}$ 中有一个的幂在计算中很快为 0（如例 4）；

(4) 通过试算找出某种降幂的规律，并用此递推计算之（见总习题二题 7）；

(5) 根据所给矩阵的特征，利用矩阵分块法计算之（见总习题二题 8）；

(6) 若矩阵有 n 个线性无关的特征向量，可用相似对角化来求矩阵的幂（如例 5）（此题可学习第 5 章后再看）.

例 1　计算 $\begin{pmatrix}\frac{n-1}{n} & -\frac{1}{n} & \cdots & -\frac{1}{n}\\ -\frac{1}{n} & \frac{n-1}{n} & \cdots & -\frac{1}{n}\\ \cdots & \cdots & \cdots & \cdots\\ -\frac{1}{n} & -\frac{1}{n} & \cdots & \frac{n-1}{n}\end{pmatrix}_{n\times n}^{2}$.

解 原矩阵$=\left(\dfrac{1}{n}\begin{pmatrix} n-1 & -1 & \cdots & -1 \\ -1 & n-1 & \cdots & -1 \\ \cdots & \cdots & \cdots & \cdots \\ -1 & -1 & \cdots & n-1 \end{pmatrix}\right)^2$

$$=\frac{1}{n^2}\begin{pmatrix} n-1 & -1 & \cdots & -1 \\ -1 & n-1 & \cdots & -1 \\ \cdots & \cdots & \cdots & \cdots \\ -1 & -1 & \cdots & n-1 \end{pmatrix}^2$$

$$=\frac{1}{n^2}\begin{pmatrix} n(n-1) & -n & \cdots & -n \\ -n & n(n-1) & \cdots & -n \\ \cdots & \cdots & \cdots & \cdots \\ -n & -n & \cdots & n(n-1) \end{pmatrix}$$

$$=\begin{pmatrix} \frac{n-1}{n} & -\frac{1}{n} & \cdots & -\frac{1}{n} \\ -\frac{1}{n} & \frac{n-1}{n} & \cdots & -\frac{1}{n} \\ \cdots & \cdots & \cdots & \cdots \\ -\frac{1}{n} & -\frac{1}{n} & \cdots & \frac{n-1}{n} \end{pmatrix}.$$

注：在此例中 $\boldsymbol{A}^2=\boldsymbol{A}$，所以 $\boldsymbol{A}$ 是幂等矩阵.

例 2 已知 $\boldsymbol{A}=\begin{pmatrix} a_1b_1 & a_1b_2 & a_1b_3 \\ a_2b_1 & a_2b_2 & a_2b_3 \\ a_3b_1 & a_3b_2 & a_3b_3 \end{pmatrix}$，证明 $\boldsymbol{A}^2=l\boldsymbol{A}$（$l$ 为一实数），并求 l.

证 因为 $\boldsymbol{A}$ 中任两行，任两列都成比例，故可把 $\boldsymbol{A}$ 分解成两个矩阵相乘，即

$$\boldsymbol{A}=\begin{pmatrix} a_1 \\ a_2 \\ a_3 \end{pmatrix}(b_1\ b_2\ b_3),$$

则由矩阵乘法的结合律，有

$$\boldsymbol{A}^2=\left(\begin{pmatrix} a_1 \\ a_2 \\ a_3 \end{pmatrix}(b_1\ b_2\ b_3)\right)\left(\begin{pmatrix} a_1 \\ a_2 \\ a_3 \end{pmatrix}(b_1\ b_2\ b_3)\right)=\begin{pmatrix} a_1 \\ a_2 \\ a_3 \end{pmatrix}\left((b_1\ b_2\ b_3)\begin{pmatrix} a_1 \\ a_2 \\ a_3 \end{pmatrix}\right)(b_1\ b_2\ b_3).$$

注意到 $(b_1\ b_2\ b_3)\begin{pmatrix} a_1 \\ a_2 \\ a_3 \end{pmatrix}=a_1b_1+a_2b_2+a_3b_3$ 是一个数，记为 l，则有

$$A^2=lA.$$

例 3 已知 $A=\begin{pmatrix}1&1&1\\2&2&2\\3&3&3\end{pmatrix}$，求 A^2，A^4，A^{100}.

解 直接计算 A^2，A^4，A^{100} 是复杂的，这里我们将 A 转化为列向量乘行向量，则可利用结合律简化计算.

因为 $A=\begin{pmatrix}1&1&1\\2&2&2\\3&3&3\end{pmatrix}=\begin{pmatrix}1\\2\\3\end{pmatrix}(1\ 1\ 1)$，令 $P=\begin{pmatrix}1\\2\\3\end{pmatrix}$，$Q=(1\ 1\ 1)$，则

$$A=PQ,$$

且 $QP=(1\ 1\ 1)\begin{pmatrix}1\\2\\3\end{pmatrix}=6$，于是

$$A^2=PQ\cdot PQ=P(QP)Q=6PQ=6A,$$
$$A^4=A^2\cdot A^2=6A\cdot 6A=6^2A^2=6^3A.$$

一般地 $A^{100}=PQ\cdot PQ\cdots PQ=P(QP)(QP)\cdots(QP)Q$
$=(QP)^{99}\cdot PQ=6^{99}A.$

例 4 已知 $A=\begin{pmatrix}\lambda&1&0\\0&\lambda&1\\0&0&\lambda\end{pmatrix}$，求 A^n.

解 方法一 由于 $A=\lambda E+J$，其中 $J=\begin{pmatrix}0&1&0\\0&0&1\\0&0&0\end{pmatrix}$，而

$$J^2=\begin{pmatrix}0&0&1\\0&0&0\\0&0&0\end{pmatrix},\ J^3=J^4=\cdots=0,$$

因为 λE 与 A 可交换，于是

$$A^n=(\lambda E+J)^n=\lambda^nE+C_n^1\lambda^{n-1}J+C_n^2\lambda^{n-2}J^2=\begin{pmatrix}\lambda^n&C_n^1\lambda^{n-1}&C_n^2\lambda^{n-2}\\&\lambda^n&C_n^1\lambda^{n-1}\\&&\lambda^n\end{pmatrix}.$$

方法二 利用数学归纳法（略）.

例 5 已知 $A=\begin{pmatrix}3&-1\\-9&3\end{pmatrix}$，求 A^n.

解 先求 $\boldsymbol{A}$ 的特征值和特征向量.

$$|\lambda\boldsymbol{E}-\boldsymbol{A}|=\begin{vmatrix}\lambda-3 & 1\\ 9 & \lambda-3\end{vmatrix}=\lambda^2-6\lambda\overset{令}{=\!=}0,$$

得到 $\boldsymbol{A}$ 的特征值为

$$\lambda=0,\ \lambda=6.$$

对 $\lambda=0$，由 $(0\boldsymbol{E}-\boldsymbol{A})\boldsymbol{x}=\boldsymbol{0}$，解出 $\boldsymbol{X}_1=\begin{pmatrix}1\\3\end{pmatrix}$；对 $\lambda=6$，由 $(6\boldsymbol{E}-\boldsymbol{A})\boldsymbol{x}=\boldsymbol{0}$，解出 $\boldsymbol{X}_2=\begin{pmatrix}-1\\3\end{pmatrix}$.

令 $\boldsymbol{P}=\begin{pmatrix}1 & 1\\3 & 3\end{pmatrix}$，则 $\boldsymbol{P}^{-1}=\frac{1}{6}\begin{pmatrix}3 & 1\\-3 & 1\end{pmatrix}$.

$\boldsymbol{A}=\boldsymbol{P\Lambda P}^{-1}$，$\boldsymbol{\Lambda}=\begin{pmatrix}0 & \\ & 6\end{pmatrix}$，故

$$\boldsymbol{A}^n=\boldsymbol{P\Lambda}^n\boldsymbol{P}^{-1}=\frac{1}{6}\begin{pmatrix}1 & -1\\3 & 3\end{pmatrix}\begin{pmatrix}0 & \\ & 6^n\end{pmatrix}\begin{pmatrix}3 & 1\\-3 & 1\end{pmatrix}$$

$$=6^{n-1}\begin{pmatrix}1 & -1\\3 & 3\end{pmatrix}\begin{pmatrix}0 & \\ & 1\end{pmatrix}\begin{pmatrix}3 & 1\\-3 & 1\end{pmatrix}=6^{n-1}\begin{pmatrix}3 & -1\\-9 & 3\end{pmatrix}.$$

注：若矩阵相似于对角阵，则可用上述方法求矩阵的幂.

题型 3　矩阵可逆的计算与证明

解题思路　求指定矩阵的逆矩阵常见方法有：

(1) 利用逆矩阵的定义，找出 $\boldsymbol{B}$ 使

$$\boldsymbol{AB}=\boldsymbol{E}\quad 或\quad \boldsymbol{BA}=\boldsymbol{E}\Rightarrow\boldsymbol{A}^{-1}=\boldsymbol{B}$$（见总习题二题 10，例 1～例 3）.

(2) 利用公式 $\boldsymbol{A}^{-1}=\frac{1}{|\boldsymbol{A}|}\boldsymbol{A}^*$ 计算逆矩阵（见总习题二题 13），但当 $n\geqslant3$ 时，计算 $\boldsymbol{A}^*$ 十分复杂，此时可采用初等变换法.

(3) 初等变换法. 即 $(\boldsymbol{A}\mid\boldsymbol{E})\xrightarrow{初等行变换}(\boldsymbol{E}\mid\boldsymbol{A}^{-1})$（见总习题二题 14）.

(4) 分块求逆法. 若矩阵 A 能分块为下列类型之一时，

$$\begin{pmatrix} \boldsymbol{A}_{11} & \boldsymbol{O} \\ \boldsymbol{O} & \boldsymbol{A}_{22} \end{pmatrix},\ \begin{pmatrix} \boldsymbol{A}_{11} & \boldsymbol{A}_{12} \\ \boldsymbol{O} & \boldsymbol{A}_{22} \end{pmatrix},\ \begin{pmatrix} \boldsymbol{A}_{11} & \boldsymbol{O} \\ \boldsymbol{A}_{21} & \boldsymbol{A}_{22} \end{pmatrix},\ \begin{pmatrix} \boldsymbol{O} & \boldsymbol{A}_{11} \\ \boldsymbol{A}_{22} & \boldsymbol{O} \end{pmatrix},$$

其中 $\boldsymbol{A}_{11}$，$\boldsymbol{A}_{22}$ 为可逆矩阵，则可用分块矩阵的运算性质化为相应分块的求逆问题（如例 4～例 5）.

例 1　设 n 阶方阵 $\boldsymbol{A}$ 满足 $\boldsymbol{A}^2=3\boldsymbol{A}$，

(1) 证明 $(4\boldsymbol{E}-\boldsymbol{A})$ 可逆；

(2) 如果 $\boldsymbol{A}\neq\boldsymbol{O}$，证明 $3\boldsymbol{E}-\boldsymbol{A}$ 不可逆.

证　(1) $\because$ $\boldsymbol{A}^2=3\boldsymbol{A}$，即 $\boldsymbol{A}^2-3\boldsymbol{A}=\boldsymbol{O}$，

$\therefore$ $\boldsymbol{A}^2-3\boldsymbol{A}-4\boldsymbol{E}=-4\boldsymbol{E}$，

即 $(4\boldsymbol{E}-\boldsymbol{A})(\boldsymbol{E}+\boldsymbol{A})=4\boldsymbol{E}$　或　$(4\boldsymbol{E}-\boldsymbol{A})\left[\frac{1}{4}(\boldsymbol{E}+\boldsymbol{A})\right]=\boldsymbol{E}$.

于是 $4\boldsymbol{E}-\boldsymbol{A}$ 可逆，且 $(4\boldsymbol{E}-\boldsymbol{A})^{-1}=\frac{1}{4}(\boldsymbol{E}+\boldsymbol{A})$.

(2) 用反证法，假设 $3\boldsymbol{E}-\boldsymbol{A}$ 可逆，由 $\boldsymbol{A}^2=3\boldsymbol{A}$

$\Rightarrow (3\boldsymbol{E}-\boldsymbol{A})\boldsymbol{A}=\boldsymbol{O}$.

两端乘 $(3\boldsymbol{E}-\boldsymbol{A})^{-1}$ 得 $\boldsymbol{A}=\boldsymbol{O}$，与已知条件 $\boldsymbol{A}\neq\boldsymbol{O}$ 矛盾，故 $3\boldsymbol{E}-\boldsymbol{A}$ 不可逆.

例 2　设 $\boldsymbol{A}$，$\boldsymbol{B}$，$\boldsymbol{A}+\boldsymbol{B}$ 都是可逆矩阵，试求：$(\boldsymbol{A}^{-1}+\boldsymbol{B}^{-1})^{-1}$.

解　设 $(\boldsymbol{A}^{-1}+\boldsymbol{B}^{-1})^{-1}=\boldsymbol{X}$，则

$$(\boldsymbol{A}^{-1}+\boldsymbol{B}^{-1})\boldsymbol{X}=\boldsymbol{E},$$

上式两边左乘 $\boldsymbol{A}$，得

$$\begin{aligned}\boldsymbol{A}(\boldsymbol{A}^{-1}+\boldsymbol{B}^{-1})\boldsymbol{X}&=(\boldsymbol{A}\boldsymbol{A}^{-1}+\boldsymbol{A}\boldsymbol{B}^{-1})\boldsymbol{X}=(\boldsymbol{E}+\boldsymbol{A}\boldsymbol{B}^{-1})\boldsymbol{X}\\&=(\boldsymbol{B}\boldsymbol{B}^{-1}+\boldsymbol{A}\boldsymbol{B}^{-1})\boldsymbol{X}=(\boldsymbol{A}+\boldsymbol{B})\boldsymbol{B}^{-1}\boldsymbol{X}=\boldsymbol{A}.\end{aligned}$$

由 $(\boldsymbol{A}+\boldsymbol{B})\boldsymbol{B}^{-1}\boldsymbol{X}=\boldsymbol{A}$ 两边左乘 $(\boldsymbol{A}+\boldsymbol{B})^{-1}$，再左乘 $\boldsymbol{B}$ 得

$$\boldsymbol{X}=\boldsymbol{B}(\boldsymbol{A}+\boldsymbol{B})^{-1}\boldsymbol{A},$$

故 $(\boldsymbol{A}^{-1}+\boldsymbol{B}^{-1})^{-1}=\boldsymbol{B}(\boldsymbol{A}+\boldsymbol{B})^{-1}\boldsymbol{A}$.

注：本题的关键是把矩阵加减运算转化为乘积以便求逆.

例 3　设 $\boldsymbol{A}$，$\boldsymbol{B}$ 为 n 阶矩阵，$\boldsymbol{B}$ 是可逆矩阵，且满足

$$\boldsymbol{A}^2+\boldsymbol{A}\boldsymbol{B}+\boldsymbol{B}^2=\boldsymbol{O}.$$

证明：$\boldsymbol{A}$ 与 $\boldsymbol{A}+\boldsymbol{B}$ 均可逆，并求 $\boldsymbol{A}^{-1}$ 和 $(\boldsymbol{A}+\boldsymbol{B})^{-1}$.

证　由题设知，$|\boldsymbol{B}|\neq 0$. 因为 $\boldsymbol{A}^2+\boldsymbol{A}\boldsymbol{B}+\boldsymbol{B}^2=\boldsymbol{O}$，即

$$\boldsymbol{A}(\boldsymbol{A}+\boldsymbol{B})=-\boldsymbol{B}^2, \qquad (*)$$

故 $\quad |\boldsymbol{A}||\boldsymbol{A}+\boldsymbol{B}|=(-1)^n|\boldsymbol{B}|^2\neq 0$

$\Rightarrow \quad |\boldsymbol{A}|\neq 0,\ |\boldsymbol{A}+\boldsymbol{B}|\neq 0,$

即 $\boldsymbol{A}$，$\boldsymbol{A}+\boldsymbol{B}$ 可逆.

（$*$）式两边同时右乘 $-(\boldsymbol{B}^2)^{-1}$ 得

$$\boldsymbol{A}(\boldsymbol{A}+\boldsymbol{B})[-(\boldsymbol{B}^2)^{-1}]=\boldsymbol{E},$$

故 $\quad \boldsymbol{A}^{-1}=-(\boldsymbol{A}+\boldsymbol{B})(\boldsymbol{B}^2)^{-1}.$

（$*$）式两边同时左乘 $-(\boldsymbol{B}^2)^{-1}$ 得

$$-(\boldsymbol{B}^2)^{-1}\boldsymbol{A}(\boldsymbol{A}+\boldsymbol{B})=\boldsymbol{E},$$

故 $\quad (\boldsymbol{A}+\boldsymbol{B})^{-1}=-(\boldsymbol{B}^2)^{-1}\boldsymbol{A}.$

例 4 设 $\boldsymbol{A}=\dfrac{1}{2}\begin{pmatrix}0&0&2\\1&3&0\\2&5&0\end{pmatrix}$，则 $\boldsymbol{A}^{-1}=$ ________.

解 利用矩阵分块法，

$$\begin{pmatrix}0&0&2\\1&3&0\\2&5&0\end{pmatrix}=\begin{pmatrix}\boldsymbol{O}&\boldsymbol{B}\\\boldsymbol{C}&\boldsymbol{O}\end{pmatrix}.$$

而当 $\boldsymbol{B}$，$\boldsymbol{C}$ 均可逆时，有

$$\begin{pmatrix}\boldsymbol{O}&\boldsymbol{B}\\\boldsymbol{C}&\boldsymbol{O}\end{pmatrix}^{-1}=\begin{pmatrix}\boldsymbol{O}&\boldsymbol{C}^{-1}\\\boldsymbol{B}^{-1}&\boldsymbol{O}\end{pmatrix}.$$

又 $\boldsymbol{B}^{-1}=\left(\dfrac{1}{2}\right)$，$\boldsymbol{C}^{-1}=\begin{pmatrix}-5&3\\2&-1\end{pmatrix}$，再利用公式 $(k\boldsymbol{A})^{-1}=\dfrac{1}{k}\boldsymbol{A}^{-1}$，易见横线处应填

$$\begin{pmatrix}0&-10&6\\0&4&-2\\1&0&0\end{pmatrix}.$$

例 5 设 $\boldsymbol{A}$，$\boldsymbol{B}$ 都是 n 阶可逆矩阵，证明

$$\begin{pmatrix}\boldsymbol{A}&\boldsymbol{O}\\\boldsymbol{C}&\boldsymbol{B}\end{pmatrix},\ \begin{pmatrix}\boldsymbol{A}&\boldsymbol{C}\\\boldsymbol{O}&\boldsymbol{B}\end{pmatrix},\ \begin{pmatrix}\boldsymbol{C}&\boldsymbol{A}\\\boldsymbol{B}&\boldsymbol{O}\end{pmatrix},\ \begin{pmatrix}\boldsymbol{O}&\boldsymbol{A}\\\boldsymbol{B}&\boldsymbol{C}\end{pmatrix}$$

均可逆，并求其逆矩阵.

证　令 $D=\begin{pmatrix} A & O \\ C & B \end{pmatrix}$，由题设条件知

$$\det D=\det A\cdot\det B\neq 0,$$

所以 D 为可逆矩阵.

设 $D^{-1}=\begin{pmatrix} X_{11} & X_{12} \\ X_{21} & X_{22} \end{pmatrix}$，其中 X_{ij}（$i, j=1, 2$）均为 n 阶矩阵，

$$D\cdot D^{-1}=\begin{pmatrix} A & O \\ C & B \end{pmatrix}\begin{pmatrix} X_{11} & X_{12} \\ X_{21} & X_{22} \end{pmatrix}=\begin{pmatrix} AX_{11} & AX_{12} \\ CX_{11}+BX_{21} & CX_{12}+BX_{22} \end{pmatrix}$$

$$=\begin{pmatrix} E & O \\ O & E \end{pmatrix}\ (E\text{ 是 } n \text{ 阶单位矩阵})$$

$$\Rightarrow\begin{cases} AX_{11}=E,\ AX_{12}=O \\ CX_{11}+BX_{21}=O \\ CX_{12}+BX_{22}=E \end{cases}$$

$$\Rightarrow\begin{cases} X_{11}=A^{-1},\ X_{12}=O \\ X_{21}=-B^{-1}CA^{-1} \\ X_{22}=B^{-1} \end{cases},$$

故　$D^{-1}=\begin{pmatrix} A^{-1} & O \\ -B^{-1}CA^{-1} & B^{-1} \end{pmatrix}$.

同理可证：若 A, B 均可逆，则

$$\begin{pmatrix} A & C \\ O & B \end{pmatrix}^{-1}=\begin{pmatrix} A^{-1} & -A^{-1}CB^{-1} \\ O & B^{-1} \end{pmatrix};$$

$$\begin{pmatrix} C & A \\ B & O \end{pmatrix}^{-1}=\begin{pmatrix} O & B^{-1} \\ A^{-1} & -A^{-1}CB^{-1} \end{pmatrix};$$

$$\begin{pmatrix} O & A \\ B & C \end{pmatrix}^{-1}=\begin{pmatrix} -B^{-1}CA^{-1} & B^{-1} \\ A^{-1} & O \end{pmatrix}.$$

题型 4　有关伴随矩阵的命题

解题思路　伴随矩阵的概念、性质及其应用一直是考研的重要考点，应注意

掌握其运算规律及其与行列式、矩阵方程、秩、方程组、特征值等知识点融合解题的方法. 涉及伴随矩阵的计算或证明问题一般均是从公式

$$AA^*=A^*A=|A|E.$$

及伴随矩阵的有关结论着手分析.

(1) 伴随矩阵的基本运算性质证明（如例 1）;

(2) 低阶矩阵的伴随矩阵可直接用定义计算（如例 2），当矩阵阶数较高时可利用公式，将伴随矩阵的计算转化为行列式与逆矩阵的计算，而矩阵的逆可用初等变换法求之（见总习题二题 20）;

(3) 利用公式从伴随矩阵证明矩阵可逆（如例 3）;

(4) 利用公式求解矩阵方程（见总习题二题 30）;

(5) 求分块矩阵的伴随矩阵（如例 4）.

例 1 设 $A=(a_{ij})_{n\times n}$，试证下列等式成立：

(1) $(A^{\mathrm{T}})^*=(A^*)^{\mathrm{T}}$.

证 设 $A=\begin{pmatrix} a_{11} & \cdots & a_{1n} \\ \cdots & \cdots & \cdots \\ a_{n1} & \cdots & a_{nn} \end{pmatrix}$，则 $A^*=\begin{pmatrix} A_{11} & \cdots & A_{n1} \\ \cdots & \cdots & \cdots \\ A_{1n} & \cdots & A_{nn} \end{pmatrix}$，又

$$A^{\mathrm{T}}=\begin{pmatrix} a_{11} & \cdots & a_{n1} \\ \cdots & \cdots & \cdots \\ a_{1n} & \cdots & a_{nn} \end{pmatrix},\ (A^{\mathrm{T}})^*=\begin{pmatrix} A_{11} & \cdots & A_{1n} \\ \cdots & \cdots & \cdots \\ A_{n1} & \cdots & A_{nn} \end{pmatrix},$$

显然 $(A^{\mathrm{T}})^*=(A^*)^{\mathrm{T}}$.

(2) 若 $|A|\neq 0$，则 $(A^*)^{-1}=(A^{-1})^*$.

证 因为 $|A|\neq 0$，故 A^{-1} 存在，由公式

$$AA^*=A^*A=|A|E$$

$$\Rightarrow A^*=|A|A^{-1}.$$

于是 $(A^{-1})^*=|A^{-1}|(A^{-1})^{-1}=\dfrac{1}{|A|}A$，而

$$(A^*)^{-1}=(|A|A^{-1})^{-1}=\frac{1}{|A|}A=(A^{-1})^*,$$

即有 $(A^*)^{-1}=(A^{-1})^*$.

(3) 若 $|A|\neq 0$，则 $[(A^{-1})^{\mathrm{T}}]^*=[(A^*)^{\mathrm{T}}]^{-1}$.

证 由 (1)，(2) 及已知结论 $(A^{-1})^{\mathrm{T}}=(A^{\mathrm{T}})^{-1}$，即有

$$[(A^{-1})^{\mathrm{T}}]^*=[(A^{-1})^*]^{\mathrm{T}}=[(A^*)^{-1}]^{\mathrm{T}}=[(A^*)^{\mathrm{T}}]^{-1}$$

(4) 若$|\boldsymbol{A}|\neq 0$，则$(k\boldsymbol{A})^*=k^{n-1}\boldsymbol{A}^*$，这里$k\neq 0$.

证 利用公式$\boldsymbol{A}\boldsymbol{A}^*=\boldsymbol{A}^*\boldsymbol{A}=|\boldsymbol{A}|\boldsymbol{E}$知$\boldsymbol{A}^*=|\boldsymbol{A}|\boldsymbol{A}^{-1}$，于是

$$(k\boldsymbol{A})^*=|k\boldsymbol{A}|(k\boldsymbol{A})^{-1}=k^n|\boldsymbol{A}|\cdot\frac{1}{k}\boldsymbol{A}^{-1}=k^{n-1}|\boldsymbol{A}|\boldsymbol{A}^{-1}=k^{n-1}\boldsymbol{A}^*,$$

即 $$(k\boldsymbol{A})^*=k^{n-1}\boldsymbol{A}^*.$$

(5) 若$|\boldsymbol{A}|\neq 0$，则$(\boldsymbol{A}^*)^*=|\boldsymbol{A}|^{n-2}\boldsymbol{A}$.

证 因$\boldsymbol{A}^*=|\boldsymbol{A}|\boldsymbol{A}^{-1}$，故

$$(\boldsymbol{A}^*)^*=|\boldsymbol{A}^*|(\boldsymbol{A}^*)^{-1}=|\boldsymbol{A}|^{n-1}(|\boldsymbol{A}|^{-1}\boldsymbol{A})=|\boldsymbol{A}|^{n-2}\boldsymbol{A}.$$

(6) 若$\boldsymbol{A}$，$\boldsymbol{B}$是同阶可逆矩阵，则$(\boldsymbol{AB})^*=\boldsymbol{B}^*\boldsymbol{A}^*$.

证 方法一 ∵$\boldsymbol{A}$，$\boldsymbol{B}$可逆，

∴$\boldsymbol{AB}$也可逆，由公式

$$(\boldsymbol{AB})^{-1}=|\boldsymbol{AB}|^{-1}(\boldsymbol{AB})^*,$$

故
$$\begin{aligned}(\boldsymbol{AB})^*&=|\boldsymbol{AB}|(\boldsymbol{AB})^{-1}=|\boldsymbol{A}||\boldsymbol{B}|\boldsymbol{B}^{-1}\boldsymbol{A}^{-1}\\&=|\boldsymbol{B}|\boldsymbol{B}^{-1}\cdot|\boldsymbol{A}|\boldsymbol{A}^{-1}=\boldsymbol{B}^*\boldsymbol{A}^*.\end{aligned}$$

方法二 对于$\boldsymbol{AB}$，有$(\boldsymbol{AB})^*(\boldsymbol{AB})=|\boldsymbol{AB}|\boldsymbol{E}$，又

$$(\boldsymbol{B}^*\boldsymbol{A}^*)(\boldsymbol{AB})=\boldsymbol{B}^*(\boldsymbol{A}^*\boldsymbol{A})\boldsymbol{B}=\boldsymbol{B}^*|\boldsymbol{A}|\boldsymbol{E}\boldsymbol{B}$$

故 $(\boldsymbol{AB})^*(\boldsymbol{AB})=\boldsymbol{B}^*\boldsymbol{A}^*(\boldsymbol{AB})$.

∵ $\boldsymbol{A}$，$\boldsymbol{B}$可逆，

∴ $\boldsymbol{AB}$可逆，上式两边同时右乘$(\boldsymbol{AB})^{-1}$得

$$(\boldsymbol{AB})^*=\boldsymbol{B}^*\boldsymbol{A}^*.$$

例2 设$\boldsymbol{A}=\begin{pmatrix}a&b\\c&d\end{pmatrix}$，求$\boldsymbol{A}^*$.

解 由于行列式$|\boldsymbol{A}|$的代数余子式分别为

$$A_{11}=d,\ A_{12}=-c,\ A_{21}=-b,\ A_{22}=a.$$

按伴随矩阵定义知$\boldsymbol{A}^*=\begin{pmatrix}d&-b\\-c&a\end{pmatrix}$.

注: (1) 二阶矩阵的伴随矩阵，其规律是“主对角线对换副对角线变号”；

(2) 三阶矩阵的伴随矩阵仍可用公式计算；

(3) 四阶以上的一般矩阵计算伴随矩阵的工作量太大，可用初等变换法通过求行列式和逆矩阵来计算.

例 3 设 $\boldsymbol{A}$ 为 n 阶非零矩阵，$\boldsymbol{A}^*$ 是 $\boldsymbol{A}$ 的伴随矩阵，$\boldsymbol{A}^{\mathrm{T}}$ 是 $\boldsymbol{A}$ 的转置矩阵，当 $\boldsymbol{A}^{\mathrm{T}}=\boldsymbol{A}^*$ 时，证明 $|\boldsymbol{A}|\neq 0$.

证 方法一　由公式 $\boldsymbol{AA}^*=\boldsymbol{A}^*\boldsymbol{A}=|\boldsymbol{A}|\boldsymbol{E}$ 及已知 $\boldsymbol{A}^{\mathrm{T}}=\boldsymbol{A}^*$，有

$$\boldsymbol{AA}^*=\boldsymbol{A}^{\mathrm{T}}\boldsymbol{A}=|\boldsymbol{A}|\boldsymbol{E}.$$

若 $|\boldsymbol{A}|=0$，则 $\boldsymbol{AA}^{\mathrm{T}}=\boldsymbol{O}$，设 $\boldsymbol{A}$ 的行向量为 $\boldsymbol{\alpha}_i\,(i=1,2,\cdots,n)$，则 $\boldsymbol{\alpha}_i\boldsymbol{\alpha}_i^{\mathrm{T}}=\boldsymbol{0}$ $(i=1,2,\cdots,n)$

$\Rightarrow \boldsymbol{\alpha}_i=\boldsymbol{0}$

$\Rightarrow \boldsymbol{A}=\boldsymbol{0}$，矛盾.

故 $|\boldsymbol{A}|\neq 0$.

方法二　由 $\boldsymbol{A}^{\mathrm{T}}=\boldsymbol{A}^*$，即 $A_{ij}=a_{ij}$，于是

$$|\boldsymbol{A}|=\sum_{i=1}^{n}a_{ij}A_{ij}=\sum_{j=1}^{n}a_{ij}^2\,(i=1,2,\cdots,n),$$

因为 $\boldsymbol{A}\neq\boldsymbol{O}$，故存在 $a_{ij}\neq 0$，从而

$$|\boldsymbol{A}|=\sum_{j=1}^{n}a_{ij}^2\neq 0.$$

方法三　由 $\boldsymbol{A}$ 与 $\boldsymbol{A}^*$ 之间的秩的关系：

$$\text{秩}(\boldsymbol{A}^*)=\begin{cases}n, & \text{秩}(\boldsymbol{A})=n\\ 1, & \text{秩}(\boldsymbol{A})=n-1.\\ 0, & \text{秩}(\boldsymbol{A})<n-1\end{cases}$$

若 $|\boldsymbol{A}|=0$，则秩 $(\boldsymbol{A})\leqslant n-1$，由 $\boldsymbol{A}^{\mathrm{T}}=\boldsymbol{A}^*$，又有

$$\text{秩}(\boldsymbol{A}^*)=\text{秩}(\boldsymbol{A}^{\mathrm{T}})=\text{秩}(\boldsymbol{A})=1,$$

从而秩 $(\boldsymbol{A}^*)=0$，即 $\boldsymbol{A}^*=\boldsymbol{O}$，也即 $\boldsymbol{A}^{\mathrm{T}}=\boldsymbol{A}^*=\boldsymbol{O}$，矛盾.

于是 $|\boldsymbol{A}|\neq 0$.

例 4 设 $\boldsymbol{A}$，$\boldsymbol{B}$ 是 n 阶矩阵，则 $\boldsymbol{C}=\begin{pmatrix}\boldsymbol{A} & \boldsymbol{O}\\ \boldsymbol{O} & \boldsymbol{B}\end{pmatrix}$ 的伴随矩阵是（　　）.

(A) $\begin{pmatrix}|\boldsymbol{A}|\boldsymbol{A}^* & \boldsymbol{O}\\ \boldsymbol{O} & |\boldsymbol{B}|\boldsymbol{B}^*\end{pmatrix}$；　　(B) $\begin{pmatrix}|\boldsymbol{B}|\boldsymbol{B}^* & \boldsymbol{O}\\ \boldsymbol{O} & |\boldsymbol{A}|\boldsymbol{A}^*\end{pmatrix}$；

(C) $\begin{pmatrix}|\boldsymbol{A}|\boldsymbol{B}^* & \boldsymbol{O}\\ \boldsymbol{O} & |\boldsymbol{B}|\boldsymbol{A}^*\end{pmatrix}$；　　(D) $\begin{pmatrix}\boldsymbol{A}^*|\boldsymbol{B}| & \boldsymbol{O}\\ \boldsymbol{O} & \boldsymbol{B}^*|\boldsymbol{A}|\end{pmatrix}$.

解 由于 $\boldsymbol{CC}^*=|\boldsymbol{C}|\boldsymbol{E}=|\boldsymbol{A}||\boldsymbol{B}|\boldsymbol{E}$，可见

$$\begin{pmatrix} A & O \\ O & B \end{pmatrix}\begin{pmatrix} |B|A^* & O \\ O & |A|B^* \end{pmatrix}=\begin{pmatrix} |B|AA^* & O \\ O & |A|BB^* \end{pmatrix}=|A||B|E.$$

故应选 (D).

注: 作为选择题不妨附加条件 A, B 可逆，则

$$C^*=|C|C^{-1}=|A||B|\begin{pmatrix} A^{-1} & O \\ O & B^{-1} \end{pmatrix}=\begin{pmatrix} |B|A^* & O \\ O & |A|B^* \end{pmatrix}.$$

题型 5　初等变换与矩阵求秩

解题思路

(1) 理解初等变换与初等矩阵的关系，对矩阵 A 施以行（列）变换就相当于用相应的初等矩阵左（右）乘 A，熟练应用有关结论解题（见总习题二题 25，题 26，题 28).

(2) 矩阵求秩的主要方法有：

A. 定义法：通过计算矩阵的各阶子式求秩，还可利用矩阵秩的有关已知结论一起求所给矩阵的秩；

B. 初等变换法：对矩阵施行初等变换不改变矩阵的秩，故可用初等行变换把矩阵变成为行阶梯形矩阵，而行阶梯形矩阵中非零行的行数就是矩阵的秩（见例 1，总习题二题 32).

(3) 利用极大线性无关向量组和线性方程组的结论求矩阵的秩的有关方法请参见第 3 章.

例 1　设 $A=\begin{pmatrix} a_1b_1 & a_1b_2 & \cdots & a_1b_n \\ a_2b_1 & a_2b_2 & \cdots & a_2b_n \\ \cdots & \cdots & \cdots & \cdots \\ a_nb_1 & a_nb_2 & \cdots & a_nb_n \end{pmatrix}$，其中 $a_i\neq 0$, $b_i\neq 0$ $(i=1, 2, \cdots, n)$，求秩 (A).

解　方法一　用子式计算秩 (A).

因 A 的任一二阶子式 $\begin{vmatrix} a_ib_k & a_ib_l \\ a_jb_k & a_jb_l \end{vmatrix}=0$，于是

$$\text{秩}(A)\leqslant 1,$$

又 A 为非零矩阵，故秩 $(A)\geqslant 1$，从而

$$\text{秩}(A)=1.$$

方法二　记 $\boldsymbol{G}=\begin{pmatrix}a_1\\a_2\\\vdots\\a_n\end{pmatrix}$，$\boldsymbol{H}=(b_1, b_2, \cdots, b_n)$，则 $\boldsymbol{A}=\boldsymbol{GH}$，因

$$\text{秩}(\boldsymbol{A})\leqslant\min\{\text{秩}(\boldsymbol{G}), \text{秩}(\boldsymbol{H})\}=1,$$

又 $\boldsymbol{A}$ 为非零矩阵，秩 $(\boldsymbol{A})\geqslant 1$，从而

$$\text{秩}(\boldsymbol{A})=1.$$

题型 6　求解矩阵方程

解题思路　利用矩阵的三种典型运算：$\boldsymbol{A}^{\mathrm{T}}$、$\boldsymbol{A}^{-1}$、$\boldsymbol{A}^{*}$ 可将已知条件化为下列形式的标准矩阵方程：

$$\boldsymbol{AX}=\boldsymbol{B},$$
$$\boldsymbol{XA}=\boldsymbol{B},$$
$$\boldsymbol{AXB}=\boldsymbol{C},$$

利用矩阵乘法的运算规律和逆矩阵的运算性质，通过在方程两边左乘或右乘相应的矩阵的逆矩阵，可分别求出其解：

$$\boldsymbol{X}=\boldsymbol{A}^{-1}\boldsymbol{B},$$
$$\boldsymbol{X}=\boldsymbol{BA}^{-1},$$
$$\boldsymbol{X}=\boldsymbol{A}^{-1}\boldsymbol{CB}^{-1},$$

其中涉及的逆矩阵的计算，则视具体情况可采用初等变换法或伴随矩阵法等（见例 1，例 2，总习题二题 29，题 31）．

例 1　设矩阵 $\boldsymbol{A}=\begin{pmatrix}1&0&1\\0&2&6\\1&6&1\end{pmatrix}$ 满足 $\boldsymbol{AX}+\boldsymbol{E}=\boldsymbol{A}^2+\boldsymbol{X}$，求矩阵 $\boldsymbol{X}$.

解　化简矩阵方程为

$$(\boldsymbol{A}-\boldsymbol{E})\boldsymbol{X}=\boldsymbol{A}^2-\boldsymbol{E}. \qquad ①$$

由于 $\boldsymbol{A}-\boldsymbol{E}=\begin{pmatrix}0&0&1\\0&1&6\\1&6&0\end{pmatrix}$，$|\boldsymbol{A}-\boldsymbol{E}|=-1\neq 0$，知 $\boldsymbol{A}-\boldsymbol{E}$ 可逆．故可用 $(\boldsymbol{A}-\boldsymbol{E})^{-1}$ 左乘①式两端，得

$$\boldsymbol{X}=(\boldsymbol{A}-\boldsymbol{E})^{-1}(\boldsymbol{A}^2-\boldsymbol{E})=(\boldsymbol{A}-\boldsymbol{E})^{-1}(\boldsymbol{A}-\boldsymbol{E})(\boldsymbol{A}+\boldsymbol{E})$$

$$=\boldsymbol{A}+\boldsymbol{E}=\begin{pmatrix}2&0&1\\0&3&6\\1&6&2\end{pmatrix}.$$

注: 计算中多应用恒等变形可大大减少工作量.

例2　解下列矩阵方程组 $\begin{cases}\boldsymbol{AX}+\boldsymbol{BY}=\boldsymbol{M}\\\boldsymbol{CX}+\boldsymbol{DY}=\boldsymbol{N}\end{cases}$, 其中

$$\boldsymbol{A}=\begin{pmatrix}2&1\\1&2\end{pmatrix},\ \boldsymbol{B}=\begin{pmatrix}3&2\\1&1\end{pmatrix},\ \boldsymbol{C}=\begin{pmatrix}0&-1\\2&-3\end{pmatrix},$$

$$\boldsymbol{D}=\begin{pmatrix}2&3\\-6&-13\end{pmatrix},\ \boldsymbol{M}=\begin{pmatrix}9&4\\4&3\end{pmatrix},\ \boldsymbol{N}=\begin{pmatrix}1&-2\\6&4\end{pmatrix}.$$

解　易知 $\boldsymbol{A}$, $\boldsymbol{C}$ 矩阵可逆，于是有

$$\boldsymbol{X}+\boldsymbol{A}^{-1}\boldsymbol{BY}=\boldsymbol{A}^{-1}\boldsymbol{M},\ \boldsymbol{X}+\boldsymbol{C}^{-1}\boldsymbol{DY}=\boldsymbol{C}^{-1}\boldsymbol{N},$$

两式相减得　$(\boldsymbol{A}^{-1}\boldsymbol{B}-\boldsymbol{C}^{-1}\boldsymbol{D})\boldsymbol{Y}=\boldsymbol{A}^{-1}\boldsymbol{M}-\boldsymbol{C}^{-1}\boldsymbol{N}$,

故　$\boldsymbol{Y}=(\boldsymbol{A}^{-1}\boldsymbol{B}-\boldsymbol{C}^{-1}\boldsymbol{D})^{-1}(\boldsymbol{A}^{-1}\boldsymbol{M}-\boldsymbol{C}^{-1}\boldsymbol{N})$.

又 $\boldsymbol{A}^{-1}\boldsymbol{B}-\boldsymbol{C}^{-1}\boldsymbol{D}=\dfrac{1}{3}\begin{pmatrix}23&36\\5&9\end{pmatrix}$, 易算得

$$(\boldsymbol{A}^{-1}\boldsymbol{B}-\boldsymbol{C}^{-1}\boldsymbol{D})^{-1}=\frac{1}{9}\begin{pmatrix}9&-36\\-5&23\end{pmatrix},$$

$$\boldsymbol{A}^{-1}\boldsymbol{M}-\boldsymbol{C}^{-1}\boldsymbol{N}=\frac{1}{6}\begin{pmatrix}19&-20\\4&-8\end{pmatrix}.$$

于是

$$\boldsymbol{Y}=\frac{1}{9}\begin{pmatrix}9&-36\\-5&23\end{pmatrix}\left(\frac{1}{6}\begin{pmatrix}19&-20\\4&-8\end{pmatrix}\right)=\frac{1}{18}\begin{pmatrix}9&36\\-1&-28\end{pmatrix}.$$

从而　$\boldsymbol{X}=\boldsymbol{A}^{-1}(\boldsymbol{M}-\boldsymbol{BY})=\dfrac{1}{18}\begin{pmatrix}70&-2\\-3&24\end{pmatrix}$.

三、总习题二解答

1. 设有四个城市 a, b, c, d, 其城市之间有航班

$a \to b,\ b \to d,\ c \to a,\ d \to c$，

问至多经过两次中转能否从一个城市到达其它三个城市？

解题思路 深入理解矩阵的概念，矩阵是由数构成的一种表格，掌握应用矩阵概念求解应用问题的基本方法.

解 城市间的航班用矩阵表示为 $\boldsymbol{A}=\begin{pmatrix}0&1&0&0\\0&0&0&1\\1&0&0&0\\0&0&1&0\end{pmatrix}$.

由 $\boldsymbol{A}^2=\begin{pmatrix}0&0&0&1\\0&0&1&0\\0&1&0&0\\1&0&0&0\end{pmatrix}$，$\boldsymbol{A}^3=\begin{pmatrix}0&0&1&0\\1&0&0&0\\0&0&0&1\\0&1&0&0\end{pmatrix}$

$\Rightarrow \boldsymbol{A}+\boldsymbol{A}^2=\begin{pmatrix}0&1&0&1\\0&0&1&1\\1&1&0&0\\1&0&1&0\end{pmatrix}$，$\boldsymbol{A}+\boldsymbol{A}^2+\boldsymbol{A}^3=\begin{pmatrix}0&1&1&1\\1&0&1&1\\1&1&0&1\\1&1&1&0\end{pmatrix}$.

由于 $\boldsymbol{A}+\boldsymbol{A}^2$ 中，存在 $a_{ij}=0$，即无法由 i 城市至 j 城市，例如即使允许经一次中转亦无法由 a 城市去 c 城市. 而 $\boldsymbol{A}+\boldsymbol{A}^2+\boldsymbol{A}^3$ 中，对于任意 $i\neq j$ 均有 $a_{ij}=1$，故至多经两次中转必可由一城市到达其它三个城市中的任一城市.

2. 设 $\boldsymbol{A}$，$\boldsymbol{B}$ 均为 n 阶方阵，证明下列命题等价：

证明思路 利用可交换矩阵的定义与性质证明.

(1) $\boldsymbol{AB}=\boldsymbol{BA}$；

(2) $(\boldsymbol{A}\pm\boldsymbol{B})^2=\boldsymbol{A}^2\pm2\boldsymbol{AB}+\boldsymbol{B}^2$；

(3) $(\boldsymbol{A}+\boldsymbol{B})(\boldsymbol{A}-\boldsymbol{B})=\boldsymbol{A}^2-\boldsymbol{B}^2$.

证 (1)⇔(2)：因为

$$(\boldsymbol{A}\pm\boldsymbol{B})^2=(\boldsymbol{A}\pm\boldsymbol{B})(\boldsymbol{A}\pm\boldsymbol{B})=\boldsymbol{A}^2\pm\boldsymbol{AB}\pm\boldsymbol{BA}+\boldsymbol{B}^2,$$

故当且仅当 $\boldsymbol{AB}=\boldsymbol{BA}$ 时，

$$(\boldsymbol{A}\pm\boldsymbol{B})^2=\boldsymbol{A}^2\pm2\boldsymbol{AB}+\boldsymbol{B}^2.$$

(1)⇔(3)：因为

$$(\boldsymbol{A}+\boldsymbol{B})(\boldsymbol{A}-\boldsymbol{B})=\boldsymbol{A}^2-\boldsymbol{AB}+\boldsymbol{BA}+\boldsymbol{B}^2,$$

故当且仅当 $\boldsymbol{AB}=\boldsymbol{BA}$ 时，

$$(\boldsymbol{A}+\boldsymbol{B})(\boldsymbol{A}-\boldsymbol{B})=\boldsymbol{A}^2-\boldsymbol{B}^2.$$

证毕.

3. 已知 $\boldsymbol{A}$ 与 $\boldsymbol{B}$ 及 $\boldsymbol{A}$ 与 $\boldsymbol{C}$ 都可交换，证明 $\boldsymbol{A}$，$\boldsymbol{B}$，$\boldsymbol{C}$ 是同阶矩阵，且 $\boldsymbol{A}$ 与 $\boldsymbol{BC}$ 可交换.

证明思路　利用同阶矩阵、可交换矩阵的定义与性质证明.

证　设 $\boldsymbol{A}$ 是 $m\times n$ 矩阵，由 $\boldsymbol{AB}$ 可乘，故可设 $\boldsymbol{B}$ 是 $n\times s$ 矩阵.

又因 $\boldsymbol{BA}$ 可乘，所以 $m=s$，那么 $\boldsymbol{AB}$ 是 m 阶矩阵，$\boldsymbol{BA}$ 是 n 阶矩阵. 从 $\boldsymbol{A}$，$\boldsymbol{B}$ 可交换，即

$$\boldsymbol{AB}=\boldsymbol{BA}\Rightarrow m=n,$$

即 $\boldsymbol{A}$，$\boldsymbol{B}$ 是同阶矩阵，同理 $\boldsymbol{C}$ 与 $\boldsymbol{A}$，$\boldsymbol{B}$ 也同阶.

由结合律，有

$$\boldsymbol{A}(\boldsymbol{BC})=(\boldsymbol{AB})\boldsymbol{C}=(\boldsymbol{BA})\boldsymbol{C}=\boldsymbol{B}(\boldsymbol{AC})=\boldsymbol{B}(\boldsymbol{CA})=(\boldsymbol{BC})\boldsymbol{A},$$

所以 $\boldsymbol{A}$ 与 $\boldsymbol{BC}$ 可交换.

4. 设 $\boldsymbol{A}$，$\boldsymbol{B}$ 为 n 矩阵，且 $\boldsymbol{A}$ 为对称矩阵，证明 $\boldsymbol{B}^{\mathrm{T}}\boldsymbol{AB}$ 也是对称矩阵.

证明思路　利用对称矩阵、反对称矩阵的定义与性质证明.

证　已知 $\boldsymbol{A}^{\mathrm{T}}=\boldsymbol{A}$，则

$$\begin{aligned}(\boldsymbol{B}^{\mathrm{T}}\boldsymbol{AB})^{\mathrm{T}}&=\boldsymbol{B}^{\mathrm{T}}(\boldsymbol{B}^{\mathrm{T}}\boldsymbol{A})^{\mathrm{T}}\\&=\boldsymbol{B}^{\mathrm{T}}\boldsymbol{A}^{\mathrm{T}}\boldsymbol{B}\\&=\boldsymbol{B}^{\mathrm{T}}\boldsymbol{AB},\end{aligned}$$

从而 $\boldsymbol{B}^{\mathrm{T}}\boldsymbol{AB}$ 也是对称矩阵.

5. 设 $\boldsymbol{A}$ 为 n 阶矩阵，n 为奇数，且 $\boldsymbol{AA}^{\mathrm{T}}=\boldsymbol{E}_n$，$|\boldsymbol{A}|=1$，求 $|\boldsymbol{A}-\boldsymbol{E}_n|$.

解题思路　掌握矩阵的转置，利用矩阵与行列式的区别和联系解题.

解　由 $\boldsymbol{AA}^{\mathrm{T}}=\boldsymbol{E}_n$，$|\boldsymbol{A}|=1$ 得

$$\begin{aligned}|\boldsymbol{A}-\boldsymbol{E}_n|&=|\boldsymbol{A}-\boldsymbol{AA}^{\mathrm{T}}|=|\boldsymbol{A}(\boldsymbol{E}_n-\boldsymbol{A}^{\mathrm{T}})|\\&=|\boldsymbol{A}||\boldsymbol{E}_n-\boldsymbol{A}^{\mathrm{T}}|=|\boldsymbol{E}_n-\boldsymbol{A}^{\mathrm{T}}|\\&=|\boldsymbol{E}_n-\boldsymbol{A}|=(-1)^n|\boldsymbol{A}-\boldsymbol{E}_n|\end{aligned}$$

由 n 为奇数，知

$$|\boldsymbol{A}-\boldsymbol{E}_n|=-|\boldsymbol{A}-\boldsymbol{E}_n|\Rightarrow|\boldsymbol{A}-\boldsymbol{E}_n|=0.$$

6. 设 $\boldsymbol{A}$，$\boldsymbol{B}$ 均为 n 阶方阵，且 $\boldsymbol{A}=\dfrac{1}{2}(\boldsymbol{B}+\boldsymbol{E})$，证明：$\boldsymbol{A}^2=\boldsymbol{A}$，当且仅当 $\boldsymbol{B}^2=\boldsymbol{E}$.

证明思路　结合矩阵与单位矩阵的可交换性，利用矩阵的数乘和乘法运算解题.

证　若 $\boldsymbol{A}^2=\boldsymbol{A}$，则

$$\boldsymbol{A}^2=\frac{1}{4}(\boldsymbol{B}+\boldsymbol{E})(\boldsymbol{B}+\boldsymbol{E})=\frac{1}{4}(\boldsymbol{B}^2+2\boldsymbol{B}+\boldsymbol{E})=\frac{1}{2}(\boldsymbol{B}+\boldsymbol{E})$$

$$\Rightarrow \boldsymbol{B}^2+2\boldsymbol{B}+\boldsymbol{E}=2\boldsymbol{B}+2\boldsymbol{E}\Rightarrow \boldsymbol{B}^2=\boldsymbol{E}.$$

若 $\boldsymbol{B}^2=\boldsymbol{E}$，则

$$\boldsymbol{A}^2=\frac{1}{4}(\boldsymbol{B}^2+2\boldsymbol{B}+\boldsymbol{E})=\frac{1}{4}(\boldsymbol{E}+2\boldsymbol{B}+\boldsymbol{E})=\frac{1}{2}(\boldsymbol{B}+\boldsymbol{E})=\boldsymbol{A}.$$

7. 已知 $\boldsymbol{A}=\begin{pmatrix}-1&1&1&-1\\1&-1&-1&1\\1&-1&-1&1\\-1&1&1&-1\end{pmatrix}$，求 $\boldsymbol{A}^6$.

解题思路 a. 若 $r(\boldsymbol{A})=1$，则矩阵 $\boldsymbol{A}$ 可分解为列矩阵与行矩阵的乘积，再利用矩阵乘法的结合律能方便地计算出 $\boldsymbol{A}$ 的幂；

b. 通过试算找出某种降幂的规律，并由此递推计算之；

c. 根据所给矩阵的特征，利用矩阵分块法计算之.

解 方法一 递推法.

$$\boldsymbol{A}^2=\begin{pmatrix}-1&1&1&-1\\1&-1&-1&1\\1&-1&-1&1\\-1&1&1&-1\end{pmatrix}\begin{pmatrix}-1&1&1&-1\\1&-1&-1&1\\1&-1&-1&1\\-1&1&1&-1\end{pmatrix}$$

$$=\begin{pmatrix}4&-4&-4&4\\-4&4&4&-4\\-4&4&4&-4\\4&-4&-4&4\end{pmatrix}=-4\begin{pmatrix}-1&1&1&-1\\1&-1&-1&1\\1&-1&-1&1\\-1&1&1&-1\end{pmatrix}$$

$$=-4\boldsymbol{A},$$

$$\boldsymbol{A}^3=\boldsymbol{A}^2\boldsymbol{A}=-4\boldsymbol{A}^2=(-4)^2\boldsymbol{A},\ \cdots,\ \boldsymbol{A}^6=(-4)^5\boldsymbol{A}.$$

方法二 分块法. 令 $\boldsymbol{A}=\begin{pmatrix}\boldsymbol{B}&-\boldsymbol{B}\\-\boldsymbol{B}&\boldsymbol{B}\end{pmatrix}$，其中 $\boldsymbol{B}=\begin{pmatrix}-1&1\\1&-1\end{pmatrix}$.

由于 $\boldsymbol{B}^2=\begin{pmatrix}-1&1\\1&-1\end{pmatrix}\begin{pmatrix}-1&1\\1&-1\end{pmatrix}=\begin{pmatrix}2&-2\\-2&2\end{pmatrix}$，那么

$$\boldsymbol{A}^2=\begin{pmatrix}\boldsymbol{B}&-\boldsymbol{B}\\-\boldsymbol{B}&\boldsymbol{B}\end{pmatrix}\begin{pmatrix}\boldsymbol{B}&-\boldsymbol{B}\\-\boldsymbol{B}&\boldsymbol{B}\end{pmatrix}=\begin{pmatrix}2\boldsymbol{B}^2&-2\boldsymbol{B}^2\\-2\boldsymbol{B}^2&2\boldsymbol{B}^2\end{pmatrix}$$

$$=\begin{pmatrix}4&-4&-4&4\\-4&4&4&-4\\-4&4&4&-4\\4&-4&-4&4\end{pmatrix}=-4\boldsymbol{A},$$

以下同方法一.

方法三　分解法，因为秩 $r(\boldsymbol{A})=1$，故 $\boldsymbol{A}$ 可分解为

$$\boldsymbol{A}=\begin{pmatrix}-1\\1\\1\\-1\end{pmatrix}(1\quad -1\quad -1\quad 1),$$

与本章题型分析中题型 2 中的例 2 类似可得：$\boldsymbol{A}^2=-4\boldsymbol{A}$，以下同方法一.

8. 已知 $\boldsymbol{A}=\left(\begin{array}{ccc:cc}3&1&0&0&0\\0&3&1&0&0\\0&0&3&0&0\\ \hdashline 0&0&0&3&-1\\0&0&0&-9&3\end{array}\right)$，求 $\boldsymbol{A}^n$.

解题思路　根据所给矩阵的特征，把 $\boldsymbol{A}$ 分块为分块对角矩阵，再计算之.

解　按如上方式将 $\boldsymbol{A}$ 分块为 $\begin{pmatrix}\boldsymbol{B}&\boldsymbol{O}\\\boldsymbol{O}&\boldsymbol{C}\end{pmatrix}$，则 $\boldsymbol{A}^n=\begin{pmatrix}\boldsymbol{B}^n&\boldsymbol{O}\\\boldsymbol{O}&\boldsymbol{C}^n\end{pmatrix}$.

则 $\boldsymbol{B}=3\boldsymbol{E}+\boldsymbol{J}$，由于 $\boldsymbol{J}^3=\boldsymbol{J}^4=\cdots=\boldsymbol{O}$（见本题型例 4). 于是

$$\boldsymbol{B}^n=(3\boldsymbol{E}+\boldsymbol{J})^n=3^n\boldsymbol{E}+C_n^1 3^{n-1}\boldsymbol{J}+C_n^2 3^{n-2}\boldsymbol{J}^2.$$

而 $\boldsymbol{C}=\begin{pmatrix}1\\-3\end{pmatrix}(3\quad -1)$，$\boldsymbol{C}^2=6\boldsymbol{C}$，…，$\boldsymbol{C}^n=6^{n-1}\boldsymbol{C}$，故

$$\boldsymbol{A}^n=\begin{pmatrix}3^n&C_n^1\cdot 3^{n-1}&C_n^2\cdot 3^{n-2}&&\\&3^n&C_n^1\cdot 3^{n-1}&&\\&&3^n&3\cdot 6^{n-1}&-6^{n-1}\\&&&-9\cdot 6^{n-1}&3\cdot 6^{n-1}\end{pmatrix}.$$

9. 设矩阵 $\boldsymbol{A}=\begin{pmatrix}1&0&1\\0&2&0\\1&0&1\end{pmatrix}$，正整数 $n\geqslant 2$，求 $\boldsymbol{A}^n-2\boldsymbol{A}^{n-1}$.

解题思路　通过试算找出某种降幂的规律，并递推公式计算之.

解 $\boldsymbol{A}^2=\begin{pmatrix}1&0&1\\0&2&0\\1&0&1\end{pmatrix}\begin{pmatrix}1&0&1\\0&2&0\\1&0&1\end{pmatrix}=\begin{pmatrix}2&0&2\\0&4&0\\2&0&2\end{pmatrix}=2\boldsymbol{A}$,

$\boldsymbol{A}^3=\boldsymbol{A}^2\cdot\boldsymbol{A}=2\boldsymbol{A}^2,\cdots$

一般地，可得到如下递推公式：

$$\boldsymbol{A}^n=\boldsymbol{A}^2\boldsymbol{A}^{n-2}=2\boldsymbol{A}^{n-1},$$

故 $\boldsymbol{A}^n-2\boldsymbol{A}^{n-1}=\boldsymbol{O}$.

10. $\boldsymbol{A}$, $\boldsymbol{B}$, $\boldsymbol{C}$ 是 n 阶矩阵，且 $\boldsymbol{ABC}=\boldsymbol{E}$，则必有（　　）.

(A) $\boldsymbol{CBA}=\boldsymbol{E}$;　　(B) $\boldsymbol{BCA}=\boldsymbol{E}$;

(C) $\boldsymbol{BAC}=\boldsymbol{E}$;　　(D) $\boldsymbol{ACB}=\boldsymbol{E}$.

解题思路 结合矩阵与单位矩阵的可交换性，利用矩阵的左乘和右乘解题.

解 通过左乘 $\boldsymbol{A}$ 的逆或右乘 $\boldsymbol{C}$，注意到 $\boldsymbol{E}$ 与 $\boldsymbol{A}$ 的可交换性，由 $\boldsymbol{ABC}=\boldsymbol{E}$ 知

$$\boldsymbol{A}(\boldsymbol{BC})=(\boldsymbol{BC})\boldsymbol{A}=\boldsymbol{E}\quad\text{或}\quad(\boldsymbol{AB})\boldsymbol{C}=\boldsymbol{C}(\boldsymbol{AB})=\boldsymbol{E},$$

可见 (B) 正确. 因乘法不一定能交换，故其余不恒成立. 故应选 (B).

11. 设方阵 $\boldsymbol{A}$ 满足 $\boldsymbol{A}^2-\boldsymbol{A}-2\boldsymbol{E}=\boldsymbol{O}$，证明 $\boldsymbol{A}$ 及 $\boldsymbol{A}+2\boldsymbol{E}$ 都可逆.

证明思路 如果 n 阶矩阵 $\boldsymbol{A}$ 的行列式 $|\boldsymbol{A}|\neq 0$，则称 $\boldsymbol{A}$ 为非奇异的.

证 由 $\boldsymbol{A}^2-\boldsymbol{A}-2\boldsymbol{E}=\boldsymbol{O}\Rightarrow\boldsymbol{A}^2-\boldsymbol{A}=2\boldsymbol{E}$.

两端同时取行列式

$$|\boldsymbol{A}^2-\boldsymbol{A}|=2,$$

即 $|\boldsymbol{A}|\,|\boldsymbol{A}-\boldsymbol{E}|=2$，故

$$|\boldsymbol{A}|\neq 0,$$

所以 $\boldsymbol{A}$ 可逆.

而 $\boldsymbol{A}+2\boldsymbol{E}=\boldsymbol{A}^2$，$|\boldsymbol{A}+2\boldsymbol{E}|=|\boldsymbol{A}^2|=|\boldsymbol{A}|^2\neq 0$，故 $\boldsymbol{A}+2\boldsymbol{E}$ 也可逆.

12. 设 $\boldsymbol{A}=\dfrac{1}{2}\begin{pmatrix}0&0&2\\1&3&0\\2&5&0\end{pmatrix}$，则 $\boldsymbol{A}^{-1}=$________.

解题思路 分块求逆法. 若矩阵 $\boldsymbol{A}$ 能分块为下列类型之一时，

$$\begin{pmatrix}\boldsymbol{A}_{11}&\boldsymbol{O}\\\boldsymbol{O}&\boldsymbol{A}_{22}\end{pmatrix},\ \begin{pmatrix}\boldsymbol{A}_{11}&\boldsymbol{A}_{12}\\\boldsymbol{O}&\boldsymbol{A}_{22}\end{pmatrix},\ \begin{pmatrix}\boldsymbol{A}_{11}&\boldsymbol{O}\\\boldsymbol{A}_{21}&\boldsymbol{A}_{22}\end{pmatrix},\ \begin{pmatrix}\boldsymbol{O}&\boldsymbol{A}_{11}\\\boldsymbol{A}_{22}&\boldsymbol{O}\end{pmatrix}.$$

其中 $\boldsymbol{A}_{11}$, $\boldsymbol{A}_{22}$ 为可逆矩阵，则可用分块矩阵的运算性质化为相应分块的求逆问题.

解　利用矩阵分块法，

$$\left(\begin{array}{cc:c}0 & 0 & 2 \\ \hdashline 1 & 3 & 0 \\ 2 & 5 & 0\end{array}\right)=\begin{pmatrix}\boldsymbol{O} & \boldsymbol{B} \\ \boldsymbol{C} & \boldsymbol{O}\end{pmatrix}.$$

而当 $\boldsymbol{B}$，$\boldsymbol{C}$ 均可逆时，有

$$\begin{pmatrix}\boldsymbol{O} & \boldsymbol{B} \\ \boldsymbol{C} & \boldsymbol{O}\end{pmatrix}^{-1}=\begin{pmatrix}\boldsymbol{O} & \boldsymbol{C}^{-1} \\ \boldsymbol{B}^{-1} & \boldsymbol{O}\end{pmatrix}.$$

又 $\boldsymbol{B}^{-1}=\left(\frac{1}{2}\right)$，$\boldsymbol{C}^{-1}=\begin{pmatrix}-5 & 3 \\ 2 & -1\end{pmatrix}$，再利用公式 $(k\boldsymbol{A})^{-1}=\frac{1}{k}\boldsymbol{A}^{-1}$，易见横线处应填

$$\begin{pmatrix}0 & -10 & 6 \\ 0 & 4 & -2 \\ 1 & 0 & 0\end{pmatrix}.$$

13. 设 $\boldsymbol{A}=\begin{pmatrix}1 & 1 & -1 \\ 2 & 1 & 0 \\ 1 & -1 & 0\end{pmatrix}$，试用伴随矩阵法求 $\boldsymbol{A}^{-1}$.

解题思路　利用公式 $\boldsymbol{A}^{-1}=\frac{1}{|\boldsymbol{A}|}\boldsymbol{A}^{*}$ 计算逆矩阵，但当 $n\geqslant 4$ 时，计算 $\boldsymbol{A}^{*}$ 十分复杂.

解　利用公式 $\boldsymbol{A}^{-1}=\frac{1}{|\boldsymbol{A}|}\boldsymbol{A}^{*}$ 计算.

$\because$ $|\boldsymbol{A}|=\begin{pmatrix}1 & 1 & -1 \\ 2 & 1 & 0 \\ 1 & -1 & 0\end{pmatrix}=3\neq 0$，

$\therefore$ $\boldsymbol{A}^{-1}$存在. 又

$$A_{11}=(-1)^{2}\begin{vmatrix}1 & 0 \\ -1 & 0\end{vmatrix}=0,\ A_{21}=(-1)^{3}\begin{vmatrix}1 & -1 \\ -1 & 0\end{vmatrix}=1,$$

$$A_{31}=(-1)^{4}\begin{vmatrix}1 & -1 \\ 1 & 0\end{vmatrix}=1,$$

$$A_{12}=(-1)^{3}\begin{vmatrix}2 & 0 \\ 1 & 0\end{vmatrix}=0,\ A_{22}=(-1)^{4}\begin{vmatrix}1 & -1 \\ 1 & 0\end{vmatrix}=1,$$

$$A_{32}=(-1)^{5}\begin{vmatrix}1 & -1 \\ 2 & 0\end{vmatrix}=-2,$$

$$A_{13}=(-1)^4\begin{vmatrix}2&1\\1&-1\end{vmatrix}=-3,\ A_{23}=(-1)^5\begin{vmatrix}1&1\\1&-1\end{vmatrix}=2,$$

$$A_{33}=(-1)^6\begin{vmatrix}1&1\\2&1\end{vmatrix}=-1,$$

故 $$\boldsymbol{A}^{-1}=\frac{1}{|\boldsymbol{A}|}\begin{pmatrix}A_{11}&A_{21}&A_{31}\\A_{12}&A_{22}&A_{32}\\A_{13}&A_{23}&A_{33}\end{pmatrix}=\frac{1}{3}\begin{pmatrix}0&1&1\\0&1&-2\\-3&2&-1\end{pmatrix}.$$

14. 设$\boldsymbol{A}=\begin{pmatrix}0&2&-1\\1&1&2\\-1&-1&-1\end{pmatrix}$，试用初等交换法求矩阵$\boldsymbol{A}^{-1}$.

解题思路 初等变换法，即$(\boldsymbol{A}\vdots\boldsymbol{E})\xrightarrow{\text{初等行变换}}(\boldsymbol{E}\vdots\boldsymbol{A}^{-1})$.

解 作分块矩阵$(\boldsymbol{A}\vdots\boldsymbol{E})$，施行初等行变换.

$$\left(\begin{array}{ccc:ccc}0&2&-1&1&0&0\\1&1&2&0&1&0\\-1&-1&-1&0&0&1\end{array}\right)\to\left(\begin{array}{ccc:ccc}1&1&2&0&1&0\\0&2&-1&1&0&0\\-1&-1&-1&0&0&1\end{array}\right)$$

$$\to\left(\begin{array}{ccc:ccc}1&1&2&0&1&0\\0&2&-1&1&0&0\\0&0&1&0&1&1\end{array}\right)\to\left(\begin{array}{ccc:ccc}1&1&0&0&-1&-2\\0&2&0&1&1&1\\0&0&1&0&1&1\end{array}\right)$$

$$\to\left(\begin{array}{ccc:ccc}1&1&0&0&-1&-2\\0&1&0&1/2&1/2&1/2\\0&0&1&0&1&1\end{array}\right)\to\left(\begin{array}{ccc:ccc}1&0&0&-1/2&-3/2&-5/2\\0&1&0&1/2&1/2&1/2\\0&0&1&0&1&1\end{array}\right),$$

故 $$\boldsymbol{A}^{-1}=\begin{pmatrix}-1/2&-3/2&-5/2\\1/2&1/2&1/2\\0&1&1\end{pmatrix}.$$

15. 设$\boldsymbol{P}^{-1}\boldsymbol{AP}=\boldsymbol{\Lambda}$，其中$\boldsymbol{P}=\begin{pmatrix}-1&-4\\1&1\end{pmatrix}$，$\boldsymbol{\Lambda}=\begin{pmatrix}-1&0\\0&2\end{pmatrix}$，求$\boldsymbol{A}^{11}$.

解题思路 利用伴随矩阵法求已知矩阵的逆矩阵，根据矩阵的结合律求矩阵的幂.

解 由$\boldsymbol{P}^{-1}\boldsymbol{AP}=\boldsymbol{\Lambda}\Rightarrow\boldsymbol{A}=\boldsymbol{P\Lambda P}^{-1}\Rightarrow\boldsymbol{A}^{11}=\boldsymbol{P\Lambda}^{11}\boldsymbol{P}^{-1}$.

因 $|\boldsymbol{P}|=3$，$\boldsymbol{P}^*=\begin{pmatrix}1&4\\-1&-1\end{pmatrix}$，$\boldsymbol{P}^{-1}=\frac{1}{3}\begin{pmatrix}1&4\\-1&-1\end{pmatrix}$，

而 $$\boldsymbol{\Lambda}^{11}=\begin{pmatrix}-1&0\\0&2\end{pmatrix}^{11}=\begin{pmatrix}-1&0\\0&2^{11}\end{pmatrix},$$

故　　$A^{11}=\begin{pmatrix}-1 & -4\\ 1 & 1\end{pmatrix}\begin{pmatrix}-1 & 0\\ 0 & 2^{11}\end{pmatrix}\begin{pmatrix}1/3 & 4/3\\ -1/3 & -1/3\end{pmatrix}=\begin{pmatrix}2\,731 & 2\,732\\ -683 & -684\end{pmatrix}$.

16. 设 $A=\mathrm{diag}\,(1,\ -2,\ 1)$，$A^*BA=2BA-8E$，求 B.

解题思路　利用公式 $AA^*=A^*A=|A|E$ 求解矩阵方程.

解　因所给矩阵方程中含有 A 及其伴随矩阵 A^*，故可从公式 $AA^*=|A|E$ 着手.

用 A 左乘所给方程左边，得

$$AA^*BA=2ABA-8A,$$

又 $|A|=-2\neq0$，故 A 是可逆矩阵，用 A^{-1} 右乘上式两边得

$$|A|B=2AB-8E\Rightarrow(2A+2E)B=8E\Rightarrow(A+E)B=4E.$$

注意到 $A+E=\mathrm{diag}\,(1,\ -2,\ 1)+\mathrm{diag}\,(1,\ 1,\ 1)=\mathrm{diag}\,(2,\ -1,\ 2)$ 是可逆矩阵，且

$$(A+E)^{-1}=\mathrm{diag}\left(\frac{1}{2},\ -1,\ \frac{1}{2}\right),$$

于是　　$B=4(A+E)^{-1}=\mathrm{diag}\,(2,\ -4,\ 2)$.

17. 若三阶矩阵 A 的伴随矩阵为 A^*，已知 $|A|=\frac{1}{2}$，求 $|(3A)^{-1}-2A^*|$.

解题思路　利用公式 $AA^*=A^*A=|A|E$ 及逆矩阵的性质计算矩阵的行列式.

解　$\because A^*=|A|A^{-1}=\frac{1}{2}A^{-1}$，

$\therefore |(3A)^{-1}-2A^*|=\left|\frac{1}{3}A^{-1}-A^{-1}\right|=\left|-\frac{2}{3}A^{-1}\right|=\left(-\frac{2}{3}\right)^3|A^{-1}|=-\frac{16}{27}$.

18. 设 n 阶矩阵 A 的伴随矩阵为 A^*，证明：

证明思路　利用公式 $AA^*=A^*A=|A|E$ 证明伴随矩阵的行列式.

(1) 若 $|A|=0$，则 $|A^*|=0$.

证　用反证法. 假设 $|A^*|\neq0$，则有

$$A^*(A^*)^{-1}=E,$$

由此得

$$A=AA^*(A^*)^{-1}=|A|E(A^*)^{-1}=O\Rightarrow A^*=O,$$

这与 $|A^*|\neq0$ 矛盾，故当 $|A|=0$ 时，有 $|A^*|=0$.

(2) $|A^*|=|A|^{n-1}$.

证　由 $AA^*=|A|E$，两边取行列式得到：

$$|\boldsymbol{A}||\boldsymbol{A}^*|=|\boldsymbol{A}|^n,$$

若$|\boldsymbol{A}|\neq 0$，则

$$|\boldsymbol{A}^*|=|\boldsymbol{A}|^{n-1},$$

若$|\boldsymbol{A}|=0$，由（1）知 $|\boldsymbol{A}^*|=0$，此时命题也成立. 故有$|\boldsymbol{A}^*|=|\boldsymbol{A}|^{n-1}$.

19. 已知$\boldsymbol{A}$，$\boldsymbol{B}$为四阶方阵，且$|\boldsymbol{A}|=-2$，$|\boldsymbol{B}|=3$，求：

（1）$|5\boldsymbol{AB}|$；（2）$|-\boldsymbol{AB}^{\mathrm{T}}|$；（3）$|(\boldsymbol{AB})^{-1}|$；

（4）$|\boldsymbol{A}^{-1}\boldsymbol{B}^{-1}|$；（5）$|((\boldsymbol{AB})^{\mathrm{T}})^{-1}|$.

解 （1）$|5\boldsymbol{AB}|=5^4|\boldsymbol{A}||\boldsymbol{B}|=-3\,750$.

（2）$|-\boldsymbol{AB}^{\mathrm{T}}|=(-1)^4|\boldsymbol{A}||\boldsymbol{B}^{\mathrm{T}}|=-2\times 3=-6$.

（3）$|(-\boldsymbol{AB})^{-1}|=|\boldsymbol{B}^{-1}\boldsymbol{A}^{-1}|=|\boldsymbol{B}|^{-1}|\boldsymbol{A}|^{-1}=\frac{1}{3}\times\left(-\frac{1}{2}\right)=-\frac{1}{6}$.

（4）$|\boldsymbol{A}^{-1}\boldsymbol{B}^{-1}|=|\boldsymbol{A}|^{-1}|\boldsymbol{B}|^{-1}=-\frac{1}{6}$.

（5）$|((\boldsymbol{AB})^{\mathrm{T}})^{-1}|=|((\boldsymbol{AB})^{-1})^{\mathrm{T}}|=|(\boldsymbol{AB})^{-1}|=-\frac{1}{6}$.

20. 已知n阶矩阵$\boldsymbol{A}=\begin{pmatrix}1&0&0&\cdots&0\\1&1&0&\cdots&0\\1&1&1&\cdots&0\\\cdots&\cdots&\cdots&\cdots&\cdots\\1&1&1&\cdots&1\end{pmatrix}$，求 $|\boldsymbol{A}|$ 中所有元素的代数余子式的和.

解题思路 利用伴随矩阵的概念解题.

解 利用公式$\boldsymbol{A}^*=|\boldsymbol{A}|\boldsymbol{A}^{-1}$，先求出 $|\boldsymbol{A}|$ 及$\boldsymbol{A}^{-1}$，再计算所求和. 显然 $|\boldsymbol{A}|=1$，又

$$(\boldsymbol{A}\,\vdots\,\boldsymbol{E})=\left(\begin{array}{ccccc:ccccc}1&0&0&\cdots&0&1&&&&\\1&1&0&\cdots&0&&1&&&\\1&1&1&\cdots&0&&&1&&\\\cdots&\cdots&\cdots&&\cdots&&&&\ddots&\\1&1&1&\cdots&1&&&&&1\end{array}\right)$$

$$\to\left(\begin{array}{ccccc:ccccc}1&&&&&1&&&&\\&1&&&&-1&1&&&\\&&1&&&&-1&1&&\\&&&\ddots&&&&\ddots&\ddots&\\&&&&1&&&&-1&1\end{array}\right)$$

可见 $$\boldsymbol{A}^*=|\boldsymbol{A}|\boldsymbol{A}^{-1}=\boldsymbol{A}^{-1}=\begin{pmatrix}1 & & & & \\ -1 & 1 & & & \\ & -1 & 1 & & \\ & & \ddots & \ddots & \\ & & & -1 & 1\end{pmatrix}.$$

于是 $$\sum_{i,j=1}^{n}A_{ij}=n-(n-1)=1.$$

21. 设 n 阶矩阵 $\boldsymbol{A}$ 及 s 阶矩阵 $\boldsymbol{B}$ 都可逆，求：

(1) $\begin{pmatrix}\boldsymbol{A} & \boldsymbol{O}\\ \boldsymbol{C} & \boldsymbol{B}\end{pmatrix}^{-1}$.

解 设 $\boldsymbol{X}=\begin{pmatrix}\boldsymbol{X}_{11} & \boldsymbol{X}_{12}\\ \boldsymbol{X}_{21} & \boldsymbol{X}_{22}\end{pmatrix}$，其中 $\boldsymbol{X}_{11}$、$\boldsymbol{X}_{12}$、$\boldsymbol{X}_{21}$、$\boldsymbol{X}_{22}$ 依次是 $n\times n$、$n\times s$、$s\times n$、$s\times s$ 待定矩阵. 于是

$$\boldsymbol{E}_{n+s}=\begin{pmatrix}\boldsymbol{E}_n & \boldsymbol{O}\\ \boldsymbol{O} & \boldsymbol{E}_s\end{pmatrix}=\begin{pmatrix}\boldsymbol{A} & \boldsymbol{O}\\ \boldsymbol{C} & \boldsymbol{B}\end{pmatrix}\begin{pmatrix}\boldsymbol{X}_{11} & \boldsymbol{X}_{12}\\ \boldsymbol{X}_{21} & \boldsymbol{X}_{22}\end{pmatrix}$$
$$=\begin{pmatrix}\boldsymbol{A}\boldsymbol{X}_{11} & \boldsymbol{A}\boldsymbol{X}_{12}\\ \boldsymbol{C}\boldsymbol{X}_{11}+\boldsymbol{B}\boldsymbol{X}_{21} & \boldsymbol{C}\boldsymbol{X}_{12}+\boldsymbol{B}\boldsymbol{X}_{22}\end{pmatrix}.$$

比较得

$$\boldsymbol{A}\boldsymbol{X}_{11}=\boldsymbol{E}_n\Rightarrow\boldsymbol{X}_{11}=\boldsymbol{A}^{-1};$$
$$\boldsymbol{A}\boldsymbol{X}_{12}=\boldsymbol{O}\Rightarrow\boldsymbol{X}_{12}=\boldsymbol{O};$$
$$\boldsymbol{C}\boldsymbol{X}_{12}+\boldsymbol{B}\boldsymbol{X}_{22}=\boldsymbol{E}_s\Rightarrow\boldsymbol{B}\boldsymbol{X}_{22}=\boldsymbol{E}_s\Rightarrow\boldsymbol{X}_{22}=\boldsymbol{B}^{-1};$$
$$\boldsymbol{C}\boldsymbol{X}_{11}+\boldsymbol{B}\boldsymbol{X}_{21}=\boldsymbol{O}\Rightarrow\boldsymbol{B}\boldsymbol{X}_{21}=-\boldsymbol{C}\boldsymbol{X}_{11}=-\boldsymbol{C}\boldsymbol{A}^{-1}\Rightarrow\boldsymbol{X}_{21}=-\boldsymbol{B}^{-1}\boldsymbol{C}\boldsymbol{A}^{-1}.$$

故 $$\begin{pmatrix}\boldsymbol{A} & \boldsymbol{O}\\ \boldsymbol{C} & \boldsymbol{B}\end{pmatrix}^{-1}=\boldsymbol{X}=\begin{pmatrix}\boldsymbol{A}^{-1} & \boldsymbol{O}\\ -\boldsymbol{B}^{-1}\boldsymbol{C}\boldsymbol{A}^{-1} & \boldsymbol{B}^{-1}\end{pmatrix}.$$

(2) $\begin{pmatrix}\boldsymbol{A} & \boldsymbol{C}\\ \boldsymbol{O} & \boldsymbol{B}\end{pmatrix}^{-1}$.

解 $\because$ $\boldsymbol{A}$, $\boldsymbol{B}$ 可逆，

$\therefore$ $|\boldsymbol{A}|\neq 0$, $|\boldsymbol{B}|\neq 0$, 故

$$\begin{vmatrix}\boldsymbol{A} & \boldsymbol{C}\\ \boldsymbol{O} & \boldsymbol{B}\end{vmatrix}=|\boldsymbol{A}|\,|\boldsymbol{B}|\neq 0\Rightarrow\begin{pmatrix}\boldsymbol{A} & \boldsymbol{C}\\ \boldsymbol{O} & \boldsymbol{B}\end{pmatrix}\text{可逆}.$$

设 $\begin{pmatrix} A & C \\ O & B \end{pmatrix}^{-1} = \begin{pmatrix} X_1 & X_2 \\ X_3 & X_4 \end{pmatrix}$，其中 X_1 为 n 阶方阵，X_4 为 s 阶方阵，X_2 为 $n\times s$ 矩阵，X_3 为 $s\times n$ 矩阵.

由

$$\begin{pmatrix} A & C \\ O & B \end{pmatrix}\begin{pmatrix} X_1 & X_2 \\ X_3 & X_4 \end{pmatrix} = \begin{pmatrix} E_n & O \\ O & E_s \end{pmatrix} \Rightarrow \begin{cases} AX_1 + CX_3 = E_n \\ BX_3 = O \\ AX_2 + CX_4 = O \\ BX_4 = E_s \end{cases}$$

$$\Rightarrow X_1 = A^{-1},\ X_3 = O,\ X_4 = B^{-1},\ X_2 = -A^{-1}CB^{-1}$$

故 $$\begin{pmatrix} A & C \\ O & B \end{pmatrix}^{-1} = \begin{pmatrix} A^{-1} & -A^{-1}CB^{-1} \\ O & B^{-1} \end{pmatrix}.$$

22. 用矩阵的分块求下列矩阵的逆矩阵：

(1) $\left(\begin{array}{cc:cc} 1 & 0 & 0 & 0 \\ 1 & 2 & 0 & 0 \\ \hdashline 2 & 1 & 3 & 0 \\ 1 & 2 & 1 & 4 \end{array}\right)$.

解 按题设方法将原矩阵分块为

$$A = \begin{pmatrix} A_1 & O \\ A_2 & A_3 \end{pmatrix}.$$

因 $A_1^{-1} = \begin{pmatrix} 1 & 0 \\ -1/2 & 1/2 \end{pmatrix}$，$A_3^{-1} = \begin{pmatrix} 1/3 & 0 \\ -1/12 & 1/4 \end{pmatrix}$，

$$-A_3^{-1}A_2A_1^{-1} = \begin{pmatrix} -1/2 & -1/6 \\ 1/8 & -5/24 \end{pmatrix},$$

由上题 (1) 知

$$A^{-1} = \begin{pmatrix} 1 & 0 & 0 & 0 \\ -1/2 & 1/2 & 0 & 0 \\ -1/2 & -1/6 & 1/3 & 0 \\ 1/8 & -5/24 & -1/12 & 1/4 \end{pmatrix}.$$

(2) $\left(\begin{array}{cc:ccc} 1 & 1 & 0 & 0 & 0 \\ -1 & 3 & 0 & 0 & 0 \\ \hdashline 0 & 0 & -2 & 0 & 0 \\ 0 & 0 & 0 & 1 & 2 \\ 0 & 0 & 0 & 0 & 1 \end{array}\right)$.

解 $\boldsymbol{A}=\begin{pmatrix} \boldsymbol{A}_1 & \boldsymbol{O} \\ \boldsymbol{O} & \boldsymbol{A}_2 \end{pmatrix}$，其中 $\boldsymbol{A}_1=\begin{pmatrix} 1 & 1 \\ -1 & 3 \end{pmatrix}$，$\boldsymbol{A}_2=\begin{pmatrix} -2 & 0 & 0 \\ 0 & 1 & 2 \\ 0 & 0 & 1 \end{pmatrix}$，则

$$\boldsymbol{A}_1^{-1}=\begin{pmatrix} 3/4 & -1/4 \\ 1/4 & 1/4 \end{pmatrix},\ \boldsymbol{A}_2^{-1}=\begin{pmatrix} -1/2 & 0 & 0 \\ 0 & 1 & -2 \\ 0 & 0 & 1 \end{pmatrix}.$$

故
$$\boldsymbol{A}^{-1}=\begin{pmatrix} \boldsymbol{A}_1^{-1} & \boldsymbol{O} \\ \boldsymbol{O} & \boldsymbol{A}_2^{-1} \end{pmatrix}=\begin{pmatrix} 3/4 & -1/4 & 0 & 0 & 0 \\ 1/4 & 1/4 & 0 & 0 & 0 \\ 0 & 0 & -1/2 & 0 & 0 \\ 0 & 0 & 0 & 1 & -2 \\ 0 & 0 & 0 & 0 & 1 \end{pmatrix}.$$

23. 设 $\boldsymbol{A}, \boldsymbol{B}$ 为 n 阶方阵，证明：

证明思路 利用分块矩阵的初等变换和分块矩阵与其行列式的关系证明.

(1) $\begin{vmatrix} \boldsymbol{A} & \boldsymbol{B} \\ \boldsymbol{B} & \boldsymbol{A} \end{vmatrix}=|\boldsymbol{A}+\boldsymbol{B}|\,|\boldsymbol{A}-\boldsymbol{B}|$.

证 因 $\begin{pmatrix} \boldsymbol{E}_n & \boldsymbol{E}_n \\ \boldsymbol{O} & \boldsymbol{E}_n \end{pmatrix}\begin{pmatrix} \boldsymbol{A} & \boldsymbol{B} \\ \boldsymbol{B} & \boldsymbol{A} \end{pmatrix}\begin{pmatrix} \boldsymbol{E}_n & -\boldsymbol{E}_n \\ \boldsymbol{O} & \boldsymbol{E}_n \end{pmatrix}=\begin{pmatrix} \boldsymbol{A}+\boldsymbol{B} & \boldsymbol{O} \\ \boldsymbol{B} & \boldsymbol{A}-\boldsymbol{B} \end{pmatrix}$，两边同时取行列式有

$$\begin{vmatrix} \boldsymbol{A} & \boldsymbol{B} \\ \boldsymbol{B} & \boldsymbol{A} \end{vmatrix}=\begin{vmatrix} \boldsymbol{A}+\boldsymbol{B} & \boldsymbol{O} \\ \boldsymbol{B} & \boldsymbol{A}-\boldsymbol{B} \end{vmatrix}=|\boldsymbol{A}+\boldsymbol{B}|\,|\boldsymbol{A}-\boldsymbol{B}|.$$

(2) $\begin{pmatrix} \boldsymbol{A} & \boldsymbol{B} \\ \boldsymbol{B} & \boldsymbol{A} \end{pmatrix}$ 可逆的充要条件为 $\boldsymbol{A}+\boldsymbol{B}, \boldsymbol{A}-\boldsymbol{B}$ 均可逆.

证 由 (1) 显然 (2)成立.

24. 设 $\boldsymbol{A}$ 为 n 阶矩阵，$\boldsymbol{\alpha}_1, \boldsymbol{\alpha}_2, \cdots, \boldsymbol{\alpha}_n$ 为 $\boldsymbol{A}$ 的行子块，试用 $\boldsymbol{\alpha}_1, \boldsymbol{\alpha}_2, \cdots, \boldsymbol{\alpha}_n$ 表

示

$$AA^{\mathrm{T}}=E.$$

解题思路 利用分块矩阵的转置和乘法的运算规律.

解 $AA^{\mathrm{T}}=\begin{pmatrix}\alpha_1\\ \alpha_2\\ \vdots\\ \alpha_n\end{pmatrix}(\alpha_1^{\mathrm{T}}\alpha_2^{\mathrm{T}}\cdots\alpha_n^{\mathrm{T}})=\begin{pmatrix}\alpha_1\alpha_1^{\mathrm{T}} & \alpha_1\alpha_2^{\mathrm{T}} & \cdots & \alpha_1\alpha_n^{\mathrm{T}}\\ \alpha_2\alpha_1^{\mathrm{T}} & \alpha_2\alpha_2^{\mathrm{T}} & \cdots & \alpha_2\alpha_n^{\mathrm{T}}\\ \vdots & \vdots & & \vdots\\ \alpha_n\alpha_1^{\mathrm{T}} & \alpha_n\alpha_2^{\mathrm{T}} & \cdots & \alpha_n\alpha_n^{\mathrm{T}}\end{pmatrix}.$

若 $AA^{\mathrm{T}}=E$ 成立，则必须是 AA^{T} 的主对角线上的元素全为 1，其它位置上的元素都为零，即

$$\alpha_i\alpha_j^{\mathrm{T}}=\begin{cases}0, & i\neq j\\ 1, & i=j\end{cases}，其中 i，j=1，2，\cdots，n.$$

25. 填空 $\begin{pmatrix}0&0&1\\0&1&0\\1&0&0\end{pmatrix}^{2000}\begin{pmatrix}1&2&3\\4&5&6\\7&8&9\end{pmatrix}\begin{pmatrix}1&0&0\\0&0&1\\0&1&0\end{pmatrix}^{2001}=$________.

解题思路 对矩阵 A 施以行（列）变换就相当于用相应的初等矩阵左（右）乘 A.

解 注意到 $P=\begin{pmatrix}0&0&1\\0&1&0\\1&0&0\end{pmatrix}$ 与 $Q=\begin{pmatrix}1&0&0\\0&0&1\\0&1&0\end{pmatrix}$ 均为初等矩阵，PA 是 A 作一次行变换（一、三两行互换），$P^{2000}A$ 为 A 的一、三两行作了偶数次对换，故

$$P^{2000}A=A.$$

类似地，AQ^{2001} 相当于 A 的二、三列作了一次对换.

故应填：$\begin{pmatrix}1&3&2\\4&6&5\\7&9&8\end{pmatrix}$.

26. 设 A 是 n 阶可逆方阵，互换 A 中第 i 行和第 j 行得到矩阵 B，求 AB^{-1}.

解题思路 利用初等矩阵的性质.

解 由题意及初等矩阵性质，有

$$B=E(ij)A,$$

所以

$$AB^{-1}=A(E(ij)A)^{-1}=AA^{-1}E^{-1}(ij)=E^{-1}(ij)=E(ij),$$

27. 设 $\boldsymbol{A}$, $\boldsymbol{B}$ 为 n 阶矩阵，$2\boldsymbol{A}-\boldsymbol{B}-\boldsymbol{AB}=\boldsymbol{E}$, $\boldsymbol{A}^2=\boldsymbol{A}$, 其中 $\boldsymbol{E}$ 为 n 阶单位矩阵.

解题思路　利用逆矩阵的定义，找出 $\boldsymbol{B}$ 使 $\boldsymbol{AB}=\boldsymbol{E}$ 或 $\boldsymbol{BA}=\boldsymbol{E}\Rightarrow\boldsymbol{A}^{-1}=\boldsymbol{B}$.

(1) 证明：$\boldsymbol{A}-\boldsymbol{B}$ 为可逆矩阵，并求 $(\boldsymbol{A}-\boldsymbol{B})^{-1}$.

证　由于 $\boldsymbol{A}^2=\boldsymbol{A}$, 于是

$$\begin{aligned}2\boldsymbol{A}-\boldsymbol{B}-\boldsymbol{AB}&=\boldsymbol{A}-\boldsymbol{B}+\boldsymbol{A}-\boldsymbol{AB}=\boldsymbol{A}-\boldsymbol{B}+\boldsymbol{A}^2-\boldsymbol{AB}\\&=(\boldsymbol{A}-\boldsymbol{B})+\boldsymbol{A}(\boldsymbol{A}-\boldsymbol{B})=(\boldsymbol{E}+\boldsymbol{A})(\boldsymbol{A}-\boldsymbol{B})=\boldsymbol{E},\end{aligned}$$

故 $\boldsymbol{A}-\boldsymbol{B}$ 为可逆矩阵，且 $(\boldsymbol{A}-\boldsymbol{B})^{-1}=\boldsymbol{E}+\boldsymbol{A}$.

(2) 已知 $\boldsymbol{A}=\begin{pmatrix}1&0&0\\0&3&-1\\0&6&-2\end{pmatrix}$, 试求矩阵 $\boldsymbol{B}$.

解　由 (1) 知，$(\boldsymbol{A}-\boldsymbol{B})^{-1}=\boldsymbol{E}+\boldsymbol{A}$, $\boldsymbol{A}-\boldsymbol{B}=(\boldsymbol{E}+\boldsymbol{A})^{-1}$, 故

$$\boldsymbol{B}=\boldsymbol{A}-(\boldsymbol{E}+\boldsymbol{A})^{-1}.$$

而 $\boldsymbol{E}+\boldsymbol{A}=\begin{pmatrix}2&0&0\\0&4&-1\\0&6&-1\end{pmatrix}$, $(\boldsymbol{E}+\boldsymbol{A})^{-1}=\begin{pmatrix}1/2&0&0\\0&-1/2&1/2\\0&-3&2\end{pmatrix}$, 所以

$$\boldsymbol{B}=\boldsymbol{A}-(\boldsymbol{E}+\boldsymbol{A})^{-1}=\begin{pmatrix}1/2&0&0\\0&7/2&-3/2\\0&9&-4\end{pmatrix}.$$

28. 已知 $\boldsymbol{A}$, $\boldsymbol{B}$ 均是三阶矩阵，将 $\boldsymbol{A}$ 中第 3 行的 -2 倍加至第 2 行得到矩阵 $\boldsymbol{A}_1$, 将 $\boldsymbol{B}$ 中第 2 列加至第 1 列得到矩阵 $\boldsymbol{B}_1$, 又知 $\boldsymbol{A}_1\boldsymbol{B}_1=\begin{pmatrix}1&1&1\\0&2&2\\0&0&3\end{pmatrix}$, 求 $\boldsymbol{AB}$.

解题思路　理解初等变换与初等矩阵的关系，对矩阵 $\boldsymbol{A}$ 施以行（列）变换就相当于用相应的初等矩阵左（右）乘 $\boldsymbol{A}$, 熟练应用有关结论解题.

解　出题设条件，令

$$\boldsymbol{P}=\begin{pmatrix}1&0&0\\0&1&-2\\0&0&1\end{pmatrix},\ \boldsymbol{Q}=\begin{pmatrix}1&0&0\\1&1&0\\0&0&1\end{pmatrix},$$

则　$\boldsymbol{A}_1=\boldsymbol{PA}$, $\boldsymbol{B}_1=\boldsymbol{BQ}\Rightarrow\boldsymbol{A}_1\boldsymbol{B}_1=\boldsymbol{PABQ}$,

$$\boldsymbol{AB}=\boldsymbol{P}^{-1}\boldsymbol{A}_1\boldsymbol{B}_1\boldsymbol{Q}^{-1}=\begin{pmatrix}1&0&0\\0&1&2\\0&0&1\end{pmatrix}\begin{pmatrix}1&1&1\\0&2&2\\0&0&3\end{pmatrix}\begin{pmatrix}1&0&0\\-1&1&0\\0&0&1\end{pmatrix}$$

$$=\begin{pmatrix}0 & 1 & 1\\-2 & 2 & 8\\0 & 0 & 3\end{pmatrix}.$$

29. 已知 $\boldsymbol{A}=\begin{pmatrix}1 & 1 & -1\\-1 & 1 & 1\\1 & -1 & 1\end{pmatrix}$，矩阵 $\boldsymbol{X}$ 满足 $\boldsymbol{A}^*\boldsymbol{X}=\boldsymbol{A}^{-1}+2\boldsymbol{X}$，其中 $\boldsymbol{A}^*$ 是 $\boldsymbol{A}$ 的伴随矩阵，求矩阵 $\boldsymbol{X}$.

解 由 $\boldsymbol{A}\boldsymbol{A}^*=|\boldsymbol{A}|\boldsymbol{E}$，用矩阵 $\boldsymbol{A}$ 左乘方程的两端，得

$$|\boldsymbol{A}|\ \boldsymbol{X}=\boldsymbol{E}+2\boldsymbol{A}\boldsymbol{X}\Rightarrow(|\boldsymbol{A}|\boldsymbol{E}-2\boldsymbol{A})\boldsymbol{X}=\boldsymbol{E}\Rightarrow\boldsymbol{X}=(|\boldsymbol{A}|\boldsymbol{E}-2\boldsymbol{A})^{-1}.$$

由于

$$|\boldsymbol{A}|=\begin{vmatrix}1 & 1 & -1\\-1 & 1 & 1\\1 & -1 & 1\end{vmatrix}=4,\ |\boldsymbol{A}|\boldsymbol{E}-2\boldsymbol{A}=2\begin{pmatrix}1 & -1 & 1\\1 & 1 & -1\\-1 & 1 & 1\end{pmatrix},$$

故 $$\boldsymbol{X}=\frac{1}{2}\begin{pmatrix}1 & -1 & 1\\1 & 1 & -1\\-1 & 1 & 1\end{pmatrix}^{-1}=\frac{1}{4}\begin{pmatrix}1 & 1 & 0\\0 & 1 & 1\\1 & 0 & 1\end{pmatrix}.$$

30. 设四阶矩阵 $\boldsymbol{B}$ 满足

$$\left[\left(\frac{1}{2}\boldsymbol{A}\right)^*\right]^{-1}\boldsymbol{B}\boldsymbol{A}^{-1}=2\boldsymbol{A}\boldsymbol{B}+12\boldsymbol{E},$$

其中 $\boldsymbol{E}$ 是四阶单位矩阵，而 $\boldsymbol{A}=\begin{pmatrix}1 & 2 & 0 & 0\\1 & 3 & 0 & 0\\0 & 0 & 0 & 2\\0 & 0 & -1 & 0\end{pmatrix}$，求矩阵 $\boldsymbol{B}$.

解 由分块对角矩阵的性质有 $|\boldsymbol{A}|=\begin{vmatrix}1 & 2\\1 & 3\end{vmatrix}\cdot\begin{vmatrix}0 & 2\\-1 & 0\end{vmatrix}=2.$

$\boldsymbol{A}$ 是四阶可逆矩阵，故 $\left(\frac{1}{2}\boldsymbol{A}\right)^*=\left(\frac{1}{2}\right)^3\cdot\boldsymbol{A}^*$，

于是 $$\left[\left(\frac{1}{2}\boldsymbol{A}\right)^*\right]^{-1}=\left(\frac{1}{2^3}\boldsymbol{A}^*\right)^{-1}=8(\boldsymbol{A}^*)^{-1}=8\cdot\frac{\boldsymbol{A}}{|\boldsymbol{A}|}=4\boldsymbol{A},$$

原方程化简为 $2\boldsymbol{A}\boldsymbol{B}\boldsymbol{A}^{-1}=\boldsymbol{A}\boldsymbol{B}+6\boldsymbol{E}$

左乘 $\boldsymbol{A}^{-1}$，得 $\boldsymbol{B}(2\boldsymbol{A}^{-1}-\boldsymbol{E})=6\boldsymbol{A}^{-1}$，

故 $\boldsymbol{B}=6\boldsymbol{A}^{-1}(2\boldsymbol{A}^{-1}-\boldsymbol{E})^{-1}=6[(2\boldsymbol{A}^{-1}-\boldsymbol{E})\boldsymbol{A}]^{-1}=6(2\boldsymbol{E}-\boldsymbol{A})^{-1}$.

用分块矩阵求逆法，可求得

$$B=6(2E-A)^{-1}=6\begin{pmatrix}1&-2&0&0\\-1&-1&0&0\\0&0&2&-2\\0&0&1&2\end{pmatrix}^{-1}=\begin{pmatrix}2&-4&0&0\\-2&-2&0&0\\0&0&2&2\\0&0&-1&2\end{pmatrix}.$$

31. 设 $(2E-C^{-1}B)A^{\mathrm{T}}=C^{-1}$，其中 A^{T} 是四阶矩阵 A 的转置矩阵，

$$B=\begin{pmatrix}1&2&-3&-2\\0&1&2&-3\\0&0&1&2\\0&0&0&1\end{pmatrix},\ C=\begin{pmatrix}1&2&0&1\\0&1&2&0\\0&0&1&2\\0&0&0&1\end{pmatrix},$$

求矩阵 A.

解　用矩阵 C 左乘方程的两端，得

$$(2C-B)A^{\mathrm{T}}=E,$$

对上式两端取转置，得

$$A(2C^{\mathrm{T}}-B^{\mathrm{T}})=E.$$

因为 A 是四阶方阵，故

$$A=(2C^{\mathrm{T}}-B^{\mathrm{T}})^{-1}=\begin{pmatrix}1&0&0&0\\2&1&0&0\\3&2&1&0\\4&3&2&1\end{pmatrix}^{-1}=\begin{pmatrix}1&0&0&0\\-2&1&0&0\\1&-2&1&0\\0&1&-2&1\end{pmatrix}.$$

32. 设三阶矩阵 $A=\begin{pmatrix}x&1&1\\1&x&1\\1&1&x\end{pmatrix}$，试求矩阵 A 的秩.

解　方法一　直接从矩阵秩的行列式定义出发讨论. 由于

$$\begin{vmatrix}x&1&1\\1&x&1\\1&1&x\end{vmatrix}=(x+2)(x-1)^2,$$

故 1° 当 $x\neq1$ 且 $x\neq-2$ 时，$|A|\neq0$，秩$(A)=3$；

2° 当 $x=1$ 时，$|A|=0$，且 $A=\begin{pmatrix}1&1&1\\1&1&1\\1&1&1\end{pmatrix}$，显然，秩 $(A)=1$；

3° 当 $x=-2$ 时，$|A|=0$，且 $A=\begin{pmatrix}-2&1&1\\1&-2&1\\1&1&-2\end{pmatrix}$，这时有二阶子式

$\begin{vmatrix} -2 & 1 \\ 1 & -2 \end{vmatrix} \neq 0$，显然，秩 $(\boldsymbol{A})=2$.

方法二　利用初等变换求秩.

$$\boldsymbol{A}=\begin{pmatrix} x & 1 & 1 \\ 1 & x & 1 \\ 1 & 1 & x \end{pmatrix} \to \begin{pmatrix} 1 & 1 & x \\ 1 & x & 1 \\ x & 1 & 1 \end{pmatrix} \to \begin{pmatrix} 0 & 1 & x \\ 0 & x-1 & -(x-1) \\ 0 & -(x-1) & 1-x^2 \end{pmatrix}$$

$$\to \begin{pmatrix} 1 & 1 & x \\ 0 & x-1 & -(x-1) \\ 0 & 0 & -(x+2)(x-1) \end{pmatrix},$$

于是初等变换不改变矩阵的秩，易得到方法一的结果.

33. 设 $\boldsymbol{A}$ 为 5×4 矩阵，$\boldsymbol{A}=\begin{pmatrix} 1 & 2 & 3 & 1 \\ 2 & -1 & k & 2 \\ 0 & 1 & 1 & 3 \\ 1 & -1 & 0 & 4 \\ 2 & 0 & 2 & 5 \end{pmatrix}$，且 $\boldsymbol{A}$ 的秩为 3，求 k.

解　方法一　用初等变换.

$$\boldsymbol{A}=\begin{pmatrix} 1 & 2 & 3 & 1 \\ 2 & -1 & k & 2 \\ 0 & 1 & 1 & 3 \\ 1 & -1 & 0 & 4 \\ 2 & 0 & 2 & 5 \end{pmatrix} \to \begin{pmatrix} 1 & 2 & 3 & 1 \\ 0 & -5 & k-6 & 0 \\ 0 & 1 & 1 & 3 \\ 0 & -3 & -3 & 3 \\ 0 & -4 & -4 & 3 \end{pmatrix}$$

$$\to \begin{pmatrix} 1 & 2 & 3 & 1 \\ 0 & 1 & 1 & 3 \\ 0 & 0 & k-1 & 15 \\ 0 & 0 & 0 & 12 \\ 0 & 0 & 0 & 15 \end{pmatrix} \to \begin{pmatrix} 1 & 2 & 3 & 1 \\ 0 & 1 & 1 & 3 \\ 0 & 0 & k-1 & 15 \\ 0 & 0 & 0 & 1 \\ 0 & 0 & 0 & 0 \end{pmatrix}.$$

易见若秩 $(\boldsymbol{A})=3$，则必有 $k-1=0$，即 $k=1$.

方法二　定义法. 因为 $\boldsymbol{A}$ 的秩为 3，故其四阶子式

$$\begin{pmatrix} 1 & 2 & 3 & 1 \\ 2 & -1 & k & 2 \\ 0 & 1 & 1 & 3 \\ 1 & -1 & 0 & 4 \end{pmatrix}=0,$$

解得 $k=1$.

34. 求一个秩是 4 的方阵，它的两个行向量是 (1, 0, 1, 0, 0), (1, −1, 0, 0, 0).

解题思路 结合行阶梯形矩阵中非零行的行数就是矩阵的秩，利用待定系数法解题.

解 设 $\boldsymbol{\alpha}_1, \boldsymbol{\alpha}_2, \boldsymbol{\alpha}_3, \boldsymbol{\alpha}_4, \boldsymbol{\alpha}_5$ 为五维向量，且

$$\boldsymbol{\alpha}_1=(1, 0, 1, 0, 0), \boldsymbol{\alpha}_2=(1, -1, 0, 0, 0),$$

则所求方阵可为 $\boldsymbol{A}=(\boldsymbol{\alpha}_1^{\mathrm{T}}, \boldsymbol{\alpha}_2^{\mathrm{T}}, \boldsymbol{\alpha}_3^{\mathrm{T}}, \boldsymbol{\alpha}_4^{\mathrm{T}}, \boldsymbol{\alpha}_5^{\mathrm{T}})^{\mathrm{T}}$，秩为 4，不妨设

$$\begin{cases}\boldsymbol{\alpha}_3=(0, 0, 0, x_4, 0)\\ \boldsymbol{\alpha}_4=(0, 0, 0, 0, x_5).\\ \boldsymbol{\alpha}_5=(0, 0, 0, 0, 0)\end{cases}$$

并取 $x_4=x_5=1$，故满足条件的一个方阵为

$$\begin{pmatrix}1 & 0 & 1 & 0 & 0\\ 1 & -1 & 0 & 0 & 0\\ 0 & 0 & 0 & 1 & 0\\ 0 & 0 & 0 & 0 & 1\\ 0 & 0 & 0 & 0 & 0\end{pmatrix}.$$

35. 设 n 阶矩阵 $\boldsymbol{A}$ 满足 $\boldsymbol{A}^2=\boldsymbol{A}$，$\boldsymbol{E}$ 为 n 阶单位矩阵，证明

$$\mathrm{r}(\boldsymbol{A})+\mathrm{r}(\boldsymbol{A}-\boldsymbol{E})=n.$$

证明思路 利用矩阵的秩的性质证明.

证 $\because \boldsymbol{A}(\boldsymbol{A}-\boldsymbol{E})=\boldsymbol{A}^2-\boldsymbol{A}=\boldsymbol{A}-\boldsymbol{A}=\boldsymbol{O}$,

$\therefore \mathrm{r}(\boldsymbol{A})+\mathrm{r}(\boldsymbol{A}-\boldsymbol{E})\leqslant n$.

又 $\because \mathrm{r}(\boldsymbol{A}-\boldsymbol{E})=\mathrm{r}(\boldsymbol{E}-\boldsymbol{A})$,

$\therefore \mathrm{r}(\boldsymbol{A})+\mathrm{r}(\boldsymbol{A}-\boldsymbol{E})=\mathrm{r}(\boldsymbol{A})+\mathrm{r}(\boldsymbol{E}-\boldsymbol{A})\geqslant \mathrm{r}(\boldsymbol{A}+\boldsymbol{E}-\boldsymbol{A})=\mathrm{r}(\boldsymbol{E})=n$,

从而 $\mathrm{r}(\boldsymbol{A})+\mathrm{r}(\boldsymbol{A}-\boldsymbol{E})=n$.

36. 设 $\boldsymbol{A}$ 为 n 阶 $(n\geqslant 2)$ 方阵，证明

$$\mathrm{r}(\boldsymbol{A}^*)=\begin{cases}n, & \text{当 } \mathrm{r}(\boldsymbol{A})=n\\ 1, & \text{当 } \mathrm{r}(\boldsymbol{A})=n-1.\\ 0, & \text{当 } \mathrm{r}(\boldsymbol{A})<n-1\end{cases}$$

证明思路 利用矩阵的秩的概念和性质求伴随矩阵的秩.

证 (1) 当 $\mathrm{r}(\boldsymbol{A})=n$ 时，$\mathrm{r}(\boldsymbol{A}^*)=n$.

事实上，由 $|\boldsymbol{A}^*|=|\boldsymbol{A}|^{n-1}$，于是

$$r(\boldsymbol{A})=n \Leftrightarrow |\boldsymbol{A}| \neq 0 \Leftrightarrow |\boldsymbol{A}^*| \neq 0 \Leftrightarrow \boldsymbol{A}^* \text{ 是 } n \text{ 阶满秩矩阵},$$

即 $r(\boldsymbol{A}^*)=n$.

(2) 当 $r(\boldsymbol{A})<n-1$ 时，$r(\boldsymbol{A}^*)=0$.

事实上，由矩阵秩的定义知，此时，$\boldsymbol{A}$ 的所有 $n-1$ 阶子式即 $\boldsymbol{A}^*$ 的任一元素均为零，于是

$$\boldsymbol{A}^*=\boldsymbol{O} \Rightarrow r(\boldsymbol{A}^*)=0.$$

(3) 当 $r(\boldsymbol{A})=n-1$ 时，$r(\boldsymbol{A}^*)=1$.

此时，由矩阵秩的定义，$\boldsymbol{A}$ 中至少有一个 $n-1$ 阶子式不为零，即 $\boldsymbol{A}^*$ 中至少有一元素不为零，故 $r(\boldsymbol{A}^*)\geqslant 1$.

反之，因 $r(\boldsymbol{A})=n-1$，$\boldsymbol{A}$ 不是满秩矩阵，于是 $|\boldsymbol{A}|=0$.

由 $\boldsymbol{A}\boldsymbol{A}^*=|\boldsymbol{A}|\boldsymbol{E}$ 知，$\boldsymbol{A}\boldsymbol{A}^*=\boldsymbol{O}$. $r(\boldsymbol{A})+r(\boldsymbol{A}^*)\leqslant n$，把 $r(\boldsymbol{A})=n-1$ 代入，上式成为

$$r(\boldsymbol{A}^*)\leqslant 1.$$

综合以上两个关于 $r(\boldsymbol{A}^*)$ 的不等式，得 $r(\boldsymbol{A}^*)=1$.

第 3 章　线性方程组

线性方程组是线性代数的核心，本章将借助线性方程组简单而具体地介绍线性代数的核心概念，深入理解它们将有助于我们感受线性代数的力与美.

本章教学基本要求：

1. 牢记线性方程组有解的判定定理；
2. 掌握用行初等变换求线性方程组通解的方法；
3. 深入理解向量组的线性相关与线性无关概念；
4. 掌握判断向量组线性相关性的常用法；
5. 正确理解向量组的秩及最大线性无关组；
6. 掌握用矩阵表示向量组和用矩阵运算表示向量运算的方法；
7. 理解矩阵的秩和向量组的秩之间的关系，会用矩阵的初等变换求向量组的秩和最大线性无关组；
8. 知道向量空间、向量空间的基和维数、向量空间的结构；
9. 理解齐次线性方程组解的性质、基础解系、通解、解的结构以及解空间的概念；
10. 理解非齐次线性方程组解的性质，通解的概念以及解的结构；
11. 会将线性代数方程组运用到数学模型中.

§3.1　消元法

一、主要知识归纳

表 3—1—1

增广矩阵	线性方程组 $\boldsymbol{Ax}=\boldsymbol{b}$ 的增广矩阵为 $\widetilde{\boldsymbol{A}}=(\boldsymbol{A}\quad\boldsymbol{b})$.
判定定理	(1) $\mathrm{r}(\boldsymbol{A})=\mathrm{r}(\widetilde{\boldsymbol{A}})=n$ 当且仅当 $\boldsymbol{Ax}=\boldsymbol{b}$ 有唯一解； (2) $\mathrm{r}(\boldsymbol{A})=\mathrm{r}(\widetilde{\boldsymbol{A}})<n$ 当且仅当 $\boldsymbol{Ax}=\boldsymbol{b}$ 有无穷多解； (3) $\mathrm{r}(\boldsymbol{A})\neq\mathrm{r}(\widetilde{\boldsymbol{A}})$ 当且仅当 $\boldsymbol{Ax}=\boldsymbol{b}$ 无解； (4) $\mathrm{r}(\boldsymbol{A})=n$ 当且仅当 $\boldsymbol{Ax}=\boldsymbol{0}$ 只有零解； (5) $\mathrm{r}(\boldsymbol{A})<n$ 当且仅当 $\boldsymbol{Ax}=\boldsymbol{0}$ 有非零解.

续前表

消元法	(1) 写出方程组对应的增广矩阵； (2) 对增广矩阵进行初等行变换，化为行阶梯形矩阵或行最简形矩阵； (3) 分析方程组是否有解，在有解的情况下，判断解的个数（唯一或无穷）； (4) 写出行阶梯形矩阵对应的方程组，它与原方程组同解； (5) 确定自由变量（自由变量的选取不唯一）； (6) 写成方程组的解的一般形式.

二、典型例题分析

例 1 设线性方程组

$$\begin{cases}\lambda x_1+x_2+x_3=\lambda-3\\ x_1+\lambda x_2+x_3=-2\\ x_1+x_2+\lambda x_3=-2\end{cases},$$

讨论 λ 取何值时，方程组无解？有唯一解？有无穷多解？

解 根据题意得线性方程组的系数矩阵行列式

$$|\boldsymbol{A}|=\begin{vmatrix}\lambda & 1 & 1\\ 1 & \lambda & 1\\ 1 & 1 & \lambda\end{vmatrix}=(\lambda-1)^2(\lambda+2),$$

令 $|\boldsymbol{A}|=0$ 得 $\lambda_1=1$，$\lambda_2=-2$.

当 $\lambda=1$ 时，对增广矩阵作初等行变换有

$$\widetilde{\boldsymbol{A}}=\begin{pmatrix}1 & 1 & 1 & -2\\ 1 & 1 & 1 & -2\\ 1 & 1 & 1 & -2\end{pmatrix}\rightarrow\begin{pmatrix}1 & 1 & 1 & -2\\ 0 & 0 & 0 & 0\\ 0 & 0 & 0 & 0\end{pmatrix},$$

$r(\widetilde{\boldsymbol{A}})=r(\boldsymbol{A})=1<3$，知方程组有解且有无穷多解.

当 $\lambda=-2$ 时，

$$\widetilde{\boldsymbol{A}}=\begin{pmatrix}-2 & 1 & 1 & -5\\ 1 & -2 & 1 & -2\\ 1 & 1 & -2 & -2\end{pmatrix}\rightarrow\begin{pmatrix}-2 & 1 & 1 & -5\\ 1 & -3 & 3 & -9\\ 0 & 0 & 0 & -9\end{pmatrix}$$

$r(\widetilde{\boldsymbol{A}})\neq r(\boldsymbol{A})$，知方程组无解.

当 $\lambda\neq-2$ 且 $\lambda\neq1$ 时，$r(\boldsymbol{A})=r(\widetilde{\boldsymbol{A}})=3$，知方程组有解且有唯一解.

小结：方程组解的讨论一般做法是对增广矩阵作初等变换，化为行阶梯形矩阵后，再讨论增广矩阵和系数矩阵的秩，对解的状况作出判断，若对带有字母的

矩阵作初等变换运算较繁琐，在系数矩阵的方阵的情况下，可先求出系数行列式，找出零点，再代入讨论.

例 2　讨论 a，b 为何值时，线性方程组

$$\begin{cases} x_1+x_2+x_3+x_4=0 \\ x_2+2x_3+2x_4=1 \\ -x_2+(a-3)x_3-2x_4=b \\ 3x_1+2x_2+x_3+ax_4=-1 \end{cases}$$

有唯一解，无穷多解和无解？有解时求出其解.

解　对增广矩阵施以初等行变换

$$(\boldsymbol{A}\,\vdots\,\boldsymbol{b})=\left(\begin{array}{cccc:c} 1 & 1 & 1 & 1 & 0 \\ 0 & 1 & 2 & 2 & 1 \\ 0 & -1 & a-3 & -2 & b \\ 3 & 2 & 1 & a & -1 \end{array}\right)\to\left(\begin{array}{cccc:c} 1 & 1 & 1 & 1 & 0 \\ 0 & 1 & 2 & 2 & 1 \\ 0 & 0 & a-1 & 0 & b+1 \\ 0 & 0 & 0 & a-1 & 0 \end{array}\right)$$

则：

(1) 当 $a\neq1$ 时，$\mathrm{r}(\boldsymbol{A})=4=n$，方程组有唯一解

$$x_1=\frac{-a+b+2}{a-1},\ x_2=\frac{a-2b-3}{a-1},\ x_3=\frac{b+1}{a-1},\ x_4=0.$$

(2) 当 $a=1$ 且 $b=-1$ 时，$\mathrm{r}(\boldsymbol{A})=\mathrm{r}(\boldsymbol{A}\,\vdots\,\boldsymbol{b})=2<4$，方程组有无穷多解，增广矩阵进一步化为

$$(\boldsymbol{A}\,\vdots\,\boldsymbol{b})\to\begin{pmatrix} 1 & 0 & -1 & -1 & -1 \\ 0 & 1 & 2 & 2 & 1 \\ 0 & 0 & 0 & 0 & 0 \\ 0 & 0 & 0 & 0 & 0 \end{pmatrix},$$

对应同解方程组为

$$\begin{cases} x_1-x_3-x_4=-1 \\ x_2+2x_3+2x_4=1 \end{cases},$$

即

$$\begin{cases} x_1=x_3+x_4-1 \\ x_2=-2x_3-2x_4+1 \end{cases}.$$

取 $x_3=c_1$，$x_4=c_2$（c_1，c_2 为任意常数），方程组的通解为：

$$x_1=c_1+c_2-1,\ x_2=-2c_1-2c_2+1,\ x_3=c_1,\ x_4=c_2.$$

(3) 当 $a=1$ 且 $b\neq-1$ 时，$\mathrm{r}(\boldsymbol{A})\neq\mathrm{r}(\boldsymbol{A}\mid\boldsymbol{b})$，方程组无解.

小结：对于一般方程，可通过对增广矩阵做初等行变换求解，若题目不要求用基础解系写出通解结构，可在简化为阶梯形矩阵的基础上，分别取自由未知量为任意常数代入即得通解，对于系数矩阵为方阵的情况，如本题，也可对系数矩阵取行列式 $|\boldsymbol{A}|=(a-1)^2$，再分别讨论 $a=1$ 或 $a\neq1$ 时解的情况.

三、习题 3—1 解答

1. 选择题

解题思路 参照教材§3.1定理2及其"注".

(1) 设 $\boldsymbol{A}$ 为 $m\times n$ 矩阵，齐次线性方程组 $\boldsymbol{Ax}=\boldsymbol{0}$ 仅有零解的充分必要条件是系数矩阵的秩 $\mathrm{r}(\boldsymbol{A})$(   ).

(A) 小于 m；　　(B) 小于 n；

(C) 等于 m；　　(D) 等于 n.

解 由线性方程组解的判定定理知，应选 (D).

(2) 设非齐次线性方程组 $\boldsymbol{Ax}=\boldsymbol{b}$ 的导出组为 $\boldsymbol{Ax}=\boldsymbol{0}$. 如果 $\boldsymbol{Ax}=\boldsymbol{0}$ 仅有零解，则 $\boldsymbol{Ax}=\boldsymbol{b}$ (   ).

(A) 必有无穷多解；　　(B) 必有唯一解；

(C) 必定无解；　　(D) 选项 (A)，(B)，(C) 均不对.

解 由线性方程组解的判定定理知，应选 (D).

(3) 设 $\boldsymbol{A}$ 是 $m\times n$ 矩阵，非齐次线性方程组 $\boldsymbol{Ax}=\boldsymbol{b}$ 的导出组为 $\boldsymbol{Ax}=\boldsymbol{0}$. 如果 $m<n$，则 (   ).

(A) $\boldsymbol{Ax}=\boldsymbol{b}$ 必有无穷多解；　　(B) $\boldsymbol{Ax}=\boldsymbol{b}$ 必有唯一解；

(C) $\boldsymbol{Ax}=\boldsymbol{0}$ 必有非零解；　　(D) $\boldsymbol{Ax}=\boldsymbol{0}$ 必有唯一解.

解 由线性方程组解的判定定理知，应选 (C).

2. 用消元法解下列齐次线性方程组：

(1) $\begin{cases}x_1+2x_2-x_3=0\\2x_1+4x_2+7x_3=0\end{cases}$.

解 对系数矩阵 $\boldsymbol{A}$ 施以初等行变换变为行最简形矩阵：

$$\boldsymbol{A}=\begin{pmatrix}1&2&-1\\2&4&7\end{pmatrix}\xrightarrow{r_2-2r_1}\begin{pmatrix}1&2&-1\\0&0&9\end{pmatrix}\xrightarrow{r_2\div 9}\begin{pmatrix}1&2&-1\\0&0&1\end{pmatrix}$$

$$\xrightarrow{r_1+r_2}\begin{pmatrix}1&2&0\\0&0&1\end{pmatrix},$$

得原方程组的同解方程组$\begin{cases} x_1+2x_2=0 \\ x_3=0 \end{cases}$，即

$$\begin{cases} x_1=-2x_2 \\ x_3=0 \end{cases} \quad (x_2 \text{ 可任意取值}).$$

令 $x_2=c$，得所求方程组的解为

$$\begin{cases} x_1=-2c \\ x_2=c \\ x_3=0 \end{cases}, \quad \text{其中 } c \text{ 为任意实数}.$$

(2) $\begin{cases} x_1+2x_2-3x_3=0 \\ 2x_1+5x_2+2x_3=0 \\ 3x_1-x_2-4x_3=0 \end{cases}$.

解　对系数矩阵 $\mathbf{A}$ 施以初等行变换：

$$\mathbf{A}=\begin{pmatrix} 1 & 2 & -3 \\ 2 & 5 & 2 \\ 3 & -1 & -4 \end{pmatrix} \xrightarrow[r_3-3r_1]{r_2-2r_1} \begin{pmatrix} 1 & 2 & -3 \\ 0 & 1 & 8 \\ 0 & -7 & 5 \end{pmatrix} \xrightarrow{r_3+7r_2} \begin{pmatrix} 1 & 2 & -3 \\ 0 & 1 & 8 \\ 0 & 0 & 61 \end{pmatrix},$$

可知 $\mathrm{r}(\mathbf{A})=3$，所以此齐次线性方程组只有零解.

(3) $\begin{cases} x_1+x_2+2x_3-x_4=0 \\ 2x_1+x_2+x_3-x_4=0 \\ 2x_1+2x_2+x_3+2x_4=0 \end{cases}$.

解　对系数矩阵实施初等行变换：

$$\begin{pmatrix} 1 & 1 & 2 & -1 \\ 2 & 1 & 1 & -1 \\ 2 & 2 & 1 & 2 \end{pmatrix} \to \begin{pmatrix} 1 & 0 & 0 & -4/3 \\ 0 & 1 & 0 & 3 \\ 0 & 0 & 1 & -4/3 \end{pmatrix},$$

即得
$$\begin{cases} x_1=\dfrac{4}{3}x_4 \\ x_2=-3x_4 \\ x_3=\dfrac{4}{3}x_4 \\ x_4=x_4 \end{cases},$$

故方程组的解为
$$\begin{pmatrix} x_1 \\ x_2 \\ x_3 \\ x_4 \end{pmatrix}=k\begin{pmatrix} 4/3 \\ -3 \\ 4/3 \\ 1 \end{pmatrix}, \quad k\in\mathbf{R}.$$

(4) $\begin{cases} x_1+2x_2+x_3-x_4=0 \\ 3x_1+6x_2-x_3-3x_4=0 \\ 5x_1+10x_2+x_3-5x_4=0 \end{cases}$.

解 对系数矩阵实施行变换：

$$\begin{pmatrix} 1 & 2 & 1 & -1 \\ 3 & 6 & -1 & -3 \\ 5 & 10 & 1 & -5 \end{pmatrix} \to \begin{pmatrix} 1 & 2 & 0 & -1 \\ 0 & 0 & 1 & 0 \\ 0 & 0 & 0 & 0 \end{pmatrix},$$

即得 $\begin{cases} x_1=-2x_2+x_4 \\ x_2=x_2 \\ x_3=0 \\ x_4=x_4 \end{cases}$

故方程组的解为 $\begin{pmatrix} x_1 \\ x_2 \\ x_3 \\ x_4 \end{pmatrix}=k_1\begin{pmatrix} -2 \\ 1 \\ 0 \\ 0 \end{pmatrix}+k_2\begin{pmatrix} 1 \\ 0 \\ 0 \\ 1 \end{pmatrix}$，$k_1$，$k_2\in\mathbf{R}$.

3. 用消元法解下列非齐次线性方程组：

(1) $\begin{cases} 4x_1+2x_2-x_3=2 \\ 3x_1-x_2+2x_3=10 \\ 11x_1+3x_2=8 \end{cases}$.

解 对系数的增广矩阵施行初等行变换，有

$$\begin{pmatrix} 4 & 2 & -1 & 2 \\ 3 & -1 & 2 & 10 \\ 11 & 3 & 0 & 8 \end{pmatrix} \to \begin{pmatrix} 1 & 3 & -3 & -8 \\ 0 & -10 & 11 & 34 \\ 0 & 0 & 0 & -6 \end{pmatrix},$$

因为 $r(\mathbf{A})=2$ 而 $r(\widetilde{\mathbf{A}})=3$，故方程组无解.

(2) $\begin{cases} 2x+3y+z=4 \\ x-2y+4z=-5 \\ 3x+8y-2z=13 \\ 4x-y+9z=-6 \end{cases}$.

解 对系数的增广矩阵施行初等行变换：

$$\begin{pmatrix} 2 & 3 & 1 & 4 \\ 1 & -2 & 4 & -5 \\ 3 & 8 & -2 & 13 \\ 4 & -1 & 9 & -6 \end{pmatrix} \to \begin{pmatrix} 1 & 0 & 2 & -1 \\ 0 & 1 & -1 & 2 \\ 0 & 0 & 0 & 0 \\ 0 & 0 & 0 & 0 \end{pmatrix},$$

得 $\begin{cases} x=-2z-1 \\ y=z+2 \\ z=z \end{cases}$，

亦即 $\begin{pmatrix} x \\ y \\ z \end{pmatrix}=k\begin{pmatrix} -2 \\ 1 \\ 1 \end{pmatrix}+\begin{pmatrix} -1 \\ 2 \\ 0 \end{pmatrix}$，　$k\in\mathbf{R}$.

(3) $\begin{cases} 2x+y-z+w=1 \\ 4x+2y-2z+w=2 \\ 2x+y-z-w=1 \end{cases}$.

解　对系数的增广矩阵施行初等行变换：

$$\begin{pmatrix} 2 & 1 & -1 & 1 & 1 \\ 4 & 2 & -2 & 1 & 2 \\ 2 & 1 & -1 & -1 & 1 \end{pmatrix}\to\begin{pmatrix} 2 & 1 & -1 & 1 & 1 \\ 0 & 0 & 0 & 1 & 0 \\ 0 & 0 & 0 & 0 & 0 \end{pmatrix},$$

得 $\begin{cases} x=-\dfrac{1}{2}y+\dfrac{1}{2}z+\dfrac{1}{2} \\ y=y \\ z=z \\ w=0 \end{cases}$，

即 $\begin{pmatrix} x \\ y \\ z \\ w \end{pmatrix}=k_1\begin{pmatrix} -1/2 \\ 1 \\ 0 \\ 0 \end{pmatrix}+k_2\begin{pmatrix} 1/2 \\ 0 \\ 1 \\ 0 \end{pmatrix}+\begin{pmatrix} 1/2 \\ 0 \\ 0 \\ 0 \end{pmatrix}$，　$k_1, k_2\in\mathbf{R}$.

(4) $\begin{cases} 2x+y-z+w=1 \\ 3x-2y+z-3w=4 \\ x+4y-3z+5w=-2 \end{cases}$.

解　对系数的增广矩阵施行初等行变换：

$$\begin{pmatrix} 2 & 1 & -1 & 1 & 1 \\ 3 & -2 & 1 & -3 & 4 \\ 1 & 4 & -3 & 5 & -2 \end{pmatrix}\to\begin{pmatrix} 1 & 4 & -3 & 5 & -2 \\ 0 & 1 & -5/7 & 9/7 & -5/7 \\ 0 & 0 & 0 & 0 & 0 \end{pmatrix}\to$$

$$\begin{pmatrix} 1 & 0 & -1/7 & -1/7 & 6/7 \\ 0 & 1 & -5/7 & 9/7 & -5/7 \\ 0 & 0 & 0 & 0 & 0 \end{pmatrix},$$

得 $$\begin{cases} x=\dfrac{1}{7}z+\dfrac{1}{7}w+\dfrac{6}{7} \\ y=\dfrac{5}{7}z-\dfrac{9}{7}w-\dfrac{5}{7}, \\ z=z \\ w=w \end{cases}$$

即 $$\begin{pmatrix} x \\ y \\ z \\ w \end{pmatrix}=k_1\begin{pmatrix} 1/7 \\ 5/7 \\ 1 \\ 0 \end{pmatrix}+k_2\begin{pmatrix} 1/7 \\ -9/7 \\ 0 \\ 1 \end{pmatrix}+\begin{pmatrix} 6/7 \\ -5/7 \\ 0 \\ 0 \end{pmatrix}, \quad k_1, k_2\in\mathbf{R}.$$

4. 三个工厂分别有 3 吨、2 吨和 1 吨产品要送到两个仓库储藏，两个仓库各能储藏产品 4 吨和 2 吨，用 x_{ij} 表示从第 i 个工厂送到第 j 个仓库的产品数（$i=1, 2, 3$；$j=1, 2$），试列出 x_{ij} 所满足的关系式，并求由此得到的线性方程组的解.

解题思路 利用消元法解非齐次线性方程组.

解 $$\widetilde{\boldsymbol{A}}=\begin{pmatrix} 1 & 1 & 0 & 0 & 0 & 0 & 3 \\ 0 & 0 & 1 & 1 & 0 & 0 & 2 \\ 0 & 0 & 0 & 0 & 1 & 1 & 1 \\ 1 & 0 & 1 & 0 & 1 & 0 & 4 \\ 0 & 1 & 0 & 1 & 0 & 1 & 2 \\ 1 & 1 & 1 & 1 & 1 & 1 & 6 \end{pmatrix}\to\begin{pmatrix} 1 & 0 & 0 & -1 & 0 & -1 & 1 \\ 0 & 1 & 0 & 1 & 0 & 1 & 2 \\ 0 & 0 & 1 & 1 & 0 & 0 & 2 \\ 0 & 0 & 0 & 0 & 1 & 1 & 1 \\ 0 & 0 & 0 & 0 & 0 & 0 & 0 \\ 0 & 0 & 0 & 0 & 0 & 0 & 0 \end{pmatrix},$$

得 $$\begin{cases} x_{11}=1+x_{22}+x_{32} \\ x_{12}=2-x_{22}-x_{32} \\ x_{21}=2-x_{22} \\ x_{22}=x_{22} \\ x_{31}=1-x_{32} \\ x_{33}=x_{32} \end{cases} \quad (x_{22}, x_{32}\text{可任意取值}).$$

所求方程组的解为 $$\begin{Bmatrix} x_{11} \\ x_{12} \\ x_{21} \\ x_{22} \\ x_{31} \\ x_{32} \end{Bmatrix}=\begin{pmatrix} 1 \\ 2 \\ 2 \\ 0 \\ 1 \\ 0 \end{pmatrix}+c_1\begin{pmatrix} 1 \\ -1 \\ -1 \\ 1 \\ 0 \\ 0 \end{pmatrix}+c_2\begin{pmatrix} 1 \\ -1 \\ 0 \\ 0 \\ -1 \\ 1 \end{pmatrix}, \quad c_1, c_2\in\mathbf{R}.$$

5. 确定 a 的值使下列齐次线性方程组有非零解，并在有非零解时求其全部解.

解题思路 利用教材 §3.1 定理 1，并参照教材 §3.1 例 4 的解法解答此题.

(1) $\begin{cases} ax_1+x_2+x_3=0 \\ x_1+ax_2+x_3=0. \\ x_1+x_2+ax_3=0 \end{cases}$

解　$\boldsymbol{A}=\begin{pmatrix} a & 1 & 1 \\ 1 & a & 1 \\ 1 & 1 & a \end{pmatrix} \xrightarrow{r_1 \leftrightarrow r_3} \begin{pmatrix} 1 & 1 & a \\ 1 & a & 1 \\ a & 1 & 1 \end{pmatrix} \xrightarrow[r_3-ar_1]{r_2-r_1}$

$$\begin{pmatrix} 1 & 1 & a \\ 0 & a-1 & 1-a \\ 0 & 1-a & 1-a^2 \end{pmatrix} \xrightarrow{r_3+r_2} \begin{pmatrix} 1 & 1 & a \\ 0 & a-1 & 1-a \\ 0 & 0 & (1-a)(2+a) \end{pmatrix}.$$

当 $a=1$ 时，$\mathrm{r}(\boldsymbol{A})=1$，齐次线性方程组有非零解；当 $a=1$ 时，系数矩阵经初等行变换变为$\begin{pmatrix} 1 & 1 & 1 \\ 0 & 0 & 0 \\ 0 & 0 & 0 \end{pmatrix}$，得

$$\begin{cases} x_1=-x_2-x_3 \\ x_2=x_2 \\ x_3=x_3 \end{cases} \quad (x_2,\ x_3\ 可任意取值).$$

所求方程组的解为 $\begin{pmatrix} x_1 \\ x_2 \\ x_3 \end{pmatrix}=c_1\begin{pmatrix} -1 \\ 1 \\ 0 \end{pmatrix}+c_2\begin{pmatrix} -1 \\ 0 \\ 1 \end{pmatrix}$，　$c_1, c_2 \in \mathbf{R}$.

当 $a=-2$ 时，$\mathrm{r}(\boldsymbol{A})=2$，齐次线性方程组有非零解；当 $a=-2$ 时，系数矩阵经初等行变换

$$\begin{pmatrix} 1 & 1 & -2 \\ 0 & -3 & 3 \\ 0 & 0 & 0 \end{pmatrix} \xrightarrow{r_2 \div (-3)} \begin{pmatrix} 1 & 1 & -2 \\ 0 & 1 & -1 \\ 0 & 0 & 0 \end{pmatrix} \xrightarrow{r_1-r_2} \begin{pmatrix} 1 & 0 & -1 \\ 0 & 1 & -1 \\ 0 & 0 & 0 \end{pmatrix},$$

得　$\begin{cases} x_1=x_3 \\ x_2=x_3 \\ x_3=x_3 \end{cases}$ （x_3 可任意取值）.

所求方程组的解为

$$\begin{pmatrix} x_1 \\ x_2 \\ x_3 \end{pmatrix}=c\begin{pmatrix} 1 \\ 1 \\ 1 \end{pmatrix}, \quad c \in \mathbf{R}.$$

(2) $\begin{cases} 2x_1-x_2+3x_3=0 \\ 3x_1-4x_2+7x_3=0. \\ x_1-2x_2+ax_3=0 \end{cases}$

解 $\boldsymbol{A}=\begin{pmatrix}2&-1&3\\3&-4&7\\1&-2&a\end{pmatrix}\xrightarrow{r_1\leftrightarrow r_3}\begin{pmatrix}1&-2&a\\3&-4&7\\2&-1&3\end{pmatrix}\xrightarrow[r_3-2r_1]{r_2-3r_1}$

$$\begin{pmatrix}1&-2&a\\0&2&7-3a\\0&3&3-2a\end{pmatrix}\xrightarrow{r_3-\frac{3}{2}r_2}\begin{pmatrix}1&-2&a\\0&2&7-3a\\0&0&\frac{5}{2}a-\frac{15}{2}\end{pmatrix}.$$

当 $a=3$ 时，$\mathrm{r}(\boldsymbol{A})=2$，齐次线性方程组有非零解；系数矩阵经初等行变换变为

$$\begin{pmatrix}1&-2&3\\0&2&-2\\0&0&0\end{pmatrix}\xrightarrow[r_2\div 2]{r_1+r_2}\begin{pmatrix}1&0&1\\0&1&-1\\0&0&0\end{pmatrix},$$

得 $\begin{cases}x_1=-x_3\\x_2=x_3\\x_3=x_3\end{cases}$ (x_3 可任意取值).

方程组的解为

$$\begin{pmatrix}x_1\\x_2\\x_3\end{pmatrix}=c\begin{pmatrix}-1\\1\\1\end{pmatrix},\quad c\in\mathbf{R}.$$

6. 确定 a，b 的值使下列非齐次线性方程组有解，并求其解.

解题思路 利用教材 3.1 定理 2 及其“注”，并参照教材 3.1 例 4 的解法即可.

(1) $\begin{cases}ax_1+bx_2+2x_3=1\\(b-1)x_2+x_3=0\\ax_1+bx_2+(1-b)x_3=3-2b\end{cases}.$

解 $\begin{pmatrix}a&b&2&1\\0&b-1&1&0\\a&b&1-b&3-2b\end{pmatrix}\Rightarrow\begin{pmatrix}a&b&2&1\\0&b-1&1&0\\0&0&-1-b&2-2b\end{pmatrix}\Rightarrow$

$$\begin{pmatrix}a&1&1&1\\0&b-1&1&0\\0&0&1+b&2(b-1)\end{pmatrix}.$$

所以当 $a\neq 0$，$b\neq\pm 1$ 时，有唯一解：

$$x_1=\frac{5-b}{a(b+1)},\ x_2=-\frac{2}{b+1},\ x_3=\frac{2(b-1)}{b+1}.$$

所以当 $a\neq 0$，$b=1$ 时，有无穷多解：

$x_1=(1-c)/a$，$x_2=c$，$x_3=0$.

当 $a=0$，$b=1$ 时，有无穷多解：

$x_1=c$，$x_2=1$，$x_3=0$.

当 $a=0$，$b=5$ 时，有无穷多解：

$x_1=c$，$x_2=-1/3$，$x_3=4/3$.

(2) $\begin{cases} x_1+2x_2-2x_3+2x_4=2 \\ x_2-x_3-x_4=1 \\ x_1+x_2-x_3+3x_4=a \\ x_1-x_2+x_3+5x_4=b \end{cases}$.

解 $\begin{pmatrix} 1 & 2 & -2 & 2 & 2 \\ 0 & 1 & -1 & -1 & 1 \\ 1 & 1 & -1 & 3 & a \\ 1 & -1 & 1 & 5 & b \end{pmatrix} \Rightarrow \begin{pmatrix} 1 & 0 & 0 & 4 & 0 \\ 0 & 1 & -1 & -1 & 1 \\ 1 & 0 & 0 & 4 & a-1 \\ 1 & 0 & 0 & 4 & b+1 \end{pmatrix} \Rightarrow$

$\begin{pmatrix} 1 & 0 & 0 & 4 & 0 \\ 0 & 1 & -1 & -1 & 1 \\ 0 & 0 & 0 & 0 & a-1 \\ 0 & 0 & 0 & 0 & b+1 \end{pmatrix}$.

故当 $a=1$，$b=-1$ 时，有无穷多个解：

$$\begin{cases} x_1=-4c_2 \\ x_2=1+c_1+c_2 \\ x_3=c_1 \\ x_4=c_2 \end{cases}, \quad c_1, c_2\in\mathbf{R}.$$

7. 设 $\boldsymbol{A}$ 为 $m\times n$ 矩阵，证明：

证明思路　利用教材 § 3.1 定理 2 及其“注”即可.

(1) 方阵 $\boldsymbol{AX}=\boldsymbol{E}_m$ 有解的充分必要条件为 $\mathrm{r}(\boldsymbol{A})=m$.

证　方程 $\boldsymbol{AX}=\boldsymbol{E}_m$ 有解$\Leftrightarrow\mathrm{r}(\boldsymbol{A})=\mathrm{r}(\boldsymbol{A},\boldsymbol{E}_m)\Leftrightarrow\mathrm{r}(\boldsymbol{A})=m$.

(必要性由不等式 $m\leqslant\mathrm{r}(\boldsymbol{A},\boldsymbol{E}_m)=\mathrm{r}(\boldsymbol{A})\leqslant m$ 得到；充分性由不等式 $m=\mathrm{r}(\boldsymbol{A})\leqslant\mathrm{r}(\boldsymbol{A},\boldsymbol{E}_m)\leqslant m$ 得到).

(2) 方程 $\boldsymbol{YA}=\boldsymbol{E}_n$ 有解的充分必要条件为 $\mathrm{r}(\boldsymbol{A})=n$.

证　方程 $\boldsymbol{YA}=\boldsymbol{E}_n$ 有解$\Leftrightarrow$方程 $\boldsymbol{A}^{\mathrm{T}}\boldsymbol{Y}^{\mathrm{T}}=\boldsymbol{E}_n$ 有解

$\Leftrightarrow\mathrm{r}(\boldsymbol{A}^{\mathrm{T}})=n$ (由(1))

$\Leftrightarrow\mathrm{r}(\boldsymbol{A})=n$ (矩阵秩的性质).

注：　当 $m=n$，即 $\boldsymbol{A}$ 为 n 阶方阵时，显然

$$AX=E \text{ 及 } YA=E \text{ 有解} \Leftrightarrow r(A)=n, \text{ 并有 } X=Y=A^{-1};$$

当 $m\neq n$ 时，按题设条件的解 X 和 Y 不是唯一的.

8. 设 A 为 $m\times n$ 矩阵，证明：若 $AX=AY$，且 $r(A)=n$，则 $X=Y$.

解题思路　利用教材§3.1定理2及其“注”即可.

解　设 X, Y 为 $n\times s$ 阶矩阵.

$$X=(\alpha_1, \cdots, \alpha_s), Y=(\beta_1, \cdots, \beta_s).$$

由　$AX=AY\Rightarrow A(X-Y)=0\Rightarrow A(\alpha_j-\beta_j)=0\ (j=1, 2, \cdots, s)$,

$\because r(A)=n$,

方程组 $A(\alpha_j-\beta_j)=0$ 只有零解 $\Rightarrow \alpha_j=\beta_j\ (j=1, 2, \cdots, s)$,

$\therefore X=Y$.

§3.2　向量组的线性组合

一、主要知识归纳

表3—2—1　**n维向量及其线性运算**

定义	n个有次序的数 $a_1, a_2, \cdots, a_n$ 所组成的数组称为 n 维向量，这 n 个数称为该向量的 n 个分量，第 i 个数 a_i 称为第 i 个分量. n 维向量可写成一行或一列，分别称为行向量和列向量. 若干同维数的列向量（或行向量）所组成的集合称为向量组. 例如：矩阵 $A=(\alpha_1, \alpha_2, \cdots, \alpha_n)$ 或 $A=(\beta_1, \beta_2, \cdots, \beta_n)^T$.
线性运算	$\alpha=(a_1, a_2, \cdots, a_n)^T$, $\beta=(b_1, b_2, \cdots, b_n)^T$. $\alpha+\beta=(a_1+b_1, a_2+b_2, \cdots, a_n+b_n)^T$. $\alpha-\beta=(a_1-b_1, a_2-b_2, \cdots, a_n-b_n)^T$. $k\alpha=(ka_1, ka_2, \cdots, ka_n)^T$.

表3—2—2　**向量组的线性组合与线性表示**

线性组合	给定向量组 A：$\alpha_1, \alpha_2, \cdots, \alpha_s$，对于任何一组实数 $k_1, k_2, \cdots, k_s$，表达式 $k_1\alpha_1+k_2\alpha_2+\cdots+k_s\alpha_s$ 称为向量组 A 的一个组性组合，$k_1, k_2, \cdots, k_s$ 称为这个线性组合的系数，也称为该线性组合的权重.
线性表示	给定向量组 A：$\alpha_1, \alpha_2, \cdots, \alpha_s$ 和向量 β，若存在一组数 $k_1, k_2, \cdots, k_s$，使 $\beta=k_1\alpha_1+k_2\alpha_2+\cdots+k_s\alpha_s$, 则称向量 β 是向量组 A 的线性组合，又称向量 β 能由向量组 A 线性表示.
向量等价	设有两向量组 A：$\alpha_1, \alpha_2, \cdots, \alpha_s$；$B$：$\beta_1, \beta_2, \cdots, \beta_t$，若向量组 B 中的每一个向量都能由向量组 A 线性表示，则称向量组 B 能由向量组 A 线性表示. 若向量组 A 与向量组 B 能相互线性表示，这两个向量组等价.

续前表

<table>
<tr><td>性质</td><td>(1) 向量$\boldsymbol{\beta}$能由向量组$\boldsymbol{\alpha}_1, \boldsymbol{\alpha}_2, \cdots, \boldsymbol{\alpha}_s$线性表示的充要条件是矩阵
$\mathbf{A}=(\boldsymbol{\alpha}_1, \boldsymbol{\alpha}_2, \cdots, \boldsymbol{\alpha}_s)$与$\widetilde{\mathbf{A}}=(\boldsymbol{\alpha}_1, \boldsymbol{\alpha}_2, \cdots, \boldsymbol{\alpha}_s, \boldsymbol{\beta})$
的秩相等.
(2) 向量组$\boldsymbol{A}$：$\boldsymbol{\alpha}_1, \boldsymbol{\alpha}_2, \cdots, \boldsymbol{\alpha}_n$与向量组$\boldsymbol{B}$：$\boldsymbol{\beta}_1, \boldsymbol{\beta}_2, \cdots, \boldsymbol{\beta}_n$等价的充要条件是
$\mathrm{r}(\boldsymbol{A})=\mathrm{r}(\boldsymbol{B})=\mathrm{r}(\boldsymbol{A}, \boldsymbol{B})$.
(3) 若向量组$\boldsymbol{A}$可由向量组$\boldsymbol{B}$线性表示，向量组$\boldsymbol{B}$可由向量组$\boldsymbol{C}$线性表示，则向量组$\boldsymbol{A}$可由向量组$\boldsymbol{C}$线性表示.</td></tr>
</table>

二、典型例题分析

例1　已知$\boldsymbol{\alpha}_1=(1, 0, 2, 3)$，$\boldsymbol{\alpha}_2=(1, 1, 3, 5)$，$\boldsymbol{\alpha}_3=(1, -1, a+2, 1)$，$\boldsymbol{\alpha}_4=(1, 2, 4, a+8)$及$\boldsymbol{\beta}=(1, 1, b+3, 5)$，问：

(1) a, b为何值时，$\boldsymbol{\beta}$不能表示成$\boldsymbol{\alpha}_1, \boldsymbol{\alpha}_2, \boldsymbol{\alpha}_3, \boldsymbol{\alpha}_4$的线性组合？

(2) a, b为何值时，$\boldsymbol{\beta}$可由$\boldsymbol{\alpha}_1, \boldsymbol{\alpha}_2, \boldsymbol{\alpha}_3, \boldsymbol{\alpha}_4$线性表示，但表达式不唯一？

(3) a, b为何值时，$\boldsymbol{\beta}$可由$\boldsymbol{\alpha}_1, \boldsymbol{\alpha}_2, \boldsymbol{\alpha}_3, \boldsymbol{\alpha}_4$唯一地线性表示？并写出此表达式.

解　设$x_1\boldsymbol{\alpha}_1+x_2\boldsymbol{\alpha}_2+x_3\boldsymbol{\alpha}_3+x_4\boldsymbol{\alpha}_4=\boldsymbol{\beta}$，即

$$\begin{cases}x_1+x_2+x_3+x_4=1\\ x_2-x_3+2x_4=1\\ 2x_1+3x_2+(a+2)x_3+4x_4=b+3\\ 3x_1+5x_2+x_3+(a+8)x_4=5\end{cases},$$

对增广矩阵施行初等行变换

$$\widetilde{\mathbf{A}}=\begin{pmatrix}1&1&1&1&1\\0&1&-1&2&1\\2&3&a+2&4&b+3\\3&5&1&a+8&5\end{pmatrix}\to\begin{pmatrix}1&1&1&1&1\\0&1&-1&2&1\\0&1&a&2&b+1\\0&2&-2&a+5&2\end{pmatrix}\to$$

$$\begin{pmatrix}1&1&1&1&1\\0&1&-1&2&1\\0&0&a+1&0&b\\0&0&0&a+1&0\end{pmatrix},$$

则

(1) 当$a=-1$且$b\neq 0$时，$\mathrm{r}(\mathbf{A})=2$，$\mathrm{r}(\widetilde{\mathbf{A}})=3$，$\mathrm{r}(\mathbf{A})\neq\mathrm{r}(\widetilde{\mathbf{A}})$，所以方程组无解，则$\boldsymbol{\beta}$不能由$\boldsymbol{\alpha}_1, \boldsymbol{\alpha}_2, \boldsymbol{\alpha}_3, \boldsymbol{\alpha}_4$线性表示.

(2) 当$a=-1$且$b=0$时，$\mathrm{r}(\mathbf{A})=\mathrm{r}(\widetilde{\mathbf{A}})=2<n$，方程组有无穷多解，则$\boldsymbol{\beta}$可由$\boldsymbol{\alpha}_1, \boldsymbol{\alpha}_2, \boldsymbol{\alpha}_3, \boldsymbol{\alpha}_4$线性表示，但表达式不唯一.

(3) 当$a\neq-1$时，$\mathrm{r}(\mathbf{A})=\mathrm{r}(\widetilde{\mathbf{A}})=4=n$，方程组有唯一解，则$\boldsymbol{\beta}$可由$\boldsymbol{\alpha}_1, \boldsymbol{\alpha}_2$,

$\boldsymbol{\alpha}_3$，$\boldsymbol{\alpha}_4$ 唯一线性表示；此时有

$$\widetilde{\boldsymbol{A}}\to\begin{pmatrix}1&1&1&1&1\\0&1&-1&2&1\\0&0&a+1&0&b\\0&0&0&a+1&0\end{pmatrix}\to\begin{pmatrix}1&1&1&1&1\\0&1&-1&2&1\\0&0&1&0&\dfrac{b}{a+1}\\0&0&0&1&0\end{pmatrix}\to$$

$$\begin{pmatrix}1&0&0&0&\dfrac{-2b}{a+1}\\0&1&0&0&\dfrac{a+b+1}{a+1}\\0&0&1&0&\dfrac{b}{a+1}\\0&0&0&1&0\end{pmatrix},$$

则
$$\boldsymbol{\beta}=\frac{1}{a+1}[-2b\boldsymbol{\alpha}_1+(a+b+1)\boldsymbol{\alpha}_2+b\boldsymbol{\alpha}_3].$$

小结：本题利用了线性表示的定义给出相应的线性方程组，把讨论线性表出的问题转化为求线性方程组解的问题，将方程组的增广矩阵化为行最简形矩阵时可以得出线性表出式.

例 2 设有向量组（Ⅰ）：$\boldsymbol{\alpha}_1=(1,0,2)^{\mathrm{T}}$，$\boldsymbol{\alpha}_2=(1,1,3)^{\mathrm{T}}$，$\boldsymbol{\alpha}_3=(1,-1,a+2)^{\mathrm{T}}$和向量组（Ⅱ）：$\boldsymbol{\beta}_1=(1,2,a+3)^{\mathrm{T}}$，$\boldsymbol{\beta}_2=(2,1,a+6)^{\mathrm{T}}$，$\boldsymbol{\beta}_3=(2,1,a+4)^{\mathrm{T}}$. 试问：当 a 为何值时，向量组（Ⅰ）与（Ⅱ）等价？当 a 为何值时，向量组（Ⅰ）与（Ⅱ）不等价？

解 对 $\boldsymbol{\alpha}_1$，$\boldsymbol{\alpha}_2$，$\boldsymbol{\alpha}_3$，$\boldsymbol{\beta}_1$，$\boldsymbol{\beta}_2$，$\boldsymbol{\beta}_3$ 构成的矩阵做初等行变换，有

$$(\boldsymbol{\alpha}_1,\boldsymbol{\alpha}_2,\boldsymbol{\alpha}_3,\boldsymbol{\beta}_1,\boldsymbol{\beta}_2,\boldsymbol{\beta}_3)=\begin{pmatrix}1&1&1&1&2&2\\0&1&-1&2&1&1\\2&3&a+2&a+3&a+6&a+4\end{pmatrix}\to$$

$$\begin{pmatrix}1&1&1&1&2&2\\0&1&-1&2&1&1\\0&1&a&a+1&a+2&a\end{pmatrix}\to$$

$$\begin{pmatrix}1&1&1&1&2&2\\0&1&-1&2&1&1\\0&0&a+1&a-1&a+1&a-1\end{pmatrix},$$

(1) 当 $a\neq-1$ 时，有

$$\mathrm{r}(\boldsymbol{\alpha}_1,\boldsymbol{\alpha}_2,\boldsymbol{\alpha}_3)=\mathrm{r}(\boldsymbol{\alpha}_1,\boldsymbol{\alpha}_2,\boldsymbol{\alpha}_3,\boldsymbol{\beta}_1,\boldsymbol{\beta}_2,\boldsymbol{\beta}_3)=3,$$

又

$$|\boldsymbol{\beta}_1,\ \boldsymbol{\beta}_2,\ \boldsymbol{\beta}_3|=\begin{vmatrix}1&2&2\\2&1&1\\a+3&a+6&a+4\end{vmatrix}=\begin{vmatrix}-3&0&0\\2&1&1\\a+3&a+6&a+4\end{vmatrix}$$

$$=\begin{vmatrix}-3&0&0\\2&1&0\\a+3&a+6&-2\end{vmatrix}=6\neq0,$$

则　　$r(\boldsymbol{\beta}_1,\boldsymbol{\beta}_2,\boldsymbol{\beta}_3)=3$,

所以

$$r(\boldsymbol{\alpha}_1,\boldsymbol{\alpha}_2,\boldsymbol{\alpha}_3)=r(\boldsymbol{\beta}_1,\boldsymbol{\beta}_2,\boldsymbol{\beta}_3)=r(\boldsymbol{\alpha}_1,\boldsymbol{\alpha}_2,\boldsymbol{\alpha}_3,\boldsymbol{\beta}_1,\boldsymbol{\beta}_2,\boldsymbol{\beta}_3)=3,$$

因此向量组（Ⅰ）与（Ⅱ）等价.

(2) 当 $a=-1$ 时,

$$(\boldsymbol{\alpha}_1,\boldsymbol{\alpha}_2,\boldsymbol{\alpha}_3,\boldsymbol{\beta}_1,\boldsymbol{\beta}_2,\boldsymbol{\beta}_3)=\begin{pmatrix}1&1&1&1&2&2\\0&1&-1&2&1&1\\0&0&0&-2&0&-2\end{pmatrix},$$

由于 $r(\boldsymbol{\alpha}_1,\boldsymbol{\alpha}_2,\boldsymbol{\alpha}_3)=2\neq r(\boldsymbol{\alpha}_1,\boldsymbol{\alpha}_2,\boldsymbol{\alpha}_3,\boldsymbol{\beta}_1,\boldsymbol{\beta}_2,\boldsymbol{\beta}_3)=3$, 所以向量组（Ⅰ）与（Ⅱ）不等价.

小结: 本题的证明主要采用了向量组等价的性质定理: 即向量组（Ⅰ）与向量组（Ⅱ）等价的充要条件是

$$r(\boldsymbol{\alpha}_1,\boldsymbol{\alpha}_2,\boldsymbol{\alpha}_3)=r(\boldsymbol{\beta}_1,\boldsymbol{\beta}_2,\boldsymbol{\beta}_3)=r(\boldsymbol{\alpha}_1,\boldsymbol{\alpha}_2,\boldsymbol{\alpha}_3,\boldsymbol{\beta}_1,\boldsymbol{\beta}_2,\boldsymbol{\beta}_3).$$

例 3　设向量 $\boldsymbol{\beta}$ 可由向量组 $\boldsymbol{\alpha}_1,\boldsymbol{\alpha}_2,\cdots,\boldsymbol{\alpha}_r$ 线性表示, 但不能由 $\boldsymbol{\alpha}_1,\boldsymbol{\alpha}_2,\cdots,\boldsymbol{\alpha}_{r-1}$ 线性表出, 试证:

(1) $\boldsymbol{\alpha}_r$ 不能由向量组 $\boldsymbol{\alpha}_1,\boldsymbol{\alpha}_2,\cdots,\boldsymbol{\alpha}_{r-1}$ 线性表示;

(2) $\boldsymbol{\alpha}_r$ 能由 $\boldsymbol{\alpha}_1,\boldsymbol{\alpha}_2,\cdots,\boldsymbol{\alpha}_{r-1},\boldsymbol{\beta}$ 线性表示.

证　(1) 反证法. 若 $\boldsymbol{\alpha}_r$ 可由 $\boldsymbol{\alpha}_1,\boldsymbol{\alpha}_2,\cdots,\boldsymbol{\alpha}_{r-1}$ 线性表示, 设

$$\boldsymbol{\alpha}_r=k_1\boldsymbol{\alpha}_1+k_2\boldsymbol{\alpha}_2+\cdots+k_{r-1}\boldsymbol{\alpha}_{r-1},$$

又 $\boldsymbol{\beta}$ 可由向量组 $\boldsymbol{\alpha}_1,\boldsymbol{\alpha}_2,\cdots,\boldsymbol{\alpha}_r$ 线性表示, 设 $\boldsymbol{\beta}=l_1\boldsymbol{\alpha}_1+l_2\boldsymbol{\alpha}_2+\cdots+l_r\boldsymbol{\alpha}_r$, 将上式代入得

$$\boldsymbol{\beta}=(l_1+k_1l_r)\boldsymbol{\alpha}_1+(l_2+k_2l_r)\boldsymbol{\alpha}_2+\cdots+(l_{r-1}+k_{r-1}l_r)\boldsymbol{\alpha}_{r-1},$$

与 $\boldsymbol{\beta}$ 不能由 $\boldsymbol{\alpha}_1,\boldsymbol{\alpha}_2,\cdots,\boldsymbol{\alpha}_{r-1}$ 线性表示矛盾, 所以 $\boldsymbol{\alpha}_r$ 不能由向量组 $\boldsymbol{\alpha}_1,\boldsymbol{\alpha}_2,\cdots,\boldsymbol{\alpha}_r$ 线性表示.

(2) 因 $\boldsymbol{\beta}$ 可由向量组 $\boldsymbol{\alpha}_1,\boldsymbol{\alpha}_2,\cdots,\boldsymbol{\alpha}_r$ 线性表示, 可设 $\boldsymbol{\beta}=l_1\boldsymbol{\alpha}_1+l_2\boldsymbol{\alpha}_2+\cdots+l_r\boldsymbol{\alpha}_r$, 由 $\boldsymbol{\beta}$ 不能由 $\boldsymbol{\alpha}_1,\boldsymbol{\alpha}_2,\cdots,\boldsymbol{\alpha}_{r-1}$ 线性表示可知 $l_r\neq0$, 则

$$\boldsymbol{\alpha}_r=-\frac{l_1}{l_r}\boldsymbol{\alpha}_1-\frac{l_2}{l_r}\boldsymbol{\alpha}_2-\cdots-\frac{l_{r-1}}{l_r}\boldsymbol{\alpha}_{r-1}+\frac{1}{l_r}\boldsymbol{\beta}.$$

小结：对于一些无法或很难直接证明的命题一般采用反证法来证，本题主要利用了线性表示的定义.

三、习题 3—2 解答

1. 设 $\boldsymbol{v}_1=(1,1,0)^{\mathrm{T}}$，$\boldsymbol{v}_2=(0,1,1)^{\mathrm{T}}$，$\boldsymbol{v}_3=(3,4,0)^{\mathrm{T}}$，求 $\boldsymbol{v}_1-\boldsymbol{v}_2$ 及 $3\boldsymbol{v}_1+2\boldsymbol{v}_2-\boldsymbol{v}_3$.

解题思路 利用向量的线性运算.

解 $\boldsymbol{v}_1-\boldsymbol{v}_2=(1,1,0)^{\mathrm{T}}-(0,1,1)^{\mathrm{T}}=(1-0,1-1,0-1)^{\mathrm{T}}=(1,0,-1)^{\mathrm{T}}$，

$$\begin{aligned}3\boldsymbol{v}_1+2\boldsymbol{v}_2-\boldsymbol{v}_3&=3(1,1,0)^{\mathrm{T}}+2(0,1,1)^{\mathrm{T}}-(3,4,0)^{\mathrm{T}}\\&=(3\times1+2\times0-3,3\times1+2\times1-4,3\times0+2\times1-0)^{\mathrm{T}}\\&=(0,1,2)^{\mathrm{T}}.\end{aligned}$$

2. 将下列向量中的 $\boldsymbol{\beta}$ 表示为其余向量的线性组合：

$$\boldsymbol{\beta}=(3,5,-6),\ \boldsymbol{\alpha}_1=(1,0,1),\ \boldsymbol{\alpha}_1=(1,1,1),\ \boldsymbol{\alpha}_3=(0,-1,-1).$$

解题思路 利用向量组线性表示已知向量，参照教材§3.2例5，利用初等变换法；利用线性方程组解答.

解 方法一 对矩阵 $\boldsymbol{A}=(\boldsymbol{\alpha}_1^{\mathrm{T}},\boldsymbol{\alpha}_2^{\mathrm{T}},\boldsymbol{\alpha}_3^{\mathrm{T}},\boldsymbol{\beta}^{\mathrm{T}})$ 仅施以初等行变换

$$\boldsymbol{A}=(\boldsymbol{\alpha}_1^{\mathrm{T}},\boldsymbol{\alpha}_2^{\mathrm{T}},\boldsymbol{\alpha}_3^{\mathrm{T}},\boldsymbol{\beta}^{\mathrm{T}})=\begin{pmatrix}1&1&0&3\\0&1&-1&5\\1&1&-1&-6\end{pmatrix}\xrightarrow{r_3-r_1}\begin{pmatrix}1&1&0&3\\0&1&-1&5\\0&0&-1&-9\end{pmatrix}$$

$$\xrightarrow[(-1)r_3]{r_2-r_3}\begin{pmatrix}1&1&0&3\\0&1&0&14\\0&0&1&9\end{pmatrix}\xrightarrow{r_1-r_2}\begin{pmatrix}1&0&0&-11\\0&1&0&14\\0&0&1&9\end{pmatrix}$$

所以 $\boldsymbol{\beta}=-11\boldsymbol{\alpha}_1+14\boldsymbol{\alpha}_2+9\boldsymbol{\alpha}_3$.

方法二 设有一组数 x_1，x_2，x_3 使 $\boldsymbol{\beta}=x_1\boldsymbol{\alpha}_1+x_2\boldsymbol{\alpha}_2+x_3\boldsymbol{\alpha}_3$，则

$$\begin{cases}x_1+x_2=3\\x_2-x_3=5\\x_1+x_2-x_3=-6\end{cases}.$$

对方程组增广矩阵施以初等行变换

$$(\boldsymbol{A}\,\vdots\,\boldsymbol{b})=\left(\begin{array}{ccc:c}1&1&0&3\\0&1&-1&5\\1&1&-1&-6\end{array}\right)\xrightarrow{r_3-r_1}\left(\begin{array}{ccc:c}1&1&0&3\\0&1&-1&5\\0&0&-1&-9\end{array}\right)\xrightarrow[r_3\times(-1)]{r_2-r_3}$$

$$\begin{pmatrix}1&1&0&\vdots&3\\0&1&0&\vdots&14\\0&0&1&\vdots&9\end{pmatrix}\xrightarrow{r_1-r_2}\begin{pmatrix}1&0&0&\vdots&-11\\0&1&0&\vdots&14\\0&0&1&\vdots&9\end{pmatrix}$$

得 $x_1=-11$，$x_2=14$，$x_3=9$，所以 $\boldsymbol{\beta}=-11\boldsymbol{\alpha}_1+14\boldsymbol{\alpha}_2+9\boldsymbol{\alpha}_3$.

3. 已知向量 $\boldsymbol{\gamma}_1$，$\boldsymbol{\gamma}_2$ 由向量 $\boldsymbol{\beta}_1$，$\boldsymbol{\beta}_2$，$\boldsymbol{\beta}_3$ 线性表示的表示式为

$$\boldsymbol{\gamma}_1=3\boldsymbol{\beta}_1-\boldsymbol{\beta}_2+\boldsymbol{\beta}_3,\ \boldsymbol{\gamma}_2=\boldsymbol{\beta}_1+2\boldsymbol{\beta}_2+4\boldsymbol{\beta}_3,$$

向量 $\boldsymbol{\beta}_1$，$\boldsymbol{\beta}_2$，$\boldsymbol{\beta}_3$ 由向量 $\boldsymbol{\alpha}_1$，$\boldsymbol{\alpha}_2$，$\boldsymbol{\alpha}_3$ 线性表示的表示式为

$$\boldsymbol{\beta}_1=2\boldsymbol{\alpha}_1+\boldsymbol{\alpha}_2-5\boldsymbol{\alpha}_3,\ \boldsymbol{\beta}_2=\boldsymbol{\alpha}_1+3\boldsymbol{\alpha}_2+\boldsymbol{\alpha}_3,\ \boldsymbol{\alpha}_3=-\boldsymbol{\alpha}_1+4\boldsymbol{\alpha}_2-\boldsymbol{\alpha}_3,$$

求向量 $\boldsymbol{\gamma}_1$，$\boldsymbol{\gamma}_2$ 由向量 $\boldsymbol{\alpha}_1$，$\boldsymbol{\alpha}_2$，$\boldsymbol{\alpha}_3$ 的线性表示的表示式.

解题思路　利用向量组的线性组合具有传递性.

解　方法一　求 $\boldsymbol{\beta}_1$，$\boldsymbol{\beta}_2$，$\boldsymbol{\beta}_3$ 的表达式分别代入 $\boldsymbol{\gamma}_1$，$\boldsymbol{\gamma}_2$ 的表达式中有

$$\begin{aligned}\boldsymbol{\gamma}_1&=3(2\boldsymbol{\alpha}_1+\boldsymbol{\alpha}_2-5\boldsymbol{\alpha}_3)-(\boldsymbol{\alpha}_1+3\boldsymbol{\alpha}_2+\boldsymbol{\alpha}_3)+(-\boldsymbol{\alpha}_1+4\boldsymbol{\alpha}_2-\boldsymbol{\alpha}_3)\\&=6\boldsymbol{\alpha}_1+3\boldsymbol{\alpha}_2-15\boldsymbol{\alpha}_3-\boldsymbol{\alpha}_1-3\boldsymbol{\alpha}_2-\boldsymbol{\alpha}_3-\boldsymbol{\alpha}_1+4\boldsymbol{\alpha}_2-\boldsymbol{\alpha}_3\\&=4\boldsymbol{\alpha}_1+4\boldsymbol{\alpha}_2-17\boldsymbol{\alpha}_3,\\\boldsymbol{\gamma}_2&=(2\boldsymbol{\alpha}_1+\boldsymbol{\alpha}_2-5\boldsymbol{\alpha}_3)+2(\boldsymbol{\alpha}_1+3\boldsymbol{\alpha}_2+\boldsymbol{\alpha}_3)+4(-\boldsymbol{\alpha}_1+4\boldsymbol{\alpha}_2-\boldsymbol{\alpha}_3)\\&=2\boldsymbol{\alpha}_1+\boldsymbol{\alpha}_2-5\boldsymbol{\alpha}_3+2\boldsymbol{\alpha}_1+6\boldsymbol{\alpha}_2+2\boldsymbol{\alpha}_3-4\boldsymbol{\alpha}_1+16\boldsymbol{\alpha}_2-4\boldsymbol{\alpha}_3\\&=23\boldsymbol{\alpha}_2-7\boldsymbol{\alpha}_3.\end{aligned}$$

注：此方法适用于向量个数较少的情况，否则书写量较大. 而方法二则几乎不用写明向量，借助于分块矩阵的运算知识亦可求解.

方法二　$\because \begin{pmatrix}\boldsymbol{\gamma}_1\\\boldsymbol{\gamma}_2\end{pmatrix}=\begin{pmatrix}3&-1&1\\1&2&4\end{pmatrix}\begin{pmatrix}\boldsymbol{\beta}_1\\\boldsymbol{\beta}_2\\\boldsymbol{\beta}_3\end{pmatrix}$，$\begin{pmatrix}\boldsymbol{\beta}_1\\\boldsymbol{\beta}_2\\\boldsymbol{\beta}_3\end{pmatrix}=\begin{pmatrix}2&1&-5\\1&3&1\\-1&4&-1\end{pmatrix}\begin{pmatrix}\boldsymbol{\alpha}_1\\\boldsymbol{\alpha}_2\\\boldsymbol{\alpha}_3\end{pmatrix}$，

$$\therefore \begin{pmatrix}\boldsymbol{\gamma}_1\\\boldsymbol{\gamma}_2\end{pmatrix}=\begin{pmatrix}3&-1&1\\1&2&4\end{pmatrix}\begin{pmatrix}2&1&-5\\1&3&1\\-1&4&-1\end{pmatrix}\begin{pmatrix}\boldsymbol{\alpha}_1\\\boldsymbol{\alpha}_2\\\boldsymbol{\alpha}_3\end{pmatrix}=\begin{pmatrix}4&4&-17\\0&23&-7\end{pmatrix}\begin{pmatrix}\boldsymbol{\alpha}_1\\\boldsymbol{\alpha}_2\\\boldsymbol{\alpha}_3\end{pmatrix}.$$

4. 已知向量组 $\boldsymbol{B}$:$\boldsymbol{\beta}_1$，$\boldsymbol{\beta}_2$，$\boldsymbol{\beta}_3$ 由向量组 $\boldsymbol{A}$:$\boldsymbol{\alpha}_1$，$\boldsymbol{\alpha}_2$，$\boldsymbol{\alpha}_3$ 线性表示的表示式为

$$\boldsymbol{\beta}_1=\boldsymbol{\alpha}_1-\boldsymbol{\alpha}_2+\boldsymbol{\alpha}_3,\ \boldsymbol{\beta}_2=\boldsymbol{\alpha}_1+\boldsymbol{\alpha}_2-\boldsymbol{\alpha}_3,\ \boldsymbol{\beta}_3=-\boldsymbol{\alpha}_1+\boldsymbol{\alpha}_2+\boldsymbol{\alpha}_3,$$

试将向量组 $\boldsymbol{A}$ 的向量用向量组 $\boldsymbol{B}$ 的向量线性表示.

解题思路　利用向量组之间的线性表示具有可逆性.

解　方法一　类似于解方程组，把 $\boldsymbol{\alpha}_1$，$\boldsymbol{\alpha}_2$，$\boldsymbol{\alpha}_3$ 看成未知量，利用消元法求解.

$$\boldsymbol{\beta}_1=\boldsymbol{\alpha}_1-\boldsymbol{\alpha}_2+\boldsymbol{\alpha}_3 \qquad ①$$

$$\boldsymbol{\beta}_2=\boldsymbol{\alpha}_1+\boldsymbol{\alpha}_2-\boldsymbol{\alpha}_3 \qquad ②$$

$$\boldsymbol{\beta}_3=-\boldsymbol{\alpha}_1+\boldsymbol{\alpha}_2+\boldsymbol{\alpha}_3 \qquad ③$$

①+②有 $2\boldsymbol{\alpha}_1=\boldsymbol{\beta}_1+\boldsymbol{\beta}_2$，①+③有 $2\boldsymbol{\alpha}_3=\boldsymbol{\beta}_1+\boldsymbol{\beta}_3$，②+③有 $2\boldsymbol{\alpha}_2=\boldsymbol{\beta}_2+\boldsymbol{\beta}_3$.

所以 $\boldsymbol{\alpha}_1=\frac{1}{2}(\boldsymbol{\beta}_1+\boldsymbol{\beta}_2)$，$\boldsymbol{\alpha}_2=\frac{1}{2}(\boldsymbol{\beta}_2+\boldsymbol{\beta}_3)$，$\boldsymbol{\alpha}_3=\frac{1}{2}(\boldsymbol{\beta}_1+\boldsymbol{\beta}_3)$.

方法二 将已知式子用分块矩阵乘法表示

$$\begin{pmatrix}\boldsymbol{\beta}_1\\ \boldsymbol{\beta}_2\\ \boldsymbol{\beta}_3\end{pmatrix}=\begin{pmatrix}1&-1&1\\1&1&-1\\-1&1&1\end{pmatrix}\begin{pmatrix}\boldsymbol{\alpha}_1\\ \boldsymbol{\alpha}_2\\ \boldsymbol{\alpha}_3\end{pmatrix}.$$

因 $\begin{vmatrix}1&-1&1\\1&1&-1\\-1&1&1\end{vmatrix}\xrightarrow[r_3+r_1]{r_2-r_1}\begin{vmatrix}1&-1&1\\0&2&-2\\0&0&2\end{vmatrix}\neq 0$，故 $\begin{pmatrix}1&-1&1\\1&1&-1\\-1&1&1\end{pmatrix}$ 可逆. 所以

$$\begin{pmatrix}\boldsymbol{\alpha}_1\\ \boldsymbol{\alpha}_2\\ \boldsymbol{\alpha}_3\end{pmatrix}=\begin{pmatrix}1&-1&1\\1&1&-1\\-1&1&1\end{pmatrix}^{-1}\begin{pmatrix}\boldsymbol{\beta}_1\\ \boldsymbol{\beta}_2\\ \boldsymbol{\beta}_3\end{pmatrix}.$$

下面用初等变换法求逆矩阵：

$$\left(\begin{array}{ccc:ccc}1&-1&1&1&0&0\\1&1&-1&0&1&0\\-1&1&1&0&0&1\end{array}\right)\xrightarrow[r_3+r_1]{r_2-r_1}\left(\begin{array}{ccc:ccc}1&-1&1&1&0&0\\0&2&-2&-1&1&0\\0&0&2&1&0&1\end{array}\right)\xrightarrow[\substack{r_2+r_3\\ r_3\times 1/2}]{r_1-\frac{1}{2}r_3}$$

$$\left(\begin{array}{ccc:ccc}1&-1&0&1/2&0&-1/2\\0&2&0&0&1&1\\0&0&1&1/2&0&1/2\end{array}\right)\xrightarrow[r_2\times 1/2]{r_1+\frac{1}{2}r_2}\left(\begin{array}{ccc:ccc}1&0&0&1/2&1/2&0\\0&1&0&0&1/2&1/2\\0&0&1&1/2&0&1/2\end{array}\right)$$

即
$$\begin{pmatrix}1&-1&1\\1&1&-1\\-1&1&1\end{pmatrix}^{-1}=\begin{pmatrix}1/2&1/2&0\\0&1/2&1/2\\1/2&0&1/2\end{pmatrix},$$

$$\begin{pmatrix}\boldsymbol{\alpha}_1\\ \boldsymbol{\alpha}_2\\ \boldsymbol{\alpha}_3\end{pmatrix}=\begin{pmatrix}1/2&1/2&0\\0&1/2&1/2\\1/2&0&1/2\end{pmatrix}\begin{pmatrix}\boldsymbol{\beta}_1\\ \boldsymbol{\beta}_2\\ \boldsymbol{\beta}_3\end{pmatrix},$$

故 $\boldsymbol{\alpha}_1=\frac{1}{2}(\boldsymbol{\beta}_1+\boldsymbol{\beta}_2)$，$\boldsymbol{\alpha}_2=\frac{1}{2}(\boldsymbol{\beta}_2+\boldsymbol{\beta}_3)$，$\boldsymbol{\alpha}_3=\frac{1}{2}(\boldsymbol{\beta}_1+\boldsymbol{\beta}_3)$.

5. 已知向量组

$$\boldsymbol{A}:\boldsymbol{\alpha}_1=\begin{pmatrix}0\\1\\1\end{pmatrix},\boldsymbol{\alpha}_2=\begin{pmatrix}1\\1\\0\end{pmatrix};\boldsymbol{B}:\boldsymbol{\beta}_1=\begin{pmatrix}-1\\0\\1\end{pmatrix},\boldsymbol{\beta}_2=\begin{pmatrix}1\\2\\1\end{pmatrix},\boldsymbol{\beta}_3=\begin{pmatrix}3\\2\\-1\end{pmatrix},$$

证明向量组 $\boldsymbol{A}$ 与向量组 $\boldsymbol{B}$ 等价.

证明思路　利用向量组等价与秩之间的关系.

证　记矩阵 $\boldsymbol{A}=(\boldsymbol{\alpha}_1,\boldsymbol{\alpha}_2)$, $\boldsymbol{B}=(\boldsymbol{\beta}_1,\boldsymbol{\beta}_2,\boldsymbol{\beta}_3)$.

因 $\boldsymbol{A}$ 组与 $\boldsymbol{B}$ 组等价 $\Leftrightarrow \mathrm{r}(\boldsymbol{A})=\mathrm{r}(\boldsymbol{B})=\mathrm{r}(\boldsymbol{A},\boldsymbol{B})$ (或 $\mathrm{r}(\boldsymbol{B},\boldsymbol{A})$).

现求矩阵 $(\boldsymbol{B},\boldsymbol{A})$ 的行阶梯形矩阵以计算矩阵的秩,

$$(\boldsymbol{B},\boldsymbol{A})=\begin{pmatrix}-1&1&3&0&1\\0&2&2&1&1\\1&1&-1&1&0\end{pmatrix}\longrightarrow\begin{pmatrix}1&1&-1&1&0\\0&2&2&1&1\\0&0&0&0&0\end{pmatrix},$$

即知 $\mathrm{r}(\boldsymbol{B})=\mathrm{r}(\boldsymbol{B},\boldsymbol{A})=2$, 且 $\mathrm{r}(\boldsymbol{A})\leqslant 2$. 而 $\boldsymbol{\alpha}_1$ 与 $\boldsymbol{\alpha}_2$ 不成比例, 故 $\mathrm{r}(\boldsymbol{A})=2$. 因此, 向量组 $\boldsymbol{A}$ 与 $\boldsymbol{B}$ 等价.

6. 设有向量

$$\boldsymbol{\alpha}_1=\begin{pmatrix}1+\lambda\\1\\1\end{pmatrix},\boldsymbol{\alpha}_2=\begin{pmatrix}1\\1+\lambda\\1\end{pmatrix},\boldsymbol{\alpha}_3=\begin{pmatrix}1\\1\\1+\lambda\end{pmatrix},\boldsymbol{\beta}=\begin{pmatrix}0\\\lambda\\\lambda^2\end{pmatrix}.$$

试问当 λ 取何值时,

(1) $\boldsymbol{\beta}$ 可由 $\boldsymbol{\alpha}_1,\boldsymbol{\alpha}_2,\boldsymbol{\alpha}_3$ 线性表示, 且表达式唯一?

(2) $\boldsymbol{\beta}$ 可由 $\boldsymbol{\alpha}_1,\boldsymbol{\alpha}_2,\boldsymbol{\alpha}_3$ 线性表示, 但表达式不唯一?

(3) $\boldsymbol{\beta}$ 不能由 $\boldsymbol{\alpha}_1,\boldsymbol{\alpha}_2,\boldsymbol{\alpha}_3$ 线性表示?

解题思路　利用向量组表示已知向量与秩之间的关系.

解　$|\boldsymbol{\alpha}_1\quad\boldsymbol{\alpha}_2\quad\boldsymbol{\alpha}_3|=\lambda^2(\lambda+3)$.

(1) 当 $\lambda\neq 0$ 且 $\lambda\neq -3$ 时, $\boldsymbol{\beta}$ 可由 $\boldsymbol{\alpha}_1,\boldsymbol{\alpha}_2,\boldsymbol{\alpha}_3$ 唯一地线性表示.

(2) 当 $\lambda=0$ 时, $\boldsymbol{\beta}$ 可由 $\boldsymbol{\alpha}_1,\boldsymbol{\alpha}_2,\boldsymbol{\alpha}_3$ 线性表示, 但表达式不唯一.

(3) 当 $\lambda=-3$ 时, $\boldsymbol{\beta}$ 不能由 $\boldsymbol{\alpha}_1,\boldsymbol{\alpha}_2,\boldsymbol{\alpha}_3$ 线性表示.

7. 设有向量

$$\boldsymbol{\alpha}_1=\begin{pmatrix}1\\1\\0\end{pmatrix},\boldsymbol{\alpha}_2=\begin{pmatrix}5\\3\\2\end{pmatrix},\boldsymbol{\alpha}_3=\begin{pmatrix}1\\3\\-1\end{pmatrix},\boldsymbol{\alpha}_4=\begin{pmatrix}-2\\2\\-3\end{pmatrix},$$

$\boldsymbol{A}$ 是三阶矩阵, 且有 $\boldsymbol{A}\boldsymbol{\alpha}_1=\boldsymbol{\alpha}_2$, $\boldsymbol{A}\boldsymbol{\alpha}_2=\boldsymbol{\alpha}_3$, $\boldsymbol{A}\boldsymbol{\alpha}_3=\boldsymbol{\alpha}_4$, 试求 $\boldsymbol{A}\boldsymbol{\alpha}_4$.

解题思路 利用向量组线性表示已知向量，再结合矩阵与列向量的运算即可.

解 由于 $(\boldsymbol{\alpha}_1 \quad \boldsymbol{\alpha}_2 \quad \boldsymbol{\alpha}_3 \quad \boldsymbol{\alpha}_4) \Rightarrow \begin{pmatrix} 1 & 0 & 0 & 2 \\ 0 & 1 & 0 & -1 \\ 0 & 0 & 1 & 1 \end{pmatrix}$，则有

$$\boldsymbol{\alpha}_4 = 2\boldsymbol{\alpha}_1 - \boldsymbol{\alpha}_2 + \boldsymbol{\alpha}_3,$$

于是 $\boldsymbol{A}\boldsymbol{\alpha}_4 = \boldsymbol{A}(2\boldsymbol{\alpha}_1 - \boldsymbol{\alpha}_2 + \boldsymbol{\alpha}_3) = 2\boldsymbol{A}_2\boldsymbol{\alpha}_1 - \boldsymbol{A}\boldsymbol{\alpha}_2 + \boldsymbol{A}\boldsymbol{\alpha}_3 = 2\boldsymbol{\alpha}_2 - \boldsymbol{\alpha}_3 + \boldsymbol{\alpha}_4 = \begin{pmatrix} 7 \\ 5 \\ 2 \end{pmatrix}$.

8. 一个采矿公司有两个矿井，矿井 A 每天开采的矿产中含 20 吨铜矿和 550 千克银矿，矿井 B 每天开采的矿产中含 30 吨铜矿和 500 千克银矿. 设 $\boldsymbol{a} = (20, 550)^{\mathrm{T}}$，$\boldsymbol{b} = (30, 500)^{\mathrm{T}}$，则 a，b 分别表示矿井 A 和矿井 B“每天的产量”.

(1) 向量 $5\boldsymbol{a}$ 的实际意义是什么?

解 由

$$5\boldsymbol{a} = 5\begin{pmatrix} 20 \\ 500 \end{pmatrix} = \begin{pmatrix} 100 \\ 2\,750 \end{pmatrix}.$$

向量 $5\boldsymbol{a}$ 表示矿井 A 开采 5 天的矿产产量，即铜矿 100 吨，银矿 2 750 千克.

(2) 假设该公司让矿井 A 和矿井 B 分别开采 x_1 天和 x_2 天. 请写出表示该公司矿产产量（铜矿、银矿）的向量.

解 矿井 A 开采 x_1 天的矿产产量（铜矿、银矿）用 $x_1\boldsymbol{a}$ 表示，矿井 B 开采 x_2 天的矿产产量（铜矿、银矿）用 $x_2\boldsymbol{b}$ 表示.

因此该公司的矿产总产量（铜矿、银矿）为

$$x_1\boldsymbol{a} + x_2\boldsymbol{b}.$$

(3) 若有开采 150 吨铜矿和 2 825 千克银矿，求每个矿井需要开采的天数.

解 由题意得到矩阵方程

$$x_1\boldsymbol{a} + x_2\boldsymbol{b} = \begin{pmatrix} 150 \\ 2\,825 \end{pmatrix},$$

即

$$\begin{pmatrix} 20 & 30 \\ 550 & 500 \end{pmatrix}\begin{pmatrix} x_1 \\ x_2 \end{pmatrix} = \begin{pmatrix} 150 \\ 2\,825 \end{pmatrix},$$

解之得 $x_1 = 1.5$，$x_2 = 4$.

即矿井 A 和矿井 B 需要分别开采 1.5 天和 4 天.

§3.3　向量组的线性相关性

一、主要知识归纳

表 3—3—1

<table>
<tr><td>定义</td><td>给定向量组 $\boldsymbol{A}$：$\boldsymbol{\alpha}_1$，$\boldsymbol{\alpha}_2$，…，$\boldsymbol{\alpha}_s$，如果存在不全为零的数 k_1，k_2，…，k_s，使
$k_1\boldsymbol{\alpha}_1+k_2\boldsymbol{\alpha}_2+\cdots+k_s\boldsymbol{\alpha}_s=\mathbf{0}$
则称向量组 $\boldsymbol{A}$ 线性相关，否则称为线性无关.</td></tr>
<tr><td>判定定理</td><td>(1) 向量组 $\boldsymbol{\alpha}_1$，$\boldsymbol{\alpha}_2$，…，$\boldsymbol{\alpha}_s$ ($s\geqslant 2$) 线性相关的充要条件是向量组中至少有一个向量可由其余 $s-1$ 个向量线性表示.
(2) 设有列向量组 $\boldsymbol{\alpha}_j=\begin{pmatrix}a_{1j}\\a_{2j}\\\vdots\\a_{nj}\end{pmatrix}$ ($j=1, 2, \cdots, s$)，则向量组 $\boldsymbol{\alpha}_1$，$\boldsymbol{\alpha}_2$，…，$\boldsymbol{\alpha}_s$ 线性相关的充要条件是：矩阵 $\boldsymbol{A}=(\boldsymbol{\alpha}_1, \boldsymbol{\alpha}_2, \cdots, \boldsymbol{\alpha}_s)$ 的秩小于向量的个数 s.
(3) 若向量组中有一部分向量（部分组）线性相关，则整个向量组线性相关.
(4) 若向量组 $\boldsymbol{\alpha}_1$，$\boldsymbol{\alpha}_2$，…，$\boldsymbol{\alpha}_s$，$\boldsymbol{\beta}$ 线性相关，而向量组 $\boldsymbol{\alpha}_1$，$\boldsymbol{\alpha}_2$，…，$\boldsymbol{\alpha}_n$ 线性无关，则向量 $\boldsymbol{\beta}$ 可由 $\boldsymbol{\alpha}_1$，$\boldsymbol{\alpha}_2$，…，$\boldsymbol{\alpha}_n$ 线性表示，且表示法唯一.
(5) 设有两向量组 $\boldsymbol{A}$：$\boldsymbol{\alpha}_1$，$\boldsymbol{\alpha}_2$，…，$\boldsymbol{\alpha}_s$，$\boldsymbol{B}$：$\boldsymbol{\beta}_1$，$\boldsymbol{\beta}_2$，…，$\boldsymbol{\beta}_s$，向量组 $\boldsymbol{B}$ 能由向量组 $\boldsymbol{A}$ 线性表示，若 $s<t$，则向量组 $\boldsymbol{B}$ 线性相关.</td></tr>
</table>

二、典型例题分析

例 1　设 $\boldsymbol{\alpha}_1=(6, a+1, 3)$，$\boldsymbol{\alpha}_2=(a, 2, -2)$，$\boldsymbol{\alpha}_3=(a, 1, 0)$，讨论向量组 $\boldsymbol{\alpha}_1$，$\boldsymbol{\alpha}_2$ 和向量组 $\boldsymbol{\alpha}_1$，$\boldsymbol{\alpha}_2$，$\boldsymbol{\alpha}_3$ 的线性相关性.

解　(1) 设 $x_1\boldsymbol{\alpha}_1+x_2\boldsymbol{\alpha}_2=\mathbf{0}$，即

$$\begin{cases}6x_1+ax_2=0\\(a+1)x_1+2x_2=0,\\3x_1-2x_2=0\end{cases}$$

对此方程组的增广矩阵作初等行变换，有

$$\begin{pmatrix}6 & a & 0\\a+1 & 2 & 0\\3 & -2 & 0\end{pmatrix}\rightarrow\begin{pmatrix}3 & -2 & 0\\a+1 & 2 & 0\\0 & a+4 & 0\end{pmatrix}$$

$$\rightarrow\begin{pmatrix}3 & -2 & 0\\0 & \dfrac{2}{3}(a+4) & 0\\0 & a+4 & 0\end{pmatrix}\rightarrow\begin{pmatrix}3 & -2 & 0\\0 & a+4 & 0\\0 & 0 & 0\end{pmatrix},$$

令 $a+4=0$，则 $a=-4$.

当 $a=-4$ 时，方程组有非零解，此时 $\boldsymbol{\alpha}_1$，$\boldsymbol{\alpha}_2$ 线性相关；

当 $a\neq-4$ 时，方程组只有零解，此时 $\boldsymbol{\alpha}_1$，$\boldsymbol{\alpha}_2$ 线性无关.

(2) 设 $x_1\boldsymbol{\alpha}_1+x_2\boldsymbol{\alpha}_2+x_3\boldsymbol{\alpha}_3=\mathbf{0}$，即

$$\begin{cases}6x_1+ax_2+ax_3=0\\(a+1)x_1+2x_2+x_3=0,\\3x_1-2x_2=0\end{cases}$$

此方程组的系数行列式为 $D=\begin{vmatrix}6 & a & a\\a+1 & 2 & 1\\3 & -2 & 0\end{vmatrix}=-(a+4)(2a-3).$

则

当 $D=0$，即 $a=-4$ 或 $a=\dfrac{3}{2}$ 时，方程组有非零解，$\boldsymbol{\alpha}_1$，$\boldsymbol{\alpha}_2$，$\boldsymbol{\alpha}_3$ 线性相关；

当 $D\neq0$，即 $a\neq-4$ 且 $a\neq\dfrac{3}{2}$ 时，方程组只有零解，$\boldsymbol{\alpha}_1$，$\boldsymbol{\alpha}_2$，$\boldsymbol{\alpha}_3$ 线性无关.

小结：本题分别采用定义法和行列式判别法来判断向量组的线性相关性：

(1) 使用定义法时将问题转化为方程组 $\boldsymbol{Ax}=\mathbf{0}$ 是否有非零解；

(2) 在使用行列式判别法时向量组的个数与维数必须相等.

例 2 设

$$\boldsymbol{A}=\begin{pmatrix}1 & 1 & \cdots & 1\\a_1 & a_2 & \cdots & a_s\\a_1^2 & a_2^2 & \cdots & a_s^2\\\cdots & \cdots & \cdots & \cdots\\a_1^{n-1} & a_2^{n-1} & \cdots & a_s^{n-1}\end{pmatrix}=(\boldsymbol{\beta}_1,\boldsymbol{\beta}_2,\cdots,\boldsymbol{\beta}_s),$$

其中 $a_i\neq a_j(i\neq j,i=1,2,\cdots,s,j=1,2,\cdots,s)$，讨论向量组 $\boldsymbol{\beta}_1$，$\boldsymbol{\beta}_2$，$\cdots$，$\boldsymbol{\beta}_s$ 的线性相关性.

解 (1) 当 $s>n$ 时，考虑方程组 $\boldsymbol{A}_{n\times s}\boldsymbol{x}=\mathbf{0}$，由于未知量个数大于方程个数，则方程组必有非零解，所以 $\boldsymbol{\beta}_1$，$\boldsymbol{\beta}_2$，$\cdots$，$\boldsymbol{\beta}_s$ 线性相关.

(2) 当 $s=n$ 时，$|\boldsymbol{A}|$ 是范德蒙行列式，且 $|\boldsymbol{A}|\neq0$，从而方程组 $\boldsymbol{Ax}=\mathbf{0}$ 有唯一零解，所以 $\boldsymbol{\beta}_1$，$\boldsymbol{\beta}_2$，$\cdots$，$\boldsymbol{\beta}_n$ 线性无关.

(3) 当 $s<n$ 时，因为 $s=n$ 时，$\boldsymbol{\beta}_1$，$\boldsymbol{\beta}_2$，$\cdots$，$\boldsymbol{\beta}_n$ 线性无关，减少向量个数后 $\boldsymbol{\beta}_1$，$\boldsymbol{\beta}_2$，$\cdots$，$\boldsymbol{\beta}_s$ 仍线性无关.

小结：本题的关键是将 $\boldsymbol{\beta}_1$，$\boldsymbol{\beta}_2$，$\cdots$，$\boldsymbol{\beta}_n$ 的线性相关性的判定转化为方程组 $\boldsymbol{Ax}=\mathbf{0}$ 是否有非零解的判定.

例 3　设 $\boldsymbol{\alpha}_1, \boldsymbol{\alpha}_2, \cdots, \boldsymbol{\alpha}_s$ 是齐次线性方程组 $\boldsymbol{Ax}=\boldsymbol{0}$ 的线性无关的解向量，$\boldsymbol{\beta}$ 是非齐次线性方程组 $\boldsymbol{Ax}=\boldsymbol{b}$ 的解向量，证明向量组 $\boldsymbol{\alpha}_1, \boldsymbol{\alpha}_2, \cdots, \boldsymbol{\alpha}_s, \boldsymbol{\beta}$ 线性无关.

证　方法一　考虑 $k_1\boldsymbol{\alpha}_1+k_2\boldsymbol{\alpha}_2+\cdots+k_s\boldsymbol{\alpha}_s+k\boldsymbol{\beta}=\boldsymbol{0}$，　①

式 ① 的两端左乘 $\boldsymbol{A}$，有

$$k_1\boldsymbol{A}\boldsymbol{\alpha}_1+k_2\boldsymbol{A}\boldsymbol{\alpha}_2+\cdots+k_s\boldsymbol{A}\boldsymbol{\alpha}_s+k\boldsymbol{A}\boldsymbol{\beta}=\boldsymbol{0},$$

由条件可知 $\boldsymbol{A}\boldsymbol{\alpha}_i=\boldsymbol{0}(i=1, 2, \cdots, s)$，$\boldsymbol{A}\boldsymbol{\beta}=\boldsymbol{b}$，故有 $k\boldsymbol{b}=\boldsymbol{0}$. 因为 $\boldsymbol{b}\neq\boldsymbol{0}$，则 $k=0$，则 ① 式变为

$$k_1\boldsymbol{\alpha}_1+k_2\boldsymbol{\alpha}_2+\cdots+k_s\boldsymbol{\alpha}_s=\boldsymbol{0}.$$

又 $\boldsymbol{\alpha}_1, \boldsymbol{\alpha}_2, \cdots, \boldsymbol{\alpha}_s$ 线性无关，则 $k_1=k_2=\cdots=k_s=0$. 所以 $\boldsymbol{\alpha}_1, \boldsymbol{\alpha}_2, \cdots, \boldsymbol{\alpha}_s, \boldsymbol{\beta}$ 线性无关.

方法二　反证法.

若 $\boldsymbol{\alpha}_1, \boldsymbol{\alpha}_2, \cdots, \boldsymbol{\alpha}_s, \boldsymbol{\beta}$ 线性相关，由于 $\boldsymbol{\alpha}_1, \boldsymbol{\alpha}_2, \cdots, \boldsymbol{\alpha}_s$ 线性无关，则 $\boldsymbol{\beta}$ 可由 $\boldsymbol{\alpha}_1, \boldsymbol{\alpha}_2, \cdots, \boldsymbol{\alpha}_s$ 线性表示，即

$$\boldsymbol{\beta}=l_1\boldsymbol{\alpha}_1+l_2\boldsymbol{\alpha}_2+\cdots+l_s\boldsymbol{\alpha}_s, \quad ②$$

等式 ② 两边同时左乘 $\boldsymbol{A}$，有

$$\boldsymbol{A}\boldsymbol{\beta}=l_1\boldsymbol{A}\boldsymbol{\alpha}_1+l_2\boldsymbol{A}\boldsymbol{\alpha}_2+\cdots+l_s\boldsymbol{A}\boldsymbol{\alpha}_s,$$

由条件知 $\boldsymbol{A}\boldsymbol{\alpha}_i=\boldsymbol{0}(i=1, 2, \cdots, s)$，$\boldsymbol{A}\boldsymbol{\beta}=\boldsymbol{b}$，则 $\boldsymbol{b}=\boldsymbol{0}$. 这与题设矛盾. 故 $\boldsymbol{\alpha}_1, \boldsymbol{\alpha}_2, \cdots, \boldsymbol{\alpha}_s, \boldsymbol{\beta}$ 线性无关.

小结： 本题采用了两种方法即从正反两方面来证明结论，前者利用了线性无关的定义，后者利用了线性相关性的性质.

例 4　设 $\boldsymbol{\alpha}$ 是 n 维列向量，$\boldsymbol{A}$ 是 n 阶方阵，如果 $\boldsymbol{A}^{m-1}\boldsymbol{\alpha}\neq\boldsymbol{0}$，$\boldsymbol{A}^m\boldsymbol{\alpha}=\boldsymbol{0}$. 证明：$\boldsymbol{\alpha}, \boldsymbol{A}\boldsymbol{\alpha}, \cdots, \boldsymbol{A}^{m-1}\boldsymbol{\alpha}$ 线性无关.

证　设 $k_1\boldsymbol{\alpha}+k_2\boldsymbol{A}\boldsymbol{\alpha}+\cdots+k_m\boldsymbol{A}^{m-1}\boldsymbol{\alpha}=\boldsymbol{0}$，用 $\boldsymbol{A}^{m-1}$ 左乘此式的两边有

$$k_1\boldsymbol{A}^{m-1}\boldsymbol{\alpha}+k_2\boldsymbol{A}^m\boldsymbol{\alpha}+\cdots+k_m\boldsymbol{A}^{2m-2}\boldsymbol{\alpha}=\boldsymbol{0},$$

由已知条件 $\boldsymbol{A}^{m-1}\boldsymbol{\alpha}\neq\boldsymbol{0}$，$\boldsymbol{A}^m\boldsymbol{\alpha}=\boldsymbol{0}$，知 $k_1=0$，故

$$k_2\boldsymbol{A}^m\boldsymbol{\alpha}+\cdots+k_m\boldsymbol{A}^{2m-2}\boldsymbol{\alpha}=\boldsymbol{0},$$

即

$$k_2\boldsymbol{A}\boldsymbol{\alpha}+k_3\boldsymbol{A}^2\boldsymbol{\alpha}+\cdots+k_m\boldsymbol{A}^{m-1}\boldsymbol{\alpha}=\boldsymbol{0},$$

用 $\boldsymbol{A}^{m-2}$ 左乘此式的两边有

$$k_2\boldsymbol{A}^{m-1}\boldsymbol{\alpha}+k_3\boldsymbol{A}^m\boldsymbol{\alpha}+\cdots+k_m\boldsymbol{A}^{2m-3}\boldsymbol{\alpha}=\boldsymbol{0},$$

得 $k_2=0$，依此类推可知 $k_1=k_2=\cdots=k_m=0$. 从而 $\boldsymbol{\alpha}$，$\boldsymbol{A\alpha}$，…，$\boldsymbol{A}^{m-1}\boldsymbol{\alpha}$ 线性无关.

小结： 本题利用了线性无关的定义来证明，关键在于理解：由条件 $\boldsymbol{A}^m\boldsymbol{\alpha}=\boldsymbol{0}$ 可得 $\boldsymbol{A}^{m+i}\boldsymbol{\alpha}=\boldsymbol{A}^i(\boldsymbol{A}^m\boldsymbol{\alpha})=\boldsymbol{0}$，$i\in\mathbf{N}$.

三、习题 3—3 解答

1. 判定下列向量组线性相关还是线性无关：

解题思路 对由已知向量为列（行）组成的矩阵进行初等行（列）变换，使其变换成行（列）阶梯形矩阵，然后判定已知向量组的线性相关性.

(1) $\boldsymbol{\alpha}_1=(1,0,-1)^{\mathrm{T}}$，$\boldsymbol{\alpha}_2=(-2,2,0)^{\mathrm{T}}$，$\boldsymbol{\alpha}_3=(3,-5,2)^{\mathrm{T}}$.

解 $\begin{pmatrix}1&-2&3\\0&2&-5\\-1&0&2\end{pmatrix}\Rightarrow\begin{pmatrix}1&-2&3\\0&2&-5\\0&-2&5\end{pmatrix}\Rightarrow\begin{pmatrix}1&-2&3\\0&2&-5\\0&0&0\end{pmatrix}$，

所以 $\boldsymbol{\alpha}_1$，$\boldsymbol{\alpha}_2$，$\boldsymbol{\alpha}_3$ 线性相关.

(2) $\boldsymbol{\alpha}_1=(1,1,3,1)^{\mathrm{T}}$，$\boldsymbol{\alpha}_2=(3,-1,2,4)^{\mathrm{T}}$，$\boldsymbol{\alpha}_3=(2,2,7,-1)^{\mathrm{T}}$.

解 $\begin{pmatrix}1&1&3&1\\3&-1&2&4\\2&2&7&-1\end{pmatrix}\Rightarrow\begin{pmatrix}1&1&3&1\\0&-4&-7&1\\0&0&1&-3\end{pmatrix}$

所以 $\boldsymbol{\alpha}_1$，$\boldsymbol{\alpha}_2$，$\boldsymbol{\alpha}_3$ 线性无关.

(3) $\boldsymbol{\alpha}_1=(1,0,0,2,5)^{\mathrm{T}}$，$\boldsymbol{\alpha}_2=(0,1,0,3,4)^{\mathrm{T}}$，$\boldsymbol{\alpha}_3=(0,0,1,4,7)^{\mathrm{T}}$，$\boldsymbol{\alpha}_4=(2,-3,4,11,12)^{\mathrm{T}}$.

解 $\begin{pmatrix}1&0&0&2&5\\0&1&0&3&4\\0&0&1&4&7\\2&-3&4&11&12\end{pmatrix}\Rightarrow\begin{pmatrix}1&0&0&2&5\\0&1&0&3&4\\0&0&1&4&7\\0&0&0&0&-14\end{pmatrix}$，

所以 $\boldsymbol{\alpha}_1$，$\boldsymbol{\alpha}_2$，$\boldsymbol{\alpha}_3$，$\boldsymbol{\alpha}_4$ 线性无关.

2. a 取什么值时，下列向量组线性相关：

$$\boldsymbol{\alpha}_1=\begin{pmatrix}a\\1\\1\end{pmatrix},\ \boldsymbol{\alpha}_2=\begin{pmatrix}1\\a\\-1\end{pmatrix},\ \boldsymbol{\alpha}_3=\begin{pmatrix}1\\-1\\a\end{pmatrix}.$$

解题思路 利用教材§3.3 定理 2 及相关的推论.

解　$\because \boldsymbol{\alpha}_1, \boldsymbol{\alpha}_2, \boldsymbol{\alpha}_3$ 线性相关 $\Leftrightarrow \begin{vmatrix} a & 1 & 1 \\ 1 & a & -1 \\ 1 & -1 & a \end{vmatrix} = 0$,

$\therefore$ 由 $\begin{vmatrix} a & 1 & 1 \\ 1 & a & -1 \\ 1 & -1 & a \end{vmatrix} = (a+1)^2(a-2) = 0 \Rightarrow a=2$ 或 $a=-1$.

3. 设 $\boldsymbol{\alpha}_1, \boldsymbol{\alpha}_2$ 线性无关，$\boldsymbol{\alpha}_1+\boldsymbol{\beta}$, $\boldsymbol{\alpha}_2+\boldsymbol{\beta}$ 线性相关，求向量 $\boldsymbol{\beta}$ 由 $\boldsymbol{\alpha}_1, \boldsymbol{\alpha}_2$ 线性表示的表示式.

解题思路　直接利用线性表示的定义解答此题；利用间接法.

解　方法一　因 $\boldsymbol{\alpha}_1+\boldsymbol{\beta}$, $\boldsymbol{\alpha}_2+\boldsymbol{\beta}$ 线性相关，故存在不全为零的常数 k_1, k_2，使

$$k_1(\boldsymbol{\alpha}_1+\boldsymbol{\beta})+k_2(\boldsymbol{\alpha}_2+\boldsymbol{\beta})=\boldsymbol{0} \qquad (*)$$

$$\Rightarrow (k_1+k_2)\boldsymbol{\beta} = -k_1\boldsymbol{\alpha}_1 - k_2\boldsymbol{\alpha}_2.$$

因 $\boldsymbol{\alpha}_1, \boldsymbol{\alpha}_2$ 线性无关，故 $k_1+k_2 \neq 0$，不然，由上式得

$$k_1\boldsymbol{\alpha}_1+k_2\boldsymbol{\alpha}_2=\boldsymbol{0} \Rightarrow k_1=k_2=0,$$

这与 k_1, k_2 不全为零矛盾. 于是由（$*$）式得

$$\boldsymbol{\beta} = -\frac{k_1}{k_1+k_2}\boldsymbol{\alpha}_1 - \frac{k_2}{k_1+k_2}\boldsymbol{\alpha}_2,\ k_1, k_2 \in \mathbf{R},\ k_1+k_2 \neq 0.$$

方法二　因 $\boldsymbol{\alpha}_1+\boldsymbol{\beta}$, $\boldsymbol{\alpha}_2+\boldsymbol{\beta}$ 线性相关，故 $(\boldsymbol{\alpha}_1+\boldsymbol{\beta})-(\boldsymbol{\alpha}_2+\boldsymbol{\beta})$, $\boldsymbol{\alpha}_2+\boldsymbol{\beta}$ 线性相关，即 $\boldsymbol{\alpha}_1-\boldsymbol{\alpha}_2$, $\boldsymbol{\alpha}_2+\boldsymbol{\beta}$ 线性相关.

又因 $\boldsymbol{\alpha}_1, \boldsymbol{\alpha}_2$ 线性无关，故 $\boldsymbol{\alpha}_1-\boldsymbol{\alpha}_2 \neq \boldsymbol{0}$，于是存在 λ 使

$$\boldsymbol{\alpha}_2+\boldsymbol{\beta}=\lambda(\boldsymbol{\alpha}_1-\boldsymbol{\alpha}_2) \Rightarrow \boldsymbol{\beta}=\lambda\boldsymbol{\alpha}_1-(\lambda+1)\boldsymbol{\alpha}_2,\ \lambda \in \mathbf{R}.$$

这与方法一的结果相同.

4. 设 $\boldsymbol{\alpha}_1, \boldsymbol{\alpha}_2$ 线性相关，$\boldsymbol{\beta}_1, \boldsymbol{\beta}_2$ 也线性相关，问 $\boldsymbol{\alpha}_1+\boldsymbol{\beta}_1$, $\boldsymbol{\alpha}_2+\boldsymbol{\beta}_2$ 是否一定线性相关？试举例说明之.

解题思路　线性相关对加法不封闭.

解　答案为否.

例如，$\boldsymbol{\alpha}_1=\begin{pmatrix}1\\0\end{pmatrix}$, $\boldsymbol{\alpha}_2=\begin{pmatrix}2\\0\end{pmatrix}$, $\boldsymbol{\beta}_1=\begin{pmatrix}0\\2\end{pmatrix}$, $\boldsymbol{\beta}_2=\begin{pmatrix}0\\3\end{pmatrix}$

$$\Rightarrow \boldsymbol{\alpha}_1+\boldsymbol{\beta}_1=\begin{pmatrix}1\\2\end{pmatrix},\ \boldsymbol{\alpha}_2+\boldsymbol{\beta}_2=\begin{pmatrix}2\\3\end{pmatrix}$$

$\Rightarrow \boldsymbol{\alpha}_1, \boldsymbol{\alpha}_2$，线性相关，$\boldsymbol{\beta}_1, \boldsymbol{\beta}_2$ 也线性相关.

但 $\boldsymbol{\alpha}_1+\boldsymbol{\beta}_1$, $\boldsymbol{\alpha}_2+\boldsymbol{\beta}_2$ 线性无关.

5. 设 $\boldsymbol{\beta}_1=\boldsymbol{\alpha}_1$，$\boldsymbol{\beta}_2=\boldsymbol{\alpha}_1+\boldsymbol{\alpha}_2$，…，$\boldsymbol{\beta}_r=\boldsymbol{\alpha}_1+\boldsymbol{\alpha}_2+\cdots+\boldsymbol{\alpha}_r$，且向量组 $\boldsymbol{\alpha}_1$，$\boldsymbol{\alpha}_2$，…，$\boldsymbol{\alpha}_r$ 线性无关，证明向量组 $\boldsymbol{\beta}_1$，$\boldsymbol{\beta}_2$，…，$\boldsymbol{\beta}_r$ 线性无关.

证明思路 利用线性无关的定义证明.

证 设 $k_1\boldsymbol{\beta}_1+k_2\boldsymbol{\beta}_2+\cdots+k_r\boldsymbol{\beta}_r=\mathbf{0}$，则

$$(k_1+\cdots+k_r)\boldsymbol{\alpha}_1+(k_2+\cdots+k_r)\boldsymbol{\alpha}_2+\cdots+(k_p+\cdots+k_r)\boldsymbol{\alpha}_p+\cdots+k_r\boldsymbol{\alpha}_r=\mathbf{0},$$

因向量组 $\boldsymbol{\alpha}_1$，$\boldsymbol{\alpha}_2$，…，$\boldsymbol{\alpha}_r$ 线性无关，故

$$\begin{cases}k_1+k_2+\cdots+k_r=0\\ k_2+\cdots+k_r=0\\ \cdots\cdots\cdots\cdots\\ k_r=0\end{cases}\Leftrightarrow\begin{vmatrix}1&\cdots&\cdots&1\\0&1&\cdots&1\\ \vdots&\cdots&\cdots&\vdots\\0&\cdots&0&1\end{vmatrix}\begin{pmatrix}k_1\\k_2\\ \vdots\\k_r\end{pmatrix}=\begin{pmatrix}0\\0\\ \vdots\\0\end{pmatrix}.$$

因为 $\begin{vmatrix}1&\cdots&\cdots&1\\0&1&\cdots&1\\ \vdots&\cdots&\cdots&\vdots\\0&\cdots&0&1\end{vmatrix}=1\neq0$,故方程组只有零解，则 $k_1=k_2=\cdots=k_r=0$，所以 $\boldsymbol{\beta}_1$，$\boldsymbol{\beta}_2$，…，$\boldsymbol{\beta}_r$ 线性无关.

6. 设向量组 $\boldsymbol{\alpha}_1$，$\boldsymbol{\alpha}_2$，…，$\boldsymbol{\alpha}_s$ 线性相关，且其中任意 $s-1$ 个向量都线性无关，试证明：必存在一组全都不为零的数 k_1，k_2，…，k_s，使

$$k_1\boldsymbol{\alpha}_1+k_2\boldsymbol{\alpha}_2+\cdots+k_s\boldsymbol{\alpha}_s=\mathbf{0}.$$

证明思路 用反证法证明.

证 由 $\boldsymbol{\alpha}_1$，$\boldsymbol{\alpha}_2$，…，$\boldsymbol{\alpha}_s$ 线性相关，故存在不全为零的数 k_1，k_2，…，k_s，使

$$k_1\boldsymbol{\alpha}_1+k_2\boldsymbol{\alpha}_2+\cdots+k_s\boldsymbol{\alpha}_s=\mathbf{0},$$

若 k_1，k_2，…，k_s 全都不为零，即得证.

若 k_1，k_2，…，k_s 中至少有一个为零，不妨设 $k_1=0$，则有不全为零的 k_2，…，k_s，使

$$k_2\boldsymbol{\alpha}_2+\cdots+k_s\boldsymbol{\alpha}_s=\mathbf{0}$$

$\Rightarrow\boldsymbol{\alpha}_2$，…，$\boldsymbol{\alpha}_s$ 线性相关. 与题设矛盾.

7. 设三维列向量 $\boldsymbol{\alpha}_1$，$\boldsymbol{\alpha}_2$，$\boldsymbol{\alpha}_3$ 线性无关，$\boldsymbol{A}$ 是三阶矩阵，且有

$$\boldsymbol{A}\boldsymbol{\alpha}_1=\boldsymbol{\alpha}_1+2\boldsymbol{\alpha}_2+3\boldsymbol{\alpha}_3,\ \boldsymbol{A}\boldsymbol{\alpha}_2=2\boldsymbol{\alpha}_2+3\boldsymbol{\alpha}_3,\ \boldsymbol{A}\boldsymbol{\alpha}_3=3\boldsymbol{\alpha}_2-4\boldsymbol{\alpha}_3,$$

试求 $|\boldsymbol{A}|$.

解题思路 利用线性无关与可逆矩阵的关系.

解 由条件知

$$\begin{aligned}A(\boldsymbol{\alpha}_1,\boldsymbol{\alpha}_2,\boldsymbol{\alpha}_3)&=(A\boldsymbol{\alpha}_1,A\boldsymbol{\alpha}_2,A\boldsymbol{\alpha}_3)\\&=(\boldsymbol{\alpha}_1+2\boldsymbol{\alpha}_2+3\boldsymbol{\alpha}_3,2\boldsymbol{\alpha}_2+3\boldsymbol{\alpha}_3,3\boldsymbol{\alpha}_2-4\boldsymbol{\alpha}_3)\\&=(\boldsymbol{\alpha}_1,\boldsymbol{\alpha}_2,\boldsymbol{\alpha}_3)\begin{pmatrix}1&0&0\\2&2&3\\3&3&-4\end{pmatrix},\end{aligned}$$

由于 $\boldsymbol{\alpha}_1,\boldsymbol{\alpha}_2,\boldsymbol{\alpha}_3$ 线性无关，则 $|\boldsymbol{\alpha}_1,\boldsymbol{\alpha}_2,\boldsymbol{\alpha}_3|\neq 0$，故

$$|A|=\begin{vmatrix}1&0&0\\2&2&3\\3&3&-4\end{vmatrix}=-17.$$

8. 设向量组 A：$\boldsymbol{\alpha}_1=(1,2,1,3)^{\mathrm{T}}$，$\boldsymbol{\alpha}_2=(4,-1,-5,-6)^{\mathrm{T}}$；向量组 B：$\boldsymbol{\beta}_1=(-1,3,4,7)^{\mathrm{T}}$，$\boldsymbol{\beta}_2=(2,-1,-3,-4)^{\mathrm{T}}$，
试证明：向量组 A 与向量组 B 等价.

证明思路　利用教材 § 3.3 定理 5 及有关的推论.

证　$$(\boldsymbol{\alpha}_1,\boldsymbol{\alpha}_2,\boldsymbol{\beta}_1,\boldsymbol{\beta}_2)=\begin{pmatrix}1&4&-1&2\\2&-1&3&-1\\1&-5&4&-3\\3&-6&7&-4\end{pmatrix}\xrightarrow[r_4-3r_1]{\substack{r_2-2r_1\\r_3-r_1}}\begin{pmatrix}1&4&-1&2\\0&-9&5&-5\\0&-9&5&-5\\0&-18&10&-10\end{pmatrix}\xrightarrow[r_2\div(-9)]{\substack{r_3-r_2\\r_4-2r_2}}\begin{pmatrix}1&4&-1&2\\0&1&-5/9&5/9\\0&0&0&0\\0&0&0&0\end{pmatrix}\xrightarrow{r_1-4r_2}\begin{pmatrix}1&0&11/9&-2/9\\0&1&-5/9&5/9\\0&0&0&0\\0&0&0&0\end{pmatrix}.$$

易见向量组 A 与向量组 B 有相同的秩，故向量组 A 与向量组 B 等价.
证毕.

9. 设 $\begin{cases}\boldsymbol{\beta}_1=\boldsymbol{\alpha}_2+\boldsymbol{\alpha}_3+\cdots+\boldsymbol{\alpha}_n\\\boldsymbol{\beta}_2=\boldsymbol{\alpha}_1+\boldsymbol{\alpha}_3+\cdots+\boldsymbol{\alpha}_n\\\quad\cdots\cdots\\\boldsymbol{\beta}_n=\boldsymbol{\alpha}_1+\boldsymbol{\alpha}_2+\cdots+\boldsymbol{\alpha}_{n-1}\end{cases}$，

证明向量组 A：$\boldsymbol{\alpha}_1, \boldsymbol{\alpha}_2, \cdots, \boldsymbol{\alpha}_n$ 与向量组 B：$\boldsymbol{\beta}_1, \boldsymbol{\beta}_2, \cdots, \boldsymbol{\beta}_n$ 等价.

证明思路　只需要用向量 B 线性表示向量组 A，相当于求系数矩阵的逆矩阵.

证　列向量组 A 和 B 依次构成矩阵 $\boldsymbol{A}$ 和 $\boldsymbol{B}$，于是有

$$\boldsymbol{B}=\boldsymbol{A}\boldsymbol{K}, \qquad ①$$

其中系数矩阵 $\boldsymbol{K}$ 为

$$\boldsymbol{K}=\begin{pmatrix} 0 & 1 & \cdots & 1 \\ 1 & 0 & \cdots & 1 \\ \vdots & \vdots & \ddots & \vdots \\ 1 & \cdots & 1 & 0 \end{pmatrix},$$

其行列式 $|\boldsymbol{K}|=(n-1)(-1)^{n-1}\neq 0(n\geqslant 2)$，故 $\boldsymbol{K}$ 可逆.

由 ① 式即得 $\boldsymbol{A}=\boldsymbol{B}\boldsymbol{K}^{-1}$，此表明 A 组能由 B 组线性表示，其表示的系数矩阵为 $\boldsymbol{K}^{-1}$，从而 A 组与 B 组等价.

10. 设 $\boldsymbol{\alpha}_1, \boldsymbol{\alpha}_2, \cdots, \boldsymbol{\alpha}_n$ 是一组 n 维向量，已知 n 维单位坐标向量 $\boldsymbol{\varepsilon}_1, \boldsymbol{\varepsilon}_2, \cdots, \boldsymbol{\varepsilon}_n$ 能由它们线性表示，证明 $\boldsymbol{\alpha}_1, \boldsymbol{\alpha}_2, \cdots, \boldsymbol{\alpha}_n$ 线性无关.

证　n 维单位向量组 $\boldsymbol{\varepsilon}_1, \boldsymbol{\varepsilon}_2, \cdots, \boldsymbol{\varepsilon}_n$ 线性无关，不妨设：

$$\begin{aligned} &\boldsymbol{\varepsilon}_1=k_{11}\boldsymbol{\alpha}_1+k_{12}\boldsymbol{\alpha}_2+\cdots+k_{1n}\boldsymbol{\alpha}_n \\ &\boldsymbol{\varepsilon}_2=k_{21}\boldsymbol{\alpha}_1+k_{22}\boldsymbol{\alpha}_2+\cdots+k_{2n}\boldsymbol{\alpha}_n \\ &\cdots\cdots\cdots\cdots\cdots\cdots\cdots\cdots \\ &\boldsymbol{\varepsilon}_n=k_{n1}\boldsymbol{\alpha}_1+k_{n2}\boldsymbol{\alpha}_2+\cdots+k_{nn}\boldsymbol{\alpha}_n \end{aligned}$$

所以 $\begin{pmatrix} \boldsymbol{\varepsilon}_1^{\mathrm{T}} \\ \boldsymbol{\varepsilon}_2^{\mathrm{T}} \\ \vdots \\ \boldsymbol{\varepsilon}_n^{\mathrm{T}} \end{pmatrix}=\begin{pmatrix} k_{11} & k_{12} & \cdots & k_{1n} \\ k_{21} & k_{22} & \cdots & k_{2n} \\ \cdots & \cdots & \cdots & \cdots \\ k_{n1} & k_{n2} & \cdots & k_{nn} \end{pmatrix}\begin{pmatrix} \boldsymbol{\alpha}_1^{\mathrm{T}} \\ \boldsymbol{\alpha}_2^{\mathrm{T}} \\ \vdots \\ \boldsymbol{\alpha}_n^{\mathrm{T}} \end{pmatrix}$，两边取行列式，得

$$\begin{vmatrix} \boldsymbol{\varepsilon}_1^{\mathrm{T}} \\ \boldsymbol{\varepsilon}_2^{\mathrm{T}} \\ \vdots \\ \boldsymbol{\varepsilon}_n^{\mathrm{T}} \end{vmatrix}=\begin{vmatrix} k_{11} & k_{12} & \cdots & k_{1n} \\ k_{21} & k_{22} & \cdots & k_{2n} \\ \cdots & \cdots & \cdots & \cdots \\ k_{n1} & k_{n2} & \cdots & k_{nn} \end{vmatrix}\begin{vmatrix} \boldsymbol{\alpha}_1^{\mathrm{T}} \\ \boldsymbol{\alpha}_2^{\mathrm{T}} \\ \vdots \\ \boldsymbol{\alpha}_n^{\mathrm{T}} \end{vmatrix},$$

由 $\begin{vmatrix} \boldsymbol{\varepsilon}_1^{\mathrm{T}} \\ \boldsymbol{\varepsilon}_2^{\mathrm{T}} \\ \vdots \\ \boldsymbol{\varepsilon}_n^{\mathrm{T}} \end{vmatrix}\neq 0\Rightarrow\begin{vmatrix} \boldsymbol{\alpha}_1^{\mathrm{T}} \\ \boldsymbol{\alpha}_2^{\mathrm{T}} \\ \vdots \\ \boldsymbol{\alpha}_n^{\mathrm{T}} \end{vmatrix}\neq 0,$

即 n 维向量组 $\boldsymbol{\alpha}_1, \boldsymbol{\alpha}_2, \cdots, \boldsymbol{\alpha}_n$ 所构成的矩阵的秩为 n.

故 $\boldsymbol{\alpha}_1, \boldsymbol{\alpha}_2, \cdots, \boldsymbol{\alpha}_n$ 线性无关.

§3.4　向量组的秩

一、主要知识归纳

表 3—4—1

定义	(1) 若在向量组 $\boldsymbol{A}$: $\boldsymbol{\alpha}_1, \boldsymbol{\alpha}_2, \cdots, \boldsymbol{\alpha}_s$ 中能选出 r 个向量 $\boldsymbol{\alpha}_{j_1}, \boldsymbol{\alpha}_{j_2}, \cdots, \boldsymbol{\alpha}_{j_r}$ 满足向量组 $\boldsymbol{A}_0$: $\boldsymbol{\alpha}_{j_1}, \boldsymbol{\alpha}_{j_2}, \cdots, \boldsymbol{\alpha}_{j_r}$ 线性无关且向量组 $\boldsymbol{A}$ 中任意 $r+1$ 个向量都线性相关，则称向量组 $\boldsymbol{A}_0$ 是向量组 $\boldsymbol{A}$ 的一个极大无关组. 如果 $\boldsymbol{\alpha}_{j_1}, \boldsymbol{\alpha}_{j_2}, \cdots, \boldsymbol{\alpha}_{j_r}$ 是 $\boldsymbol{\alpha}_1, \boldsymbol{\alpha}_2, \cdots, \boldsymbol{\alpha}_s$ 的线性无关部分组，它是极大无关组的充要条件是 $\boldsymbol{\alpha}_1, \boldsymbol{\alpha}_2, \cdots, \boldsymbol{\alpha}_s$ 中的每一个向量都可由 $\boldsymbol{\alpha}_{j_1}, \boldsymbol{\alpha}_{j_2}, \cdots, \boldsymbol{\alpha}_{j_r}$ 线性表示. (2) 向量组 $\boldsymbol{\alpha}_1, \boldsymbol{\alpha}_2, \cdots, \boldsymbol{\alpha}_s$ 的极大无关组所含向量的个数称为向量组的秩，记为 $\mathrm{r}(\boldsymbol{\alpha}_1, \boldsymbol{\alpha}_2, \cdots, \boldsymbol{\alpha}_s)$. 规定零向量组成的向量组的秩为 0.
性质	(1) 设 $\boldsymbol{A}$ 为 $m\times n$ 矩阵，则 矩阵 $\boldsymbol{A}$ 的行向量组的秩＝矩阵 $\boldsymbol{A}$ 的列向量组的秩＝矩阵 $\boldsymbol{A}$ 的秩. (2) 若向量组 $\boldsymbol{B}$ 能由向量组 $\boldsymbol{A}$ 线性表示，则 $\mathrm{r}(\boldsymbol{B})\leqslant\mathrm{r}(\boldsymbol{A})$. (3) 等价的向量组的秩相等. (4) 向量组 $\boldsymbol{B}$ 是向量组 $\boldsymbol{A}$ 的部分组，若向量组 $\boldsymbol{B}$ 线性无关，且向量组 $\boldsymbol{A}$ 能由向量组 $\boldsymbol{B}$ 线性表示，则向量组 $\boldsymbol{B}$ 是向量组 $\boldsymbol{A}$ 的一个极大无关组.
用初等行变换法求向量组的秩	将向量组中各向量作为矩阵各列，对该矩阵作初等行变换将其化为阶梯形矩阵，从每一阶梯（阶梯处元素不为零）中取一列代表，则所得向量组就是原向量组的极大无关组，从而可得出向量组的秩.

二、典型例题分析

例 1　求向量组 $\boldsymbol{\alpha}_1=(1, 1, c)^{\mathrm{T}}, \boldsymbol{\alpha}_2=(b, 2b, 1)^{\mathrm{T}}, \boldsymbol{\alpha}_3=(1, 1, 1)^{\mathrm{T}}, \boldsymbol{\alpha}_4=(3, 4, 4)^{\mathrm{T}}$ 的秩和一个最大线性无关组.

解　$$\boldsymbol{A}=(\boldsymbol{\alpha}_1, \boldsymbol{\alpha}_2, \boldsymbol{\alpha}_3, \boldsymbol{\alpha}_4)=\begin{pmatrix}1 & b & 1 & 3\\ 1 & 2b & 1 & 4\\ c & 1 & 1 & 4\end{pmatrix}\rightarrow\begin{pmatrix}1 & b & 1 & 3\\ 0 & b & 0 & 1\\ 0 & 1-bc & 1-c & 4-3c\end{pmatrix}\rightarrow$$

$$\begin{pmatrix}1 & b & 1 & 3\\ 0 & b & 0 & 1\\ 0 & 1 & 1-c & 4-2c\end{pmatrix}\rightarrow\begin{pmatrix}1 & b & 1 & 3\\ 0 & 1 & 1-c & 4-2c\\ 0 & b & 0 & 1\end{pmatrix}\rightarrow$$

$$\begin{pmatrix}1 & b & 1 & 3\\0 & 1 & 1-c & 4-2c\\0 & 0 & -b(1-c) & 1-b(4-2c)\end{pmatrix}$$

(1) 当 $b\neq 0$ 且 $c\neq 1$ 时，$\mathrm{r}(\boldsymbol{A})=3$，即向量组 $\boldsymbol{\alpha}_1$，$\boldsymbol{\alpha}_2$，$\boldsymbol{\alpha}_3$，$\boldsymbol{\alpha}_4$ 的秩为 3，且 $\boldsymbol{\alpha}_1$，$\boldsymbol{\alpha}_2$，$\boldsymbol{\alpha}_3$ 为极大无关组.

(2) 当 $b=0$ 时，$\mathrm{r}(\boldsymbol{A})=3$，即向量组 $\boldsymbol{\alpha}_1$，$\boldsymbol{\alpha}_2$，$\boldsymbol{\alpha}_3$，$\boldsymbol{\alpha}_4$ 的秩为 3，且 $\boldsymbol{\alpha}_1$，$\boldsymbol{\alpha}_2$，$\boldsymbol{\alpha}_4$ 为极大无关组.

(3) 当 $c=1$ 时：

若 $b=\frac{1}{2}$，$\mathrm{r}(\boldsymbol{A})=2$，即向量组 $\boldsymbol{\alpha}_1$，$\boldsymbol{\alpha}_2$，$\boldsymbol{\alpha}_3$，$\boldsymbol{\alpha}_4$ 的秩为 2，且 $\boldsymbol{\alpha}_1$，$\boldsymbol{\alpha}_2$ 为极大无关组.

若 $b\neq\frac{1}{2}$，$\mathrm{r}(\boldsymbol{A})=3$，即向量组 $\boldsymbol{\alpha}_1$，$\boldsymbol{\alpha}_2$，$\boldsymbol{\alpha}_3$，$\boldsymbol{\alpha}_4$ 的秩为 3，且 $\boldsymbol{\alpha}_1$，$\boldsymbol{\alpha}_2$，$\boldsymbol{\alpha}_4$ 为极大无关组.

小结： 本题主要利用了初等行变换法求向量组的秩和极大无关组，只是向量组中有待定系数，需对其进行讨论来确定秩.

例 2 设向量组 A：$\boldsymbol{\alpha}_1$，…，$\boldsymbol{\alpha}_m$；$\boldsymbol{B}$：$\boldsymbol{\beta}_1$，…，$\boldsymbol{\beta}_m$；$\boldsymbol{C}$：$\boldsymbol{\gamma}_1$，…，$\boldsymbol{\gamma}_m$ 的秩分别为 r_1，r_2，r_3. 如果 $\boldsymbol{\gamma}_i=\boldsymbol{\alpha}_i-\boldsymbol{\beta}_i(i=1,\cdots,m)$，证明：$r_3\leqslant r_1+r_2$.

证 不妨设向量组 $\boldsymbol{A}$，$\boldsymbol{B}$，$\boldsymbol{C}$ 的极大无关组分别为

$$\boldsymbol{A}_0:\boldsymbol{\alpha}_1,\boldsymbol{\alpha}_2,\cdots,\boldsymbol{\alpha}_{r_1};\ \boldsymbol{B}_0:\boldsymbol{\beta}_1,\boldsymbol{\beta}_2,\cdots,\boldsymbol{\beta}_{r_2};\ \boldsymbol{C}_0:\boldsymbol{\gamma}_1,\boldsymbol{\gamma}_2,\cdots,\boldsymbol{\gamma}_{r_3},$$

因 $\boldsymbol{C}_0$ 组可由 $\boldsymbol{C}$ 组线性表示，由条件 $\boldsymbol{\gamma}_i=\boldsymbol{\alpha}_i-\boldsymbol{\beta}_i(i=1,2,\cdots,m)$ 可知，$\boldsymbol{C}$ 组可由 $\boldsymbol{A}$ 组和 $\boldsymbol{B}$ 组合并而成的向量组 $(\boldsymbol{A},\boldsymbol{B})$ 线性表示，而 $(\boldsymbol{A},\boldsymbol{B})$ 组可由 $(\boldsymbol{A}_0,\boldsymbol{B}_0)$ 线性表示，则 $\boldsymbol{C}_0$ 组可由 $(\boldsymbol{A}_0,\boldsymbol{B}_0)$ 线性表示，则

$$\mathrm{r}(\boldsymbol{C}_0)\leqslant\mathrm{r}(\boldsymbol{A}_0,\boldsymbol{B}_0)\leqslant\mathrm{r}(\boldsymbol{A}_0)+\mathrm{r}(\boldsymbol{B}_0),$$

即

$$r_3\leqslant r_1+r_2.$$

小结： 本题证明的关键在于利用了向量组的极大无关组的定义和向量组秩的性质：若向量组 $\boldsymbol{B}$ 可由向量组 $\boldsymbol{A}$ 线性表示，则 $\mathrm{r}(\boldsymbol{B})<\mathrm{r}(\boldsymbol{A})$.

例 3 已知向量组 $\boldsymbol{\beta}_1=\begin{pmatrix}0\\1\\-1\end{pmatrix}$，$\boldsymbol{\beta}_2=\begin{pmatrix}a\\2\\1\end{pmatrix}$，$\boldsymbol{\beta}_3=\begin{pmatrix}b\\1\\0\end{pmatrix}$ 与向量组 $\boldsymbol{\alpha}_1=\begin{pmatrix}1\\2\\-3\end{pmatrix}$，$\boldsymbol{\alpha}_2=\begin{pmatrix}3\\0\\1\end{pmatrix}$，$\boldsymbol{\alpha}_3=\begin{pmatrix}9\\6\\-7\end{pmatrix}$ 具有相同的秩，且 $\boldsymbol{\beta}_3$ 可由 $\boldsymbol{\alpha}_1$，$\boldsymbol{\alpha}_2$，$\boldsymbol{\alpha}_3$ 线性表示，求 a，b.

解　由条件可知 $\boldsymbol{\beta}_3$ 可由 $\boldsymbol{\alpha}_1$，$\boldsymbol{\alpha}_2$，$\boldsymbol{\alpha}_3$ 线性表示，则线性方程组

$$\begin{pmatrix} 1 & 3 & 9 \\ 2 & 0 & 6 \\ -3 & 1 & -7 \end{pmatrix}\begin{pmatrix} x_1 \\ x_2 \\ x_3 \end{pmatrix}=\begin{pmatrix} b \\ 1 \\ 0 \end{pmatrix},$$

有解，对方程组的增广矩阵做初等行变换，有

$$\begin{pmatrix} 1 & 3 & 9 & b \\ 2 & 0 & 6 & 1 \\ -3 & 1 & -7 & 0 \end{pmatrix} \to \begin{pmatrix} 1 & 3 & 9 & b \\ 0 & -6 & -12 & 1-2b \\ 0 & 10 & 20 & 3b \end{pmatrix} \to$$
$$\begin{pmatrix} 1 & 3 & 9 & b \\ 0 & -6 & -12 & 1-2b \\ 0 & 0 & 0 & 5-b \end{pmatrix},$$

则　　$b=5$，$\mathrm{r}(\boldsymbol{\alpha}_1, \boldsymbol{\alpha}_2, \boldsymbol{\alpha}_3)=2$.

由向量组 $\boldsymbol{\alpha}_1$，$\boldsymbol{\alpha}_2$，$\boldsymbol{\alpha}_3$ 与向量组 $\boldsymbol{\beta}_1$，$\boldsymbol{\beta}_2$，$\boldsymbol{\beta}_3$ 有相同的秩可得 $\mathrm{r}(\boldsymbol{\beta}_1, \boldsymbol{\beta}_2, \boldsymbol{\beta}_3)=2$，则

$$|\boldsymbol{\beta}_1, \boldsymbol{\beta}_2, \boldsymbol{\beta}_3|=\begin{vmatrix} 0 & a & 5 \\ 1 & 2 & 1 \\ -1 & 1 & 0 \end{vmatrix}=15-a=0 \Rightarrow a=15,$$

则　　$a=15$，$b=5$.

小结：本题求 a，b 的值，分别利用了方程组解的判定定理和行列式与相应矩阵秩的关系，关键在于利用了初等行变换法求向量组的秩.

三、习题 3—4 解答

1. 判断下列各命题是否正确. 如果正确，请简述理由：如果不正确，请举出反例：

(1) 设 $\boldsymbol{A}$ 为 n 阶矩阵，$\mathrm{r}(\boldsymbol{A})=r<n$，则矩阵 $\boldsymbol{A}$ 的任意 r 个列向量线性无关.

解　不正确.

例如 $\boldsymbol{A}=\begin{pmatrix} 1 & 0 & \cdots & 0 \\ 0 & 0 & \cdots & 0 \\ \vdots & \vdots & & \vdots \\ 0 & 0 & \cdots & 0 \end{pmatrix}$，$\mathrm{r}(\boldsymbol{A})=1$，但 $\boldsymbol{A}$ 中后 $n-1$ 个向量，每一个均线性相关，则结论不成立.

(2) 设向量组 $\boldsymbol{\alpha}_1$，$\boldsymbol{\alpha}_2$，…，$\boldsymbol{\alpha}_s$ 线性无关，且可由向量组 $\boldsymbol{\beta}_1$，$\boldsymbol{\beta}_2$，…，$\boldsymbol{\beta}_t$ 线性表示，则必有 $s<t$.

解 不正确.

还可能为 $s=t$，如

$$\boldsymbol{\alpha}_1=\begin{pmatrix}1\\1\end{pmatrix},\ \boldsymbol{\alpha}_2=\begin{pmatrix}0\\1\end{pmatrix},\ \boldsymbol{\beta}_1=\begin{pmatrix}1\\0\end{pmatrix},\ \boldsymbol{\beta}_2=\begin{pmatrix}0\\2\end{pmatrix}.$$

(3) 设 $\boldsymbol{A}$ 为 $m\times n$ 阶矩阵，如果矩阵 $\boldsymbol{A}$ 的 n 个列向量线性无关，那么 $\mathrm{r}(\boldsymbol{A})=n$.

解 正确.

矩阵 $\boldsymbol{A}$ 的秩等于 $\boldsymbol{A}$ 的行向量组的秩，也等于 $\boldsymbol{A}$ 的列向量组的秩.

(4) 如果向量组 $\boldsymbol{\alpha}_1,\boldsymbol{\alpha}_2,\cdots,\boldsymbol{\alpha}_s$ 的秩为 s，则向量组 $\boldsymbol{\alpha}_1,\boldsymbol{\alpha}_2,\cdots,\boldsymbol{\alpha}_s$ 中任一部分组都线性无关.

解 正确.

因为如果一个向量组有线性相关的部分组，则这个向量组线性相关.

2. 求下列向量组的秩，并求一个极大无关组.

(1) $\boldsymbol{\alpha}_1=\begin{pmatrix}1\\2\\-1\\4\end{pmatrix},\ \boldsymbol{\alpha}_2=\begin{pmatrix}9\\100\\10\\4\end{pmatrix},\ \boldsymbol{\alpha}_3=\begin{pmatrix}-2\\-4\\2\\-8\end{pmatrix}$；

解 $-2\boldsymbol{\alpha}_1=\boldsymbol{\alpha}_3\Rightarrow\boldsymbol{\alpha}_1,\boldsymbol{\alpha}_3$ 线性相关.

$$\begin{pmatrix}\boldsymbol{\alpha}_1^{\mathrm{T}}\\\boldsymbol{\alpha}_2^{\mathrm{T}}\\\boldsymbol{\alpha}_3^{\mathrm{T}}\end{pmatrix}=\begin{pmatrix}1&2&-1&4\\9&100&10&4\\-2&-4&2&-8\end{pmatrix}\Rightarrow\begin{pmatrix}1&2&-1&4\\0&82&19&-32\\0&0&0&0\end{pmatrix}$$

秩为 2，一个极大线性无关组为 $\boldsymbol{\alpha}_1,\boldsymbol{\alpha}_2$.

(2) $\boldsymbol{\alpha}_1^{\mathrm{T}}=(1,2,1,3)$，$\boldsymbol{\alpha}_2^{\mathrm{T}}=(4,-1,-5,-6)$，$\boldsymbol{\alpha}_3^{\mathrm{T}}=(1,-3,-4,-7)$.

解 $\begin{pmatrix}\boldsymbol{\alpha}_1^{\mathrm{T}}\\\boldsymbol{\alpha}_2^{\mathrm{T}}\\\boldsymbol{\alpha}_3^{\mathrm{T}}\end{pmatrix}=\begin{pmatrix}1&2&1&3\\4&-1&-5&-6\\1&-3&-4&-7\end{pmatrix}\Rightarrow\begin{pmatrix}1&2&1&3\\0&-9&-9&-18\\0&-5&-5&-10\end{pmatrix}$

$$\Rightarrow\begin{pmatrix}1&2&1&3\\0&-9&-9&-18\\0&0&0&0\end{pmatrix},$$

秩为 2，极大线性无关组为 $\boldsymbol{\alpha}_1^{\mathrm{T}},\boldsymbol{\alpha}_2^{\mathrm{T}}$.

3. 求下列向量组的一个极大无关组，并将其余向量用此极大无关组线性表示.

(1) $\boldsymbol{\alpha}_1=(1,1,1)^{\mathrm{T}}$，$\boldsymbol{\alpha}_2=(1,1,0)^{\mathrm{T}}$，$\boldsymbol{\alpha}_3=(1,0,0)^{\mathrm{T}}$，$\boldsymbol{\alpha}_4=(1,2,-3)^{\mathrm{T}}$；

解　$A=(\boldsymbol{\alpha}_1, \boldsymbol{\alpha}_2, \boldsymbol{\alpha}_3, \boldsymbol{\alpha}_4)=\begin{pmatrix}1&1&1&1\\1&1&0&2\\1&0&0&-3\end{pmatrix}\xrightarrow[r_2-r_3]{r_1-r_2}\begin{pmatrix}0&0&1&-1\\0&1&0&5\\1&0&0&-3\end{pmatrix}$,

向量组的秩为 3，$\boldsymbol{\alpha}_1$，$\boldsymbol{\alpha}_2$，$\boldsymbol{\alpha}_3$ 是向量组的一个极大无关组，且 $\boldsymbol{\alpha}_4=-3\boldsymbol{\alpha}_1+5\boldsymbol{\alpha}_2-\boldsymbol{\alpha}_3$.

(2) $\boldsymbol{\alpha}_1=(2, 1, 1, 1)^{\mathrm{T}}$，$\boldsymbol{\alpha}_2=(-1, 1, 7, 10)^{\mathrm{T}}$，$\boldsymbol{\alpha}_3=(3, 1, -1, -2)^{\mathrm{T}}$，$\boldsymbol{\alpha}_4=(8, 5, 9, 11)^{\mathrm{T}}$.

解　$A=(\boldsymbol{\alpha}_1, \boldsymbol{\alpha}_2, \boldsymbol{\alpha}_3, \boldsymbol{\alpha}_4)=\begin{pmatrix}2&-1&3&8\\1&1&1&5\\1&7&-1&9\\1&10&-2&11\end{pmatrix}\xrightarrow[r_4-r_2]{\substack{r_1-r_2\\r_3-r_2}}$

$$\begin{pmatrix}0&-3&1&-2\\1&1&1&5\\0&6&-2&4\\0&9&-3&6\end{pmatrix}\xrightarrow[r_1\div(-3)]{\substack{r_3+2r_1\\r_4+3r_1}}\begin{pmatrix}0&1&-1/3&2/3\\1&1&1&5\\0&0&0&0\\0&0&0&0\end{pmatrix}$$

$$\xrightarrow{r_2-r_1}\begin{pmatrix}0&1&-1/3&2/3\\1&0&4/3&13/3\\0&0&0&0\\0&0&0&0\end{pmatrix}$$

向量组的秩为 2，$\boldsymbol{\alpha}_1$，$\boldsymbol{\alpha}_2$ 是向量组的一个极大无关组，且

$$\boldsymbol{\alpha}_3=\frac{4}{3}\boldsymbol{\alpha}_1-\frac{1}{3}\boldsymbol{\alpha}_2,\ \boldsymbol{\alpha}_4=\frac{13}{3}\boldsymbol{\alpha}_1+\frac{2}{3}\boldsymbol{\alpha}_2.$$

(3) $\boldsymbol{\alpha}_1=(1, 1, 3, 1)$，$\boldsymbol{\alpha}_2=(-1, 1, -1, 3)$，$\boldsymbol{\alpha}_3=(5, -2, 8, -9)$，$\boldsymbol{\alpha}_4=(-1, 3, 1, 7)$.

解　方法一　对矩阵 $A=(\boldsymbol{\alpha}_1^{\mathrm{T}}\ \ \boldsymbol{\alpha}_2^{\mathrm{T}}\ \ \boldsymbol{\alpha}_3^{\mathrm{T}}\ \ \boldsymbol{\alpha}_4^{\mathrm{T}})$ 仅施以初等行变换

$$A=\begin{pmatrix}1&-1&5&-1\\1&1&-2&3\\3&-1&8&1\\1&3&-9&7\end{pmatrix}\xrightarrow[r_4-r_1]{\substack{r_2-r_1\\r_3-3r_1}}\begin{pmatrix}1&-1&5&-1\\0&2&-7&4\\0&2&-7&4\\0&4&-14&8\end{pmatrix}\xrightarrow[r_4-2r_2]{r_3-r_2}$$

$$\begin{pmatrix}1&-1&5&-1\\0&2&-7&4\\0&0&0&0\\0&0&0&0\end{pmatrix}\xrightarrow{\frac{1}{2}r_2}\begin{pmatrix}1&-1&5&-1\\0&1&-7/2&2\\0&0&0&0\\0&0&0&0\end{pmatrix}\xrightarrow{r_1+r_2}$$

$$\begin{pmatrix}1 & 0 & 3/2 & 1\\ 0 & 1 & -7/2 & 2\\ 0 & 0 & 0 & 0\\ 0 & 0 & 0 & 0\end{pmatrix},$$

由最后一个矩阵知，$\boldsymbol{\alpha}_1$，$\boldsymbol{\alpha}_2$ 是一个极大无关组，且

$$\boldsymbol{\alpha}_3=\frac{3}{2}\boldsymbol{\alpha}_1-\frac{7}{2}\boldsymbol{\alpha}_2,\ \boldsymbol{\alpha}_4=\boldsymbol{\alpha}_1+2\boldsymbol{\alpha}_2.$$

方法二　对矩阵 $\boldsymbol{A}=(\boldsymbol{\alpha}_1^{\mathrm{T}}\quad \boldsymbol{\alpha}_2^{\mathrm{T}}\quad \boldsymbol{\alpha}_3^{\mathrm{T}}\quad \boldsymbol{\alpha}_4^{\mathrm{T}})^{\mathrm{T}}$ 仅施以初等行变换，

$$\boldsymbol{A}=\begin{pmatrix}1 & 1 & 3 & 1\\ -1 & 1 & -1 & 3\\ 5 & -2 & 8 & -9\\ -1 & 3 & 1 & 7\end{pmatrix}\xrightarrow[\substack{r_3-5r_1\\ r_4+r_1}]{r_2+r_1}\begin{pmatrix}1 & 1 & 3 & 1\\ 0 & 2 & 2 & 4\\ 0 & -7 & 7 & -14\\ 0 & 4 & 4 & 8\end{pmatrix}$$

$$\xrightarrow[r_4-2r_2]{r_3+\frac{7}{2}r_2}\begin{pmatrix}1 & 1 & 3 & 1\\ 0 & 2 & 2 & 4\\ 0 & 0 & 0 & 0\\ 0 & 0 & 0 & 0\end{pmatrix},$$

$\begin{vmatrix}1 & 1\\ 0 & 2\end{vmatrix}\neq 0$，所以 $\boldsymbol{\alpha}_1$，$\boldsymbol{\alpha}_2$ 线性无关.

$$\mathrm{r}(\boldsymbol{\alpha}_1^{\mathrm{T}}\quad \boldsymbol{\alpha}_2^{\mathrm{T}}\quad \boldsymbol{\alpha}_3^{\mathrm{T}}\quad \boldsymbol{\alpha}_4^{\mathrm{T}})=2.$$

故 $\boldsymbol{\alpha}_1$，$\boldsymbol{\alpha}_2$ 是一个极大线性无关组

$$\mathbf{0}=\boldsymbol{\alpha}_3-5\boldsymbol{\alpha}_1+\frac{7}{2}(\boldsymbol{\alpha}_2+\boldsymbol{\alpha}_1)=\boldsymbol{\alpha}_3-\frac{3}{2}\boldsymbol{\alpha}_1+\frac{7}{2}\boldsymbol{\alpha}_2,$$

$$\mathbf{0}=\boldsymbol{\alpha}_4+\boldsymbol{\alpha}_1-2(\boldsymbol{\alpha}_2+\boldsymbol{\alpha}_1)=\boldsymbol{\alpha}_4-\boldsymbol{\alpha}_1-2\boldsymbol{\alpha}_2,$$

所以　$$\boldsymbol{\alpha}_3=\frac{3}{2}\boldsymbol{\alpha}_1-\frac{7}{2}\boldsymbol{\alpha}_2,\ \boldsymbol{\alpha}_4=\boldsymbol{\alpha}_1+2\boldsymbol{\alpha}_2.$$

4. 求下列矩阵的列向量组的一个极大无关组.

(1) $\begin{pmatrix}1 & 1 & 0\\ 2 & 0 & 4\\ 2 & 3 & -2\end{pmatrix}$.

解　$$\begin{pmatrix}1 & 1 & 0\\ 2 & 0 & 4\\ 2 & 3 & -2\end{pmatrix}\xrightarrow[r_3-2r_1]{r_2-2r_1}\begin{pmatrix}1 & 1 & 0\\ 0 & -2 & 4\\ 0 & 1 & -2\end{pmatrix}\xrightarrow[r_3\div(-2)]{r_2+2r_3}\begin{pmatrix}1 & 1 & 0\\ 0 & 0 & 0\\ 0 & -1/2 & 1\end{pmatrix}$$

故第 1 列和第 3 列向量是矩阵的列向量组的一个极大无关组.

(2) $\begin{pmatrix} 25 & 31 & 17 & 43 \\ 75 & 94 & 53 & 132 \\ 75 & 94 & 54 & 134 \\ 25 & 32 & 20 & 48 \end{pmatrix}$.

解 $\begin{pmatrix} 25 & 31 & 17 & 43 \\ 75 & 94 & 53 & 132 \\ 75 & 94 & 54 & 134 \\ 25 & 32 & 20 & 48 \end{pmatrix} \xrightarrow[\substack{r_3-3r_1 \\ r_4-r_1}]{r_2-3r_1} \begin{pmatrix} 25 & 31 & 17 & 43 \\ 0 & 1 & 2 & 3 \\ 0 & 1 & 3 & 5 \\ 0 & 1 & 3 & 5 \end{pmatrix} \xrightarrow[r_3-r_2]{r_4-r_3}$

$\begin{pmatrix} 25 & 31 & 17 & 43 \\ 0 & 1 & 2 & 3 \\ 0 & 0 & 1 & 2 \\ 0 & 0 & 0 & 0 \end{pmatrix}$,

所以第 1、2、3 列构成一个极大无关组.

(3) $\begin{pmatrix} 1 & 1 & 2 & 2 & 1 \\ 0 & 2 & 1 & 5 & -1 \\ 2 & 0 & 3 & -1 & 3 \\ 1 & 1 & 0 & 4 & -1 \end{pmatrix}$.

解 $\begin{pmatrix} 1 & 1 & 2 & 2 & 1 \\ 0 & 2 & 1 & 5 & -1 \\ 2 & 0 & 3 & -1 & 3 \\ 1 & 1 & 0 & 4 & -1 \end{pmatrix} \xrightarrow[r_4-r_1]{r_3-2r_1} \begin{pmatrix} 1 & 1 & 2 & 2 & 1 \\ 0 & 2 & 1 & 5 & -1 \\ 0 & -2 & -1 & -5 & 1 \\ 0 & 0 & -2 & 2 & -2 \end{pmatrix} \xrightarrow[r_3\leftrightarrow r_4]{r_3+r_2}$

$\begin{pmatrix} 1 & 1 & 2 & 2 & 1 \\ 0 & 2 & 1 & 5 & -1 \\ 0 & 0 & -2 & 2 & -2 \\ 0 & 0 & 0 & 0 & 0 \end{pmatrix}$,

所以第 1、2、3 列构成一个极大无关组.

5. 设向量组 $\boldsymbol{\alpha}_1=\begin{pmatrix} a \\ 3 \\ 1 \end{pmatrix}$, $\boldsymbol{\alpha}_2=\begin{pmatrix} 2 \\ b \\ 3 \end{pmatrix}$, $\boldsymbol{\alpha}_3=\begin{pmatrix} 1 \\ 2 \\ 1 \end{pmatrix}$, $\boldsymbol{\alpha}_4=\begin{pmatrix} 2 \\ 3 \\ 1 \end{pmatrix}$ 的秩为 2，求 a、b.

解　方法一　因 $\boldsymbol{\alpha}_3$ 与 $\boldsymbol{\alpha}_4$ 不成比例，故它们线性无关，从而其秩为 2. 于是，$\boldsymbol{\alpha}_1, \boldsymbol{\alpha}_2, \boldsymbol{\alpha}_3, \boldsymbol{\alpha}_4$ 的秩为 $2 \Leftrightarrow \boldsymbol{\alpha}_1, \boldsymbol{\alpha}_2$ 均可由向量组 $\boldsymbol{\alpha}_3, \boldsymbol{\alpha}_4$ 线性表示

$\Leftrightarrow \det(\boldsymbol{\alpha}_1, \boldsymbol{\alpha}_3, \boldsymbol{\alpha}_4)=0$ 且 $\det(\boldsymbol{\alpha}_2, \boldsymbol{\alpha}_3, \boldsymbol{\alpha}_4)=0$.

又 $\det(\boldsymbol{\alpha}_1, \boldsymbol{\alpha}_3, \boldsymbol{\alpha}_4)=2-a$, $\det(\boldsymbol{\alpha}_2, \boldsymbol{\alpha}_3, \boldsymbol{\alpha}_4)=b-5$，所以 $\mathrm{r}(\boldsymbol{\alpha}_1, \boldsymbol{\alpha}_2, \boldsymbol{\alpha}_3, \boldsymbol{\alpha}_4)=$

2 的充要条件是 $a=2$ 且 $b=5$.

方法二 对含参数 a 和 b 的矩阵 $(\boldsymbol{\alpha}_3,\boldsymbol{\alpha}_4,\boldsymbol{\alpha}_1,\boldsymbol{\alpha}_2)$ 作初等行变换，以求其行阶梯形.

$$(\boldsymbol{\alpha}_3,\boldsymbol{\alpha}_4,\boldsymbol{\alpha}_1,\boldsymbol{\alpha}_2)=\begin{pmatrix}1&2&a&2\\2&3&3&b\\1&1&1&3\end{pmatrix}\xrightarrow[r_3-r_1]{r_2-2r_1}\begin{pmatrix}1&2&a&2\\0&-1&3-2a&b-4\\0&-1&1-a&1\end{pmatrix}$$

$$\xrightarrow{r_3-r_2}\begin{pmatrix}1&2&a&2\\0&-1&3-2a&b-4\\0&0&a-2&5-b\end{pmatrix},$$

于是 $\mathrm{r}(\boldsymbol{\alpha}_1,\boldsymbol{\alpha}_2,\boldsymbol{\alpha}_3,\boldsymbol{\alpha}_4)=2$

$\Leftrightarrow\mathrm{r}(\boldsymbol{\alpha}_3,\boldsymbol{\alpha}_4,\boldsymbol{\alpha}_1,\boldsymbol{\alpha}_2)=2$

$\Leftrightarrow a=2$ 且 $b=5$.

6. 设有两个向量组

$$\boldsymbol{\alpha}_1=\begin{pmatrix}1\\2\\-1\\3\end{pmatrix},\boldsymbol{\alpha}_2=\begin{pmatrix}2\\5\\a\\8\end{pmatrix},\boldsymbol{\alpha}_3=\begin{pmatrix}-1\\0\\3\\1\end{pmatrix};$$

$$\boldsymbol{\beta}_1=\begin{pmatrix}1\\a\\a^2-5\\7\end{pmatrix},\boldsymbol{\beta}_2=\begin{pmatrix}3\\3+a\\3\\11\end{pmatrix},\boldsymbol{\beta}_3=\begin{pmatrix}0\\1\\6\\2\end{pmatrix},$$

如果 $\boldsymbol{\beta}_1$ 可由 $\boldsymbol{\alpha}_1,\boldsymbol{\alpha}_2,\boldsymbol{\alpha}_3$ 线性表示，试判断这两个向量组是否等价，并说明理由.

解 由于 $\boldsymbol{\beta}_1$ 可由 $\boldsymbol{\alpha}_1,\boldsymbol{\alpha}_2,\boldsymbol{\alpha}_3$ 线性表示，从而

$$(\boldsymbol{\alpha}_1\quad\boldsymbol{\alpha}_2\quad\boldsymbol{\alpha}_3\quad\boldsymbol{\beta}_1)\Rightarrow\begin{pmatrix}1&2&-1&1\\0&1&2&a-2\\0&0&a+1&0\\0&0&0&4-a\end{pmatrix},$$

因为 $\mathrm{r}(\boldsymbol{\alpha}_1,\boldsymbol{\alpha}_2,\boldsymbol{\alpha}_3)=\mathrm{r}(\boldsymbol{\alpha}_1,\boldsymbol{\alpha}_2,\boldsymbol{\alpha}_3,\boldsymbol{\beta}_1)$，故知 $a=4$，由此得

$$\boldsymbol{\beta}_1=-3\boldsymbol{\alpha}_1+2\boldsymbol{\alpha}_2.$$

类似地，将 $a=4$ 代入 $\boldsymbol{\alpha}_2$ 与 $\boldsymbol{\beta}_2$，同样解得

$$\boldsymbol{\beta}_2=\boldsymbol{\alpha}_1+\boldsymbol{\alpha}_2,\ \boldsymbol{\beta}_3=-2\boldsymbol{\alpha}_1+\boldsymbol{\alpha}_2.$$

所以向量组 $\boldsymbol{\beta}_1$, $\boldsymbol{\beta}_2$, $\boldsymbol{\beta}_3$ 可由 $\boldsymbol{\alpha}_1$, $\boldsymbol{\alpha}_2$, $\boldsymbol{\alpha}_3$ 线性表示.

但是 $\boldsymbol{\beta}_1$, $\boldsymbol{\beta}_2$, $\boldsymbol{\beta}_3$ 仅由 $\boldsymbol{\alpha}_1$, $\boldsymbol{\alpha}_2$ 线性表示，且 $\boldsymbol{\alpha}_1$, $\boldsymbol{\alpha}_2$ 线性无关，故 $r(\boldsymbol{\beta}_1, \boldsymbol{\beta}_2, \boldsymbol{\beta}_3)=2$，而 $r(\boldsymbol{\alpha}_1, \boldsymbol{\alpha}_2, \boldsymbol{\alpha}_3)=3$，即 $r(\boldsymbol{\alpha}_1, \boldsymbol{\alpha}_2, \boldsymbol{\alpha}_3) \neq r(\boldsymbol{\beta}_1, \boldsymbol{\beta}_2, \boldsymbol{\beta}_3)$. 故这两个向量组不等价.

7. 设 $\boldsymbol{\alpha}_1$, $\boldsymbol{\alpha}_2$, …, $\boldsymbol{\alpha}_n$ 是一组 n 维向量，证明它们线性无关的充分必要条件是：任一 n 维向量都可由它们线性表示.

证　设 $\boldsymbol{\varepsilon}_1$, $\boldsymbol{\varepsilon}_2$, …, $\boldsymbol{\varepsilon}_n$ 为一组 n 维单位向量，对于任意 n 维向量 $\boldsymbol{\alpha}=(k_1, k_2, \cdots, k_n)^{\mathrm{T}}$，则有

$$\boldsymbol{\alpha}=k_1\boldsymbol{\varepsilon}_1+k_2\boldsymbol{\varepsilon}_2+\cdots+k_n\boldsymbol{\varepsilon}_n,$$

即任一 n 维向量都可由单位向量线性表示.

必要性　$\boldsymbol{\alpha}_1$, $\boldsymbol{\alpha}_2$, …, $\boldsymbol{\alpha}_n$ 线性无关，且 $\boldsymbol{\alpha}_1$, $\boldsymbol{\alpha}_2$, …, $\boldsymbol{\alpha}_n$ 能由单位向量线性表示. 即

$$\begin{cases}\boldsymbol{\alpha}_1=k_{11}\boldsymbol{\varepsilon}_1+k_{12}\boldsymbol{\varepsilon}_2+\cdots+k_{1n}\boldsymbol{\varepsilon}_n\\ \boldsymbol{\alpha}_2=k_{21}\boldsymbol{\varepsilon}_1+k_{22}\boldsymbol{\varepsilon}_2+\cdots+k_{2n}\boldsymbol{\varepsilon}_n\\ \cdots\cdots\cdots\cdots\cdots\cdots\cdots\cdots\\ \boldsymbol{\alpha}_n=k_{n1}\boldsymbol{\varepsilon}_1+k_{n2}\boldsymbol{\varepsilon}_2+\cdots+k_{nn}\boldsymbol{\varepsilon}_n\end{cases},$$

故 $$\begin{pmatrix}\boldsymbol{\alpha}_1^{\mathrm{T}}\\ \boldsymbol{\alpha}_2^{\mathrm{T}}\\ \cdots\\ \boldsymbol{\alpha}_n^{\mathrm{T}}\end{pmatrix}=\begin{pmatrix}k_{11} & k_{12} & \cdots & k_{1n}\\ k_{21} & k_{22} & \cdots & k_{2n}\\ \cdots & \cdots & \cdots & \cdots\\ k_{n1} & k_{n2} & \cdots & k_{nn}\end{pmatrix}\begin{pmatrix}\boldsymbol{\varepsilon}_1^{\mathrm{T}}\\ \boldsymbol{\varepsilon}_2^{\mathrm{T}}\\ \cdots\\ \boldsymbol{\varepsilon}_n^{\mathrm{T}}\end{pmatrix},$$

两边取行列式，得 $$\begin{vmatrix}\boldsymbol{\alpha}_1^{\mathrm{T}}\\ \boldsymbol{\alpha}_2^{\mathrm{T}}\\ \cdots\\ \boldsymbol{\alpha}_n^{\mathrm{T}}\end{vmatrix}=\begin{vmatrix}k_{11} & k_{12} & \cdots & k_{1n}\\ k_{21} & k_{22} & \cdots & k_{2n}\\ \cdots & \cdots & \cdots & \cdots\\ k_{n1} & k_{n2} & \cdots & k_{nn}\end{vmatrix}\begin{vmatrix}\boldsymbol{\varepsilon}_1^{\mathrm{T}}\\ \boldsymbol{\varepsilon}_2^{\mathrm{T}}\\ \cdots\\ \boldsymbol{\varepsilon}_n^{\mathrm{T}}\end{vmatrix}.$$

由 $$\begin{vmatrix}\boldsymbol{\alpha}_1^{\mathrm{T}}\\ \boldsymbol{\alpha}_2^{\mathrm{T}}\\ \cdots\\ \boldsymbol{\alpha}_n^{\mathrm{T}}\end{vmatrix}\neq 0\Rightarrow\begin{vmatrix}k_{11} & k_{12} & \cdots & k_{1n}\\ k_{21} & k_{22} & \cdots & k_{2n}\\ \cdots & \cdots & \cdots & \cdots\\ k_{n1} & k_{n2} & \cdots & k_{nn}\end{vmatrix}\neq 0.$$

令 $$\boldsymbol{A}_{n\times n}=\begin{pmatrix}k_{11} & k_{12} & \cdots & k_{1n}\\ k_{21} & k_{22} & \cdots & k_{2n}\\ \cdots & \cdots & \cdots & \cdots\\ k_{n1} & k_{n2} & \cdots & k_{nn}\end{pmatrix}$$，则有 $$\begin{pmatrix}\boldsymbol{\varepsilon}_1^{\mathrm{T}}\\ \boldsymbol{\varepsilon}_2^{\mathrm{T}}\\ \cdots\\ \boldsymbol{\varepsilon}_n^{\mathrm{T}}\end{pmatrix}=\boldsymbol{A}^{-1}\begin{pmatrix}\boldsymbol{\alpha}_1^{\mathrm{T}}\\ \boldsymbol{\alpha}_2^{\mathrm{T}}\\ \cdots\\ \boldsymbol{\alpha}_n^{\mathrm{T}}\end{pmatrix},$$

即 $\boldsymbol{\varepsilon}_1, \boldsymbol{\varepsilon}_2, \cdots, \boldsymbol{\varepsilon}_n$ 都能由 $\boldsymbol{\alpha}_1, \boldsymbol{\alpha}_2, \cdots, \boldsymbol{\alpha}_n$ 线性表示，因为任一 n 维向量能由单位向量线性表示. 故任一 n 维向量都可以由 $\boldsymbol{\alpha}_1, \boldsymbol{\alpha}_2, \cdots, \boldsymbol{\alpha}_n$ 线性表示.

充分性　已知任一 n 维向量都可由 $\boldsymbol{\alpha}_1, \boldsymbol{\alpha}_2, \cdots, \boldsymbol{\alpha}_n$ 线性表示，则单位向量组：$\boldsymbol{\varepsilon}_1, \boldsymbol{\varepsilon}_2, \cdots, \boldsymbol{\varepsilon}_n$ 可由 $\boldsymbol{\alpha}_1, \boldsymbol{\alpha}_2, \cdots, \boldsymbol{\alpha}_n$ 线性表示，故 $\boldsymbol{\alpha}_1, \boldsymbol{\alpha}_2, \cdots, \boldsymbol{\alpha}_n$ 线性无关.

8. 设向量组 $\boldsymbol{\alpha}_1, \boldsymbol{\alpha}_2, \cdots, \boldsymbol{\alpha}_m$ 线性相关，且 $\boldsymbol{\alpha}_1 \neq 0$，证明存在某个向量 $\boldsymbol{\alpha}_k$ $(2 \leqslant k \leqslant m)$ 使 $\boldsymbol{\alpha}_k$ 能由 $\boldsymbol{\alpha}_1, \boldsymbol{\alpha}_2, \cdots, \boldsymbol{\alpha}_{k-1}$ 线性表示.

证明思路　反证法；用数学归纳法的思想，逐个地考察向量组中的向量；采用齐次方程组有非零解的技巧.

证　方法一　反证法：即证若不存在满足题中所要求的向量，则向量组 $\boldsymbol{\alpha}_1, \cdots, \boldsymbol{\alpha}_m$ 必线性无关. 设有

$$k_1\boldsymbol{\alpha}_1 + k_2\boldsymbol{\alpha}_2 + \cdots + k_m\boldsymbol{\alpha}_m = \mathbf{0}. \quad ①$$

由于向量 $\boldsymbol{\alpha}_m$ 不能由其前面的 $m-1$ 个向量线性表示，故 $k_m = 0$；由于向量 $\boldsymbol{\alpha}_{m-1}$ 不能由其前面的 $m-2$ 个向量线性表示，故 $k_{m-1} = 0$；同理 $k_{m-2} = k_{m-3} = \cdots = k_2 = 0$.

于是 ① 式成为 $k_1\boldsymbol{\alpha}_1 = \mathbf{0}$.

但由题设 $\boldsymbol{\alpha}_1 \neq 0$，于是 $k_1 = 0$. 这样，若 ① 式成立，必有所有系数 $k_1, k_2, \cdots, k_m$ 均为零，由定义知向量组 $\boldsymbol{\alpha}_1, \boldsymbol{\alpha}_2, \cdots, \boldsymbol{\alpha}_m$ 线性无关，此与题设该向量组线性相关矛盾.

因此，命题成立.

方法二　因为向量组 $\boldsymbol{\alpha}_1, \boldsymbol{\alpha}_2, \cdots, \boldsymbol{\alpha}_m$ 线性相关，由定义知，存在不全为零的数 $\lambda_1, \lambda_2, \cdots, \lambda_m$，使

$$\lambda_1\boldsymbol{\alpha}_1 + \lambda_2\boldsymbol{\alpha}_2 + \cdots + \lambda_m\boldsymbol{\alpha}_m = \mathbf{0}. \quad ②$$

在 ② 式中，自右至左考察这些系数.

设其第一个不为零的数为 λ_i，也即 $\lambda_i \neq 0$，但 $\lambda_{i+1} = \lambda_{i+2} = \cdots = \lambda_m = 0$，此足标 i 必大于等于 2，如若不然，式 ② 成为 $\lambda_1\boldsymbol{\alpha}_1 = \mathbf{0}$，由 $\boldsymbol{\alpha}_1 \neq \mathbf{0}$ 知 $\lambda_1 = 0$，此与这些系数不全为零矛盾.

这时，式 ② 成为 $\lambda_1\boldsymbol{\alpha}_1 + \lambda_2\boldsymbol{\alpha}_2 + \cdots + \lambda_i\boldsymbol{\alpha}_i = \mathbf{0}$，且 $\lambda_i \neq 0$，$i \geqslant 2$

$$\Rightarrow \boldsymbol{\alpha}_i = -\frac{\lambda_1}{\lambda_i}\boldsymbol{\alpha}_1 - \cdots - \frac{\lambda_{i-1}}{\lambda_i}\boldsymbol{\alpha}_{i-1},$$

于是，上述向量 $\boldsymbol{\alpha}_i$ 即满足要求.

方法三　采用类似算法的思想来寻找满足要求的向量.

初始时，因 $\boldsymbol{\alpha}_1 \neq \mathbf{0}$，于是向量组 $\boldsymbol{\alpha}_1$ 线性无关.

第 1 步：考察 $\boldsymbol{\alpha}_1, \boldsymbol{\alpha}_2$. 若它线性相关，则 $\boldsymbol{\alpha}_2$ 就能由 $\boldsymbol{\alpha}_1$（唯一地）线性表示，

$\boldsymbol{\alpha}_2$ 即为所求，寻找过程结束.

否则，第 2 步：$\boldsymbol{\alpha}_1$，$\boldsymbol{\alpha}_2$ 线性无关，现考察 $\boldsymbol{\alpha}_1$，$\boldsymbol{\alpha}_2$，$\boldsymbol{\alpha}_3$．若它线性相关，则 $\boldsymbol{\alpha}_3$ 就能由 $\boldsymbol{\alpha}_1$，$\boldsymbol{\alpha}_2$（唯一地）线性表示，$\boldsymbol{\alpha}_3$ 即为所求，寻找过程结束；否则转下一步.

但此过程必在第 $m-1$ 步之前结束，这是因为向量组 $\boldsymbol{\alpha}_1$，$\boldsymbol{\alpha}_2$，…，$\boldsymbol{\alpha}_m$ 线性相关.

假设它在第 $k-1$ 步结束（$2\leqslant k\leqslant m$），则向量 $\boldsymbol{\alpha}_k$ 就满足题中要求.

方法四　考察齐次方程 $\boldsymbol{Ax}=\boldsymbol{0}$，其中矩阵 $\boldsymbol{A}$ 由列向量组 $\boldsymbol{\alpha}_1$，$\boldsymbol{\alpha}_2$，…，$\boldsymbol{\alpha}_m$ 构成；因它线性相关，故方程一定有非零解.

若设 $\widetilde{\boldsymbol{A}}$ 是 $\boldsymbol{A}$ 的一个行阶梯形，则 $\widetilde{\boldsymbol{A}}$ 中一定存在不含非零首元的列. 注意到 $\widetilde{\boldsymbol{A}}$ 的第 1 列一定含非零首元，故在 $\widetilde{\boldsymbol{A}}$ 的第 2 列至第 m 列中一定有不含非零首元的列，设为 $\tilde{\boldsymbol{\alpha}}_k$ 后，因 $\tilde{\boldsymbol{\alpha}}_k$ 能由 $\tilde{\boldsymbol{\alpha}}_1$，…，$\tilde{\boldsymbol{\alpha}}_{k-1}$ 线性表示，故 $\boldsymbol{A}$ 中对应的 $\boldsymbol{\alpha}_k$ 也能由 $\boldsymbol{\alpha}_1$，…，$\boldsymbol{\alpha}_{k-1}$ 线性表示.

9. 已知三阶矩阵 $\boldsymbol{A}$ 与三维列向量 $\boldsymbol{x}$ 满足

$$\boldsymbol{A}^3\boldsymbol{x}=3\boldsymbol{Ax}-2\boldsymbol{A}^2\boldsymbol{x},$$

且向量组 $\boldsymbol{x}$，$\boldsymbol{Ax}$，$\boldsymbol{A}^2\boldsymbol{x}$ 线性无关，

解题思路　结合方阵 $\boldsymbol{P}$ 的特征，$\boldsymbol{AP}$ 可以表示成矩阵 $\boldsymbol{P}$ 左乘某个矩阵，此矩阵即是所求.

(1) 记 $\boldsymbol{P}=(\boldsymbol{x},\boldsymbol{Ax},\boldsymbol{A}^2\boldsymbol{x})$，求三阶矩阵 $\boldsymbol{B}$，使 $\boldsymbol{AP}=\boldsymbol{PB}$.

解　因方阵 $\boldsymbol{P}$ 的列向量组线性无关，故 $\boldsymbol{P}$ 可逆，从而 $\boldsymbol{B}=\boldsymbol{P}^{-1}\boldsymbol{AP}$.

本题的困难在于没有具体给出 $\boldsymbol{A}$ 和 $\boldsymbol{P}$ 的元素，而只知它们之间的一些关系式. 下面就利用这些关系式来计算 $\boldsymbol{B}$. 记向量 $\boldsymbol{y}=\boldsymbol{Ax}$，$\boldsymbol{z}=\boldsymbol{A}^2\boldsymbol{x}$，则所给矩阵 $\boldsymbol{P}$ 可写为

$$\boldsymbol{P}=(\boldsymbol{x},\boldsymbol{y},\boldsymbol{z}),$$

并且由分块矩阵乘法规则，有

$$\boldsymbol{AP}=\boldsymbol{A}(\boldsymbol{x},\boldsymbol{y},\boldsymbol{z})=(\boldsymbol{Ax},\boldsymbol{Ay},\boldsymbol{Az}).$$

因 $\boldsymbol{Ax}=\boldsymbol{y}$，$\boldsymbol{Ay}=\boldsymbol{z}$，$\boldsymbol{Az}=\boldsymbol{A}^3\boldsymbol{x}=3\boldsymbol{Ax}-2\boldsymbol{A}^2\boldsymbol{x}=3\boldsymbol{y}-2\boldsymbol{z}$，故

$$\boldsymbol{AP}=(\boldsymbol{y},\boldsymbol{z},3\boldsymbol{y}-2\boldsymbol{z})=(\boldsymbol{x},\boldsymbol{y},\boldsymbol{z})\begin{pmatrix}0&0&0\\1&0&3\\0&1&-2\end{pmatrix}=\boldsymbol{P}\begin{pmatrix}0&0&0\\1&0&3\\0&1&-2\end{pmatrix},$$

于是 $\quad \boldsymbol{B}=\boldsymbol{P}^{-1}\boldsymbol{AP}=\begin{pmatrix}0&0&0\\1&0&3\\0&1&-2\end{pmatrix}.$

实际上，矩阵 $\boldsymbol{B}$ 就是向量组 $\boldsymbol{Ax}$，$\boldsymbol{Ay}$，$\boldsymbol{Az}$ 由向量组 $\boldsymbol{x}$，$\boldsymbol{y}$，$\boldsymbol{z}$ 线性表示的系数矩阵.

(2) 求 $|\boldsymbol{A}|$.

解　由 $\boldsymbol{B}=\boldsymbol{P}^{-1}\boldsymbol{AP}$，两边取行列式，便有

$$|\boldsymbol{A}|=|\boldsymbol{B}|=0.$$

§3.5　向量空间

一、主要知识归纳

表 3—5—1

定义	设 $\boldsymbol{V}$ 为 n 维向量的集合，若集合 $\boldsymbol{V}$ 非空，且集合 $\boldsymbol{V}$ 对于 n 维向量的加法及数乘两种运算封闭，即 (1) 若 $\boldsymbol{\alpha}\in\boldsymbol{V},\boldsymbol{\beta}\in\boldsymbol{V}$，则 $\boldsymbol{\alpha}+\boldsymbol{\beta}\in\boldsymbol{V}$， (2) 若 $\boldsymbol{\alpha}\in\boldsymbol{V},\lambda\in\mathbf{R}$，则 $\lambda\boldsymbol{\alpha}\in\boldsymbol{V}$， 则称集合 $\boldsymbol{V}$ 为 $\mathbf{R}$ 上的向量空间. 全体 n 维向量构成的向量空间记为 $\mathbf{R}^n$.
基与维数	设 $\boldsymbol{V}$ 是向量空间，若有 r 个向量 $\boldsymbol{\alpha}_1$，$\boldsymbol{\alpha}_2$，…，$\boldsymbol{\alpha}_r\in\boldsymbol{V}$，满足： (1) $\boldsymbol{\alpha}_1$，$\boldsymbol{\alpha}_2$，…，$\boldsymbol{\alpha}_r$ 线性无关 (2) $\boldsymbol{V}$ 中任一向量都可由 $\boldsymbol{\alpha}_1$，$\boldsymbol{\alpha}_2$，…，$\boldsymbol{\alpha}_r$ 线性表示， 则称向量组 $\boldsymbol{\alpha}_1$，$\boldsymbol{\alpha}_2$，…，$\boldsymbol{\alpha}_r$ 为向量空间 $\boldsymbol{V}$ 的一个基，数 r 称为向量空间 $\boldsymbol{V}$ 的维数. 由基 $\boldsymbol{\alpha}_1$，$\boldsymbol{\alpha}_2$，…，$\boldsymbol{\alpha}_r$ 所生成的向量空间为 $\boldsymbol{V}=\{\boldsymbol{x}\mid\boldsymbol{x}=\lambda_1\boldsymbol{\alpha}_1+\cdots+\lambda_r\boldsymbol{\alpha}_r，\lambda_1，\lambda_2，\cdots，\lambda_r\in\mathbf{R}\}$.
坐标	如果在向量空间 $\boldsymbol{V}$ 中取定一个基 $\boldsymbol{\alpha}_1$，…，$\boldsymbol{\alpha}_r$，那么 $\boldsymbol{V}$ 中任一向量 $\boldsymbol{x}$ 可唯一地表示为 $\boldsymbol{x}=\lambda_1\boldsymbol{\alpha}_1+\lambda_2\boldsymbol{\alpha}_2+\cdots+\lambda_r\boldsymbol{\alpha}_r$， 有序数组 λ_1，…，λ_r 称为向量 $\boldsymbol{x}$ 在基 $\boldsymbol{\alpha}_1$，…，$\boldsymbol{\alpha}_r$ 下的坐标.

二、典型例题分析

例 1　向量集合 $\boldsymbol{V}=\{\boldsymbol{x}=(x_1，2x_2，-3x_1)^{\mathrm{T}}\mid x_1，x_2\in\mathbf{R}\}$ 是否为向量空间？如果是向量空间，求出它的基及维数.

解　$\forall\,\boldsymbol{x}\in\boldsymbol{V}$，由条件可得

$$\begin{aligned}\boldsymbol{x}&=(x_1，2x_2，-3x_1)^{\mathrm{T}}=(x_1，0，-3x_1)^{\mathrm{T}}+(0，2x_2，0)^{\mathrm{T}}\\&=x_1(1，0，-3)^{\mathrm{T}}+x_2(0，2，0)^{\mathrm{T}}，x_1，x_2\in\mathbf{R},\end{aligned}$$

故 $\boldsymbol{x}$ 可表示为 $\mathbf{R}^3$ 中两个固定向量 $\boldsymbol{\alpha}_1=(1, 0, -3)^{\mathrm{T}}$，$\boldsymbol{\alpha}_2=(0, 2, 0)^{\mathrm{T}}$ 的线性组合，由 $\boldsymbol{x}$ 的任意性可知，$\mathbf{V}$ 是由 $\boldsymbol{\alpha}_1$，$\boldsymbol{\alpha}_2$ 生成的向量空间.

由于 $\boldsymbol{\alpha}_1$，$\boldsymbol{\alpha}_2$ 不成比例，故线性无关，又 $\mathbf{V}$ 中任一向量均可由 $\boldsymbol{\alpha}_1$，$\boldsymbol{\alpha}_2$ 线性表示，则 $\boldsymbol{\alpha}_1$，$\boldsymbol{\alpha}_2$ 是 $\mathbf{V}$ 的一个基，且 $\mathbf{V}$ 的维数是 2.

小结：本题求向量空间的基与维数，关键在于 $\boldsymbol{x}$ 的分解：提出变化的量从而得到常向量确定向量空间的基.

例 2 设矩阵 $\mathbf{A}=\begin{pmatrix}1 & 3 & 2 & 1\\ 0 & 1 & k & -k\\ 1 & 2 & 0 & 3\end{pmatrix}$ $(k\in\mathbf{R})$，求

(1) $\mathbf{A}$ 的零空间 $N(\mathbf{A})=\{\boldsymbol{x}\mid\mathbf{A}\boldsymbol{x}=\mathbf{0}\}$ 的基与维数；

(2) $\mathbf{A}$ 的列向量 $\boldsymbol{\alpha}_1$，$\boldsymbol{\alpha}_2$，$\boldsymbol{\alpha}_3$，$\boldsymbol{\alpha}_4$ 生成的向量空间 $L(\boldsymbol{\alpha}_1, \boldsymbol{\alpha}_2, \boldsymbol{\alpha}_3, \boldsymbol{\alpha}_4)$ 的基与维数.

解 (1) 零空间 $N(\mathbf{A})$ 为 $\mathbf{A}\boldsymbol{x}=\mathbf{0}$ 的全体解向量的集合，下面来求 $\mathbf{A}\boldsymbol{x}=\mathbf{0}$ 的解. 对矩阵 $\mathbf{A}$ 施行初等行变换

$$\mathbf{A}\rightarrow\begin{pmatrix}1 & 3 & 2 & 1\\ 0 & 1 & k & -k\\ 0 & -1 & -2 & 2\end{pmatrix}\rightarrow\begin{pmatrix}1 & 0 & -4 & 7\\ 0 & 0 & k-2 & 2-k\\ 0 & -1 & -2 & 2\end{pmatrix}\rightarrow$$
$$\begin{pmatrix}1 & 0 & -4 & 7\\ 0 & 1 & 2 & -2\\ 0 & 0 & k-2 & 2-k\end{pmatrix}.$$

(a) 当 $k=2$ 时，$\mathrm{r}(\mathbf{A})=2<n$，则方程组 $\mathbf{A}\boldsymbol{x}=\mathbf{0}$ 有无穷多解.

与 $\mathbf{A}\boldsymbol{x}=\mathbf{0}$ 同解的线性方程组为

$$\begin{cases}x_1-4x_3+7x_4=0\\ x_2+2x_3-2x_4=0\end{cases}.$$

令 $x_3=c_1$，$x_4=c_2$（c_1，c_2 为任意常数），则方程组 $\mathbf{A}\boldsymbol{x}=\mathbf{0}$ 的一般解为

$$\begin{pmatrix}x_1\\ x_2\\ x_3\\ x_4\end{pmatrix}=c_1\begin{pmatrix}4\\ -2\\ 1\\ 0\end{pmatrix}+c_2\begin{pmatrix}-7\\ 2\\ 0\\ 1\end{pmatrix}\quad(c_1,\ c_2\ 为任意实数).$$

故方程组的任一解都可由向量 $\boldsymbol{\xi}_1=(4, -2, 1, 0)^{\mathrm{T}}$，$\boldsymbol{\xi}_2=(-7, 2, 0, 1)^{\mathrm{T}}$ 线性表示，又 $\boldsymbol{\xi}_1$，$\boldsymbol{\xi}_2$ 线性无关，因此 $N(\mathbf{A})$ 的基为 $\boldsymbol{\xi}_1=(4, -2, 1, 0)^{\mathrm{T}}$，$\boldsymbol{\xi}_2=(-7, 2, 0, 1)^{\mathrm{T}}$，维数为 2.

(b) 当$k\neq 2$时，$r(\boldsymbol{A})=3<n$，与 (1) 同理可得$N(\boldsymbol{A})$的基为$\boldsymbol{\xi}=(-3, 0, 1, 1)^T$，维数为 1.

(2) 向量空间$L(\boldsymbol{\alpha}_1, \boldsymbol{\alpha}_2, \boldsymbol{\alpha}_3, \boldsymbol{\alpha}_4)$的维数为向量组$\boldsymbol{\alpha}_1, \boldsymbol{\alpha}_2, \boldsymbol{\alpha}_3, \boldsymbol{\alpha}_4$的秩，由 (1) 可得

$$\boldsymbol{A}\rightarrow\begin{pmatrix}1 & 0 & -4 & 7\\0 & 1 & 2 & -2\\0 & 0 & k-2 & 2-k\end{pmatrix}$$

则：

当$k=2$时，$r(\boldsymbol{A})=2$，且$\boldsymbol{\alpha}_1, \boldsymbol{\alpha}_2$为向量组$\boldsymbol{\alpha}_1, \boldsymbol{\alpha}_2, \boldsymbol{\alpha}_3, \boldsymbol{\alpha}_4$的一个极大无关组，故$\boldsymbol{\alpha}_1, \boldsymbol{\alpha}_2$是$L(\boldsymbol{\alpha}_1, \boldsymbol{\alpha}_2, \boldsymbol{\alpha}_3, \boldsymbol{\alpha}_4)$的一组基，维数为 2.

当$k\neq 2$时，$r(\boldsymbol{A})=3$，且$\boldsymbol{\alpha}_1, \boldsymbol{\alpha}_2, \boldsymbol{\alpha}_3$为向量组$\boldsymbol{\alpha}_1, \boldsymbol{\alpha}_2, \boldsymbol{\alpha}_3, \boldsymbol{\alpha}_4$的一个极大无关组，故$\boldsymbol{\alpha}_1, \boldsymbol{\alpha}_2, \boldsymbol{\alpha}_3$是$L(\boldsymbol{\alpha}_1, \boldsymbol{\alpha}_2, \boldsymbol{\alpha}_3, \boldsymbol{\alpha}_4)$的一组基，维数为 3.

小结：本题归结于利用初等行变换法：(1) 求齐次线性方程组的解空间；(2) 找一组极大线性无关组. 只不过在求解的过程中要讨论k的取值情况.

例 3　设$\boldsymbol{\alpha}_1, \boldsymbol{\alpha}_2, \boldsymbol{\alpha}_3$是$\boldsymbol{R}^3$的一组基，已知

$$\boldsymbol{\beta}_1=\boldsymbol{\alpha}_1-\boldsymbol{\alpha}_2,\ \boldsymbol{\beta}_2=2\boldsymbol{\alpha}_1+3\boldsymbol{\alpha}_2+3\boldsymbol{\alpha}_3,\ \boldsymbol{\beta}_3=\boldsymbol{\alpha}_1+3\boldsymbol{\alpha}_2+2\boldsymbol{\alpha}_3,$$

(1) 证明$\boldsymbol{\beta}_1, \boldsymbol{\beta}_2, \boldsymbol{\beta}_3$是$\mathbf{R}^3$的一组基；

(2) 求向量$\boldsymbol{\beta}=2\boldsymbol{\alpha}_1-\boldsymbol{\alpha}_2+3\boldsymbol{\alpha}_3$在基$\boldsymbol{\beta}_1, \boldsymbol{\beta}_2, \boldsymbol{\beta}_3$下的坐标.

(1) **证**　$$(\boldsymbol{\beta}_1, \boldsymbol{\beta}_2, \boldsymbol{\beta}_3)=(\boldsymbol{\alpha}_1, \boldsymbol{\alpha}_2, \boldsymbol{\alpha}_3)\cdot\begin{pmatrix}1 & 2 & 1\\-1 & 3 & 3\\0 & 3 & 2\end{pmatrix}=(\boldsymbol{\alpha}_1, \boldsymbol{\alpha}_2, \boldsymbol{\alpha}_3)\cdot\boldsymbol{C},$$

由于$|\boldsymbol{C}|\neq 0$，故$\boldsymbol{C}$为可逆矩阵，而$\boldsymbol{\alpha}_1, \boldsymbol{\alpha}_2, \boldsymbol{\alpha}_3$为$\boldsymbol{R}^3$的基，故$\boldsymbol{\beta}_1, \boldsymbol{\beta}_2, \boldsymbol{\beta}_3$线性无关，所以$\boldsymbol{\beta}_1, \boldsymbol{\beta}_2, \boldsymbol{\beta}_3$为$\boldsymbol{R}^3$的一组基.

(2) **解**　设向量$\boldsymbol{\beta}$在基$\boldsymbol{\beta}_1, \boldsymbol{\beta}_2, \boldsymbol{\beta}_3$下的坐标为$(x_1, x_2, x_3)^T$，则

$$\boldsymbol{\beta}=x_1\boldsymbol{\beta}_1+x_2\boldsymbol{\beta}_2+x_3\boldsymbol{\beta}_3,$$

有

$$(\boldsymbol{\alpha}_1, \boldsymbol{\alpha}_2, \boldsymbol{\alpha}_3)\cdot\begin{pmatrix}2\\-1\\3\end{pmatrix}=(\boldsymbol{\beta}_1, \boldsymbol{\beta}_2, \boldsymbol{\beta}_3)\cdot\begin{pmatrix}x_1\\x_2\\x_3\end{pmatrix}=(\boldsymbol{\alpha}_1, \boldsymbol{\alpha}_2, \boldsymbol{\alpha}_3)\cdot\boldsymbol{C}\begin{pmatrix}x_1\\x_2\\x_3\end{pmatrix},$$

故

$$\begin{pmatrix}2\\-1\\3\end{pmatrix}=C\begin{pmatrix}x_1\\x_2\\x_3\end{pmatrix},$$

则

$$\begin{pmatrix}x_1\\x_2\\x_3\end{pmatrix}=C^{-1}\begin{pmatrix}2\\-1\\3\end{pmatrix}=\begin{pmatrix}1&2&1\\-1&3&3\\0&3&2\end{pmatrix}^{-1}\begin{pmatrix}2\\-1\\3\end{pmatrix}=\begin{pmatrix}-2\\5\\6\end{pmatrix}.$$

小结：(1) 主要利用了基的定义和基之间的关系来证明；

(2) 求坐标采用了 $\boldsymbol{R}^3$ 中的坐标变换公式.

三、习题 3—5 解答

1. 设 $\mathbf{V}_1=\{x=(x_1, x_2, \cdots, x_n)^{\mathrm{T}} \mid x_1, \cdots, x_n\in\mathbf{R}$ 满足 $x_1+x_2+\cdots+x_n=0\}$,

$\mathbf{V}_2=\{x=(x_1, x_2, \cdots, x_n)^{\mathrm{T}} \mid x_1, \cdots, x_n\in\mathbf{R}$ 满足 $x_1+x_2+\cdots+x_n=1\}$,

问 $\mathbf{V}_1$, $\mathbf{V}_2$ 是不是 $\boldsymbol{R}^n$ 子空间，为什么？

解题思路　依据子空间的定义进行验证，否则举出反例.

解　$\mathbf{V}_1$ 是向量空间，因为若设

$$\boldsymbol{\alpha}=(a_1, a_2, \cdots, a_n)^{\mathrm{T}},\ a_1+a_2+\cdots+a_n=0,$$
$$\boldsymbol{\beta}=(b_1, b_2, \cdots, b_n)^{\mathrm{T}},\ b_1+b_2+\cdots+b_n=0,$$

则　$$\boldsymbol{\alpha}+\boldsymbol{\beta}=(a_1+b_1, a_2+b_2, \cdots, a_n+b_n)^{\mathrm{T}},$$

且　$$(a_1+b_1)+(a_2+b_2)+\cdots+(a_n+b_n)$$
$$=(b_1+b_2+\cdots+b_n)+(a_1+a_2+\cdots+a_n)=0,$$

故　$$\boldsymbol{\alpha}+\boldsymbol{\beta}\in\mathbf{V}_1,$$
$$\boldsymbol{\alpha}=(a_1, a_2, \cdots, a_n)^{\mathrm{T}},$$
$$\lambda\boldsymbol{\alpha}=(\lambda a_1, \lambda a_2, \cdots, \lambda a_n)^{\mathrm{T}},\ \lambda\in\mathbf{R},$$
$$\lambda a_1+\lambda a_2+\cdots+\lambda a_n=\lambda(a_1+a_2+\cdots+a_n)=\lambda\cdot 0=0,$$

故 $\lambda\boldsymbol{\alpha}\in\mathbf{V}_1$, $\mathbf{V}_1$ 是 $\boldsymbol{R}^n$ 的子空间.

$\mathbf{V}_2$ 不是向量空间，若设 $\boldsymbol{\alpha}, \boldsymbol{\beta}\in\mathbf{V}_2$，则

$$(a_1+b_1)+(a_2+b_2)+\cdots+(a_n+b_n)$$
$$=(b_1+b_2+\cdots+b_n)+(a_1+a_2+\cdots+a_n)=1+1=2,$$

故 $\boldsymbol{\alpha}+\boldsymbol{\beta}\notin\mathbf{V}_2$，即 $\mathbf{V}_2$ 关于加法不封闭，从而 $\mathbf{V}_2$ 不是子空间.

2. 试证：由 $\boldsymbol{\alpha}_1=(0, 1, 1)^{\mathrm{T}}$, $\boldsymbol{\alpha}_2=(1, 0, 1)^{\mathrm{T}}$, $\boldsymbol{\alpha}_3=(1, 1, 0)^{\mathrm{T}}$ 所生成的向

量空间就是 $\boldsymbol{R}^3$.

证明思路 验证向量组 $\boldsymbol{\alpha}_1$，$\boldsymbol{\alpha}_2$，$\boldsymbol{\alpha}_3$ 是向量空间 $\boldsymbol{R}^3$ 的一个基；证明已知向量组与三维单位向量组等价.

证 设 $\boldsymbol{A}=(\boldsymbol{\alpha}_1,\boldsymbol{\alpha}_2,\boldsymbol{\alpha}_3)$，

$$|\boldsymbol{A}|=|\boldsymbol{\alpha}_1,\boldsymbol{\alpha}_2,\boldsymbol{\alpha}_3|=\begin{vmatrix}0&1&1\\1&0&1\\1&1&0\end{vmatrix}=(-1)\cdot\begin{vmatrix}1&1&0\\1&0&1\\0&1&1\end{vmatrix}=2\neq0.$$

于是 $\mathrm{r}(\boldsymbol{A})=3$，故 $\boldsymbol{\alpha}_1$，$\boldsymbol{\alpha}_2$，$\boldsymbol{\alpha}_3$ 线性无关.

由于 $\boldsymbol{\alpha}_1$，$\boldsymbol{\alpha}_2$，$\boldsymbol{\alpha}_3$ 均为三维向量，且这个向量组秩为 3，所以 $\boldsymbol{\alpha}_1$，$\boldsymbol{\alpha}_2$，$\boldsymbol{\alpha}_3$ 为此三维空间的一组基，故由 $\boldsymbol{\alpha}_1$，$\boldsymbol{\alpha}_2$，$\boldsymbol{\alpha}_3$ 所生成的向量空间就是 $\boldsymbol{R}^3$.

3. 判断 $\boldsymbol{R}^3$ 中与向量 $(0,0,1)$ 不平行的全体向量所组成的集合是否构成向量空间.

解题思路 已知集合对加法不封闭，举出反例说明之.

解 $\boldsymbol{R}^3$ 中与向量 $(0,0,1)$ 不平行的全体向量所组成的集合不构成向量空间.

对向量 $\boldsymbol{\alpha}_1=(0,k,0)$，$\boldsymbol{\alpha}_2=(0,-k,1)$ $(k\neq0)$，$\boldsymbol{\alpha}_1$，$\boldsymbol{\alpha}_2$ 均不平行于 $(0,0,1)$，但

$$\boldsymbol{\alpha}_1+\boldsymbol{\alpha}_2=(0,0,1).$$

因此 $\boldsymbol{R}^3$ 中与向量 $(0,0,1)$ 不平行的全体向量所组成的集合对加法不封闭.

故所给向量集合不构成向量空间.

4. 验证 $\boldsymbol{\alpha}_1=(1,-1,0)^{\mathrm{T}}$，$\boldsymbol{\alpha}_2=(2,1,3)^{\mathrm{T}}$，$\boldsymbol{\alpha}_3=(3,1,2)^{\mathrm{T}}$ 为 $\boldsymbol{R}^3$ 的一个基，并将

$$\boldsymbol{v}_1=(5,0,7)^{\mathrm{T}},\ \boldsymbol{v}_2=(-9,-8,-13)^{\mathrm{T}}$$

用此基来线性表示.

解题思路 已知向量 $\boldsymbol{\alpha}_1$，$\boldsymbol{\alpha}_2$，$\boldsymbol{\alpha}_3$ 是三维向量空间 $\boldsymbol{R}^3$ 的元素，故只需验证 $\boldsymbol{\alpha}_1$，$\boldsymbol{\alpha}_2$，$\boldsymbol{\alpha}_3$ 线性无关.

解 由于 $|\boldsymbol{\alpha}_1,\boldsymbol{\alpha}_2,\boldsymbol{\alpha}_3|=\begin{vmatrix}1&2&3\\-1&1&1\\0&3&2\end{vmatrix}=-6\neq0$，即矩阵 $(\boldsymbol{\alpha}_1,\boldsymbol{\alpha}_2,\boldsymbol{\alpha}_3)$ 的秩为 3.

故 $\boldsymbol{\alpha}_1$，$\boldsymbol{\alpha}_2$，$\boldsymbol{\alpha}_3$ 线性无关，从而是 $\boldsymbol{R}^3$ 的一个基.

设 $\boldsymbol{v}_1=k_1\boldsymbol{\alpha}_1+k_2\boldsymbol{\alpha}_2+k_3\boldsymbol{\alpha}_3$，则

$$\begin{cases}k_1+2k_2+3k_3=5\\-k_1+k_2+k_3=0\\3k_2+2k_3=7\end{cases}\Rightarrow\begin{cases}k_1=2\\k_2=3\\k_3=-1\end{cases},$$

故　　$v_1=2\boldsymbol{\alpha}_1+3\boldsymbol{\alpha}_2-\boldsymbol{\alpha}_3$.

设 $v_2=\lambda_1\boldsymbol{\alpha}_1+\lambda_2\boldsymbol{\alpha}_2+\lambda_3\boldsymbol{\alpha}_3$，则

$$\begin{cases}\lambda_1+2\lambda_2+3\lambda_3=-9\\-\lambda_1+\lambda_2+\lambda_3=-8\\3\lambda_2+2\lambda_3=-13\end{cases}\Rightarrow\begin{cases}\lambda_1=3\\\lambda_2=-3\\\lambda_3=-2\end{cases},$$

故线性表示为　　$v=3\boldsymbol{\alpha}_1-3\boldsymbol{\alpha}_2-2\boldsymbol{\alpha}_3$.

5. 设 $\boldsymbol{\xi}_1$，$\boldsymbol{\xi}_2$，$\boldsymbol{\xi}_3$ 是 $\boldsymbol{R}^3$ 的一组基，已知

$$\boldsymbol{\alpha}_1=\boldsymbol{\xi}_1+\boldsymbol{\xi}_2-2\boldsymbol{\xi}_3,\ \boldsymbol{\alpha}_2=\boldsymbol{\xi}_1-\boldsymbol{\xi}_2-\boldsymbol{\xi}_3,\ \boldsymbol{\alpha}_3=\boldsymbol{\xi}_1+\boldsymbol{\xi}_3,$$

证明 $\boldsymbol{\alpha}_1$，$\boldsymbol{\alpha}_2$，$\boldsymbol{\alpha}_3$ 是 $\boldsymbol{R}^3$ 的一组基，并求出向量 $\boldsymbol{\beta}=6\boldsymbol{\xi}_1-\boldsymbol{\xi}_2-\boldsymbol{\xi}_3$ 在基 $\boldsymbol{\alpha}_1$，$\boldsymbol{\alpha}_2$，$\boldsymbol{\alpha}_3$ 下的坐标.

证明思路　已知向量 $\boldsymbol{\alpha}_1$，$\boldsymbol{\alpha}_2$，$\boldsymbol{\alpha}_3$ 是三维向量空间 $\boldsymbol{R}^3$ 的元素，故只需验证 $\boldsymbol{\alpha}_1$，$\boldsymbol{\alpha}_2$，$\boldsymbol{\alpha}_3$ 线性无关；作变量替换，用 $\boldsymbol{\alpha}_1$，$\boldsymbol{\alpha}_2$，$\boldsymbol{\alpha}_3$ 线性表示 $\boldsymbol{\beta}$，即可求得所要求的坐标.

证　由题设知

$$(\boldsymbol{\alpha}_1,\boldsymbol{\alpha}_2,\boldsymbol{\alpha}_3)=(\boldsymbol{\xi}_1,\boldsymbol{\xi}_2,\boldsymbol{\xi}_3)\begin{pmatrix}1&1&1\\1&-1&0\\-2&-1&1\end{pmatrix}=(\boldsymbol{\xi}_1,\boldsymbol{\xi}_2,\boldsymbol{\xi}_3)\boldsymbol{A}.$$

因为 $\boldsymbol{\xi}_1$，$\boldsymbol{\xi}_2$，$\boldsymbol{\xi}_3$ 线性无关，$|\boldsymbol{A}|=-5\neq0$，所以 $\boldsymbol{\alpha}_1$，$\boldsymbol{\alpha}_2$，$\boldsymbol{\alpha}_3$ 线性无关，故 $\boldsymbol{\alpha}_1$，$\boldsymbol{\alpha}_2$，$\boldsymbol{\alpha}_3$ 是 $\boldsymbol{R}^3$ 的一组基.

设 $k_1\boldsymbol{\alpha}_1+k_2\boldsymbol{\alpha}_2+k_3\boldsymbol{\alpha}_3=\boldsymbol{\beta}$，得到线性方程组

$$\begin{cases}k_1+k_2+k_3=6\\k_1-k_2=-1\\-2k_1-k_2+k_3=-1\end{cases}.$$

解得 $k_1=1$，$k_2=2$，$k_3=3$. 故 $\boldsymbol{\beta}$ 关于基 $\boldsymbol{\alpha}_1$，$\boldsymbol{\alpha}_2$，$\boldsymbol{\alpha}_3$ 的坐标是 (1，2，3).

6. 已知 $\boldsymbol{R}^3$ 的两个基为

$$\boldsymbol{\alpha}_1=\begin{pmatrix}1\\1\\1\end{pmatrix},\ \boldsymbol{\alpha}_2=\begin{pmatrix}1\\0\\-1\end{pmatrix},\ \boldsymbol{\alpha}_3=\begin{pmatrix}1\\0\\1\end{pmatrix}\text{及}\ \boldsymbol{\beta}_1=\begin{pmatrix}1\\2\\1\end{pmatrix},\ \boldsymbol{\beta}_2=\begin{pmatrix}2\\3\\4\end{pmatrix},\ \boldsymbol{\beta}_3=\begin{pmatrix}3\\4\\3\end{pmatrix},$$

求由基 $\boldsymbol{\alpha}_1, \boldsymbol{\alpha}_2, \boldsymbol{\alpha}_3$ 到基 $\boldsymbol{\beta}_1, \boldsymbol{\beta}_2, \boldsymbol{\beta}_3$ 的过渡矩阵 $\boldsymbol{P}$.

解 方法一 直接由过渡矩阵的定义来解. 记矩阵

$$\boldsymbol{A}=(\boldsymbol{\alpha}_1, \boldsymbol{\alpha}_2, \boldsymbol{\alpha}_3),\ \boldsymbol{B}=(\boldsymbol{\beta}_1, \boldsymbol{\beta}_2, \boldsymbol{\beta}_3).$$

因 $\boldsymbol{\alpha}_1, \boldsymbol{\alpha}_2, \boldsymbol{\alpha}_3$ 与 $\boldsymbol{\beta}_1, \boldsymbol{\beta}_2, \boldsymbol{\beta}_3$ 均为 $\boldsymbol{R}^3$ 中的基，故 $\boldsymbol{A}$ 和 $\boldsymbol{B}$ 均为三阶可逆阵. 由过渡矩阵定义，$(\boldsymbol{\beta}_1, \boldsymbol{\beta}_2, \boldsymbol{\beta}_3)=(\boldsymbol{\alpha}_1, \boldsymbol{\alpha}_2, \boldsymbol{\alpha}_3)\boldsymbol{P}$ 或 $\boldsymbol{B}=\boldsymbol{AP}$，得

$$\boldsymbol{P}=\boldsymbol{A}^{-1}\boldsymbol{B}.$$

利用第 3 章介绍的方法，即可求得 $\boldsymbol{P}$ 如下：

$$(\boldsymbol{\alpha}_1, \boldsymbol{\alpha}_2, \boldsymbol{\alpha}_3, \boldsymbol{\beta}_1, \boldsymbol{\beta}_2, \boldsymbol{\beta}_3)=\begin{pmatrix}1 & 1 & 1 & 1 & 2 & 3\\ 1 & 0 & 0 & 2 & 3 & 4\\ 1 & -1 & 1 & 1 & 4 & 3\end{pmatrix}\longrightarrow$$

$$\begin{pmatrix}1 & 0 & 0 & 2 & 3 & 4\\ 0 & 1 & 0 & 0 & -1 & 0\\ 0 & 0 & 1 & -1 & 0 & -1\end{pmatrix},$$

从而 $$\boldsymbol{P}=\boldsymbol{A}^{-1}\boldsymbol{B}-\begin{pmatrix}2 & 3 & 4\\ 0 & 1 & 0\\ -1 & 0 & -1\end{pmatrix}.$$

方法二 利用自然基作过渡.

由 $(\boldsymbol{\alpha}_1, \boldsymbol{\alpha}_2, \boldsymbol{\alpha}_3)=(\boldsymbol{e}_1, \boldsymbol{e}_2, \boldsymbol{e}_3)\begin{pmatrix}1 & 1 & 1\\ 1 & 0 & 0\\ 1 & -1 & 1\end{pmatrix}$，则

$$(\boldsymbol{e}_1, \boldsymbol{e}_2, \boldsymbol{e}_3)=(\boldsymbol{\alpha}_1, \boldsymbol{\alpha}_2, \boldsymbol{\alpha}_3)\begin{pmatrix}1 & 1 & 1\\ 1 & 0 & 0\\ 1 & -1 & 1\end{pmatrix}^{-1},$$

$$\begin{aligned}(\boldsymbol{\beta}_1, \boldsymbol{\beta}_2, \boldsymbol{\beta}_3)&=(\boldsymbol{e}_1, \boldsymbol{e}_2, \boldsymbol{e}_3)\begin{pmatrix}1 & 2 & 3\\ 2 & 3 & 4\\ 1 & 4 & 3\end{pmatrix}\\ &=(\boldsymbol{\alpha}_1, \boldsymbol{\alpha}_2, \boldsymbol{\alpha}_3)\begin{pmatrix}1 & 1 & 1\\ 1 & 0 & 0\\ 1 & -1 & 1\end{pmatrix}^{-1}\begin{pmatrix}1 & 2 & 3\\ 2 & 3 & 4\\ 1 & 4 & 3\end{pmatrix}\\ &=(\boldsymbol{\alpha}_1, \boldsymbol{\alpha}_2, \boldsymbol{\alpha}_3)\begin{pmatrix}2 & 3 & 4\\ 0 & -1 & 0\\ -1 & 0 & -1\end{pmatrix}.\end{aligned}$$

由定义，所求过渡矩阵 $\boldsymbol{P}=\begin{pmatrix}2&3&4\\0&-1&0\\-1&0&1\end{pmatrix}$.

7. 设 $\boldsymbol{R}^3$ 中的一组基 $\boldsymbol{\xi}_1=(1,\ -2,\ 1)^{\mathrm{T}}$，$\boldsymbol{\xi}_2=(0,\ 1,\ 1)^{\mathrm{T}}$，$\boldsymbol{\xi}_3=(3,\ 2,\ 1)^{\mathrm{T}}$，向量 $\boldsymbol{\alpha}$ 在基 $\boldsymbol{\xi}_1$，$\boldsymbol{\xi}_2$，$\boldsymbol{\xi}_3$ 下的坐标为 $(x_1,\ x_2,\ x_3)$，在另一组基 $\boldsymbol{\eta}_1$，$\boldsymbol{\eta}_2$，$\boldsymbol{\eta}_3$ 下的坐标为 $(y_1,\ y_2,\ y_3)$，且有

$$y_1=x_1-x_2-x_3,\ y_2=-x_1+x_2,\ y_3=x_1+2x_3,$$

解题思路　根据过渡矩阵的定义，依据坐标 $(x_1,\ x_2,\ x_3)$ 与坐标 $(y_1,\ y_2,\ y_3)$ 的关系，通过变量替换可以求得基 $\boldsymbol{\eta}_1$，$\boldsymbol{\eta}_2$，$\boldsymbol{\eta}_3$ 到基 $\boldsymbol{\xi}_1$，$\boldsymbol{\xi}_2$，$\boldsymbol{\xi}_3$ 的过渡矩阵；结合过渡矩阵的逆矩阵可以求基 $\boldsymbol{\eta}_1$，$\boldsymbol{\eta}_2$，$\boldsymbol{\eta}_3$.

(1) 求由基 $\boldsymbol{\eta}_1$，$\boldsymbol{\eta}_2$，$\boldsymbol{\eta}_3$ 到基 $\boldsymbol{\xi}_1$，$\boldsymbol{\xi}_2$，$\boldsymbol{\xi}_3$ 的过渡矩阵.

解　由题设知 $\begin{pmatrix}y_1\\y_2\\y_3\end{pmatrix}=\begin{pmatrix}1&-1&-1\\-1&1&0\\1&0&2\end{pmatrix}\begin{pmatrix}x_1\\x_2\\x_3\end{pmatrix}=\boldsymbol{C}\begin{pmatrix}x_1\\x_2\\x_3\end{pmatrix}$. 因为

$$\boldsymbol{\alpha}=(\boldsymbol{\xi}_1,\ \boldsymbol{\xi}_2,\ \boldsymbol{\xi}_3)\begin{pmatrix}x_1\\x_2\\x_3\end{pmatrix}=(\boldsymbol{\eta}_1,\ \boldsymbol{\eta}_2,\ \boldsymbol{\eta}_3)\begin{pmatrix}y_1\\y_2\\y_3\end{pmatrix}=(\boldsymbol{\eta}_1,\ \boldsymbol{\eta}_2,\ \boldsymbol{\eta}_3)\boldsymbol{C}\begin{pmatrix}x_1\\x_2\\x_3\end{pmatrix},$$

所以　$(\boldsymbol{\xi}_1,\ \boldsymbol{\xi}_2,\ \boldsymbol{\xi}_3)=(\boldsymbol{\eta}_1,\ \boldsymbol{\eta}_2,\ \boldsymbol{\eta}_3)\boldsymbol{C}$.

即由基 $\boldsymbol{\eta}_1$，$\boldsymbol{\eta}_2$，$\boldsymbol{\eta}_3$ 到基 $\boldsymbol{\xi}_1$，$\boldsymbol{\xi}_2$，$\boldsymbol{\xi}_3$ 的过渡矩阵为

$$\boldsymbol{C}=\begin{pmatrix}1&-1&-1\\-1&1&0\\1&0&2\end{pmatrix}.$$

(2) 求基 $\boldsymbol{\eta}_1$，$\boldsymbol{\eta}_2$，$\boldsymbol{\eta}_3$.

解　由于 $(\boldsymbol{\eta}_1,\ \boldsymbol{\eta}_2,\ \boldsymbol{\eta}_3)=(\boldsymbol{\xi}_1,\ \boldsymbol{\xi}_2,\ \boldsymbol{\xi}_3)\boldsymbol{C}^{-1}=(\boldsymbol{\xi}_1,\ \boldsymbol{\xi}_2,\ \boldsymbol{\xi}_3)\begin{pmatrix}2&2&1\\2&3&1\\-1&-1&0\end{pmatrix}$，

从而得到

$$\begin{aligned}\boldsymbol{\eta}_1&=2\boldsymbol{\xi}_1+2\boldsymbol{\xi}_2-\boldsymbol{\xi}_3=(-1,\ -4,\ 3)^{\mathrm{T}},\\ \boldsymbol{\eta}_2&=2\boldsymbol{\xi}_1+3\boldsymbol{\xi}_2-\boldsymbol{\xi}_3=(-1,\ -3,\ 4)^{\mathrm{T}},\\ \boldsymbol{\eta}_3&=\boldsymbol{\xi}_1+\boldsymbol{\xi}_2=(1,\ -1,\ 2)^{\mathrm{T}}.\end{aligned}$$

8. 证明：$\boldsymbol{R}^2$ 中不过原点的直线不是 $\boldsymbol{R}^2$ 的子空间.

证　$\boldsymbol{R}^2$ 中不过原点的直线可以看作集合

$$\boldsymbol{V}=\{(a,\ b)\in\boldsymbol{R}^2\,|\,ax+by=1\}.$$

取 $\boldsymbol{\alpha}_1=(a,\ b)\in\boldsymbol{V}$，$\boldsymbol{\alpha}_2=(-a,\ -b)\in\boldsymbol{V}$，即

$$ax+by=1,\ -(ax+by)=1.$$

上述两式相加得 $0=2$，矛盾，故 $\boldsymbol{\alpha}_1+\boldsymbol{\alpha}_2\notin\boldsymbol{V}$.

所以 $\boldsymbol{R}^2$ 中不过原点的直线不是 $\boldsymbol{R}^2$ 的子空间.

§3.6 线性方程组解的结构

一、主要知识归纳

表 3—6—1　　齐次线性方程组解的结构

解空间定义	n 元齐次线性方程组 $\boldsymbol{Ax}=\boldsymbol{0}$ 的解 $\boldsymbol{x}=(x_1,\ \cdots,\ x_n)^{\mathrm{T}}$ 称为该方程组的解向量. 全体解向量的集合构成的向量空间 $\mathbf{V}$ 称为该方程组的解空间.
解的性质	(1) 若 $\boldsymbol{\xi}_1,\boldsymbol{\xi}_2$ 为方程组 $\boldsymbol{Ax}=\boldsymbol{0}$ 的解，则 $\boldsymbol{\xi}_1+\boldsymbol{\xi}_2$ 也是该方程组的解； (2) 若 $\boldsymbol{\xi}$ 为方程组 $\boldsymbol{Ax}=\boldsymbol{0}$ 的解，k 为实数，则 $k\boldsymbol{\xi}$ 也是该方程组的解； (3) 若 $\boldsymbol{\xi}_1,\boldsymbol{\xi}_2,\cdots,\boldsymbol{\xi}_s$ 为方程组 $\boldsymbol{Ax}=\boldsymbol{0}$ 的解，$k_1,k_2,\cdots,k_s$ 为实数，则线性组合 $k_1\boldsymbol{\xi}_1+k_2\boldsymbol{\xi}_2+\cdots+k_s\boldsymbol{\xi}_s$ 也是方程组 $\boldsymbol{Ax}=\boldsymbol{0}$ 的解.
基础解系	若齐次线性方程组 $\boldsymbol{Ax}=\boldsymbol{0}$ 的有限个解 $\boldsymbol{\eta}_1,\boldsymbol{\eta}_2,\cdots,\boldsymbol{\eta}_t$ 满足： (1) $\boldsymbol{\eta}_1,\boldsymbol{\eta}_2,\cdots,\boldsymbol{\eta}_t$ 线性无关； (2) $\boldsymbol{Ax}=\boldsymbol{0}$ 的任意一个解均可由 $\boldsymbol{\eta}_1,\boldsymbol{\eta}_2,\cdots,\boldsymbol{\eta}_t$ 线性表示， 则称 $\boldsymbol{\eta}_1,\boldsymbol{\eta}_2,\cdots,\boldsymbol{\eta}_t$ 是齐次线性方程组 $\boldsymbol{Ax}=\boldsymbol{0}$ 的一个基础解系.
解空间性质	若 $\mathrm{r}(\mathbf{A})=r<n$，则 $\boldsymbol{Ax}=\boldsymbol{0}$ 的基础解系一定存在，且每个基础解系中所含解向量的个数均等于 $n-r$，其中 n 是方程组所含未知量的个数. 设基础解系为 $\boldsymbol{\eta}_1,\boldsymbol{\eta}_2,\cdots,\boldsymbol{\eta}_{n-r}$，则解空间 $\mathbf{V}=\{\boldsymbol{x}\,\vert\,\boldsymbol{x}=c_1\boldsymbol{\eta}_1+c_2\boldsymbol{\eta}_2+\cdots+c_{n-r}\boldsymbol{\eta}_{n-r},\ c_1,c_2,\cdots,c_{n-r}\in\mathbf{R}\}$. 且 $\mathrm{r}(\mathbf{A})=r\Rightarrow\dim(\mathbf{V})=n-r$.

表 3—6—2　　非齐次线性方程组的解

解的性质	非齐次线性方程组 $\boldsymbol{Ax}=\boldsymbol{b}$ 对应的齐次线性方程组（或导出组）为 $\boldsymbol{Ax}=\boldsymbol{0}$. (1) 若 $\boldsymbol{\eta}_1,\boldsymbol{\eta}_2$ 是非齐次线性方程组 $\boldsymbol{Ax}=\boldsymbol{b}$ 的解，则 $\boldsymbol{\eta}_1-\boldsymbol{\eta}_2$ 是对应的齐次线性方程组 $\boldsymbol{Ax}=\boldsymbol{0}$ 的解. (2) 设 $\boldsymbol{\eta}$ 是非齐次线性方程组 $\boldsymbol{Ax}=\boldsymbol{b}$ 的解，$\boldsymbol{\xi}$ 为对应的齐次线性方程组 $\boldsymbol{Ax}=\boldsymbol{0}$ 的解，则 $\boldsymbol{\xi}+\boldsymbol{\eta}$ 为非齐次线性方程组 $\boldsymbol{Ax}=\boldsymbol{b}$ 的解. (3) 设 $\boldsymbol{\eta}^*$ 是非齐次线性方程组 $\boldsymbol{Ax}=\boldsymbol{b}$ 的一个解，$\boldsymbol{\xi}$ 是对应齐次线性方程组 $\boldsymbol{Ax}=\boldsymbol{0}$ 的通解，则 $\boldsymbol{\xi}+\boldsymbol{\eta}^*$ 是非齐次线性方程组 $\boldsymbol{Ax}=\boldsymbol{b}$ 的通解.

二、典型例题分析

例 1　已知下列非齐次线性方程组 (I)、(II):

$$\text{(I)}\begin{cases}x_1+x_2-2x_4=-6\\4x_1-x_2-x_3-x_4=1\\3x_1-x_2-x_3=3\end{cases},\quad \text{(II)}\begin{cases}x_1+mx_2-x_3-x_4=-5\\nx_2-x_3-2x_4=-11\\x_3-2x_4=-t+1\end{cases}.$$

(1) 求方程组 (I) 的通解;

(2) 如果方程组 (I) 与 (II) 同解，求方程组 (II) 中的参数 m, n, t 的值.

解　(1) 对方程组 (I) 的增广矩阵 $\widetilde{A}$ 施行初等行变换

$$\widetilde{A}=\begin{pmatrix}1&1&0&-2&-6\\4&-1&-1&-1&1\\3&-1&-1&0&3\end{pmatrix}\to\begin{pmatrix}1&1&0&-2&-6\\0&-5&-1&7&25\\0&-4&-1&6&21\end{pmatrix}$$

$$\to\begin{pmatrix}1&1&0&-2&-6\\0&-1&0&1&4\\0&-4&-1&6&21\end{pmatrix}\to\begin{pmatrix}1&1&0&-2&-6\\0&1&0&-1&-4\\0&0&-1&2&5\end{pmatrix}.$$

由 $\mathrm{r}(\boldsymbol{A})=\mathrm{r}(\widetilde{\boldsymbol{A}})=3<4$ 知，方程组 (I) 有无穷多解，且原方程组 (I) 等价于方程组

$$\begin{cases}x_1+x_2-2x_4=-6\\x_2-x_4=-4\\-x_3+2x_4=5\end{cases}\tag{$*$}$$

令 $x_4=1$，代入方程组 ($*$) 对应的齐次方程组中求得基础解系为 $\boldsymbol{\xi}=(1,1,2,1)^{\mathrm{T}}$.

求特解：令 $x_4=0$，得

$$x_1=-2,\ x_2=-4,\ x_3=-5.$$

故所求通解为

$$\boldsymbol{x}=k(1,1,2,1)^{\mathrm{T}}+(-2,-4,-5,0)^{\mathrm{T}}.$$

(2) 由 (1) 的结论可知，方程组 (I) 的通解为

$$x_1=-2+k,\ x_2=-4+k,\ x_3=-5+2k,\ x_4=k,$$

分别将上述解代入方程组 (II) 得

$$\begin{cases}(-2+k)+(-4+k)m-(-5+2k)-k=-5\\ n(-4+k)-(-5+2k)-2k=-11\\ (-5+2k)-2k=-t+1\end{cases},$$

整理可得

$$\begin{cases}(m-2)(k-4)=0\\ (n-4)(k-4)=0\\ t=6\end{cases},$$

由于方程组（I）的通解中的 k 可取任意常数，故

$$m-2=0,\ n-4=0,\ t=6,$$

即

$$m=2,\ n=4,\ t=6.$$

小结：本题主要考查了非齐次线性方程组解的结构及同解方程组的概念.

例 2 已知 4 阶方阵 $\boldsymbol{A}$，而 $\boldsymbol{\alpha}_1,\boldsymbol{\alpha}_2,\boldsymbol{\alpha}_3,\boldsymbol{\alpha}_4$ 是 $\boldsymbol{A}$ 的列向量，其中 $\boldsymbol{\alpha}_2,\boldsymbol{\alpha}_3,\boldsymbol{\alpha}_4$ 线性无关，$\boldsymbol{\alpha}_1=2\boldsymbol{\alpha}_2-\boldsymbol{\alpha}_3$，如果 $\boldsymbol{\beta}=\boldsymbol{\alpha}_1+\boldsymbol{\alpha}_2+\boldsymbol{\alpha}_3+\boldsymbol{\alpha}_4$，求线性方程组 $\boldsymbol{A}\boldsymbol{x}=\boldsymbol{\beta}$ 的通解.

解 方法一 令 $\boldsymbol{x}=(x_1,x_2,x_3,x_4)^{\mathrm{T}}$，由 $\boldsymbol{A}\boldsymbol{x}=\boldsymbol{\beta}$ 可得

$$x_1\boldsymbol{\alpha}_1+x_2\boldsymbol{\alpha}_2+x_3\boldsymbol{\alpha}_3+x_4\boldsymbol{\alpha}_4=\boldsymbol{\alpha}_1+\boldsymbol{\alpha}_2+\boldsymbol{\alpha}_3+\boldsymbol{\alpha}_4,$$

又 $\boldsymbol{\alpha}_1=2\boldsymbol{\alpha}_2-\boldsymbol{\alpha}_3$，故

$$(2x_1+x_2-3)\boldsymbol{\alpha}_2+(-x_1+x_3-1)\boldsymbol{\alpha}_3+(x_4-1)\boldsymbol{\alpha}_4=\boldsymbol{0},$$

由 $\boldsymbol{\alpha}_2,\boldsymbol{\alpha}_3,\boldsymbol{\alpha}_4$ 线性无关可得

$$\begin{cases}2x_1+x_2-3=0\\ -x_1+x_3=0\\ x_4-1=0\end{cases}\Rightarrow\begin{cases}2x_1+x_2=3\\ -x_1+x_3=0\\ x_4=1\end{cases},$$

因此通解为

$$\boldsymbol{x}=\begin{pmatrix}x_1\\x_2\\x_3\\x_4\end{pmatrix}=\begin{pmatrix}0\\3\\0\\1\end{pmatrix}+k\begin{pmatrix}1\\-2\\1\\0\end{pmatrix},\quad(k\text{ 为任意实数}).$$

方法二　由条件 $\boldsymbol{\alpha}_2, \boldsymbol{\alpha}_3, \boldsymbol{\alpha}_4$ 线性无关和 $\boldsymbol{\alpha}_1=2\boldsymbol{\alpha}_2-\boldsymbol{\alpha}_3$ 可知，$\boldsymbol{A}$ 的秩为 3，故 $\boldsymbol{Ax}=\boldsymbol{0}$ 的基础解系中只含一个非零解向量，且

$$\boldsymbol{\alpha}_1-2\boldsymbol{\alpha}_2+\boldsymbol{\alpha}_3+0\boldsymbol{\alpha}_4=\boldsymbol{0},$$

则 $(1,-2,1,0)^{\mathrm{T}}$ 是 $\boldsymbol{Ax}=\boldsymbol{0}$ 的非零解，可作为 $\boldsymbol{Ax}=\boldsymbol{0}$ 的基础解系，又

$$\boldsymbol{\beta}=\boldsymbol{\alpha}_1+\boldsymbol{\alpha}_2+\boldsymbol{\alpha}_3+\boldsymbol{\alpha}_4=(\boldsymbol{\alpha}_1, \boldsymbol{\alpha}_2, \boldsymbol{\alpha}_3, \boldsymbol{\alpha}_4)\cdot\begin{pmatrix}1\\1\\1\\1\end{pmatrix}=\boldsymbol{A}\cdot\begin{pmatrix}1\\1\\1\\1\end{pmatrix},$$

所以 $(1,1,1,1)^{\mathrm{T}}$ 是 $\boldsymbol{Ax}=\boldsymbol{\beta}$ 的一个特解，故 $\boldsymbol{Ax}=\boldsymbol{\beta}$ 的通解为

$$\boldsymbol{x}=k\cdot\begin{pmatrix}1\\-2\\1\\0\end{pmatrix}+\begin{pmatrix}1\\1\\1\\1\end{pmatrix}\quad(k \text{ 为任意常数}).$$

小结：本题中的方法一是根据非齐次线性方程组解的结构来求解；方法二主要利用了解向量的定义和基础解系的性质. 两种方法比较起来，方法二的计算量更小.

例 3　求一个以 $k(2,1,-4,3)^{\mathrm{T}}+(1,2,-3,4)^{\mathrm{T}}$ 为通解的线性方程组.

解　由通解的表达式可设所求的非齐次线性方程组为 $\boldsymbol{Ax}=\boldsymbol{b}$，矩阵 $\boldsymbol{A}$ 的行向量形如 $\boldsymbol{\alpha}^{\mathrm{T}}=(a_1, a_2, a_3, a_4)$，根据题意有 $\boldsymbol{\alpha}^{\mathrm{T}}=(2,1,-4,3)^{\mathrm{T}}=\boldsymbol{0}$，即

$$2a_1+a_2-4a_3+3a_4=0,$$

则该方程的基础解系为：

$$\begin{pmatrix}1\\-2\\0\\0\end{pmatrix},\begin{pmatrix}0\\4\\1\\0\end{pmatrix},\begin{pmatrix}0\\-3\\0\\1\end{pmatrix}.$$

因此，可取矩阵 $\boldsymbol{A}$ 的行向量分别为

$$\boldsymbol{\alpha}_1^{\mathrm{T}}=(1,-2,0,0), \boldsymbol{\alpha}_2^{\mathrm{T}}=(0,4,1,0), \boldsymbol{\alpha}_3^{\mathrm{T}}=(0,-3,0,1).$$

则

$$A=\begin{pmatrix}1&-2&0&0\\0&4&1&0\\0&-3&0&1\end{pmatrix}.$$

设常向量 $\boldsymbol{b}=(b_1, b_2, b_3)^T$，则方程组 $\boldsymbol{Ax}=\boldsymbol{b}$ 可表示为

$$\begin{cases}x_1-2x_2=b_1\\4x_2+x_3=b_2\\-3x_2+x_4=b_3\end{cases},$$

而 $(1, 2, -3, 4)^T$ 是方程组 $\boldsymbol{Ax}=\boldsymbol{b}$ 的解，则有 $b_1=-3$，$b_2=5$，$b_3=-2$.
因此所求齐次线性方程组为

$$\begin{cases}x_1-2x_2=-3\\4x_2+x_3=5\\-3x_2+x_4=-2\end{cases},$$

小结：本题根据通解的结构反求线性方程组，主要利用了解向量和基础解系的定义及矩阵与向量组之间的转换.

三、习题 3—6 解答

1. 求下列齐次线性方程组的基础解系：

(1) $\begin{cases}x_1-8x_2+10x_3+2x_4=0\\2x_1+4x_2+5x_3-x_4=0\\3x_1+8x_2+6x_3-2x_4=0\end{cases}$.

解 $A=\begin{pmatrix}1&-8&10&2\\2&4&5&-1\\3&8&6&-2\end{pmatrix}\xrightarrow{\text{初等行变换}}\begin{pmatrix}1&0&4&0\\0&1&-3/4&-1/4\\0&0&0&0\end{pmatrix}$,

所以原方程组等价于 $\begin{cases}x_1=-4x_3\\x_2=\dfrac{3}{4}x_3+\dfrac{1}{4}x_4\end{cases}$.

取 $x_3=1$，$x_4=-3$，得 $x_1=-4$，$x_2=0$；取 $x_3=0$，$x_4=4$，得 $x_1=0$，$x_2=1$.
因此基础解系为

$$\boldsymbol{\xi}_1=\begin{pmatrix}-4\\0\\1\\-3\end{pmatrix},\ \boldsymbol{\xi}_2=\begin{pmatrix}0\\1\\0\\4\end{pmatrix}.$$

(2) $\begin{cases}2x_1-3x_2-2x_3+x_4=0\\3x_1+5x_2+4x_3-2x_4=0.\\8x_1+7x_2+6x_3-3x_4=0\end{cases}$

解 $\mathbf{A}=\begin{pmatrix}2&-3&-2&1\\3&5&4&-2\\8&7&6&-3\end{pmatrix}\xrightarrow{\text{初等行变换}}\begin{pmatrix}1&0&2/19&-1/19\\0&1&14/19&-7/19\\0&0&0&0\end{pmatrix}$,

所以原方程组等价于 $\begin{cases}x_1=-\dfrac{2}{19}x_3+\dfrac{1}{19}x_4\\x_2=-\dfrac{14}{19}x_3+\dfrac{7}{19}x_4\end{cases}$.

取 $x_3=1$, $x_4=2$ 得 $x_1=0$, $x_2=0$；取 $x_3=0$, $x_4=19$ 得 $x_1=1$, $x_2=7$.

因此基础解系为

$$\boldsymbol{\xi}_1=\begin{pmatrix}0\\0\\1\\2\end{pmatrix},\boldsymbol{\xi}_2=\begin{pmatrix}1\\7\\0\\19\end{pmatrix}.$$

(3) $nx_1+(n-1)x_2+\cdots+2x_{n-1}+x_n=0$.

解 原方程组即为 $x_n=-nx_1-(n-1)x_2-\cdots-2x_{n-1}$,

取 $x_1=1$, $x_2=x_3=\cdots=x_{n-1}=0$ 得 $x_n=-n$,

取 $x_2=1$, $x_1=x_3=x_4=\cdots=x_{n-1}=0$ 得 $x_n=-(n-1)=-n+1$,

…

取 $x_{n-1}=1$, $x_1=x_2=\cdots=x_{n-2}=0$ 得 $x_n=-2$.

所以基础解系为 $(\boldsymbol{\xi}_1,\boldsymbol{\xi}_2,\cdots,\boldsymbol{\xi}_{n-1})=\begin{pmatrix}1&0&\cdots&0\\0&1&\cdots&0\\\vdots&\vdots&&\vdots\\0&0&\cdots&1\\-n&-n+1&\cdots&-2\end{pmatrix}$.

2. 设 $\boldsymbol{\alpha}_1$, $\boldsymbol{\alpha}_2$ 是某个齐次线性方程组的基础解系，证明：$\boldsymbol{\alpha}_1+\boldsymbol{\alpha}_2$, $2\boldsymbol{\alpha}_1-\boldsymbol{\alpha}_2$ 是该线性方程组的基础解系.

证明思路 根据基础解系的定义，需要验证三条.

证 令 $\boldsymbol{\beta}_1=\boldsymbol{\alpha}_1+\boldsymbol{\alpha}_2$, $\boldsymbol{\beta}_2=2\boldsymbol{\alpha}_1-\boldsymbol{\alpha}_2$，设 $k_1\boldsymbol{\beta}_1+k_2\boldsymbol{\beta}_2=\mathbf{0}$

$\Rightarrow(k_1+2k_2)\boldsymbol{\alpha}_1+(k_1-k_2)\boldsymbol{\alpha}_2=\mathbf{0}$.

因 $\boldsymbol{\alpha}_1$，$\boldsymbol{\alpha}_2$ 是方程组的基础解系，故线性无关

$$\Rightarrow\begin{cases}k_1+2k_2=0\\k_1-k_2=0\end{cases}\Rightarrow k_1=k_2=0.$$

于是知 $\boldsymbol{\beta}_1$，$\boldsymbol{\beta}_2$ 线性无关，又因为 $\boldsymbol{\beta}_1$，$\boldsymbol{\beta}_2$ 是 $\boldsymbol{\alpha}_1$，$\boldsymbol{\alpha}_2$ 的线性组合，故 $\boldsymbol{\beta}_1$，$\boldsymbol{\beta}_2$ 是齐次线性方程组的解.

又向量组 $\boldsymbol{\beta}_1$，$\boldsymbol{\beta}_2$ 的个数等于基础解系所含向量个数，因此 $\boldsymbol{\beta}_1$，$\boldsymbol{\beta}_2$ 构成齐次线性方程组的基础解系.

3. 设 $\boldsymbol{A}$ 是 n 阶方阵，$\boldsymbol{Ax}=\boldsymbol{0}$ 只有零解，求证：对任意的正整数 k，$\boldsymbol{A}^k\boldsymbol{x}=\boldsymbol{0}$ 也只有零解.

证 用反证法.

假定 $\boldsymbol{A}^k\boldsymbol{x}=\boldsymbol{0}$ 有非零解，即存在解向量 $\boldsymbol{\alpha}\neq 0$，使 $\boldsymbol{A}^k\boldsymbol{\alpha}=\boldsymbol{0}$，即 $\boldsymbol{A}(\boldsymbol{A}^{k-1}\boldsymbol{\alpha})=\boldsymbol{0}$.

由 $\boldsymbol{Ax}=\boldsymbol{0}$ 只有零解 $\Rightarrow\boldsymbol{A}^{k-1}\boldsymbol{\alpha}=\boldsymbol{0}$.

又 $\boldsymbol{A}^{k-1}\boldsymbol{\alpha}=\boldsymbol{A}(\boldsymbol{A}^{k-2}\boldsymbol{\alpha})=\boldsymbol{0}$，由 $\boldsymbol{Ax}=\boldsymbol{0}$ 只有零解 $\Rightarrow\boldsymbol{A}^{k-2}\boldsymbol{\alpha}=\boldsymbol{0}$，…

最后必有 $\boldsymbol{A\alpha}=\boldsymbol{0}$，而且 $\boldsymbol{\alpha}\neq\boldsymbol{0}$，这与 $\boldsymbol{Ax}=\boldsymbol{0}$ 只有零解矛盾.

因此，$\boldsymbol{A}^k\boldsymbol{x}=\boldsymbol{0}$ 不可能有非零解.

4. 设 $\boldsymbol{A}=\begin{pmatrix}2&-2&1&3\\9&-5&2&8\end{pmatrix}$，求一个 4×2 矩阵 $\boldsymbol{B}$，使 $\boldsymbol{AB}=\boldsymbol{O}$，且 $\mathrm{r}(\boldsymbol{B})=2$.

解题思路 利用待定系数法求解.

解 由于 $\mathrm{r}(\boldsymbol{B})=2$，所以可设 $\boldsymbol{B}=\begin{pmatrix}1&0\\0&1\\x_1&x_2\\x_3&x_4\end{pmatrix}$，

则由 $\boldsymbol{AB}=\begin{pmatrix}2&-2&1&3\\9&-5&2&8\end{pmatrix}\begin{pmatrix}1&0\\0&1\\x_1&x_2\\x_3&x_4\end{pmatrix}=\begin{pmatrix}0&0\\0&0\end{pmatrix}$ 可得

$$\begin{pmatrix}1&0&3&0\\0&1&0&3\\2&0&8&0\\0&2&0&8\end{pmatrix}\begin{pmatrix}x_1\\x_2\\x_3\\x_4\end{pmatrix}=\begin{pmatrix}-2\\2\\-9\\5\end{pmatrix}\Rightarrow\begin{pmatrix}x_1\\x_2\\x_3\\x_4\end{pmatrix}=\begin{pmatrix}11/2\\1/2\\-5/2\\1/2\end{pmatrix},$$

故所求矩阵 $\boldsymbol{B}=\begin{pmatrix}1&0\\0&1\\11/2&1/2\\-5/2&1/2\end{pmatrix}$.

5. 求一个齐次线性方程组，使它的基础解系由下列向量组成.

(1) $\boldsymbol{\xi}_1=(0,1,2,3)^{\mathrm{T}}$，$\boldsymbol{\xi}_2=(3,2,1,0)^{\mathrm{T}}$.

解　显然原方程组的通解为

$$\begin{pmatrix}x_1\\x_2\\x_3\\x_4\end{pmatrix}=k_1\begin{pmatrix}0\\1\\2\\3\end{pmatrix}+k_2\begin{pmatrix}3\\2\\1\\0\end{pmatrix}\quad(k_1,k_2\in\mathbf{R}),$$

即

$$\begin{cases}x_1=3k_2\\x_2=k_1+2k_2\\x_3=2k_1+k_2\\x_4=3k_1\end{cases}$$

消去 k_1，k_2 即得所求方程组：

$$\begin{cases}2x_1-3x_2+x_4=0\\x_1-3x_3+2x_4=0\end{cases}.$$

(2) $\boldsymbol{\xi}_1=\begin{pmatrix}1\\-2\\0\\3\\-1\end{pmatrix}$，$\boldsymbol{\xi}_2=\begin{pmatrix}2\\-3\\2\\5\\-3\end{pmatrix}$，$\boldsymbol{\xi}_3=\begin{pmatrix}1\\-2\\1\\2\\-2\end{pmatrix}$.

解　因为基础解系含有 3 个向量，每个向量有 5 个分量，所以方程组有 5 个未知数，有 $5-3=2$ 个方程，设所求方程组为

$$\begin{cases}a_{11}x_1+a_{12}x_2+a_{13}x_3+a_{14}x_4+a_{15}x_5=0\\a_{21}x_1+a_{22}x_2+a_{23}x_3+a_{24}x_4+a_{25}x_5=0\end{cases}.$$

将 $\begin{pmatrix}x_1\\x_2\\x_3\\x_4\\x_5\end{pmatrix}=\begin{pmatrix}1\\-2\\0\\3\\-1\end{pmatrix},\begin{pmatrix}2\\-3\\2\\5\\-3\end{pmatrix},\begin{pmatrix}1\\-2\\1\\2\\-2\end{pmatrix}$ 分别代入，易得所求方程组为

$$\begin{cases}5x_1+x_2-x_3-x_4=0\\x_1+x_2-x_3-x_5=0\end{cases}.$$

6. 求下列非齐次方程组的一个解及对应的齐次线性方程组的基础解系：

(1) $\begin{cases} x_1+x_2=5 \\ 2x_1+x_2+x_3+2x_4=1 \\ 5x_1+3x_2+2x_3+2x_4=3 \end{cases}$.

解 $\boldsymbol{B}=\begin{pmatrix} 1 & 1 & 0 & 0 & 5 \\ 2 & 1 & 1 & 2 & 1 \\ 5 & 3 & 2 & 2 & 3 \end{pmatrix} \xrightarrow{\text{初等行变换}} \begin{pmatrix} 1 & 0 & 1 & 0 & -8 \\ 0 & 1 & -1 & 0 & 13 \\ 0 & 0 & 0 & 1 & 2 \end{pmatrix}$

$\therefore \quad \boldsymbol{\eta}=\begin{pmatrix} -8 \\ 13 \\ 0 \\ 2 \end{pmatrix}, \boldsymbol{\xi}=\begin{pmatrix} -1 \\ 1 \\ 1 \\ 0 \end{pmatrix}.$

(2) $\begin{cases} x_1-5x_2+2x_3-3x_4=11 \\ 5x_1+3x_2+6x_3-x_4=-1. \\ 2x_1+4x_2+2x_3+x_4=-6 \end{cases}$

解 $\boldsymbol{B}=\begin{pmatrix} 1 & -5 & 2 & -3 & 11 \\ 5 & 3 & 6 & -1 & -1 \\ 2 & 4 & 2 & 1 & -6 \end{pmatrix} \xrightarrow{\text{初等行变换}} \begin{pmatrix} 1 & 0 & 9/7 & -1/2 & 1 \\ 0 & 1 & -1/7 & 1/2 & -2 \\ 0 & 0 & 0 & 0 & 0 \end{pmatrix}$

$\therefore \quad \boldsymbol{\eta}=\begin{pmatrix} 1 \\ -2 \\ 0 \\ 0 \end{pmatrix}, \boldsymbol{\xi}_1=\begin{pmatrix} -9 \\ 1 \\ 7 \\ 0 \end{pmatrix}, \boldsymbol{\xi}_2=\begin{pmatrix} 1 \\ -1 \\ 0 \\ 2 \end{pmatrix}.$

7. 设四元非齐次线性方程组的系数矩阵的秩为 3，已知 $\boldsymbol{\eta}_1$，$\boldsymbol{\eta}_2$，$\boldsymbol{\eta}_3$ 是它的三个解向量，且

$$\boldsymbol{\eta}_1=\begin{pmatrix} 2 \\ 3 \\ 4 \\ 5 \end{pmatrix}, \boldsymbol{\eta}_2+\boldsymbol{\eta}_3=\begin{pmatrix} 1 \\ 2 \\ 3 \\ 4 \end{pmatrix},$$

求该方程组的通解.

解题思路 利用非齐次线性方程组解的性质，求出所对应齐次线性方程组的只含一个非零向量的基础解系即可.

解 由于矩阵的秩为 3，$n-r=4-3=1$. 故其对应的齐次线性方程组的基础解系含有一个向量，且由于 $\boldsymbol{\eta}_1$，$\boldsymbol{\eta}_2$，$\boldsymbol{\eta}_3$ 均为方程组的解，由非齐次线性方程组

解的结构性质得

$$2\boldsymbol{\eta}_1-(\boldsymbol{\eta}_2+\boldsymbol{\eta}_3)=\underset{\text{齐次解}}{(\boldsymbol{\eta}_1-\boldsymbol{\eta}_2)}+\underset{\text{齐次解}}{(\boldsymbol{\eta}_1-\boldsymbol{\eta}_3)}=\begin{pmatrix}3\\4\\5\\6\end{pmatrix}$$

为其基础解系向量，故此方程组的通解为

$$\boldsymbol{x}=k\begin{pmatrix}3\\4\\5\\6\end{pmatrix}+\begin{pmatrix}2\\3\\4\\5\end{pmatrix}\quad(k\in\mathbf{R}).$$

8. 设四元非齐次线性方程组 $\boldsymbol{Ax}=\boldsymbol{b}$ 的系数矩阵 $\boldsymbol{A}$ 的秩为 2，已知它的三个解向量为 $\boldsymbol{\eta}_1$，$\boldsymbol{\eta}_2$，$\boldsymbol{\eta}_3$，其中

$$\boldsymbol{\eta}_1=\begin{pmatrix}4\\3\\2\\1\end{pmatrix},\ \boldsymbol{\eta}_2=\begin{pmatrix}1\\3\\5\\1\end{pmatrix},\ \boldsymbol{\eta}_3=\begin{pmatrix}-2\\6\\3\\2\end{pmatrix},$$

求该方程组的通解.

解题思路　利用非齐次线性方程组解的性质，求出所对应齐次线性方程组的只含两个线性无关的向量的基础解系即可.

解　因为四元非齐次线性方程组 $\boldsymbol{Ax}=\boldsymbol{b}$ 的系数矩阵 $\boldsymbol{A}$ 的秩为 2，所以对应导出组（齐次线性方程组）的基础解系包含有两个线性无关的解向量，且由解的性质知 $\boldsymbol{\eta}_3-\boldsymbol{\eta}_1$ 和 $\boldsymbol{\eta}_2-\boldsymbol{\eta}_1$ 都是其导出组的非零解向量，所以可取为基础解系，$\boldsymbol{\eta}_1$ 是非齐次线性方程组的特解，所以通解为

$$\boldsymbol{x}=\boldsymbol{\eta}_1+c_1(\boldsymbol{\eta}_3-\boldsymbol{\eta}_1)+c_2(\boldsymbol{\eta}_2-\boldsymbol{\eta}_1)=\begin{pmatrix}4\\3\\2\\1\end{pmatrix}+c_1\begin{pmatrix}-6\\3\\1\\1\end{pmatrix}+c_2\begin{pmatrix}-3\\0\\3\\0\end{pmatrix}.$$

9. 设 $\boldsymbol{\alpha}=\begin{pmatrix}a_1\\a_2\\a_3\end{pmatrix}$，$\boldsymbol{\beta}=\begin{pmatrix}b_1\\b_2\\b_3\end{pmatrix}$，$\boldsymbol{\gamma}=\begin{pmatrix}c_1\\c_2\\c_3\end{pmatrix}$，$a_i^2+b_i^2\neq0$，$i=1，2，3$，证明三直线

$$\begin{cases} l_1: a_1x+b_1y+c_1=0 \\ l_2: a_2x+b_2y+c_2=0 \\ l_3: a_3x+b_3y+c_3=0 \end{cases}$$

相交于一点的充分必要条件为向量组 $\boldsymbol{\alpha}$, $\boldsymbol{\beta}$, $\boldsymbol{\gamma}$ 线性相关而向量组 $\boldsymbol{\alpha}$, $\boldsymbol{\beta}$ 线性无关.

证明思路 非齐次线性方程组有唯一解的充要条件是系数矩阵的秩和增广矩阵的秩相等，并且都是满秩的.

证 记 3×2 矩阵 $\boldsymbol{A}=(\boldsymbol{\alpha}, \boldsymbol{\beta})$，则三直线 l_1，l_2，l_3 相交于一点

$\Leftrightarrow$非齐次方程 $\boldsymbol{A}\begin{pmatrix} x \\ y \end{pmatrix}=-\boldsymbol{\gamma}$ 有唯一解

$\Leftrightarrow \mathrm{r}(\boldsymbol{A})=\mathrm{r}(\boldsymbol{A}, -\boldsymbol{\gamma})=2$

$\Leftrightarrow \mathrm{r}(\boldsymbol{A})=\mathrm{r}(\boldsymbol{A}, \boldsymbol{\gamma})=2$（因 $\mathrm{r}(\boldsymbol{A}, -\boldsymbol{\gamma})=\mathrm{r}(4, \boldsymbol{\gamma})$）.

故向量组 $\boldsymbol{\alpha}$, $\boldsymbol{\beta}$, $\boldsymbol{\gamma}$ 线性相关而向量组 $\boldsymbol{\alpha}$, $\boldsymbol{\beta}$ 线性无关.

10. 设矩阵 $\boldsymbol{A}=(\boldsymbol{\alpha}_1, \boldsymbol{\alpha}_2, \boldsymbol{\alpha}_3, \boldsymbol{\alpha}_4)$，其中 $\boldsymbol{\alpha}_2$，$\boldsymbol{\alpha}_3$，$\boldsymbol{\alpha}_4$ 线性无关，$\boldsymbol{\alpha}_1=2\boldsymbol{\alpha}_2-\boldsymbol{\alpha}_3$，向量 $\boldsymbol{\beta}=\boldsymbol{\alpha}_1+\boldsymbol{\alpha}_2+\boldsymbol{\alpha}_3+\boldsymbol{\alpha}_4$，求方程 $\boldsymbol{Ax}=\boldsymbol{\beta}$ 的通解.

解题思路 先确定基础解系的个数，然后根据 $\boldsymbol{\alpha}_1=2\boldsymbol{\alpha}_2-\boldsymbol{\alpha}_3$，可以确定齐次线性方程组的基础解系，进而可以求已知方程的通解：先确定方程 $\boldsymbol{Ax}=\boldsymbol{\beta}$ 的表达式，然后求通解.

解 方法一 显然，这是一个四元方程先决定系数矩阵 A 的秩.

因 $\boldsymbol{\alpha}_2$，$\boldsymbol{\alpha}_3$，$\boldsymbol{\alpha}_4$ 线性无关，故 $\mathrm{r}(\boldsymbol{A})\geqslant3$.

又因 $\boldsymbol{\alpha}_1$ 能由 $\boldsymbol{\alpha}_2$，$\boldsymbol{\alpha}_3$ 线性表示$\Rightarrow\boldsymbol{\alpha}_1$，$\boldsymbol{\alpha}_2$，$\boldsymbol{\alpha}_3$ 线性相关

$\Rightarrow\boldsymbol{\alpha}_1$，$\boldsymbol{\alpha}_2$，$\boldsymbol{\alpha}_3$，$\boldsymbol{\alpha}_4$ 线性相关（部分相关则整体相关）

$\Rightarrow\mathrm{r}(\boldsymbol{A})\leqslant3$.

综合上面两个不等式，有 $\mathrm{r}(\boldsymbol{A})=3$，从而原方程的基础解系所含向量个数为 $4-3=1$.

进一步，$\boldsymbol{\alpha}_1=2\boldsymbol{\alpha}_2-\boldsymbol{\alpha}_3 \Leftrightarrow \boldsymbol{\alpha}_1-2\boldsymbol{\alpha}_2+\boldsymbol{\alpha}_3=\boldsymbol{0}$

$\Leftrightarrow \boldsymbol{x}=(1, -2, 1, 0)^{\mathrm{T}}$ 是导出组 $\boldsymbol{Ax}=\boldsymbol{0}$ 的解.

$\Leftrightarrow \boldsymbol{x}=(1, -2, 1, 0)^{\mathrm{T}}$ 是导出组的基础解系.

又 $\boldsymbol{\beta}=\boldsymbol{\alpha}_1+\boldsymbol{\alpha}_2+\boldsymbol{\alpha}_3+\boldsymbol{\alpha}_4 \Leftrightarrow \boldsymbol{x}=(1, 1, 1, 1)^{\mathrm{T}}$ 是方程 $\boldsymbol{Ax}=\boldsymbol{\beta}$ 的解，

于是由非齐次线性方程解的结构定理，原方程的通解为

$$\boldsymbol{x}=c\begin{pmatrix} 1 \\ -2 \\ 1 \\ 0 \end{pmatrix}+\begin{pmatrix} 1 \\ 1 \\ 1 \\ 1 \end{pmatrix}, \quad c\in\mathbf{R}.$$

方法二　由题设条件，有等式

$$\boldsymbol{\alpha}_1+\boldsymbol{\alpha}_2+\boldsymbol{\alpha}_3+\boldsymbol{\alpha}_4=\boldsymbol{\beta}=\boldsymbol{A}\boldsymbol{x}=(\boldsymbol{\alpha}_1,\boldsymbol{\alpha}_2,\boldsymbol{\alpha}_3,\boldsymbol{\alpha}_4)\begin{pmatrix}x_1\\x_2\\x_3\\x_4\end{pmatrix}$$

$$=x_1\boldsymbol{\alpha}_1+x_2\boldsymbol{\alpha}_2+x_3\boldsymbol{\alpha}_3+x_4\boldsymbol{\alpha}_4.$$

将 $\boldsymbol{\alpha}_1=2\boldsymbol{\alpha}_2-\boldsymbol{\alpha}_3$ 代入上式左、右两端，整理后得到

$$(2x_1+x_2-3)\boldsymbol{\alpha}_2+(-x_1+x_3)\boldsymbol{\alpha}_3+(x_4-1)\boldsymbol{\alpha}_4=\boldsymbol{0}.$$

因向量组 $\boldsymbol{\alpha}_2,\boldsymbol{\alpha}_3,\boldsymbol{\alpha}_4$ 线性无关，所以 $\boldsymbol{x}$ 的分量应满足

$$\begin{cases}2x_1+x_2-3=0\\-x_1+x_3=0\\x_4-1=0\end{cases}.$$

上式是关于变元 $x_i(1\leqslant j\leqslant 4)$ 的非齐次线性方程组.

对其增广矩阵进行初等行变换：

$$\begin{pmatrix}2&1&0&0&3\\-1&0&1&0&0\\0&0&0&1&1\end{pmatrix}\xrightarrow[r_1\div(-1)]{r_2\leftrightarrow r_1}\begin{pmatrix}1&0&-1&0&0\\2&1&0&0&3\\0&0&0&1&1\end{pmatrix}\xrightarrow{r_2\leftrightarrow 2r_1}$$

$$\begin{pmatrix}1&0&-1&0&0\\0&1&2&0&3\\0&0&0&1&1\end{pmatrix}.$$

选 x_3 为自由变量，得通解为

$$\boldsymbol{x}=\begin{pmatrix}x_1\\x_2\\x_3\\x_4\end{pmatrix}=k\begin{pmatrix}1\\-2\\1\\0\end{pmatrix}+\begin{pmatrix}0\\3\\0\\1\end{pmatrix},\quad k\in\mathbf{R}.$$

11. 设矩阵 $\boldsymbol{A}=\begin{pmatrix}1&2&1&2\\0&1&t&t\\1&t&0&1\end{pmatrix}$，齐次线性方程组 $\boldsymbol{A}\boldsymbol{x}=\boldsymbol{0}$ 的基础解系含有 2 个线性无关的解向量，试求方程组 $\boldsymbol{A}\boldsymbol{x}=\boldsymbol{0}$ 的全部解.

解题思路　利用基础解系含有 2 个线性无关的解向量确定 t 的值，再按照常

规思路求解方程组 $\boldsymbol{A}\boldsymbol{x}=\boldsymbol{0}$.

解　作初等行变换，得 $\boldsymbol{A}\Rightarrow\begin{pmatrix}1&0&1-2t&2-2t\\0&1&t&t\\0&0&(t-1)^2&(t-1)^2\end{pmatrix}$.

由于齐次线性方程组 $\boldsymbol{A}\boldsymbol{x}=\boldsymbol{0}$ 的基础解系含有 2 个线性无关的解向量，即

$$n-\mathrm{r}(\boldsymbol{A})=4-\mathrm{r}(\boldsymbol{A})=2,$$

从而知道 $\mathrm{r}(\boldsymbol{A})=2$.

因此 $t=1$. 方程组 $\boldsymbol{A}\boldsymbol{x}=\boldsymbol{0}$ 的全部解为

$$\begin{pmatrix}x_1\\x_2\\x_3\\x_4\end{pmatrix}=c_1\begin{pmatrix}1\\-1\\1\\0\end{pmatrix}+c_2\begin{pmatrix}0\\-1\\0\\1\end{pmatrix}\quad(c_1,\ c_2\ \text{为任意常数}).$$

12. 设 $\boldsymbol{\eta}^*$ 是非齐次线性方程组 $\boldsymbol{A}\boldsymbol{x}=\boldsymbol{b}$ 的一个解，$\boldsymbol{\xi}_1, \cdots, \boldsymbol{\xi}_{n-r}$ 是对应的齐次线性方程组的一个基础解系，证明：

(1) $\boldsymbol{\eta}^*, \boldsymbol{\xi}_1, \cdots, \boldsymbol{\xi}_{n-r}$ 线性无关.

证　反证法

假设 $\boldsymbol{\eta}^*, \boldsymbol{\xi}_1, \cdots, \boldsymbol{\xi}_{n-r}$ 线性相关，则存在着不全为 0 的数 $C_0, C_1, \cdots, C_{n-r}$ 使得下式成立：

$$C_0\boldsymbol{\eta}^*+C_1\boldsymbol{\xi}_1+\cdots+C_{n-r}\boldsymbol{\xi}_{n-r}=\boldsymbol{0}.\qquad(*)$$

其中 $C_0\neq0$，否则 $\boldsymbol{\xi}_1, \cdots, \boldsymbol{\xi}_{n-r}$ 线性相关，与基础解系是不线性相关的产生矛盾. 由于 $\boldsymbol{\eta}^*$ 为特解，$\boldsymbol{\xi}_1, \cdots, \boldsymbol{\xi}_{n-r}$ 为基础解系，故得 $\boldsymbol{A}(C_0\boldsymbol{\eta}^*+C_1\boldsymbol{\xi}_1+\cdots+C_{n-r}\boldsymbol{\xi}_{n-r})=C_0\boldsymbol{A}\boldsymbol{\eta}^*=C_0\boldsymbol{b}$. 而由（$*$）式可得 $\boldsymbol{A}(C_0\boldsymbol{\eta}^*+C_1\boldsymbol{\xi}_1+\cdots+C_{n-r}\boldsymbol{\xi}_{n-r})=\boldsymbol{0}$，故 $\boldsymbol{b}=\boldsymbol{0}$，而题中，该方程组为非齐次线性方程组，得 $\boldsymbol{b}\neq\boldsymbol{0}$，产生矛盾，假设不成立，故 $\boldsymbol{\eta}^*, \boldsymbol{\xi}_1, \cdots, \boldsymbol{\xi}_{n-r}$ 线性无关.

(2) $\boldsymbol{\eta}^*, \boldsymbol{\eta}^*+\boldsymbol{\xi}_1, \cdots, \boldsymbol{\eta}^*+\boldsymbol{\xi}_{n-r}$ 线性无关.

证　反证法.

假设 $\boldsymbol{\eta}^*, \boldsymbol{\eta}^*+\boldsymbol{\xi}_1, \cdots, \boldsymbol{\eta}^*+\boldsymbol{\xi}_{n-r}$ 线性相关，则存在着不全为零的数 C_0, $C_1, \cdots, C_{n-r}$ 使得下式成立：

$$C_0\boldsymbol{\eta}^*+C_1(\boldsymbol{\eta}^*+\boldsymbol{\xi}_1)+\cdots+C_{n-r}(\boldsymbol{\eta}^*+\boldsymbol{\xi}_{n-r})=\boldsymbol{0},\qquad①$$

即　$$(C_0+C_1+\cdots+C_{n-r})\boldsymbol{\eta}^*+C_1\boldsymbol{\xi}_1+\cdots+C_{n-r}\boldsymbol{\xi}_{n-r}=\boldsymbol{0},$$

由 ① 有 $C_0+C_1+\cdots+C_{n-r}=0$, $C_1=C_2=\cdots=C_{n-r}=0$,

$$\Rightarrow C_0=0,$$

这与 $C_0, C_1, \cdots, C_{n-r}$ 不全为 0 矛盾.

故 $\boldsymbol{\eta}^*, \boldsymbol{\eta}^*+\boldsymbol{\xi}_1, \cdots, \boldsymbol{\eta}^*+\boldsymbol{\xi}_{n-r}$ 线性无关.

13. 设 $\boldsymbol{\eta}_1, \cdots, \boldsymbol{\eta}_s$ 是非齐次线性方程组 $\boldsymbol{Ax}=\boldsymbol{b}$ 的 s 个解, $k_1, \cdots, k_s$ 为实数, 满足

$$k_1+k_2+\cdots+k_s=1,$$

证明 $\boldsymbol{x}=k_1\boldsymbol{\eta}_1+k_2\boldsymbol{\eta}_2+\cdots+k_s\boldsymbol{\eta}_s$ 也是它的解.

证明思路　利用线性方程组解的性质.

证　由于 $\boldsymbol{\eta}_1, \cdots, \boldsymbol{\eta}_s$ 是非齐次线性方程组 $\boldsymbol{Ax}=\boldsymbol{b}$ 的 s 个解. 故有

$$\boldsymbol{A\eta}_i=\boldsymbol{b}(i=1, \cdots, s),$$

而

$$\begin{aligned}\boldsymbol{A}(k_1\boldsymbol{\eta}_1+k_2\boldsymbol{\eta}_2+\cdots+k_s\boldsymbol{\eta}_s)&=k_1\boldsymbol{A\eta}_1+k_2\boldsymbol{A\eta}_2+\cdots+k_s\boldsymbol{A\eta}_s\\&=\boldsymbol{b}(k_1+\cdots+k_s)=\boldsymbol{b},\end{aligned}$$

即

$$\boldsymbol{Ax}=\boldsymbol{b}(\boldsymbol{x}=k_1\boldsymbol{\eta}_1+k_2\boldsymbol{\eta}_2+\cdots+k_s\boldsymbol{\eta}_s),$$

从而 $\boldsymbol{x}$ 也是方程的解.

14. 设非齐次线性方程组 $\boldsymbol{Ax}=\boldsymbol{b}$ 的系数矩阵的秩为 r, $\boldsymbol{\eta}_1, \cdots, \boldsymbol{\eta}_{n-r+1}$ 是它的 $n-r+1$ 个线性无关的解, 试证它的任一解可表示为

$$\boldsymbol{x}=k_1\boldsymbol{\eta}_1+k_2\boldsymbol{\eta}_2+\cdots+k_{n-r+1}\boldsymbol{\eta}_{n-r+1},$$

其中 $k_1, \cdots, k_{n-r+1}$ 为实数且 $k_1+\cdots+k_{n-r+1}=1$.

证明思路　利用线性方程组解的性质, 通过 $\boldsymbol{\eta}_1, \cdots, \boldsymbol{\eta}_{n-r+1}$ 之间的一个变换, 确定已知非齐次线性方程组所对应齐次方程组的基础解系, 因而 $\boldsymbol{x}-\boldsymbol{\eta}_1$ 能由基础解系线性表示, 进而 $\boldsymbol{x}$ 可表示为要证的结果.

证　设 $\boldsymbol{x}$ 为 $\boldsymbol{Ax}=\boldsymbol{b}$ 的任一解. 由题设知 $\boldsymbol{\eta}_1, \boldsymbol{\eta}_2, \cdots, \boldsymbol{\eta}_{n-r+1}$ 线性无关, 且均为 $\boldsymbol{Ax}=\boldsymbol{b}$ 的解. 取

$$\boldsymbol{\xi}_1=\boldsymbol{\eta}_2-\boldsymbol{\eta}_1, \boldsymbol{\xi}_2=\boldsymbol{\eta}_3-\boldsymbol{\eta}_1, \cdots, \boldsymbol{\xi}_{n-r}=\boldsymbol{\eta}_{n-r+1}-\boldsymbol{\eta}_1,$$

则它们均为 $\boldsymbol{Ax}=\boldsymbol{0}$ 的解.

用反证法证: $\boldsymbol{\xi}_1, \boldsymbol{\xi}_2, \cdots, \boldsymbol{\xi}_{n-r}$ 线性无关.

设它们线性相关, 则存在不全为零的数: $l_1, l_2, \cdots, l_{n-r}$, 使得

$$l_1\boldsymbol{\xi}_1+l_2\boldsymbol{\xi}_2+\cdots+l_{n-r}\boldsymbol{\xi}_{n-r}=\boldsymbol{0},$$

即 $$l_1(\boldsymbol{\eta}_2-\boldsymbol{\eta}_1)+l_2(\boldsymbol{\eta}_3-\boldsymbol{\eta}_1)+\cdots+l_{n-r}(\boldsymbol{\eta}_{n-r+1}-\boldsymbol{\eta}_1)=\boldsymbol{0},$$

亦即 $$-(l_1+l_2+\cdots+l_{n-r})\boldsymbol{\eta}_1+l_1\boldsymbol{\eta}_2+l_2\boldsymbol{\eta}_3+\cdots+l_{n-r}\boldsymbol{\eta}_{n-r+1}=\boldsymbol{0},$$

由 $\boldsymbol{\eta}_1$，$\boldsymbol{\eta}_2$，…，$\boldsymbol{\eta}_{n-r+1}$线性无关知

$$-(l_1+l_2+\cdots+l_{n-r})=l_1=l_2=\cdots=l_{n-r}=0$$

矛盾，故假设不成立.

∴$\boldsymbol{\xi}_1$，$\boldsymbol{\xi}_2$，…，$\boldsymbol{\xi}_{n-r}$线性无关，且为 $\boldsymbol{Ax}=\boldsymbol{0}$ 的一组基础解系.

由于 $\boldsymbol{x}$，$\boldsymbol{\eta}_1$ 均为 $\boldsymbol{Ax}=\boldsymbol{b}$ 的解，所以 $\boldsymbol{x}-\boldsymbol{\eta}_1$ 为 $\boldsymbol{Ax}=\boldsymbol{0}$ 解，因此 $\boldsymbol{x}-\boldsymbol{\eta}_1$ 可由 $\boldsymbol{\xi}_1$，$\boldsymbol{\xi}_2$，…，$\boldsymbol{\xi}_{n-r}$线性表示出.

$$\begin{aligned}\boldsymbol{x}-\boldsymbol{\eta}_1&=k_2\boldsymbol{\xi}_1+k_3\boldsymbol{\xi}_2+\cdots+k_{n-r+1}\boldsymbol{\xi}_{n-r}\\&=k_2(\boldsymbol{\eta}_2-\boldsymbol{\eta}_1)+k_3(\boldsymbol{\eta}_3-\boldsymbol{\eta}_1)+\cdots+k_{n-r+1}(\boldsymbol{\eta}_{n-r+1}-\boldsymbol{\eta}_1),\end{aligned}$$

$$\boldsymbol{x}=\boldsymbol{\eta}_1(1-k_2-k_3-\cdots-k_{n-r+1})+k_2\boldsymbol{\eta}_2+k_3\boldsymbol{\eta}_3+\cdots+k_{n-r+1}\boldsymbol{\eta}_{n-r+1}=\boldsymbol{0}.$$

令 $k_1=1-k_2-k_3-\cdots-k_{n-r+1}$，则

$$k_1+k_2+k_3+\cdots+k_{n-r+1}=1,$$

$$\boldsymbol{x}=k_1\boldsymbol{\eta}_1+k_2\boldsymbol{\eta}_2+\cdots+k_{n-r+1}\boldsymbol{\eta}_{n-r+1},$$

证毕.

*§3.7　线性方程组的应用

一、主要知识归纳

表 3—7—1

网络流模型	基本假设是网络中流入与流出的总量相等，并且每个联结点流入和流出量也相等. 网络中流入与流出总量的相等关系形成一个线性方程，每个联结点流入和流出量的相等关系各形成一个线性方程，联立这些线性方程组就得到网络流模型的数学模型——线性方程组. 网络流模型广泛应用于交通、运输、通讯、电力分配、城市规划、任务分派以及计算机辅助设计等众多领域.
人口迁移模型	以差分方程 $\boldsymbol{x}_{n+1}=\boldsymbol{Ax}_n(n=0,1,2,\cdots)$ 为理论、以历史数据为基础而建立的人口迁移模型，经验证基本符合实际情况的话，我们就可以利用它来进一步预测未来一段时间内人口分布变化的情况，为下一步的决策提供科学的依据. 此模型还可以广泛应用于生态学、经济学和工程学的许多领域.

续前表

基因问题	动植物在产生下一代的过程中，总是将自己的特征遗传给下一代，从而完成一种“生命的延续”. 显性基因 A 与隐性基因 a 组成的基因对有 AA，Aa，aa 三种，其中 AA，Aa 为显性，表示同一外部特征，aa 为隐性. 此模型用 AA 型植物与每种基因型植物相结合的方案培育植物后代，由遗传学的知识得到后代基因型的概率. 基因问题的研究对于揭示生命的奥秘有重要的意义，已经引起了人们的广泛兴趣.

二、典型例题分析

例 1　给出如例 1 图所示的高速公路网络的流量模式，当流量为 x_4 的路面关闭即 $x_4=0$ 时，x_1 的最小值是多少？

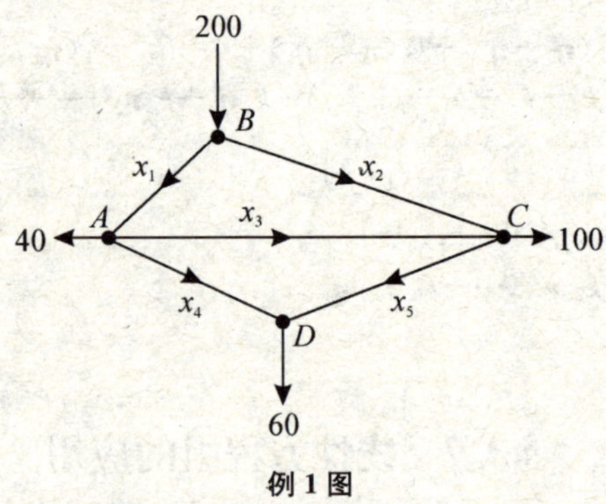

例 1 图

解　根据网络流模型的基本假设，在节点 A、B、C、D 处，可分别得到如下方程

$$A：x_1=40+x_3+x_4 \qquad B：200=x_1+x_2$$
$$C：x_2+x_3=100+x_5 \qquad D：x_4+x_5=60$$

此外，该网络的总流入（200）等于网络的总流出（40+100+60），得到如下方程组：

$$\begin{cases} x_1-x_3-x_4=40 \\ x_1+x_2=200 \\ x_2+x_3-x_5=100 \\ x_4+x_5=60 \end{cases},$$

对增广矩阵施行初等行变换

$$\begin{pmatrix}1&0&-1&-1&0&40\\1&1&0&0&0&200\\0&1&1&0&-1&100\\0&0&0&1&1&60\end{pmatrix}\to\begin{pmatrix}1&0&-1&-1&0&40\\0&1&1&1&0&160\\0&0&0&-1&-1&-60\\0&0&0&0&0&0\end{pmatrix},$$

即得与原方程组同解的方程组

$$\begin{cases}x_1-x_3-x_4=40\\x_2+x_3+x_4=160,\\x_4+x_5=60\end{cases}$$

又由条件可知 $x_4=0$，则

$$\begin{cases}x_1-x_3=40\\x_2+x_3=160.\\x_5=60\end{cases}$$

取 $x_3=c$（c 为任意非负常数），则网络流的流量模式表示为：

$$x_1=40+c,\ x_2=160-c,\ x_3=c,\ x_4=0,\ x_5=60.$$

由条件可知，显然所有的流量都非负，则 $0\leqslant c\leqslant 160$，即 x_1 的最小值为 40.

小结：本题利用网络流的基本假设，主要考查线性方程组在网络流模型中的应用.

例 2　给出如例 2 图所示的流量模式，假设流量模式必须沿着指定的方向，找出标记为 x_2，x_3，x_4，x_5 的分支中最小流量.

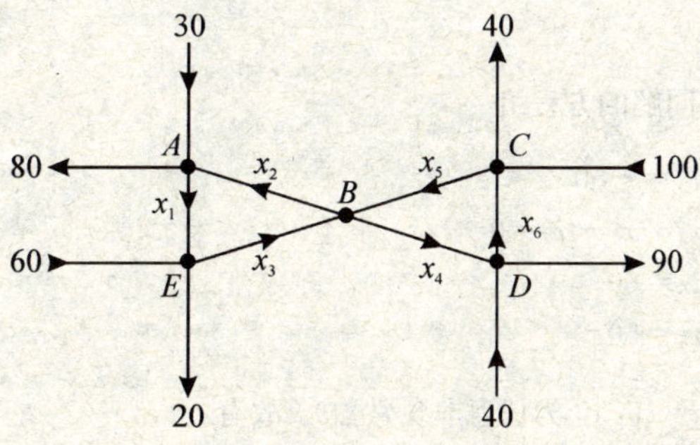

例 2 图

解　根据网络流模型的基本假设，在节点 A、B、C、D、E 处，可分别得到如下方程

A：$30+x_2=80+x_1$　　　B：$x_3+x_5=x_2+x_4$

C：$x_6+100=40+x_5$　　　D：$x_4+40=x_6+90$

E：$x_1+60=20+x_3$

此外，该网络的总流入（30＋100＋40＋60＝230）等于网络的总流出（80＋40＋90＋20＝230），得到如下方程组：

$$\begin{cases}x_1-x_2=-50\\x_2-x_3+x_4-x_5=0\\x_5-x_6=60\\x_4-x_6=50\\x_1-x_3=-40\end{cases},$$

对增广矩阵施行初等行变换：

$$\begin{pmatrix}1&-1&0&0&0&0&-50\\0&1&-1&1&-1&0&0\\0&0&0&0&1&-1&60\\0&0&0&1&0&-1&50\\1&0&-1&0&0&0&-40\end{pmatrix}\to$$

$$\begin{pmatrix}1&-1&0&0&0&0&-50\\0&1&-1&1&-1&0&0\\0&0&0&0&1&-1&60\\0&0&0&1&0&-1&50\\0&0&0&0&0&0&0\end{pmatrix},$$

即得与原方程组同解的方程组

$$\begin{cases}x_1-x_2=-50\\x_2-x_3+x_4-x_5=0\\x_5-x_6=60\\x_4-x_6=50\end{cases},$$

取 $x_3=c_1$，$x_6=c_2$（c_1，c_2 为任意非负常数），故有

$$x_1=c_1-40,\ x_2=c_1+10,\ x_3=c_1,$$
$$x_4=50+c_2,\ x_5=60+c_2,\ x_6=c_2.$$

显然所有流量非负，则 $c_1\geqslant 40$，$c_2\geqslant 0$，那么 x_2，x_3，x_4，x_5 的分支中最小流量分

别为 50，40，50，60.

小结：本题主要考查线性方程组在网络流模型中的应用，注意各个节点的流量为非负值.

例 3　在某一地区，每年大约有 3%的城市人口移居到周围的郊区，大约有 7%的郊区人口移居到城市中. 在 2000 年，城市中有 500 000 居民，郊区中有 800 000 居民. 建立一个差分方程来描述这种情况，用 $\boldsymbol{x}_0$ 表示 2008 年的初始人口. 然后估计三年之后即 2011 年城市和郊区的人口数量（忽略其它因素对人口规模的影响）.

解　由条件可知迁移矩阵 $\boldsymbol{M}=\begin{pmatrix}0.97 & 0.07\\ 0.03 & 0.93\end{pmatrix}$，初始变量 $\boldsymbol{x}_0=\begin{pmatrix}500\,000\\ 800\,000\end{pmatrix}$，故

$$\boldsymbol{x}_{n+1}=\boldsymbol{M}\boldsymbol{x}_n \quad (n=0,1,2,\cdots),$$

对 2009 年有 $$\boldsymbol{x}_1=\boldsymbol{M}\boldsymbol{x}_0=\begin{pmatrix}0.97 & 0.07\\ 0.03 & 0.93\end{pmatrix}\begin{pmatrix}500\,000\\ 800\,000\end{pmatrix}=\begin{pmatrix}541\,000\\ 759\,000\end{pmatrix},$$

对 2010 年有 $$\boldsymbol{x}_2=\boldsymbol{M}\boldsymbol{x}_1=\begin{pmatrix}0.97 & 0.07\\ 0.03 & 0.93\end{pmatrix}\begin{pmatrix}541\,000\\ 759\,000\end{pmatrix}=\begin{pmatrix}577\,900\\ 722\,100\end{pmatrix},$$

对 2011 年有 $$\boldsymbol{x}_3=\boldsymbol{M}\boldsymbol{x}_2=\begin{pmatrix}0.97 & 0.07\\ 0.03 & 0.93\end{pmatrix}\begin{pmatrix}577\,900\\ 722\,100\end{pmatrix}=\begin{pmatrix}611\,110\\ 688\,890\end{pmatrix}.$$

即 2011 年人口分布情况是：城市人口为 611 110 人，郊区人口为 688 890 人.

小结：本题主要利用了人口迁移模型的原理.

三、习题 3—7 解答

1. 给出如题 1 图所示的流量模式. 假设所有的流量都非负，x_3 的最大可能值是多少？

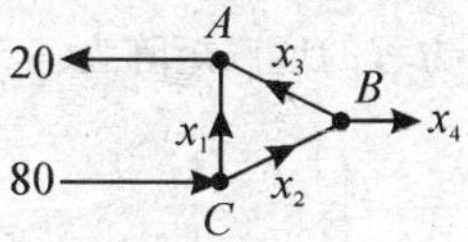

题 1 图

解　根据网络流模型的基本假设，在节点（交叉口）A，B，C 处，我们可以分别得到下列方程：

$$A:\ x_1+x_3=20,$$
$$B:\ x_3+x_4=x_2,$$
$$C:\ x_1+x_2=80.$$

此外，该网络的总流入 80 等于网络的总流出 $(20+x_4)$，化简得 $x_4=60$. 把这个方程与整理后的前三个方程联立，得如下方程组：

$$\begin{cases}x_1+x_3=20\\-x_2+x_3+x_4=0\\x_1+x_2=80\\x_4=60\end{cases}.$$

取 $x_3=c$（c 为任意常数），则网络的流量模式表示为

$$x_1=20-c，x_2=60+c，x_3=c，x_4=60.$$

由于所有的流量都非负，故 $x_1\geqslant 0$，即 x_3 的最大可能值是 20.

2. 三岔路口的车流模型：我们把转盘分成六段，每段在五分钟内的车流量分别给设定一个变量，下表是每五分钟从各个路口经过的车辆的数量：

	M 街	N 街	P 街
车辆进入	25	100	150
车辆驶出	50	75	150

试分析各路口车流量的详细信息.

解　如题 2 图所示我们可以建立一些线性方程组来模拟车辆的流向. 则根据题设表中的数据可列出以下方程

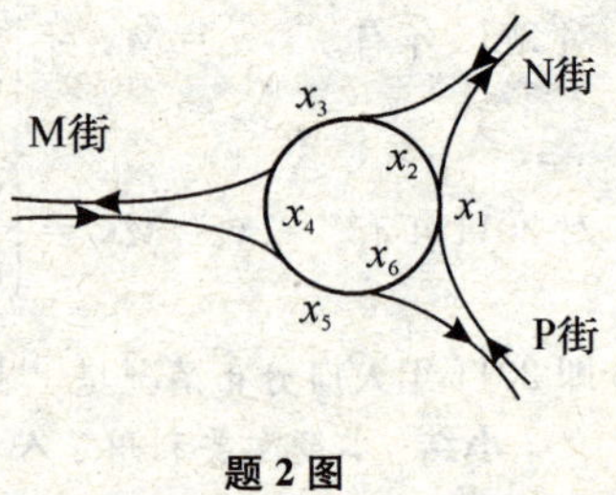

题 2 图

车辆驶出 M 街总数：$50=x_5-x_4$；

车辆驶出 P 街总数：$150=x_1-x_6$；

车辆进入 M 街总数：$25=x_3-x_4$；

车辆进入 P 街总数：$150=x_5-x_6$；

车辆驶出 N 街总数：$75=x_3-x_2$；

车辆进入 N 街总数：$100=x_1-x_2$.

方程的增广矩阵为

$$\begin{pmatrix}1&-1&0&0&0&0&100\\0&-1&1&0&0&0&75\\0&0&0&0&1&-1&150\\0&0&1&-1&0&0&25\\1&0&0&0&0&-1&150\\0&0&0&-1&1&0&50\end{pmatrix},$$

化简得：$\begin{pmatrix} 1 & 0 & 0 & 0 & 0 & 0 & 150 \\ 0 & 1 & 0 & 0 & 0 & 0 & 50 \\ 0 & 0 & 1 & 0 & 0 & 0 & 125 \\ 0 & 0 & 0 & 1 & 0 & 0 & 100 \\ 1 & 0 & 0 & 0 & 1 & 0 & 150 \\ 0 & 0 & 0 & 0 & 0 & 1 & 0 \end{pmatrix}$

方程的解为：

$$x_1=150;\ x_2=50;\ x_3=125;\ x_4=100;\ x_5=150;\ x_6=0.$$

模型方程组解的解释：

从P街驶出的150车辆有100辆进入N街；

其余50辆加上75辆由N街驶出的车辆共125辆中在下个路口有25辆驶入M街；余下的100辆加上由M街驶出的50辆车在下个路口也就是P街，全部驶入P街；我们就清楚地分析出了路口车流量的详细信息.

3. 在某个地区，每年约有4%的城市人口移居到周围的农村，大约5%的农村人口移居到城市中. 在2008年，城市中有400 000居民，农村有600 000居民. 建立一个差分方程来描述这种情况，用$\boldsymbol{x}_0$表示2008年的初始人口. 然后估计两年后，即2010年城市和农村的人口数量.（忽略其它因素对人口规模的影响.）

解　由题意知，迁移矩阵

$$\boldsymbol{M}=\begin{pmatrix} 0.96 & 0.05 \\ 0.04 & 0.95 \end{pmatrix}.$$

因2008年的初始人口为$\boldsymbol{x}_0=\begin{pmatrix} 400\,000 \\ 600\,000 \end{pmatrix}$，故对2009年，有

$$\boldsymbol{x}_1=\begin{pmatrix} 0.96 & 0.05 \\ 0.04 & 0.95 \end{pmatrix}\begin{pmatrix} 400\,000 \\ 600\,000 \end{pmatrix}=\begin{pmatrix} 414\,000 \\ 586\,000 \end{pmatrix},$$

对2010年，有

$$\boldsymbol{x}_2=\begin{pmatrix} 0.96 & 0.05 \\ 0.04 & 0.95 \end{pmatrix}\begin{pmatrix} 414\,000 \\ 586\,000 \end{pmatrix}=\begin{pmatrix} 426\,740 \\ 573\,260 \end{pmatrix}.$$

即2010年的城市人口为426 740，农村人口为573 260.

4. 某公司有一个车队，大约有450辆车. 分布在三个地点. 一个地点租出去的车可以归还到三个地点中的任意一个，但租出的车必须当天归还. 下面的矩阵给出了汽车归还到每个地点的不同比例. 假设星期一在机场有304辆车（或从机

场租出)，东部办公区有 48 辆车，西部办公区有 98 辆车，那么在星期三时，车辆的大致分布是怎样的?

车辆出租地			
机场	东部	西部	归还到
0.97	0.05	0.1	机场
0	0.9	0.05	东部
0.03	0.05	0.85	西部

解　由题意知，迁移矩阵

$$\boldsymbol{M}=\begin{pmatrix}0.97 & 0.05 & 0.1\\ 0 & 0.9 & 0.05\\ 0.03 & 0.05 & 0.85\end{pmatrix}.$$

因星期一的初始车辆分布为

$$\boldsymbol{x}_0=\begin{pmatrix}304\\ 48\\ 98\end{pmatrix},$$

故对星期二，有

$$\boldsymbol{x}_1=\boldsymbol{M}\boldsymbol{x}_0=\begin{pmatrix}0.97 & 0.05 & 0.1\\ 0 & 0.9 & 0.05\\ 0.03 & 0.05 & 0.85\end{pmatrix}\begin{pmatrix}304\\ 48\\ 98\end{pmatrix}$$

$$\approx\begin{pmatrix}307\\ 48\\ 95\end{pmatrix},$$

对星期三，有

$$\boldsymbol{x}_2=\boldsymbol{M}^2\boldsymbol{x}_0=\begin{pmatrix}0.97 & 0.05 & 0.1\\ 0 & 0.9 & 0.05\\ 0.03 & 0.05 & 0.85\end{pmatrix}^2\begin{pmatrix}304\\ 48\\ 98\end{pmatrix}$$

$$\approx\begin{pmatrix}310\\ 48\\ 92\end{pmatrix}.$$

即星期三的机场约为 310 辆车，东部办公区约有 48 辆车，西部办公区约有 92 辆车.

本章小结

一、本章知识点网络图

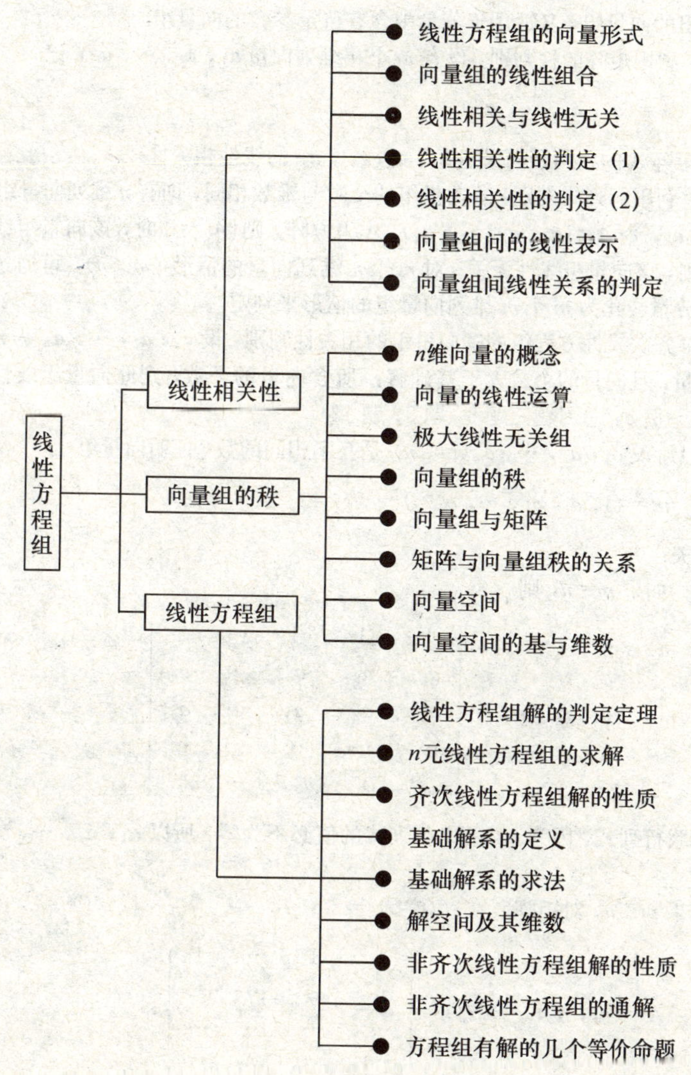

二、题型分析

题型 1　向量组线性相关性的判定

解题思路

(1) 利用定义判别：是判别向量组线性相关性的基本方法，既适用于分量已具体给出的向量组，又适用于分量中含有待定参数的向量组.

(2) 利用矩阵的秩判别：设有 m 个 n 维列向量 $\boldsymbol{\alpha}_1, \boldsymbol{\alpha}_2, \cdots, \boldsymbol{\alpha}_m$，记

$$\boldsymbol{A}=(\boldsymbol{\alpha}_1, \boldsymbol{\alpha}_2, \cdots, \boldsymbol{\alpha}_m),$$

则可用矩阵 $\boldsymbol{A}$ 的秩判别向量组 $\boldsymbol{\alpha}_1, \boldsymbol{\alpha}_2, \cdots, \boldsymbol{\alpha}_m$ 的线性相关性.

(3) 利用行列式判别：若向量组的个数与维数相同，即有 n 维列向量组：$\boldsymbol{\alpha}_1, \boldsymbol{\alpha}_2, \cdots, \boldsymbol{\alpha}_n$，令 $\boldsymbol{A}=(\boldsymbol{\alpha}_1, \boldsymbol{\alpha}_2, \cdots, \boldsymbol{\alpha}_n)$，$\boldsymbol{A}$ 为方阵，则 $|\boldsymbol{A}|=0$ 时，该向量组线性相关，否则，该向量组线性无关；对 m 个 n 维列向量的情形 $(m<n)$，可通过减少向量的分量转化为 m 个 m 维列向量组的情形来判定.

(4) 齐次线性方程组的解向量组的相关性判别：设 $\boldsymbol{\alpha}_1, \boldsymbol{\alpha}_2, \cdots, \boldsymbol{\alpha}_m$ 为 $\boldsymbol{Ax}=\boldsymbol{0}$ 的解向量，且向量的个数大于基础解系所含向量的个数，则此向量组线性相关 (见例 1～例 5，总习题三题 8，题 9，题 12).

例 1　设 $a_1, a_2, \cdots, a_m (m\leqslant n)$ 是互不相同的数，证明向量组

$$\boldsymbol{\alpha}_i=(1, a_i, a_i^2, \cdots, a_i^{n-1})^{\mathrm{T}}, \quad (i=1, 2, \cdots, m)$$

线性无关.

证　如果 $m=n$，则

$$|\boldsymbol{\alpha}_1, \boldsymbol{\alpha}_2, \cdots, \boldsymbol{\alpha}_n|=\begin{vmatrix} 1 & 1 & 1 & \cdots & 1 \\ a_1 & a_2 & a_3 & \cdots & a_n \\ a_1^2 & a_2^2 & a_3^2 & \cdots & a_n^2 \\ \cdots & \cdots & \cdots & \cdots & \cdots \\ a_1^{n-1} & a_2^{n-1} & a_3^{n-1} & \cdots & a_n^{n-1} \end{vmatrix}$$

是范德蒙行列式，因为 $a_i\neq a_j$，行列式的值必不为零，所以 $\boldsymbol{\alpha}_1, \boldsymbol{\alpha}_2, \cdots, \boldsymbol{\alpha}_n$ 线性无关.

如果 $m<n$，对矩阵

$$\boldsymbol{A}=(\boldsymbol{\alpha}_1, \boldsymbol{\alpha}_2, \cdots, \boldsymbol{\alpha}_m)=\begin{pmatrix} 1 & 1 & \cdots & 1 \\ a_1 & a_2 & \cdots & a_m \\ \cdots & \cdots & \cdots & \cdots \\ a_1^{n-1} & a_2^{n-1} & \cdots & a_m^{n-1} \end{pmatrix},$$

由于 $\boldsymbol{A}$ 中 1 至 m 行构成的子式是范德蒙行列式，其值不为零，且 $\boldsymbol{A}$ 中没有 $m+1$ 阶子式，故 $r(\boldsymbol{A})=m$，因此

$$r(\boldsymbol{\alpha}_1, \boldsymbol{\alpha}_2, \cdots, \boldsymbol{\alpha}_m)=m.$$

亦有 $\boldsymbol{\alpha}_1, \boldsymbol{\alpha}_2, \cdots, \boldsymbol{\alpha}_m$ 线性无关.

例 2 判断

$$\boldsymbol{\alpha}_1=(1, 0, 2, 3)^{\mathrm{T}}, \boldsymbol{\alpha}_2=(1, 1, 3, 5)^{\mathrm{T}},$$
$$\boldsymbol{\alpha}_3=(1, -1, a+2, 1)^{\mathrm{T}}, \boldsymbol{\alpha}_4=(1, 2, 4, a+9)^{\mathrm{T}}$$

的线性相关性.

解 方法一 设 $x_1\boldsymbol{\alpha}_1+x_2\boldsymbol{\alpha}_2+x_3\boldsymbol{\alpha}_3+x_4\boldsymbol{\alpha}_4=\mathbf{0}$，按分量写出，有

$$\begin{cases} x_1+x_2+x_3+x_4=0 \\ x_2-x_3+2x_4=0 \\ 2x_1+3x_2+(a+2)x_3+4x_4=0 \\ 3x_1+5x_2+x_3+(a+9)x_4=0 \end{cases},$$

对系数矩阵高斯消元，有

$$\begin{pmatrix} 1 & 1 & 1 & 1 \\ 0 & 1 & -1 & 2 \\ 2 & 3 & a+2 & 4 \\ 3 & 5 & 1 & a+9 \end{pmatrix} \Rightarrow \begin{pmatrix} 1 & 1 & 1 & 1 \\ 0 & 1 & -1 & 2 \\ 0 & 1 & a & 2 \\ 0 & 2 & -2 & a+6 \end{pmatrix} \Rightarrow \begin{pmatrix} 1 & 1 & 1 & 1 \\ 0 & 1 & -1 & 2 \\ 0 & 0 & a+1 & 0 \\ 0 & 0 & 0 & a+2 \end{pmatrix}.$$

当 $a=-1$ 或 $a=-2$ 时，$r(\boldsymbol{A})=3<4$，齐次方程组有非零解，向量组线性相关. 否则线性无关.

方法二 因为

$$\begin{vmatrix} 1 & 1 & 1 & 1 \\ 0 & 1 & -1 & 2 \\ 2 & 3 & a+2 & 4 \\ 3 & 5 & 1 & a+9 \end{vmatrix}=(a+1)(a+2),$$

所以 $a=-1$ 或 $a=-2$ 时，向量组线性相关.

否则线性无关.

例 3 已知向量组

$$\boldsymbol{\alpha}_1=(1, 1, 2, 1)^{\mathrm{T}}, \boldsymbol{\alpha}_2=(1, 0, 0, 2)^{\mathrm{T}}, \boldsymbol{\alpha}_3=(-1, -4, -8, k)^{\mathrm{T}}$$

线性相关，求 k.

解 方法一 用矩阵的秩讨论.

$$A=\begin{pmatrix}1&1&-1\\1&0&-4\\2&0&-8\\1&2&k\end{pmatrix}\Rightarrow\begin{pmatrix}1&1&-1\\0&-1&-3\\0&-2&-6\\0&1&k+1\end{pmatrix}\Rightarrow\begin{pmatrix}1&1&-1\\0&-1&-3\\0&0&k-2\\0&0&0\end{pmatrix}.$$

可见，当 $k=2$ 时，秩$(\boldsymbol{A})=2<3$，这时向量组 $\boldsymbol{\alpha}_1$，$\boldsymbol{\alpha}_2$，$\boldsymbol{\alpha}_3$ 才是线性相关的.

方法二　用行列式讨论.

取 $\boldsymbol{\alpha}_1$，$\boldsymbol{\alpha}_2$，$\boldsymbol{\alpha}_3$ 的第 1，2，4 个分量构成向量组

$$\tilde{\boldsymbol{\alpha}}_1=(1,\ 1,\ 1)^{\mathrm{T}},\ \tilde{\boldsymbol{\alpha}}_2=(1,\ 0,\ 2)^{\mathrm{T}},\ \tilde{\boldsymbol{\alpha}}_3=(-1,\ -4,\ k)^{\mathrm{T}},$$

则必有

$$|\tilde{\boldsymbol{\alpha}}_1,\ \tilde{\boldsymbol{\alpha}}_2,\ \tilde{\boldsymbol{\alpha}}_3|=\begin{vmatrix}1&1&-1\\1&0&-4\\1&2&k\end{vmatrix}=-k+2=0,$$

（否则，添加分量后 $\boldsymbol{\alpha}_1$，$\boldsymbol{\alpha}_2$，$\boldsymbol{\alpha}_3$ 线性无关.）

所以 $k=2$.

例 4　设 $\boldsymbol{\alpha}_1$，$\boldsymbol{\alpha}_2$，$\boldsymbol{\alpha}_3$ 均为 3 维向量，证明 $\boldsymbol{\alpha}_1$，$\boldsymbol{\alpha}_2$，$\boldsymbol{\alpha}_3$ 线性无关的充分必要条件是任意一个 3 维向量都由它线性表示，并作出几何解释.

证　设 $\boldsymbol{\alpha}$ 为任意一个 3 维向量.

必要性　因为 $\boldsymbol{\alpha}_1$，$\boldsymbol{\alpha}_2$，$\boldsymbol{\alpha}_3$ 线性无关，$\boldsymbol{\alpha}_1$，$\boldsymbol{\alpha}_2$，$\boldsymbol{\alpha}_3$，$\boldsymbol{\alpha}$ 线性相关（$n+1$ 个 n 维向量必线性相关），所以 $\boldsymbol{\alpha}$ 能由 $\boldsymbol{\alpha}_1$，$\boldsymbol{\alpha}_2$，$\boldsymbol{\alpha}_3$ 线性表示，且表示法唯一.

几何解释：

$\boldsymbol{\alpha}_1$，$\boldsymbol{\alpha}_2$，$\boldsymbol{\alpha}_3$ 线性无关表示空间中的三个向量 $\boldsymbol{\alpha}_1$，$\boldsymbol{\alpha}_2$，$\boldsymbol{\alpha}_3$ 不共面，即其中任一向量都不能表示成其余两个向量的线性相关组合，而空间中任一向量总可以沿不共面的三个向量 $\boldsymbol{\alpha}_1$，$\boldsymbol{\alpha}_2$，$\boldsymbol{\alpha}_3$ 分解（如例 4 图所示）.

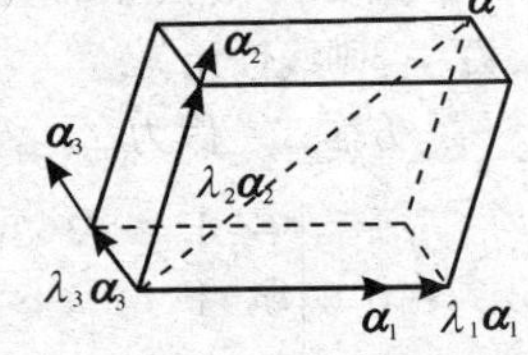

例 4 图

充分性　若任意一个 3 维向量都能由 $\boldsymbol{\alpha}_1$，$\boldsymbol{\alpha}_2$，$\boldsymbol{\alpha}_3$ 线性表示，则

$$\boldsymbol{e}_1=(1,\ 0,\ 0)^{\mathrm{T}},\ \boldsymbol{e}_2=(0,\ 1,\ 0)^{\mathrm{T}},\ \boldsymbol{e}_3=(0,\ 0,\ 1)^{\mathrm{T}}$$

也能由 $\boldsymbol{\alpha}_1$，$\boldsymbol{\alpha}_2$，$\boldsymbol{\alpha}_3$ 线性表示，又 $\boldsymbol{\alpha}_1$，$\boldsymbol{\alpha}_2$，$\boldsymbol{\alpha}_3$ 能由 e_1，e_2，e_3 线性表示，所以向量组 $\boldsymbol{\alpha}_1$，$\boldsymbol{\alpha}_2$，$\boldsymbol{\alpha}_3$ 与 e_1，e_2，e_3 等价，故

$$\mathrm{r}(\boldsymbol{\alpha}_1,\ \boldsymbol{\alpha}_2,\ \boldsymbol{\alpha}_3)=\mathrm{r}(e_1,\ e_2,\ e_3)=3,$$

于是 $\boldsymbol{\alpha}_1$，$\boldsymbol{\alpha}_2$，$\boldsymbol{\alpha}_3$ 线性无关.

几何解释：

若 $\boldsymbol{\alpha}_1$，$\boldsymbol{\alpha}_2$，$\boldsymbol{\alpha}_3$ 线性相关，则 $\boldsymbol{\alpha}_1$，$\boldsymbol{\alpha}_2$，$\boldsymbol{\alpha}_3$ 共面，此时所有不在该平面内的向量都不能沿 $\boldsymbol{\alpha}_1$，$\boldsymbol{\alpha}_2$，$\boldsymbol{\alpha}_3$ 分解，即其中任一向量不能表示成 $\boldsymbol{\alpha}_1$，$\boldsymbol{\alpha}_2$，$\boldsymbol{\alpha}_3$ 的线性组合，与题设矛盾，于是要求 $\boldsymbol{\alpha}_1$，$\boldsymbol{\alpha}_2$，$\boldsymbol{\alpha}_3$ 不共面，即 $\boldsymbol{\alpha}_1$，$\boldsymbol{\alpha}_2$，$\boldsymbol{\alpha}_3$ 线性无关.

例 5 设在向量组 $\boldsymbol{\alpha}_1$，$\boldsymbol{\alpha}_2$，…，$\boldsymbol{\alpha}_m$ 中，$\boldsymbol{\alpha}_1 \neq \mathbf{0}$ 且每个 $\boldsymbol{\alpha}_i$（$i=2, 3, \cdots, m$）都不能由 $\boldsymbol{\alpha}_1$，$\boldsymbol{\alpha}_2$，…，$\boldsymbol{\alpha}_{i-1}$ 线性表示，证明该向量组线性无关.

证 方法一 用定义判定.

设有 λ_1，λ_2，…，λ_m，使

$$\lambda_1\boldsymbol{\alpha}_1+\lambda_2\boldsymbol{\alpha}_2+\cdots+\lambda_m\boldsymbol{\alpha}_m=\mathbf{0},$$

由于 $\boldsymbol{\alpha}_m$ 不能由 $\boldsymbol{\alpha}_1$，$\boldsymbol{\alpha}_2$，…，$\boldsymbol{\alpha}_{m-1}$ 线性表示，故 $\lambda_m=0$.
否则，$\boldsymbol{\alpha}_m$ 能由 $\boldsymbol{\alpha}_1$，$\boldsymbol{\alpha}_2$，…，$\boldsymbol{\alpha}_{m-1}$ 线性表示，与条件矛盾，于是有

$$\lambda_1\boldsymbol{\alpha}_1+\lambda_2\boldsymbol{\alpha}_2+\cdots+\lambda_{m-1}\boldsymbol{\alpha}_{m-1}=\mathbf{0},$$

由于 $\boldsymbol{\alpha}_{m-1}$ 不能由 $\boldsymbol{\alpha}_1$，$\boldsymbol{\alpha}_2$，…，$\boldsymbol{\alpha}_{m-2}$ 线性表示，故 $\lambda_{m-1}=0$.

同理可得 $\lambda_{m-2}=\lambda_{m-3}=\cdots=\lambda_2=0.$

于是得到 $\lambda_1\boldsymbol{\alpha}_1=\mathbf{0}$，由于 $\boldsymbol{\alpha}_1\neq\mathbf{0}$，故 $\lambda_1=0$，从而

$$\lambda_1=\lambda_2=\cdots=\lambda_m=0.$$

所以 $\boldsymbol{\alpha}_1$，$\boldsymbol{\alpha}_2$，…，$\boldsymbol{\alpha}_m$ 线性无关.

方法二 反证法.

假设 $\boldsymbol{\alpha}_1$，$\boldsymbol{\alpha}_2$，…，$\boldsymbol{\alpha}_n$ 线性相关，则存在不全为零的数 λ_1，λ_2，…，λ_m，使

$$\lambda_1\boldsymbol{\alpha}_1+\lambda_2\boldsymbol{\alpha}_2+\cdots+\lambda_m\boldsymbol{\alpha}_m=\mathbf{0}. \qquad ①$$

设 ① 式中依从右到左的顺序第一个不为零的数为 λ_i，即

$$\lambda_m=\lambda_{m-1}=\cdots=\lambda_{i+1}=0,\ \lambda_i\neq0,$$

于是 ① 式成为

$$\lambda_1\boldsymbol{\alpha}_1+\lambda_2\boldsymbol{\alpha}_2+\cdots+\lambda_i\boldsymbol{\alpha}_i=\mathbf{0}.$$

若 $i=1$，则 $\lambda_1\boldsymbol{\alpha}_1=\mathbf{0}$，从而 $\boldsymbol{\alpha}_1=\mathbf{0}$，与题设矛盾，故 $i>1$，于是有

$$\boldsymbol{\alpha}_i=-\frac{\lambda_1}{\lambda_i}\boldsymbol{\alpha}_1-\frac{\lambda_2}{\lambda_i}\boldsymbol{\alpha}_2-\cdots-\frac{\lambda_{i-1}}{\lambda_i}\boldsymbol{\alpha}_{i-1},$$

即 $\boldsymbol{\alpha}_i$ 可由 $\boldsymbol{\alpha}_1$，$\boldsymbol{\alpha}_2$，…，$\boldsymbol{\alpha}_{i-1}$ 线性表示，与题设矛盾.

所以 $\boldsymbol{\alpha}_1$，$\boldsymbol{\alpha}_2$，…，$\boldsymbol{\alpha}_m$ 线性无关.

题型 2　有关向量组间线性相关性的命题

解题思路

(1) 设向量组 $\boldsymbol{A}$：$\boldsymbol{\alpha}_1, \boldsymbol{\alpha}_2, \cdots, \boldsymbol{\alpha}_m$；向量组 $\boldsymbol{B}$：$\boldsymbol{\beta}_1, \boldsymbol{\beta}_2, \cdots, \boldsymbol{\beta}_t$ 是与 $\boldsymbol{A}$ 有关的另一向量组，若向量组 $\boldsymbol{A}$ 线性无关，则讨论向量组 $\boldsymbol{B}$ 的线性相关性可采用如下方法.

a. 利用定义讨论：先设 $k_1\boldsymbol{\beta}_1+k_2\boldsymbol{\beta}_2+\cdots+k_t\boldsymbol{\beta}_t=\boldsymbol{0}$，再将其转化为向量组 $\boldsymbol{A}$ 的线性组合，最后利用向量组 $\boldsymbol{A}$ 的线性无关性，知其系数全为零，由此化为关于 $k_1, k_2, \cdots, k_t$ 的线性方程组进行讨论；

b. 利用矩阵的秩判别；

c. 利用向量组的等价性证明：若向量组 $\boldsymbol{A}$ 与向量组 $\boldsymbol{B}$ 等价（即能相互线性表示），则 $\mathrm{r}(\boldsymbol{A})=\mathrm{r}(\boldsymbol{B})$，此时，若 $t=s$，则向量组 $\boldsymbol{B}$ 线性无关，若 $t>s$，则向量组 $\boldsymbol{B}$ 线性相关（见例 1～例 3）；

(2) 设给定向量 $\boldsymbol{\beta}$ 和向量组 $\boldsymbol{A}$：$\boldsymbol{\alpha}_1, \boldsymbol{\alpha}_2, \cdots, \boldsymbol{\alpha}_m$，讨论 $\boldsymbol{\beta}$ 是否可用向量组 $\boldsymbol{A}$ 线性表示，可采用如下方法.

a. 令

$$\boldsymbol{\beta}=x_1\boldsymbol{\alpha}_1+x_2\boldsymbol{\alpha}_2+\cdots+x_s\boldsymbol{\alpha}_s,$$

则给向量 $\boldsymbol{\beta}$ 是否可由向量组 $\boldsymbol{A}$ 线性表示的问题转化为上述方程组（以 $\boldsymbol{\alpha}_1, \boldsymbol{\alpha}_2, \cdots, \boldsymbol{\alpha}_m$ 和 $\boldsymbol{\beta}$ 的分量为系数矩阵和非齐次项）是否有解的问题，有解则线性表示成立，且当解唯一时表示法也唯一，无解则线性表示不成立；

b. 若 $\boldsymbol{\alpha}_1, \boldsymbol{\alpha}_2, \cdots, \boldsymbol{\alpha}_m$ 线性无关，而 $\boldsymbol{\alpha}_1, \boldsymbol{\alpha}_2, \cdots, \boldsymbol{\alpha}_m, \boldsymbol{\beta}$ 线性相关，则 $\boldsymbol{\beta}$ 可由向量组 $\boldsymbol{A}$ 线性表示；

c. 利用矩阵 $\boldsymbol{A}$ 与矩阵 $(\boldsymbol{A}, \boldsymbol{\beta})$ 的秩进行判定（见例 4～例 7).

例 1　设向量组 $\boldsymbol{\alpha}_1, \boldsymbol{\alpha}_2, \boldsymbol{\alpha}_3$ 线性无关，则 $\boldsymbol{\alpha}_1+\boldsymbol{\alpha}_2, \boldsymbol{\alpha}_2+\boldsymbol{\alpha}_3, \boldsymbol{\alpha}_3+\boldsymbol{\alpha}_1$ 也线性无关.

证　方法一　定义法.

设 $k_1(\boldsymbol{\alpha}_1+\boldsymbol{\alpha}_2)+k_2(\boldsymbol{\alpha}_2+\boldsymbol{\alpha}_3)+k_3(\boldsymbol{\alpha}_3+\boldsymbol{\alpha}_1)=\boldsymbol{0}$，必有

$$(k_1+k_3)\boldsymbol{\alpha}_1+(k_1+k_2)\boldsymbol{\alpha}_2+(k_3+k_2)\boldsymbol{\alpha}_3=\boldsymbol{0},$$

$\because$ $\boldsymbol{\alpha}_1, \boldsymbol{\alpha}_2, \boldsymbol{\alpha}_3$ 线性无关，

$\therefore$ 其系数均为零，即

$$\begin{cases} k_1+k_3=0 \\ k_1+k_2=0, \\ k_3+k_2=0 \end{cases}$$

其系数行列式

$$\begin{vmatrix} 1 & 0 & 1 \\ 1 & 1 & 0 \\ 0 & 1 & 1 \end{vmatrix} = 2 \neq 0.$$

所以上述方程组只有零解，即

$$k_1 = k_2 = k_3 = 0.$$

因此向量组 $\boldsymbol{\alpha}_1 + \boldsymbol{\alpha}_2$，$\boldsymbol{\alpha}_2 + \boldsymbol{\alpha}_3$，$\boldsymbol{\alpha}_3 + \boldsymbol{\alpha}_1$ 线性无关.

方法二　利用矩阵的秩证明.

令　$\boldsymbol{\beta}_1 = \boldsymbol{\alpha}_1 + \boldsymbol{\alpha}_2$，$\boldsymbol{\beta}_2 = \boldsymbol{\alpha}_2 + \boldsymbol{\alpha}_3$，$\boldsymbol{\beta}_3 = \boldsymbol{\alpha}_3 + \boldsymbol{\alpha}_1$，则

$$(\boldsymbol{\beta}_1, \boldsymbol{\beta}_2, \boldsymbol{\beta}_3) = (\boldsymbol{\alpha}_1, \boldsymbol{\alpha}_2, \boldsymbol{\alpha}_3) \begin{pmatrix} 1 & 0 & 1 \\ 1 & 1 & 0 \\ 0 & 1 & 1 \end{pmatrix}.$$

因矩阵 $\begin{pmatrix} 1 & 0 & 1 \\ 1 & 1 & 0 \\ 0 & 1 & 1 \end{pmatrix}$ 可逆，故

$$\text{秩}(\boldsymbol{\beta}_1, \boldsymbol{\beta}_2, \boldsymbol{\beta}_3) - \text{秩}(\boldsymbol{\alpha}_1, \boldsymbol{\alpha}_2, \boldsymbol{\alpha}_3) = 3,$$

所以 $\boldsymbol{\beta}_1$，$\boldsymbol{\beta}_2$，$\boldsymbol{\beta}_3$，即 $\boldsymbol{\alpha}_1 + \boldsymbol{\alpha}_2$，$\boldsymbol{\alpha}_2 + \boldsymbol{\alpha}_3$，$\boldsymbol{\alpha}_3 + \boldsymbol{\alpha}_1$ 线性无关.

方法三　利用向量组的等价证明.

令　$\boldsymbol{\beta}_1 = \boldsymbol{\alpha}_1 + \boldsymbol{\alpha}_2$，$\boldsymbol{\beta}_2 = \boldsymbol{\alpha}_2 + \boldsymbol{\alpha}_3$，$\boldsymbol{\beta}_3 = \boldsymbol{\alpha}_3 + \boldsymbol{\alpha}_1$，　　(*)

则 $\boldsymbol{\beta}_1$，$\boldsymbol{\beta}_2$，$\boldsymbol{\beta}_3$ 显然可以由向量组 $\boldsymbol{\alpha}_1$，$\boldsymbol{\alpha}_2$，$\boldsymbol{\alpha}_3$ 线性表示.

又由（*）式得

$$\begin{cases} \boldsymbol{\alpha}_1 = \dfrac{1}{2}(\boldsymbol{\beta}_1 + \boldsymbol{\beta}_2 + \boldsymbol{\beta}_3) - \boldsymbol{\beta}_2 \\ \boldsymbol{\alpha}_2 = \dfrac{1}{2}(\boldsymbol{\beta}_1 + \boldsymbol{\beta}_2 + \boldsymbol{\beta}_3) - \boldsymbol{\beta}_3, \\ \boldsymbol{\alpha}_3 = \dfrac{1}{2}(\boldsymbol{\beta}_1 + \boldsymbol{\beta}_2 + \boldsymbol{\beta}_3) - \boldsymbol{\beta}_1 \end{cases}$$

即向量组 $\boldsymbol{\alpha}_1$，$\boldsymbol{\alpha}_2$，$\boldsymbol{\alpha}_3$ 可以由向量组 $\boldsymbol{\beta}_1$，$\boldsymbol{\beta}_2$，$\boldsymbol{\beta}_3$ 线性表示，因此 $\boldsymbol{\alpha}_1$，$\boldsymbol{\alpha}_2$，$\boldsymbol{\alpha}_3$ 与 $\boldsymbol{\beta}_1$，$\boldsymbol{\beta}_2$，$\boldsymbol{\beta}_3$ 等价，从而

$$\text{秩}(\boldsymbol{\beta}_1, \boldsymbol{\beta}_2, \boldsymbol{\beta}_3) = \text{秩}(\boldsymbol{\alpha}_1, \boldsymbol{\alpha}_2, \boldsymbol{\alpha}_3) = 3.$$

故 $\boldsymbol{\beta}_1$，$\boldsymbol{\beta}_2$，$\boldsymbol{\beta}_3$，即 $\boldsymbol{\alpha}_1 + \boldsymbol{\alpha}_2$，$\boldsymbol{\alpha}_2 + \boldsymbol{\alpha}_3$，$\boldsymbol{\alpha}_3 + \boldsymbol{\alpha}_1$ 线性无关.

例 2　证明：若向量组 $\boldsymbol{\alpha}_1$，$\boldsymbol{\alpha}_2$，…，$\boldsymbol{\alpha}_n$$(n \geqslant 2)$ 线性无关，当且仅当 n 为奇数时，向量组

$$\boldsymbol{\alpha}_1+\boldsymbol{\alpha}_2,\ \boldsymbol{\alpha}_2+\boldsymbol{\alpha}_3,\ \cdots,\ \boldsymbol{\alpha}_{n-1}+\boldsymbol{\alpha}_n,\ \boldsymbol{\alpha}_n+\boldsymbol{\alpha}_1$$

线性无关.

证　方法一　设有 $x_1, x_2, \cdots, x_n$，使

$$x_1(\boldsymbol{\alpha}_1+\boldsymbol{\alpha}_2)+x_2(\boldsymbol{\alpha}_2+\boldsymbol{\alpha}_3)+\cdots+x_{n-1}(\boldsymbol{\alpha}_{n-1}+\boldsymbol{\alpha}_n)+x_n(\boldsymbol{\alpha}_n+\boldsymbol{\alpha}_1)=\mathbf{0},$$

即
$$(x_1+x_n)\boldsymbol{\alpha}_1+(x_1+x_2)\boldsymbol{\alpha}_2+\cdots+(x_{n-1}+x_n)\boldsymbol{\alpha}_n=\mathbf{0}.$$

因 $\boldsymbol{\alpha}_1, \boldsymbol{\alpha}_2, \cdots, \boldsymbol{\alpha}_n$ 线性无关，故

$$\begin{cases} x_1+x_n=0 \\ x_1+x_2=0 \\ \cdots\cdots\cdots\cdots \\ x_{n-1}+x_n=0 \end{cases} \tag{$*$}$$

该方程的系数行列式

$$D_n=\begin{vmatrix} 1 & 0 & 0 & \cdots & 0 & 0 & 1 \\ 1 & 1 & 0 & \cdots & 0 & 0 & 0 \\ 0 & 1 & 1 & \cdots & 0 & 0 & 0 \\ \vdots & \vdots & \vdots & & \vdots & \vdots & \vdots \\ 0 & 0 & 0 & \cdots & 1 & 1 & 0 \\ 0 & 0 & 0 & \cdots & 0 & 1 & 1 \end{vmatrix}$$

$$=(-1)^{1+1}\begin{vmatrix} 1 & 0 & \cdots & 0 & 0 \\ 1 & 1 & \cdots & 0 & 0 \\ \vdots & \vdots & & \vdots & \vdots \\ 0 & 0 & \cdots & 1 & 0 \\ 0 & 0 & \cdots & 1 & 1 \end{vmatrix}+(-1)^{1+n}\begin{vmatrix} 1 & 1 & \cdots & 0 & 0 \\ 0 & 1 & \cdots & 0 & 0 \\ \vdots & \vdots & & \vdots & \vdots \\ 0 & 0 & \cdots & 1 & 1 \\ 0 & 0 & \cdots & 0 & 1 \end{vmatrix}$$

$$=1+(-1)^{1+n}.$$

当 n 为偶数时，$D_n=0$，方程组（$*$）有非零解，因此向量组 $\boldsymbol{\alpha}_1+\boldsymbol{\alpha}_2$，$\boldsymbol{\alpha}_2+\boldsymbol{\alpha}_3$，$\cdots$，$\boldsymbol{\alpha}_{n-1}+\boldsymbol{\alpha}_n$，$\boldsymbol{\alpha}_n+\boldsymbol{\alpha}_1$ 线性相关.

当 n 为奇数时，$D_n=2\neq0$，方程组（$*$）只有零解，此时向量组 $\boldsymbol{\alpha}_1+\boldsymbol{\alpha}_2$，$\boldsymbol{\alpha}_2+\boldsymbol{\alpha}_3$，$\cdots$，$\boldsymbol{\alpha}_{n-1}+\boldsymbol{\alpha}_n$，$\boldsymbol{\alpha}_n+\boldsymbol{\alpha}_1$ 线性无关.

方法二　用矩阵的秩判断.

令
$$\boldsymbol{B}=\begin{pmatrix} \boldsymbol{\beta}_1 \\ \boldsymbol{\beta}_2 \\ \vdots \\ \boldsymbol{\beta}_{n-1} \\ \boldsymbol{\beta}_n \end{pmatrix}=\begin{pmatrix} \boldsymbol{\alpha}_1+\boldsymbol{\alpha}_2 \\ \boldsymbol{\alpha}_2+\boldsymbol{\alpha}_3 \\ \vdots \\ \boldsymbol{\alpha}_{n-1}+\boldsymbol{\alpha}_n \\ \boldsymbol{\alpha}_n+\boldsymbol{\alpha}_1 \end{pmatrix}=\begin{pmatrix} 1 & 1 & 0 & \cdots & 0 & 0 \\ 0 & 1 & 1 & \cdots & 0 & 0 \\ \vdots & \vdots & \vdots & & \vdots & \vdots \\ 0 & 0 & 0 & \cdots & 1 & 1 \\ 1 & 0 & 0 & \cdots & 0 & 1 \end{pmatrix}\begin{pmatrix} \boldsymbol{\alpha}_1 \\ \boldsymbol{\alpha}_2 \\ \vdots \\ \boldsymbol{\alpha}_{n-1} \\ \boldsymbol{\alpha}_n \end{pmatrix}=\boldsymbol{CA}.$$

由于 $\boldsymbol{\alpha}_1, \boldsymbol{\alpha}_2, \cdots, \boldsymbol{\alpha}_n$ 线性无关，故 $\mathrm{r}(\boldsymbol{A})=n$.

于是 $\mathrm{r}(\boldsymbol{B})=\mathrm{r}(\boldsymbol{CA})=\mathrm{r}(\boldsymbol{C})$，而

$$|\boldsymbol{C}|=\begin{vmatrix}1&1&0&\cdots&0&0\\0&1&1&\cdots&0&0\\\vdots&\vdots&\vdots&&\vdots&\vdots\\0&0&0&\cdots&1&1\\1&0&0&\cdots&0&1\end{vmatrix}=1+(-1)^{1+n}=\begin{cases}0, & \text{当 } n \text{ 为偶数}\\2, & \text{当 } n \text{ 为奇数}\end{cases}.$$

由此可知，当 n 为偶数时，$\mathrm{r}(\boldsymbol{C})<n$，故 $\mathrm{r}(\boldsymbol{B})<n$. 此时 $\boldsymbol{\alpha}_1+\boldsymbol{\alpha}_2, \boldsymbol{\alpha}_2+\boldsymbol{\alpha}_3, \cdots, \boldsymbol{\alpha}_{n-1}+\boldsymbol{\alpha}_n, \boldsymbol{\alpha}_n+\boldsymbol{\alpha}_1$ 线性相关；当 n 为奇数时，$\mathrm{r}(\boldsymbol{C})=n$，故 $\mathrm{r}(\boldsymbol{B})=n$，此时 $\boldsymbol{\alpha}_1+\boldsymbol{\alpha}_2, \boldsymbol{\alpha}_2+\boldsymbol{\alpha}_3, \cdots, \boldsymbol{\alpha}_{n-1}+\boldsymbol{\alpha}_n, \boldsymbol{\alpha}_n+\boldsymbol{\alpha}_1$ 线性无关.

例 3 在向量组 $\boldsymbol{\alpha}_1, \boldsymbol{\alpha}_2, \cdots, \boldsymbol{\alpha}_r\,(r\geqslant 2)$ 中 $\boldsymbol{\alpha}_r\neq\mathbf{0}$，试证：对任意的 $k_1, k_2, \cdots, k_{r-1}$，向量组

$$\boldsymbol{\beta}_1=\boldsymbol{\alpha}_1+k_1\boldsymbol{\alpha}_r, \boldsymbol{\beta}_2=\boldsymbol{\alpha}_2+k_2\boldsymbol{\alpha}_r, \cdots, \boldsymbol{\beta}_{r-1}=\boldsymbol{\alpha}_{r-1}+k_{r-1}\boldsymbol{\alpha}_r$$

线性无关的充要条件是 $\boldsymbol{\alpha}_1, \boldsymbol{\alpha}_2, \cdots, \boldsymbol{\alpha}_r$ 线性无关.

证 必要性 设对任意的数 $k_1, k_2, \cdots, k_{r-1}$，向量组 $\boldsymbol{\beta}_1, \boldsymbol{\beta}_2, \cdots, \boldsymbol{\beta}_{r-1}$ 线性无关，则当取 $k_1=k_2=\cdots=k_{r-1}=0$ 时可知 $\boldsymbol{\alpha}_1, \boldsymbol{\alpha}_2, \cdots, \boldsymbol{\alpha}_{r-1}$ 线性无关.

若 $\boldsymbol{\alpha}_1, \boldsymbol{\alpha}_2, \cdots, \boldsymbol{\alpha}_{r-1}, \boldsymbol{\alpha}_r$ 线性相关，则 $\boldsymbol{\alpha}_r$ 可由 $\boldsymbol{\alpha}_1, \boldsymbol{\alpha}_2, \cdots, \boldsymbol{\alpha}_{r-1}$ 线性表示，即存在数 $\lambda_1, \lambda_2, \cdots, \lambda_{r-1}$，使

$$\boldsymbol{\alpha}_r=\lambda_1\boldsymbol{\alpha}_1+\lambda_2\boldsymbol{\alpha}_2+\cdots+\lambda_{r-1}\boldsymbol{\alpha}_{r-1}. \qquad ①$$

因为 $\boldsymbol{\alpha}_r\neq\mathbf{0}$，故 $\lambda_1, \lambda_2, \cdots, \lambda_{r-1}$ 不全为零，不妨设 $\lambda_1\neq 0$，由 ① 式得

$$\boldsymbol{\alpha}_1-\frac{1}{\lambda_1}\boldsymbol{\alpha}_r=-\frac{1}{\lambda_1}(\lambda_2\boldsymbol{\alpha}_2+\cdots+\lambda_{r-1}\boldsymbol{\alpha}_{r-1}). \qquad ②$$

若取 $k_1=-\dfrac{1}{\lambda_1}$，$k_2=\cdots=k_{r-1}=0$，则有

$$\boldsymbol{\beta}_1=\boldsymbol{\alpha}_1-\frac{1}{\lambda_1}\boldsymbol{\alpha}_r, \boldsymbol{\beta}_2=\boldsymbol{\alpha}_2, \cdots, \boldsymbol{\beta}_{r-1}=\boldsymbol{\alpha}_{r-1}.$$

由 ② 知，$\boldsymbol{\beta}_1$ 可由 $\boldsymbol{\beta}_2, \cdots, \boldsymbol{\beta}_{r-1}$ 线性表示，即 $\boldsymbol{\beta}_1, \boldsymbol{\beta}_2, \cdots, \boldsymbol{\beta}_{r-1}$ 线性相关，与题设矛盾，所以 $\boldsymbol{\alpha}_1, \boldsymbol{\alpha}_2, \cdots, \boldsymbol{\alpha}_r$ 必线性无关.

充分性 因为

$$\boldsymbol{A}=\begin{pmatrix}\boldsymbol{\alpha}_1\\\vdots\\\boldsymbol{\alpha}_{r-1}\\\boldsymbol{\alpha}_r\end{pmatrix}\to\begin{pmatrix}\boldsymbol{\alpha}_1+k_1\boldsymbol{\alpha}_r\\\vdots\\\boldsymbol{\alpha}_{r-1}+k_{r-1}\boldsymbol{\alpha}_r\\\boldsymbol{\alpha}_r\end{pmatrix}=\begin{pmatrix}\boldsymbol{\beta}_1\\\vdots\\\boldsymbol{\beta}_{r-1}\\\boldsymbol{\alpha}_r\end{pmatrix}=\boldsymbol{B},$$

故　　$r(\boldsymbol{B})=r(\boldsymbol{A})$.

由于 $\boldsymbol{\alpha}_1, \boldsymbol{\alpha}_2, \cdots, \boldsymbol{\alpha}_{r-1}, \boldsymbol{\alpha}_r$ 线性无关，故 $r(\boldsymbol{A})=r$，从而 $r(\boldsymbol{B})=r$，于是 $\boldsymbol{\beta}_1, \boldsymbol{\beta}_2, \cdots, \boldsymbol{\beta}_{r-1}, \boldsymbol{\alpha}_r$ 线性无关.

其部分组 $\boldsymbol{\beta}_1, \boldsymbol{\beta}_2, \cdots, \boldsymbol{\beta}_{r-1}$ 也线性无关.

例 4　问 k 取何值时，$\boldsymbol{\beta}=(1, k, 5)$ 能由向量组 $\boldsymbol{\alpha}_1=(1, -3, 2)$，$\boldsymbol{\alpha}_2=(2, -1, 1)$ 线性表示？又 k 取何值时，$\boldsymbol{\beta}$ 不能由 $\boldsymbol{\alpha}_1, \boldsymbol{\alpha}_2$ 线性表示？

解　设有实数 x_1, x_2，使 $\boldsymbol{\beta}=x_1\boldsymbol{\alpha}_1+x_2\boldsymbol{\alpha}_2$，由此得线性方程组

$$\begin{cases} x_1+2x_2=1 \\ -3x_1-x_2=k, \\ 2x_1+x_2=5 \end{cases}$$

由于
$$\begin{pmatrix} 1 & 2 & 1 \\ -3 & -1 & k \\ 2 & 1 & 5 \end{pmatrix} \Rightarrow \begin{pmatrix} 1 & 2 & 1 \\ 0 & 5 & k+3 \\ 0 & -3 & 3 \end{pmatrix}$$
$$\Rightarrow \begin{pmatrix} 1 & 2 & 1 \\ 0 & 1 & -1 \\ 0 & 5 & k+3 \end{pmatrix} \Rightarrow \begin{pmatrix} 1 & 2 & 1 \\ 0 & 1 & -1 \\ 0 & 0 & k+8 \end{pmatrix},$$

可见，当 $k=-8$ 时，系数矩阵的秩与增广矩阵的秩相等，所以方程组有解，故 $\boldsymbol{\beta}$ 能由 $\boldsymbol{\alpha}_1, \boldsymbol{\alpha}_2$ 线性表示；当 $k\neq-8$ 时，线性方程组无解，故 $\boldsymbol{\beta}$ 不能由 $\boldsymbol{\alpha}_1, \boldsymbol{\alpha}_2$ 线性表示.

例 5　设

$$\boldsymbol{\alpha}_1=(1, 0, 0, 3)^T, \boldsymbol{\alpha}_2=(1, 1, -1, 2)^T, \boldsymbol{\alpha}_3=(1, 2, \boldsymbol{\alpha}-3, 1)^T,$$
$$\boldsymbol{\alpha}_4=(1, 2, -2, a)^T, \boldsymbol{\beta}=(0, 1, b, -1)^T,$$

问 a, b 取何值时，

(1) $\boldsymbol{\beta}$ 能由 $\boldsymbol{\alpha}_1, \boldsymbol{\alpha}_2, \boldsymbol{\alpha}_3, \boldsymbol{\alpha}_4$ 线性表示且表达式唯一；

(2) $\boldsymbol{\beta}$ 不能由 $\boldsymbol{\alpha}_1, \boldsymbol{\alpha}_2, \boldsymbol{\alpha}_3, \boldsymbol{\alpha}_4$ 线性表示；

(3) $\boldsymbol{\beta}$ 能由 $\boldsymbol{\alpha}_1, \boldsymbol{\alpha}_2, \boldsymbol{\alpha}_3, \boldsymbol{\alpha}_4$ 线性表示但表达式不唯一，并求出一般表达式.

解　设有 x_1, x_2, x_3, x_4，使

$$\boldsymbol{\beta}=x_1\boldsymbol{\alpha}_1+x_2\boldsymbol{\alpha}_2+x_3\boldsymbol{\alpha}_3+x_4\boldsymbol{\alpha}_4,$$

即
$$(\boldsymbol{\alpha}_1, \boldsymbol{\alpha}_2, \boldsymbol{\alpha}_3, \boldsymbol{\alpha}_4)\begin{pmatrix} x_1 \\ x_2 \\ x_3 \\ x_4 \end{pmatrix}=\boldsymbol{\beta}.$$

对它的增广矩阵 $\widetilde{\mathbf{A}}=(\mathbf{A},\boldsymbol{\beta})$ 施行初等行变换：

$$\widetilde{\mathbf{A}}=\begin{pmatrix}1&1&1&1&0\\0&1&2&2&1\\0&-1&a-3&-2&b\\3&2&1&a&-1\end{pmatrix}\Rightarrow\begin{pmatrix}1&0&-1&-1&-1\\0&1&2&2&1\\0&0&a-1&0&b+1\\0&0&0&a-1&0\end{pmatrix}=\boldsymbol{B}.$$

1° 当 $a\neq1$，$b\in\mathbf{R}$ 时，$\mathrm{r}(\mathbf{A})=\mathrm{r}(\boldsymbol{B})=4$，方程组有唯一解，此时 $\boldsymbol{\beta}$ 可由 $\boldsymbol{\alpha}_1$，$\boldsymbol{\alpha}_2$，$\boldsymbol{\alpha}_3$，$\boldsymbol{\alpha}_4$ 线性表示且表达式唯一.

2° 当 $a=1$ 时，$\mathrm{r}(\mathbf{A})=2$. 此时

(Ⅰ) 若 $b+1\neq0$，即 $b\neq-1$，则 $\mathrm{r}(\boldsymbol{B})=3\neq\mathrm{r}(\mathbf{A})$，因此方程组无解，故 $\boldsymbol{\beta}$ 不能由 $\boldsymbol{\alpha}_1$，$\boldsymbol{\alpha}_2$，$\boldsymbol{\alpha}_3$，$\boldsymbol{\alpha}_4$ 线性表示.

(Ⅱ) 若 $b+1=0$，即 $b=-1$，则 $\mathrm{r}(\mathbf{A})=\mathrm{r}(\boldsymbol{B})=2$. 因此方程组有无穷多解，此时 $\boldsymbol{\beta}$ 能由 $\boldsymbol{\alpha}_1$，$\boldsymbol{\alpha}_2$，$\boldsymbol{\alpha}_3$，$\boldsymbol{\alpha}_4$ 线性表出，但表达式不唯一.

由 $\boldsymbol{B}$ 得原方程组的解为 $\begin{cases}x_1=-1+x_3+x_4\\x_2=1-2x_3-2x_4\end{cases}$.

若令 $x_3=C_1$，$x_4=C_2$，则 $\boldsymbol{\beta}$ 的一般表达式为

$$\boldsymbol{\beta}=(-1+C_1+C_2)\boldsymbol{\alpha}_1+(1-2C_1-2C_2)\boldsymbol{\alpha}_2+C_1\boldsymbol{\alpha}_3+C_2\boldsymbol{\alpha}_4,$$

其中 C_1，$C_2\in\mathbf{R}$.

例 6 已知 $\boldsymbol{\alpha}_1$，$\boldsymbol{\alpha}_2$，$\boldsymbol{\alpha}_3$，$\boldsymbol{\alpha}_4$ 均可由 $\boldsymbol{\beta}_1$，$\boldsymbol{\beta}_2$，$\boldsymbol{\beta}_3$ 线性表出，证明 $\boldsymbol{\alpha}_1$，$\boldsymbol{\alpha}_2$，$\boldsymbol{\alpha}_3$，$\boldsymbol{\alpha}_4$ 线性相关.

证 据已知条件，可设

$$\begin{cases}\boldsymbol{\alpha}_1=c_{11}\boldsymbol{\beta}_1+c_{21}\boldsymbol{\beta}_2+c_{31}\boldsymbol{\beta}_3\\\boldsymbol{\alpha}_2=c_{12}\boldsymbol{\beta}_1+c_{22}\boldsymbol{\beta}_2+c_{32}\boldsymbol{\beta}_3\\\boldsymbol{\alpha}_3=c_{13}\boldsymbol{\beta}_1+c_{23}\boldsymbol{\beta}_2+c_{33}\boldsymbol{\beta}_3\\\boldsymbol{\alpha}_4=c_{14}\boldsymbol{\beta}_1+c_{24}\boldsymbol{\beta}_2+c_{34}\boldsymbol{\beta}_3\end{cases},$$

用分块矩阵可写为

$$(\boldsymbol{\alpha}_1,\boldsymbol{\alpha}_2,\boldsymbol{\alpha}_3,\boldsymbol{\alpha}_4)=(\boldsymbol{\beta}_1,\boldsymbol{\beta}_2,\boldsymbol{\beta}_3)=\begin{pmatrix}c_{11}&c_{12}&c_{13}&c_{14}\\c_{21}&c_{22}&c_{23}&c_{24}\\c_{31}&c_{32}&c_{33}&c_{34}\end{pmatrix}.$$

如 $x_1\boldsymbol{\alpha}_1+x_2\boldsymbol{\alpha}_2+x_3\boldsymbol{\alpha}_3+x_4\boldsymbol{\alpha}_4=\mathbf{0}$，即

$$(\boldsymbol{\beta}_1,\boldsymbol{\beta}_2,\boldsymbol{\beta}_3)=\begin{pmatrix}c_{11}&c_{12}&c_{13}&c_{14}\\c_{21}&c_{22}&c_{23}&c_{24}\\c_{31}&c_{32}&c_{33}&c_{34}\end{pmatrix}\begin{pmatrix}x_1\\x_2\\x_3\\x_4\end{pmatrix}=(\boldsymbol{\alpha}_1,\boldsymbol{\alpha}_2,\boldsymbol{\alpha}_3,\boldsymbol{\alpha}_4)\begin{pmatrix}x_1\\x_2\\x_3\\x_4\end{pmatrix}=\mathbf{0}.$$

对于齐次方程组

$$\begin{pmatrix} c_{11} & c_{12} & c_{13} & c_{14} \\ c_{21} & c_{22} & c_{23} & c_{24} \\ c_{31} & c_{32} & c_{33} & c_{34} \end{pmatrix}\begin{pmatrix} x_1 \\ x_2 \\ x_3 \\ x_4 \end{pmatrix}=\begin{pmatrix} 0 \\ 0 \\ 0 \end{pmatrix},$$

由于“方程个数<未知数个数”必有非零解，设其为

$$x_1=k_1,\ x_2=k_2,\ x_3=k_3,\ x_4=k_4,$$

即　$$k_1\boldsymbol{\alpha}_1+k_2\boldsymbol{\alpha}_2+k_3\boldsymbol{\alpha}_3+k_4\boldsymbol{\alpha}_4=\mathbf{0},$$

所以 $\boldsymbol{\alpha}_1,\boldsymbol{\alpha}_2,\boldsymbol{\alpha}_3,\boldsymbol{\alpha}_4$ 线性相关.

例 7　设向量组 $\boldsymbol{\alpha}_1,\boldsymbol{\alpha}_2,\cdots,\boldsymbol{\alpha}_s$ 线性无关，向量 $\boldsymbol{\beta}_1,\boldsymbol{\beta}_2,\cdots,\boldsymbol{\beta}_t$ 都是向量 $\boldsymbol{\alpha}_1,\boldsymbol{\alpha}_2,\cdots,\boldsymbol{\alpha}_s$ 的线性组合：

$$\boldsymbol{\beta}_i=\sum_{j=1}^{s}a_{ij}\boldsymbol{\alpha}_j\quad(j=1,2,\cdots,t).$$

证明：向量组 $\boldsymbol{\beta}_1,\boldsymbol{\beta}_2,\cdots,\boldsymbol{\beta}_t$ 线性相关的充要条件是矩阵 $\boldsymbol{A}=(a_{ij})$ 的秩 $\mathrm{r}(\boldsymbol{A})<t$.

证　必要性　设 $\boldsymbol{\beta}_1,\boldsymbol{\beta}_2,\cdots,\boldsymbol{\beta}_t$ 线性相关，于是存在不全为零的数 $\lambda_1,\lambda_2,\cdots,\lambda_t$，使

$$\lambda_1\boldsymbol{\beta}_1+\lambda_2\boldsymbol{\beta}_2+\cdots+\lambda_t\boldsymbol{\beta}_t=\mathbf{0},$$

即　$$\sum_{i=1}^{t}\lambda_i\boldsymbol{\beta}_i=\mathbf{0}.$$

将 $\boldsymbol{\beta}_i=\sum_{j=1}^{s}a_{ij}\boldsymbol{\alpha}_j(i=1,2,\cdots,t)$ 代入上式，得

$$\sum_{i=1}^{t}\lambda_i\boldsymbol{\beta}_i=\sum_{i=1}^{t}\lambda_i\left(\sum_{j=1}^{s}a_{ij}\boldsymbol{\alpha}_j\right)=\sum_{j=1}^{s}\left(\sum_{i=1}^{t}\lambda_i a_{ij}\right)\boldsymbol{\alpha}_j=\mathbf{0}.$$

由于 $\boldsymbol{\alpha}_1,\boldsymbol{\alpha}_2,\cdots,\boldsymbol{\alpha}_s$ 线性无关，故

$$\sum_{i=1}^{t}\lambda_i a_{ij}=0\quad(j=1,2,\cdots,s),\qquad ①$$

于是齐次线性方程组

$$\sum_{i=1}^{t}x_i a_{ij}=0\quad(j=1,2,\cdots,s)\qquad ②$$

有非零解 $(\lambda_1, \lambda_2, \cdots, \lambda_t)$. 故其系数矩阵 $\boldsymbol{A}$ 的秩小于未知量的个数，即 $r(\boldsymbol{A})<t$.

充分性　若 $r(\boldsymbol{A})<t$，则以 $\boldsymbol{A}$ 为系数矩阵的齐次线性方程组 ② 有非零解，即存在不全为零的数 $\lambda_1, \lambda_2, \cdots, \lambda_t$ 使 ① 式成立. 此时有

$$\sum_{i=1}^{t}\lambda_i\boldsymbol{\beta}_i=\sum_{i=1}^{t}\lambda_i\sum_{j=1}^{s}a_{ij}\boldsymbol{\alpha}_j=\sum_{j=1}^{s}\left(\sum_{i=1}^{t}\lambda_i a_{ij}\right)\boldsymbol{\alpha}_j=\mathbf{0}.$$

从而 $\boldsymbol{\beta}_1, \boldsymbol{\beta}_2, \cdots, \boldsymbol{\beta}_t$ 线性相关.

题型 3　求向量组的秩与极大无关组

解题思路

(1) 求向量组的极大无关组.

a. 初等行变换法：是求向量组的极大无关组的基本方法. 其作法是将向量组中的各向量作为矩阵各列，对该矩阵作初等行变换将其化为阶梯形矩阵，在每一阶梯（阶梯处元素不为零）中取一列代表，则所得向量组就是原向量组的极大无关组；

b. 定义法：因要列举向量组中所有线性无关部分组情形进行讨论，一般只对向量个数较少的向量组或某些证明题才使用；

c. 利用等价性：若某向量组的一个极大无关组由某 r 个向量组成，则此向量组中任意 r 个线性无关的部分组都是极大无关组（如例 1～例 4).

(2) 求向量组的秩.

a. 把向量组求秩转化为矩阵求秩；

b. 利用定义：欲证 r 个向量组成的向量组的秩为 r，只需证明该向量组线性无关；

c. 利用向量组的等价性求秩：通过求出与之等价的向量组的秩，从而得到原向量组的秩（如例 5，又见总习题三题 10，题 14).

例 1　求向量组

$$\boldsymbol{\alpha}_1=(1, 1, 4, 2)^{\mathrm{T}}, \boldsymbol{\alpha}_2=(1, -1, -2, 4)^{\mathrm{T}}, \boldsymbol{\alpha}_3=(-3, 2, 3, -11)^{\mathrm{T}},$$
$$\boldsymbol{\alpha}_4=(1, 3, 10, 0)^{\mathrm{T}}$$

的一个极大线性无关组.

解　方法一　把行向量组成矩阵，用初等行变换化成阶梯形，有

$$\begin{pmatrix}1&1&4&2\\1&-1&-2&4\\-3&2&3&-11\\1&3&10&0\end{pmatrix}\xrightarrow[r_4-r_1]{\substack{r_2-r_1\\r_3+3r_1}}\begin{pmatrix}1&1&4&2\\1&-2&-6&2\\0&5&15&-5\\0&2&6&-2\end{pmatrix}\xrightarrow[\frac{1}{2}r_2,\frac{1}{5}r_3]{r_4+r_2}$$

$$\begin{pmatrix}1&1&4&2\\0&-1&-3&1\\0&1&3&-1\\0&0&0&0\end{pmatrix}\xrightarrow{r_3+r_2}\begin{pmatrix}1&1&4&2\\0&-1&-3&1\\0&0&0&0\\0&0&0&0\end{pmatrix}$$

所以 $\boldsymbol{\alpha}_1$，$\boldsymbol{\alpha}_2$ 是一个极大线性无关组.

方法二 把 $\boldsymbol{\alpha}_i$ 写成列向量，构成矩阵 $\boldsymbol{A}$，再作初等行变换化 $\boldsymbol{A}$ 为阶梯形，即

$$\begin{pmatrix}1&1&-3&1\\1&-1&2&3\\4&-2&3&10\\2&4&-11&0\end{pmatrix}\to\begin{pmatrix}1&1&-3&1\\0&-2&5&2\\0&-6&15&6\\0&2&-5&-2\end{pmatrix}\to\begin{pmatrix}1&1&-3&1\\0&-2&5&2\\0&0&0&0\\0&0&0&0\end{pmatrix},$$

那么阶梯形矩阵中每一行第一个非零元所在的列对应的列向量 $\boldsymbol{\alpha}_1$，$\boldsymbol{\alpha}_2$ 就是极大线性无关组.

方法三 由 $\boldsymbol{\alpha}_1\neq\mathbf{0}$，所以线性无关，考察 $\boldsymbol{\alpha}_1$，$\boldsymbol{\alpha}_2$，现 $\boldsymbol{\alpha}_2\neq k\boldsymbol{\alpha}_1$，可知 $\boldsymbol{\alpha}_1$，$\boldsymbol{\alpha}_2$ 线性无关.

再考察 $\boldsymbol{\alpha}_1$，$\boldsymbol{\alpha}_2$，$\boldsymbol{\alpha}_3$，对于方程 $x_1\boldsymbol{\alpha}_1+x_2\boldsymbol{\alpha}_2+x_3\boldsymbol{\alpha}_3=\mathbf{0}$，现有非零解，例如

$$\boldsymbol{\alpha}_1+5\boldsymbol{\alpha}_2+2\boldsymbol{\alpha}_3=\mathbf{0},$$

故 $\boldsymbol{\alpha}_1$，$\boldsymbol{\alpha}_2$，$\boldsymbol{\alpha}_3$ 线性相关，在极大线性无关组中应去掉 $\boldsymbol{\alpha}_3$.

最后看 $\boldsymbol{\alpha}_1$，$\boldsymbol{\alpha}_2$，$\boldsymbol{\alpha}_4$，因为 $2\boldsymbol{\alpha}_1-\boldsymbol{\alpha}_2-\boldsymbol{\alpha}_4=\mathbf{0}$，所以添加 $\boldsymbol{\alpha}_4$ 后仍线性相关，因此极大线性无关组是 $\boldsymbol{\alpha}_1$，$\boldsymbol{\alpha}_2$.

例 2 设向量组 $\boldsymbol{\alpha}_1=(1,1,1,3)^{\mathrm{T}}$，$\boldsymbol{\alpha}_2=(-1,-3,5,1)^{\mathrm{T}}$，$\boldsymbol{\alpha}_3=(3,2,-1,p+2)^{\mathrm{T}}$，$\boldsymbol{\alpha}_4=(-2,-6,10,p)^{\mathrm{T}}$，

(1) p 为何值时，该向量组线性无关？并在此时将向量 $\boldsymbol{\alpha}=(4,1,6,10)^{\mathrm{T}}$ 用 $\boldsymbol{\alpha}_1$，$\boldsymbol{\alpha}_2$，$\boldsymbol{\alpha}_3$，$\boldsymbol{\alpha}_4$ 线性表示；

(2) p 为何值时，该向量组线性相关？并在此时求出它的秩和一个极大线性无关组.

解 对矩阵 $(\boldsymbol{\alpha}_1,\boldsymbol{\alpha}_2,\boldsymbol{\alpha}_3,\boldsymbol{\alpha}_4,\boldsymbol{\alpha})$ 作初等行变换

$$\boldsymbol{A}=\begin{pmatrix}1&-1&3&-2&4\\1&-3&2&-6&1\\1&5&-1&10&6\\3&1&p+2&p&10\end{pmatrix}\Rightarrow\begin{pmatrix}1&-1&3&-2&4\\0&-2&-1&-4&-3\\0&6&-4&12&2\\0&4&p-7&p+6&-2\end{pmatrix}\Rightarrow$$

$$\begin{pmatrix}1&-1&3&-2&4\\0&-2&-1&-4&-3\\0&0&-7&0&-7\\0&0&p-9&p-2&-8\end{pmatrix}\Rightarrow\begin{pmatrix}1&-1&3&-2&4\\0&-2&-1&-4&-3\\0&0&1&0&1\\0&0&0&p-2&1-p\end{pmatrix}.$$

(1) 当 $p\neq 2$ 时，向量组 $\boldsymbol{\alpha}_1$，$\boldsymbol{\alpha}_2$，$\boldsymbol{\alpha}_3$，$\boldsymbol{\alpha}_4$ 线性无关，此时可进一步把 $\boldsymbol{A}$ 化为如下形式，故有

$$\boldsymbol{A}\Rightarrow\begin{pmatrix}1&-1&3&-2&4\\0&-2&-1&-4&-3\\0&0&1&0&1\\0&0&0&p-2&1-p\end{pmatrix}\Rightarrow\begin{pmatrix}1&0&0&0&2\\0&1&0&0&\dfrac{3p-4}{p-2}\\0&0&1&0&1\\0&0&0&1&\dfrac{1-p}{p-2}\end{pmatrix},$$

$$\boldsymbol{\alpha}=2\boldsymbol{\alpha}_1+\frac{3p-4}{p-2}\boldsymbol{\alpha}_2+\boldsymbol{\alpha}_3+\frac{1-p}{p-2}\boldsymbol{\alpha}_4.$$

(2) 当 $p=2$ 时，向量组 $\boldsymbol{\alpha}_1$，$\boldsymbol{\alpha}_2$，$\boldsymbol{\alpha}_3$，$\boldsymbol{\alpha}_4$ 线性相关，此时，向量组的秩等于 3，矩阵 $\boldsymbol{A}$ 可化为如下形式（最后一列不考虑），

$$\boldsymbol{A}\Rightarrow\begin{pmatrix}1&-1&3&-2&4\\0&-2&-1&-4&-3\\0&0&1&0&1\\0&0&0&p-2&1-p\end{pmatrix}\Rightarrow\begin{pmatrix}1&-1&3&-2\\0&-2&-1&-4\\0&0&1&0\\0&0&0&0\end{pmatrix},$$

可见 $\boldsymbol{\alpha}_1$，$\boldsymbol{\alpha}_2$，$\boldsymbol{\alpha}_3$（或 $\boldsymbol{\alpha}_1$，$\boldsymbol{\alpha}_3$，$\boldsymbol{\alpha}_4$）为其一个极大无关组.

例 3 设有向量组 $\boldsymbol{\alpha}_1=(1,2,-1)$，$\boldsymbol{\alpha}_2=(-1,-2,1)$，$\boldsymbol{\alpha}_3=(1,2,3)$，试求该向量组的一个极大无关组，并用它表示其余向量.

解 方法一 用初等变换法.

$$\boldsymbol{A}=\begin{pmatrix}\boldsymbol{\alpha}_1&\boldsymbol{\alpha}_2&\boldsymbol{\alpha}_3\\1&-1&1\\2&-2&2\\-1&1&3\end{pmatrix}\Rightarrow\begin{pmatrix}1&-1&1\\0&0&4\\0&0&4\end{pmatrix}\Rightarrow\begin{pmatrix}1&-1&1\\0&0&4\\0&0&0\end{pmatrix},$$

所以 $\boldsymbol{\alpha}_1$、$\boldsymbol{\alpha}_3$，$\boldsymbol{\alpha}_2$、$\boldsymbol{\alpha}_3$ 均为极大无关组，又 $\boldsymbol{A}\Rightarrow\begin{pmatrix}1&-1&0\\0&0&1\\0&0&0\end{pmatrix}$，故 $\boldsymbol{\alpha}_2=-\boldsymbol{\alpha}_1+0\cdot\boldsymbol{\alpha}_3$.

方法二 考虑到向量组的元素不多，用定义法求解.

该向量组共有七个部分分组.

(1) $\boldsymbol{\alpha}_1$；(2) $\boldsymbol{\alpha}_2$；(3) $\boldsymbol{\alpha}_3$；(4) $\boldsymbol{\alpha}_1$，$\boldsymbol{\alpha}_2$；(5) $\boldsymbol{\alpha}_1$，$\boldsymbol{\alpha}_3$；(6) $\boldsymbol{\alpha}_2$，$\boldsymbol{\alpha}_3$；(7) $\boldsymbol{\alpha}_1$，$\boldsymbol{\alpha}_2$，$\boldsymbol{\alpha}_3$.

因为 $\boldsymbol{\alpha}_1$，$\boldsymbol{\alpha}_2$，$\boldsymbol{\alpha}_3$ 均为非零向量，所以 (1)、(2)、(3) 的部分分组一定线性无关，又因 $\boldsymbol{\alpha}_1$ 与 $\boldsymbol{\alpha}_2$ 对应元素成比例，而 $\boldsymbol{\alpha}_1$、$\boldsymbol{\alpha}_3$，$\boldsymbol{\alpha}_2$、$\boldsymbol{\alpha}_3$ 对应元素不成比例，所以

$\boldsymbol{\alpha}_1$、$\boldsymbol{\alpha}_3$，$\boldsymbol{\alpha}_2$、$\boldsymbol{\alpha}_3$ 也线性无关.

由于 $\boldsymbol{\alpha}_1$，$\boldsymbol{\alpha}_2$ 线性相关，所以部分组 (7) 也线性相关. 可见 (5)、(6) 是含有向量个数最多的线性无关部分组，由定义，它们都是该向量组的极大无关组.

方法三　先选取 $\boldsymbol{\alpha}_1 \neq \mathbf{0}$，再考虑 $\boldsymbol{\alpha}_2$，由于 $\boldsymbol{\alpha}_1$，$\boldsymbol{\alpha}_2$ 的对应元素成比例，所以 $\boldsymbol{\alpha}_1$，$\boldsymbol{\alpha}_2$ 线性相关，$\boldsymbol{\alpha}_2$ 不应添加到 $\boldsymbol{\alpha}_1$ 组中.

接着考虑 $\boldsymbol{\alpha}_3$，因 $\boldsymbol{\alpha}_1$，$\boldsymbol{\alpha}_3$ 对应元素不成比例，所以 $\boldsymbol{\alpha}_1$，$\boldsymbol{\alpha}_3$ 线性无关，把 $\boldsymbol{\alpha}_3$ 添加到 $\boldsymbol{\alpha}_1$ 组中去得向量组 $\boldsymbol{\alpha}_1$，$\boldsymbol{\alpha}_3$. 由于所有向量均已考虑过，因此 $\boldsymbol{\alpha}_1$，$\boldsymbol{\alpha}_3$，即为极大线性无关组.

令 $\boldsymbol{\alpha}_2 = x_1\boldsymbol{\alpha}_1 + x_2\boldsymbol{\alpha}_3$，解得 $x_1=-1$，$x_2=0$，故 $\boldsymbol{\alpha}_2 = -1\cdot\boldsymbol{\alpha}_1 + 0\cdot\boldsymbol{\alpha}_3$.

例 4　试证任意一个含有非零向量的 n 维向量组，必有一个极大无关组.

证　记给定的向量组为 $\mathbf{A}$，则 $\mathbf{A}$ 中的任意一个线性无关的部分组至多含有 n 个向量（当向量个数大于维数 n 时，向量组一定线性相关）.

因为 $\mathbf{A}$ 中含有非零向量，任取 $\mathbf{A}$ 中的一个非零向量 $\boldsymbol{\alpha}_1$，则 $\boldsymbol{\alpha}_2$ 是线性无关的.

若 $\mathbf{A}$ 中每一向量都能被 $\boldsymbol{\alpha}_1$ 线性表示，则 $\boldsymbol{\alpha}_1$ 为 $\mathbf{A}$ 的一个极大无关组；若 $\mathbf{A}$ 中有向量 $\boldsymbol{\alpha}_2$ 不能由 $\boldsymbol{\alpha}_1$ 线性表示，则 $\boldsymbol{\alpha}_1$，$\boldsymbol{\alpha}_2$ 线性无关，若 $\mathbf{A}$ 中所有向量都能被 $\boldsymbol{\alpha}_1$，$\boldsymbol{\alpha}_2$ 线性表示，则 $\boldsymbol{\alpha}_1$，$\boldsymbol{\alpha}_2$ 就是 $\mathbf{A}$ 的一个极大无关组；否则，可如此继续下去，必可找到 m 个线性无关的向量 $\boldsymbol{\alpha}_1$，$\boldsymbol{\alpha}_2$，…，$\boldsymbol{\alpha}_m (m \leqslant n)$，使 $\mathbf{A}$ 中每一个向量都可由这 m 个向量线性表示. 这 m 个向量就组成了 $\mathbf{A}$ 的一个极大无关组.

例 5　已知向量组

$$(\text{Ⅰ})\ \boldsymbol{\alpha}_1, \boldsymbol{\alpha}_2, \boldsymbol{\alpha}_3;\quad (\text{Ⅱ})\ \boldsymbol{\alpha}_1, \boldsymbol{\alpha}_2, \boldsymbol{\alpha}_3, \boldsymbol{\alpha}_4;\quad (\text{Ⅲ})\ \boldsymbol{\alpha}_1, \boldsymbol{\alpha}_2, \boldsymbol{\alpha}_3, \boldsymbol{\alpha}_5;$$

如果向量组的秩分别为 $\mathrm{r}(\text{Ⅰ})=\mathrm{r}(\text{Ⅱ})=3$，$\mathrm{r}(\text{Ⅲ})=4$，证明：向量组 $\boldsymbol{\alpha}_1$，$\boldsymbol{\alpha}_2$，$\boldsymbol{\alpha}_3$，$\boldsymbol{\alpha}_4-\boldsymbol{\alpha}_5$ 的秩为 4.

解　方法一　设有数 k_1，k_2，k_3，k_4 使得

$$k_1\boldsymbol{\alpha}_1 + k_2\boldsymbol{\alpha}_2 + k_3\boldsymbol{\alpha}_3 + k_4(\boldsymbol{\alpha}_4 - \boldsymbol{\alpha}_5) = \mathbf{0}, \tag{$*$}$$

因为 $\mathrm{r}(\text{Ⅰ})=\mathrm{r}(\text{Ⅱ})=3$，所以 $\boldsymbol{\alpha}_1$，$\boldsymbol{\alpha}_2$，$\boldsymbol{\alpha}_3$ 线性无关，而 $\boldsymbol{\alpha}_1$，$\boldsymbol{\alpha}_2$，$\boldsymbol{\alpha}_3$，$\boldsymbol{\alpha}_4$ 线性相关，故存在数 λ_1，λ_2，λ_3 使 $\boldsymbol{\alpha}_4 = \lambda_1\boldsymbol{\alpha}_1 + \lambda_2\boldsymbol{\alpha}_2 + \lambda_3\boldsymbol{\alpha}_3$.

把上式代入（$*$），并化简得

$$(k_1+\lambda_1 k_4)\boldsymbol{\alpha}_1 + (k_2+\lambda_2 k_4)\boldsymbol{\alpha}_2 + (k_3+\lambda_3 k_4)\boldsymbol{\alpha}_3 - k_4\boldsymbol{\alpha}_5 = \mathbf{0},$$

由 $\mathrm{r}(\text{Ⅲ})=4$ 知 $\boldsymbol{\alpha}_1$，$\boldsymbol{\alpha}_2$，$\boldsymbol{\alpha}_3$，$\boldsymbol{\alpha}_5$ 线性无关，所以

$$\begin{cases} k_1+\lambda_1 k_4 = 0 \\ k_2+\lambda_2 k_4 = 0 \\ k_3+\lambda_3 k_4 = 0 \\ k_4 = 0. \end{cases}，得\ k_1=k_2=k_3=k_4=0,$$

故 $\boldsymbol{\alpha}_1, \boldsymbol{\alpha}_2, \boldsymbol{\alpha}_3, \boldsymbol{\alpha}_4-\boldsymbol{\alpha}_5$ 线性无关，即其秩为 4.

方法二　因 r(Ⅰ)=3，即 $\boldsymbol{\alpha}_1, \boldsymbol{\alpha}_2, \boldsymbol{\alpha}_3$ 线性无关，又 r(Ⅱ)=3，即 $\boldsymbol{\alpha}_1, \boldsymbol{\alpha}_2, \boldsymbol{\alpha}_3, \boldsymbol{\alpha}_4$ 线性相关，故存在 l_1, l_2, l_3 使

$$\boldsymbol{\alpha}_4=l_1\boldsymbol{\alpha}_1+l_2\boldsymbol{\alpha}_2+l_3\boldsymbol{\alpha}_3,$$

若 $\boldsymbol{\alpha}_1, \boldsymbol{\alpha}_2, \boldsymbol{\alpha}_3, \boldsymbol{\alpha}_4-\boldsymbol{\alpha}_5$ 线性相关，则有

$$\boldsymbol{\alpha}_5-\boldsymbol{\alpha}_4=k_1\boldsymbol{\alpha}_1+k_2\boldsymbol{\alpha}_2+k_3\boldsymbol{\alpha}_3,$$

即

$$\boldsymbol{\alpha}_5=(l_1+k_1)\boldsymbol{\alpha}_1+(l_2+k_2)\boldsymbol{\alpha}_2+(l_3+k_3)\boldsymbol{\alpha}_3.$$

这与 r(Ⅲ)=4 矛盾，故 $\boldsymbol{\alpha}_1, \boldsymbol{\alpha}_2, \boldsymbol{\alpha}_3, \boldsymbol{\alpha}_4-\boldsymbol{\alpha}_5$ 线性无关，从而 $\boldsymbol{\alpha}_1, \boldsymbol{\alpha}_2, \boldsymbol{\alpha}_3, \boldsymbol{\alpha}_4-\boldsymbol{\alpha}_5$ 的秩为 4.

方法三　由于 $\boldsymbol{\alpha}_4=l_1\boldsymbol{\alpha}_1+l_2\boldsymbol{\alpha}_2+l_3\boldsymbol{\alpha}_3$，故

$$\begin{aligned}\boldsymbol{A}&=(\boldsymbol{\alpha}_1, \boldsymbol{\alpha}_2, \boldsymbol{\alpha}_3, \boldsymbol{\alpha}_4-\boldsymbol{\alpha}_5)\\&=(\boldsymbol{\alpha}_1, \boldsymbol{\alpha}_2, \boldsymbol{\alpha}_3, l_1\boldsymbol{\alpha}_1+l_2\boldsymbol{\alpha}_2+l_3\boldsymbol{\alpha}_3-\boldsymbol{\alpha}_5)\Rightarrow(\boldsymbol{\alpha}_1, \boldsymbol{\alpha}_2, \boldsymbol{\alpha}_3, \boldsymbol{\alpha}_5).\end{aligned}$$

因初等变换不改变矩阵的秩，故

$$\mathrm{r}(\boldsymbol{\alpha}_1, \boldsymbol{\alpha}_2, \boldsymbol{\alpha}_3, \boldsymbol{\alpha}_4-\boldsymbol{\alpha}_5)=\mathrm{r}(\boldsymbol{\alpha}_1, \boldsymbol{\alpha}_2, \boldsymbol{\alpha}_3, \boldsymbol{\alpha}_5)=4.$$

题型 4　线性方程组的求解

解题思路　1. 初等行变换法：对方程组的增广矩阵施行初等行变换，将其化为阶梯形矩阵，然后根据方程组系数矩阵与增广矩阵的秩的情况判断方程组是否有解以及在有解时求出方程的一般解（如例 1）；如果所求线性方程组含有待定参数，还要进一步讨论参数方程组解的情况（如例 2～例 3）；初等行变换法是求解线性方程组的最一般方法，而克莱姆法则只在特殊情况（如方程组有唯一解且系数行列式容易计算等）下才使用.

2. 求两个方程组的公共解：设有线性方程组

$$(\text{Ⅰ})\ \boldsymbol{A}\boldsymbol{x}=\boldsymbol{0};\qquad (\text{Ⅱ})\ \boldsymbol{B}\boldsymbol{x}=\boldsymbol{0};$$

其公共解可通过求解这两个方程组的联立方程组得到，亦可由上述两个方程组的通解表达式相等求得（如例 4）.

3. 线性方程组的应用题：线性方程组除在工程、经济领域有大量的实际应用外，在考试中常常应用于对几何中直线、平面位置的判断.

例 1　求下列线性方程组的基础解系及通解.

(1) $\begin{cases} x_1+2x_2+5x_3=0 \\ x_1+3x_2-2x_3=0 \\ 3x_1+7x_2+8x_3=0 \\ x_1+4x_2-9x_3=0 \end{cases}$.

解　对系数矩阵作初等行变换，变为行最简形矩阵，得

$$\boldsymbol{A}=\begin{pmatrix} 1 & 2 & 5 \\ 1 & 3 & -2 \\ 3 & 7 & 8 \\ 1 & 4 & -9 \end{pmatrix} \xrightarrow[r_4-r_1]{\substack{r_2-r_1 \\ r_3-3r_1}} \begin{pmatrix} 1 & 2 & 5 \\ 0 & 1 & -7 \\ 0 & 1 & -7 \\ 0 & 2 & -14 \end{pmatrix} \xrightarrow[r_4-2r_2]{\substack{r_1-2r_2 \\ r_3-r_2}} \begin{pmatrix} 1 & 0 & 19 \\ 0 & 1 & -7 \\ 0 & 0 & 0 \\ 0 & 0 & 0 \end{pmatrix},$$

于是　$\begin{cases} x_1=-19x_3 \\ x_2=7x_3 \end{cases}$.

令 $x_3=1$，则对应有 $\begin{pmatrix} x_1 \\ x_2 \end{pmatrix}=\begin{pmatrix} -19 \\ 7 \end{pmatrix}$.

由于 $\mathrm{r}(\boldsymbol{A})=2$，未知量个数 $n=3$，故基础解系由一个解向量构成，即为 $\boldsymbol{\xi}=\begin{pmatrix} -19 \\ 7 \\ 1 \end{pmatrix}$，于是方程组的通解为 $\begin{pmatrix} x_1 \\ x_2 \\ x_3 \end{pmatrix}=C\begin{pmatrix} -19 \\ 7 \\ 1 \end{pmatrix}$　($C\in\mathbf{R}$).

(2) $\begin{cases} x_1+2x_2+3x_3-x_4=1 \\ 3x_1+2x_2+x_3-x_4=1 \\ 2x_1+3x_2+x_3+x_4=1 \\ 2x_1+2x_2+2x_3-x_4=1 \\ 5x_1+5x_2+2x_3=2 \end{cases}$.

解　对增广矩阵 $\widetilde{\boldsymbol{A}}=(\boldsymbol{A},\boldsymbol{b})$ 作初等行变换化为行最简形.

$$\widetilde{\boldsymbol{A}}=\begin{pmatrix} 1 & 2 & 3 & -1 & 1 \\ 3 & 2 & 1 & -1 & 1 \\ 2 & 3 & 1 & 1 & 1 \\ 2 & 2 & 2 & -1 & 1 \\ 5 & 5 & 2 & 0 & 2 \end{pmatrix} \xrightarrow[\substack{r_4+r_3 \\ r_5-r_2}]{\substack{r_1+r_3 \\ r_2+r_3}} \begin{pmatrix} 3 & 5 & 4 & 0 & 2 \\ 5 & 5 & 2 & 0 & 2 \\ 2 & 3 & 1 & 1 & 1 \\ 4 & 5 & 3 & 0 & 2 \\ 0 & 0 & 0 & 0 & 0 \end{pmatrix} \xrightarrow[r_4-r_2]{r_1-r_2}$$

$$\begin{pmatrix} -2 & 0 & 2 & 0 & 0 \\ 5 & 5 & 2 & 0 & 2 \\ 2 & 3 & 1 & 1 & 1 \\ -1 & 0 & 1 & 0 & 0 \\ 0 & 0 & 0 & 0 & 0 \end{pmatrix} \xrightarrow[r_4-r_1]{\substack{r_1\div 2 \\ r_2-2r_3}}$$

$$\begin{pmatrix} -1 & 0 & 1 & 0 & 0 \\ 1 & -1 & 0 & -2 & 0 \\ 2 & 3 & 1 & 1 & 1 \\ 0 & 0 & 0 & 0 & 0 \\ 0 & 0 & 0 & 0 & 0 \end{pmatrix} \xrightarrow[r_3+2r_1+3r_2]{r_2+r_1}$$

$$\begin{pmatrix} -1 & 0 & 1 & 0 & 0 \\ 0 & -1 & 1 & -2 & 0 \\ 0 & 0 & 6 & -5 & 1 \\ 0 & 0 & 0 & 0 & 0 \\ 0 & 0 & 0 & 0 & 0 \end{pmatrix} \xrightarrow[\substack{r_2\div(-1)+\frac{r_3}{6} \\ r_3\div 6}]{r_1\div(-1)+\frac{r_3}{6}}$$

$$\begin{pmatrix} 1 & 0 & 0 & -5/6 & 1/6 \\ 0 & 1 & 0 & 7/6 & 1/6 \\ 0 & 0 & 1 & -5/6 & 1/6 \\ 0 & 0 & 0 & 0 & 0 \\ 0 & 0 & 0 & 0 & 0 \end{pmatrix}.$$

由此可知 $\mathrm{r}(\boldsymbol{A})=\mathrm{r}(\widetilde{\boldsymbol{A}})=3$，而原方程组中未知量的个数是 $n=4$，故有一个自由未知数.

令自由未知量 $x_4=k$，可得原方程组的通解

$$\boldsymbol{x}=\begin{pmatrix} x_1 \\ x_2 \\ x_3 \\ x_4 \end{pmatrix}=\begin{pmatrix} 1/6 \\ 1/6 \\ 1/6 \\ 0 \end{pmatrix}+k\begin{pmatrix} 5/6 \\ -7/6 \\ 5/6 \\ 1 \end{pmatrix}, \quad k \text{ 取任意常数}.$$

例 2 已知线性方程组$\begin{cases} ax_1+x_2+x_3=4 \\ x_1+bx_2+x_3=3 \\ x_1+3bx_2+x_3=9 \end{cases}$. 问方程组什么时候有解？什么时候无解？有解时，求出相应解.

解 方法一 方程组的系数行列式为

$$|\boldsymbol{A}|=\begin{vmatrix} a & 1 & 1 \\ 1 & b & 1 \\ 1 & 3b & 1 \end{vmatrix}=2b(1-a),$$

(1) 当 $a\neq1$ 且 $b\neq0$ 时，方程组有唯一解，其解为

$$x_1=\frac{3-4b}{b(1-a)}, \quad x_2=\frac{3}{b}, \quad x_3=\frac{4b-3}{b(1-a)}.$$

(2) 当 $b=0$ 时，原方程组的增广矩阵 $\widetilde{\mathbf{A}}$ 为

$$\widetilde{\mathbf{A}}=\begin{pmatrix} a & 1 & 1 & 4 \\ 1 & 0 & 1 & 3 \\ 1 & 0 & 1 & 9 \end{pmatrix} \Rightarrow \begin{pmatrix} a & 1 & 1 & 4 \\ 1 & 0 & 1 & 3 \\ 0 & 0 & 0 & 6 \end{pmatrix},$$

显然方程组无解.

(3) 当 $b\neq 0$, $a=1$ 时，

$$\widetilde{\mathbf{A}}=\begin{pmatrix} 1 & 1 & 1 & 4 \\ 1 & b & 1 & 3 \\ 1 & 3b & 1 & 9 \end{pmatrix} \Rightarrow \begin{pmatrix} 1 & 1 & 1 & 4 \\ 0 & b-1 & 0 & -1 \\ 0 & 3b-1 & 0 & 5 \end{pmatrix} \Rightarrow$$

$$\begin{pmatrix} 1 & 1 & 1 & 4 \\ 0 & b-1 & 0 & -1 \\ 0 & 2 & 0 & 8 \end{pmatrix} \Rightarrow \begin{pmatrix} 1 & 0 & 1 & 0 \\ 0 & 1 & 0 & 4 \\ 0 & 0 & 0 & -4b+3 \end{pmatrix},$$

可见当 $b\neq 3/4$ 时，秩 $(\mathbf{A})=2<$ 秩 $(\widetilde{\mathbf{A}})=3$，方程组无解.

当 $b=3/4$ 时，原方程组的导出组等价于

$$\begin{cases} x_1+x_3=0 \\ x_2=0 \end{cases},$$

所求通解为 $\boldsymbol{x}=\begin{pmatrix} x_1 \\ x_2 \\ x_3 \end{pmatrix}=\begin{pmatrix} 0 \\ 4 \\ 0 \end{pmatrix}+k\begin{pmatrix} -1 \\ 0 \\ 1 \end{pmatrix}$，其中 k 为任意常数.

方法二　利用初等行变换化增广矩阵 $\mathbf{A}$ 为阶梯形矩阵.

(1) 若 $b\neq 0$，则 $\widetilde{\mathbf{A}}\Rightarrow\cdots\Rightarrow\begin{pmatrix} 1 & b & 1 & 3 \\ 0 & 2b & 0 & 6 \\ 0 & 0 & 1-a & \dfrac{4b-3}{b} \end{pmatrix}$，

因此当 $b\neq 0$, $a\neq 1$ 时，秩 $(\mathbf{A})=$ 秩$(\widetilde{\mathbf{A}})=3$，方程组有唯一解

$$x_1=\frac{3-4b}{b(1-a)}, \quad x_2=\frac{3}{b}, \quad x_3=\frac{4b-3}{b(1-a)}.$$

当 $b=\dfrac{3}{4}$ 时，原方程组的导出组等价于 $\begin{cases} x_1+x_3=0 \\ x_2=0 \end{cases}$，

所求通解为 $\boldsymbol{x}=\begin{pmatrix} x_1 \\ x_2 \\ x_3 \end{pmatrix}=\begin{pmatrix} 0 \\ 4 \\ 0 \end{pmatrix}+k\begin{pmatrix} -1 \\ 0 \\ 1 \end{pmatrix}$，其中 k 为任意常数.

(2) 若 $b=0$，则 $\widetilde{\mathbf{A}} \Rightarrow \begin{pmatrix} a & 1 & 1 & 4 \\ 1 & 0 & 1 & 3 \\ 0 & 0 & 0 & 6 \end{pmatrix}$，故秩 $(\mathbf{A})=2<$ 秩 $(\widetilde{\mathbf{A}})=3$，方程组无解.

例 3 设有两个 4 元齐次线性方程组

$$(\text{Ⅰ})\begin{cases} x_1+x_2=0 \\ x_2-x_4=0 \end{cases}; \qquad (\text{Ⅱ})\begin{cases} x_1-x_2+x_3=0 \\ x_2-x_3+x_4=0 \end{cases}.$$

(1) 求线性方程组（Ⅰ）的基础解系.

(2) 试问方程组（Ⅰ）和（Ⅱ）是否有非零公共解？若有，则求出所有的非零公共解；若没有，则说明理由.

解 因为方程组（Ⅰ）系数矩阵的秩 $\mathrm{r}(\mathbf{A})=2$，

$$n-\mathrm{r}(\mathbf{A})=4-2=2.$$

所以基础解系数由 2 个解向量构成，给自由变量 x_3，x_4 赋值得基础解系：$\boldsymbol{\xi}_1=(0, 0, 1, 0)^{\mathrm{T}}$，$\boldsymbol{\xi}_2=(-1, 1, 0, 1)^{\mathrm{T}}$.

关于公共解，可以有如下几种处理方法：

1° 把（Ⅰ），（Ⅱ）联立起来直接求解，即

$$\mathbf{A}=\begin{pmatrix} 1 & 1 & 0 & 0 \\ 0 & 1 & 0 & -1 \\ 1 & -1 & 1 & 0 \\ 0 & 1 & -1 & 1 \end{pmatrix} \rightarrow \begin{pmatrix} 1 & 1 & 0 & 0 \\ 0 & 1 & 0 & -1 \\ 0 & -2 & 1 & 0 \\ 0 & 1 & -1 & 2 \end{pmatrix} \rightarrow \begin{pmatrix} 1 & 1 & 0 & 1 \\ 0 & 1 & 0 & -1 \\ 0 & 0 & 1 & -2 \\ 0 & 0 & 0 & 0 \end{pmatrix}.$$

由于 $n-\mathrm{r}(\mathbf{A})=1$，基础解系是 $(-1, 1, 2, 1)^{\mathrm{T}}$，从而（Ⅰ），（Ⅱ）有公共解：$k(-1, 1, 2, 1)^{\mathrm{T}}$，$k$ 是任意实数.

2° 通过（Ⅰ）与（Ⅱ）各自的通解，寻找公共解. 为此，先求（Ⅱ）的基础解系：$\boldsymbol{\eta}_1=(0, 1, 1, 0)^{\mathrm{T}}$，$\boldsymbol{\eta}_2=(-1, -1, 0, 1)^{\mathrm{T}}$，那么 $k_1\boldsymbol{\xi}_1+k_2\boldsymbol{\xi}_2$，$l_1\boldsymbol{\eta}_1+l_2\boldsymbol{\eta}_2$ 分别是（Ⅰ），（Ⅱ）的通解. 令其相等，即有

$$\begin{aligned} & k_1(0, 0, 1, 0)^{\mathrm{T}}+k_2(-1, 1, 0, 1)^{\mathrm{T}} \\ =\, & l_1(0, 1, 1, 0)^{\mathrm{T}}+l_2(-1, -1, 0, 1)^{\mathrm{T}}. \end{aligned}$$

由此得 $(-k_2, k_2, k_1, k_2)^{\mathrm{T}}=(-l_2, l_1-l_2, l_1, l_2)^{\mathrm{T}}$. 故公共解是

$$2k_2(0, 0, 1, 0)^{\mathrm{T}}+k_2(-1, 1, 0, 1)^{\mathrm{T}}=k_2(-1, 1, 2, 1)^{\mathrm{T}}.$$

3° 把（Ⅰ）的通解代（Ⅱ）中，如仍是解，寻找 k_1，k_2 所应满足的关系式而求出公共解. 由 $k_1\boldsymbol{\xi}_1+k_2\boldsymbol{\xi}_2=(-k_2, k_2, k_1, k_2)^{\mathrm{T}}$ 要是（Ⅱ）的解，应满足（Ⅱ）的方程，故

$$\begin{cases}-k_2-k_2+k_1=0\\k_2-k_1+k_2=0\end{cases}$$，解出 $k_1=2k_2$，下略.

例 4　设方程组 $\begin{cases}x_1+2x_2-x_3+x_4=r\\3x_1+px_2+3x_3+2x_4=-11\\2x_1+2x_2+px_3+x_4=-4\end{cases}$　①

与方程组 $\begin{cases}x_1+3x_3=-2\\x_2-2x_3=5\\x_4=-10\end{cases}$　②

是同解方程组，试确定方程组 ① 中的 p，q，r 的值.

解　② 的同解方程组为 $\begin{cases}x_1=-2-3x_3\\x_2=5+2x_3\\x_4=-10\end{cases}$，　③

令 $x_3=0$，得 ② 的解 $\eta^*=(-2,5,0,-10)^T$.

与 ③ 对应的齐次线性方程组为 $\begin{cases}x_1=-3x_3\\x_2=2x_3\\x_4=0\end{cases}$，　④

令 $x_3=1$，则 ④ 的基础解系为 $\xi=(-3,2,1,0)^T$.

故方程组 ② 的通解为

$$\begin{pmatrix}x_1\\x_2\\x_3\\x_4\end{pmatrix}=\lambda\begin{pmatrix}-3\\2\\1\\0\end{pmatrix}+\begin{pmatrix}-2\\5\\0\\-10\end{pmatrix}\quad(\lambda\in\mathbf{R}).$$

将其代入 ① 中，得

$$\begin{cases}(-3\lambda-2)+2(2\lambda+5)-\lambda-10=r\\3(-3\lambda-2)+p(2\lambda+5)+3\lambda-20=-11,\\2(-3\lambda-2)+2(2\lambda+5)+q\lambda-10=-4\end{cases}$$

即
$$\begin{cases}-2=r\\(p-3)(2\lambda+5)=0\quad(\lambda\in\mathbf{R}).\\(-2+q)\lambda=0\end{cases}$$

令 $\lambda=1$，得 $r=-2$，$p=3$，$q=2$.

题型 5　利用线性方程组解的性质解题

解题思路　1. 用线性方程组解的判定定理解题：设线性方程组

$$\boldsymbol{Ax}=\boldsymbol{b},\quad \text{记增广矩阵 } \boldsymbol{B}=(\boldsymbol{A}\quad \boldsymbol{b}),$$

则有　$\mathrm{r}(\boldsymbol{A})=\mathrm{r}(\boldsymbol{B})=n\Leftrightarrow \boldsymbol{Ax}=\boldsymbol{b}$ 有唯一解；

$\mathrm{r}(\boldsymbol{A})=\mathrm{r}(\boldsymbol{B})<n\Leftrightarrow \boldsymbol{Ax}=\boldsymbol{b}$ 有无穷多解；

$\mathrm{r}(\boldsymbol{A})<n\Leftrightarrow \boldsymbol{Ax}=\boldsymbol{0}$ 有非零解.

解题过程中还常涉及行列式、向量组等知识（如例 1，例 2).

2. 综合运用线性方程组解的判定、性质、结构定理解题：

设非齐次方程组　$\boldsymbol{Ax}=\boldsymbol{b}$，　①

对应齐次方程组　$\boldsymbol{Ax}=\boldsymbol{0}$，　②

A. 若 $\boldsymbol{\eta}_1,\boldsymbol{\eta}_2$ 是 ① 的解，则 $\boldsymbol{\eta}_1-\boldsymbol{\eta}_2$ 为 ② 的解；

B. 若 $\boldsymbol{\eta}$ 是 ① 的解，$\boldsymbol{\xi}$ 为 ② 的解，则 $\boldsymbol{\xi}+\boldsymbol{\eta}$ 是 ② 的解.

题型包括：利用基础解系定义和解的结构解题（如例 3)；已知方程组的某些特定解，反过来求系数矩阵或系数矩阵中的参数等（如例 4).

例 1　$\boldsymbol{A}$ 是 n 阶矩阵，对于齐次线性方程组 $\boldsymbol{Ax}=\boldsymbol{0}$.

如 $\mathrm{r}(\boldsymbol{A})=n-1$，且代数余子式 $A_{11}\neq 0$，则 $\boldsymbol{Ax}=\boldsymbol{0}$ 的通解是________，$\boldsymbol{A}^*\boldsymbol{x}=\boldsymbol{0}$ 的通解是________，$(\boldsymbol{A}^*)^*\boldsymbol{x}=\boldsymbol{0}$ 的通解是________.

解　对 $\boldsymbol{Ax}=\boldsymbol{0}$，从 $\mathrm{r}(\boldsymbol{A})=n-1$ 知解空间是一维的，且 $|\boldsymbol{A}|=0$ 因为 $\boldsymbol{AA}^*=\boldsymbol{0}$，$\boldsymbol{A}^*$ 的每一列都是 $\boldsymbol{Ax}=\boldsymbol{0}$ 的解.

现已知 $A_{11}\neq 0$，故 $(A_{11},A_{12},\cdots,A_{1n})^{\mathrm{T}}$ 是 $\boldsymbol{Ax}=\boldsymbol{0}$ 的非零解，即是基础解系，所以通解是 $k(A_{11},A_{12},\cdots,A_{1n})^{\mathrm{T}}$.

对 $\boldsymbol{A}^*\boldsymbol{x}=\boldsymbol{0}$，从 $\mathrm{r}(\boldsymbol{A})=n-1$ 知 $\mathrm{r}(\boldsymbol{A}^*)=1$，那么 $\boldsymbol{A}^*\boldsymbol{x}=\boldsymbol{0}$ 的解空间是 $n-\mathrm{r}(\boldsymbol{A}^*)=n-1$ 维，从 $\boldsymbol{A}^*\boldsymbol{A}=\boldsymbol{0}$ 知 $\boldsymbol{A}$ 的每一列都是 $\boldsymbol{A}^*\boldsymbol{x}=\boldsymbol{0}$ 的解，由代数余子式 $A_{11}\neq 0$，知 $n-1$ 维向量

$$(\alpha_{22},\alpha_{32},\cdots,\alpha_{n2})^{\mathrm{T}},(\alpha_{23},\alpha_{33},\cdots,\alpha_{n3})^{\mathrm{T}},\cdots,(\alpha_{2n},\alpha_{3n},\cdots,\alpha_{nn})^{\mathrm{T}}$$

线性无关. 那么延伸为 n 维向量

$$(\alpha_{12},\alpha_{22},\cdots,\alpha_{n2})^{\mathrm{T}},(\alpha_{13},\alpha_{23},\cdots,\alpha_{n3})^{\mathrm{T}},\cdots,(\alpha_{1n},\alpha_{2n},\cdots,\alpha_{nn})^{\mathrm{T}}$$

仍线性无关. 即是 $\boldsymbol{A}^*\boldsymbol{x}=\boldsymbol{0}$ 的基础解系，通解略.

对 $(\boldsymbol{A}^*)^*\boldsymbol{x}=\boldsymbol{0}$，同上知 $\mathrm{r}(\boldsymbol{A}^*)=1$，又当 $n\geqslant 3$ 时，$\mathrm{r}((\boldsymbol{A}^*)^*)=\boldsymbol{0}$，那么任意 n 个线性无关的向量都可构成基础解系.

例如，取

$$\boldsymbol{e}_1=(1,0,\cdots,0)^{\mathrm{T}},\boldsymbol{e}_2=(0,1,\cdots,0)^{\mathrm{T}},\cdots,\boldsymbol{e}_n=(0,0,\cdots,1)^{\mathrm{T}}$$

得通解 $k_1\boldsymbol{e}_1+k_2\boldsymbol{e}_2+\cdots+k_n\boldsymbol{e}_n$.

若 $n=2$，对于 $\boldsymbol{A}=\begin{pmatrix} a_{11} & a_{12} \\ a_{21} & a_{22} \end{pmatrix}$，有 $\boldsymbol{A}=\begin{pmatrix} a_{22} & -a_{12} \\ -a_{21} & a_{11} \end{pmatrix}$.

于是

$$(\boldsymbol{A}^*)^*=\begin{pmatrix} a_{11} & a_{12} \\ a_{21} & a_{22} \end{pmatrix}=\boldsymbol{A},$$

则 $(\boldsymbol{A}^*)^*\boldsymbol{x}=\boldsymbol{0}$ 的通解为 $k\begin{pmatrix} a_{22} \\ -a_{21} \end{pmatrix}$.

注: $\boldsymbol{AA}^*=\boldsymbol{0}$, $A_{11}=a_{22}\neq 0$, $\mathrm{r}(\boldsymbol{A})=1$.

例 2　要使 $\boldsymbol{\xi}_1=(1, 0, 2)^{\mathrm{T}}$，$\boldsymbol{\xi}_2=(0, 1, -1)^{\mathrm{T}}$ 都是线性方程组 $\boldsymbol{Ax}=\boldsymbol{0}$ 的解，只要系数矩阵 $\boldsymbol{A}$ 为（　　）.

(A) $(-2, 1, 1)$；　　(B) $\begin{pmatrix} 2 & 0 & -1 \\ 0 & 1 & 1 \end{pmatrix}$；

(C) $\begin{pmatrix} -1 & 0 & 2 \\ 0 & 1 & -1 \end{pmatrix}$；　　(D) $\begin{pmatrix} 0 & 1 & -1 \\ 4 & -2 & -2 \\ 0 & 1 & 1 \end{pmatrix}$.

解　应选 (A).

直接把 (A), (B), (C), (D) 四个答案逐一代入 $\boldsymbol{Ax}=\boldsymbol{0}$ 验证，可知 (A) 项为正确答案.

或由 $\boldsymbol{Ax}=\boldsymbol{0}$至少有两个线性无关的解向量 $\boldsymbol{\xi}_1$，$\boldsymbol{\xi}_2$，知其基础解系所含的线性无关的解向量个数至少为 2，故秩 $(\boldsymbol{A})\leqslant 3-2=1(3-秩(\boldsymbol{A})\geqslant 2)$，只有 (A) 项中矩阵的秩不超过 1，也可得到正确答案为 (A) 项.

例 3　已知 $\boldsymbol{\beta}_1$，$\boldsymbol{\beta}_2$ 是 $\boldsymbol{Ax}=\boldsymbol{b}$ 的两个不同的解，$\boldsymbol{\alpha}_1$，$\boldsymbol{\alpha}_2$ 是相应齐次方程组 $\boldsymbol{Ax}=\boldsymbol{0}$的基础解系，$k_1$，$k_2$ 是任意常数，则 $\boldsymbol{Ax}=\boldsymbol{b}$ 的通解是（　　）.

(A) $k_1\boldsymbol{\alpha}_1+k_2(\boldsymbol{\alpha}_1+\boldsymbol{\alpha}_2)+\dfrac{\boldsymbol{\beta}_1-\boldsymbol{\beta}_2}{2}$；　　(B) $k_1\boldsymbol{\alpha}_1+k_2(\boldsymbol{\alpha}_1-\boldsymbol{\alpha}_2)+\dfrac{\boldsymbol{\beta}_1+\boldsymbol{\beta}_2}{2}$；

(C) $k_1\boldsymbol{\alpha}_1+k_2(\boldsymbol{\beta}_1-\boldsymbol{\beta}_2)+\dfrac{\boldsymbol{\beta}_1-\boldsymbol{\beta}_2}{2}$；　　(D) $k_1\boldsymbol{\alpha}_1+k_2(\boldsymbol{\beta}_1-\boldsymbol{\beta}_2)+\dfrac{\boldsymbol{\beta}_1+\boldsymbol{\beta}_2}{2}$.

解　应选 (B).

在 (A), (C) 中，没有 $\boldsymbol{Ax}=\boldsymbol{b}$ 的特解，按解的结构知 (A), (C) 均错.

在 (D) 中，虽然 $\boldsymbol{\alpha}_1$，$\boldsymbol{\beta}_1-\boldsymbol{\beta}_2$ 都是导出组 $\boldsymbol{Ax}=\boldsymbol{0}$ 的解，但不能判定它们是否线性无关，故 (D) 也不正确.

故 (B) 正确.

例 4 设 $\boldsymbol{A}=\begin{pmatrix}1&2&1&2\\0&1&t&t\\1&t&0&1\end{pmatrix}$，且方程组 $\boldsymbol{Ax}=\boldsymbol{0}$ 的基础解系含有两个线性无关的解向量，求 $\boldsymbol{Ax}=\boldsymbol{0}$ 的通解.

解 $\boldsymbol{A}\Rightarrow\begin{pmatrix}1&2&1&2\\0&1&t&t\\0&t-2&-1&-1\end{pmatrix}\Rightarrow\begin{pmatrix}1&0&1-2t&2-2t\\0&1&t&t\\0&0&-(t-1)^2&-(t-1)^2\end{pmatrix}$;

要使 $\mathrm{r}(\boldsymbol{A})=2$，必有 $(t-1)^2=0$，即 $t=1$.

此时同解方程组为 $\begin{cases}x_1-x_3=0\\x_2+x_3+x_4=0\end{cases}$,

通解为 $\boldsymbol{x}=k_1(1,-1,1,0)^{\mathrm{T}}+k_2(0,-1,0,1)^{\mathrm{T}}$，其中 k_1，k_2 为任一常数.

题型 6　有关线性方程组的证明

解题思路　1. 有关线性方程组基础解系的证明：根据定义，欲证明某一向量组 $\boldsymbol{\alpha}_1$，$\boldsymbol{\alpha}_2$，…，$\boldsymbol{\alpha}_s$ 是 n 元线性方程组 $\boldsymbol{Ax}=\boldsymbol{0}$ 的基础解系，要证明以下三个结论：

(1) 该向量组的每个向量都是方程组 $\boldsymbol{Ax}=\boldsymbol{0}$ 的解；

(2) 该向量组线性无关；

(3) 方程组的任一解均可由该向量组线性表示或 $s=n-\mathrm{r}(\boldsymbol{A})$.

而第三步提供了证明基础解系的两种基本方法（如例 1～例 4，又见总习题三题 29）.

2. 有关线性方程组的其它证明题：熟悉线性方程组解的结构与性质，并注意下面结论：

(1) n 元齐次线性方程组 $\boldsymbol{Ax}=\boldsymbol{0}$ 若有非零解，则其解向量的极大线性无关组有 $n-\mathrm{r}(\boldsymbol{A})$ 个向量；

(2) 而线性方程组 $\boldsymbol{Ax}=\boldsymbol{b}$ 若有无穷多解，则其解向量的极大线性无关组有 $n-\mathrm{r}(\boldsymbol{A})+1$ 个向量（如例 5～例 6，又见总习题三题 31）.

例 1　已知 $\boldsymbol{\alpha}_1$，$\boldsymbol{\alpha}_2$，$\boldsymbol{\alpha}_3$ 是齐次线性方程组 $\boldsymbol{Ax}=\boldsymbol{0}$ 的一个基础解系. 证明 $\boldsymbol{\alpha}_1+\boldsymbol{\alpha}_2$，$\boldsymbol{\alpha}_2+\boldsymbol{\alpha}_3$，$\boldsymbol{\alpha}_3+\boldsymbol{\alpha}_1$ 也是该方程组的一个基础解系.

证　由 $\boldsymbol{A}(\boldsymbol{\alpha}_1+\boldsymbol{\alpha}_2)=\boldsymbol{A\alpha}_1+\boldsymbol{A\alpha}_2=\boldsymbol{0}+\boldsymbol{0}=\boldsymbol{0}$，知 $\boldsymbol{\alpha}_1+\boldsymbol{\alpha}_2$ 是齐次方程组 $\boldsymbol{Ax}=\boldsymbol{0}$ 的解，类似可知 $\boldsymbol{\alpha}_2+\boldsymbol{\alpha}_3$，$\boldsymbol{\alpha}_3+\boldsymbol{\alpha}_1$ 也是 $\boldsymbol{Ax}=\boldsymbol{0}$ 的解.

若 $k_1(\boldsymbol{\alpha}_1+\boldsymbol{\alpha}_2)+k_2(\boldsymbol{\alpha}_2+\boldsymbol{\alpha}_3)+k_3(\boldsymbol{\alpha}_3+\boldsymbol{\alpha}_1)=\boldsymbol{0}$，即

$$(k_1+k_3)\boldsymbol{\alpha}_1+(k_1+k_2)\boldsymbol{\alpha}_2+(k_2+k_3)\boldsymbol{\alpha}_3=\boldsymbol{0}.$$

因为 $\boldsymbol{\alpha}_1$，$\boldsymbol{\alpha}_2$，$\boldsymbol{\alpha}_3$ 是基础解系，它们是线性无关的，故

$$\begin{cases}k_1+k_3=0\\k_1+k_2=0.\\k_2+k_3=0\end{cases}$$

由于此方程组系数行列式

$$D=\begin{vmatrix}1&0&1\\1&1&0\\0&1&1\end{vmatrix}=2\neq0,$$

故必有 $k_1=k_2=k_3=0$，所以 $\boldsymbol{\alpha}_1+\boldsymbol{\alpha}_2$，$\boldsymbol{\alpha}_2+\boldsymbol{\alpha}_3$，$\boldsymbol{\alpha}_3+\boldsymbol{\alpha}_1$ 线性无关.

根据题设，$\boldsymbol{Ax}=\boldsymbol{0}$ 的基础解系含有三个线性无关的向量，所以 $\boldsymbol{\alpha}_1+\boldsymbol{\alpha}_2$，$\boldsymbol{\alpha}_2+\boldsymbol{\alpha}_3$，$\boldsymbol{\alpha}_3+\boldsymbol{\alpha}_1$ 是方程组 $\boldsymbol{Ax}=\boldsymbol{0}$ 的基础解系.

例 2 设方程组 $\begin{cases}a_{11}x_1+a_{12}x_2+\cdots+a_{1n}x_n=0\\a_{21}x_1+a_{22}x_2+\cdots+a_{2n}x_n=0\\\cdots\cdots\\a_{n1}x_1+a_{n2}x_2+\cdots+a_{nn}x_n=0\end{cases}$，系数行列式 $|\boldsymbol{A}|=0$，而 $\boldsymbol{A}$ 中某元素 a_{ij} 的代数余子式 $A_{ij}\neq0$，试证 $(A_{i1},A_{i2},\cdots,A_{in})^{\mathrm{T}}$ 是该方程组的一个基础解系.

证 $\because|\boldsymbol{A}|=0$，

$\therefore\boldsymbol{AA}^*=|\boldsymbol{A}|\boldsymbol{E}=\boldsymbol{0}$，

将 $\boldsymbol{A}^*=\begin{pmatrix}A_{11}&A_{21}&\cdots&A_{n1}\\A_{12}&A_{22}&\cdots&A_{n2}\\\cdots&\cdots&\cdots&\cdots\\A_{1n}&A_{2n}&\cdots&A_{nn}\end{pmatrix}$，按列分块 $\boldsymbol{A}^*=(\boldsymbol{\alpha}_1,\boldsymbol{\alpha}_2,\cdots,\boldsymbol{\alpha}_n)$，其中 $\boldsymbol{\alpha}_i=(A_{i1},A_{i2},\cdots,A_{in})^{\mathrm{T}}$，则 $\boldsymbol{AA}^*=\boldsymbol{A}(\boldsymbol{\alpha}_1,\boldsymbol{\alpha}_2,\cdots,\boldsymbol{\alpha}_n)=(\boldsymbol{A\alpha}_1,\boldsymbol{A\alpha}_2,\cdots,\boldsymbol{A\alpha}_n)=(\boldsymbol{0},\boldsymbol{0},\cdots,\boldsymbol{0})$ 即

$$\boldsymbol{A\alpha}_i=\boldsymbol{0}\quad(i=1,2,\cdots,n),$$

表明 $\boldsymbol{\alpha}_i$ 是齐次方程组 $\boldsymbol{Ax}=\boldsymbol{0}$ 的解.

又因为 $|\boldsymbol{A}|=0$，$A_{ij}\neq0$，即 $\boldsymbol{A}$ 存在一个 $n-1$ 阶的非零子式，所以秩 $(\boldsymbol{A})=n-1$.

故方程组 $\boldsymbol{Ax}=\boldsymbol{0}$ 的基础解系只包含有 $n-\mathrm{r}(\boldsymbol{A})=1$ 个向量，任一个非零向量解都可作为 $\boldsymbol{Ax}=\boldsymbol{0}$ 的基础解系. 由 $A_{ij}\neq0$ 知 $\boldsymbol{\alpha}_i\neq\boldsymbol{0}$，因此 $\boldsymbol{\alpha}_i=(A_{i1},A_{i2},\cdots,A_{in})^{\mathrm{T}}\neq\boldsymbol{0}$ 是 $\boldsymbol{Ax}=\boldsymbol{0}$ 的一个基础解系.

例 3 若矩阵 $\boldsymbol{A}$ 的秩为 r，其 r 个列向量为某一齐次线性方程组的一个基础解系，$\boldsymbol{B}$ 为 r 阶可逆矩阵，证明：$\boldsymbol{AB}$ 的 r 个列向量也是该齐次线性方程组的一个

基础解系.

证 令 $\boldsymbol{A}$ 为 $n\times r$ 矩阵，它的列向量记为 $\boldsymbol{A}_1, \boldsymbol{A}_2, \cdots, \boldsymbol{A}_r$；$\boldsymbol{AB}$ 的列向量记为 $\boldsymbol{\alpha}_1, \boldsymbol{\alpha}_2, \cdots, \boldsymbol{\alpha}_r$，则

$$(\boldsymbol{\alpha}_1, \boldsymbol{\alpha}_2, \cdots, \boldsymbol{\alpha}_r)=(\boldsymbol{A}_1, \boldsymbol{A}_2, \cdots, \boldsymbol{A}_r)\boldsymbol{B}, \tag{①}$$

可见，$\boldsymbol{\alpha}_1, \boldsymbol{\alpha}_2, \cdots, \boldsymbol{\alpha}_r$ 能由 $\boldsymbol{A}_1, \boldsymbol{A}_2, \cdots, \boldsymbol{A}_r$ 线性表出，若 $\boldsymbol{A}_1, \boldsymbol{A}_2, \cdots, \boldsymbol{A}_r$ 为某一齐次线性方程组的解，则 $\boldsymbol{\alpha}_1, \boldsymbol{\alpha}_2, \cdots, \boldsymbol{\alpha}_r$ 也是该齐次线性方程组的解.

又因 $\boldsymbol{B}$ 可逆，故由 ① 可得

$$(\boldsymbol{A}_1, \boldsymbol{A}_2, \cdots, \boldsymbol{A}_r)=(\boldsymbol{\alpha}_1, \boldsymbol{\alpha}_2, \cdots, \boldsymbol{\alpha}_r)\boldsymbol{B}^{-1},$$

可见 $\boldsymbol{A}_1, \boldsymbol{A}_2, \cdots, \boldsymbol{A}_r$ 能由 $\boldsymbol{\alpha}_1, \boldsymbol{\alpha}_2, \cdots, \boldsymbol{\alpha}_r$ 线性表出，因此 $\boldsymbol{\alpha}_1, \boldsymbol{\alpha}_2, \cdots, \boldsymbol{\alpha}_r$ 与 $\boldsymbol{A}_1, \boldsymbol{A}_2, \cdots, \boldsymbol{A}_r$ 等价，而 $\boldsymbol{A}_1, \boldsymbol{A}_2, \cdots, \boldsymbol{A}_r$ 为某一齐次线性方程组的基础解系，线性无关，故 $\boldsymbol{\alpha}_1, \boldsymbol{\alpha}_2, \cdots, \boldsymbol{\alpha}_r$ 也线件无关，且每个解向量可由它线性表出，从而为该齐次线性方程组的一个基础解系.

例 4 已知 $\boldsymbol{\beta}$ 是非齐次线方程组 $\boldsymbol{Ax}=\boldsymbol{b}$ 的解，$\boldsymbol{\alpha}_1, \boldsymbol{\alpha}_2, \cdots, \boldsymbol{\alpha}_s$ 是其导出组 $\boldsymbol{Ax}=\boldsymbol{0}$ 的基础解系，证明 $\boldsymbol{\beta}, \boldsymbol{\beta}+\boldsymbol{\alpha}_1, \boldsymbol{\beta}+\boldsymbol{\alpha}_2, \cdots, \boldsymbol{\beta}+\boldsymbol{\alpha}_s$ 是 $\boldsymbol{Ax}=\boldsymbol{b}$ 解向量的极大线性无关组.

证 若 $x\boldsymbol{\beta}+x_1(\boldsymbol{\beta}+\boldsymbol{\alpha}_1)+\cdots+x_s(\boldsymbol{\beta}+\boldsymbol{\alpha}_s)=\boldsymbol{0}$，重新整理为

$$\left(x+\sum_{i=1}^{s}x_i\right)\boldsymbol{\beta}+\sum_{i=1}^{s}x_i\boldsymbol{\alpha}_i=\boldsymbol{0}, \tag{①}$$

两边用矩阵 $\boldsymbol{A}$ 左乘，根据 $\boldsymbol{\alpha}_i\ (i=1, \cdots, s)$ 是解，得

$$\left(x+\sum_{i=1}^{s}x_i\right)\boldsymbol{A\beta}=\boldsymbol{0}.$$

因 $\boldsymbol{A\beta}=\boldsymbol{b}\neq\boldsymbol{0}$，故必有

$$x+\sum_{i=1}^{s}x_i=0. \tag{②}$$

把 ② 式代入 ① 式，得

$$x_1\boldsymbol{\alpha}_1+x_2\boldsymbol{\alpha}_2+\cdots+x_s\boldsymbol{\alpha}_s=\boldsymbol{0}. \tag{③}$$

因为 $\boldsymbol{\alpha}_1, \boldsymbol{\alpha}_2, \cdots, \boldsymbol{\alpha}_s$ 是基础解系，它们是线性无关的，所以

$$x_1=x_2=\cdots=x_s=0.$$

代入 ② 式得 $x=0$，从而

$$\boldsymbol{\beta}, \boldsymbol{\beta}+\boldsymbol{\alpha}_1, \boldsymbol{\beta}+\boldsymbol{\alpha}_2, \cdots, \boldsymbol{\beta}+\boldsymbol{\alpha}_s \tag{④}$$

线性无关，故 ④ 中每个向量都是方程组 $\boldsymbol{Ax}=\boldsymbol{b}$ 的解.

又因方程组的通解是 $\boldsymbol{\beta}+k_1\boldsymbol{\alpha}_1+k_2\boldsymbol{\alpha}_2+\cdots+k_s\boldsymbol{\alpha}_s$，它可用 ④ 表示为

$$(1-k_1-k_2-\cdots-k_s)\boldsymbol{\beta}+k_1(\boldsymbol{\beta}+\boldsymbol{\alpha}_1)+k_2(\boldsymbol{\beta}+\boldsymbol{\alpha}_2)+\cdots+k_s(\boldsymbol{\beta}+\boldsymbol{\alpha}_s).$$

所以，④ 就是方程组 $\boldsymbol{Ax}=\boldsymbol{b}$ 解向量的极大线性无关组.

例 5　已知 n 维向量 $\boldsymbol{\alpha}_1$，$\boldsymbol{\alpha}_2$，$\cdots$，$\boldsymbol{\alpha}_s$ 中，前 $n-1$ 个向量线性相关，后 $n-1$ 个向量线性无关. 又 $\boldsymbol{\beta}=\boldsymbol{\alpha}_1+\boldsymbol{\alpha}_2+\cdots+\boldsymbol{\alpha}_s$，矩阵 $\boldsymbol{A}=(\boldsymbol{\alpha}_1,\boldsymbol{\alpha}_2,\cdots,\boldsymbol{\alpha}_n)$ 是 n 阶矩阵. 证明方程组 $\boldsymbol{Ax}=\boldsymbol{\beta}$ 必有无穷多解，且其任一解 $(b_1,b_2,\cdots,b_n)^{\mathrm{T}}$ 中必有 $b_n=1$.

证　由于 $\boldsymbol{A}\begin{pmatrix}1\\1\\\vdots\\1\end{pmatrix}=(\boldsymbol{\alpha}_1,\boldsymbol{\alpha}_2,\cdots,\boldsymbol{\alpha}_n)\begin{pmatrix}1\\1\\\vdots\\1\end{pmatrix}=\boldsymbol{\beta}.$

所以方程组 $\boldsymbol{Ax}=\boldsymbol{\beta}$ 有解. $(1,1,\cdots,1)^{\mathrm{T}}$ 是其一个解.

因为 $\boldsymbol{\alpha}_1$，$\boldsymbol{\alpha}_2$，$\cdots$，$\boldsymbol{\alpha}_{n-1}$ 线性相关，$\boldsymbol{\alpha}_2$，$\boldsymbol{\alpha}_3$，$\cdots$，$\boldsymbol{\alpha}_n$ 线性无关，故 $\boldsymbol{\alpha}_2$，$\boldsymbol{\alpha}_3$，$\cdots$，$\boldsymbol{\alpha}_{n-1}$ 线性无关且 $\boldsymbol{\alpha}_1$ 可由 $\boldsymbol{\alpha}_2$，$\boldsymbol{\alpha}_3$，$\cdots$，$\boldsymbol{\alpha}_{n-1}$ 线性表示，那么秩 $\mathrm{r}(\boldsymbol{A})=n-1$.

于是 $\boldsymbol{Ax}=\boldsymbol{0}$ 有无穷多解，且基础解系仅含一个非零向量.

由 $\boldsymbol{\alpha}_1$，$\boldsymbol{\alpha}_2$，$\cdots$，$\boldsymbol{\alpha}_{n-1}$ 线性相关，知存在不全为零的数 l_1，l_2，$\cdots$，l_{n-1} 使

$$l_1\boldsymbol{\alpha}_1+l_2\boldsymbol{\alpha}_1+\cdots+l_{n-1}\boldsymbol{\alpha}_{n-1}=\boldsymbol{0},$$

于是 $(l_1,l_2,\cdots,l_{n-1},0)^{\mathrm{T}}$ 是 $\boldsymbol{Ax}=\boldsymbol{0}$ 的基础解系.

那么 $\boldsymbol{Ax}=\boldsymbol{\beta}$ 的通解是

$$(1,1,\cdots,1)^{\mathrm{T}}+k(l_1,l_2,\cdots,l_{n-1},0)^{\mathrm{T}},$$

所以 $\boldsymbol{Ax}=\boldsymbol{\beta}$ 的任一解中必有 $b_n=1$.

例 6　设 $\boldsymbol{A}=(a_{ij})$ 是 $m\times n$ 矩阵，$\boldsymbol{\beta}=(b_1,b_2,\cdots,b_n)$ 是 n 维行向量，如果方程组（Ⅰ）$\boldsymbol{Ax}=\boldsymbol{0}$ 的解全是方程（Ⅱ）$b_1x_1+b_2x_2+\cdots+b_nx_n=0$ 的解，证明 $\boldsymbol{\beta}$ 可用 $\boldsymbol{A}$ 的行向量 $\boldsymbol{\alpha}_1$，$\boldsymbol{\alpha}_2$，$\cdots$，$\boldsymbol{\alpha}_m$ 线性表出.

证　构造一个联立方程组

$$(\text{Ⅲ})\begin{cases}a_{11}x_1+a_{12}x_2+\cdots+a_{1n}x_n=0\\ \cdots\cdots\\ a_{m1}x_1+a_{m2}x_2+\cdots+a_{mn}x_n=0\\ b_1x_1+b_2x_2+\cdots+b_nx_n=0\end{cases}.$$

简记为 $\boldsymbol{Cx}=\boldsymbol{0}$，显然，（Ⅲ）的解必是（Ⅰ）的解，又因（Ⅰ）的解全是（Ⅱ）的解，于是（Ⅰ）的解也必全是（Ⅲ）的解，所以（Ⅰ），（Ⅲ）是同解方程组，它

们有相同的解空间.

从而 $n-\mathrm{r}(\boldsymbol{A})=n-\mathrm{r}(\boldsymbol{C})$，得到 $\mathrm{r}(\boldsymbol{A})=\mathrm{r}(\boldsymbol{C})$，即

$$\mathrm{r}(\boldsymbol{\alpha}_1,\boldsymbol{\alpha}_2,\cdots,\boldsymbol{\alpha}_m)=\mathrm{r}(\boldsymbol{\alpha}_1,\boldsymbol{\alpha}_2,\cdots,\boldsymbol{\alpha}_m,\boldsymbol{\beta}).$$

故极大线性无关组所含向量个数相等，这样 $\boldsymbol{\alpha}_1,\boldsymbol{\alpha}_2,\cdots,\boldsymbol{\alpha}_m$ 的极大线性无关组也必是 $\boldsymbol{\alpha}_1,\boldsymbol{\alpha}_2,\cdots,\boldsymbol{\alpha}_m,\boldsymbol{\beta}$ 的极大线性无关组，从而 $\boldsymbol{\beta}$ 可由 $\boldsymbol{\alpha}_1,\boldsymbol{\alpha}_2,\cdots,\boldsymbol{\alpha}_m$ 线性表出.

三、总习题三解答

1. 当 λ 取何值时，线性方程组

$$\begin{cases}(\lambda+3)x_1+x_2+2x_3=\lambda\\ \lambda x_1+(\lambda-1)x_2+x_3=\lambda\\ 3(\lambda+1)x_1+\lambda x_2+(\lambda+3)x_3=3\end{cases}$$

有唯一解、无解、无穷多解，当方程组有无穷多解时求出它的解.

解题思路 用线性方程组解的判定定理解题：

设线性方程组 $\boldsymbol{Ax}=\boldsymbol{b}$，记增广矩阵 $\widetilde{\boldsymbol{A}}=(\boldsymbol{A}\quad\boldsymbol{b})$，则有

$\mathrm{r}(\boldsymbol{A})=\mathrm{r}(\widetilde{\boldsymbol{A}})=n\Leftrightarrow\boldsymbol{Ax}=\boldsymbol{b}$ 有唯一解；

$\mathrm{r}(\boldsymbol{A})=\mathrm{r}(\widetilde{\boldsymbol{A}})<n\Leftrightarrow\boldsymbol{Ax}=\boldsymbol{b}$ 有无穷多解；

$\mathrm{r}(\boldsymbol{A})\neq\mathrm{r}(\widetilde{\boldsymbol{A}})\Leftrightarrow\boldsymbol{Ax}=\boldsymbol{b}$ 有无解.

解题过程中还常涉及行列式、向量组等知识.

解 方程组的系数行列式为 $\begin{vmatrix}\lambda+3&1&2\\ \lambda&\lambda-1&1\\ 3(\lambda+1)&\lambda&\lambda+3\end{vmatrix}=\lambda^2(\lambda-1)$，则当 $\lambda\neq0$ 且 $\lambda\neq1$ 时，方程组有唯一解.

当 $\lambda=0$ 时，方程组的增广矩阵作初等行变换：

$$\widetilde{\boldsymbol{A}}=\begin{pmatrix}3&1&2&0\\0&-1&1&0\\3&0&3&3\end{pmatrix}\xrightarrow{r_3-r_1}\begin{pmatrix}3&1&2&0\\0&-1&1&0\\0&-1&1&3\end{pmatrix}\xrightarrow{r_3-r_2}\begin{pmatrix}3&1&2&0\\0&-1&1&0\\0&0&0&3\end{pmatrix},$$

因 $\mathrm{r}(\boldsymbol{A})=2$，$\mathrm{r}(\widetilde{\boldsymbol{A}})=3$，所以方程组无解.

当 $\lambda=1$ 时，增广矩阵为

$$\widetilde{\boldsymbol{A}}=\begin{pmatrix}4&1&2&1\\1&0&1&1\\6&1&4&3\end{pmatrix}\xrightarrow[r_1\leftrightarrow r_2]{r_3-r_1}\begin{pmatrix}1&0&1&1\\4&1&2&1\\2&0&2&2\end{pmatrix}\xrightarrow[r_3-2r_1]{r_2-4r_1}\begin{pmatrix}1&0&1&1\\0&1&-2&-3\\0&0&0&0\end{pmatrix},$$

因 $\mathrm{r}(\boldsymbol{A})=\mathrm{r}(\widetilde{\boldsymbol{A}})=2<3$，所以方程组有无穷多个解，其通解为

$$\begin{cases}x_1=1-x_3\\x_2=-3+2x_3\\x_3=x_3\end{cases}，即\begin{pmatrix}x_1\\x_2\\x_3\end{pmatrix}=c\begin{pmatrix}-1\\2\\1\end{pmatrix}+\begin{pmatrix}1\\-3\\0\end{pmatrix}\quad(c\in\mathbf{R}).$$

2. 如果矩阵 $\boldsymbol{A}=\begin{pmatrix}1&2&3\\-1&3&2\\2&1&t\\-2&1&-1\end{pmatrix}$，$\boldsymbol{B}$ 是三阶非零矩阵，且 $\boldsymbol{AB}=\boldsymbol{0}$，则 $t=$ ________.

解题思路　设线性方程组 $\boldsymbol{Ax}=\boldsymbol{0}$，则有

$$\mathrm{r}(\boldsymbol{A})<n \Leftrightarrow \boldsymbol{Ax}=\boldsymbol{0}$$

有非零解.

解　应填 3.

对 $\boldsymbol{AB}=\boldsymbol{0}$，把 $\boldsymbol{B}$ 按列分块后有

$$\boldsymbol{AB}=\boldsymbol{A}(\boldsymbol{\beta}_1,\boldsymbol{\beta}_2,\boldsymbol{\beta}_3)=(\boldsymbol{A\beta}_1,\boldsymbol{A\beta}_2,\boldsymbol{A\beta}_3)=(\boldsymbol{0},\boldsymbol{0},\boldsymbol{0}).$$

可见 $\boldsymbol{B}$ 的每一列都是齐次线性方程组 $\boldsymbol{Ax}=\boldsymbol{0}$ 的解，又因 $\boldsymbol{B}\neq\boldsymbol{0}$，从而 $\boldsymbol{Ax}=\boldsymbol{0}$ 有非零解，那么 $\mathrm{r}(\boldsymbol{A})\leqslant 2$.

对 $\boldsymbol{A}$ 作初等行变换

$$\boldsymbol{A}\rightarrow\begin{pmatrix}1&2&3\\0&5&5\\0&-3&t-6\\0&5&5\end{pmatrix}\rightarrow\begin{pmatrix}1&2&3\\0&1&1\\0&0&t-3\\0&0&0\end{pmatrix},$$

当且仅当 $t=3$，$\mathrm{r}(\boldsymbol{A})\leqslant 2$，所以应填 $t=3$.

3. 写出一个以

$$\boldsymbol{x}=c_1\begin{pmatrix}2\\-3\\1\\0\end{pmatrix}+c_2\begin{pmatrix}-2\\4\\0\\1\end{pmatrix}\quad(c_1,c_2\in\mathbf{R})\qquad(*)$$

为全部解的齐次线性方程组.

解题思路　运用齐次线性方程组解的结构定理，消去已知表达式中的参数 c_1，c_2，即所求方程组.

解 把（*）式改写为

$$\begin{pmatrix}x_1\\x_2\\x_3\\x_4\end{pmatrix}=\begin{pmatrix}2c_1-2c_2\\-3c_1+4c_2\\c_1\\c_2\end{pmatrix}\xlongequal[c_2=x_4\text{ 代入}]{\text{以 }c_1=x_3\text{、}}\begin{pmatrix}2x_3-2x_4\\-3x_3+4x_4\\x_3\\x_4\end{pmatrix},$$

由此知所求方程组有 2 个自由未知数 x_3、x_4，且对应的方程组为

$$\begin{cases}x_1=2x_3-2x_4\\x_2=-3x_3+4x_4\end{cases},$$

即$\begin{cases}x_1-2x_3+2x_4=0\\x_2+3x_3-4x_4=0\end{cases}$，它以（*）式为全部解.

注：有无限多个齐次方程组以（*）式为全部解表示式，这里给出最简单的一个，即系数矩阵为行最简形.

4. 设有向量 $\boldsymbol{\alpha}_1=\begin{pmatrix}1\\4\\0\\2\end{pmatrix}$，$\boldsymbol{\alpha}_2=\begin{pmatrix}2\\7\\1\\3\end{pmatrix}$，$\boldsymbol{\alpha}_3=\begin{pmatrix}0\\1\\-1\\a\end{pmatrix}$，$\boldsymbol{\beta}=\begin{pmatrix}3\\10\\b\\4\end{pmatrix}$. 试问当 a，b 为何值时，

解题思路 设给定向量 $\boldsymbol{\beta}$ 和向量组 $\boldsymbol{A}$：$\boldsymbol{\alpha}_1$，$\boldsymbol{\alpha}_2$，…，$\boldsymbol{\alpha}_m$，讨论 $\boldsymbol{\beta}$ 是否可用向量组 $\boldsymbol{A}$ 线性表示，可采用如下方法：

a. 令 $\boldsymbol{\beta}=x_1\boldsymbol{\alpha}_1+x_2\boldsymbol{\alpha}_2+\cdots+x_s\boldsymbol{\alpha}_s$，则向量 $\boldsymbol{\beta}$ 是否可由向量组 $\boldsymbol{A}$ 线性表示的问题转化为分别以 $\boldsymbol{\alpha}_1$，$\boldsymbol{\alpha}_2$，…，$\boldsymbol{\alpha}_m$ 和 $\boldsymbol{\beta}$ 的分量为系数矩阵和非齐次项的方程组是否有解的问题，有解则线性表示成立，且当解唯一时表示法也唯一，无解则线性表示不成立.

b. 若 $\boldsymbol{\alpha}_1$，$\boldsymbol{\alpha}_2$，…，$\boldsymbol{\alpha}_m$ 线性无关，而 $\boldsymbol{\alpha}_1$，$\boldsymbol{\alpha}_2$，…，$\boldsymbol{\alpha}_m$，$\boldsymbol{\beta}$ 线性相关，则 $\boldsymbol{\beta}$ 可由向量组 $\boldsymbol{A}$ 线性表示.

c. 利用矩阵 $\boldsymbol{A}$ 与矩阵 $(\boldsymbol{A},\boldsymbol{\beta})$ 的秩进行判定.

(1) $\boldsymbol{\beta}$ 不能由 $\boldsymbol{\alpha}_1$，$\boldsymbol{\alpha}_2$，$\boldsymbol{\alpha}_3$ 线性表示？

解 作初等行变换，得

$$(\boldsymbol{\alpha}_1\ \ \boldsymbol{\alpha}_2\ \ \boldsymbol{\alpha}_3\ \vdots\ \boldsymbol{\beta})\rightarrow\left(\begin{array}{ccc:c}1&2&0&3\\0&-1&1&-2\\0&0&a-1&0\\0&0&0&b-2\end{array}\right),$$

当 $b\neq 2$ 时，$\boldsymbol{\beta}$ 不能由 $\boldsymbol{\alpha}_1$，$\boldsymbol{\alpha}_2$，$\boldsymbol{\alpha}_3$ 线性表示.

(2) $\boldsymbol{\beta}$ 可由 $\boldsymbol{\alpha}_1$，$\boldsymbol{\alpha}_2$，$\boldsymbol{\alpha}_3$ 线性表示？并写出该表达式.

解　作初等行变换，得

$$(\boldsymbol{\alpha}_1\quad \boldsymbol{\alpha}_2\quad \boldsymbol{\alpha}_3 \ \vdots\ \boldsymbol{\beta})\rightarrow\left(\begin{array}{ccc:c}1 & 2 & 0 & 3\\ 0 & -1 & 1 & -2\\ 0 & 0 & a-1 & 0\\ 0 & 0 & 0 & b-2\end{array}\right),$$

当 $b=2$，$a\neq 1$ 时，$\boldsymbol{\beta}$ 可由 $\boldsymbol{\alpha}_1$，$\boldsymbol{\alpha}_2$，$\boldsymbol{\alpha}_3$ 唯一地线性表示，且

$$\boldsymbol{\beta}=-\boldsymbol{\alpha}_1+2\boldsymbol{\alpha}_2.$$

当 $b=2$，$a=1$ 时，$\boldsymbol{\beta}$ 可由 $\boldsymbol{\alpha}_1$，$\boldsymbol{\alpha}_2$，$\boldsymbol{\alpha}_3$ 线性表示，但表达式不唯一，表达式为

$$\boldsymbol{\beta}=-(2k+1)\boldsymbol{\alpha}_1+(k+2)\boldsymbol{\alpha}_2+k\boldsymbol{\alpha}_3,$$

其中 k 为任意常数.

5. 已知向量组

$$\boldsymbol{\alpha}_1=(1,1,2,1)^{\mathrm{T}},\ \boldsymbol{\alpha}_2=(1,0,0,2)^{\mathrm{T}},\ \boldsymbol{\alpha}_3=(-1,-4,-8,k)^{\mathrm{T}}$$

线性相关，求 k.

解题思路　(1) 利用矩阵的秩判别：设有 m 个 n 维列向量 $\boldsymbol{a}_1$，$\boldsymbol{a}_2$，…，$\boldsymbol{a}_m$，记

$$\boldsymbol{A}=(\boldsymbol{a}_1,\boldsymbol{a}_2,\cdots,\boldsymbol{a}_m),$$

则可用矩阵 $\boldsymbol{A}$ 的秩判别向量组 $\boldsymbol{a}_1$，$\boldsymbol{a}_2$，…，$\boldsymbol{a}_m$ 的线性相关性.

(2) 利用行列式判别：若向量组的个数与维数相同，即有 n 维列向量组：$\boldsymbol{a}_1$，$\boldsymbol{a}_2$，…，$\boldsymbol{a}_n$，令 $\boldsymbol{A}=(\boldsymbol{a}_1,\boldsymbol{a}_2,\cdots,\boldsymbol{a}_n)$，$\boldsymbol{A}$ 为方阵，则 $|\boldsymbol{A}|=\mathbf{0}$ 时，该向量组线性相关，否则，该向量组线性无关；对 m 个 n 维列向量的情形（$m<n$），可通过减少向量的分量转化为 m 个 m 维列向量组的情形来判定.

解　方法一　用矩阵的秩讨论.

$$\boldsymbol{A}=\begin{pmatrix}1 & 1 & -1\\ 1 & 0 & -4\\ 2 & 0 & -8\\ 1 & 2 & k\end{pmatrix}\rightarrow\begin{pmatrix}1 & 1 & -1\\ 0 & -1 & -3\\ 0 & -2 & -6\\ 0 & 1 & k+1\end{pmatrix}\rightarrow\begin{pmatrix}1 & 1 & -1\\ 0 & -1 & -3\\ 0 & 1 & k-2\\ 0 & 0 & 0\end{pmatrix},$$

可见，当 $k=2$ 时，秩 $(\boldsymbol{A})=2<3$，这时向量组 $\boldsymbol{\alpha}_1$，$\boldsymbol{\alpha}_2$，$\boldsymbol{\alpha}_3$ 才是线性相关的.

方法二　用行列式讨论.

取 $\boldsymbol{\alpha}_1$，$\boldsymbol{\alpha}_2$，$\boldsymbol{\alpha}_3$ 的第 1，2，4 个分量构成向量组

$$\tilde{\boldsymbol{\alpha}}_1=(1,1,1)^{\mathrm{T}},\ \tilde{\boldsymbol{\alpha}}_2=(1,0,2)^{\mathrm{T}},\ \tilde{\boldsymbol{\alpha}}_3=(-1,-4,k)^{\mathrm{T}},$$

则必有$|(\tilde{\boldsymbol{\alpha}}_1,\tilde{\boldsymbol{\alpha}}_2,\tilde{\boldsymbol{\alpha}}_3)|=\begin{vmatrix}1&1&-1\\1&0&-4\\1&2&k\end{vmatrix}=-k+2=0$（否则，添加分量后$\boldsymbol{\alpha}_1$，$\boldsymbol{\alpha}_2$，$\boldsymbol{\alpha}_3$线性无关），所以

$$k=2.$$

6. 设$\boldsymbol{\beta}_1=\boldsymbol{\alpha}_1+\boldsymbol{\alpha}_2$，$\boldsymbol{\beta}_2=\boldsymbol{\alpha}_2+\boldsymbol{\alpha}_3$，$\boldsymbol{\beta}_3=\boldsymbol{\alpha}_3+\boldsymbol{\alpha}_4$，$\boldsymbol{\beta}_4=\boldsymbol{\alpha}_4+\boldsymbol{\alpha}_1$，证明向量组$\boldsymbol{\beta}_1$，$\boldsymbol{\beta}_2$，$\boldsymbol{\beta}_3$，$\boldsymbol{\beta}_4$线性相关.

证明思路 利用定义判别：是判别向量组线性相关的基本方法，既适用于分量已具体给出的向量组，又适用于分量中含有待定参数的向量组.

证 设有x_1，x_2，x_3，x_4使得$x_1\boldsymbol{\beta}_1+x_2\boldsymbol{\beta}_2+x_3\boldsymbol{\beta}_3+x_4\boldsymbol{\beta}_4=\mathbf{0}$，

则
$$x_1(\boldsymbol{\alpha}_1+\boldsymbol{\alpha}_2)+x_2(\boldsymbol{\alpha}_2+\boldsymbol{\alpha}_3)+x_3(\boldsymbol{\alpha}_3+\boldsymbol{\alpha}_4)+x_4(\boldsymbol{\alpha}_4+\boldsymbol{\alpha}_1)=\mathbf{0},$$
$$(x_1+x_4)\boldsymbol{\alpha}_1+(x_1+x_2)\boldsymbol{\alpha}_2+(x_2+x_3)\boldsymbol{\alpha}_3+(x_3+x_4)\boldsymbol{\alpha}_4=\mathbf{0}.$$

(1) 若$\boldsymbol{\alpha}_1$，$\boldsymbol{\alpha}_2$，$\boldsymbol{\alpha}_3$，$\boldsymbol{\alpha}_4$线性相关，则存在不全为零的数k_1，k_2，k_3，k_4，

$$k_1=x_1+x_4,\quad k_2=x_1+x_2,\quad k_3=x_2+x_3,\quad k_4=x_3+x_4,$$

由k_1，k_2，k_3，k_4不全为零，知x_1，x_2，x_3，x_4不全为零，即$\boldsymbol{\beta}_1$，$\boldsymbol{\beta}_2$，$\boldsymbol{\beta}_3$，$\boldsymbol{\beta}_4$线性相关.

(2) 若$\boldsymbol{\alpha}_1$，$\boldsymbol{\alpha}_2$，$\boldsymbol{\alpha}_3$，$\boldsymbol{\alpha}_4$线性无关，则

$$\begin{cases}x_1+x_4=0\\x_1+x_2=0\\x_2+x_3=0\\x_3+x_4=0\end{cases}\Rightarrow\begin{pmatrix}1&0&0&1\\1&1&0&0\\0&1&1&0\\0&0&1&1\end{pmatrix}\begin{pmatrix}x_1\\x_2\\x_3\\x_4\end{pmatrix}=\mathbf{0}.$$

由$\begin{vmatrix}1&0&0&1\\1&1&0&0\\0&1&1&0\\0&0&1&1\end{vmatrix}=0$，知此齐次方程组存在非零解，则$\boldsymbol{\beta}_1$，$\boldsymbol{\beta}_2$，$\boldsymbol{\beta}_3$，$\boldsymbol{\beta}_4$线性相关.

综合得证.

7. 设向量组$\boldsymbol{\alpha}_1$，$\boldsymbol{\alpha}_2$，$\boldsymbol{\alpha}_3$线性无关，已知

$$\boldsymbol{\beta}_1=k_1\boldsymbol{\alpha}_1+\boldsymbol{\alpha}_2+k_1\boldsymbol{\alpha}_3,\ \boldsymbol{\beta}_2=\boldsymbol{\alpha}_1+k_2\boldsymbol{\alpha}_2+(k_2+1)\boldsymbol{\alpha}_3,\ \boldsymbol{\beta}_3=\boldsymbol{\alpha}_1+\boldsymbol{\alpha}_2+\boldsymbol{\alpha}_3,$$

试问当k_1，k_2为何值时，$\boldsymbol{\beta}_1$，$\boldsymbol{\beta}_2$，$\boldsymbol{\beta}_3$线性相关？线性无关？

解题思路　利用行列式判别线性相关.

解　不妨设 $\boldsymbol{\alpha}_1, \boldsymbol{\alpha}_2, \boldsymbol{\alpha}_3, \boldsymbol{\beta}_1, \boldsymbol{\beta}_2, \boldsymbol{\beta}_3$ 均为列向量. 由条件知,

$$(\boldsymbol{\beta}_1 \quad \boldsymbol{\beta}_2 \quad \boldsymbol{\beta}_3)=(\boldsymbol{\alpha}_1 \quad \boldsymbol{\alpha}_2 \quad \boldsymbol{\alpha}_3)\begin{pmatrix} k_1 & 1 & 1 \\ 1 & k_2 & 1 \\ k_1 & k_2+1 & 1 \end{pmatrix}.$$

令矩阵 $\boldsymbol{A}=(\boldsymbol{\alpha}_1 \quad \boldsymbol{\alpha}_2 \quad \boldsymbol{\alpha}_3)$, $\boldsymbol{B}=(\boldsymbol{\beta}_1 \quad \boldsymbol{\beta}_2 \quad \boldsymbol{\beta}_3)$, $\boldsymbol{P}=\begin{pmatrix} k_1 & 1 & 1 \\ 1 & k_2 & 1 \\ k_1 & k_2+1 & 1 \end{pmatrix}$.

于是, 有 $\boldsymbol{B}=\boldsymbol{AP}$. 由于 $\boldsymbol{\alpha}_1, \boldsymbol{\alpha}_2, \boldsymbol{\alpha}_3$ 线性无关, 则 $\mathrm{r}(\boldsymbol{A})=3$.

而 $|\boldsymbol{P}|=(1-k_1)k_2$, 故当 $k_1\neq 1$ 且 $k_2\neq 0$ 时, $\mathrm{r}(\boldsymbol{B})=3$, $\boldsymbol{\beta}_1, \boldsymbol{\beta}_2, \boldsymbol{\beta}_3$ 线性无关; 当 $k_1=1$ 或 $k_2=0$ 时, $\mathrm{r}(\boldsymbol{B})<3$, $\boldsymbol{\beta}_1, \boldsymbol{\beta}_2, \boldsymbol{\beta}_3$ 线性相关.

8. 设 $\boldsymbol{A}$ 是 $n\times m$ 矩阵, $\boldsymbol{B}$ 是 $m\times n$ 矩阵, 其中 $n<m$, $\boldsymbol{E}$ 是 n 阶单位矩阵, 若 $\boldsymbol{AB}=\boldsymbol{E}$, 证明: $\boldsymbol{B}$ 的列向量组线性无关.

证　方法一　用定义证明.

设 $\boldsymbol{B}=(\boldsymbol{b}_1, \boldsymbol{b}_2, \cdots, \boldsymbol{b}_n)$, 其中 $\boldsymbol{b}_i\,(i=1, 2, \cdots, n)$ 是 $\boldsymbol{B}$ 的第 i 个列向量, 若

$$k_1\boldsymbol{b}_1+k_2\boldsymbol{b}_2+\cdots+k_n\boldsymbol{b}_n=\boldsymbol{0},$$

即
$$(\boldsymbol{b}_1, \boldsymbol{b}_2, \cdots, \boldsymbol{b}_n)\begin{pmatrix} k_1 \\ k_2 \\ \vdots \\ k_n \end{pmatrix}=\boldsymbol{B}\begin{pmatrix} k_1 \\ k_2 \\ \vdots \\ k_n \end{pmatrix}=\boldsymbol{0},$$

上式两边乘 $\boldsymbol{A}$, 得
$$\boldsymbol{AB}\begin{pmatrix} k_1 \\ k_2 \\ \vdots \\ k_n \end{pmatrix}=\boldsymbol{E}\begin{pmatrix} k_1 \\ k_2 \\ \vdots \\ k_n \end{pmatrix}=\begin{pmatrix} k_1 \\ k_2 \\ \vdots \\ k_n \end{pmatrix}=\boldsymbol{0},$$

即 $k_1=k_2=\cdots=k_n=0$, 所以 $\boldsymbol{b}_1, \boldsymbol{b}_2, \cdots, \boldsymbol{b}_n$ 线性无关. 即 $\boldsymbol{B}$ 的列向量组线性无关.

方法二　利用矩阵的秩证明.

因为秩 $(\boldsymbol{B})\leqslant\min\{m, n\}\leqslant n$, 又

$$秩\,(\boldsymbol{B})\geqslant 秩\,(\boldsymbol{AB})=秩\,(\boldsymbol{E})=n,$$

故秩 $(\boldsymbol{B})=n$, 所以 $\boldsymbol{B}$ 的列向量组线性无关.

方法三　转化为齐次线性方程组进行判定.

设 $\boldsymbol{x}$ 为 $\boldsymbol{Bx}=\boldsymbol{0}$ 的任一解向量, 则由

$$\boldsymbol{ABx}=\boldsymbol{A}\cdot\boldsymbol{0}=\boldsymbol{0},$$

知 $\boldsymbol{Ex}=\boldsymbol{x}=\boldsymbol{0}$，即必有 $\boldsymbol{x}=\boldsymbol{0}$，说明 $\boldsymbol{Bx}=\boldsymbol{0}$ 只有零解，所以秩 $(\boldsymbol{B})=n$，即 $\boldsymbol{B}$ 的列向量组线性无关.

9. 设 $\boldsymbol{\alpha}_1, \boldsymbol{\alpha}_2, \cdots, \boldsymbol{\alpha}_r$ 线性相关，证明：存在不全为零的数 $t_1, t_2, \cdots, t_r$，使对任何向量 $\boldsymbol{\beta}$ 都有 $\boldsymbol{\alpha}_1+t_1\boldsymbol{\beta}, \boldsymbol{\alpha}_2+t_2\boldsymbol{\beta}, \cdots, \boldsymbol{\alpha}_r+t_r\boldsymbol{\beta}(r\geqslant 2)$ 线性相关.

证明思路 利用线性相关的定义证明.

证 因为 $\boldsymbol{\alpha}_1, \boldsymbol{\alpha}_2, \cdots, \boldsymbol{\alpha}_r$ 线性相关，所以存在不全为零的数 $k_1, k_2, \cdots, k_r$，使

$$k_1\boldsymbol{\alpha}_1+k_2\boldsymbol{\alpha}_2+\cdots+k_r\boldsymbol{\alpha}_r=\boldsymbol{0}.$$

考虑线性方程 $k_1x_1+k_2x_2+\cdots+k_rx_r=0$，因为 $r\geqslant 2$，故它必有非零解.

设 $(t_1, t_2, \cdots, t_r)$ 为任一非零解，则对任意向量 $\boldsymbol{\beta}$，都有

$$k_1\boldsymbol{\alpha}_1+k_2\boldsymbol{\alpha}_2+\cdots+k_r\boldsymbol{\alpha}_r+(k_1t_1+k_2t_2+\cdots+k_rt_r)\boldsymbol{\beta}=\boldsymbol{0},$$
$$k_1(\boldsymbol{\alpha}_1+t_1\boldsymbol{\beta})+k_2(\boldsymbol{\alpha}_2+t_2\boldsymbol{\beta})+\cdots+k_r(\boldsymbol{\alpha}_r+t_r\boldsymbol{\beta})=\boldsymbol{0}.$$

由 $k_1, k_2, \cdots, k_r$ 不全为零知 $\boldsymbol{\alpha}_1+t_1\boldsymbol{\beta}, \boldsymbol{\alpha}_2+t_2\boldsymbol{\beta}, \cdots, \boldsymbol{\alpha}_r+t_r\boldsymbol{\beta}$ 线性相关.

10. 已知 $\boldsymbol{\alpha}_1=(2, 3, 4, 5)^{\mathrm{T}}, \boldsymbol{\alpha}_2=(3, 4, 5, 6)^{\mathrm{T}}, \boldsymbol{\alpha}_3=(4, 5, 6, 7)^{\mathrm{T}}, \boldsymbol{\alpha}_4=(5, 6, 7, 8)^{\mathrm{T}}$，则 $\mathrm{r}(\boldsymbol{\alpha}_1, \boldsymbol{\alpha}_2, \boldsymbol{\alpha}_3, \boldsymbol{\alpha}_4)=$______.

解题思路 把向量组求秩转化为矩阵求秩.

解 应填 2.

$$\begin{pmatrix}2&3&4&5\\3&4&5&6\\4&5&6&7\\5&6&7&8\end{pmatrix}\to\begin{pmatrix}-1&-1&-1&-1\\-1&-1&-1&-1\\-1&-1&-1&-1\\5&6&7&8\end{pmatrix}\to\begin{pmatrix}-1&-1&-1&-1\\0&1&2&3\\0&0&0&0\\0&0&0&0\end{pmatrix},$$

可见 $\mathrm{r}(\boldsymbol{\alpha}_1, \boldsymbol{\alpha}_2, \boldsymbol{\alpha}_3, \boldsymbol{\alpha}_4)=2$.

11. 设向量组 $\boldsymbol{\alpha}_1, \boldsymbol{\alpha}_2, \cdots, \boldsymbol{\alpha}_t$ 是齐次方程组 $\boldsymbol{Ax}=\boldsymbol{0}$ 的一个基础解系，向量 $\boldsymbol{\beta}$ 不是方程 $\boldsymbol{Ax}=\boldsymbol{0}$ 的解，即 $\boldsymbol{A\beta}\neq\boldsymbol{0}$，试证明：向量 $\boldsymbol{\beta}, \boldsymbol{\beta}+\boldsymbol{\alpha}_1, \boldsymbol{\beta}+\boldsymbol{\alpha}_2, \cdots, \boldsymbol{\beta}+\boldsymbol{\alpha}_t$ 线性无关.

证 用定义法证明. 设有一组数 $k, k_1, k_2, \cdots, k_t$ 使得

$$k\boldsymbol{\beta}+k_1(\boldsymbol{\beta}+\boldsymbol{\alpha}_1)+\cdots+k_t(\boldsymbol{\beta}+\boldsymbol{\alpha}_t)=\boldsymbol{0},$$

即
$$(k+k_1+\cdots+k_t)\boldsymbol{\beta}+k_1\boldsymbol{\alpha}_1+\cdots+k_t\boldsymbol{\alpha}_t=\boldsymbol{0}, \tag{$*$}$$

上式两边同时左乘矩阵 $\boldsymbol{A}$，有

$$(k+k_1+\cdots+k_t)\boldsymbol{A\beta}+k_1\boldsymbol{A\alpha}_1+\cdots+k_t\boldsymbol{A\alpha}_t=\boldsymbol{0},$$

由于 $\boldsymbol{A\alpha}_j=\boldsymbol{0}(j=1, 2, \cdots, t)$，于是 $(k+k_1+\cdots+k_t)\boldsymbol{A\beta}=\boldsymbol{0}$，因为 $\boldsymbol{A\beta}\neq\boldsymbol{0}$，故

$$k+k_1+\cdots+k_t=0, \tag{**}$$

从而由（*）式得　$k_1\boldsymbol{\alpha}_1+k_2\boldsymbol{\alpha}_2+\cdots+k_t\boldsymbol{\alpha}_t=\boldsymbol{0}$，

由于向量组 $\boldsymbol{\alpha}_1, \boldsymbol{\alpha}_2, \cdots, \boldsymbol{\alpha}_t$ 是基础解系，所以 $\boldsymbol{\alpha}_1, \boldsymbol{\alpha}_2, \cdots, \boldsymbol{\alpha}_t$ 线性无关，于是有

$$k_1=k_2=\cdots=k_t=0.$$

再由（**）式得　$k=0$.

因此向量组 $\boldsymbol{\beta}, \boldsymbol{\beta}+\boldsymbol{\alpha}_1, \cdots, \boldsymbol{\beta}+\boldsymbol{\alpha}_t$ 线性无关.

12. 设 $\boldsymbol{A}$ 为 4×3 矩阵，$\boldsymbol{B}$ 为 3×3 矩阵，且 $\boldsymbol{AB}=\boldsymbol{O}$，其中

$$\boldsymbol{A}=\begin{pmatrix}1 & 1 & -1\\ 1 & 2 & 1\\ 2 & 3 & 0\\ 0 & -1 & -2\end{pmatrix},$$

证明 $\boldsymbol{B}$ 的列向量组线性相关.

证明思路　齐次线性方程组的解向量组的相关性判别：设 $\boldsymbol{a}_1, \boldsymbol{a}_2, \cdots, \boldsymbol{a}_m$ 为 $\boldsymbol{Ax}=\boldsymbol{0}$ 的解向量，且向量的个数大于基础解系所含向量的个数，则此向量组线性相关.

证　方法一　设 $\boldsymbol{B}=(\boldsymbol{b}_1, \boldsymbol{b}_2, \boldsymbol{b}_3)$，其中 $\boldsymbol{b}_1, \boldsymbol{b}_2, \boldsymbol{b}_3$ 为 $\boldsymbol{B}$ 的三个列向量，由 $\boldsymbol{AB}=\boldsymbol{A}(\boldsymbol{b}_1, \boldsymbol{b}_2, \boldsymbol{b}_3)$，即 $\boldsymbol{b}_j\ (j=1, 2, 3)$ 均为 $\boldsymbol{Ax}=\boldsymbol{0}$ 的解，而 $\boldsymbol{Ax}=\boldsymbol{0}$ 的基础解系所包含解向量的个数为

$$3-\mathrm{r}(\boldsymbol{A})=1<3,$$

故 $\boldsymbol{b}_1, \boldsymbol{b}_2, \boldsymbol{b}_3$ 必线性相关，即 $\boldsymbol{B}$ 的列向量组线性相关.

方法二　利用矩阵的秩.

由 $\boldsymbol{AB}=\boldsymbol{0}$ 知 $\mathrm{r}(\boldsymbol{A})+\mathrm{r}(\boldsymbol{B})\leqslant3$. 又 $\mathrm{r}(\boldsymbol{A})=2$，所以 $\mathrm{r}(\boldsymbol{B})\leqslant3-2=1$，故 $\boldsymbol{B}$ 的三个列向量一定线性相关.

13. 求向量组

$$\boldsymbol{\alpha}_1=(1, 1, 4, 2)^{\mathrm{T}}, \boldsymbol{\alpha}_2=(1, -1, -2, 4)^{\mathrm{T}},$$
$$\boldsymbol{\alpha}_3=(-3, 2, 3, -11)^{\mathrm{T}}, \boldsymbol{\alpha}_4=(1, 3, 10, 0)^{\mathrm{T}}$$

的一个极大线性无关组.

解题思路　求向量组的极大无关组的方法有：

a. 初等行变换法：是求向量组的极大无关组的基本方法.

b. 定义法：因要列举向量组中所有线性无关部分组情形进行讨论，一般只

对向量个数较少的向量组或某些证明题才使用.

c. 利用等价性：若某向量组的一个极大无关组由某 r 个向量组成，则此向量组中任意 r 个线性无关的部分组都是极大无关组.

解 方法一 把行向量组成矩阵，用初等行变换化成阶梯形，有

$$\begin{pmatrix}1&1&4&2\\1&-1&-2&4\\-3&2&3&-11\\1&3&10&0\end{pmatrix}\xrightarrow[r_4-r_1]{\substack{r_2-r_1\\r_3+3r_1}}\begin{pmatrix}1&1&4&2\\0&-2&-6&2\\0&5&15&-5\\0&2&6&-2\end{pmatrix}$$

$$\xrightarrow[\frac{1}{2}r_2,\ \frac{1}{5}r_3]{r_4+r_2}\begin{pmatrix}1&1&4&2\\0&-1&-3&1\\0&1&3&-1\\0&0&0&0\end{pmatrix}\xrightarrow{r_3+r_2}\begin{pmatrix}1&1&4&2\\0&-1&-3&1\\0&0&0&0\\0&0&0&0\end{pmatrix}.$$

所以 $\boldsymbol{\alpha}_1$，$\boldsymbol{\alpha}_2$ 是一个极大线性无关组.

方法二 把 $\boldsymbol{\alpha}_i$ 写成列向量，构成矩阵 $\boldsymbol{A}$，再作初等行变换化 $\boldsymbol{A}$ 为阶梯形，即

$$\begin{pmatrix}1&1&-3&1\\1&-1&2&3\\4&-2&3&10\\2&4&-11&0\end{pmatrix}\to\begin{pmatrix}1&1&-3&1\\0&-2&5&2\\0&-6&15&6\\0&2&-5&-2\end{pmatrix}\to\begin{pmatrix}1&1&-3&1\\0&-2&5&2\\0&0&0&0\\0&0&0&0\end{pmatrix},$$

那么阶梯形矩阵中每一行第一个非零元所在的列对应的列向量 $\boldsymbol{\alpha}_1$，$\boldsymbol{\alpha}_2$ 就是极大线性无关组.

方法三 由 $\boldsymbol{\alpha}_1\neq\boldsymbol{0}$，所以线性无关.

考察 $\boldsymbol{\alpha}_1$，$\boldsymbol{\alpha}_2$，现 $\boldsymbol{\alpha}_2\neq k\boldsymbol{\alpha}_1$，可知 $\boldsymbol{\alpha}_1$，$\boldsymbol{\alpha}_2$ 线性无关；再考察 $\boldsymbol{\alpha}_1$，$\boldsymbol{\alpha}_2$，$\boldsymbol{\alpha}_3$，对于方程

$$x_1\boldsymbol{\alpha}_1+x_2\boldsymbol{\alpha}_2+x_3\boldsymbol{\alpha}_3=\boldsymbol{0},$$

现有非零解，例如 $\boldsymbol{\alpha}_1+5\boldsymbol{\alpha}_2+2\boldsymbol{\alpha}_3=\boldsymbol{0}$，故 $\boldsymbol{\alpha}_1$，$\boldsymbol{\alpha}_2$，$\boldsymbol{\alpha}_3$ 线性相关，在极大线性无关组中应去掉 $\boldsymbol{\alpha}_3$.

最后看 $\boldsymbol{\alpha}_1$，$\boldsymbol{\alpha}_2$，$\boldsymbol{\alpha}_4$，因为 $2\boldsymbol{\alpha}_1-\boldsymbol{\alpha}_2-\boldsymbol{\alpha}_4=\boldsymbol{0}$，所以添加 $\boldsymbol{\alpha}_4$ 后仍线性相关，因此极大线性无关组是 $\boldsymbol{\alpha}_1$，$\boldsymbol{\alpha}_2$.

14. 设向量组 $\boldsymbol{\alpha}_1$，$\boldsymbol{\alpha}_2$，…，$\boldsymbol{\alpha}_s$ 的秩是 r，证明其中任意选取 m 个向量所构成的向量组的秩 $\geqslant r+m-s$.

证明思路 利用向量组的等价性求秩：通过求出与之等价的向量组的秩，从而得到原向量组的秩.

证 在 $\boldsymbol{\alpha}_1$，$\boldsymbol{\alpha}_2$，…，$\boldsymbol{\alpha}_s$ 中任取 m 个向量，设其秩是 q，且 $\boldsymbol{\alpha}_{i_1}$，$\boldsymbol{\alpha}_{i_2}$，…，$\boldsymbol{\alpha}_{i_q}$ 是

其极大线性无关组. 由于 $r(\boldsymbol{\alpha}_1, \boldsymbol{\alpha}_2, \cdots, \boldsymbol{\alpha}_s)=r$，因此对 $\boldsymbol{\alpha}_{i_1}, \boldsymbol{\alpha}_{i_2}, \cdots, \boldsymbol{\alpha}_{i_q}$ 可再扩充$r-q$个向量使之成为 $\boldsymbol{\alpha}_1, \boldsymbol{\alpha}_2, \cdots, \boldsymbol{\alpha}_s$ 的极大线性无关组，而这 $r-q$ 个向量只能取自这 m 个向量之外，故

$$r-q\leqslant s-m,$$

即 $$q\geqslant r+m-s.$$

15. 设向量组 $\boldsymbol{A}$: $\boldsymbol{\alpha}_1, \boldsymbol{\alpha}_2, \cdots, \boldsymbol{\alpha}_s$ 的秩为 r_1，向量组 $\boldsymbol{B}$: $\boldsymbol{\beta}_1, \boldsymbol{\beta}_2, \cdots, \boldsymbol{\beta}_t$ 的秩为 r_2，向量组 $\boldsymbol{C}$: $\boldsymbol{\alpha}_1, \boldsymbol{\alpha}_2, \cdots, \boldsymbol{\alpha}_s, \boldsymbol{\beta}_1, \boldsymbol{\beta}_2, \cdots, \boldsymbol{\beta}_r$ 的秩 r_3，证明 $\max\{r_1, r_2\}\leqslant r_3\leqslant r_1+r_2$.

证明思路　利用向量组的等价性求秩：通过求出与之等价的向量组的秩，从而得到原向量组的秩.

证　设 $\boldsymbol{A}, \boldsymbol{B}, \boldsymbol{C}$ 的极大线性无关组分别为 $\boldsymbol{A}', \boldsymbol{B}', \boldsymbol{C}'$，含有的向量个数（秩）分别为 r_1, r_2, r_3，则 $\boldsymbol{A}, \boldsymbol{B}, \boldsymbol{C}$ 分别与 $\boldsymbol{A}', \boldsymbol{B}', \boldsymbol{C}'$ 等价，易知 $\boldsymbol{A}, \boldsymbol{B}$ 均可由 $\boldsymbol{C}$ 线性表示，则

$$\text{秩}(\boldsymbol{C})\geqslant\text{秩}(\boldsymbol{A}),\ \text{秩}(\boldsymbol{C})\geqslant\text{秩}(\boldsymbol{B}),$$

即 $$\max\{r_1, r_2\}\leqslant r_3.$$

设 $\boldsymbol{A}'$ 与 $\boldsymbol{B}'$ 中的向量共同构成向量组 $\boldsymbol{D}$，则 $\boldsymbol{A}, \boldsymbol{B}$ 均可由 $\boldsymbol{D}$ 线性表示，即 $\boldsymbol{C}$ 可由 $\boldsymbol{D}$ 线性表示，从而 $\boldsymbol{C}'$ 可由 $\boldsymbol{D}$ 线性表示，所以秩 $(\boldsymbol{C}')\leqslant$秩 $(\boldsymbol{D})$，$\boldsymbol{D}$ 为 r_1+r_2 阶矩阵，所以

$$\text{秩}(\boldsymbol{D})\leqslant r_1+r_2,$$

即 $$r_1\leqslant r_1+r_2.$$

16. 设向量组 $\boldsymbol{A}$: $\boldsymbol{\alpha}_1, \boldsymbol{\alpha}_2, \boldsymbol{\alpha}_3$；向量组 $\boldsymbol{B}$: $\boldsymbol{\alpha}_1, \boldsymbol{\alpha}_2, \boldsymbol{\alpha}_3, \boldsymbol{\alpha}_4$；向量组 $\boldsymbol{C}$: $\boldsymbol{\alpha}_1, \boldsymbol{\alpha}_2, \boldsymbol{\alpha}_3, \boldsymbol{\alpha}_5$，若

$$r(\boldsymbol{\alpha}_1, \boldsymbol{\alpha}_2, \boldsymbol{\alpha}_3)=r(\boldsymbol{\alpha}_1, \boldsymbol{\alpha}_2, \boldsymbol{\alpha}_3, \boldsymbol{\alpha}_4)=3, r(\boldsymbol{\alpha}_1, \boldsymbol{\alpha}_2, \boldsymbol{\alpha}_3, \boldsymbol{\alpha}_5)=4,$$

试证明：向量组 $\boldsymbol{\alpha}_1, \boldsymbol{\alpha}_2, \boldsymbol{\alpha}_3, \boldsymbol{\alpha}_5-\boldsymbol{\alpha}_4$ 的秩为 4.

证明思路　利用定义. 欲证 r 个向量组成的向量组的秩为 r，只需证明该向量组线性无关.

证　向量组 $\boldsymbol{A}$ 线性无关；向量组 $\boldsymbol{B}$ 线性相关，且 $\boldsymbol{\alpha}_1, \boldsymbol{\alpha}_2, \boldsymbol{\alpha}_3$ 是一个极大无关组，即 $\boldsymbol{\alpha}_4$ 可由 $\boldsymbol{\alpha}_1, \boldsymbol{\alpha}_2, \boldsymbol{\alpha}_3$ 线性表示；向量组 $\boldsymbol{C}$ 线性无关，且 $\boldsymbol{\alpha}_5$ 不能由 $\boldsymbol{\alpha}_1, \boldsymbol{\alpha}_2, \boldsymbol{\alpha}_3$ 线性表示，则 $\boldsymbol{\alpha}_1, \boldsymbol{\alpha}_2, \boldsymbol{\alpha}_3, \boldsymbol{\alpha}_5-\boldsymbol{\alpha}_4$ 中任一向量不能由其余向量线性表示，即线性无关，所以秩为 4.

17. 设向量组 $\boldsymbol{B}$: $\boldsymbol{\beta}_1, \cdots, \boldsymbol{\beta}_r$ 能由向量组 $\boldsymbol{A}$: $\boldsymbol{\alpha}_1, \cdots, \boldsymbol{\alpha}_s$ 线性表示为

$$(\boldsymbol{\beta}_1, \cdots, \boldsymbol{\beta}_r)=(\boldsymbol{\alpha}_1, \cdots, \boldsymbol{\alpha}_s)\boldsymbol{K},$$

其中 $\boldsymbol{K}$ 为 $s\times r$ 矩阵，且 $\boldsymbol{A}$ 组线性无关. 证明 $\boldsymbol{B}$ 组线性无关的充分必要条件是矩阵 $\boldsymbol{K}$ 的秩 $\mathrm{r}(\boldsymbol{K})=r$.

证明思路 必要性：利用矩阵与向量组秩的关系；充分性：利用线性无关的定义证明.

证 必要性 若 $\boldsymbol{B}$ 组线性无关. 令

$$\boldsymbol{B}=(\boldsymbol{\beta}_1, \cdots, \boldsymbol{\beta}_r),\ \boldsymbol{A}=(\boldsymbol{\alpha}_1, \cdots, \boldsymbol{\alpha}_s),$$

则有 $\boldsymbol{B}=\boldsymbol{AK}$，由定理知

$$\mathrm{r}(\boldsymbol{B})=\mathrm{r}(\boldsymbol{AK})\leqslant\min\{\mathrm{r}(\boldsymbol{A}),\ \mathrm{r}(\boldsymbol{K})\}\leqslant\mathrm{r}(\boldsymbol{K}).$$

由 $\boldsymbol{B}$ 组：$\boldsymbol{\beta}_1, \boldsymbol{\beta}_2, \cdots, \boldsymbol{\beta}_t$ 线性无关知 $\mathrm{r}(\boldsymbol{B})-r$，故 $\mathrm{r}(\boldsymbol{K})\geqslant r$.

又知 $\boldsymbol{K}$ 为 $s\times r$ 阶矩阵，则

$$\mathrm{r}(\boldsymbol{K})\leqslant\min\{r,\ s\}.$$

由于向量组 $\boldsymbol{B}$ 能由向量组 $\boldsymbol{A}$ 线性表示，则 $r\leqslant s$.

$$\therefore\quad \min\{r,\ s\}=r$$

综上所述知 $r\leqslant\mathrm{r}(\boldsymbol{K})\leqslant r$，即 $\mathrm{r}(\boldsymbol{K})=r$.

充分性 若 $\mathrm{r}(\boldsymbol{K})=r$，令

$$x_1\boldsymbol{\beta}_1+x_2\boldsymbol{\beta}_2+\cdots+x_r\boldsymbol{\beta}_r=\boldsymbol{0},\ x_i \text{ 为实数},\ i=1,2,\cdots,r,$$

则有

$$(\boldsymbol{\beta}_1, \boldsymbol{\beta}_2, \cdots, \boldsymbol{\beta}_r)=\begin{pmatrix}x_1\\ \vdots\\ x_r\end{pmatrix}=\boldsymbol{0}.$$

又 $(\boldsymbol{\beta}_1, \cdots, \boldsymbol{\beta}_r)=(\boldsymbol{\alpha}_1, \cdots, \boldsymbol{\alpha}_s)\boldsymbol{K}$，则

$$(\boldsymbol{\alpha}_1, \cdots, \boldsymbol{\alpha}_s)\boldsymbol{K}\begin{pmatrix}x_1\\ \vdots\\ x_r\end{pmatrix}=\boldsymbol{0}.$$

由于 $\boldsymbol{\alpha}_1, \boldsymbol{\alpha}_2, \cdots, \boldsymbol{\alpha}_s$ 线性无关，所以 $\boldsymbol{K}\cdot\begin{pmatrix}x_1\\ x_2\\ \vdots\\ x_r\end{pmatrix}=\boldsymbol{0}$，即

$$\begin{cases} k_{11}x_1+k_{12}x_2+\cdots+k_{1r}x_r=0 \\ \cdots\cdots\cdots\cdots\cdots\cdots \\ k_{r1}x_1+k_{r2}x_2+\cdots+k_{rr}x_r=0. \\ \cdots\cdots\cdots\cdots\cdots\cdots \\ k_{s1}x_1+k_{s2}x_2+\cdots+k_{sr}x_r=0 \end{cases} \qquad ①$$

因 $\mathrm{r}(\boldsymbol{K})=r$ 且 ① 式中未知数个数为 r，所以方程组只有零解 $x_1=x_2=\cdots=x_r=0$.

所以 $\boldsymbol{\beta}_1$，$\boldsymbol{\beta}_2$，…，$\boldsymbol{\beta}_r$ 线性无关，证毕.

18. 由 $\boldsymbol{\alpha}_1=(1,1,0,0)^{\mathrm{T}}$，$\boldsymbol{\alpha}_2=(1,0,1,1)^{\mathrm{T}}$ 所生成的向量空间记作 $\mathbf{V}_1$，由 $\boldsymbol{\beta}_1=(2,-1,3,3)^{\mathrm{T}}$，$\boldsymbol{\beta}_2=(0,1,-1,-1)^{\mathrm{T}}$ 所生成的向量空间记作 $\mathbf{V}_2$，试证 $\mathbf{V}_1=\mathbf{V}_2$.

证明思路　判定向量空间 $\mathbf{V}_1$ 和向量空间 $\mathbf{V}_2$ 相等的方法：

a. $\mathbf{V}_1\subseteq\mathbf{V}_2$（对任意的 $\boldsymbol{x}\in\mathbf{V}_1$，均有 $\boldsymbol{x}\in\mathbf{V}_2$）和 $\mathbf{V}_2\subseteq\mathbf{V}_1$（对任意的 $\boldsymbol{x}\in\mathbf{V}_2$，均有 $\boldsymbol{x}\in\mathbf{V}_1$）同时成立；

b. 生成向量空间所对应的向量组等价.

证　设 $\mathbf{V}_1=\{\boldsymbol{x}=k_1\boldsymbol{\alpha}_1+k_2\boldsymbol{\alpha}_2 \mid k_1, k_2\in\mathbf{R}\}$，

$\mathbf{V}_2=\{\boldsymbol{x}=\lambda_1\boldsymbol{\beta}_1+\lambda_2\boldsymbol{\beta}_2 \mid \lambda_1, \lambda_2\in\mathbf{R}\}$.

任取 $\mathbf{V}_1$ 中一向量，可写成 $k_1\boldsymbol{\alpha}_1+k_2\boldsymbol{\alpha}_2$，现要证 $k_1\boldsymbol{\alpha}_1+k_2\boldsymbol{\alpha}_2\in\mathbf{V}_2$，从而得 $\mathbf{V}_1\subseteq\mathbf{V}_2$.

由 $k_1\boldsymbol{\alpha}_1+k_2\boldsymbol{\alpha}_2=\lambda_1\boldsymbol{\beta}_1+\lambda_2\boldsymbol{\beta}_2$ 得

$$\begin{cases} k_1+k_2=2\lambda_1 \\ k_1=\lambda_2-\lambda_1 \\ k_2=3\lambda_1-\lambda_2 \\ k_2=3\lambda_1-\lambda_2 \end{cases} \Leftrightarrow \begin{cases} 2\lambda_1=k_1+k_2 \\ -\lambda_1+\lambda_2=k_1 \end{cases}.$$

上式中，把 k_1，k_2 看成已知数，把 λ_1，λ_2 看成未知数.

$$D_1=\begin{vmatrix} 2 & 0 \\ -1 & 1 \end{vmatrix}=2\neq0\Rightarrow\lambda_1,\lambda_2\text{ 有唯一解}.$$

$\therefore \mathbf{V}_1\subseteq\mathbf{V}_2$

同理可证：$\mathbf{V}_2\subseteq\mathbf{V}_1$，故 $\mathbf{V}_1=\mathbf{V}_2$.

19. 如果

$$\boldsymbol{a}_1=\begin{pmatrix}1\\-1\\-2\end{pmatrix},\ \boldsymbol{a}_2=\begin{pmatrix}5\\-4\\-7\end{pmatrix},\ \boldsymbol{a}_3=\begin{pmatrix}-3\\1\\0\end{pmatrix},\ \boldsymbol{x}=\begin{pmatrix}-4\\3\\a\end{pmatrix},$$

则 a 取何值时，$\boldsymbol{x}$ 属于由 $\boldsymbol{a}_1$，$\boldsymbol{a}_2$，$\boldsymbol{a}_3$ 生成的 $\boldsymbol{R}^3$ 的子空间？

解 如果 $\boldsymbol{x}$ 属于由 $\boldsymbol{a}_1$，$\boldsymbol{a}_2$，$\boldsymbol{a}_3$ 生成的 $\mathbf{R}^3$ 的子空间当且仅当存在 x_1，x_2，x_3 使得

$$x_1\begin{pmatrix}1\\-1\\-2\end{pmatrix}+x_2\begin{pmatrix}5\\-4\\-7\end{pmatrix}+x_3\begin{pmatrix}-3\\1\\0\end{pmatrix}=\begin{pmatrix}-4\\3\\a\end{pmatrix},$$

即
$$\begin{pmatrix}1&5&-3\\-1&-4&1\\-2&-7&0\end{pmatrix}\begin{pmatrix}x_1\\x_2\\x_3\end{pmatrix}=\begin{pmatrix}-4\\3\\a\end{pmatrix}.$$

对其增广矩阵施行初等行变换：

$$\begin{pmatrix}1&5&-3&-4\\-1&-4&1&3\\-2&-7&0&a\end{pmatrix}\rightarrow\begin{pmatrix}1&5&-3&-4\\0&1&-2&-1\\0&0&0&a-5\end{pmatrix}.$$

故 $a-5=0$，因此 $\boldsymbol{x}$ 属于由 $\boldsymbol{a}_1$，$\boldsymbol{a}_2$，$\boldsymbol{a}_3$ 生成的 $\boldsymbol{R}^3$ 的子空间当且仅当 $a=5$.

20. 设 $\boldsymbol{R}^4$ 中的两组基为

$$\boldsymbol{\xi}_1=(1,\ -1,\ 0,\ 0)^{\mathrm{T}},\qquad \boldsymbol{\xi}_2=(0,\ 1,\ -1,\ 0)^{\mathrm{T}},$$
$$\boldsymbol{\xi}_3=(0,\ 0,\ 1,\ -1)^{\mathrm{T}},\qquad \boldsymbol{\xi}_4=(0,\ 0,\ 0,\ 1)^{\mathrm{T}};$$
$$\boldsymbol{\eta}_1=(1,\ 0,\ 0,\ 0)^{\mathrm{T}},\qquad \boldsymbol{\eta}_2=(1,\ 2,\ 0,\ 0)^{\mathrm{T}},$$
$$\boldsymbol{\eta}_3=(1,\ 2,\ 3,\ 0)^{\mathrm{T}},\qquad \boldsymbol{\eta}_4=(1,\ 2,\ 3,\ 4)^{\mathrm{T}}.$$

已知向量 $\boldsymbol{\alpha}$ 在基 $\boldsymbol{\xi}_1$，$\boldsymbol{\xi}_2$，$\boldsymbol{\xi}_3$，$\boldsymbol{\xi}_4$ 下的坐标是 (1，2，3，4)，求向量 $\boldsymbol{\alpha}$ 在基 $\boldsymbol{\eta}_1$，$\boldsymbol{\eta}_2$，$\boldsymbol{\eta}_3$，$\boldsymbol{\eta}_4$ 下的坐标.

解题思路 利用向量空间基和坐标的概念，对矩阵 $(\boldsymbol{\eta}_1\quad\boldsymbol{\eta}_2\quad\boldsymbol{\eta}_3\quad\boldsymbol{\eta}_4\ \vdots\ \boldsymbol{\alpha})$ 作适当的初等行变换即可得到所求的坐标.

解 由题设知 $\boldsymbol{\alpha}=1\boldsymbol{\xi}_1+2\boldsymbol{\xi}_2+3\boldsymbol{\xi}_3+4\boldsymbol{\xi}_4=(1,\ 1,\ 1,\ 1)^{\mathrm{T}}$，设

$$\boldsymbol{\alpha}=x_1\boldsymbol{\eta}_1+x_2\boldsymbol{\eta}_2+x_3\boldsymbol{\eta}_3+x_4\boldsymbol{\eta}_4.$$

作初等行变换，有

$$(\boldsymbol{\eta}_1\quad\boldsymbol{\eta}_2\quad\boldsymbol{\eta}_3\quad\boldsymbol{\eta}_4\ \vdots\ \boldsymbol{\alpha})\Rightarrow\begin{pmatrix}1&0&0&0&1/2\\0&1&0&0&1/6\\0&0&1&0&1/12\\0&0&0&1&1/4\end{pmatrix}.$$

解得 $x_1=1/2$，$x_2=1/6$，$x_3=1/12$，$x_4=1/4$.

故 $\boldsymbol{\alpha}$ 在 $\boldsymbol{\eta}_1$，$\boldsymbol{\eta}_2$，$\boldsymbol{\eta}_3$，$\boldsymbol{\eta}_4$ 下的坐标是 (1/2, 1/6, 1/12, 1/4).

21. 齐次线性方程组 $\begin{cases} x_1+3x_3+4x_4-5x_5=0 \\ x_2-2x_3-3x_4+x_5=0 \end{cases}$ 的解空间的维数是________.

解　原方程组可化为

$$\begin{cases} x_1=-3x_3-4x_4+5x_5 \\ x_2=2x_3+3x_4-5x_5 \end{cases},$$

其中 x_3，x_4，x_5 是自由未知量，分别取

$$\begin{pmatrix} x_3 \\ x_4 \\ x_5 \end{pmatrix}=\begin{pmatrix} 1 \\ 0 \\ 0 \end{pmatrix}, \begin{pmatrix} 0 \\ 1 \\ 0 \end{pmatrix}, \begin{pmatrix} 0 \\ 0 \\ 1 \end{pmatrix},$$

得到原方程组的基础解系

$$\boldsymbol{\eta}_1=\begin{pmatrix} -3 \\ 2 \\ 1 \\ 0 \\ 0 \end{pmatrix}, \boldsymbol{\eta}_2=\begin{pmatrix} -4 \\ 3 \\ 0 \\ 1 \\ 0 \end{pmatrix}, \boldsymbol{\eta}_3=\begin{pmatrix} 5 \\ -5 \\ 0 \\ 0 \\ 1 \end{pmatrix}.$$

所以原齐次线性方程组的维数是 3.

22. 求线性方程组 $\boldsymbol{Ax}=\boldsymbol{0}$，其解空间由向量组

$$\boldsymbol{\alpha}_1=(1, -1, 1, 0)^{\mathrm{T}}, \boldsymbol{\alpha}_2=(1, 1, 0, 1)^{\mathrm{T}}, \boldsymbol{\alpha}_3=(2, 0, 1, 1)^{\mathrm{T}}$$

所生成.

解题思路　综合运用线性方程组解的判定、性质、结构定理解题：

设非齐次方程组　　$\boldsymbol{Ax}=\boldsymbol{b}$　　①

对应齐次方程组　　$\boldsymbol{Ax}=\boldsymbol{0}$　　②

A. 若 $\boldsymbol{\eta}_1$，$\boldsymbol{\eta}_2$ 是 ① 的解，则 $\boldsymbol{\eta}_1-\boldsymbol{\eta}_2$ 为 ② 的解；

B. 若 $\boldsymbol{\eta}$ 是 ① 的解，$\boldsymbol{\xi}$ 为 ② 的解，则 $\boldsymbol{\xi}+\boldsymbol{\eta}$ 是 ① 的解.

已知方程组的某些特定解，反过来求系数矩阵或原线性方程组.

解　$\dim\boldsymbol{V}(\boldsymbol{\alpha}_1, \boldsymbol{\alpha}_2, \boldsymbol{\alpha}_3)=2$，$\boldsymbol{\alpha}_1$，$\boldsymbol{\alpha}_2$ 是解空间 $\boldsymbol{V}(\boldsymbol{\alpha}_1, \boldsymbol{\alpha}_2, \boldsymbol{\alpha}_3)$ 的一组基. 于是，解空间

$$\boldsymbol{V}=\{\boldsymbol{\alpha}=c_1\boldsymbol{\alpha}_1+c_2\boldsymbol{\alpha}_2 \mid c_i\in\mathbf{R}, j=1, 2\}.$$

设所求齐次线性方程为 $a_1x_1+a_2x_2+a_3x_3+a_4x_4=0$，将基 $\boldsymbol{\alpha}_1$，$\boldsymbol{\alpha}_2$ 代入得齐

次线性方程组

$$\begin{cases} a_1-a_2+a_3=0 \\ a_1+a_2+a_4=0 \end{cases}.$$

解得此方程组的基础解系为

$$\boldsymbol{\xi}_1=(1,\ 0,\ -1,\ -1)^{\mathrm{T}},\ \boldsymbol{\xi}_2=(0,1,\ 1,\ -1)^{\mathrm{T}}.$$

所求齐次线性方程组为$\begin{cases} x_1-x_3-x_4=0 \\ x_2+x_3-x_4=0 \end{cases}.$

23. 设$\boldsymbol{A}=\begin{pmatrix} 1 & 2 & 1 \\ 2 & 3 & a+2 \\ 1 & a & -2 \end{pmatrix}$，$\boldsymbol{b}=\begin{pmatrix} 1 \\ 3 \\ 0 \end{pmatrix}$，$\boldsymbol{x}=\begin{pmatrix} x_1 \\ x_2 \\ x_3 \end{pmatrix}$，

解题思路　设线性方程组 $\boldsymbol{Ax}=\boldsymbol{b}$，记增广矩阵 $\widetilde{\boldsymbol{A}}=(\boldsymbol{A}\quad \boldsymbol{b})$，则有

$\mathrm{r}(\boldsymbol{A})=n \Leftrightarrow \boldsymbol{Ax}=\boldsymbol{0}$ 有唯一解；

$\mathrm{r}(\boldsymbol{A})\neq \mathrm{r}(\widetilde{\boldsymbol{A}}) \Leftrightarrow \boldsymbol{Ax}=\boldsymbol{b}$ 无解.

解题过程中还常涉及行列式、初等变换等知识.

(1) 齐次方程组 $\boldsymbol{Ax}=\boldsymbol{0}$ 只有零解，则 $a=$________.

解　因$|\boldsymbol{A}|=\begin{vmatrix} 1 & 2 & 1 \\ 2 & 3 & a+2 \\ 1 & a & -2 \end{vmatrix}=3+2a-a^2$，所以 $a\neq -1$ 或 3 时，行列式 $|\boldsymbol{A}|\neq \boldsymbol{0}$. 即 $\boldsymbol{Ax}=\boldsymbol{0}$ 只有零解.

故应填 $a\neq -1$ 或 3.

(2) 线性方程组 $\boldsymbol{Ax}=\boldsymbol{b}$ 无解，则 $a=$________.

解　对增广矩阵作初等行变换，有

$$\left(\begin{array}{ccc:c} 1 & 2 & 1 & 1 \\ 2 & 3 & a+2 & 3 \\ 1 & a & -2 & 0 \end{array}\right) \Rightarrow \left(\begin{array}{ccc:c} 1 & 2 & 1 & 1 \\ 0 & -1 & a & 1 \\ 0 & 0 & a^2-2a-3 & a-3 \end{array}\right),$$

此时方程组无解必然是 $\mathrm{r}(\boldsymbol{A})=2$，$\mathrm{r}(\widetilde{\boldsymbol{A}})=3$，即 $a^2-2a-3=0$，$a-3\neq 0$.

故应填 $a=-1$.

24. 设方程组

$$\begin{cases} x_1+2x_2-x_3+x_4=r \\ 3x_1+px_2+3x_3+2x_4=-11 \\ 2x_1+2x_2+qx_3+x_4=-4 \end{cases} \qquad ①$$

与方程组 $\begin{cases} x_1+x_3=-2 \\ x_2-2x_3=5 \\ x_4=-10 \end{cases}$　②

是同解方程组，试确定方程组 ① 中的 p，q，r 的值.

解题思路　综合运用线性方程组解的判定、性质、结构定理解题，利用基础解系定义和解的结构求方程组 ② 的通解，反过来求方程组 ① 的系数矩阵中的参数.

解　② 的同解方程组为 $\begin{cases} x_1=-2-3x_3 \\ x_2=5+2x_3 \\ x_4=-10 \end{cases}$，　③

令 $x_3=0$，得 ② 的解 $\boldsymbol{\eta}^*=(-2, 5, 0, -10)^{\mathrm{T}}$.

与 ③ 对应的齐次线性方程组为 $\begin{cases} x_1=-3x_3 \\ x_2=2x_3 \\ x_4=0 \end{cases}$，　④

令 $x_3=1$，则 ④ 的基础解系为 $\boldsymbol{\xi}=(-3, 2, 1, 0)^{\mathrm{T}}$.

故方程组 ② 的通解为

$$\begin{pmatrix} x_1 \\ x_2 \\ x_3 \\ x_4 \end{pmatrix}=\lambda\begin{pmatrix} -3 \\ 2 \\ 1 \\ 0 \end{pmatrix}+\begin{pmatrix} -2 \\ 5 \\ 0 \\ -10 \end{pmatrix} \quad (\lambda\in\mathbf{R}).$$

将其代入 ① 中，得

$$\begin{cases} (-3\lambda-2)+2(2\lambda+5)-\lambda-10=r \\ 3(-3\lambda-2)+p(2\lambda+5)+3\lambda-20=-11, \\ 2(-3\lambda-2)+2(2\lambda+5)+q\lambda-10=-4 \end{cases}$$

即
$$\begin{cases} -2=r \\ (p-3)(2\lambda+5)=0 \quad (\lambda\in\mathbf{R}). \\ (-2+q)\lambda=0 \end{cases}$$

令 $\lambda=1$，得 $r=-2$，$p=3$，$q=2$.

25. $\boldsymbol{A}$ 是 n 阶矩阵，对于齐次线性方程组 $\boldsymbol{Ax}=\boldsymbol{0}$，

解题思路　综合运用线性方程组解的判定、性质、结构定理解题.

(1) 若 $\boldsymbol{A}$ 中每行元素之和均为 0，且 $\mathrm{r}(\boldsymbol{A})=n-1$，则方程组的通解是__________.

解　从 $\mathrm{r}(\boldsymbol{A})=n-1$ 知，$\boldsymbol{Ax}=\boldsymbol{0}$ 的基础解系由 1 个解向量组成，因此任一非零解都可成为基础解系.

因为每行元素之和都为 0，有

$$a_{i1}+a_{i2}+\cdots+a_{in}=1\cdot a_{i1}+1\cdot a_{i2}+\cdots+1\cdot a_{in}=0,$$

所以 $(1, 1, \cdots, 1)^{\mathrm{T}}$ 满足每一个方程，是 $\boldsymbol{Ax}=\mathbf{0}$ 的解，故应填 $k(1, 1, \cdots, 1)^{\mathrm{T}}$.

(2) 若每个 n 维向量都是方程组的解，则 $\mathrm{r}(\boldsymbol{A})=$________.

解 每个 n 维向量都是解，因而有 n 个线性无关的解，那么解空间的维数是 n，又因解空间维数是 $n-\mathrm{r}(\boldsymbol{A})$，故

$$n=n-\mathrm{r}(\boldsymbol{A}),$$

即 $\mathrm{r}(\boldsymbol{A})=0$. 故应填 0.

26. 设 $\boldsymbol{A}$ 是秩为 3 的 5×4 矩阵，$\boldsymbol{\alpha}_1$，$\boldsymbol{\alpha}_2$，$\boldsymbol{\alpha}_3$ 是非齐次线性方程组 $\boldsymbol{Ax}=\boldsymbol{b}$ 的三个不同的解，若

$$\boldsymbol{\alpha}_1+\boldsymbol{\alpha}_2+2\boldsymbol{\alpha}_3=(2, 0, 0, 0)^{\mathrm{T}},\ 3\boldsymbol{\alpha}_1+\boldsymbol{\alpha}_2=(2, 4, 6, 8)^{\mathrm{T}},$$

则方程组 $\boldsymbol{Ax}=\boldsymbol{b}$ 的通解是________.

解题思路 综合运用线性方程组解的判定、性质、结构定理，利用基础解系的定义和解的结构解题.

解 应填 $(1/2, 0, 0, 0)^{\mathrm{T}}+k(0, 2, 3, 4)^{\mathrm{T}}$，$k$ 为任意实数.

由丁秩 $\mathrm{r}(\boldsymbol{A})=3$，所以齐次方程组 $\boldsymbol{Ax}=\mathbf{0}$ 的解空间维数是 $4-\mathrm{r}(\boldsymbol{A})=1$. 因为

$$\boldsymbol{\alpha}_1+\boldsymbol{\alpha}_2+2\boldsymbol{\alpha}_3-(3\boldsymbol{\alpha}_1+\boldsymbol{\alpha}_2)=2(\boldsymbol{\alpha}_3-\boldsymbol{\alpha}_1)=(0, -4, -6, -8)^{\mathrm{T}},$$

而 $\boldsymbol{\alpha}_3-\boldsymbol{\alpha}_1$ 是 $\boldsymbol{Ax}=\mathbf{0}$ 的解，即其基础解系. 由

$$\boldsymbol{A}(\boldsymbol{\alpha}_1+\boldsymbol{\alpha}_2+2\boldsymbol{\alpha}_3)=\boldsymbol{A\alpha}_1+\boldsymbol{A\alpha}_2+2\boldsymbol{A\alpha}_3=4\boldsymbol{b},$$

知 $\frac{1}{4}(\boldsymbol{\alpha}_1+\boldsymbol{\alpha}_2+2\boldsymbol{\alpha}_3)$ 是方程组 $\boldsymbol{Ax}=\boldsymbol{b}$ 的一个解，那么根据方程组的解的结构知其通解是：

$$(1/2, 0, 0, 0)^{\mathrm{T}}+k(0, 2, 3, 4)^{\mathrm{T}}.$$

27. $\boldsymbol{A}=\begin{pmatrix}2&1&1&2\\0&1&3&1\\1&\lambda&\mu&1\end{pmatrix}$，$\boldsymbol{b}=\begin{pmatrix}0\\1\\0\end{pmatrix}$，$\boldsymbol{\eta}=\begin{pmatrix}1\\-1\\1\\-1\end{pmatrix}$，如果 $\boldsymbol{\eta}$ 是方程组 $\boldsymbol{Ax}=\boldsymbol{b}$ 的一个解，试求方程组 $\boldsymbol{Ax}=\boldsymbol{b}$ 的全部解.

解题思路 综合运用线性方程组解的判定、性质、结构定理，已知方程组的某些特定解，反过来求系数矩阵中的参数和原方程组的通解.

解 因为 $\boldsymbol{\eta}$ 是方程组 $\boldsymbol{Ax}=\boldsymbol{b}$ 的一个解，于是由 $\boldsymbol{A\eta}=\boldsymbol{b}$，解得 $\lambda=\mu$. 作初等行

变换，得

$$\widetilde{\boldsymbol{A}} \Rightarrow \left(\begin{array}{cccc:c} 1 & 0 & -2\lambda & 1-\lambda & -\lambda \\ 0 & 1 & 3 & 1 & 1 \\ 0 & 0 & 2(1-2\lambda) & 1-2\lambda & 1-2\lambda \end{array}\right)$$

(1) 当 $\lambda=\mu=1/2$ 时，方程组有无穷多组解. 全部解为

$$\begin{pmatrix} x_1 \\ x_2 \\ x_3 \\ x_4 \end{pmatrix} = \begin{pmatrix} -1/2 \\ 1 \\ 0 \\ 0 \end{pmatrix} + c_1 \begin{pmatrix} 1 \\ -3 \\ 1 \\ 0 \end{pmatrix} + c_2 \begin{pmatrix} -1 \\ -2 \\ 0 \\ 2 \end{pmatrix} \quad (c_1, c_2 \text{ 为任意常数}).$$

(2) 当 $\lambda=\mu\neq 1/2$ 时，方程组有无穷多组解. 全部解为

$$\begin{pmatrix} x_1 \\ x_2 \\ x_3 \\ x_4 \end{pmatrix} = \begin{pmatrix} 0 \\ -1/2 \\ 1/2 \\ 0 \end{pmatrix} + c \begin{pmatrix} -2 \\ 1 \\ -1 \\ 2 \end{pmatrix} \quad (c \text{ 为任意常数})$$

28. 求一个非齐次线性方程组，使它的全部解为

$$\begin{pmatrix} x_1 \\ x_2 \\ x_3 \end{pmatrix} = \begin{pmatrix} 1 \\ -1 \\ 3 \end{pmatrix} + c_1 \begin{pmatrix} -1 \\ 3 \\ 2 \end{pmatrix} + c_2 \begin{pmatrix} 2 \\ -3 \\ 1 \end{pmatrix} \quad (c_1, c_2 \text{ 为任意常数}).$$

解题思路　运用齐次线性方程组解的结构定理，消去已知表达式中的参数 c_1，c_2，即是所求方程组.

解　设所求非齐次方程为 $a_1x_1+a_2x_2+a_3x_3=b$.

由条件知，导出组的基础解系分别是

$$\boldsymbol{\xi}_1=(-1,\ 3,\ 2)^{\mathrm{T}},\ \boldsymbol{\xi}_2=(2,\ -3,\ 1)^{\mathrm{T}}.$$

将 $\boldsymbol{\xi}_1$，$\boldsymbol{\xi}_2$ 代入得方程组　$\begin{cases} -a_1+3a_2+2a_3=0 \\ 2a_1-3a_2+a_3=0 \end{cases}$，

解得　$a_1=-9k$，$a_2=-5k$，$a_3=3k$　(k 为任意常数).

由于 $\boldsymbol{\xi}_0=(1,\ -1,\ 3)^{\mathrm{T}}$ 是非齐次方程组的特解，代入解得

$$b=5k.$$

故所求方程组为　$9x_1+5x_2-3x_3=-5$.

29. 设 $\boldsymbol{\alpha}_0$，$\boldsymbol{\alpha}_1$，…，$\boldsymbol{\alpha}_{n-r}$ 为 $\boldsymbol{Ax}=\boldsymbol{b}(\boldsymbol{b}\neq\boldsymbol{0})$ 的 $n-r+1$ 个线性无关的解向量，$\boldsymbol{A}$

的秩为 r，证明：

$$\boldsymbol{\alpha}_1-\boldsymbol{\alpha}_0,\ \boldsymbol{\alpha}_2-\boldsymbol{\alpha}_0,\ \cdots,\ \boldsymbol{\alpha}_{n-r}-\boldsymbol{\alpha}_0,$$

是对应的齐次线性方程组 $\boldsymbol{Ax}=\boldsymbol{0}$ 的基础解系.

证明思路 有关线性方程组基础解系的证明：根据定义，欲证明某一向量组 $\boldsymbol{\alpha}_1,\boldsymbol{\alpha}_2,\cdots,\boldsymbol{\alpha}_s$ 是 n 元线性方程组 $\boldsymbol{Ax}=\boldsymbol{0}$ 的基础解系，要证明以下三个结论：

a. 该向量组的每个向量都是方程组 $\boldsymbol{Ax}=\boldsymbol{0}$ 的解；

b. 该向量组线性无关；

c. $s=n-\mathrm{r}(\boldsymbol{A})$.

证 所给向量组为 $n-r$ 个向量，若能证明它们均是 $\boldsymbol{Ax}=\boldsymbol{0}$ 的解向量，且线性无关，则它们为 $\boldsymbol{Ax}=\boldsymbol{0}$ 的基础解系.

因

$$\boldsymbol{A\alpha}_0=\boldsymbol{b},\ \boldsymbol{A\alpha}_1=\boldsymbol{b},\ \cdots,\ \boldsymbol{A\alpha}_{n-r}=\boldsymbol{b},$$

故 $$\boldsymbol{A}(\boldsymbol{\alpha}_i-\boldsymbol{\alpha}_0)=\boldsymbol{A\alpha}_i-\boldsymbol{A\alpha}_0=\boldsymbol{b}-\boldsymbol{b}=\boldsymbol{0}\quad(i=1,2,\cdots,n-r),$$

即 $\boldsymbol{\alpha}_i-\boldsymbol{\alpha}_0$ 为 $\boldsymbol{Ax}=\boldsymbol{0}$ 的解向量，下面证它们线性无关.

设 $$k_1(\boldsymbol{\alpha}_1-\boldsymbol{\alpha}_0)+k_2(\boldsymbol{\alpha}_2-\boldsymbol{\alpha}_0)+\cdots+k_{n-r}(\boldsymbol{\alpha}_{n-r}-\boldsymbol{\alpha}_0)=\boldsymbol{0},$$

即 $$k_1\boldsymbol{\alpha}_1+\cdots+k_{n-r}\boldsymbol{\alpha}_{n-r}+(-k_1-k_2-\cdots-k_{n-r})\boldsymbol{\alpha}_0=\boldsymbol{0}.$$

因 $\boldsymbol{\alpha}_0,\boldsymbol{\alpha}_1,\cdots,\boldsymbol{\alpha}_{n-r}$线性无关，故 $k_1=k_2=\cdots=k_{n-r}=0$，即

$$\boldsymbol{\alpha}_1-\boldsymbol{\alpha}_0,\ \boldsymbol{\alpha}_2-\boldsymbol{\alpha}_0,\ \cdots,\ \boldsymbol{\alpha}_{n-r}-\boldsymbol{\alpha}_0$$

线性无关，从而为 $\boldsymbol{Ax}=\boldsymbol{0}$ 的一个基础解系.

30. 若矩阵 $\boldsymbol{A}$ 的秩为 r，其 r 个列向量为某一齐次线性方程组的一个基础解系，$\boldsymbol{B}$ 为 r 阶可逆矩阵，证明：$\boldsymbol{AB}$ 的 r 个列向量也是该齐次线性方程组的一个基础解系.

证 令 $\boldsymbol{A}$ 为 $n\times r$ 矩阵，它的列向量记为 $\boldsymbol{A}_1,\boldsymbol{A}_2,\cdots,\boldsymbol{A}_r$；$\boldsymbol{AB}$ 的列向量记为 $\boldsymbol{\alpha}_1,\boldsymbol{\alpha}_2,\cdots,\boldsymbol{\alpha}_r$，则

$$(\boldsymbol{\alpha}_1,\boldsymbol{\alpha}_2,\cdots,\boldsymbol{\alpha}_r)=(\boldsymbol{A}_1,\boldsymbol{A}_2,\cdots,\boldsymbol{A}_r)\boldsymbol{B}. \tag{①}$$

可见，$\boldsymbol{\alpha}_1,\boldsymbol{\alpha}_2,\cdots,\boldsymbol{\alpha}_r$ 能由 $\boldsymbol{A}_1,\boldsymbol{A}_2,\cdots,\boldsymbol{A}_r$ 线性表示，若 $\boldsymbol{A}_1,\boldsymbol{A}_2,\cdots,\boldsymbol{A}_r$ 为某一齐次线性方程组的解，则 $\boldsymbol{\alpha}_1,\boldsymbol{\alpha}_2,\cdots,\boldsymbol{\alpha}_r$ 也是该齐次线性方程组的解. 又因 $\boldsymbol{B}$ 可逆，故由 ① 可得

$$(\boldsymbol{A}_1,\boldsymbol{A}_2,\cdots,\boldsymbol{A}_r)=(\boldsymbol{\alpha}_1,\boldsymbol{\alpha}_2,\cdots,\boldsymbol{\alpha}_r)\boldsymbol{B}^{-1}.$$

可见 $\boldsymbol{A}_1,\boldsymbol{A}_2,\cdots,\boldsymbol{A}_r$ 能由 $\boldsymbol{\alpha}_1,\boldsymbol{\alpha}_2,\cdots,\boldsymbol{\alpha}_r$ 线性表示，因此 $\boldsymbol{\alpha}_1,\boldsymbol{\alpha}_2,\cdots,\boldsymbol{\alpha}_r$ 与

$\boldsymbol{A}_1, \boldsymbol{A}_2, \cdots, \boldsymbol{A}_r$ 等价，而 $\boldsymbol{A}_1, \boldsymbol{A}_2, \cdots, \boldsymbol{A}_r$ 为某一齐次线性方程组的基础解系，故线性无关，从而 $\boldsymbol{\alpha}_1, \boldsymbol{\alpha}_2, \cdots, \boldsymbol{\alpha}_r$ 也线性无关，且每个解向量可由它线性表示，从而为该齐次线性方程组的一个基础解系.

31. $\boldsymbol{A}$ 是 $m\times n$ 矩阵，$m<n$，且 $\boldsymbol{A}$ 的行向量线性无关，$\boldsymbol{B}$ 是 $n\times(n-m)$ 矩阵，$\boldsymbol{B}$ 的列向量线性无关，且 $\boldsymbol{AB}=\boldsymbol{0}$，证明：若 $\boldsymbol{\eta}$ 是齐次方程组 $\boldsymbol{Ax}=\boldsymbol{0}$ 的解，则 $\boldsymbol{Bx}=\boldsymbol{\eta}$ 有唯一解.

证明思路　有关线性方程组的证明题：熟悉线性方程组解的结构与性质，并注意下面结论：

a. n 元齐次线性方程组 $\boldsymbol{Ax}=\boldsymbol{0}$ 若有非零解，则其解向量的极大线性无关组有 $n-\mathrm{r}(\boldsymbol{A})$ 个向量；

b. 而线性方程组 $\boldsymbol{Ax}=\boldsymbol{b}$ 若有无穷多解，则其解向量的极大线性无关组有 $n-\mathrm{r}(\boldsymbol{A})+1$ 个向量.

证　由于行秩、列秩都等于矩阵的秩，故

$$\mathrm{r}(\boldsymbol{A})=m,\ \mathrm{r}(\boldsymbol{B})=n-m$$

因为 $\boldsymbol{AB}=\boldsymbol{0}$. 所以 $\boldsymbol{B}=(\boldsymbol{\beta}_1, \boldsymbol{\beta}_2, \cdots, \boldsymbol{\beta}_{n-m})$ 的每一列都是齐次方程组 $\boldsymbol{Ax}=\boldsymbol{0}$ 的解，且是 $n-m$ 个线性无关的解.

又因 $\boldsymbol{Ax}=\boldsymbol{0}$ 解空间的维数是 $n-\mathrm{r}(\boldsymbol{A})=n-m$，于是 $\boldsymbol{\beta}_1, \boldsymbol{\beta}_2, \cdots, \boldsymbol{\beta}_{n-m}$ 是解空间的一组基，那么 $\boldsymbol{\eta}$ 可由 $\boldsymbol{\beta}_1, \boldsymbol{\beta}_2, \cdots, \boldsymbol{\beta}_{n-m}$ 线性表示且表示法唯一.

设
$$\begin{aligned}\boldsymbol{\eta}&=c_1\boldsymbol{\beta}_1+c_2\boldsymbol{\beta}_2+\cdots+c_{n-m}\boldsymbol{\beta}_{n-m}\\&=(\boldsymbol{\beta}_1, \boldsymbol{\beta}_2, \cdots, \boldsymbol{\beta}_{n-m})\begin{pmatrix}c_1\\c_2\\\vdots\\c_{n-m}\end{pmatrix}=\boldsymbol{B}\begin{pmatrix}c_1\\c_2\\\vdots\\c_{n-m}\end{pmatrix},\end{aligned}$$

即 $\boldsymbol{Bx}=\boldsymbol{\eta}$ 有唯一解 $(c_1, c_2, \cdots, c_{n-m})^{\mathrm{T}}$.

证毕.

第 4 章　矩阵的特征值

本章主要讨论方阵的特征值、特征向量理论及方阵的相似对角化等问题，这些内容在许多学科中都有非常重要的作用.

本章教学基本要求：

1. 理解矩阵的特征值和特征向量的概念及性质，会求矩阵的特征值和特征向量；

2. 了解相似矩阵的概念、性质及矩阵相似、对角化的充分必要条件；

3. 掌握用相似变换化实对称矩阵为对角矩阵的方法；

4. 理解并预测由差分方程 $\boldsymbol{x}_{n+1}=\boldsymbol{A}\boldsymbol{x}_n$ 所描述的动态系统的长期行为或演化.

§4.1　向量的内积

一、主要知识归纳

表 4—1—1　　内积的定义与性质

定义	设 $\boldsymbol{x}=(x_1, x_2, \cdots, x_n)^{\mathrm{T}}$，$\boldsymbol{y}=(y_1, y_2, \cdots, y_n)^{\mathrm{T}}$ 则 $[\boldsymbol{x}, \boldsymbol{y}]=x_1y_1+x_2y_2+\cdots+x_ny_n$ 称为向量 $\boldsymbol{x}$ 与 $\boldsymbol{y}$ 的内积.
运算性质	(1) $[\boldsymbol{x}, \boldsymbol{y}]=[\boldsymbol{y}, \boldsymbol{x}]$；　(2) $[\lambda\boldsymbol{x}, \boldsymbol{y}]=\lambda[\boldsymbol{x}, \boldsymbol{y}]$； (3) $[\boldsymbol{x}+\boldsymbol{y}, \boldsymbol{z}]=[\boldsymbol{x}, \boldsymbol{z}]+[\boldsymbol{y}, \boldsymbol{z}]$；(4) $[\boldsymbol{x}, \boldsymbol{x}]\geqslant 0$ 当且仅当 $\boldsymbol{x}=\boldsymbol{0}$ 时，$[\boldsymbol{x}, \boldsymbol{x}]=\boldsymbol{0}$.

表 4—1—2　　向量的长度与性质

定义	$\\|\boldsymbol{x}\\|=\sqrt{[\boldsymbol{x}, \boldsymbol{x}]}=\sqrt{x_1^2+x_2^2+\cdots+x_n^2}$ 称为 n 维向量 $\boldsymbol{x}$ 的长度. 当 $\\|\boldsymbol{x}\\|=1$ 时，称 $\boldsymbol{x}$ 为单位向量. 当 $\\|\boldsymbol{\alpha}\\|\neq 0$，$\\|\boldsymbol{\beta}\\|\neq 0$ 时，$\theta=\arccos\dfrac{[\boldsymbol{\alpha}, \boldsymbol{\beta}]}{\\|\boldsymbol{\alpha}\\|\cdot\\|\boldsymbol{\beta}\\|}$ $(0\leqslant\theta\leqslant\pi)$ 称为向量 $\boldsymbol{\alpha}$ 与 $\boldsymbol{\beta}$ 的夹角.
性质	(1) 非负性：$\\|\boldsymbol{x}\\|\geqslant 0$，当且仅当 $\boldsymbol{x}=\boldsymbol{0}$ 时，$\\|\boldsymbol{x}\\|=0$； (2) 齐次性：$\\|\lambda\boldsymbol{x}\\|=\|\lambda\|\\|\boldsymbol{x}\\|$； (3) 三角不等式：$\\|\boldsymbol{x}+\boldsymbol{y}\\|\leqslant\\|\boldsymbol{x}\\|+\\|\boldsymbol{y}\\|$； (4) 对任意 n 维向量 $\boldsymbol{x}$，$\boldsymbol{y}$，有 $\|[\boldsymbol{x}, \boldsymbol{y}]\|\leqslant\\|\boldsymbol{x}\\|\cdot\\|\boldsymbol{y}\\|$.

表 4—1—3　　正交向量组与正交基

定义	(1) 若向量 $\boldsymbol{\alpha}$ 与 $\boldsymbol{\beta}$ 的内积等于零，即 $[\boldsymbol{\alpha},\boldsymbol{\beta}]=0$，则称向量 $\boldsymbol{\alpha}$ 与 $\boldsymbol{\beta}$ 相互正交，记作 $\boldsymbol{\alpha}\perp\boldsymbol{\beta}$. (2) 若一非零向量组中的向量两两正交，则称该向量组为正交向量组. 正交向量组线性无关. (3) 若 $\boldsymbol{\alpha}_1,\boldsymbol{\alpha}_2,\cdots,\boldsymbol{\alpha}_r$ 是向量空间 $\boldsymbol{V}$ 的一个基，且 $\boldsymbol{\alpha}_1,\boldsymbol{\alpha}_2,\cdots,\boldsymbol{\alpha}_r$ 是两两正交的向量组，则称 $\boldsymbol{\alpha}_1,\boldsymbol{\alpha}_2,\cdots,\boldsymbol{\alpha}_r$ 是向量空间 $\boldsymbol{V}$ 的正交基，当 $\boldsymbol{\alpha}_1,\boldsymbol{\alpha}_2,\cdots,\boldsymbol{\alpha}_r$ 为单位向量时，称 $\boldsymbol{\alpha}_1,\boldsymbol{\alpha}_2,\cdots,\boldsymbol{\alpha}_r$ 是向量空间 $\boldsymbol{V}$ 的标准正交基.
规范正交基的求法	设 $\boldsymbol{\alpha}_1,\boldsymbol{\alpha}_2,\cdots,\boldsymbol{\alpha}_r$ 是向量空间 $\boldsymbol{V}$ 的一个基： (1) 正交化：令 $\boldsymbol{\beta}_1=\boldsymbol{\alpha}_1;\ \boldsymbol{\beta}_2=\boldsymbol{\alpha}_2-\frac{[\boldsymbol{\beta}_1,\boldsymbol{\alpha}_2]}{[\boldsymbol{\beta}_1,\boldsymbol{\beta}_1]}\boldsymbol{\beta}_1;\ \cdots$ $\boldsymbol{\beta}_r=\boldsymbol{\alpha}_r-\frac{[\boldsymbol{\beta}_1,\boldsymbol{\alpha}_r]}{[\boldsymbol{\beta}_1,\boldsymbol{\beta}_1]}\boldsymbol{\beta}_1-\frac{[\boldsymbol{\beta}_2,\boldsymbol{\alpha}_r]}{[\boldsymbol{\beta}_2,\boldsymbol{\beta}_2]}\boldsymbol{\beta}_2-\cdots-\frac{[\boldsymbol{\beta}_{r-1},\boldsymbol{\alpha}_r]}{[\boldsymbol{\beta}_{r-1},\boldsymbol{\beta}_{r-1}]}\boldsymbol{\beta}_{r-1},$ (2) 单位化：令 $\boldsymbol{e}_1=\frac{\boldsymbol{\beta}_1}{\Vert\boldsymbol{\beta}_1\Vert},\ \boldsymbol{e}_2=\frac{\boldsymbol{\beta}_2}{\Vert\boldsymbol{\beta}_2\Vert},\ \cdots,\ \boldsymbol{e}_r=\frac{\boldsymbol{\beta}_r}{\Vert\boldsymbol{\beta}_r\Vert},$ 则 $\boldsymbol{e}_1,\boldsymbol{e}_2,\cdots,\boldsymbol{e}_r$ 为向量空间 $\boldsymbol{V}$ 的一个规范正交基.

表 4—1—4　　正交矩阵与正交变换

定义	(1) 若 n 阶方阵 $\boldsymbol{A}$ 满足 $\boldsymbol{A}^{\mathrm{T}}\boldsymbol{A}=\boldsymbol{E}$，则称 $\boldsymbol{A}$ 为正交矩阵，简称正交阵. (2) 若 P 为正交矩阵，则线性变换 $\boldsymbol{y}=\boldsymbol{P}\boldsymbol{x}$ 称为正交变换，正交变换保持向量的内积及长度不变.
性质	(1) 若 $\boldsymbol{A}$ 是正交矩阵，则 $\boldsymbol{A}^{\mathrm{T}}$（或 $\boldsymbol{A}^{-1}$）也是正交矩阵，且 $\boldsymbol{A}^{\mathrm{T}}=\boldsymbol{A}^{-1}$. (2) 正交矩阵的行列式等于 1 或 −1. (3) 两个正交矩阵之积仍是正交矩阵.

二、典型例题分析

例 1　证明：向量 $\boldsymbol{\alpha},\boldsymbol{\beta}$ 的内积 $[\boldsymbol{\alpha},\boldsymbol{\beta}]=0$ 的充要条件为对任意的 λ，都有 $\Vert\boldsymbol{\alpha}+\lambda\boldsymbol{\beta}\Vert\geqslant\Vert\boldsymbol{\alpha}\Vert$.

证　必要性　若 $[\boldsymbol{\alpha},\boldsymbol{\beta}]=0$，则

$$\begin{aligned}\Vert\boldsymbol{\alpha}+\lambda\boldsymbol{\beta}\Vert^2&=[\boldsymbol{\alpha}+\lambda\boldsymbol{\beta},\boldsymbol{\alpha}+\lambda\boldsymbol{\beta}]=[\boldsymbol{\alpha},\boldsymbol{\alpha}]+2\lambda[\boldsymbol{\alpha},\boldsymbol{\beta}]+\lambda^2[\boldsymbol{\beta},\boldsymbol{\beta}]\\&=\Vert\boldsymbol{\alpha}\Vert^2+2\lambda[\boldsymbol{\alpha},\boldsymbol{\beta}]+\lambda^2\Vert\boldsymbol{\beta}\Vert^2\\&=\Vert\boldsymbol{\alpha}\Vert^2+\lambda^2\Vert\boldsymbol{\beta}\Vert^2,\end{aligned}$$

即

$$\|\boldsymbol{\alpha}+\lambda\boldsymbol{\beta}\|^2-\|\boldsymbol{\alpha}\|^2=\lambda^2\|\boldsymbol{\beta}\|^2\geqslant 0,$$

则

$$\|\boldsymbol{\alpha}+\lambda\boldsymbol{\beta}\|\geqslant\|\boldsymbol{\alpha}\|.$$

充分性　若$\forall\lambda$，都有$\|\boldsymbol{\alpha}+\lambda\boldsymbol{\beta}\|\geqslant\|\boldsymbol{\alpha}\|$，即$\forall\lambda$，都有

$$[\boldsymbol{\alpha}+\lambda\boldsymbol{\beta},\boldsymbol{\alpha}+\lambda\boldsymbol{\beta}]\geqslant[\boldsymbol{\alpha},\boldsymbol{\alpha}],$$

即

$$2\lambda[\boldsymbol{\alpha},\boldsymbol{\beta}]+\lambda^2[\boldsymbol{\beta},\boldsymbol{\beta}]\geqslant 0.$$

(1) 若$\boldsymbol{\beta}=\boldsymbol{0}$，则$[\boldsymbol{\alpha},\boldsymbol{\beta}]=0$；

(2) 若$\boldsymbol{\beta}\neq\boldsymbol{0}$，取$\lambda=-\dfrac{[\boldsymbol{\alpha},\boldsymbol{\beta}]}{[\boldsymbol{\beta},\boldsymbol{\beta}]}$，则

$$2\lambda[\boldsymbol{\alpha},\boldsymbol{\beta}]+\lambda^2[\boldsymbol{\beta},\boldsymbol{\beta}]=-\frac{[\boldsymbol{\alpha},\boldsymbol{\beta}]^2}{[\boldsymbol{\beta},\boldsymbol{\beta}]}\geqslant 0,$$

又$[\boldsymbol{\beta},\boldsymbol{\beta}]>0$，且$[\boldsymbol{\alpha},\boldsymbol{\beta}]^2\geqslant 0$，所以有

$$\frac{[\boldsymbol{\alpha},\boldsymbol{\beta}]^2}{[\boldsymbol{\beta},\boldsymbol{\beta}]}\leqslant 0,$$

则$\dfrac{[\boldsymbol{\alpha},\boldsymbol{\beta}]^2}{[\boldsymbol{\beta},\boldsymbol{\beta}]}=0$，即$[\boldsymbol{\alpha},\boldsymbol{\beta}]=0$.

小结：本题主要利用了向量内积的运算性质和向量长度的计算，证明充分性的关键在于对$\boldsymbol{\beta}$的讨论和确定λ的值.

例 2　求齐次线性方程组

$$\begin{cases}x_1+x_2-3x_4-x_5=0\\x_1-x_2+2x_3-x_4-x_5=0\\x_1+x_3-2x_4-x_5=0\end{cases}$$

的解空间的一个规范正交基.

解　齐次线性方程组$\boldsymbol{Ax}=\boldsymbol{0}$的解空间的基为$\boldsymbol{Ax}=\boldsymbol{0}$的基础解系.

(1) 求基础解系即解空间的基：

对系数矩阵$\boldsymbol{A}$作初等行变换

$$\boldsymbol{A}=\begin{pmatrix}1&1&0&-3&-1\\1&-1&2&-1&-1\\1&0&1&-2&-1\end{pmatrix}\rightarrow\begin{pmatrix}1&1&0&-3&-1\\0&-2&2&2&0\\0&-1&1&1&0\end{pmatrix}$$

$$\rightarrow\begin{pmatrix}1 & 1 & 0 & -3 & -1\\0 & 1 & -1 & -1 & 0\\0 & 0 & 0 & 0 & 0\end{pmatrix}.$$

可得与原方程组同解的方程组

$$\begin{cases}x_1+x_2-3x_4-x_5=0\\x_2-x_3-x_4=0\end{cases},$$

令 $\begin{pmatrix}x_3\\x_4\\x_5\end{pmatrix}=\begin{pmatrix}1\\0\\0\end{pmatrix},\begin{pmatrix}0\\1\\0\end{pmatrix},\begin{pmatrix}0\\0\\1\end{pmatrix}$，则对应的 $\begin{pmatrix}x_1\\x_2\end{pmatrix}=\begin{pmatrix}-1\\1\end{pmatrix},\begin{pmatrix}2\\1\end{pmatrix},\begin{pmatrix}1\\0\end{pmatrix}$.

故基础解系即解空间的基为

$$\boldsymbol{\alpha}_1=(-1,1,1,0,0)^{\mathrm{T}},\ \boldsymbol{\alpha}_2=(2,1,0,1,0)^{\mathrm{T}},\ \boldsymbol{\alpha}_3=(1,0,0,0,1)^{\mathrm{T}}.$$

(2) 将解空间的基 $\boldsymbol{\alpha}_1,\boldsymbol{\alpha}_2,\boldsymbol{\alpha}_3$ 化为规范正交基：

正交化：

$$\boldsymbol{\beta}_1=\boldsymbol{\alpha}_1;$$

$$\boldsymbol{\beta}_2=\boldsymbol{\alpha}_2-\frac{[\boldsymbol{\beta}_1,\boldsymbol{\alpha}_2]}{[\boldsymbol{\beta}_1,\boldsymbol{\beta}_1]}\boldsymbol{\beta}_1=\boldsymbol{\alpha}_2+\frac{1}{3}\boldsymbol{\beta}_1=\frac{1}{3}(5,4,1,3,0)^{\mathrm{T}};$$

$$\boldsymbol{\beta}_3=\boldsymbol{\alpha}_3-\frac{[\boldsymbol{\beta}_1,\boldsymbol{\alpha}_3]}{[\boldsymbol{\beta}_1,\boldsymbol{\beta}_1]}\boldsymbol{\beta}_1-\frac{[\boldsymbol{\beta}_2,\boldsymbol{\alpha}_3]}{[\boldsymbol{\beta}_2,\boldsymbol{\beta}_2]}\boldsymbol{\beta}_2=\frac{1}{17}(3,-1,4,-5,17)^{\mathrm{T}}.$$

单位化：

$$\boldsymbol{e}_1=\frac{\boldsymbol{\beta}_1}{\|\boldsymbol{\beta}_1\|}=\frac{1}{\sqrt{3}}(-1,1,1,0,0)^{\mathrm{T}};$$

$$\boldsymbol{e}_2=\frac{\boldsymbol{\beta}_2}{\|\boldsymbol{\beta}_2\|}=\frac{1}{\sqrt{51}}(5,4,1,3,0)^{\mathrm{T}};$$

$$\boldsymbol{e}_3=\frac{\boldsymbol{\beta}_3}{\|\boldsymbol{\beta}_3\|}=\frac{1}{\sqrt{340}}(3,-1,4,-5,17)^{\mathrm{T}}.$$

则 $\boldsymbol{e}_1,\boldsymbol{e}_2,\boldsymbol{e}_3$ 就是解空间的一个规范正交基.

小结：理解齐次线性方程组解空间的基就是基础解系，本题主要考查了规范正交基的求法.

例 3　证明下列命题成立：

(1) 若 $\boldsymbol{A}$ 是正交矩阵，则 $\boldsymbol{A}^{\mathrm{T}},\boldsymbol{A}^{-1},\boldsymbol{A}^{*}$ 均是正交矩阵；

(2) 矩阵 $\boldsymbol{A}$ 是正交矩阵的充要条件是 $|\boldsymbol{A}|=\pm1$，且 $|\boldsymbol{A}|=1$ 时，$a_{ij}=A_{ij}$；$|\boldsymbol{A}|=-1$ 时，$a_{ij}=-A_{ij}$.

证　(1) 由 $\boldsymbol{A}$ 正交可得

$$\boldsymbol{A}\boldsymbol{A}^{\mathrm{T}}=\boldsymbol{A}^{\mathrm{T}}\boldsymbol{A}=\boldsymbol{E},$$

所以 $\boldsymbol{A}^{\mathrm{T}}=\boldsymbol{A}^{-1}$，且

$$\boldsymbol{A}^{\mathrm{T}}(\boldsymbol{A}^{\mathrm{T}})^{\mathrm{T}}=\boldsymbol{A}^{\mathrm{T}}\boldsymbol{A}=(\boldsymbol{A}^{\mathrm{T}}\boldsymbol{A})^{\mathrm{T}}=(\boldsymbol{A}^{-1}\boldsymbol{A})^{\mathrm{T}}=\boldsymbol{E},$$

所以 $\boldsymbol{A}^{\mathrm{T}}$，$\boldsymbol{A}^{-1}$都是正交矩阵.

由 $\boldsymbol{A}$ 是正交矩阵可知

$$|\boldsymbol{A}|=\pm 1\Rightarrow \boldsymbol{A}^{*}=|\boldsymbol{A}|\boldsymbol{A}^{-1}=\pm\boldsymbol{A}^{-1},$$

则$(\boldsymbol{A}^{*})^{\mathrm{T}}=(\pm\boldsymbol{A}^{-1})^{\mathrm{T}}$，且

$$\boldsymbol{A}^{*}(\boldsymbol{A}^{*})^{\mathrm{T}}=\boldsymbol{A}^{-1}(\boldsymbol{A}^{-1})^{\mathrm{T}}=\boldsymbol{A}^{\mathrm{T}}(\boldsymbol{A}^{-1})^{\mathrm{T}}=(\boldsymbol{A}^{-1}\boldsymbol{A})^{\mathrm{T}}=\boldsymbol{E}.$$

(2) 必要性　若 $\boldsymbol{A}$ 正交，则 $\boldsymbol{A}\boldsymbol{A}^{\mathrm{T}}=\boldsymbol{A}^{\mathrm{T}}\boldsymbol{A}=\boldsymbol{E}$，有$|\boldsymbol{A}|^2=1$，即$|\boldsymbol{A}|=\pm 1$.

当$|\boldsymbol{A}|=1$时，$\boldsymbol{A}\boldsymbol{A}^{*}=|\boldsymbol{A}|\boldsymbol{E}=\boldsymbol{E}$，即 $\boldsymbol{A}^{*}=\boldsymbol{A}^{-1}=\boldsymbol{A}^{\mathrm{T}}$，所以有 $A_{ij}=a_{ij}$.

当$|\boldsymbol{A}|=-1$时，$\boldsymbol{A}\boldsymbol{A}^{*}=|\boldsymbol{A}|\boldsymbol{E}=-\boldsymbol{E}$，即 $\boldsymbol{A}^{*}=-\boldsymbol{A}^{-1}=-\boldsymbol{A}^{\mathrm{T}}$，所以有 $A_{ij}=-a_{ij}$.

充分性　若$|\boldsymbol{A}|=\pm 1$，

当$|\boldsymbol{A}|=1$且 $a_{ij}=A_{ij}$时，有 $\boldsymbol{A}^{\mathrm{T}}=\boldsymbol{A}^{*}$，则 $\boldsymbol{A}^{\mathrm{T}}\boldsymbol{A}=\boldsymbol{A}\boldsymbol{A}^{*}=|\boldsymbol{A}|\boldsymbol{E}=\boldsymbol{E}$.

当$|\boldsymbol{A}|=-1$且 $a_{ij}=-A_{ij}$时，有 $\boldsymbol{A}^{\mathrm{T}}=-\boldsymbol{A}^{*}$，$\boldsymbol{A}^{\mathrm{T}}\boldsymbol{A}=-\boldsymbol{A}\boldsymbol{A}^{*}=-|\boldsymbol{A}|\boldsymbol{E}=-(-1)\boldsymbol{E}=\boldsymbol{E}$，故 $\boldsymbol{A}\boldsymbol{A}^{\mathrm{T}}=\boldsymbol{E}$.

因此 $\boldsymbol{A}$ 是正交矩阵.

小结：本题的证明主要利用了正交矩阵的定义及伴随矩阵的性质：$\boldsymbol{A}\boldsymbol{A}^{*}=|\boldsymbol{A}|\boldsymbol{E}=\boldsymbol{E}$.

三、习题 4—1 解答

1. 在 $\boldsymbol{R}^3$ 中求与向量 $\boldsymbol{\alpha}=(1,1,1)^{\mathrm{T}}$ 正交的向量的全体，并说明几何意义.

解题思路　利用向量组正交的概念解题：若两向量 $\boldsymbol{\alpha}$ 与 $\boldsymbol{\beta}$ 的内积 $[\boldsymbol{\alpha},\boldsymbol{\beta}]=0$，则称向量 $\boldsymbol{\alpha}$ 与 $\boldsymbol{\beta}$ 相互正交.

解　设 $\boldsymbol{\beta}=(b_1,b_2,b_3)^{\mathrm{T}}$ 与 $\boldsymbol{\alpha}$ 正交$\Rightarrow[\boldsymbol{\alpha},\boldsymbol{\beta}]=b_1+b_2+b_3=0$.

令 $b_2=k_1$，$b_3=k_2\Rightarrow b_1=-k_1-k_2$.

于是与 $\boldsymbol{\alpha}=(1,1,1)^{\mathrm{T}}$ 正交的全体向量为

$$\boldsymbol{V}=\{(-k_1-k_2,k_1,k_2)^{\mathrm{T}}\mid k_1,k_2\in\mathbf{R}\},$$

它表示过原点与向量 $\boldsymbol{\alpha}$ 垂直的一个平面.

2. 设 $\boldsymbol{\alpha}_1$，$\boldsymbol{\alpha}_2$，$\boldsymbol{\alpha}_3$ 是一个规范正交组，求

$$\|4\boldsymbol{\alpha}_1-7\boldsymbol{\alpha}_2+4\boldsymbol{\alpha}_3\|.$$

解题思路　利用向量的长度的概念解题：$\|\boldsymbol{x}\|=\sqrt{[\boldsymbol{x},\boldsymbol{x}]}$.

解　$\|4\boldsymbol{\alpha}_1-7\boldsymbol{\alpha}_2+4\boldsymbol{\alpha}_3\|^2$

$=[4\boldsymbol{\alpha}_1-7\boldsymbol{\alpha}_2+4\boldsymbol{\alpha}_3, 4\boldsymbol{\alpha}_1-7\boldsymbol{\alpha}_2+4\boldsymbol{\alpha}_3]$

$=4^2+(-7)^2+4^2$

$=81.$

故　$\|4\boldsymbol{\alpha}_1-7\boldsymbol{\alpha}_2+4\boldsymbol{\alpha}_3\|=\sqrt{81}=9.$

3. 求与向量

$$\boldsymbol{\alpha}_1=(1,1,-1,1)^{\mathrm{T}}, \boldsymbol{\alpha}_2=(1,-1,1,1)^{\mathrm{T}}, \boldsymbol{\alpha}_3=(1,1,1,1)^{\mathrm{T}}$$

都正交的单位向量.

解题思路　利用向量组正交的概念解题，涉及向量的单位化.

解　设向量 $\boldsymbol{\alpha}=(x_1, x_2, x_3, x_4)$ 与 $\boldsymbol{\alpha}_1, \boldsymbol{\alpha}_2, \boldsymbol{\alpha}_3$ 都正交，则 $\boldsymbol{\alpha}$ 满足方程

$$\boldsymbol{\alpha}_i^{\mathrm{T}}\boldsymbol{\alpha}=\mathbf{0}\quad (i=1,2,3),$$

即满足方程组 $\begin{cases}x_1+x_2-x_3+x_4=0\\ x_1-x_2+x_3+x_4=0,\\ x_1+x_2+x_3+x_4=0\end{cases}$

它的基础解系为　$\boldsymbol{\xi}=\pm 1\cdot(1,0,0,-1)^{\mathrm{T}}$,

单位化，得向量$\pm\dfrac{1}{\sqrt{2}}(1,0,0,-1)^{\mathrm{T}}$，即为所求.

4. 将下列各组向量规范正交化：

(1) $\boldsymbol{\alpha}_1=\begin{pmatrix}1\\1\\1\end{pmatrix}, \boldsymbol{\alpha}_2=\begin{pmatrix}0\\1\\1\end{pmatrix}, \boldsymbol{\alpha}_3=\begin{pmatrix}0\\0\\1\end{pmatrix}.$

解　$\boldsymbol{\beta}_1=\boldsymbol{\alpha}_1=\begin{pmatrix}1\\1\\1\end{pmatrix}$,

$$\boldsymbol{\beta}_2=\boldsymbol{\alpha}_2-\frac{[\boldsymbol{\alpha}_2,\boldsymbol{\beta}_1]}{\|\boldsymbol{\beta}_1\|^2}\boldsymbol{\beta}_1=\begin{pmatrix}0\\1\\1\end{pmatrix}-\frac{2}{3}\begin{pmatrix}1\\1\\1\end{pmatrix}=\frac{1}{3}\begin{pmatrix}-2\\1\\1\end{pmatrix},$$

$$\boldsymbol{\beta}_3=\boldsymbol{\alpha}_3-\frac{[\boldsymbol{\alpha}_3,\boldsymbol{\beta}_1]}{\|\boldsymbol{\beta}_1\|^2}\boldsymbol{\beta}_1-\frac{[\boldsymbol{\alpha}_3,\boldsymbol{\beta}_2]}{\|\boldsymbol{\beta}_2\|^2}\boldsymbol{\beta}_2$$

$$=\begin{pmatrix}0\\0\\1\end{pmatrix}-\frac{1}{3}\begin{pmatrix}1\\1\\1\end{pmatrix}-\frac{1}{6}\begin{pmatrix}-2\\1\\1\end{pmatrix}=\frac{1}{2}\begin{pmatrix}0\\-1\\1\end{pmatrix},$$

再将它们单位化，取

$$\boldsymbol{e}_i=\frac{\boldsymbol{\beta}_i}{\|\boldsymbol{\beta}_i\|}\quad(i=1,2,3),$$

即

$$\boldsymbol{e}_1=\frac{1}{\sqrt{3}}\begin{pmatrix}1\\1\\1\end{pmatrix},\ \boldsymbol{e}_2=\frac{1}{\sqrt{6}}\begin{pmatrix}-2\\1\\1\end{pmatrix},\ \boldsymbol{e}_3=\frac{1}{\sqrt{2}}\begin{pmatrix}0\\-1\\1\end{pmatrix}.$$

(2) $\boldsymbol{\alpha}_1=\begin{pmatrix}1\\1\\0\\0\end{pmatrix},\ \boldsymbol{\alpha}_2=\begin{pmatrix}0\\1\\1\\0\end{pmatrix},\ \boldsymbol{\alpha}_3=\begin{pmatrix}1\\0\\1\\1\end{pmatrix}.$

解 应用施密特正交化方法.

$$\boldsymbol{\beta}_1=\boldsymbol{\alpha}_1=\begin{pmatrix}1\\1\\0\\0\end{pmatrix},$$

$$\boldsymbol{\beta}_2=\boldsymbol{\alpha}_2-\frac{[\boldsymbol{\alpha}_2,\boldsymbol{\beta}_1]}{\|\boldsymbol{\beta}_1\|^2}\boldsymbol{\beta}_1=\frac{1}{2}\begin{pmatrix}-1\\1\\2\\0\end{pmatrix},$$

$$\boldsymbol{\beta}_3=\boldsymbol{\alpha}_3-\frac{[\boldsymbol{\alpha}_3,\boldsymbol{\beta}_1]}{\|\boldsymbol{\beta}_1\|^2}\boldsymbol{\beta}_1-\frac{[\boldsymbol{\alpha}_3,\boldsymbol{\beta}_2]}{\|\boldsymbol{\beta}_2\|^2}\boldsymbol{\beta}_2=\frac{1}{3}\begin{pmatrix}2\\-2\\2\\3\end{pmatrix},$$

单位化，得

$$\boldsymbol{e}_1=\frac{1}{\sqrt{2}}\begin{pmatrix}1\\1\\0\\0\end{pmatrix},\ \boldsymbol{e}_2=\frac{1}{\sqrt{6}}\begin{pmatrix}-1\\1\\2\\0\end{pmatrix},\ \boldsymbol{e}_3=\frac{1}{\sqrt{21}}\begin{pmatrix}2\\-2\\2\\3\end{pmatrix}.$$

5. 设 $\boldsymbol{\alpha}_1,\boldsymbol{\alpha}_2,\cdots,\boldsymbol{\alpha}_n$ 为向量空间 $\boldsymbol{R}^n$ 的一个基，证明

证明思路 利用 $[\boldsymbol{\gamma},\boldsymbol{\alpha}]=0(i=1,2,\cdots,n)$ 来证明 $\boldsymbol{\gamma}=k_1\boldsymbol{\alpha}_1+\cdots+k_n\boldsymbol{\alpha}_n$ 中的系数 k_i 均为零.

(1)若 $\gamma\in\boldsymbol{R}^n$，且 $[\boldsymbol{\gamma}, \boldsymbol{\alpha}_i]=0(i=1, 2, \cdots, n)$，那么 $\boldsymbol{\gamma}=\boldsymbol{0}$.

证　(1) 因为 $\boldsymbol{\alpha}_1, \boldsymbol{\alpha}_2, \boldsymbol{\alpha}_3$ 为向量空间 $\boldsymbol{R}^n$ 的一个基，所以 $\boldsymbol{\gamma}$ 可用 $\boldsymbol{\alpha}_1, \cdots, \boldsymbol{\alpha}_n$ 线性表示，即存在 $k_1, \cdots, k_n$，使

$$\boldsymbol{\gamma}=k_1\boldsymbol{\alpha}_1+\cdots+k_n\boldsymbol{\alpha}_n,$$

$$[\boldsymbol{\gamma}, \boldsymbol{\gamma}]=k_1[\boldsymbol{\gamma}, \boldsymbol{\alpha}_1]+k_2[\boldsymbol{\gamma}, \boldsymbol{\alpha}_2]+\cdots+k_n[\boldsymbol{\gamma}, \boldsymbol{\alpha}_n].$$

$\because$　$[\boldsymbol{\gamma}, \boldsymbol{\alpha}_i]=0(i=1, \cdots, n)$

$\therefore$　$[\boldsymbol{\gamma}, \boldsymbol{\gamma}]=0\Rightarrow\gamma=0$.

(2) 若 $\boldsymbol{\gamma}_1, \boldsymbol{\gamma}_2\in\boldsymbol{R}^n$，对任一 $\alpha\in\boldsymbol{R}^n$ 有 $[\boldsymbol{\gamma}_1, \boldsymbol{\alpha}]=[\boldsymbol{\gamma}_2, \boldsymbol{\alpha}]$，那么 $\boldsymbol{\gamma}_1=\boldsymbol{\gamma}_2$.

证　$\because$ 对任意 $\boldsymbol{\alpha}\in\boldsymbol{R}^n$，有

$$[\boldsymbol{\gamma}_1, \boldsymbol{\alpha}]=[\boldsymbol{\gamma}_2, \boldsymbol{\alpha}],$$

对于基 $\boldsymbol{\alpha}_1, \cdots, \boldsymbol{\alpha}_n$，有

$$[\boldsymbol{\gamma}_1-\boldsymbol{\gamma}_2, \boldsymbol{\alpha}_i]=0\quad(i=1, \cdots, n).$$

由 (1) 得　$\boldsymbol{\gamma}_1-\boldsymbol{\gamma}_2=0\Rightarrow\boldsymbol{\gamma}_1=\boldsymbol{\gamma}_2$.

6. 判断下列矩阵是否为正交矩阵：

(1) $\begin{pmatrix} 3 & -3 & 1 \\ -3 & 1 & 3 \\ 1 & 3 & -3 \end{pmatrix}$.

解　第一个行向量非单位向量，故不是正交矩阵.

(2) $\begin{pmatrix} \frac{2}{3} & \frac{2}{3} & \frac{1}{3} \\ \frac{2}{3} & -\frac{1}{3} & -\frac{2}{3} \\ \frac{1}{3} & -\frac{2}{3} & \frac{2}{3} \end{pmatrix}$.

解　该方阵每一个行向量均是单位向量，且两两正交，故为正交矩阵.

7. 设 $\boldsymbol{\alpha}_1, \boldsymbol{\alpha}_2$ 为 n 维列向量，$\boldsymbol{A}$ 为 n 阶正交矩阵，证明：

证明思路　正交变换保持向量的内积及长度不变.

(1) $[\boldsymbol{A\alpha}_1, \boldsymbol{A\alpha}_2]=[\boldsymbol{\alpha}_1, \boldsymbol{\alpha}_2]$.

证　$[\boldsymbol{A\alpha}_1, \boldsymbol{A\alpha}_2]$

$$=(\boldsymbol{A\alpha}_1)^{\mathrm{T}}\boldsymbol{A\alpha}_2=\boldsymbol{\alpha}_1^{\mathrm{T}}(\boldsymbol{A}^{\mathrm{T}}\boldsymbol{A})\boldsymbol{\alpha}_2$$

$$=\boldsymbol{\alpha}_1^{\mathrm{T}}\boldsymbol{E}_n\boldsymbol{\alpha}_2=\boldsymbol{\alpha}_1^{\mathrm{T}}\boldsymbol{\alpha}_2=[\boldsymbol{\alpha}_1, \boldsymbol{\alpha}_2].$$

(2) $\|\boldsymbol{A\alpha}_1\|=\|\boldsymbol{\alpha}_1\|$.

证　由 (1) 得，

$$\|A\alpha_1\|^2=[A\alpha_1, A\alpha_1]$$
$$=[\alpha_1, \alpha_1]=\|\alpha_1\|^2$$
$$\Rightarrow\|A\alpha_1\|=\|\alpha_1\|.$$

8. 设 A 与 B 都是 n 阶正交矩阵，证明 AB 也是正交矩阵.

证明思路　利用正交矩阵的定义证明.

证　因为 A, B 是 n 阶正交矩阵，故

$$A^{-1}=A^{\mathrm{T}}, B^{-1}=B^{\mathrm{T}},$$
$$(AB)^{\mathrm{T}}(AB)=B^{\mathrm{T}}A^{\mathrm{T}}AB=B^{-1}A^{-1}AB=E,$$

故 AB 也是正交矩阵.

§4.2　矩阵的特征值与特征向量

一、主要知识归纳

表 4—2—1

定义	设 A 是 n 阶方阵，λ 是一个数，如果方程 $Ax=\lambda x$ 存在非零解向量，则称数 λ 为 A 的一个特征值，非零解向量 x 称为 A 的属于特征值 λ 的特征向量.
性质	(1) n 阶矩阵 A 与它的转置矩阵 A^{T} 有相同的特征值. (2) 设 $A=(a_{ij})$ 是 n 阶矩阵，则 $f(\lambda)=\lvert\lambda E-A\rvert=\begin{vmatrix}\lambda-a_{11} & -a_{12} & \cdots & -a_{1n}\\ -a_{21} & \lambda-a_{22} & \cdots & -a_{2n}\\ \cdots & \cdots & \cdots & \cdots\\ -a_{n1} & -a_{n2} & \cdots & \lambda-a_{nn}\end{vmatrix}$ $=\lambda^n-\left(\sum_{i=1}^{n}a_{ii}\right)\lambda^{n-1}+\cdots+(-1)^kS_k\lambda^{n-k}+\cdots+(-1)^n\lvert A\rvert,$ 其中 S_k 是 A 的全体 k 阶主子式的和. 设 $\lambda_1, \lambda_2, \cdots, \lambda_n$ 是 A 的 n 个特征值，则 $\lambda_1+\lambda_2+\cdots+\lambda_n=a_{11}+a_{22}+\cdots+a_{nn}$；　$\lambda_1\lambda_2\cdots\lambda_n=\lvert A\rvert$. (3) 设 $A=(a_{ij})$ 是 n 阶矩阵，如果 $\sum_{j=1}^{n}\lvert a_{ij}\rvert<1\quad(i=1, 2, \cdots, n)$ 或 $\sum_{i=1}^{n}\lvert a_{ij}\rvert<1\quad(j=1, 2, \cdots, n)$ 有一个成立，则矩阵 A 的所有特征值 λ_i 的模小于 1，即 $\lvert\lambda_i\rvert<1\ (i=1, 2, \cdots, n)$. (4) n 阶矩阵 A 的互不相等的特征值 $\lambda_1, \lambda_2, \cdots, \lambda_m$ 对应的特征向量 $P_1, P_2, \cdots, P_m$ 线性无关.
计算步骤	(1) 计算矩阵 A 的特征多项式 $\lvert\lambda E-A\rvert$； (2) 求特征方程 $\lvert\lambda E-A\rvert=0$ 的全部根，即 A 的全部特征值； (3) 对于特征值 λ_i，求齐次方程组 $(\lambda_i E-A)x=0$ 的非零解，即对应于 λ_i 的特征向量.

二、典型例题分析

例 1　设矩阵 $A=\begin{pmatrix} a & -1 & c \\ 5 & b & 3 \\ 1-c & 0 & -a \end{pmatrix}$，其行列式 $|A|=-1$，又 A 的伴随矩阵 A^* 有一个特征值 λ_0，属于 λ_0 的一个特征值为 $\alpha=(-1,\ -1,\ 1)^{\mathrm{T}}$，求 a，b，c 和 λ_0 的值.

解　由 α 是 A^* 属于特征值 λ_0 的特征向量可知 $A^*\alpha=\lambda_0\alpha$，故

$$AA^*\alpha=\lambda_0 A\alpha,$$

又　$AA^*=|A|E=-E$，故

$$-\alpha=\lambda_0 A\alpha,$$

即

$$\lambda_0\begin{pmatrix} a & -1 & c \\ 5 & b & 3 \\ 1-c & 0 & -a \end{pmatrix}\begin{pmatrix} -1 \\ -1 \\ 1 \end{pmatrix}=-\begin{pmatrix} -1 \\ -1 \\ 1 \end{pmatrix},$$

故

$$\begin{cases} \lambda_0(-a+1+c)=1 \\ \lambda_0(-5-b+3)=1 \\ \lambda_0(-1+c-a)=-1 \end{cases},$$

解得 $\lambda_0=1$，$b=-3$，$a=c$，又 $|A|=-1$，故

$$\begin{vmatrix} a & -1 & a \\ 5 & -3 & 3 \\ 1-a & 0 & -a \end{vmatrix}=a-3=-1\Rightarrow a=2,$$

因此 $a=2$，$b=-3$，$c=2$，$\lambda_0=1$.

小结：本题主要利用了矩阵的特征值与特征向量的定义，只不过这里的矩阵为伴随矩阵.

例 2　设有 4 阶方阵 A 满足条件 $AA^{\mathrm{T}}=3E$，$|\sqrt{3}E+A|=0$，$|A|<0$，其中 E 是 4 阶单位方阵. 求方阵 A 的伴随矩阵 A^* 的一个特征值.

解　由于 A 为 4 阶方阵，且 $AA^{\mathrm{T}}=3E$，则

$$|AA^{\mathrm{T}}|=|3E|\Rightarrow|A|^2=3^4,$$

又$|\boldsymbol{A}|<0$，故$|\boldsymbol{A}|=-9$.

由$\left|\sqrt{3}\boldsymbol{E}+\boldsymbol{A}\right|=0$，故$\left|\boldsymbol{A}^*(\sqrt{3}\boldsymbol{E}+\boldsymbol{A})\right|=0$，即

$$\left|\sqrt{3}\boldsymbol{A}^*+|\boldsymbol{A}|\boldsymbol{E}\right|=0,$$
$$\left|\sqrt{3}\boldsymbol{A}^*-9\boldsymbol{E}\right|=0,$$
$$\left|3\sqrt{3}\boldsymbol{E}-\boldsymbol{A}^*\right|=0,$$

因此$3\sqrt{3}$为$\boldsymbol{A}^*$的一个特征值.

小结：本题计算特征值的关键在于将$\left|\sqrt{3}\boldsymbol{E}+\boldsymbol{A}\right|=0$化为矩阵$\boldsymbol{A}^*$的特征方程$|\lambda\boldsymbol{E}-\boldsymbol{A}^*|=0$的形式.

例 3 设λ是n阶矩阵$\boldsymbol{A}$的特征值，对应的特征向量为$\boldsymbol{x}$，

(1) 求矩阵$k\boldsymbol{A}$，$\boldsymbol{A}^k$，$\boldsymbol{A}^*$的特征值及对应的特征向量；

(2) 若$\boldsymbol{A}$可逆，求$\boldsymbol{A}^{-1}$的特征值及对应的特征向量；

(3) 若$\boldsymbol{P}$为n阶可逆矩阵，求$\boldsymbol{P}^{-1}\boldsymbol{AP}$的特征值及对应的特征向量和$\boldsymbol{A}^{\mathrm{T}}$的特征值；

(4) 设$f(\boldsymbol{x})=a_0\boldsymbol{x}^m+a_1\boldsymbol{x}^{m-1}+\cdots+a_{m-1}\boldsymbol{x}+a_m$，求$f(\boldsymbol{A})$的特征值及对应的特征向量.

解 由题意可知$\boldsymbol{Ax}=\lambda\boldsymbol{x}$，则

(1) $k\boldsymbol{Ax}=k\lambda\boldsymbol{x}$，$\boldsymbol{A}^k\boldsymbol{x}=\lambda\boldsymbol{A}^{k-1}\boldsymbol{x}=\cdots=\lambda^k\boldsymbol{x}$，

故$k\lambda$，λ^k分别是$k\boldsymbol{A}$，$\boldsymbol{A}^k$的特征值，$\boldsymbol{x}$是$k\boldsymbol{A}$，$\boldsymbol{A}^k$的特征向量.

在等式$\boldsymbol{Ax}=\lambda\boldsymbol{x}$的两边左乘$\boldsymbol{A}^*$，有

$$\boldsymbol{A}^*\boldsymbol{Ax}=\lambda\boldsymbol{A}^*\boldsymbol{x}\Rightarrow|\boldsymbol{A}|\boldsymbol{x}=\lambda\boldsymbol{A}^*\boldsymbol{x}$$
$$\Rightarrow\boldsymbol{A}^*\boldsymbol{x}=\frac{|\boldsymbol{A}|}{\lambda}\boldsymbol{x},$$

则$\frac{|\boldsymbol{A}|}{\lambda}$是$\boldsymbol{A}^*$的特征值，$\boldsymbol{x}$是属于$\frac{|\boldsymbol{A}|}{\lambda}$的特征向量.

(2) 在$\boldsymbol{Ax}=\lambda\boldsymbol{x}$两边左乘$\boldsymbol{A}^{-1}$，有

$$\boldsymbol{A}^{-1}\boldsymbol{Ax}=\lambda\boldsymbol{A}^{-1}\boldsymbol{x}\Rightarrow\boldsymbol{x}=\lambda\boldsymbol{A}^{-1}\boldsymbol{x},$$
$$\Rightarrow\boldsymbol{A}^{-1}\boldsymbol{x}=\frac{1}{\lambda}\boldsymbol{x},$$

则$\frac{1}{\lambda}$是$\boldsymbol{A}^{-1}$的特征值，$\boldsymbol{x}$是属于$\frac{1}{\lambda}$的特征向量.

(3) $\boldsymbol{Ax}=\lambda\boldsymbol{x}\Rightarrow\boldsymbol{APP}^{-1}\boldsymbol{x}=\lambda\boldsymbol{x}$，

则

$$P^{-1}APP^{-1}x=\lambda P^{-1}x,$$
$$(P^{-1}AP)(P^{-1}x)=\lambda(P^{-1}x),$$

则 λ 是 $P^{-1}AP$ 的特征值，且 $P^{-1}x$ 为属于 λ 的特征向量.

又

$$|\lambda E-A|=|(\lambda E-A)^{\mathrm{T}}|=|\lambda E-A^{\mathrm{T}}|,$$

所以 λ 是 A^{T} 的特征值.

(4)
$$\begin{aligned}f(A)x&=(a_0A^m+a_1A^{m-1}+\cdots+a_{m-1}A+a_mE)x\\&=a_0A^mx+a_1A^{m-1}x+\cdots+a_mx\\&=(a_0\lambda^m+\cdots+a_m)x=f(\lambda)x,\end{aligned}$$

则 $f(\lambda)$ 是 $f(A)$ 的特征值，x 是属于 $f(\lambda)$ 的特征向量.

小结：本题用定义法归纳了与 A 相联系的矩阵的特征值与特征向量，本题的各结果可在以后计算时作为结论直接应用.

例 4　设 3 阶实可逆矩阵 A 的特征值为 $\lambda_1=1$，$\lambda_2=4$，$\lambda_3=-1$，求

(1) $2(A^{-1})^2-6A^*$ 的特征值；

(2) 行列式 $|2A^*+3A^2|$ 的值.

解　设 λ 是 A 的特征值，则由上题可知 $\frac{1}{\lambda}$，$\frac{|A|}{\lambda}$，$f(\lambda)$ 分别是 A^{-1}，A^*，$f(A)$ 的特征值.

(1) 设 λ 是 A 的特征值，x 是属于 λ 的特征向量，则 $Ax=\lambda x$，由此可得

$$2(A^{-1})^2x=\frac{2}{\lambda^2}x,\ 6A^*x=\frac{6|A|}{\lambda}x,$$

则
$$(2(A^{-1})^2-6A^*)x=\left(\frac{2}{\lambda^2}-\frac{6|A|}{\lambda}\right)x.$$

又 $|A|=\lambda_1\lambda_2\lambda_3=4$，设 $g(\lambda)=\frac{2}{\lambda^2}-\frac{24}{\lambda}$，则 $2(A^{-1})^2-6A^*$ 的特征值为

$$g(\lambda_1)=-22,\ g(\lambda_2)=\frac{49}{8},\ g(\lambda_3)=26.$$

(2) 与 (1) 同理可得 $2A^*+3A^2$ 的特征值为 11，46，-5，故

$$|2A^*+3A^2|=11\times46\times(-5)=-2\,530.$$

小结：本题主要利用了上题的结论：若 λ 是 A 的特征值，则 $\frac{1}{\lambda}$，$\frac{|A|}{\lambda}$，$f(\lambda)$ 分别是 A^{-1}，A^*，$f(A)$ 的特征值.

三、习题 4—2 解答

1. 设 $\boldsymbol{A}=\begin{pmatrix}3 & 2\\0 & -1\end{pmatrix}$，$\boldsymbol{\alpha}=\begin{pmatrix}-1\\2\end{pmatrix}$，$\boldsymbol{\beta}=\begin{pmatrix}1\\1\end{pmatrix}$. 判断 $\boldsymbol{\alpha}$ 和 $\boldsymbol{\beta}$ 是否为 $\boldsymbol{A}$ 的特征向量.

解 $\boldsymbol{A\alpha}=\begin{pmatrix}3 & 2\\0 & -1\end{pmatrix}\begin{pmatrix}-1\\2\end{pmatrix}=\begin{pmatrix}1\\-2\end{pmatrix}=-\begin{pmatrix}-1\\2\end{pmatrix}=-\boldsymbol{\alpha}$，

$$\boldsymbol{A\beta}=\begin{pmatrix}3 & 2\\0 & -1\end{pmatrix}\begin{pmatrix}1\\1\end{pmatrix}=\begin{pmatrix}5\\-1\end{pmatrix}\neq\lambda\begin{pmatrix}1\\1\end{pmatrix}.$$

故 $\boldsymbol{\alpha}$ 是矩阵 $\boldsymbol{A}$ 对应于特征值 λ 的特征向量，但 $\boldsymbol{\beta}$ 不是矩阵 $\boldsymbol{A}$ 对应于特征值 λ 的特征向量，因为 $\boldsymbol{A\beta}$ 不是 $\boldsymbol{\beta}$ 的倍数，如题 1 图所示.

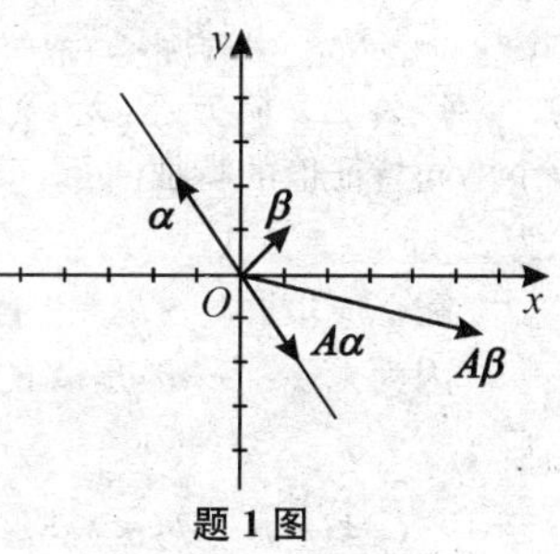

题 1 图

2. 证明：5 不是 $\boldsymbol{A}=\begin{pmatrix}6 & -3 & 1\\3 & 0 & 5\\2 & 2 & 6\end{pmatrix}$ 的特征值.

解 5 为 $\boldsymbol{A}$ 的特征值的充要条件是方程 $(\boldsymbol{A}-5\boldsymbol{E})\boldsymbol{x}=\boldsymbol{0}$ 有非零解.

$$\boldsymbol{A}-5\boldsymbol{E}=\begin{pmatrix}6 & -3 & 1\\3 & 0 & 5\\2 & 2 & 6\end{pmatrix}-\begin{pmatrix}5 & 0 & 0\\0 & 5 & 0\\0 & 0 & 5\end{pmatrix}=\begin{pmatrix}1 & -3 & 1\\3 & -5 & 5\\2 & 2 & 1\end{pmatrix},$$

对其进行初等行变换：

$$\begin{pmatrix}1 & -3 & 1 & 0\\3 & -5 & 5 & 0\\2 & 2 & 1 & 0\end{pmatrix}\to\begin{pmatrix}1 & -3 & 1 & 0\\0 & 4 & 2 & 0\\0 & 8 & -1 & 0\end{pmatrix}\to\begin{pmatrix}1 & -3 & 1 & 0\\0 & 4 & 2 & 0\\0 & 0 & -5 & 0\end{pmatrix}.$$

易知齐次线性方程组只有零解，从而 $\boldsymbol{A}-5\boldsymbol{E}$ 为可逆矩阵，故 5 不是 $\boldsymbol{A}$ 的特征值.

说明：也可以通过计算行列式 $|\boldsymbol{A}-5\boldsymbol{E}|\neq0$ 来证明 5 不是 $\boldsymbol{A}$ 的特征值.

3. 证明：三角形矩阵的特征值为其主对角线上的元素.

证 不妨设成上三角形矩阵 $\begin{pmatrix}\alpha_{11} & \alpha_{12} & \cdots & \alpha_{1n}\\0 & \alpha_{22} & \cdots & \alpha_{2n}\\\cdots & \cdots & \cdots & \cdots\\0 & 0 & \cdots & \alpha_{nn}\end{pmatrix}$（下三角形矩阵类似证明）.

因

$$A-\lambda E=\begin{pmatrix}\alpha_{11}&\alpha_{12}&\cdots&\alpha_{1n}\\0&\alpha_{22}&\cdots&\alpha_{2n}\\\cdots&\cdots&\cdots&\cdots\\0&0&\cdots&\alpha_{nn}\end{pmatrix}-\begin{pmatrix}\lambda&0&\cdots&0\\0&\lambda&\cdots&0\\\cdots&\cdots&\cdots&\cdots\\0&0&\cdots&\lambda\end{pmatrix}$$

$$=\begin{pmatrix}\alpha_{11}-\lambda&\alpha_{12}&\cdots&\alpha_{1n}\\0&\alpha_{22}-\lambda&\cdots&\alpha_{2n}\\\cdots&\cdots&\cdots&\cdots\\0&0&\cdots&\alpha_{nn}-\lambda\end{pmatrix}.$$

数量 λ 为 A 的特征值当且仅当方程 $(A-\lambda E)x=0$ 有非零解，进而当且仅当 $|A-\lambda E|=0$，即当且仅当 $|A-\lambda E|$ 对角线上至少有一元素为零，故 λ 等于 α_{11}，α_{22}，…，α_{nn} 其中之一，证毕.

4. A 为 n 阶方阵，λ_1，λ_2 是 A 的两个不同特征值，α_1，α_2 是分别属于 A 的两个不同特征值的特征向量，若 $k_1\alpha_1+k_2\alpha_2$ 仍为 A 的特征向量，则 k_1，k_2 的关系为________.

解　应填　$k_1\cdot k_2=0$ 且 $k_1+_2\neq 0$.

因为 $k_1\alpha_1+k_2\alpha_2$ 是 A 的特征向量，设其对应的特征值为 λ，

则

$$A(k_1\alpha_1+k_2\alpha_2)=\lambda(k_1\alpha_1+k_2\alpha_2),$$

$$k_1\lambda_1\alpha_1+k_2\lambda_2\alpha_2=k_1\lambda\alpha_1+k_2\lambda\alpha_2,$$

即　$k_1(\lambda_1-\lambda)\alpha_1+k_2(\lambda_2-\lambda)\alpha_2=0.$

因为 α_1，α_2 线性无关，所以

$$k_1(\lambda_1-\lambda)\alpha_1=0,\ k_1(\lambda_2-\lambda)\alpha_2=0.$$

又因 $\lambda_1\neq\lambda_2$，所以 $\lambda_1-\lambda\neq\lambda_2-\lambda$，故 $k_1\cdot k_2=0$.

但特征向量不能为零向量，所以 $k_1\cdot k_2=0$ 且 $k_1+k_2\neq 0$.

5. 求下列矩阵的特征值及特征向量：

(1) $\begin{pmatrix}1&2&3\\2&1&3\\3&3&6\end{pmatrix}$.

解　$|A-\lambda E|=\begin{vmatrix}1-\lambda&2&3\\2&1-\lambda&3\\3&3&6-\lambda\end{vmatrix}=-\lambda(\lambda+1)(\lambda-9).$

故 A 的特征值为 $\lambda_1=0$，$\lambda_2=-1$，$\lambda_3=9$.

当 $\lambda_1=0$ 时，解方程 $Ax=0$，由

$$A=\begin{pmatrix}1&2&3\\2&1&3\\3&3&6\end{pmatrix}\Rightarrow\begin{pmatrix}1&0&1\\0&1&1\\0&0&0\end{pmatrix},$$

得基础解系 $p_1=\begin{pmatrix}-1\\-1\\1\end{pmatrix}$，故 $k_1 p_1(k_1\neq 0)$ 是对应于 $\lambda_1=0$ 的全部特征向量.

当 $\lambda_2=-1$ 时，解方程$(A+E)x=0$，由

$$A+E=\begin{pmatrix}2&2&3\\2&2&3\\3&3&7\end{pmatrix}\Rightarrow\begin{pmatrix}2&2&3\\0&0&1\\0&0&0\end{pmatrix},$$

得基础解系 $p_2=\begin{pmatrix}-1\\1\\0\end{pmatrix}$，故 $k_2 p_2(k_2\neq 0)$ 是对应于 $\lambda_2=-1$ 的全部特征向量.

当 $\lambda_3=9$ 时，解方程 $(A-9E)x=0$，由

$$A-9E=\begin{pmatrix}-8&2&3\\2&-8&3\\3&3&-3\end{pmatrix}\Rightarrow\begin{pmatrix}1&0&-1/2\\0&1&-1/2\\0&0&0\end{pmatrix},$$

得基础解系 $p_3=\begin{pmatrix}1/2\\1/2\\1\end{pmatrix}$，故 $k_3 p_3(k_3\neq 0)$ 是对应于 $\lambda_3=9$ 的全部特征向量.

(2) $\begin{pmatrix}1&1&1&1\\1&1&-1&-1\\1&-1&1&-1\\1&-1&-1&1\end{pmatrix}$.

解 $$|\lambda E-A|=\begin{vmatrix}\lambda-1&-1&-1&-1\\-1&\lambda-1&1&1\\-1&1&\lambda-1&1\\-1&1&1&\lambda-1\end{vmatrix}\xlongequal[r_3+r_1\\ r_4+r_1]{r_2+r_1}\begin{vmatrix}\lambda-1&-1&-1&-1\\\lambda-2&\lambda-2&0&0\\\lambda-2&0&\lambda-2&0\\\lambda-2&0&0&\lambda-2\end{vmatrix}$$

$$\xlongequal[\lambda-2]{r_2,\ r_3,\ r_4\text{ 各提出公因式}}(\lambda-2)^3\begin{vmatrix}\lambda-1&-1&-1&-1\\1&1&0&0\\1&0&1&0\\1&0&0&1\end{vmatrix}$$

$$\xlongequal{c_1-c_4}(\lambda-2)^3\begin{vmatrix}\lambda & -1 & -1 & -1\\ 1 & 1 & 0 & 0\\ 1 & 0 & 1 & 0\\ 0 & 0 & 0 & 1\end{vmatrix}=(\lambda-2)^3\begin{vmatrix}\lambda & -1 & -1\\ 1 & 1 & 0\\ 1 & 0 & 1\end{vmatrix}$$

$$\xlongequal{c_1-c_3}(\lambda-2)^3\begin{vmatrix}\lambda+1 & -1 & -1\\ 1 & 1 & 0\\ 0 & 0 & 1\end{vmatrix}=(\lambda-2)^3\begin{vmatrix}\lambda+1 & -1\\ 1 & 1\end{vmatrix}$$

$$=(\lambda+2)(\lambda-2)^3,$$

故特征值　$\lambda_1=\lambda_2=\lambda_3=2$，$\lambda_4=-2$.

对 $\lambda_1=\lambda_2=\lambda_3=2$ 有方程组

$$\begin{cases}x_1-x_2-x_3-x_4=0\\ -x_1+x_2+x_3+x_4=0\end{cases},$$

即　　$x_1=x_2+x_3+x_4$.

若取自由未知量 $\begin{pmatrix}x_2\\ x_3\\ x_4\end{pmatrix}$ 分别为 $\begin{pmatrix}1\\ 0\\ 0\end{pmatrix}$，$\begin{pmatrix}0\\ 1\\ 0\end{pmatrix}$，$\begin{pmatrix}0\\ 0\\ 1\end{pmatrix}$，则有特征向量

$$c_1\begin{pmatrix}1\\ 1\\ 0\\ 0\end{pmatrix}+c_2\begin{pmatrix}1\\ 0\\ 1\\ 0\end{pmatrix}+c_3\begin{pmatrix}1\\ 0\\ 0\\ 1\end{pmatrix}\ (c_1,\ c_2,\ c_3\ \text{不全为零}).$$

对 $\lambda_4=-2$ 有方程组 $\begin{cases}-3x_1-x_2-x_3-x_4=0\\ -x_1-3x_2+x_3+x_4=0\\ -x_1+x_2-3x_3+x_4=0\\ -x_1+x_2+x_3-3x_4=0\end{cases}$，对其系数矩阵实施行初等变换：

$$\begin{pmatrix}-3 & -1 & -1 & -1\\ -1 & -3 & 1 & 1\\ -1 & 1 & -3 & 1\\ -1 & 1 & 1 & -3\end{pmatrix}\xrightarrow{r_1\leftrightarrow r_2}\begin{pmatrix}-1 & -3 & 1 & 1\\ -3 & -1 & -1 & -1\\ -1 & 1 & -3 & 1\\ -1 & 1 & 1 & -3\end{pmatrix}\xrightarrow[\substack{r_3-r_1\\ r_4-r_1}]{r_2-3r_1}$$

$$\begin{pmatrix}-1 & -3 & 1 & 1\\ 0 & 8 & -4 & -4\\ 0 & 4 & -4 & 0\\ 0 & 4 & 0 & -4\end{pmatrix}\xrightarrow{r_2\leftrightarrow r_3}\begin{pmatrix}-1 & -3 & 1 & 1\\ 0 & 4 & -4 & 0\\ 0 & 8 & -4 & -4\\ 0 & 4 & 0 & -4\end{pmatrix}\xrightarrow[r_4-r_2]{r_3-2r_2}$$

$$\begin{pmatrix}-1&-3&1&1\\0&4&-4&0\\0&0&4&-4\\0&0&4&-4\end{pmatrix}\xrightarrow[r_3\times\frac{1}{4}]{r_4-r_3}\begin{pmatrix}-1&-3&1&1\\0&4&-4&0\\0&0&1&-1\\0&0&0&0\end{pmatrix}\xrightarrow[r_2\times\frac{1}{4}]{r_1+r_3}$$

$$\begin{pmatrix}-1&-3&2&0\\0&1&-1&0\\0&0&1&-1\\0&0&0&0\end{pmatrix}\xrightarrow{r_1+2r_2}\begin{pmatrix}-1&-1&0&0\\0&1&-1&0\\0&0&1&-1\\0&0&0&0\end{pmatrix},$$

得同解方程组$\begin{cases}-x_1-x_2=0\\x_2-x_3=0\\x_3-x_4=0\end{cases}$，解得$\begin{cases}x_1=-x_2\\x_2=x_3\\x_3=x_4\end{cases}$，令 $x_4=1$ 得特征向量

$$c\begin{pmatrix}-1\\1\\1\\1\end{pmatrix}\quad(c\neq0).$$

6. 已知三阶矩阵 $\boldsymbol{A}$ 的特征值为 1，−2，3，求

(1) $2\boldsymbol{A}$ 的特征值.

(2) $\boldsymbol{A}^{-1}$ 的特征值.

解题思路 利用特征值的性质解题.

解 (1) $\boldsymbol{A}$ 的特征值为 λ，则 $k\boldsymbol{A}$ 的特征值为 $k\lambda$，所以 $2\boldsymbol{A}$ 的特征值为 2，−4，6.

(2) $\boldsymbol{A}$ 的特征值为 λ，则 $\boldsymbol{A}^{-1}$ 的特征值为$\frac{1}{\lambda}$，所以 $\boldsymbol{A}^{-1}$ 的特征值为 1，$-\frac{1}{2}$，$\frac{1}{3}$.

7. 设 n 阶矩阵 $\boldsymbol{A}$、$\boldsymbol{B}$ 满足 $\mathrm{r}(\boldsymbol{A})+\mathrm{r}(\boldsymbol{B})<n$，证明 $\boldsymbol{A}$ 与 $\boldsymbol{B}$ 有公共的特征值和特征向量.

证明思路 利用 $\lambda_1\lambda_2\cdots\lambda_n=|\boldsymbol{A}|$ 证明有公共的特征值，利用方程组与特征向量的关系证明有公共的特征向量.

证 显然，$\mathrm{r}(\boldsymbol{A})<n$.

$$\mathrm{r}(\boldsymbol{A})<n\Leftrightarrow\boldsymbol{A}\text{ 不可逆}\Leftrightarrow 0\text{ 是 }\boldsymbol{A}\text{ 的特征值}.$$

同理，0 也是 $\boldsymbol{B}$ 的特征值，于是 $\boldsymbol{A}$ 与 $\boldsymbol{B}$ 有公共的特征值 0.

$\boldsymbol{A}$ 与 $\boldsymbol{B}$ 的对应于 $\lambda=0$ 的特征向量依次是方程 $\boldsymbol{Ax}=\boldsymbol{0}$ 和 $\boldsymbol{Bx}=\boldsymbol{0}$ 的非零解.

于是 $\boldsymbol{A}$ 与 $\boldsymbol{B}$ 有对应于 $\lambda=0$ 的公共特征向量

$$\Leftrightarrow\text{方程组}\begin{cases}\boldsymbol{Ax}=\boldsymbol{0}\\\boldsymbol{Bx}=\boldsymbol{0}\end{cases}\text{有非零解}$$

$$\Leftrightarrow \text{方程组} \begin{pmatrix} \boldsymbol{A} \\ \boldsymbol{B} \end{pmatrix} \boldsymbol{x}=\boldsymbol{0} \text{ 有非零解} \Leftrightarrow \mathrm{r} \begin{pmatrix} \boldsymbol{A} \\ \boldsymbol{B} \end{pmatrix} < n.$$

另一方面，由矩阵秩的性质

$$\mathrm{r}\begin{pmatrix} \boldsymbol{A} \\ \boldsymbol{B} \end{pmatrix} = \mathrm{r}(\boldsymbol{A}^{\mathrm{T}}, \boldsymbol{B}^{\mathrm{T}}) \leqslant \mathrm{r}(\boldsymbol{A}^{\mathrm{T}}) + \mathrm{r}(\boldsymbol{B}^{\mathrm{T}}) = \mathrm{r}(\boldsymbol{A}) + \mathrm{r}(\boldsymbol{B}) < n.$$

综上所述，$\boldsymbol{A}$ 与 $\boldsymbol{B}$ 有公共的特征向量.

8. 设 $\boldsymbol{A}^2-3\boldsymbol{A}+2\boldsymbol{E}=\boldsymbol{0}$，证明 $\boldsymbol{A}$ 的特征值只能取 1 或 2.

证明思路　利用矩阵 $\boldsymbol{A}$ 的特征方程 $|\lambda\boldsymbol{E}-\boldsymbol{A}|=0$ 解题.

证　$\because \boldsymbol{A}^2-3\boldsymbol{A}+2\boldsymbol{E}=\boldsymbol{0}$，

$\therefore$　$(\boldsymbol{A}-\boldsymbol{E})(\boldsymbol{A}-2\boldsymbol{E})=\boldsymbol{0}$，

$\Rightarrow |\boldsymbol{A}-\boldsymbol{E}|=0$　或　$|\boldsymbol{A}-2\boldsymbol{E}|=0$，

即　$|\boldsymbol{E}-\boldsymbol{A}|=0$　或　$|2\boldsymbol{E}-\boldsymbol{A}|=0$，

故 $\boldsymbol{A}$ 的特征值只能取 1 或 2.

9. 已知 0 是矩阵 $\boldsymbol{A}=\begin{pmatrix} 1 & 0 & 1 \\ 0 & 2 & 0 \\ 1 & 0 & a \end{pmatrix}$ 的特征值，求 $\boldsymbol{A}$ 的特征值和特征向量.

解题思路　利用 $\lambda_1\lambda_2\cdots\lambda_n=|\boldsymbol{A}|$，求参数 a，再按照定义求 $\boldsymbol{A}$ 的特征值和特征向量.

解　$\because$ 0 是 $\boldsymbol{A}$ 的特征值，

$\therefore |\boldsymbol{A}|=0 \Rightarrow a=1$.

由 $|\lambda\boldsymbol{E}-\boldsymbol{A}|=\lambda(\lambda-2)^2=0$，求出 $\boldsymbol{A}$ 的特征值，

$$\lambda_1=\lambda_2=2,\ \lambda_3=0.$$

当 $\lambda=2$ 时，由 $(2\boldsymbol{E}-\boldsymbol{A})\boldsymbol{x}=\boldsymbol{0}$ 解出 $\boldsymbol{A}$ 的属于 $\lambda=2$ 的特征向量为

$$k_1\begin{pmatrix} 0 \\ 1 \\ 0 \end{pmatrix} + k_2\begin{pmatrix} 1 \\ 0 \\ 1 \end{pmatrix} (k_1,\ k_2 \text{ 不全为 } 0).$$

当 $\lambda=0$ 时，由 $\boldsymbol{A}\boldsymbol{x}=\boldsymbol{0}$ 解出 $\boldsymbol{A}$ 的属于 λ 的特征向量为

$$k_3\begin{pmatrix} 1 \\ 0 \\ -1 \end{pmatrix},\ k_3 \in \mathbf{R},\ k_3 \neq 0.$$

10. 设 $\boldsymbol{\alpha}$ 是 $\boldsymbol{A}$ 的对应于特征值 λ_0 的特征向量，证明：

证明思路　利用特征向量的性质解题.

(1) $\boldsymbol{\alpha}$ 是 $\boldsymbol{A}^m$ 的对应于特征值 λ_0^m 的特征向量.

证　因为 $\boldsymbol{\alpha}$ 是 $\boldsymbol{A}$ 的对应于特征值 λ_0 的特征向量，所以

$$\boldsymbol{A\alpha}=\lambda_0\boldsymbol{\alpha},$$

那么　$$\boldsymbol{A}^2\boldsymbol{\alpha}=\boldsymbol{AA\alpha}=\boldsymbol{A}\lambda_0\boldsymbol{\alpha}=\lambda_0(\boldsymbol{A\alpha})=\lambda_0^2\boldsymbol{\alpha},$$

得　$$\boldsymbol{A}^m\boldsymbol{\alpha}=\lambda_0^m\boldsymbol{\alpha},$$

即 $\boldsymbol{\alpha}$ 是 $\boldsymbol{A}^m$ 的对应于特征值 λ_0^m 的特征向量.

(2) 对多项式 $f(x)$，$\boldsymbol{\alpha}$ 是 $f(\boldsymbol{A})$ 的对应于 $f(\lambda_0)$ 的特征向量.

证　利用 (1) 的结论推导出 (2) 显然成立.

11. 设 $\lambda\neq0$ 是 m 阶矩阵 $\boldsymbol{A}_{m\times n}\boldsymbol{B}_{n\times m}$ 的特征值，证明 λ 也是 n 阶矩阵 $\boldsymbol{BA}$ 的特征值.

证　根据特征值的定义证明.

设 λ 是矩阵 $\boldsymbol{AB}$ 的任一非零特征值，$\boldsymbol{\xi}$ 是对应于它的特征向量，即有

$$\boldsymbol{AB\xi}=\lambda\boldsymbol{\xi},\tag{$*$}$$

用矩阵 $\boldsymbol{B}$ 左乘上式两边，得

$$(\boldsymbol{BA})\boldsymbol{B\xi}=\boldsymbol{B}(\boldsymbol{AB\xi})=\boldsymbol{B}\lambda\boldsymbol{\xi}=\lambda(\boldsymbol{B\xi}).$$

若 $\boldsymbol{B\xi}\neq\boldsymbol{0}$，则由特征值定义知，$\lambda$ 为 $\boldsymbol{BA}$ 的特征值；若 $\boldsymbol{B\xi}=0$，代入 ($*$) 式，即得

$$\lambda\boldsymbol{\xi}=\boldsymbol{0}.$$

因 $\boldsymbol{\xi}$ 为特征向量，$\boldsymbol{\xi}\neq\boldsymbol{0}$，故 $\lambda=0$，这与 $\lambda\neq0$ 矛盾.

此矛盾说明必有 $\boldsymbol{B\xi}\neq\boldsymbol{0}$.

12. $\boldsymbol{A}$ 为 n 阶方阵，$\boldsymbol{Ax}=\boldsymbol{0}$ 有非零解，则 $\boldsymbol{A}$ 必有一个特征值是________.

解　应填 0.

$\boldsymbol{Ax}=\boldsymbol{0}$ 有非零解 $\Leftrightarrow|\boldsymbol{A}|=0$.

因为 $|\boldsymbol{A}|=\lambda_1\cdot\lambda_2\cdot\cdots\cdot\lambda_n=0$，所以 $\boldsymbol{A}$ 必有一个特征值等于 0.

13. $\boldsymbol{A}$ 为 n 阶方阵，λ 是 $\boldsymbol{A}$ 的一个特征值，则 $\boldsymbol{A}^*$ 必有一个特征值是________.

解　应填 $|\boldsymbol{A}|\lambda^{-1}$.

因为 $\boldsymbol{A}$ 可逆，故 $\boldsymbol{A}^*=|\boldsymbol{A}|\boldsymbol{A}^{-1}$.

又因 λ^{-1} 是 $\boldsymbol{A}^{-1}$ 的特征值，所以 $\boldsymbol{A}^*$ 的特征值是 $|\boldsymbol{A}|\lambda^{-1}$.

14. 已知三阶矩阵 $\boldsymbol{A}$ 的特征值为 1，2，3，求 $|\boldsymbol{A}^3-5\boldsymbol{A}^2+7\boldsymbol{A}|$.

解题思路　结合 $\lambda_1\lambda_2\cdots\lambda_n=|\boldsymbol{A}|$，利用特征值的性质解题.

解　令 $\varphi(\boldsymbol{A})=\boldsymbol{A}^3-5\boldsymbol{A}^2+7\boldsymbol{A}$，则 $\varphi(\boldsymbol{A})$ 的特征值为 $\varphi(1)$，$\varphi(2)$，$\varphi(3)$，

$$\begin{aligned}\therefore\quad|\varphi(\boldsymbol{A})|&=|\boldsymbol{A}^3-5\boldsymbol{A}^2+7\boldsymbol{A}|\\&=\varphi(1)\varphi(2)\varphi(3)\end{aligned}$$

$$=3\times2\times3=18.$$

15. 已知三阶矩阵 $\boldsymbol{A}$ 的特征值为 1，2，-3，求 $|\boldsymbol{A}^*-3\boldsymbol{A}+2\boldsymbol{E}|$.

解题思路　参照上述两题解本题.

解　首先由特征值性质，知 $|\boldsymbol{A}|=-6$.

因 $|\boldsymbol{A}|\neq0$，知 $\boldsymbol{A}$ 可逆，且

$$\boldsymbol{A}^*=|\boldsymbol{A}|\boldsymbol{A}^{-1}=-6\boldsymbol{A}^{-1},$$

记　$\varphi(\boldsymbol{A})=\boldsymbol{A}^*-3\boldsymbol{A}+2\boldsymbol{E}=-6\boldsymbol{A}^{-1}-3\boldsymbol{A}+2\boldsymbol{E}$,

则　$\varphi(\lambda)=-6\lambda^{-1}-3\lambda+2$.

于是，三阶方阵 $\varphi(\boldsymbol{A})$ 有特征值

$$\varphi(1)=-7,\ \varphi(2)=-7,\ \varphi(-3)=13,$$

进而所求行列式

$$|\varphi(\boldsymbol{A})|=\varphi(1)\varphi(2)\varphi(-3)=637.$$

§4.3　相似矩阵

一、主要知识归纳

表 4—3—1　　**相似矩阵**

定义	设 $\boldsymbol{A}$，$\boldsymbol{B}$ 都是 n 阶矩阵，若存在可逆矩阵 $\boldsymbol{P}$，使得 $\boldsymbol{P}^{-1}\boldsymbol{A}\boldsymbol{P}=\boldsymbol{B}$， 则称 $\boldsymbol{B}$ 是 $\boldsymbol{A}$ 的相似矩阵，或称矩阵 $\boldsymbol{A}$ 与 $\boldsymbol{B}$ 相似. 对 $\boldsymbol{A}$ 进行 $\boldsymbol{P}^{-1}\boldsymbol{A}\boldsymbol{P}$ 运算称为对 $\boldsymbol{A}$ 进行相似变换，可逆矩阵 $\boldsymbol{P}$ 为相似变换矩阵. 矩阵的相似关系是一种等价关系，满足：自反性、对称性、传递性.
性质	(1) 若 n 阶矩阵 $\boldsymbol{A}$ 与 $\boldsymbol{B}$ 相似，则 $\boldsymbol{A}$ 与 $\boldsymbol{B}$ 的特征多项式相同，从而 $\boldsymbol{A}$ 与 $\boldsymbol{B}$ 的特征值也相同； (2) 相似矩阵的秩与行列式相等且有相同的可逆性.

表 4—3—2　　**矩阵对角化**

与对角矩阵相似的条件	(1) n 阶矩阵 $\boldsymbol{A}$ 与对角矩阵 $\boldsymbol{\Lambda}=\begin{pmatrix}\lambda_1&&&\\&\lambda_2&&\\&&\ddots&\\&&&\lambda_n\end{pmatrix}$ 相似的充分必要条件为矩阵 $\boldsymbol{A}$ 有 n 个线性无关的特征向量. (2) 若 n 阶矩阵 $\boldsymbol{A}$ 有 n 个互异的特征值 $\lambda_1,\lambda_2,\cdots,\lambda_n$，则 $\boldsymbol{A}$ 与对角矩阵 $\boldsymbol{\Lambda}$ 相似.

续前表

可对角化	(1) 对于 n 阶矩阵 $\boldsymbol{A}$，若存在可逆矩阵 $\boldsymbol{P}$，使 $\boldsymbol{P}^{-1}\boldsymbol{AP}=\boldsymbol{\Lambda}$ 为对角矩阵，则称方阵 $\boldsymbol{A}$ 可对角化. (2) n 阶矩阵 $\boldsymbol{A}$ 可对角化的充要条件是 $\boldsymbol{A}$ 的每个特征值中，线性无关的特征向量的个数恰好等于该特征值的重数，或设 λ_i 是矩阵 $\boldsymbol{A}$ 的 n_i 重特征值，则 $\boldsymbol{A}\sim\boldsymbol{\Lambda}\Leftrightarrow \mathrm{r}(\lambda_i\boldsymbol{E}-\boldsymbol{A})=n-n_i(i=1, 2, \cdots, n)$.
对角化步骤	(1) 求出 $\boldsymbol{A}$ 的全部特征值 $\lambda_1, \lambda_2, \cdots, \lambda_s$； (2) 对每一个特征值 λ_i，设其重数为 n_i，则对应齐次方程组 $(\lambda_i\boldsymbol{E}-\boldsymbol{A})\ \boldsymbol{x}=\boldsymbol{0}$ 的基础解系由 n_i 个向量 $\boldsymbol{\xi}_{i1}, \boldsymbol{\xi}_{i2}, \cdots, \boldsymbol{\xi}_{in_i}$ 构成，即 $\boldsymbol{\xi}_{i1}, \boldsymbol{\xi}_{i2}, \cdots, \boldsymbol{\xi}_{in_i}$ 为 λ_i 对应的线性无关的特征向量； (3) 上面求出的特征向量 $\boldsymbol{\xi}_{11}, \boldsymbol{\xi}_{12}, \cdots, \boldsymbol{\xi}_{1n_1}, \boldsymbol{\xi}_{21}, \boldsymbol{\xi}_{22}, \cdots, \boldsymbol{\xi}_{2n_2}, \cdots, \boldsymbol{\xi}_{s1}, \boldsymbol{\xi}_{s2}, \cdots, \boldsymbol{\xi}_{sn_s}$ 恰好为矩阵 $\boldsymbol{A}$ 的 n 个线性无关的特征向量； (4) 令 $\boldsymbol{P}=(\boldsymbol{\xi}_{11}, \boldsymbol{\xi}_{12}, \cdots, \boldsymbol{\xi}_{1n_1}, \boldsymbol{\xi}_{21}, \boldsymbol{\xi}_{22}, \cdots, \boldsymbol{\xi}_{2n_2}, \cdots, \boldsymbol{\xi}_{s1}, \boldsymbol{\xi}_{s2}, \cdots, \boldsymbol{\xi}_{sn_2})$， 则 $\boldsymbol{P}^{-1}\boldsymbol{AP}=\boldsymbol{\Lambda}$.

二、典型例题分析

例 1 下列矩阵中，a, b, c 取何值时，$\boldsymbol{A}$ 可对角化？

$$\boldsymbol{A}=\begin{pmatrix}1&0&0&0\\a&1&0&0\\2&b&2&0\\2&3&c&2\end{pmatrix}.$$

解 矩阵 $\boldsymbol{A}$ 的特征方程为

$$|\lambda\boldsymbol{E}-\boldsymbol{A}|=(\lambda-1)^2(\lambda-2)^2=0,$$

解得 $\boldsymbol{A}$ 的特征值分别为 $\lambda_1=\lambda_2=1$, $\lambda_3=\lambda_4=2$.

为使

$$\mathrm{r}(\lambda_1\boldsymbol{E}-\boldsymbol{A})=\mathrm{r}(\boldsymbol{E}-\boldsymbol{A})=\mathrm{r}\begin{pmatrix}0&0&0&0\\-a&0&0&0\\-2&-b&-1&0\\-2&-3&-c&-1\end{pmatrix}=n-k_1=4-2=2,$$

必有 $a=0$, b, c 可任意.

同理，为使

$$\mathrm{r}(\lambda_3\boldsymbol{E}-\boldsymbol{A})=\mathrm{r}(2\boldsymbol{E}-\boldsymbol{A})=\mathrm{r}\begin{pmatrix}1&0&0&0\\-a&1&0&0\\-2&-b&0&0\\-2&-3&-c&0\end{pmatrix}=n-k_3=4-2=2,$$

必有 $c=0$，a，b 任意.
因此当 $a=c=0$，b 为任意数时，$\boldsymbol{A}$ 可对角化.

小结：判断矩阵 $\boldsymbol{A}$ 能否对角化，有时不一定需要求出所有的特征向量，可以通过判断矩阵 $\lambda\boldsymbol{E}-\boldsymbol{A}$ 的秩来确定.

例 2　求矩阵 $\begin{pmatrix}3&-4&-4\\0&2&0\\2&-2&-3\end{pmatrix}^k$　（k 为正整数）.

解　令 $\boldsymbol{A}=\begin{pmatrix}3&-4&-4\\0&2&0\\2&-2&-3\end{pmatrix}$，则

$$|\lambda\boldsymbol{E}-\boldsymbol{A}|=\begin{vmatrix}\lambda-3&4&4\\0&\lambda-2&0\\-2&2&\lambda+3\end{vmatrix}=(\lambda-1)(\lambda-2)(\lambda+1),$$

解得 $\lambda_1=1$，$\lambda_2=2$，$\lambda_3=-1$，与其对应的特征向量分别是

$$\boldsymbol{\alpha}_1=(2,0,1)^{\mathrm{T}},\ \boldsymbol{\alpha}_2=(4,-1,2)^{\mathrm{T}},\ \boldsymbol{\alpha}_3=(1,0,1)^{\mathrm{T}}.$$

由于三阶矩阵 $\boldsymbol{A}$ 有三个不同的特征值或三个线性无关的特征向量，则矩阵 A 可对角化.

令 $\boldsymbol{P}=\begin{pmatrix}2&4&1\\0&-1&0\\1&2&1\end{pmatrix}$，则 $\boldsymbol{P}^{-1}=\begin{pmatrix}1&2&-1\\0&-1&0\\-1&0&2\end{pmatrix}$，有

$$\boldsymbol{P}^{-1}\boldsymbol{A}\boldsymbol{P}=\begin{pmatrix}1&&\\&2&\\&&-1\end{pmatrix}\Rightarrow\boldsymbol{A}=\boldsymbol{P}\begin{pmatrix}1&&\\&2&\\&&-1\end{pmatrix}\boldsymbol{P}^{-1}.$$

则
$$\boldsymbol{A}^k=\boldsymbol{P}\begin{pmatrix}1&&\\&2&\\&&-1\end{pmatrix}^k\boldsymbol{P}^{-1}=\begin{pmatrix}2+(-1)^{k+1}&4(1-2^k)&2[(-1)^k-1]\\0&2^k&0\\1+(-1)^{k+1}&2(1-2^k)&2(-1)^k-1\end{pmatrix}.$$

小结：　本题利用了矩阵的对角化. 一般求矩阵的高次幂，常常先把矩阵对角化再求，即若存在可逆矩阵 $\boldsymbol{P}$，使 $\boldsymbol{P}^{-1}\boldsymbol{A}\boldsymbol{P}=\boldsymbol{\Lambda}$，则

$$A=P\Lambda P^{-1}\Rightarrow A^m=P\Lambda^m P^{-1}.$$

例 3 设 n 阶方阵 $A\neq 0$，满足 $A^m=0$，(m 为正整数)

(1) 求 A 的特征值；

(2) 证明 A 不能相似于对角矩阵；

(3) 证明 $|E+A|=1$.

解 (1) 设 λ 为 A 的任一特征值，x 为对应的特征向量，则

$$Ax=\lambda x,$$

在等式两端左乘 A，得

$$A^2x=\lambda Ax=\lambda^2x\Rightarrow A^mx=\lambda^mx,$$

因为 $A^m=0$，且 $x\neq 0$，则 $\lambda=0$，即幂零矩阵 A 的特征值全为零.

(2) A 的特征向量为方程组 $(0E-A)x=0$ 的非零解，因为 $A\neq 0$，有

$$r(-A)\geqslant 1,$$

故该方程组的基础解系中所含向量的个数即 A 的线性无关的特征向量的个数为

$$n-r(-A)\leqslant n-1<n,$$

所以 n 阶方阵 A 不能相似于对角矩阵.

(3) 设 λ 为方阵 $E+A$ 的任一特征值，x 为对应的特征向量，则有

$$(E+A)x=\lambda x\Rightarrow Ax=(\lambda-1)x.$$

故 $\lambda-1$ 为 A 的特征值，由 (1) 可知 A 的特征值全为零，则

$$\lambda-1=0\Rightarrow\lambda=1.$$

由 λ 的任意性知 $E+A$ 的特征值全为 1，再根据方阵的特征值等于全部特征值的乘积得

$$|E+A|=1.$$

小结：(1) 本题主要考查了矩阵的特征值与矩阵多项式的特征值之间的关系；

(2) 本题考查了矩阵 A 与对角阵相似的充分必要条件为矩阵 A 有 n 个线性无关的特征向量；

(3) 本题考查了特征值的性质 $|A|=\lambda_1\lambda_2\cdots\lambda_n$，在求特征值时实质上还是利用了矩阵的特征值与矩阵多项式的特征值之间的关系.

三、习题 4—3 解答

1. 若 n 阶方阵 A 与 B 相似，证明：

证明思路　利用相似矩阵的概念证明相似矩阵的性质.

(1) $r(\boldsymbol{A})=r(\boldsymbol{B})$.

证　若 n 阶方阵 $\boldsymbol{A}$ 与 $\boldsymbol{B}$ 相似，则有可逆方阵 $\boldsymbol{U}$，使得

$$\boldsymbol{U}^{-1}\boldsymbol{A}\boldsymbol{U}=\boldsymbol{B},$$

可逆方阵 $\boldsymbol{U}$ 和 $\boldsymbol{U}^{-1}$ 都可以表示为有限个初等矩阵的乘积，即 $\boldsymbol{A}$ 经过有限次初等变换成为 $\boldsymbol{B}$，所以

$$r(\boldsymbol{A})=r(\boldsymbol{B}).$$

(2) $|\boldsymbol{A}|=|\boldsymbol{B}|$.

证　因为 $\boldsymbol{U}^{-1}\boldsymbol{A}\boldsymbol{U}=\boldsymbol{B}$,

所以　$|\boldsymbol{U}^{-1}\boldsymbol{A}\boldsymbol{U}|=|\boldsymbol{B}|$,

则有　$|\boldsymbol{A}|=|\boldsymbol{B}|$.

(3) $(\lambda\boldsymbol{E}-\boldsymbol{A})^k$ 与 $(\lambda\boldsymbol{E}-\boldsymbol{B})^k$ 相似，其中 k 为任意正整数.

证　由 $\boldsymbol{U}^{-1}\boldsymbol{A}\boldsymbol{U}=\boldsymbol{B}$，得

$$\begin{aligned}(\lambda\boldsymbol{E}-\boldsymbol{B})^k&=(\lambda\boldsymbol{E}-\boldsymbol{U}^{-1}\boldsymbol{A}\boldsymbol{U})^k\\&=(\boldsymbol{U}^{-1}\lambda\boldsymbol{E}\boldsymbol{U}-\boldsymbol{U}^{-1}\boldsymbol{A}\boldsymbol{U})^k=(\boldsymbol{U}^{-1}(\lambda\boldsymbol{E}-\boldsymbol{A})\boldsymbol{U})^k\\&=\boldsymbol{U}^{-1}(\lambda\boldsymbol{E}-\boldsymbol{A})\boldsymbol{U}\boldsymbol{U}^{-1}(\lambda\boldsymbol{E}-\boldsymbol{A})\boldsymbol{U}\cdots\boldsymbol{U}^{-1}(\lambda\boldsymbol{E}-\boldsymbol{A})\boldsymbol{U}\\&=\boldsymbol{U}^{-1}(\lambda\boldsymbol{E}-\boldsymbol{A})^k\boldsymbol{U},\end{aligned}$$

即 $(\lambda\boldsymbol{E}-\boldsymbol{A})^k$ 与 $(\lambda\boldsymbol{E}-\boldsymbol{B})^k$ 相似.

2. 设 $\boldsymbol{A}$, $\boldsymbol{B}$ 都是 n 阶方阵，且 $|\boldsymbol{A}|\neq0$，证明 $\boldsymbol{AB}$ 与 $\boldsymbol{BA}$ 相似.

证明思路　利用相似的概念，令 $\boldsymbol{P}=\boldsymbol{A}$ 即可证明.

证　$|\boldsymbol{A}|\neq0$，则 $\boldsymbol{A}$ 可逆，

$$\boldsymbol{A}^{-1}(\boldsymbol{AB})\boldsymbol{A}=(\boldsymbol{A}^{-1}\boldsymbol{A})(\boldsymbol{BA})=\boldsymbol{BA},$$

则 $\boldsymbol{AB}$ 与 $\boldsymbol{BA}$ 相似.

3. 设 $\boldsymbol{A}$ 与 $\boldsymbol{B}$ 相似，$\boldsymbol{C}$ 与 $\boldsymbol{D}$ 相似，证明 $\begin{pmatrix}\boldsymbol{A}&\boldsymbol{O}\\\boldsymbol{O}&\boldsymbol{C}\end{pmatrix}$ 与 $\begin{pmatrix}\boldsymbol{B}&\boldsymbol{O}\\\boldsymbol{O}&\boldsymbol{D}\end{pmatrix}$ 相似.

证明思路　利用相似的概念，令 $\boldsymbol{F}=\begin{pmatrix}\boldsymbol{P}&\boldsymbol{O}\\\boldsymbol{O}&\boldsymbol{G}\end{pmatrix}$，其中 $\boldsymbol{P}^{-1}\boldsymbol{A}\boldsymbol{P}=\boldsymbol{B}$, $\boldsymbol{G}^{-1}\boldsymbol{C}\boldsymbol{G}=\boldsymbol{D}$.

证　因 $\boldsymbol{A}$ 与 $\boldsymbol{B}$ 相似，故存在可逆矩阵 $\boldsymbol{P}$，使 $\boldsymbol{P}^{-1}\boldsymbol{A}\boldsymbol{P}=\boldsymbol{B}$，又 $\boldsymbol{C}$ 与 $\boldsymbol{D}$ 相似，故存在可逆矩阵 $\boldsymbol{G}$，使 $\boldsymbol{G}^{-1}\boldsymbol{C}\boldsymbol{G}=\boldsymbol{D}$.

故　$$\begin{pmatrix}\boldsymbol{B}&\boldsymbol{O}\\\boldsymbol{O}&\boldsymbol{D}\end{pmatrix}=\begin{pmatrix}\boldsymbol{P}^{-1}\boldsymbol{A}\boldsymbol{P}&\boldsymbol{O}\\\boldsymbol{O}&\boldsymbol{G}^{-1}\boldsymbol{C}\boldsymbol{G}\end{pmatrix}=\begin{pmatrix}\boldsymbol{P}^{-1}\boldsymbol{A}&\boldsymbol{O}\\\boldsymbol{O}&\boldsymbol{G}^{-1}\boldsymbol{C}\end{pmatrix}\begin{pmatrix}\boldsymbol{P}&\boldsymbol{O}\\\boldsymbol{O}&\boldsymbol{G}\end{pmatrix}$$

$$=\begin{pmatrix}P^{-1} & O\\ O & G^{-1}\end{pmatrix}\begin{pmatrix}A & O\\ O & C\end{pmatrix}\begin{pmatrix}P & O\\ O & G\end{pmatrix}$$

$$=\begin{pmatrix}P & O\\ O & G\end{pmatrix}^{-1}\begin{pmatrix}A & O\\ O & C\end{pmatrix}\begin{pmatrix}P & O\\ O & G\end{pmatrix},$$

取 $F=\begin{pmatrix}P & O\\ O & G\end{pmatrix}$，则 F 可逆且

$$F^{-1}\begin{pmatrix}A & O\\ O & C\end{pmatrix}F=\begin{pmatrix}B & O\\ O & D\end{pmatrix}.$$

所以 $\begin{pmatrix}A & O\\ O & C\end{pmatrix}$ 与 $\begin{pmatrix}B & O\\ O & D\end{pmatrix}$ 相似.

4. 对下列矩阵，求可逆矩阵 P，使 $P^{-1}AP$ 为对角矩阵.

(1) $A=\begin{pmatrix}-1 & -2 & 2\\ 0 & 1 & 0\\ 0 & 0 & 1\end{pmatrix}$；　　(2) $A=\begin{pmatrix}4 & 6 & 0\\ -3 & -5 & 0\\ -3 & -6 & 1\end{pmatrix}$.

解 (1) $|\lambda E-A|=\begin{vmatrix}\lambda+1 & 2 & -2\\ 0 & \lambda-1 & 0\\ 0 & 0 & \lambda-1\end{vmatrix}=(\lambda-1)^2(\lambda+1).$

A 的三个特征值为 $\lambda_1=\lambda_2=1$，$\lambda_3=-1$.

对于 $\lambda_1=\lambda_2=1$，求得方程组 $(1\cdot E-A)x=0$，即

$$2x_1+2x_2-2x_3=0$$

的基础解系为 $\alpha_1=(-1, 1, 0)^T$，$\alpha_2=(1, 0, 1)^T$.

对于 $\lambda_3=-1$，求得方程组 $(-E-A)x=0$，即

$$\begin{cases}2x_2-2x_3=0\\ -2x_2=0\\ -2x_3=0\end{cases}$$

的基础解系为 $\alpha_3=(1, 0, 0)^T$.

由于 $\alpha_1, \alpha_2, \alpha_3$ 线性无关，所以 A 可对角化.

令 $P=(\alpha_1, \alpha_2, \alpha_3)=\begin{pmatrix}-1 & 1 & 1\\ 1 & 0 & 0\\ 0 & 1 & 0\end{pmatrix}$，$\Lambda=\begin{pmatrix}1 & 0 & 0\\ 0 & 1 & 0\\ 0 & 0 & -1\end{pmatrix}$，则 $P^{-1}AP=\Lambda$.

(2) $|\lambda E-A|=\begin{vmatrix}\lambda-4 & -6 & 0\\ 3 & \lambda+5 & 0\\ 3 & 6 & \lambda-1\end{vmatrix}=(\lambda-1)^2(\lambda+2)$.

A 的三个特征值为 $\lambda_1=\lambda_2=1$，$\lambda_3=-2$.

对于 $\lambda_1=\lambda_2=1$，求得方程组 $(E-A)x=0$ 的基础解系为

$$\alpha_1=(-2,1,0)^T,\ \alpha_2=(0,0,1)^T.$$

对于 $\lambda_3=-2$，求得方程组 $(-2E-A)x=0$ 的基础系为 $\alpha_3=(-1,1,1)^T$.

由于 $\alpha_1,\alpha_2,\alpha_3$ 线性无关，所以 A 可对角化.

令 $P=(\alpha_2,\alpha_3,\alpha_1)=\begin{pmatrix}0 & -1 & -2\\ 0 & 1 & 1\\ 1 & 1 & 0\end{pmatrix}$，$\Lambda=\begin{pmatrix}1 & 0 & 0\\ 0 & -2 & 0\\ 0 & 0 & 1\end{pmatrix}$，则 $P^{-1}AP=\Lambda$.

5. 设矩阵 $A=\begin{pmatrix}2 & 0 & 1\\ 3 & 1 & x\\ 4 & 0 & 5\end{pmatrix}$ 可相似对角化，求 x.

解题思路　n 阶矩阵与对角矩阵相似的充要条件是它有 n 个线性无关的特征向量.

解　由 $|\lambda E-A|=(\lambda-1)^2(\lambda-6)\Rightarrow A$ 的特征值为 $\lambda_1=6$，$\lambda_2=\lambda_3=1$.

由于 A 可相似对角化，所以属于 $\lambda=1$ 的有两个线性无关的特征向量，即 $(E-A)$ 的秩为 $1\Rightarrow x=3$.

6. 已知向量 $p=\begin{pmatrix}1\\ 1\\ -1\end{pmatrix}$ 是矩阵 $A=\begin{pmatrix}2 & -1 & 2\\ 5 & a & 3\\ -1 & b & -2\end{pmatrix}$ 的一个特征向量，

(1) 确定参数 a，b 及 p 所对应的特征值.

解　利用特征值和特征向量的定义.

设 p 所对应的特征值是 λ，则由题设，$(A-\lambda E)p=0$，即

$$\begin{pmatrix}2-\lambda & -1 & 2\\ 5 & a-\lambda & 3\\ -1 & b & -2-\lambda\end{pmatrix}\begin{pmatrix}1\\ 1\\ -1\end{pmatrix}=0.$$

于是，得到以 a，b，λ 为未知元的线性方程组：

$$\begin{cases}\lambda+1=0\\ a-\lambda+2=0\\ b+\lambda+1=0\end{cases}\Rightarrow\lambda=-1,\ a=-3,\ b=0.$$

(2) 判断 A 能否相似对角化，并说明理由.

解　A 不能相似于对角矩阵. 理由是，当 $a=-3$，$b=0$ 时，容易求得矩阵 A

的特征多项式

$$f(\lambda)=|\boldsymbol{A}-\lambda\boldsymbol{E}|=-(\lambda+1)^3,$$

故 $\lambda=-1$ 是 $\boldsymbol{A}$ 的三重特征值.

但 $\boldsymbol{A}+\boldsymbol{E}\neq\boldsymbol{O}$, 故齐次线性方程组 $(\boldsymbol{A}+\boldsymbol{E})\boldsymbol{x}=\boldsymbol{0}$ 的解空间的维数小于 3，而 $\boldsymbol{A}$ 的所有特征向量应是上述方程组的非零解，于是，矩阵 $\boldsymbol{A}$ 对应于特征值 $\lambda=-1$ 没有三个线性无关的特征向量.

故 $\boldsymbol{A}$ 不能相似于一个对角矩阵.

7. 设三阶矩阵 $\boldsymbol{A}$ 的特征值为 $\lambda_1=2$, $\lambda_2=-2$, $\lambda_3=1$, 对应的特征向量依次为

$$\boldsymbol{P}_1=\begin{pmatrix}0\\1\\1\end{pmatrix},\ \boldsymbol{P}_2=\begin{pmatrix}1\\1\\1\end{pmatrix},\ \boldsymbol{P}_3=\begin{pmatrix}1\\1\\0\end{pmatrix},$$

求 $\boldsymbol{A}$.

解题思路 向量组 $\boldsymbol{P}_1$, $\boldsymbol{P}_2$, $\boldsymbol{P}_3$ 线性无关，由 $\boldsymbol{A}=\boldsymbol{P}\mathrm{diag}(2,-2,1)\boldsymbol{P}^{-1}$ 即可求出 $\boldsymbol{A}$.

解 因 $\boldsymbol{A}$ 的特征值互异，故由定理 2 知，向量组 $\boldsymbol{P}_1$, $\boldsymbol{P}_2$, $\boldsymbol{P}_3$ 线性无关，于是若记矩阵 $\boldsymbol{P}=(\boldsymbol{P}_1,\boldsymbol{P}_2,\boldsymbol{P}_3)$，则 $\boldsymbol{P}$ 为可逆矩阵，且有

$$\boldsymbol{P}^{-1}\boldsymbol{A}\boldsymbol{P}=\mathrm{diag}(2,-2,1)\Rightarrow\boldsymbol{A}=\boldsymbol{P}\mathrm{diag}(2,-2,1)\boldsymbol{P}^{-1}.$$

用初等变换方法求得：$\boldsymbol{P}^{-1}=\begin{pmatrix}-1&1&0\\1&-1&1\\0&1&-1\end{pmatrix}$.

于是 $\boldsymbol{A}=\begin{pmatrix}0&1&1\\1&1&1\\1&1&0\end{pmatrix}\begin{pmatrix}2&0&0\\0&-2&0\\0&0&1\end{pmatrix}\begin{pmatrix}-1&1&0\\1&-1&1\\0&1&-1\end{pmatrix}=\begin{pmatrix}-2&3&-3\\-4&5&-3\\-4&4&-2\end{pmatrix}$.

8. 设 $\boldsymbol{A}=\begin{pmatrix}-1&1&0\\-2&2&0\\4&-2&1\end{pmatrix}$，求 $\boldsymbol{A}^{100}$.

解题思路 利用矩阵 $\boldsymbol{A}$ 与对角矩阵相似求 $\boldsymbol{A}$ 的高次幂.

解 由 $|\lambda\boldsymbol{E}-\boldsymbol{A}|=\lambda(\lambda-1)^2$，知 $\boldsymbol{A}$ 的特征值为

$$\lambda_1=\lambda_2=1,\ \lambda_3=0.$$

对应于 $\lambda_1=\lambda_2=1$ 的线性无关的特征向量为

$$\boldsymbol{\xi}_1=(1,2,0)^{\mathrm{T}},\ \boldsymbol{\xi}_2=(0,0,1)^{\mathrm{T}}.$$

对应于 $\lambda_3=0$ 的特征向量为 $\boldsymbol{\xi}_3=(1,1,-2)^{\mathrm{T}}$.

令 $\boldsymbol{P}=(\boldsymbol{\xi}_1, \boldsymbol{\xi}_2, \boldsymbol{\xi}_3)=\begin{pmatrix}1 & 0 & 1\\ 2 & 0 & 1\\ 0 & 1 & -2\end{pmatrix}$，则

$$\boldsymbol{P}^{-1}\boldsymbol{AP}=\boldsymbol{\Lambda}=\begin{pmatrix}1 & 0 & 0\\ 0 & 1 & 0\\ 0 & 0 & 0\end{pmatrix}\Rightarrow\boldsymbol{A}=\boldsymbol{P\Lambda P}^{-1}\Rightarrow\boldsymbol{A}^{100}=(\boldsymbol{P\Lambda P}^{-1})^{100}=\boldsymbol{P\Lambda}^{100}\boldsymbol{P}^{-1}.$$

$\because\quad \boldsymbol{\Lambda}^{100}=\boldsymbol{\Lambda}$,

$$\therefore\quad \boldsymbol{A}^{100}=\boldsymbol{P\Lambda P}^{-1}=\boldsymbol{A}=\begin{pmatrix}-1 & 1 & 0\\ -2 & 2 & 0\\ 4 & -2 & 1\end{pmatrix}.$$

9. 设 $\boldsymbol{A}$ 是五阶方阵，$\boldsymbol{A}$ 有 5 个线性无关的特征向量，证明：$\boldsymbol{A}^{\mathrm{T}}$ 也有 5 个线性无关的特征向量.

证明思路　n 阶矩阵与对角矩阵相似的充要条件是它有 n 个线性无关的特征向量，对对角矩阵两边取转置即可证明.

证　因为 5 阶方阵 $\boldsymbol{A}$ 有 5 个线性无关的特征向量，则 $\boldsymbol{A}$ 相似于对角矩阵，即存在可逆矩阵 $\boldsymbol{P}$，使

$$\boldsymbol{P}^{-1}\boldsymbol{AP}=\begin{pmatrix}\lambda_1 & & & & \boldsymbol{O}\\ & \lambda_2 & & & \\ & & \lambda_3 & & \\ & & & \lambda_4 & \\ \boldsymbol{O} & & & & \lambda_5\end{pmatrix},$$

两边取转置：

$$\boldsymbol{P}^{\mathrm{T}}\boldsymbol{A}^{\mathrm{T}}(\boldsymbol{P}^{-1})^{\mathrm{T}}=\boldsymbol{P}^{\mathrm{T}}\boldsymbol{A}^{\mathrm{T}}(\boldsymbol{P}^{\mathrm{T}})^{-1}=\begin{pmatrix}\lambda_1 & & & & \boldsymbol{O}\\ & \lambda_2 & & & \\ & & \lambda_3 & & \\ & & & \lambda_4 & \\ \boldsymbol{O} & & & & \lambda_5\end{pmatrix}$$

$\boldsymbol{A}^{\mathrm{T}}$ 相似于对角矩阵，$\boldsymbol{A}^{\mathrm{T}}$ 有 5 个线性无关的特征向量.

10. 设 $\boldsymbol{\alpha}=(a_1, a_2, \cdots, a_n)^{\mathrm{T}}$，$a_1\neq 0$，$\boldsymbol{A}=\boldsymbol{\alpha\alpha}^{\mathrm{T}}$，

(1)证明 $\lambda=0$ 是 $\boldsymbol{A}$ 的 $n-1$ 重特征值；

解　首先证明 $\lambda=0$ 是 $\boldsymbol{A}$ 的 $n-1$ 重特征值.

注意到 $\boldsymbol{A}$ 为对称矩阵，故 $\boldsymbol{A}$ 与对角矩阵

$$\boldsymbol{\Lambda}=\mathrm{diag}(\lambda_1, \lambda_2, \cdots, \lambda_n)$$

相似，其中 $\lambda_1, \lambda_2, \cdots, \lambda_n$ 就是 $\boldsymbol{A}$ 的全部特征值.

因 $\boldsymbol{A}=\boldsymbol{\alpha\alpha}^{\mathrm{T}}$，知 $\mathrm{r}(\boldsymbol{A})=1$，从而 $\mathrm{r}(\boldsymbol{\Lambda})=1$，

于是 $\boldsymbol{\Lambda}$ 的对角元只有一个非零，

即 $\lambda=0$ 是 A 的 $n-1$ 重特征值.

(2) 求 $\boldsymbol{A}$ 的非零特征值及全部特征向量.

解 因 $\boldsymbol{A}=\boldsymbol{\alpha\alpha}^{\mathrm{T}}$ 的对角线元素之和为 $\sum \boldsymbol{\alpha}_i^2$，又由特征值性质：$\boldsymbol{A}$ 的 n 个特征值之和为 $\sum \boldsymbol{\alpha}_i^2$，从而由上所证知 $\sum \boldsymbol{\alpha}_i^2$ 为 $\boldsymbol{A}$ 的（唯一的）非零特征值，也可根据 $\boldsymbol{A}$ 的特征方程求 $\boldsymbol{A}$ 的全部特征值.

$$|\boldsymbol{A}-\lambda\boldsymbol{E}|=\begin{vmatrix} a_1^2-\lambda & a_1a_2 & \cdots & a_1a_n \\ a_2a_1 & a_2^2-\lambda & \cdots & a_2a_n \\ \vdots & \vdots & & \vdots \\ a_na_1 & a_na_3 & \cdots & a_n^2 \ \lambda \end{vmatrix} \xlongequal[\substack{\cdots \\ r_n-\frac{a_n}{a_1}r_1}]{r_2-\frac{a_2}{a_1}r_1} \begin{vmatrix} a_1^2-\lambda & a_1a_2 & \cdots & a_1a_n \\ \frac{a^2}{a^1}\lambda & -\lambda & \cdots & 0 \\ \vdots & \vdots & & \vdots \\ \frac{a^n}{a_1}\lambda & 0 & \cdots & -\lambda \end{vmatrix}$$

$$\xlongequal[\substack{\cdots \\ c_1+\frac{a_n}{a_1}c_n}]{c_1+\frac{a_2}{a_1}c_2} \begin{vmatrix} \sum a_i^2-\lambda & a_1a_2 & \cdots & a_1a_n \\ 0 & -\lambda & \cdots & 0 \\ \vdots & \vdots & & \vdots \\ 0 & 0 & \cdots & \lambda \end{vmatrix} =(-\lambda)^{n-1}\left(\sum a_i^2-\lambda\right),$$

故 $\quad \lambda_1=\sum a_i^2, \lambda_2=\lambda_3=\cdots=\lambda_n=0.$

再求 $\boldsymbol{A}$ 的特征向量.

(1)当 $\lambda=0$ 时，对应的特征向量应是齐次方程 $\boldsymbol{Ax}=\boldsymbol{0}$ 的非零解，

$$\text{由}\quad \boldsymbol{A}=\begin{pmatrix} a_1^2 & a_1a_2 & \cdots & a_1a_n \\ a_2a_1 & a_2^2 & \cdots & a_2a_n \\ \vdots & \vdots & & \vdots \\ a^na_1 & a_na_2 & \cdots & a_n^2 \end{pmatrix} \xrightarrow[\substack{r_2-a_2r_1 \\ \cdots \\ r_n-a_nr_1}]{r_1\times\frac{1}{a_1}} \begin{pmatrix} a_1 & a_2 & \cdots & a_n \\ 0 & 0 & \cdots & 0 \\ \vdots & \vdots & & \vdots \\ 0 & 0 & \cdots & 0 \end{pmatrix}$$

阶梯形矩阵对应方程

$$a_1x_1+a_2x_2+\cdots+a_nx_n=0\ (\text{即}\ \boldsymbol{\alpha}^{\mathrm{T}}\boldsymbol{x}=\boldsymbol{0}).$$

于是，$\boldsymbol{A}$ 的对应于特征值 $\lambda=0$ 的全部特征向量为

$$\boldsymbol{x}=k_2\begin{pmatrix} -\frac{a_2}{a_1} \\ 1 \\ 0 \\ \vdots \\ 0 \end{pmatrix}+k_3\begin{pmatrix} -\frac{a_3}{a_1} \\ 0 \\ 1 \\ \vdots \\ 0 \end{pmatrix}+\cdots+k_n\begin{pmatrix} -\frac{a_n}{a_1} \\ 0 \\ 0 \\ \vdots \\ 1 \end{pmatrix},$$

其中 $k_2, \cdots, k_n$ 不同时为零.

(2) 当 $\lambda_1 = \sum a_i^2$ 时，用两种方法计算对应的特征向量 $\boldsymbol{\xi}_1$.

方法一　由 $\boldsymbol{A}$ 的行阶梯形，知

$$\boldsymbol{A}\boldsymbol{x}=0 \Leftrightarrow \boldsymbol{\alpha}^{\mathrm{T}}\boldsymbol{x}=\boldsymbol{0},$$

故对应 $\lambda=0$ 的特征向量 $\boldsymbol{\xi}_2, \cdots, \boldsymbol{\xi}_n$ 是方程 $\boldsymbol{\alpha}^{\mathrm{T}}\boldsymbol{x}=\boldsymbol{0}$ 的基础解系.

因此，方程 $\begin{pmatrix} \boldsymbol{\xi}_2^{\mathrm{T}} \\ \vdots \\ \boldsymbol{\xi}_n^{T} \end{pmatrix} \boldsymbol{x}=\boldsymbol{0}$ 的基础解系为 $\boldsymbol{\alpha}$.　　(∗)

另一方面，$\boldsymbol{\xi}_1$ 与 $\boldsymbol{\xi}_2, \cdots, \boldsymbol{\xi}_n$ 都正交，即 $\boldsymbol{\xi}_1$ 的方程（∗）的非零解. 而方程（∗）基础解系只含 1 个向量，于是

$$\boldsymbol{\xi}_1 = k\boldsymbol{\alpha}\,(k \neq 0).$$

方法二　由 $\boldsymbol{A}=\boldsymbol{\alpha}\boldsymbol{\alpha}^{\mathrm{T}}$，有

$$\boldsymbol{A}\boldsymbol{\alpha}=\boldsymbol{\alpha}\boldsymbol{\alpha}^{\mathrm{T}}\boldsymbol{\alpha}=\boldsymbol{\alpha}(\boldsymbol{\alpha}^{\mathrm{T}}\boldsymbol{\alpha})=(\boldsymbol{\alpha}^{\mathrm{T}}\boldsymbol{\alpha})\boldsymbol{\alpha},$$

按定义，即知非零特征值 $\lambda_1=\boldsymbol{\alpha}^{\mathrm{T}}\boldsymbol{\alpha}$，对应特征向量为 $\boldsymbol{\alpha}$.

11. 三阶方阵 $\boldsymbol{A}$ 有 3 个特征值 1，0，−1，对应的特征向量分别为 $\begin{pmatrix}1\\1\\0\end{pmatrix}$，$\begin{pmatrix}1\\0\\1\end{pmatrix}$，$\begin{pmatrix}0\\1\\1\end{pmatrix}$，又知三阶方阵 $\boldsymbol{B}$ 满足 $\boldsymbol{B}=\boldsymbol{P}\boldsymbol{A}\boldsymbol{P}^{-1}$，其中 $\boldsymbol{P}=\begin{pmatrix}3&0&1\\0&1&-2\\1&4&0\end{pmatrix}$，求 $\boldsymbol{B}$ 的特征值及对应的特征向量.

解题思路　相似矩阵有相同的特征值，并且 $\boldsymbol{P}\boldsymbol{\alpha}$ 为 $\boldsymbol{B}$ 的属于 λ 的特征向量.

解　依题意 $\boldsymbol{A}$ 与 $\boldsymbol{B}$ 相似，于是 $\boldsymbol{A}$ 与 $\boldsymbol{B}$ 有相同的特征值，即 $\boldsymbol{B}$ 的特征值为 1，0，−1.

由于　$\boldsymbol{B}=\boldsymbol{P}\boldsymbol{A}\boldsymbol{P}^{-1} \Rightarrow \boldsymbol{B}\boldsymbol{P}=\boldsymbol{P}\boldsymbol{A}$.

若 $\boldsymbol{\alpha}$ 为 $\boldsymbol{A}$ 的属于 λ 的特征向量，则有

$$\boldsymbol{B}(\boldsymbol{P}\boldsymbol{\alpha})=\boldsymbol{B}\boldsymbol{P}\boldsymbol{\alpha}=\boldsymbol{P}(\boldsymbol{A}\boldsymbol{\alpha})=\boldsymbol{P}(\lambda\boldsymbol{\alpha})=\lambda(\boldsymbol{P}\boldsymbol{\alpha}),$$

即 $\boldsymbol{P}\boldsymbol{\alpha}$ 为 $\boldsymbol{B}$ 的属于 λ 的特征向量.

故 $\boldsymbol{B}$ 的属于 1，0，−1 的特征向量分别为

$$\boldsymbol{\beta}_1=\boldsymbol{P}\begin{pmatrix}1\\1\\0\end{pmatrix}=\begin{pmatrix}3\\1\\5\end{pmatrix},\ \boldsymbol{\beta}_2=\boldsymbol{P}\begin{pmatrix}1\\0\\1\end{pmatrix}=\begin{pmatrix}4\\-2\\1\end{pmatrix},\ \boldsymbol{\beta}_3=\boldsymbol{P}\begin{pmatrix}0\\1\\1\end{pmatrix}=\begin{pmatrix}1\\-1\\4\end{pmatrix}.$$

§4.4 实对称矩阵的对角化

一、主要知识归纳

表 4—4—1

性质	(1) 特征值为实数； (2) 属于不同特征值的特征向量正交； (3) 特征值的重数和与之对应的线性无关的特征向量的个数相等； (4) 必存在正交矩阵可将其化为对角矩阵，且对角矩阵的对角元素全为特征值.
步骤	利用正交矩阵将矩阵 $\boldsymbol{A}$ 对角化： (1) 求 $\boldsymbol{A}$ 的特征值 λ_i； (2) 由 $(\lambda_i\boldsymbol{E}-\boldsymbol{A})\boldsymbol{x}=\boldsymbol{0}$ 求出 $\boldsymbol{A}$ 的特征向量； (3) 将特征向量正交化，再单位化； (4) 以这些单位向量作为列向量构成一个正交矩阵 $\boldsymbol{P}$，使得 $\boldsymbol{P}^{-1}\boldsymbol{A}\boldsymbol{P}=\boldsymbol{\Lambda}$.

二、典型例题分析

例 1 设三阶实对称矩阵 $\boldsymbol{A}$ 的秩为 2，$\lambda_1=\lambda_2=6$ 是 $\boldsymbol{A}$ 的二重特征值，若 $\boldsymbol{\alpha}_1=(1,1,0)$，$\boldsymbol{\alpha}_2=(2,1,1)^{\mathrm{T}}$，$\boldsymbol{\alpha}_3=(-1,2,-3)^{\mathrm{T}}$ 都是 $\boldsymbol{A}$ 的属于特征值 6 的特征向量.

(1) 求 $\boldsymbol{A}$ 的另一特征值和对应的特征向量；

(2) 求矩阵 $\boldsymbol{A}$.

解 (1) 由条件可知三阶矩阵 $\boldsymbol{A}$ 的秩 $\mathrm{r}(\boldsymbol{A})=2$，则

$$|\boldsymbol{A}|=0\Rightarrow|\boldsymbol{A}-0\boldsymbol{E}|=0,$$

即 $\lambda_3=0$ 是 $\boldsymbol{A}$ 的一个特征值.

又 $\boldsymbol{\alpha}_3=5\boldsymbol{\alpha}_1-3\boldsymbol{\alpha}_2$，

则 $\boldsymbol{A}$ 的属于特征值 6 的线性无关的特征向量为 $\boldsymbol{\alpha}_1$，$\boldsymbol{\alpha}_2$.

设 $\boldsymbol{\eta}=(x_1,x_2,x_3)$ 为 $\lambda_3=0$ 对应的特征向量，则 $\boldsymbol{\eta}$ 一定与 $\boldsymbol{\alpha}_1\boldsymbol{\alpha}_2$ 正交，即

$$\boldsymbol{\alpha}_1^{\mathrm{T}}\boldsymbol{\eta}=\boldsymbol{0},\ \boldsymbol{\alpha}_2^{\mathrm{T}}\boldsymbol{\eta}=\boldsymbol{0}\Rightarrow\begin{cases}x_1+x_2=0\\2x_1+x_2+x_3=0\end{cases},$$

解得 $\boldsymbol{\eta}=(-1,1,1)^{\mathrm{T}}$，即 $\boldsymbol{A}$ 的属于特征值 $\lambda_3=0$ 的特征向量为：$k\boldsymbol{\eta}=k(-1,1,1)^{\mathrm{T}}$.

(2) 令矩阵 $\boldsymbol{P}=(\boldsymbol{\alpha}_1,\boldsymbol{\alpha}_2,\boldsymbol{\eta})$，则 $\boldsymbol{P}$ 为正交矩阵，且有

$$P^{-1}AP=\begin{pmatrix}6&&\\&6&\\&&0\end{pmatrix},$$

则
$$A=P\begin{pmatrix}6&&\\&6&\\&&0\end{pmatrix}P^{-1}=\begin{pmatrix}1&2&-1\\1&1&1\\0&1&1\end{pmatrix}\begin{pmatrix}6&&\\&6&\\&&0\end{pmatrix}\begin{pmatrix}0&1&-1\\\frac{1}{3}&-\frac{1}{3}&\frac{2}{3}\\-\frac{1}{3}&\frac{1}{3}&\frac{1}{3}\end{pmatrix}$$

$$=\begin{pmatrix}4&2&2\\2&4&-2\\2&-2&4\end{pmatrix}.$$

小结：(1) 本题的迷惑之处在于给了 $\lambda_1=\lambda_2=6$ 的三个特征向量，因此必线性相关，且利用了实对称矩阵的性质：不同特征值对应的特征向量正交.

(2) 利用了实对称矩阵可由正交矩阵对角化，且对角线上的元素为其特征值这一性质.

例 2　设 3 阶实对称矩阵 A 的各行元素之和均为 3，且向量 $\boldsymbol{\alpha}_1=(-1, 2, -1)^T$，$\boldsymbol{\alpha}_2=(0, -1, 1)^T$ 是线性方程组 $Ax=0$ 的两个解.

(1) 求 A 的特征值与特征向量；

(2) 求正交矩阵 Q 和对角矩阵 Λ，使得 $Q^TAQ=\Lambda$.

解　(1) 因为向量 $\boldsymbol{\alpha}_1$，$\boldsymbol{\alpha}_2$ 是线性方程组 $Ax=0$ 的解，所以

$$A\boldsymbol{\alpha}_1=\mathbf{0},\ A\boldsymbol{\alpha}_2=\mathbf{0}\Rightarrow A\boldsymbol{\alpha}_1=0\boldsymbol{\alpha}_1,\ A\boldsymbol{\alpha}_2=0\boldsymbol{\alpha}_2,$$

则 $\lambda_1=\lambda_2=0$ 是 A 的二重特征值，$\boldsymbol{\alpha}_1$，$\boldsymbol{\alpha}_2$ 为 A 的属于特征值 0 且线性无关的特征向量. 由于矩阵 A 的各行元素之和均为 3，有

$$A\begin{pmatrix}1\\1\\1\end{pmatrix}=\begin{pmatrix}3\\3\\3\end{pmatrix}=3\begin{pmatrix}1\\1\\1\end{pmatrix},$$

即 $\lambda_3=3$ 是 A 的一个特征值，$\boldsymbol{\alpha}_3=(1, 1, 1)^T$ 为 A 的属于特征值 3 的特征向量.

综上所述，A 的特征值为 0，0，3 属于特征值 0 的全体特征向量为 $k_1\boldsymbol{\alpha}_1+k_2\boldsymbol{\alpha}_2$($k_1$，$k_2$ 不全为零)，属于特征值 3 的全体特征向量为 $k_3\boldsymbol{\alpha}_3$ ($k_3\neq0$).

(2) 实对称矩阵的不同特征值对应的特征向量正交，则 $\boldsymbol{\alpha}_3$ 与 $\boldsymbol{\alpha}_1$，$\boldsymbol{\alpha}_2$ 正交，只需将 $\boldsymbol{\alpha}_1$，$\boldsymbol{\alpha}_2$ 正交化，有

$$\boldsymbol{\xi}_1=\boldsymbol{\alpha}_1=(-1, 2, -1)^T,\ \boldsymbol{\xi}_2=\boldsymbol{\alpha}_2-\frac{[\boldsymbol{\alpha}_2, \boldsymbol{\xi}_1]}{[\boldsymbol{\xi}_1, \boldsymbol{\xi}_1]}\boldsymbol{\xi}_1=\frac{1}{2}(-1, 0, 1)^T.$$

再分别将 $\boldsymbol{\xi}_1$，$\boldsymbol{\xi}_2$，$\boldsymbol{\alpha}_3$ 单位化，得

$$\boldsymbol{\beta}_1=\frac{\boldsymbol{\xi}_1}{\|\boldsymbol{\xi}_1\|}=\frac{1}{\sqrt{6}}(-1,2,-1)^{\mathrm{T}},\ \boldsymbol{\beta}_2=\frac{\boldsymbol{\xi}_2}{\|\boldsymbol{\xi}_2\|}=\frac{1}{\sqrt{2}}(-1,0,1)^{\mathrm{T}},$$

$$\boldsymbol{\beta}_3=\frac{\boldsymbol{\alpha}_3}{\|\boldsymbol{\alpha}_3\|}=\frac{1}{\sqrt{3}}(1,1,1)^{\mathrm{T}}.$$

令

$$\boldsymbol{Q}=(\boldsymbol{\beta}_1,\boldsymbol{\beta}_2,\boldsymbol{\beta}_3)=\begin{pmatrix}-\frac{1}{\sqrt{6}} & -\frac{1}{\sqrt{2}} & \frac{1}{\sqrt{3}}\\ \frac{2}{\sqrt{6}} & 0 & \frac{1}{\sqrt{3}}\\ -\frac{1}{\sqrt{6}} & \frac{1}{\sqrt{2}} & \frac{1}{\sqrt{3}}\end{pmatrix},$$

则 $\boldsymbol{Q}$ 为正交矩阵，且 $\boldsymbol{Q}^{\mathrm{T}}\boldsymbol{A}\boldsymbol{Q}=\begin{pmatrix}0 & & \\ & 0 & \\ & & 3\end{pmatrix}=\boldsymbol{\Lambda}$.

小结：巧妙地找出隐含的特征值与特征向量，且注意对称矩阵属于不同特征值的特征向量正交这一性质；同时要熟练掌握对称矩阵的相似对角化的方法.

例 3 设 $\boldsymbol{A}$ 为实对称矩阵，试证：对任意正奇数 $\boldsymbol{A}$，必有实对称矩阵 $\boldsymbol{B}$，使 $\boldsymbol{B}^k=\boldsymbol{A}$.

证 设实对称矩阵 $\boldsymbol{A}$ 的特征值为 λ_1，λ_2，…，λ_n（λ_i 为实数），则存在正交矩阵 $\boldsymbol{P}$，使

$$\boldsymbol{P}^{-1}\boldsymbol{A}\boldsymbol{P}=\begin{pmatrix}\lambda_1 & & & \\ & \lambda_2 & & \\ & & \ddots & \\ & & & \lambda_n\end{pmatrix}\Rightarrow\boldsymbol{P}\begin{pmatrix}\lambda_1 & & & \\ & \lambda_2 & & \\ & & \ddots & \\ & & & \lambda_n\end{pmatrix}\boldsymbol{P}^{-1}=\boldsymbol{A},$$

对正奇数 k，令

$$\boldsymbol{B}=\boldsymbol{P}\begin{pmatrix}\sqrt[k]{\lambda_1} & & & \\ & \sqrt[k]{\lambda_2} & & \\ & & \ddots & \\ & & & \sqrt[k]{\lambda_n}\end{pmatrix}\boldsymbol{P}^{-1},$$

则 $\boldsymbol{B}^k=\boldsymbol{A}$，又

$$B^{\mathrm{T}}=(P^{-1})^{\mathrm{T}}\begin{pmatrix}\sqrt[k]{\lambda_1} & & & \\ & \sqrt[k]{\lambda_2} & & \\ & & \ddots & \\ & & & \sqrt[k]{\lambda_n}\end{pmatrix}P^{\mathrm{T}}$$

$$=(P^{\mathrm{T}})^{\mathrm{T}}\begin{pmatrix}\sqrt[k]{\lambda_1} & & & \\ & \sqrt[k]{\lambda_2} & & \\ & & \ddots & \\ & & & \sqrt[k]{\lambda_n}\end{pmatrix}P^{-1}=B.$$

故 B 为对称矩阵，结论成立.

小结：本题利用了实对称矩阵都可由正交矩阵对角化的性质，关键在于将 A 写成 $P\Lambda P^{-1}$ 的形式，且 λ_i 都为实数，可以开奇数方.

三、习题 4—4 解答

1. n 阶矩阵 A 的 n 个特征值互不相同是 A 可与对角矩阵相似的________条件.

解　应填　充分条件.

A 与对角矩阵相似和 A 有 n 个线性无关的特征向量等价. 因为 A 有 n 个不同的特征值，从而 A 有 n 个线性无关的特征向量，所以 A 与对角矩阵相似，但反之不真. 因为有 n 个线性无关的特征向量不能保证 A 有 n 个不同的特征值.

2. 将矩阵 $A=\begin{pmatrix}-1 & 0 & 2\\ 0 & 1 & 2\\ 2 & 2 & 0\end{pmatrix}$ 用两种方法对角化：

(1)求可逆阵 P，使 $P^{-1}AP=\Lambda$.

解　A 的全部特征值为 3，0，−3，所对应的特征向量分别为

$$\begin{pmatrix}1\\2\\2\end{pmatrix},\begin{pmatrix}2\\-2\\1\end{pmatrix},\begin{pmatrix}2\\1\\-2\end{pmatrix},$$

所以　$$P=\begin{pmatrix}1 & 2 & 2\\ 2 & -2 & 1\\ 2 & 1 & -2\end{pmatrix},\Lambda=\begin{pmatrix}3 & & \\ & 0 & \\ & & -3\end{pmatrix}.$$

(2)求正交阵 Q，使 $Q^{-1}AQ=\Lambda$.

解　三个特征向量恰好正交，单位化即得所求正交矩阵

$$Q=\begin{pmatrix}\frac{1}{3}&\frac{2}{3}&\frac{2}{3}\\\frac{2}{3}&-\frac{2}{3}&\frac{1}{3}\\\frac{2}{3}&\frac{1}{3}&-\frac{2}{3}\end{pmatrix}.$$

3. 试求一个正交的相似变换矩阵，将下列对称矩阵化为对角矩阵：

(1) $\begin{pmatrix}2&-2&0\\-2&1&-2\\0&-2&0\end{pmatrix}$.

解 $|\boldsymbol{A}-\lambda\boldsymbol{E}|=\begin{vmatrix}2-\lambda&-2&0\\-2&1-\lambda&-2\\0&-2&-\lambda\end{vmatrix}=(1-\lambda)(\lambda-4)(\lambda+2)$,

故得特征值为 $\lambda_1=-2$, $\lambda_2=1$, $\lambda_3=4$.

当 $\lambda_1=-2$ 时，由 $\begin{pmatrix}4&-2&0\\-2&3&-2\\0&-2&2\end{pmatrix}\begin{pmatrix}x_1\\x_2\\x_3\end{pmatrix}=0$ 解得 $\begin{pmatrix}x_1\\x_2\\x_3\end{pmatrix}=k_1\begin{pmatrix}1\\2\\2\end{pmatrix}$.

单位特征向量可取：$\boldsymbol{p}_1=\begin{pmatrix}1/3\\2/3\\2/3\end{pmatrix}$.

当 $\lambda_2=1$ 时，由 $\begin{pmatrix}1&-2&0\\-2&0&-2\\0&-2&-1\end{pmatrix}\begin{pmatrix}x_1\\x_2\\x_3\end{pmatrix}=\begin{pmatrix}0\\0\\0\end{pmatrix}$ 解得 $\begin{pmatrix}x_1\\x_2\\x_3\end{pmatrix}=k_2\begin{pmatrix}2\\1\\-2\end{pmatrix}$,

单位特征向量可取：$\boldsymbol{p}_2=\begin{pmatrix}2/3\\1/3\\-2/3\end{pmatrix}$.

当 $\lambda_3=4$ 时，由 $\begin{pmatrix}-2&-2&0\\-2&-3&-2\\0&-2&-4\end{pmatrix}\begin{pmatrix}x_1\\x_2\\x_3\end{pmatrix}=\begin{pmatrix}0\\0\\0\end{pmatrix}$ 解得 $\begin{pmatrix}x_1\\x_2\\x_3\end{pmatrix}=k_3\begin{pmatrix}2\\-2\\1\end{pmatrix}$,

单位特征向量可取：$\boldsymbol{p}_3=\begin{pmatrix}2/3\\-2/3\\1/3\end{pmatrix}$,

得正交矩阵

$$(\boldsymbol{p}_1,\boldsymbol{p}_2,\boldsymbol{p}_3)=\boldsymbol{P}=\frac{1}{3}\begin{pmatrix}1&2&2\\2&1&-2\\2&-2&1\end{pmatrix},\ \boldsymbol{P}^{-1}\boldsymbol{AP}=\begin{pmatrix}-2&0&0\\0&1&0\\0&0&4\end{pmatrix}.$$

(2) $\begin{pmatrix} 2 & 2 & -2 \\ 2 & 5 & -4 \\ -2 & -4 & 5 \end{pmatrix}$.

解　$|\boldsymbol{A}-\lambda\boldsymbol{E}|=\begin{vmatrix} 2-\lambda & 2 & -2 \\ 2 & 5-\lambda & -4 \\ -2 & -4 & 5-\lambda \end{vmatrix}=-(\lambda-1)^2(\lambda-10)$,

故得特征值为 $\lambda_1=\lambda_2=1$, $\lambda_3=10$.

当 $\lambda_1=\lambda_2=1$ 时，由 $\begin{pmatrix} 1 & 2 & -2 \\ 2 & 4 & -4 \\ -2 & -4 & 4 \end{pmatrix}\begin{pmatrix} x_1 \\ x_2 \\ x_3 \end{pmatrix}=\begin{pmatrix} 0 \\ 0 \\ 0 \end{pmatrix}$，解得基础解系 $\boldsymbol{\xi}_1=\begin{pmatrix} -2 \\ 1 \\ 0 \end{pmatrix}$，$\boldsymbol{\xi}_2=\begin{pmatrix} 2 \\ 0 \\ 1 \end{pmatrix}$，将此两个向量正交化，得

$$\boldsymbol{p}_1=\frac{1}{\sqrt{5}}\begin{pmatrix} -2 \\ 1 \\ 0 \end{pmatrix},\ \boldsymbol{p}_2^*=\begin{pmatrix} 2 \\ 0 \\ 1 \end{pmatrix}-\frac{-4}{5}\begin{pmatrix} -2 \\ 1 \\ 0 \end{pmatrix}=\begin{pmatrix} 2/5 \\ 4/5 \\ 1 \end{pmatrix},$$

单位化得　$\boldsymbol{p}_2=\frac{\sqrt{5}}{3}\begin{pmatrix} 2/5 \\ 4/5 \\ 1 \end{pmatrix}$.

当 $\lambda_3=10$ 时，由 $\begin{pmatrix} -8 & 2 & -2 \\ 2 & -5 & -4 \\ -2 & -4 & -5 \end{pmatrix}\begin{pmatrix} x_1 \\ x_2 \\ x_3 \end{pmatrix}=\begin{pmatrix} 0 \\ 0 \\ 0 \end{pmatrix}$，解得基础解系 $\boldsymbol{\xi}_3=\begin{pmatrix} -1 \\ -2 \\ 2 \end{pmatrix}$，

单位化 $\boldsymbol{p}_3=\frac{1}{3}\begin{pmatrix} -1 \\ -2 \\ 2 \end{pmatrix}$，得正交矩阵

$$(\boldsymbol{p}_1,\boldsymbol{p}_2,\boldsymbol{p}_3)=\begin{pmatrix} -2\sqrt{5} & 2\sqrt{5}/15 & -1/3 \\ 1\sqrt{5} & 4\sqrt{5}/15 & -2/3 \\ 0 & \sqrt{5}/3 & 2/3 \end{pmatrix},$$

$$\boldsymbol{P}^{-1}\boldsymbol{AP}=\begin{pmatrix} 1 & 0 & 0 \\ 0 & 1 & 0 \\ 0 & 0 & 10 \end{pmatrix}.$$

4. 设矩阵 $\boldsymbol{A}=\begin{pmatrix} 1 & 1 & a \\ 1 & a & 1 \\ a & 1 & 1 \end{pmatrix}$，$\boldsymbol{\beta}=\begin{pmatrix} 1 \\ 1 \\ -2 \end{pmatrix}$，已知线性方程组 $\boldsymbol{Ax}=\boldsymbol{\beta}$ 有解但不唯

一，试求：(1) a 的值.

解 对增广矩阵施行初等行变换：

$$\widetilde{\boldsymbol{A}}=(\boldsymbol{A}\quad\boldsymbol{\beta})=\begin{pmatrix}1&1&a&1\\1&a&1&1\\a&1&1&-2\end{pmatrix}\xrightarrow[r_3-ar_1]{r_2-r_1}\begin{pmatrix}1&1&a&1\\0&a-1&1-a&0\\0&1-a&1-a^2&-2-a\end{pmatrix}$$

$$\xrightarrow{r_3+r_2}\begin{pmatrix}1&1&a&1\\0&a-1&1-a&0\\0&0&2-a-a^2&-2-a\end{pmatrix},$$

方程组有解但不唯一，则一定有 $\mathrm{r}(\boldsymbol{A})=\mathrm{r}(\widetilde{\boldsymbol{A}})<n=3$，则

$$a=-2.$$

(2) 正交矩阵 $\boldsymbol{Q}$，使 $\boldsymbol{Q}^{\mathrm{T}}\boldsymbol{A}\boldsymbol{Q}$ 为对角阵.

解 $\boldsymbol{A}$ 的全部特征值为 3，-3，0，所对应的特征向量分别为

$$\begin{pmatrix}1\\0\\-1\end{pmatrix},\ \begin{pmatrix}1\\-2\\1\end{pmatrix},\ \begin{pmatrix}1\\1\\1\end{pmatrix},$$

特征向量两两正交，单位化得正交矩阵

$$\boldsymbol{Q}=\begin{pmatrix}1/\sqrt{2}&1/\sqrt{6}&1/\sqrt{3}\\0&-2/\sqrt{6}&1/\sqrt{3}\\-1/\sqrt{2}&1/\sqrt{6}&1/\sqrt{3}\end{pmatrix},$$

使 $\boldsymbol{Q}^{\mathrm{T}}\boldsymbol{A}\boldsymbol{Q}=\begin{pmatrix}3&&\\&-3&\\&&0\end{pmatrix}$ 为对角矩阵.

5. 设方阵 $\boldsymbol{A}=\begin{pmatrix}1&-2&-4\\-2&x&-2\\-4&-2&1\end{pmatrix}$ 与 $\boldsymbol{\Lambda}=\begin{pmatrix}5&0&0\\0&y&0\\0&0&-4\end{pmatrix}$ 相似，求 x，y.

解 方阵 $\boldsymbol{A}$ 与 $\boldsymbol{\Lambda}$ 相似，则 $\boldsymbol{A}$ 与 $\boldsymbol{\Lambda}$ 的特征多项式相同，即

$$|\boldsymbol{A}-\lambda\boldsymbol{E}|=|\boldsymbol{\Lambda}-\lambda\boldsymbol{E}|$$

$$\Rightarrow\begin{vmatrix}1-\lambda & -2 & -4\\ -2 & x-\lambda & -2\\ -4 & -2 & 1-\lambda\end{vmatrix}=\begin{vmatrix}5-\lambda & 0 & 0\\ 0 & y-\lambda & 0\\ 0 & 0 & -4-\lambda\end{vmatrix}$$

$$\Rightarrow\begin{cases}x=4\\ y=5\end{cases}.$$

6. 设 $\boldsymbol{A}$ 为三阶实对称矩阵，特征值是 1，−1，0. 而 $\lambda_1=1$ 和 $\lambda_2=-1$ 对应的特征向量分别是 $\begin{pmatrix}a\\ 2a-1\\ 1\end{pmatrix}$，$\begin{pmatrix}a\\ 1\\ 1-3a\end{pmatrix}$，求矩阵 $\boldsymbol{A}$.

解　$\because \lambda_1\neq\lambda_2$，

$\therefore [\boldsymbol{p}_1,\boldsymbol{p}_2]=\boldsymbol{p}_1^{\mathrm{T}}\boldsymbol{p}_2=0\Rightarrow a=0$ 或 $a=1$.

因所求矩阵 $\boldsymbol{A}$ 实对称，故必有正交阵 $\boldsymbol{Q}=(\boldsymbol{q}_1,\boldsymbol{q}_2,\boldsymbol{q}_3)$，使

$$\boldsymbol{Q}^{\mathrm{T}}\boldsymbol{A}\boldsymbol{Q}=\boldsymbol{Q}^{-1}\boldsymbol{A}\boldsymbol{Q}=\mathrm{diag}(1,-1,0).$$

显然 $\boldsymbol{q}_1$，$\boldsymbol{q}_2$ 可依次取为 $\boldsymbol{p}_1$，$\boldsymbol{p}_2$ 的单位化向量，于是

(1) 当 $a=0$ 时，可取　$\boldsymbol{q}_1=\dfrac{1}{\sqrt{2}}\begin{pmatrix}0\\ -1\\ 1\end{pmatrix}$，$\boldsymbol{q}_2=\dfrac{1}{\sqrt{2}}\begin{pmatrix}0\\ 1\\ 1\end{pmatrix}$.

由 $\boldsymbol{A}$ 的三个特征值互不相同，且对称矩阵属于不同特征值的特征向量正交，故 $\boldsymbol{q}_3$ 与 $\boldsymbol{p}_1$，$\boldsymbol{p}_2$ 正交.

于是，$\boldsymbol{q}_3$ 可取为方程 $\begin{pmatrix}\boldsymbol{p}_1^{\mathrm{T}}\\ \boldsymbol{p}_2^{\mathrm{T}}\end{pmatrix}\boldsymbol{x}=\boldsymbol{0}$ 的单位解向量. 由

$$\begin{pmatrix}\boldsymbol{p}_1^{\mathrm{T}}\\ \boldsymbol{p}_2^{\mathrm{T}}\end{pmatrix}=\begin{pmatrix}0 & -1 & 1\\ 0 & 1 & 1\end{pmatrix}\xrightarrow{r}\begin{pmatrix}0 & 0 & 2\\ 0 & 1 & 1\end{pmatrix},$$

可取　$\boldsymbol{q}_3=\begin{pmatrix}1\\ 0\\ 0\end{pmatrix}$.

从而求得　$\boldsymbol{Q}=\begin{pmatrix}0 & 0 & 1\\ -1/\sqrt{2} & 1/\sqrt{2} & 0\\ 1/\sqrt{2} & 1/\sqrt{2} & 0\end{pmatrix}$.

$$\begin{aligned}\boldsymbol{A}&=\boldsymbol{Q}\,\mathrm{diag}(1,-1,0)\boldsymbol{Q}^{\mathrm{T}}\\ &=\begin{pmatrix}0 & 0 & 1\\ -1/\sqrt{2} & 1/\sqrt{2} & 0\\ 1/\sqrt{2} & 1/\sqrt{2} & 0\end{pmatrix}\begin{pmatrix}1 & 0 & 0\\ 0 & -1 & 0\\ 0 & 0 & 0\end{pmatrix}\begin{pmatrix}0 & -1/\sqrt{2} & 1/\sqrt{2}\\ 0 & 1/\sqrt{2} & 1/\sqrt{2}\\ 1 & 0 & 0\end{pmatrix}\end{aligned}$$

$$=\begin{pmatrix}0&0&0\\0&0&-1\\0&-1&0\end{pmatrix}.$$

(2) 当 $a=1$ 时，同上可求出 $\boldsymbol{A}=\frac{1}{6}\begin{pmatrix}1&1&4\\1&1&4\\4&4&-2\end{pmatrix}$.

7. 设三阶对称矩阵 $\boldsymbol{A}$ 的特征值为 6，3，3，特征值 6 对应的特征向量为 $\boldsymbol{p}_1=(1,1,1)^{\mathrm{T}}$，求 $\boldsymbol{A}$.

解题思路 利用待定系数法求 $\boldsymbol{A}$.

解 设 $\boldsymbol{A}=\begin{pmatrix}x_1&x_2&x_3\\x_2&x_4&x_5\\x_3&x_5&x_6\end{pmatrix}$，由 $\boldsymbol{A}\begin{pmatrix}1\\1\\1\end{pmatrix}=6\begin{pmatrix}1\\1\\1\end{pmatrix}$，知

$$\begin{cases}x_1+x_2+x_3=6\\x_2+x_4+x_5=6.\\x_3+x_5+x_6=6\end{cases} \qquad ①$$

3 是 $\boldsymbol{A}$ 的二重特征值，根据实对称矩阵的性质知 $\boldsymbol{A}-3\boldsymbol{E}$ 的秩为 1，故利用①可推出

$$\begin{pmatrix}x_1-3&x_2&x_3\\x_2&x_4-3&x_5\\x_3&x_5&x_6-3\end{pmatrix}\longrightarrow\begin{pmatrix}1&1&1\\x_2&x_4-3&x_5\\x_3&x_5&x_6-3\end{pmatrix},$$

秩为 1，则存在实的 a，b 使得

$$\begin{cases}(1,1,1)=a(x_2,x_4-3,x_5)\\(1,1,1)=b(x_3,x_5,x_6-3)\end{cases} \qquad ②$$

成立，由方程组①和②解得

$$x_2=x_3=1,\ x_1=x_4=x_6=4,\ x_5=1.$$

得 $\boldsymbol{A}=\begin{pmatrix}4&1&1\\1&4&1\\1&1&4\end{pmatrix}$.

8. (1) 设 $\boldsymbol{A}=\begin{pmatrix}3&-2\\-2&3\end{pmatrix}$，求 $\varphi(\boldsymbol{A})=\boldsymbol{A}^{10}-5\boldsymbol{A}^9$.

解 $\because \boldsymbol{A}=\begin{pmatrix}3&-2\\-2&3\end{pmatrix}$ 是实对称矩阵.

故可找到正交相似变换矩阵　$\boldsymbol{P}=\begin{pmatrix}\frac{1}{\sqrt{2}} & -\frac{1}{\sqrt{2}}\\ \frac{1}{\sqrt{2}} & \frac{1}{\sqrt{2}}\end{pmatrix}$，

使得　$\boldsymbol{P}^{-1}\boldsymbol{A}\boldsymbol{P}=\begin{pmatrix}1 & 0\\ 0 & 5\end{pmatrix}=\boldsymbol{\Lambda}$，从而 $\boldsymbol{A}=\boldsymbol{P}\boldsymbol{\Lambda}\boldsymbol{P}^{-1}$，$\boldsymbol{A}^k=\boldsymbol{P}\boldsymbol{\Lambda}^k\boldsymbol{P}^{-1}$，

故

$$\begin{aligned}\varphi(\boldsymbol{A})&=\boldsymbol{A}^{10}-5\boldsymbol{A}^9=\boldsymbol{P}\boldsymbol{\Lambda}^{10}\boldsymbol{P}^{-1}-5\boldsymbol{P}\boldsymbol{\Lambda}^9\boldsymbol{P}^{-1}\\&=\boldsymbol{P}\begin{pmatrix}1 & 0\\ 0 & 5^{10}\end{pmatrix}\boldsymbol{P}^{-1}-\boldsymbol{P}\begin{pmatrix}5 & 0\\ 0 & 5^{10}\end{pmatrix}\boldsymbol{P}^{-1}=\boldsymbol{P}\begin{pmatrix}-4 & 0\\ 0 & 0\end{pmatrix}\boldsymbol{P}^{-1}\\&=\frac{1}{\sqrt{2}}\begin{pmatrix}1 & -1\\ 1 & 1\end{pmatrix}\begin{pmatrix}-4 & 0\\ 0 & 0\end{pmatrix}\frac{1}{\sqrt{2}}\begin{pmatrix}1 & 1\\ -1 & 1\end{pmatrix}\\&=\begin{pmatrix}-2 & -2\\ -2 & -2\end{pmatrix}=-2\begin{pmatrix}1 & 1\\ 1 & 1\end{pmatrix}.\end{aligned}$$

(2) 设 $\boldsymbol{A}=\begin{pmatrix}2 & 1 & 2\\ 1 & 2 & 2\\ 2 & 2 & 1\end{pmatrix}$，求 $\varphi(\boldsymbol{A})=\boldsymbol{A}^{10}-6\boldsymbol{A}^9+5\boldsymbol{A}^8$.

解　同 (1) 求得正交相似变换矩阵

$$\boldsymbol{P}=\begin{pmatrix}\frac{1}{3} & -\frac{1}{\sqrt{2}} & \frac{1}{\sqrt{3}}\\ \frac{2}{3} & \frac{1}{\sqrt{2}} & \frac{1}{\sqrt{3}}\\ -\frac{2}{3} & 0 & \frac{1}{\sqrt{3}}\end{pmatrix},$$

使得　$\boldsymbol{P}^{-1}\boldsymbol{A}\boldsymbol{P}=\begin{pmatrix}-1 & 0 & 0\\ 0 & 1 & 0\\ 0 & 0 & 5\end{pmatrix}=\boldsymbol{\Lambda}$，$\boldsymbol{A}=\boldsymbol{P}\boldsymbol{\Lambda}\boldsymbol{P}^{-1}$，

$$\begin{aligned}\varphi(\boldsymbol{A})&=\boldsymbol{A}^{10}-6\boldsymbol{A}^9+5\boldsymbol{A}^8=\boldsymbol{A}^8(\boldsymbol{A}^2-6\boldsymbol{A}+5\boldsymbol{E})\\&=\boldsymbol{A}^8(\boldsymbol{A}-\boldsymbol{E})(\boldsymbol{A}-5\boldsymbol{E})\\&=\boldsymbol{P}\boldsymbol{\Lambda}^8\boldsymbol{P}^{-1}\cdot\begin{pmatrix}1 & 1 & 2\\ 1 & 1 & 2\\ 2 & 2 & 0\end{pmatrix}\begin{pmatrix}-3 & 1 & 2\\ 1 & -3 & 2\\ 2 & 2 & -4\end{pmatrix}=2\begin{pmatrix}1 & 1 & -2\\ 1 & 1 & -2\\ -2 & -2 & 4\end{pmatrix}.\end{aligned}$$

§4.5 离散动态系统模型

一、习题 4—5 解答

1. 在某国，每年有比例为 p 的农村居民移居城镇，有比例为 q 的城镇居民移居农村. 假设该国总人口数不变，且上述人口迁移的规律也不变，把 n 年后农村人口和城镇人口占总人口的比例依次记为 x_n 和 $y_n(x_n+y_n=1)$.

(1) 求关系式 $\begin{pmatrix} x_{n+1} \\ y_{n+1} \end{pmatrix}=A\begin{pmatrix} x_n \\ y_n \end{pmatrix}$ 中的矩阵 A.

解 这是一个应用问题.

如果关系式 $\begin{pmatrix} x_{n+1} \\ y_{n+1} \end{pmatrix}=A\begin{pmatrix} x_n \\ y_n \end{pmatrix}$ 中矩阵 A 与 n 无关，则它可看作是向量 $\begin{pmatrix} x_n \\ y_n \end{pmatrix}$ 到 $\begin{pmatrix} x_{n+1} \\ y_{n+1} \end{pmatrix}$ 的递推关系式，从而有 $\begin{pmatrix} x_n \\ y_n \end{pmatrix}=A\begin{pmatrix} x_{n-1} \\ y_{n-1} \end{pmatrix}=\cdots=A^n\begin{pmatrix} x_0 \\ y_0 \end{pmatrix}=\frac{1}{2}A^n\begin{pmatrix} 1 \\ 1 \end{pmatrix}$，即把应用问题归结为求 A 的幂 A^n. 遵循这一思路，现求 A. 由题设，有

$$\begin{cases} x_{n+1}=(1-p)x_n+qy_n \\ y_{n+1}=px_n+(1-q)y_n \end{cases} \Rightarrow \begin{pmatrix} x_{n+1} \\ y_{n+1} \end{pmatrix}=\begin{pmatrix} 1-p & q \\ p & 1-q \end{pmatrix}\begin{pmatrix} x_n \\ y_n \end{pmatrix},$$

故 $A=\begin{pmatrix} 1-p & q \\ p & 1-q \end{pmatrix}$，它与 n 无关.

(2) 设目前农村人口与城镇人口相等，即 $\begin{pmatrix} x_0 \\ y_0 \end{pmatrix}=\begin{pmatrix} 0.5 \\ 0.5 \end{pmatrix}$，求 $\begin{pmatrix} x_n \\ y_n \end{pmatrix}$.

解 易求得 A 的特征值 $\lambda_1=1$，$\lambda_2=1-p-q$.

对应于 $\lambda_1=1$ 的特征向量为 $\xi_1=\begin{pmatrix} q \\ p \end{pmatrix}$.

对应于 $\lambda_2=1-p-q$ 的特征向量为 $\xi_2=\begin{pmatrix} -1 \\ 1 \end{pmatrix}$.

令 $P=(\xi_1,\xi_2)$，即 P 可逆，且 $P^{-1}AP=\begin{pmatrix} 1 & 0 \\ 0 & \omega \end{pmatrix}$，其中 $\omega=1-p-q$. 因此

$$\boldsymbol{A}=\boldsymbol{P}\begin{pmatrix}1 & 0\\0 & \omega\end{pmatrix}\boldsymbol{P}^{-1}$$

$$\Rightarrow\begin{pmatrix}x_n\\y_n\end{pmatrix}=\boldsymbol{A}^n\begin{pmatrix}x_0\\y_0\end{pmatrix}=\boldsymbol{P}\begin{pmatrix}1 & 0\\0 & \omega^n\end{pmatrix}\boldsymbol{P}^{-1}\begin{pmatrix}x_0\\y_0\end{pmatrix}$$

$$=\frac{1}{2(p+q)}\begin{pmatrix}2q-(q-p)\omega^n\\2p+(q-p)\omega^n\end{pmatrix}\quad(\omega=1-p-q).$$

2. 某偏僻村庄可以接收到的无线电广播来自两个电台，一个新闻台和一个音乐台. 两个台的广播每隔半小时都会中断休息. 每当出现中断时，新闻台的听众有 70%会继续收听新闻台，30%会换到音乐台；音乐台的听众有 60%会换到新闻台，40%会继续收听音乐台. 假设上午 8:15 所有人都在收听新闻台.

(1) 给出描述无线电听众在中断时换台的矩阵；

(2) 给出初始的状态向量；

(3) 上午 9:25 时音乐台的听众所占百分比是多少（假设电台在上午 8:30 和 9:00 中断休息）?

解　(1) $\begin{pmatrix}0.7 & 0.6\\0.3 & 0.4\end{pmatrix}\begin{matrix}\text{新闻台}\\\text{音乐台}\end{matrix}.$

(2) $\boldsymbol{x}_0=\begin{pmatrix}0\\1\end{pmatrix}.$

(3) 上午 9:25，即电台在中间中断两次.

$$\boldsymbol{x}_1=\begin{pmatrix}0.7 & 0.6\\0.3 & 0.4\end{pmatrix}\begin{pmatrix}0\\1\end{pmatrix}=\begin{pmatrix}0.6\\0.4\end{pmatrix},\ x_2=\begin{pmatrix}0.7 & 0.6\\0.3 & 0.4\end{pmatrix}\begin{pmatrix}0.6\\0.4\end{pmatrix}=\begin{pmatrix}0.66\\0.34\end{pmatrix},$$

所以上午 9:25 音乐台的听众所占百分比是 34%.

3. 在任意给定的一天中，一个学生或是健康的或是生病的. 在今天所有健康的学生中，95%在第二天仍是健康的；今天所有的生病的学生中，55%在第二天仍是生病的.

(1) 这种情况的矩阵是怎样的?

(2) 假设在星期一有 20%的学生生病，则星期二生病的学生的百分比是多少? 星期日呢?

解　(1) $\boldsymbol{M}=\begin{pmatrix}0.95 & 0.45\\0.05 & 0.55\end{pmatrix}\begin{matrix}\text{健康的学生}\\\text{生病的学生}\end{matrix}.$

(2) $\boldsymbol{x}_0=\begin{pmatrix}0.8\\0.2\end{pmatrix}$，则 $\boldsymbol{x}_1=\boldsymbol{M}x_0=\begin{pmatrix}0.95 & 0.45\\0.05 & 0.55\end{pmatrix}\begin{pmatrix}0.8\\0.2\end{pmatrix}=\begin{pmatrix}0.85\\0.15\end{pmatrix}$.

即星期二生病的学生的百分比是15%.

求得 $\boldsymbol{M}$ 的全体特征值 $\lambda_1=1$，$\lambda_2=0.5$，其对应的特征向量分别为

$$\boldsymbol{P}_1=\begin{pmatrix}9\\1\end{pmatrix},\ \boldsymbol{P}_2=\begin{pmatrix}1\\-1\end{pmatrix}.$$

令 $\boldsymbol{P}=\begin{pmatrix}9 & 1\\1 & -1\end{pmatrix}$，则

$$\boldsymbol{x}_6=\boldsymbol{P}\begin{pmatrix}1 & 0\\0 & 0.5\end{pmatrix}^6\boldsymbol{P}^{-1}\boldsymbol{x}_0=\begin{pmatrix}9 & 1\\1 & -1\end{pmatrix}\begin{pmatrix}1 & 0\\0 & 0.5^6\end{pmatrix}\begin{pmatrix}0.1 & 0.1\\0.1 & -0.9\end{pmatrix}\begin{pmatrix}0.8\\0.2\end{pmatrix}$$

$$=\begin{pmatrix}0.898\,437\,5\\0.101\,562\,5\end{pmatrix}.$$

即星期日健康的学生的百分比约是89.8%，生病的学生的百分比约是10.2%.

4. 假设猫头鹰与鼠的捕食者与被捕食者矩阵为

$$\boldsymbol{A}=\begin{pmatrix}0.5 & 0.4\\-p & 1.1\end{pmatrix}.$$

证明：如果捕食参数 $p=0.104$（事实上，平均每个月一只猫头鹰吃掉鼠约 $1\,000p$ 只），则两个种群都会增长. 估计这个长期增长率及猫头鹰与鼠的最终比值.

证 易知，系数矩阵 $\boldsymbol{A}=\begin{pmatrix}0.5 & 0.4\\-0.104 & 1.1\end{pmatrix}$，求得 $\boldsymbol{A}$ 的全部特征值

$$\lambda_1=1.02,\ \lambda_2=0.58,$$

其对应的特征向量分别是

$$\boldsymbol{p}_1=\begin{pmatrix}10\\13\end{pmatrix},\ \boldsymbol{p}_2=\begin{pmatrix}5\\1\end{pmatrix}.$$

初始向量 $\boldsymbol{x}_0=c_1\boldsymbol{p}_1+c_2\boldsymbol{p}_2$. 令 $\boldsymbol{P}=(\boldsymbol{p}_1,\boldsymbol{p}_2)=\begin{pmatrix}10 & 5\\13 & 1\end{pmatrix}$，当 $n\geqslant 0$ 时，则

$$\boldsymbol{x}_n = \boldsymbol{P}\boldsymbol{A}^n P^{-1}\boldsymbol{x}_0 = \begin{pmatrix} 10 & 5 \\ 13 & 1 \end{pmatrix} \begin{pmatrix} 1.02^n & 0 \\ 0 & 0.58^n \end{pmatrix} \begin{pmatrix} 10 & 5 \\ 13 & 1 \end{pmatrix}^{-1} \boldsymbol{x}_0$$

$$= \begin{pmatrix} c_1 1.02^n \times 10 + c_2 0.58^n \times 5 \\ c_1 1.02^n \times 13 + c_2 0.58^n \end{pmatrix}$$

$$= c_1 1.02^n \begin{pmatrix} 10 \\ 13 \end{pmatrix} + c_2 0.58^n \begin{pmatrix} 5 \\ 1 \end{pmatrix}.$$

假定 $c_1>0$，则对足够大的 n，0.58^n 趋于 0，进而

$$\boldsymbol{x}_n \approx c_1 1.02^n v_1 = c_1 1.02^n \begin{pmatrix} 10 \\ 13 \end{pmatrix}, \tag{①}$$

n 越大①式的近似程度越高，故对于充分大的 n，

$$\boldsymbol{x}_{n+1} \approx c_1 1.02^{n+1} \begin{pmatrix} 10 \\ 13 \end{pmatrix} = 1.02 c_1 1.02^n \begin{pmatrix} 10 \\ 13 \end{pmatrix} = 1.02 \boldsymbol{x}_n. \tag{②}$$

②式的近似表明，最后 $\boldsymbol{x}_n$ 的每个元素（猫头鹰和鼠的数量）几乎每个月都近似地增长了 0.02 倍，即有 2%的月增长率. 由①式知 $\boldsymbol{x}_n$ 约为 $(10, 13)^{\mathrm{T}}$ 的倍数，所以 $\boldsymbol{x}_n$ 中元素的比值约为 10∶13，即每 10 只猫头鹰对应着约 13 000 只鼠.

5. 当上题中的捕食参数 $p=0.125$ 时，试确定该系统的演化（给出 $\boldsymbol{x}_n$ 的计算公式）. 猫头鹰和鼠的数量随着时间如何变化?

解　系数矩阵 $\boldsymbol{A}=\begin{pmatrix} 0.5 & 0.4 \\ -0.125 & 1.1 \end{pmatrix}$，求得 $\boldsymbol{A}$ 的全部特征值

$$\lambda_1=1,\ \lambda_2=0.6,$$

其对应的特征向量分别是

$$\boldsymbol{p}_1=\begin{pmatrix} 4 \\ 5 \end{pmatrix},\ \boldsymbol{p}_2=\begin{pmatrix} 4 \\ 1 \end{pmatrix}.$$

初始向量 $\boldsymbol{x}_0=c_1\boldsymbol{p}_1+c_2\boldsymbol{p}_2$. 令 $\boldsymbol{P}=(\boldsymbol{p}_1, \boldsymbol{p}_2)=\begin{pmatrix} 4 & 4 \\ 5 & 1 \end{pmatrix}$，当 $n\geqslant 0$ 时，则

$$\boldsymbol{x}_n=\boldsymbol{P}\boldsymbol{A}^n\boldsymbol{P}^{-1}\boldsymbol{x}_0=\begin{pmatrix} 4 & 4 \\ 5 & 1 \end{pmatrix}\begin{pmatrix} 1 & 0 \\ 0 & 0.6^n \end{pmatrix}\begin{pmatrix} 4 & 4 \\ 5 & 1 \end{pmatrix}^{-1}\boldsymbol{x}_0=c_1\begin{pmatrix} 4 \\ 5 \end{pmatrix}+c_2 0.6^n\begin{pmatrix} 4 \\ 1 \end{pmatrix}.$$

假定 $c_1>0$，则对足够大的 n，06^n 趋于 0，进而

$$x_n \approx c_1 v_1 = c_1 \begin{pmatrix} 4 \\ 5 \end{pmatrix}, \qquad ①$$

n 越大，①式的近似程度越高，故对于充分大的 n，

$$x_{n+1} \approx c_1 \begin{pmatrix} 4 \\ 5 \end{pmatrix} = x_n. \qquad ②$$

②式的近似表明，最后 x_n 的每个元素（猫头鹰和鼠的数量）几乎每个月都近似地不变．由②式知 x_n 约为 $(4,5)^T$ 的倍数，所以 x_n 中元素的比值约为 4∶5，即每 4 只猫头鹰对应着约 5 000 只鼠．

本章小结

一、本章知识点网络图

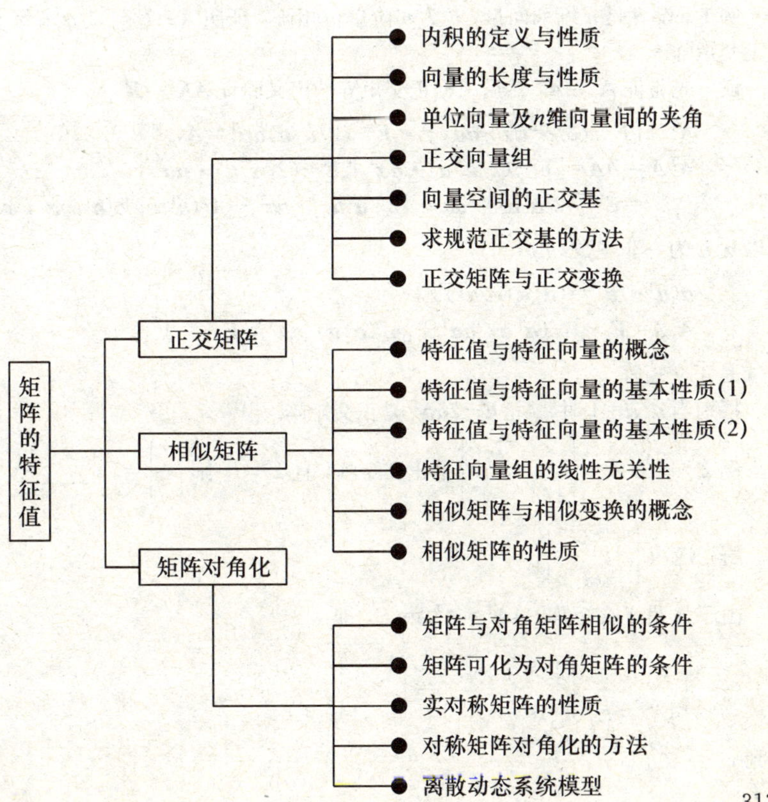

二、题型分析

题型 1　向量组与矩阵的正交性

解题思路　1. 利用向量组正交的概念解题：若两向量 $\boldsymbol{\alpha}$ 与 $\boldsymbol{\beta}$ 的内积 $[\boldsymbol{\alpha},\boldsymbol{\beta}]=0$，则称向量 $\boldsymbol{\alpha}$ 与 $\boldsymbol{\beta}$ 相互正交. 若一非零向量组中的向量两两正交，则称该向量组为正交向量组. 题目类型包括：证明向量组正交、求等价正交向量组及利用正交性证明向量组线性无关等（见总习题四题 1 和题 4）.

2. 利用矩阵正交的概念解题：若 n 阶方阵 $\boldsymbol{A}$ 满足

$$\boldsymbol{A}^{\mathrm{T}}\boldsymbol{A}=\boldsymbol{E}\ (\text{或 } \boldsymbol{A}^{-1}=\boldsymbol{A}^{\mathrm{T}}),$$

则称 $\boldsymbol{A}$ 为正交矩阵. 矩阵正交的充要条件是该矩阵的列向量（行向量）都是单位正交向量组. 题目类型包括：证明矩阵正交（如例 1），已知矩阵正交反求矩阵中的待定参数（如例 2），结合矩阵的对称性、反对称性概念证明或判定矩阵的正交性、可逆性等（如例 3）.

例 1　设 $\boldsymbol{\alpha}$ 是 n 维列向量，$\boldsymbol{E}$ 为 n 阶单位矩阵，证明 $\boldsymbol{A}=\boldsymbol{E}-[2/\boldsymbol{\alpha}^{\mathrm{T}}\boldsymbol{\alpha}]\boldsymbol{\alpha}\cdot\boldsymbol{\alpha}^{\mathrm{T}}$ 为正交矩阵.

证　先验证 $\boldsymbol{A}^{\mathrm{T}}=\boldsymbol{A}$，然后根据正交矩阵的定义验证 $\boldsymbol{A}\boldsymbol{A}^{\mathrm{T}}=\boldsymbol{E}$.

$$\boldsymbol{A}^{\mathrm{T}}=[\boldsymbol{E}-(2/\boldsymbol{\alpha}^{\mathrm{T}}\boldsymbol{\alpha})\cdot\boldsymbol{\alpha}\boldsymbol{\alpha}^{\mathrm{T}}]^{\mathrm{T}}=\boldsymbol{E}-(2/\boldsymbol{\alpha}^{\mathrm{T}}\boldsymbol{\alpha})\boldsymbol{\alpha}\boldsymbol{\alpha}^{\mathrm{T}}=\boldsymbol{A},$$

$$\begin{aligned}\boldsymbol{A}^{\mathrm{T}}\boldsymbol{A}&=\boldsymbol{A}\boldsymbol{A}=[\boldsymbol{E}-(2/\boldsymbol{\alpha}^{\mathrm{T}}\boldsymbol{\alpha})\cdot\boldsymbol{\alpha}\boldsymbol{\alpha}^{\mathrm{T}}][\boldsymbol{E}-(2/\boldsymbol{\alpha}^{\mathrm{T}}\boldsymbol{\alpha})\cdot\boldsymbol{\alpha}\boldsymbol{\alpha}^{\mathrm{T}}]\\&=\boldsymbol{E}-[(2/\boldsymbol{\alpha}^{\mathrm{T}}\boldsymbol{\alpha})]\cdot\boldsymbol{\alpha}\boldsymbol{\alpha}^{\mathrm{T}}-[2/(\boldsymbol{\alpha}^{\mathrm{T}}\boldsymbol{\alpha})]\cdot\boldsymbol{\alpha}\boldsymbol{\alpha}^{\mathrm{T}}+[4/(\boldsymbol{\alpha}^{\mathrm{T}}\boldsymbol{\alpha})^2]\boldsymbol{\alpha}(\boldsymbol{\alpha}^{\mathrm{T}}\boldsymbol{\alpha})\boldsymbol{\alpha}^{\mathrm{T}},\ \boldsymbol{\alpha}\neq\boldsymbol{0},\end{aligned}$$

所以 $\boldsymbol{\alpha}^{\mathrm{T}}\boldsymbol{\alpha}$ 为一非零数，故

$$\boldsymbol{\alpha}(\boldsymbol{\alpha}^{\mathrm{T}}\boldsymbol{\alpha})\boldsymbol{\alpha}^{\mathrm{T}}=(\boldsymbol{\alpha}^{\mathrm{T}}\boldsymbol{\alpha})(\boldsymbol{\alpha}\boldsymbol{\alpha}^{\mathrm{T}}),$$

$$\boldsymbol{A}^{\mathrm{T}}\boldsymbol{A}=\boldsymbol{E}-[4/(\boldsymbol{\alpha}^{\mathrm{T}}\boldsymbol{\alpha})]\boldsymbol{\alpha}\boldsymbol{\alpha}^{\mathrm{T}}+[4/(\boldsymbol{\alpha}^{\mathrm{T}}\boldsymbol{\alpha})]\boldsymbol{\alpha}\boldsymbol{\alpha}^{\mathrm{T}}=\boldsymbol{E},$$

故 $\boldsymbol{A}$ 是正交矩阵.

特别当 $\boldsymbol{\alpha}^{\mathrm{T}}\boldsymbol{\alpha}=1$ 时，$\boldsymbol{A}=\boldsymbol{E}-2\boldsymbol{\alpha}\boldsymbol{\alpha}^{\mathrm{T}}$ 是正交矩阵.

例 2　已知 $\boldsymbol{A}=\begin{pmatrix}x & 1/2\\ 1/2 & y\end{pmatrix}$ 是正交矩阵，且 $x>0$，则 $\begin{pmatrix}x\\ y\end{pmatrix}=$ ________.

解　应填 $\begin{pmatrix}\sqrt{3}/2\\ -\sqrt{3}/2\end{pmatrix}$.

由于 $\boldsymbol{A}$ 是正交矩阵，$\boldsymbol{A}\boldsymbol{A}^{\mathrm{T}}=\boldsymbol{A}^{\mathrm{T}}\boldsymbol{A}=\boldsymbol{E}$，即

$$\begin{pmatrix}x & 1/2\\ 1/2 & y\end{pmatrix}\begin{pmatrix}x & 1/2\\ 1/2 & y\end{pmatrix}=\begin{pmatrix}1 & 0\\ 0 & 1\end{pmatrix},$$

得到

$$\begin{cases} x^2+\frac{1}{4}=1 \\ \frac{1}{2}x+\frac{1}{2}y=0. \\ \frac{1}{4}+y^2=1 \end{cases}$$

所以

$$\begin{cases} x=\sqrt{3}/2 \\ y=-\sqrt{3}/2 \end{cases} \text{或} \begin{cases} x=-\sqrt{3}/2 \\ y=\sqrt{3}/2 \end{cases} \text{(舍去)}.$$

例 3 设 $\boldsymbol{A}$ 为实称矩阵，$\boldsymbol{B}$ 为实反对称矩阵，且 $\boldsymbol{AB}=\boldsymbol{BA}$，$\boldsymbol{A}-\boldsymbol{B}$ 是非奇异的，求证 $(\boldsymbol{A}+\boldsymbol{B})(\boldsymbol{A}-\boldsymbol{B})^{-1}$ 是正交矩阵.

证 $\because \boldsymbol{A}-\boldsymbol{B}$ 非奇异，

$\therefore (\boldsymbol{A}-\boldsymbol{B})^{\mathrm{T}}$ 非奇异$\Rightarrow \boldsymbol{A}+\boldsymbol{B}=(\boldsymbol{A}-\boldsymbol{B})^{\mathrm{T}}$ 是非奇异.

因为 $\boldsymbol{AB}=\boldsymbol{BA}$，所以 $(\boldsymbol{A}+\boldsymbol{B})(\boldsymbol{A}-\boldsymbol{B})=(\boldsymbol{A}-\boldsymbol{B})(\boldsymbol{A}+\boldsymbol{B})$，于是

$$\begin{aligned} &[(\boldsymbol{A}+\boldsymbol{B})(\boldsymbol{A}-\boldsymbol{B})^{-1}][(\boldsymbol{A}+\boldsymbol{B})(\boldsymbol{A}-\boldsymbol{B})^{-1}]^{\mathrm{T}} \\ &=(\boldsymbol{A}+\boldsymbol{B})(\boldsymbol{A}-\boldsymbol{B})^{-1}[(\boldsymbol{A}-\boldsymbol{B})^{-1}]^{\mathrm{T}}(\boldsymbol{A}+\boldsymbol{B})^{\mathrm{T}} \\ &=(\boldsymbol{A}+\boldsymbol{B})(\boldsymbol{A}-\boldsymbol{B})^{-1}[(\boldsymbol{A}-\boldsymbol{B})^{\mathrm{T}}]^{-1}(\boldsymbol{A}-\boldsymbol{B}) \\ &=(\boldsymbol{A}+\boldsymbol{B})[(\boldsymbol{A}-\boldsymbol{B})^{\mathrm{T}}(\boldsymbol{A}-\boldsymbol{B})]^{-1}(\boldsymbol{A}-\boldsymbol{B}) \\ &=(\boldsymbol{A}+\boldsymbol{B})[(\boldsymbol{A}+\boldsymbol{B})(\boldsymbol{A}-\boldsymbol{B})]^{-1}(\boldsymbol{A}-\boldsymbol{B}) \\ &=(\boldsymbol{A}+\boldsymbol{B})[(\boldsymbol{A}-\boldsymbol{B})(\boldsymbol{A}+\boldsymbol{B})]^{-1}(\boldsymbol{A}-\boldsymbol{B}) \\ &=(\boldsymbol{A}+\boldsymbol{B})(\boldsymbol{A}+\boldsymbol{B})^{-1}(\boldsymbol{A}-\boldsymbol{B})^{-1}(\boldsymbol{A}-\boldsymbol{B})=\boldsymbol{E}. \end{aligned}$$

故$(\boldsymbol{A}+\boldsymbol{B})(\boldsymbol{A}-\boldsymbol{B})^{-1}$是正交矩阵.

题型 2　矩阵的特征值与特征向量

解题思路　1. 数值型矩阵的特征值与特征向量：一般可由特征方程 $|\boldsymbol{A}-\lambda\boldsymbol{E}|=0$ 直接解出特征值 λ_i（$i=1, 2, \cdots, n$），再由线性方程组 $(\boldsymbol{A}-\lambda_i\boldsymbol{E})\boldsymbol{x}=\boldsymbol{0}$ 求出相应的特征向量. 若 $\boldsymbol{A}$ 为二阶矩阵，则特征方程是二次的. 若 $\boldsymbol{A}$ 为三阶矩阵，其特征方程的求解，一般先利用行列式的运算性质，通过提出公因式等方法化简特征方程的求解（如例 1）；对三阶以上矩阵的特征值，除对部分较特殊的矩阵（如上（下）三角矩阵、可分块为上（下）三角矩阵的矩阵等）外，一般不做特别要求（如例 2）.

2. 含待定参数的矩阵的特征值与特征向量：首先要利用题目给定的条件，根据有关矩阵特征值、特征向量以及矩阵相似等的结论确定矩阵中的待定参数，再按上述步骤求出特征值和特征向量（如例 3，又见总习题四题 7～题 9）.

例 1　求矩阵 $\boldsymbol{A}=\begin{pmatrix}-1&2&2\\3&-1&1\\2&2&-1\end{pmatrix}$ 的特征值与特征向量.

解　特征方程为

$$|\lambda\boldsymbol{E}-\boldsymbol{A}|=\begin{vmatrix}\lambda+1&-2&-2\\-3&\lambda+1&-1\\-2&-2&\lambda+1\end{vmatrix}=\begin{vmatrix}\lambda-3&-2&-2\\\lambda-3&\lambda+1&-2\\\lambda-3&-2&\lambda+1\end{vmatrix}$$

$$=(\lambda-3)\begin{vmatrix}1&-2&-2\\1&\lambda+1&-1\\1&-2&\lambda+1\end{vmatrix},$$

(**注**：在计算行列式时把其余各列加到第 1 列，然后提出公因子，同时在计算过程中分解出因式).

所以得特征值

$$\lambda_1=3,\ \lambda_2=\lambda_3=-3(\text{二重}),$$

对于 $\lambda_1=3$，解齐次方程组

$$(\lambda_1\boldsymbol{E}-\boldsymbol{A})\boldsymbol{x}=\begin{pmatrix}4&-2&-2\\-3&4&-1\\-2&-2&4\end{pmatrix}\begin{pmatrix}x_1\\x_2\\x_3\end{pmatrix}=\boldsymbol{0},$$

即

$$\begin{cases}4x_1-\ 2x_2-2x_3=0\\-3x_1+4\lambda x_2-\ x_3=0,\\-2x_1-\ 2x_2+4x_3=0\end{cases}$$

得基础解系为 $(1,\ 1,\ 1)^{\mathrm{T}}$，$\boldsymbol{A}$ 的属于 $\lambda_1=3$ 的特征向量为 $k_1(1,\ 1,\ 1)^{\mathrm{T}}$，其中 $k_1\neq0$为任意常数.

对于 $\lambda_1=\lambda_2=-3$，解齐次方程组

$$(\lambda_2\boldsymbol{E}-\boldsymbol{A})\boldsymbol{x}=\begin{pmatrix}-2&-2&-2\\-3&-2&-1\\-2&-2&-2\end{pmatrix}\begin{pmatrix}x_1\\x_2\\x_3\end{pmatrix}=\boldsymbol{0},$$

得基础解系为 $(1,\ -2,\ 1)^{\mathrm{T}}$，$\boldsymbol{A}$ 的属于 $\lambda_1=\lambda_2=-3$ 的特征向量为 $k_2\begin{pmatrix}1\\-2\\1\end{pmatrix}$，其

中 k_2 为任意非零常数.

由此得 $\boldsymbol{A}$ 的全部特征向量为 $k_1\begin{pmatrix}1\\1\\1\end{pmatrix}$，$k_2\begin{pmatrix}1\\-2\\1\end{pmatrix}$，其中 k_1，k_2 为任意非零常数.

例 2 求矩阵 $\boldsymbol{A}=\begin{pmatrix}-1&2&2&1&2\\2&-1&-2&2&0\\2&-2&-1&1&4\\0&0&0&1&3\\0&0&0&2&2\end{pmatrix}$ 的特征值.

解 $\boldsymbol{A}$ 可分解为分块对角矩阵

$$\boldsymbol{A}=\left(\begin{array}{ccc:cc}-1&2&2&1&2\\2&-1&-2&2&0\\2&-2&-1&1&4\\ \hdashline 0&0&0&1&3\\0&0&0&2&2\end{array}\right)=\begin{pmatrix}\boldsymbol{A}_1&\boldsymbol{C}_1\\\boldsymbol{O}&\boldsymbol{B}_1\end{pmatrix},$$

则由 $|\lambda\boldsymbol{E}_5-\boldsymbol{A}|=\begin{vmatrix}\lambda\boldsymbol{E}_3-\boldsymbol{A}_1&-\boldsymbol{C}_1\\\boldsymbol{O}&\lambda\boldsymbol{E}_2-\boldsymbol{B}_1\end{vmatrix}=|\lambda\boldsymbol{E}_3-\boldsymbol{A}_1|\,|\lambda\boldsymbol{E}_2-\boldsymbol{B}_1|=0$，

知 $\boldsymbol{A}$ 的特征值转化为求低阶矩阵 $\boldsymbol{A}_1$ 与 $\boldsymbol{B}_1$ 特征值即可.

因为

$$|\lambda\boldsymbol{E}_3-\boldsymbol{A}_1|=\begin{vmatrix}\lambda+1&-2&-2\\-2&\lambda+1&2\\-2&2&\lambda+1\end{vmatrix}\xlongequal[\text{到第 2 行}]{\text{第 1 行加}}\begin{vmatrix}\lambda+1&-2&-2\\\lambda-1&\lambda-1&0\\-2&2&\lambda+1\end{vmatrix}$$

$$\xlongequal[\text{公因式}(\lambda-1)]{\text{第 2 行提}}(\lambda-1)\begin{vmatrix}\lambda+1&-2&-2\\1&1&0\\-2&2&\lambda+1\end{vmatrix}=(\lambda-1)^2(\lambda+5)=0,$$

故 $\boldsymbol{A}_1$ 的特征值为 $\lambda_1=\lambda_2=1$，$\lambda_3=-5$.

又由 $|\lambda\boldsymbol{E}_3-\boldsymbol{B}_1|=\begin{vmatrix}\lambda-1&-3\\-2&\lambda-2\end{vmatrix}=(\lambda-1)(\lambda-2)-6=\lambda^2-3\lambda-4=0$，

解得 $\boldsymbol{B}_1$ 的特征值为 $\lambda_4=4$，$\lambda_5=-1$.

故 $\boldsymbol{A}$ 的特征值为

$$\lambda_1=\lambda_2=1,\ \lambda_3=-5,\ \lambda_4=4,\ \lambda_5=-1.$$

例 3 已知矩阵 $\boldsymbol{A}=\begin{pmatrix}1&2&2\\-1&4&-2\\1&-2&a\end{pmatrix}$ 的特征值有重根，求 $\boldsymbol{A}$ 的特征值和特

征向量.

解 $\boldsymbol{A}$ 的特征多项式

$$|\lambda\boldsymbol{E}-\boldsymbol{A}|=\begin{vmatrix}\lambda-1 & -2 & -2\\ 1 & \lambda-4 & 2\\ -1 & 2 & \lambda-a\end{vmatrix}=\begin{vmatrix}\lambda-1 & 2\lambda-4 & -2\\ 1 & \lambda-2 & 2\\ -1 & 0 & \lambda-a\end{vmatrix}$$

$$=(\lambda-2)\begin{vmatrix}\lambda-1 & 2 & -2\\ 1 & 1 & 2\\ -1 & 0 & \lambda-a\end{vmatrix}=(\lambda-2)[\lambda^2-(a+3)\lambda+3a-6].$$

若 $\lambda=2$ 是重根，则由 $2^2-(a+3)2+3a-6=0$ 得 $a=8$.

于是 $\boldsymbol{A}$ 的特征值是 $\lambda_1=\lambda_2=2$，$\lambda_3=9$.

对 $\lambda=2$，从 $(2\boldsymbol{E}-\boldsymbol{A})\boldsymbol{x}=\boldsymbol{0}$，有

$$\begin{pmatrix}1 & -2 & -2\\ 1 & -2 & 2\\ -1 & 2 & -6\end{pmatrix}\Rightarrow\begin{pmatrix}1 & -2 & -2\\ 0 & 0 & 4\\ 0 & 0 & 0\end{pmatrix}.$$

得到特征向量 $\boldsymbol{X}_1=(2,1,0)^{\mathrm{T}}$.

对 $\lambda=9$，从 $(9\boldsymbol{E}-\boldsymbol{A})\boldsymbol{x}=\boldsymbol{0}$，有

$$\begin{pmatrix}8 & -2 & -2\\ 1 & 5 & 2\\ -1 & 2 & 1\end{pmatrix}\Rightarrow\begin{pmatrix}1 & 5 & 2\\ 0 & 7 & 3\\ 0 & 0 & 0\end{pmatrix},$$

得到特征向量 $\boldsymbol{X}_2=(1,-3,7)^{\mathrm{T}}$.

若 $\lambda=2$ 不是重根，则 $\lambda^2-(a+3)\lambda+3a-6$ 应有等根.

于是判别式

$$(a+3)^2-4(3a-6)=a^2-6a+33=0,$$

但此时 a 无实根.

说明 本题 $\lambda=2$ 是二重特征值，$\mathrm{r}(2\boldsymbol{E}-\boldsymbol{A})=2$，只有 1 个线性无关的特征向量，$\boldsymbol{A}$ 不能对角化.

题型 3 抽象矩阵的特征值与特征向量

解题思路 对没有给出具体元素的抽象矩阵，其特征值可按如下思路求解：

(1) 利用矩阵特征值的定义式

$$\boldsymbol{A}\boldsymbol{x}=\lambda\boldsymbol{x},\ \boldsymbol{x}\neq\boldsymbol{0},$$

满足该定义式的值 λ 即为矩阵 $\boldsymbol{A}$ 的特征值，满足该定义式的向量 $\boldsymbol{x}$ 即为属于特征值 λ 的特征向量，由此求解或证明有关抽象矩阵特征值和特征向量的命题（如

例 1 和例 2，又见总习题四题 10).

(2) 利用矩阵的特征方程

$$|\boldsymbol{A}-\lambda\boldsymbol{E}|=0,$$

满足该特征方程的值 λ 即为矩阵 $\boldsymbol{A}$ 的特征值，再进一步确定对应的特征向量（如例 3～例 4).

(3) 综合运用有关向量组的线性相关性及矩阵的特征值与特征向量的已知结论解题（见总习题四题 13，又如例 6).

例 1 假设 $\boldsymbol{A}$ 满足方程 $\boldsymbol{A}^2-5\boldsymbol{A}+6\boldsymbol{E}=\boldsymbol{0}$，其中 $\boldsymbol{E}$ 为单位矩阵，试求 $\boldsymbol{A}$ 的特征值.

解 用定义式求解.

设 λ 是 $\boldsymbol{A}$ 的特征值，对应特征向量设为 $\boldsymbol{x}\neq\boldsymbol{0}$，则 $\boldsymbol{A}\boldsymbol{x}=\lambda\boldsymbol{x}$.

由已知 $\boldsymbol{A}^2-5\boldsymbol{A}+6\boldsymbol{E}=\boldsymbol{0}$，得

$$(\boldsymbol{A}^2-5\boldsymbol{A}+6\boldsymbol{E})\boldsymbol{x}=\boldsymbol{A}^2\boldsymbol{x}-5\boldsymbol{A}\boldsymbol{x}+6\boldsymbol{x}=\lambda^2\boldsymbol{x}-5\lambda\boldsymbol{x}+6\boldsymbol{x}=(\lambda^2-5\lambda+6)\boldsymbol{x}=\boldsymbol{0}.$$

因为 $\boldsymbol{x}\neq\boldsymbol{0}$，故

$$\lambda^2-5\lambda+6=(\lambda-2)(\lambda-3)=0,$$

即有 $\lambda=2$ 或 $\lambda=3$.

例 2 $\boldsymbol{A}$ 是 n 阶正交矩阵，λ 是 $\boldsymbol{A}$ 的实特征值，$\boldsymbol{X}$ 是相应的特征向量. 证明 λ 只能是 ±1，并且 $\boldsymbol{X}$ 也是 $\boldsymbol{A}^{\mathrm{T}}$ 的特征向量.

证 按特征值定义，对于 $\boldsymbol{A}\boldsymbol{X}=\lambda\boldsymbol{X}$，经转置得

$$\boldsymbol{X}^{\mathrm{T}}\boldsymbol{A}^{\mathrm{T}}=(\boldsymbol{A}\boldsymbol{X})^{\mathrm{T}}=(\lambda\boldsymbol{X})^{\mathrm{T}}=\lambda\boldsymbol{X}^{\mathrm{T}},$$

$$\because\quad \boldsymbol{A}\boldsymbol{A}^{\mathrm{T}}=\boldsymbol{E},$$

从而

$$\boldsymbol{X}^{\mathrm{T}}\boldsymbol{X}=\boldsymbol{X}^{\mathrm{T}}\boldsymbol{A}^{\mathrm{T}}\boldsymbol{A}\boldsymbol{X}=(\lambda\boldsymbol{X}^{\mathrm{T}})(\lambda\boldsymbol{X})=\lambda^2\boldsymbol{X}^{\mathrm{T}}\boldsymbol{X},$$

得

$$(1-\lambda^2)\boldsymbol{X}^{\mathrm{T}}\boldsymbol{X}=\boldsymbol{0}.$$

因为 $\boldsymbol{X}$ 是实特征向量，

$$\boldsymbol{X}^{\mathrm{T}}\boldsymbol{X}=x_1^2+x_2^2+\cdots+x_n^2>0,$$

可知 $\lambda^2=1$，由于 λ 是实数，故只能是 1 或 -1.

若 $\lambda=1$，从 $\boldsymbol{A}\boldsymbol{X}=\boldsymbol{X}$，两边左乘 $\boldsymbol{A}^{\mathrm{T}}$，得到

$$\boldsymbol{A}^{\mathrm{T}}\boldsymbol{X}=\boldsymbol{A}^{\mathrm{T}}\boldsymbol{A}\boldsymbol{X}=\boldsymbol{X},$$

即 $\boldsymbol{X}$ 是 $\boldsymbol{A}^{\mathrm{T}}$ 关于 $\lambda=1$ 的特征向量（类似可有 $\lambda=-1$ 的论证，下略）.

例 3　设 λ 是 n 阶可逆矩阵 $\boldsymbol{A}$ 的一个特征值，证明：$\dfrac{|\boldsymbol{A}|}{\lambda}$ 为 $\boldsymbol{A}$ 的伴随矩阵 $\boldsymbol{A}^*$ 的特征值.

证　方法一　$|\boldsymbol{A}|\neq 0$，故 $\boldsymbol{A}$ 的特征值 $\lambda\neq 0$，且 $|\lambda\boldsymbol{E}-\boldsymbol{A}|=0$，故

$$|\boldsymbol{A}^*||\lambda\boldsymbol{E}-\boldsymbol{A}|=|\lambda\boldsymbol{A}^*-\boldsymbol{A}^*\boldsymbol{A}|=\left|-\lambda\left(\frac{|\boldsymbol{A}|}{\lambda}\boldsymbol{E}-\boldsymbol{A}^*\right)\right|$$

$$=(-\lambda)^n\left|\frac{|\boldsymbol{A}|}{\lambda}\boldsymbol{E}-\boldsymbol{A}^*\right|=0.$$

由于 $(-\lambda)^n\neq 0$，故 $\left|\dfrac{|\boldsymbol{A}|}{\lambda}\boldsymbol{E}-\boldsymbol{A}^*\right|=0$，即 $\dfrac{|\boldsymbol{A}|}{\lambda}$ 是 $\boldsymbol{A}^*$ 的特征值.

方法二　已知 $|\boldsymbol{A}|\neq 0$，$\lambda\neq 0$，且 $\boldsymbol{A}\boldsymbol{x}=\lambda\boldsymbol{x}$ $(\boldsymbol{x}\neq\boldsymbol{0})$ 两边左乘 $\boldsymbol{A}^*$，得

$$\boldsymbol{A}^*\boldsymbol{A}\boldsymbol{x}=|\boldsymbol{A}|\boldsymbol{E}\boldsymbol{x}=|\boldsymbol{A}|\boldsymbol{x}=\lambda\boldsymbol{A}^*\boldsymbol{x},$$

故 $\boldsymbol{A}^*\boldsymbol{x}=\dfrac{|\boldsymbol{A}|}{\lambda}\boldsymbol{x}$，即 $\dfrac{|\boldsymbol{A}|}{\lambda}$ 是 $\boldsymbol{A}^*$ 的特征值.

例 4　设 $\boldsymbol{A}$ 为 n 阶实矩阵，满足 $\boldsymbol{A}\boldsymbol{A}^{\mathrm{T}}=\boldsymbol{E}$，$|\boldsymbol{A}|<0$，试求 $\boldsymbol{A}$ 的伴随矩阵 $\boldsymbol{A}^*$ 的一个特征值.

解　由已知 $\boldsymbol{A}\boldsymbol{A}^{\mathrm{T}}=\boldsymbol{E}$，有

$$\boldsymbol{E}+\boldsymbol{A}=\boldsymbol{A}\boldsymbol{A}^{\mathrm{T}}+\boldsymbol{A}=\boldsymbol{A}(\boldsymbol{A}^{\mathrm{T}}+\boldsymbol{E})=\boldsymbol{A}(\boldsymbol{A}+\boldsymbol{E})^{\mathrm{T}},$$

于是　$|\boldsymbol{E}+\boldsymbol{A}|=|\boldsymbol{A}(\boldsymbol{A}+\boldsymbol{E})^{\mathrm{T}}|=|\boldsymbol{A}||\boldsymbol{A}+\boldsymbol{E}|,$

即　$(1-|\boldsymbol{A}|)|\boldsymbol{E}+\boldsymbol{A}|=0.$

$\because |\boldsymbol{A}|<0,\quad \therefore |\boldsymbol{E}+\boldsymbol{A}|=0,$

故有　$|-\boldsymbol{E}-\boldsymbol{A}|=|-(\boldsymbol{E}+\boldsymbol{A})|=(-1)^n|\boldsymbol{E}+\boldsymbol{A}|=0,$

即 $\lambda=-1$ 为 $\boldsymbol{A}$ 的一个特征值. 又由题设 $\boldsymbol{A}\boldsymbol{A}^{\mathrm{T}}=\boldsymbol{E}$，有

$$|\boldsymbol{A}\boldsymbol{A}^{\mathrm{T}}|=|\boldsymbol{A}||\boldsymbol{A}^{\mathrm{T}}|=|\boldsymbol{A}|^2=1，得 |\boldsymbol{A}|=\pm 1,$$

但 $|\boldsymbol{A}|<0$，所以 $|\boldsymbol{A}|=-1$.

从而知 $\boldsymbol{A}^*$ 有一特征值为 $\dfrac{|\boldsymbol{A}|}{\lambda}=\dfrac{-1}{-1}=1$.

例 5　$\boldsymbol{A}$，$\boldsymbol{B}$ 均是 n 阶矩阵，证明 $\boldsymbol{AB}$ 与 $\boldsymbol{BA}$ 有相同的特征值.

证　设 λ_0 是 $\boldsymbol{AB}$ 的非零特征值，$\boldsymbol{p}_0$ 是 $\boldsymbol{AB}$ 对应于 λ_0 的特征向量，即

$$(\boldsymbol{AB})\boldsymbol{p}_0=\lambda_0\boldsymbol{p}_0\,(\lambda_0\boldsymbol{p}_0\neq\boldsymbol{0}).$$

用 $\boldsymbol{B}$ 左乘上式，得 $\boldsymbol{BA}(\boldsymbol{B}\boldsymbol{p}_0)=\lambda_0\boldsymbol{B}\boldsymbol{p}_0$.

下面需证 $\boldsymbol{Bp}_0\neq\mathbf{0}$（这样 $\boldsymbol{Bp}_0$ 就是矩阵 $\boldsymbol{BA}$ 对应于 λ_0 的特征向量）.

（反证法）若 $\boldsymbol{Bp}_0=\mathbf{0}$，那么 $(\boldsymbol{AB})\boldsymbol{p}_0=\boldsymbol{A}(\boldsymbol{Bp}_0)=\mathbf{0}$，这与 $(\boldsymbol{AB})\boldsymbol{p}_0=\lambda_0\boldsymbol{p}_0\neq\mathbf{0}$ 相矛盾.

所以 λ_0 是 $\boldsymbol{BA}$ 的特征值.

若 $\lambda_0=0$ 是 $\boldsymbol{AB}$ 的特征值，则因

$$\begin{aligned}|0\boldsymbol{E}-\boldsymbol{BA}|&=|-\boldsymbol{BA}|=(-1)^n|\boldsymbol{B}|\cdot|\boldsymbol{A}|\\&=(-1)^n|\boldsymbol{A}|\cdot|\boldsymbol{B}|=|0\boldsymbol{E}-\boldsymbol{AB}|,\end{aligned}$$

所以，$\lambda_0=0$ 也是 $\boldsymbol{BA}$ 的特征值.

同样可证 $\boldsymbol{BA}$ 的特征值必是 $\boldsymbol{AB}$ 的特征值，所以 $\boldsymbol{AB}$ 与 $\boldsymbol{BA}$ 的特征值相同.

例 6 已知 $\boldsymbol{A}$ 是 n 阶矩阵，且 $(\boldsymbol{A}+\boldsymbol{E})^3=\mathbf{0}$，证明 $\boldsymbol{A}$ 是可逆矩阵.

证 方法一 由 $(\boldsymbol{A}+\boldsymbol{E})^3=\mathbf{0}$，得 $\boldsymbol{A}^3+3\boldsymbol{A}^2+3\boldsymbol{A}+\boldsymbol{E}=\mathbf{0}$.

那么

$$\boldsymbol{A}(-\boldsymbol{A}^2-3\boldsymbol{A}-3\boldsymbol{E})=\boldsymbol{E}, \qquad (*)$$

所以 $\boldsymbol{A}$ 可逆，且 $\boldsymbol{A}^{-1}=-\boldsymbol{A}^2-3\boldsymbol{A}-3\boldsymbol{E}$.

或对（$*$）式用行列式乘法公式，知 $|\boldsymbol{A}|\cdot|-\boldsymbol{A}^2-3\boldsymbol{A}-3\boldsymbol{E}|=1$，得 $|\boldsymbol{A}|\neq 0$. 亦知 $\boldsymbol{A}$ 可逆.

方法二 （用特征值）设 λ 是 $\boldsymbol{A}$ 的任一特征值，$\boldsymbol{X}$ 是属于 λ 的特征向量，即

$$\boldsymbol{AX}=\lambda\boldsymbol{X}.$$

那么

$$(\boldsymbol{A}+\boldsymbol{E})^3\boldsymbol{X}=(\lambda+1)^3\boldsymbol{X}.$$

因为 $(\boldsymbol{A}+\boldsymbol{E})^3=\mathbf{0}$，$\boldsymbol{X}\neq\mathbf{0}$，故 $(\lambda+1)^3=0$.

因此 $\boldsymbol{A}$ 的任一特征值都是 -1，所以

$$|\boldsymbol{A}|=\prod_{i=1}^{n}\lambda_i=(-1)^n\neq 0,$$

即 $\boldsymbol{A}$ 是可逆矩阵.

题型 4 求解特征值与特征向量的逆问题

解题思路 1. 已知特征向量或特征值反求矩阵中的参数：若题设条件中给出了特征向量，可用定义 $\boldsymbol{Ax}=\lambda\boldsymbol{x}$，$\boldsymbol{x}\neq\mathbf{0}$ 得到关于待求参数的方程组，解出所求参数（如例 1）；若题设条件中仅给出矩阵的特征值，则可用特征方程 $|\boldsymbol{A}-\lambda\boldsymbol{E}|=0$ 求解（见总习题四题 6）.

2. 已知矩阵的全部特征值、特征向量反求矩阵本身，可通过特征值的定义表达式 $\boldsymbol{Ax}=\lambda\boldsymbol{x}$，利用向量组与矩阵的运算求出所求矩阵（如例 2）.

3. 已知矩阵的部分特征值、特征向量，反求矩阵的另一部分特征值、特征向量以及矩阵本身，此类问题主要针对实对称矩阵来讨论，涉及的结论有：实对称矩阵属于不同特征值的特征向量相互正交. 利用此结论可得到关于所求特征向量满足的方程组，解得特征向量，进而确定所求矩阵（见总习题四题 15 和题 16）.

例 1　已知三阶矩阵 $A=\begin{pmatrix}3 & 2 & -1\\ x & -2 & 2\\ 3 & y & -1\end{pmatrix}$ 有一个特征向量 $p_1=(1,-2,3)^T$，则 $x=$________，$y=$________，p_1 所对应的特征值 $\lambda_1=$________.

解　应填 $x=-2$，$y=6$，$\lambda_1=-4$.

设矩阵 A 的特征向量 p_1 所对应的特征值为 λ_1，则有

$$(A-\lambda_1 E)p_1=\mathbf{0},$$

即

$$\begin{pmatrix}3-\lambda_1 & 2 & -1\\ x & -2-\lambda_1 & 2\\ 3 & y & -1-\lambda_1\end{pmatrix}\begin{pmatrix}1\\-2\\3\end{pmatrix}=\begin{pmatrix}0\\0\\0\end{pmatrix},$$

或

$$\begin{cases}3-\lambda_1-4-3=0\\ x+2(2+\lambda_1)+6=0\\ 3-2y-3(1+\lambda_1)=0\end{cases}.$$

解得 $\lambda_1=-4$，$x=-2$，$y=6$.

例 2　设三阶矩阵 A 满足 $A\alpha_i=i\alpha_i\,(i=1,2,3)$，其中列向量

$$\alpha_1=(1,2,2)^T,\ \alpha_2=(2,-2,1)^T,\ \alpha_3=(-2,-1,2)^T,$$

试求矩阵 A.

解　由 $A\alpha_i=i\alpha_i\,(i=1,2,3)$ 可得

$$A(\alpha_1,\alpha_2,\alpha_3)=(A\alpha_1,A\alpha_2,A\alpha_3)=(\alpha_1,2\alpha_2,3\alpha_3),$$

因为 α_1，α_2，α_3 是三阶矩阵 A 的三个不同特征值的特征向量，所以 α_1，α_2，α_3 线性无关，从而矩阵 $(\alpha_1,\alpha_2,\alpha_3)$ 可逆，于是

$$\begin{aligned}A&=(\alpha_1,2\alpha_2,3\alpha_3)(\alpha_1,\alpha_2,\alpha_3)^{-1}\\ &=\begin{pmatrix}1 & 4 & -6\\ 2 & -4 & -3\\ 2 & 2 & 6\end{pmatrix}\begin{pmatrix}1 & 2 & -2\\ 2 & -2 & -1\\ 2 & 1 & 2\end{pmatrix}^{-1}=\begin{pmatrix}1 & 4 & -6\\ 2 & -4 & -3\\ 2 & 2 & 6\end{pmatrix}\cdot\frac{1}{9}\begin{pmatrix}1 & 2 & 2\\ 2 & -2 & 1\\ -2 & -1 & 2\end{pmatrix}\end{aligned}$$

$$=\begin{pmatrix}7/3 & 0 & -2/3\\ 0 & 5/3 & -2/3\\ -2/3 & -2/3 & 2\end{pmatrix}.$$

题型 5　矩阵相似与对角化的讨论

解题思路　1. 判断矩阵 $\boldsymbol{A}$ 是否可对角化，在可对角化的情况下，求出相似变换矩阵. 基本步骤如下：

(1) 求出矩阵 $\boldsymbol{A}$ 的全部特征值；

(2) 求出对应于每一特征值的特征向量；

(3) 判断：若每个特征值的重数与属于该特征值的线性无关的特征向量的个数相同，则该矩阵可对角化；

(4) 在矩阵可对角化的情况下，把它的 n 个线性无关的特征向量作为新矩阵 $\boldsymbol{P}$ 的列向量，则 $\boldsymbol{P}$ 就是所求相似变换矩阵，它使 $\boldsymbol{P}^{-1}\boldsymbol{AP}$ 为对角矩阵（见总习题四题 17，又如例 1 和例 2).

2. 判断两个同阶方阵的相似性：若 $\boldsymbol{A}\sim\boldsymbol{B}$，则这两个矩阵的特征多项式、行列式、秩及迹等均相等，其逆命题常用来判断两矩阵不相似（见总习题四题 19，又如例 5).

3. 由已知矩阵 $\boldsymbol{A}$，$\boldsymbol{B}$ 相似，反求矩阵中的参数. 此类问题一般均从 $|\boldsymbol{A}-\lambda\boldsymbol{E}|=|\boldsymbol{B}-\lambda\boldsymbol{E}|$ 着手进行分析（见总习题四题 18，题 20，又如例 4).

例 1　判断下列矩阵 $\boldsymbol{A}$ 是否与对角矩阵相似，如果相似，求出相似变换矩阵 $\boldsymbol{P}$，使 $\boldsymbol{P}^{-1}\boldsymbol{AP}$ 为对角矩阵，$\boldsymbol{A}=\begin{pmatrix}1 & -3 & 3\\ 3 & -5 & 3\\ 6 & -6 & 4\end{pmatrix}$.

解　由特征方程

$$|\lambda\boldsymbol{E}-\boldsymbol{A}|=\begin{vmatrix}\lambda-1 & 3 & -3\\ -3 & \lambda+5 & -3\\ -6 & 6 & \lambda-4\end{vmatrix}=\begin{vmatrix}\lambda-1 & 3 & -3\\ -\lambda-2 & \lambda+2 & 0\\ -6 & 6 & \lambda-4\end{vmatrix}$$

$$=(\lambda+2)\begin{vmatrix}\lambda-1 & 3 & -3\\ -1 & 1 & 0\\ -6 & 6 & \lambda-4\end{vmatrix}=(\lambda+2)^2(\lambda-4),$$

因此，$\boldsymbol{A}$ 的特征值为 $\lambda_1=\lambda_2=-2$（二重），$\lambda_3=4$.

对于 $\lambda_1=\lambda_2=-2$，解方程

$$(\lambda_1\boldsymbol{E}-\boldsymbol{A})x=(-2\boldsymbol{E}-\boldsymbol{A})\boldsymbol{x}=\begin{pmatrix}-3 & 3 & -3\\ -3 & 3 & -3\\ -6 & 6 & -6\end{pmatrix}\begin{pmatrix}x_1\\ x_2\\ x_3\end{pmatrix}=\boldsymbol{0},$$

因为秩 $(-2\boldsymbol{E}-\boldsymbol{A})=1$，可得其基础解系为

$$\boldsymbol{\xi}_1=(1,1,0)^{\mathrm{T}},\ \boldsymbol{\xi}_2=(-1,0,1)^{\mathrm{T}}.$$

对于 $\lambda_3=4$，解方程

$$(\lambda_3\boldsymbol{E}-\boldsymbol{A})=(4\boldsymbol{E}-\boldsymbol{A})\boldsymbol{x}=\begin{pmatrix}3&3&-3\\-3&9&-3\\-6&6&0\end{pmatrix}\begin{pmatrix}x_1\\x_2\\x_3\end{pmatrix}=\boldsymbol{0},$$

因秩 $(4\boldsymbol{E}-\boldsymbol{A})=2$，可得基础解系为 $\boldsymbol{\xi}_3=(1,1,2)^{\mathrm{T}}$，即三阶矩阵 $\boldsymbol{A}$ 有三个线性无关的特征向量 $\boldsymbol{\xi}_1$，$\boldsymbol{\xi}_2$，$\boldsymbol{\xi}_3$，故 $\boldsymbol{A}$ 可对角化.

令 $\boldsymbol{P}=(\boldsymbol{\xi}_1,\boldsymbol{\xi}_2,\boldsymbol{\xi}_3)=\begin{pmatrix}1&-1&1\\1&0&1\\0&1&2\end{pmatrix}$，则 $\boldsymbol{P}^{-1}\boldsymbol{AP}=\begin{pmatrix}-2&0&0\\0&-2&0\\0&0&4\end{pmatrix}$.

例 2　设 $\boldsymbol{A}$ 是 n 阶下三角形矩阵.

(1) 在什么条件下 $\boldsymbol{A}$ 必可对角化？

解　(1) 先求出 $\boldsymbol{A}$ 的所有特征值.

$$\boldsymbol{A}=\begin{pmatrix}a_{11}&&&\boldsymbol{O}\\&a_{22}&&\\&&\cdots&\\&&&a_{nn}\end{pmatrix},$$

$$f_A(\lambda)=|\lambda\boldsymbol{E}-\boldsymbol{A}|=(\lambda-a_{11})(\lambda-a_{22})\cdots(\lambda-a_{nn}).$$

令 $f_A(\lambda)=(\lambda-a_{11})(\lambda-a_{22})\cdots(\lambda-a_{nn})=0$，
得 $\boldsymbol{A}$ 的所有特征值

$$\lambda_i=a_{ii}\quad(1\leqslant i\leqslant n).$$

因 $\boldsymbol{A}$ 可对角化的充分条件是 $\boldsymbol{A}$ 有 n 个互异的特征值.

故当 $\lambda_i\neq\lambda_j\ (i\neq j,\ i,j=1,2,\cdots,n)$ 时，即当 $a_{ii}\neq a_{jj}$，$\boldsymbol{A}$ 可对角化.

(2) 如果 $a_{11}=a_{22}=\cdots=a_{nn}$，且至少有一 $a_{i_0j_0}\neq0\ (i_0>j_0)$，证明 $\boldsymbol{A}$ 不可对角化.

证　用反证法.

若 $\boldsymbol{A}$ 可对角化，则存在可逆矩阵 $\boldsymbol{P}$，使

$$\boldsymbol{P}^{-1}\boldsymbol{AP}=\mathrm{diag}(\lambda_1,\lambda_2,\cdots,\lambda_n),$$

其中 $\lambda_i\ (1\leqslant i\leqslant n)$ 是 $\boldsymbol{A}$ 的特征值.

由 (1) 可知 $\lambda_i=a_{ii}$，而 $a_{11}=a_{22}=\cdots=a_{nn}$，所以

$$P^{-1}AP=\begin{pmatrix} a_{11} & & & \\ & a_{11} & & \\ & & \ddots & \\ & & & a_{11} \end{pmatrix}=a_{11}E.$$

$$A=Pa_{11}EP^{-1}=a_{11}PP^{-1}=a_{11}E,$$

这与至少有一个 $a_{i_0j_0}\neq 0$（$i_0>j_0$）矛盾，故 A 不可对角化.

例 3 试判断下列矩阵 A，B 是否相似，若相似，求出可逆矩阵 M，使得$B=M^{-1}AM$，其中

$$A=\begin{pmatrix} 2 & 0 & 0 \\ 0 & 0 & 1 \\ 0 & 1 & 0 \end{pmatrix},\ B=\begin{pmatrix} 1 & 0 & 0 \\ 0 & -1 & 0 \\ 0 & -6 & 2 \end{pmatrix}.$$

解 由 $|\lambda E-A|=\begin{vmatrix} \lambda-2 & 0 & 0 \\ 0 & \lambda & -1 \\ 0 & -1 & \lambda \end{vmatrix}=(\lambda-2)(\lambda-1)(\lambda+1)$，得 A 的特征值为

$$\lambda_1=2,\ \lambda_2=1,\ \lambda_3=-1.$$

又由 $|\lambda E-B|=\begin{vmatrix} \lambda-1 & 0 & 0 \\ 0 & \lambda+1 & 0 \\ 0 & 6 & \lambda-2 \end{vmatrix}=(\lambda-2)(\lambda-1)(\lambda+1)$，得 B 的特征值为

$$\lambda_1=2,\ \lambda_2=1,\ \lambda_3=-1.$$

A 与 B 均有三个不相同的特征值，因此 A 与 B 同时与对角矩阵 $\begin{pmatrix} 2 & 0 & 0 \\ 0 & 1 & 0 \\ 0 & 0 & -1 \end{pmatrix}$ 相似，由相似关系的对称性与传递性知，A 与 B 相似. 又对应特征值 2，1，-1，A 有特征向量分别为

$$\boldsymbol{\xi}_1=(1,\ 0,\ 0)^T,\ \boldsymbol{\xi}_2=(0,\ 1,\ 1)^T,\ \boldsymbol{\xi}_3=(0,\ 0,\ -1)^T.$$

对应特征值 2，1，-1，B 有特征向量分别为

$$\boldsymbol{\eta}_1=(0,\ 0,\ 1)^T,\ \boldsymbol{\eta}_2=(1,\ 0,\ 0)^T,\ \boldsymbol{\eta}_3=(0,\ 1,\ 2)^T.$$

故存在

$$P=(\xi_1,\xi_2,\xi_3)=\begin{pmatrix}1&0&0\\0&1&0\\0&1&-1\end{pmatrix},$$

使得

$$Q=(\eta_1,\eta_2,\eta_3)=\begin{pmatrix}0&1&0\\0&0&1\\1&0&2\end{pmatrix}.$$

$$P^{-1}AP=Q^{-1}BQ=\begin{pmatrix}2&0&0\\0&1&0\\0&0&-1\end{pmatrix},$$

从而有

$$B=QP^{-1}APQ^{-1}=(PQ^{-1})^{-1}A(PQ^{-1}).$$

令 $M=PQ^{-1}$，则 M 可逆，且使得 $B=M^{-1}AM$.

这里 $PQ^{-1}=\begin{pmatrix}1&0&0\\0&1&0\\0&1&-1\end{pmatrix}\begin{pmatrix}0&1&0\\0&0&1\\1&0&2\end{pmatrix}^{-1}=\begin{pmatrix}0&-2&1\\1&0&0\\1&-1&0\end{pmatrix}.$

例 4　设矩阵 $A=\begin{pmatrix}3&2&-2\\-k&-1&k\\4&2&-3\end{pmatrix}$，问当 k 为何值时，存在可逆矩阵 P，使得 $P^{-1}AP$ 为对角矩阵？并求出 P 和相应的对角矩阵.

解　由 $|\lambda E-A|=\begin{vmatrix}\lambda-3&-2&2\\k&\lambda+1&-k\\-4&-2&\lambda+3\end{vmatrix}=\begin{vmatrix}\lambda-1&-2&2\\0&\lambda+1&-k\\0&0&\lambda+1\end{vmatrix}=(\lambda+1)^2(\lambda-1)$，

可得 A 的特征值为 $\lambda_1=\lambda_2=-1$，$\lambda_3=1$.

对于 $\lambda_1=-1$，有

$$-E-A=\begin{pmatrix}-4&-2&2\\k&0&-k\\-4&-2&2\end{pmatrix}\Rightarrow\begin{pmatrix}-4&-2&2\\k&0&-k\\0&0&0\end{pmatrix},$$

由题设，对应 $\lambda_1=\lambda_2=-1$ 必有两个特征向量，故有秩 $(-E-A)=1$，从而 $k=0$.

此时

$$-E-A\Rightarrow\begin{pmatrix}-4&-2&2\\0&0&0\\0&0&0\end{pmatrix}\Rightarrow\begin{pmatrix}1&1/2&-1/2\\0&0&0\\0&0&0\end{pmatrix},$$

对应的特征向量为

$$\boldsymbol{\alpha}_1=(-1,\ 2,\ 0)^{\mathrm{T}},\ \boldsymbol{\alpha}_2=(1,\ 0,\ 2)^{\mathrm{T}}.$$

对于 $\lambda_3=1$，有

$$\boldsymbol{E}-\boldsymbol{A}=\begin{pmatrix}-2 & -2 & 2\\ k & 2 & -k\\ -4 & -2 & 4\end{pmatrix}\Rightarrow\begin{pmatrix}1 & 0 & -1\\ 0 & 1 & 0\\ 0 & 0 & 0\end{pmatrix},$$

对应的特征向量为 $\boldsymbol{\alpha}_3=(1,\ 0,\ 1)^{\mathrm{T}}$.

因此当 $k=0$ 时，令 $\boldsymbol{P}=\begin{pmatrix}-1 & 1 & 1\\ 2 & 0 & 0\\ 0 & 2 & 1\end{pmatrix}$，则

$$\boldsymbol{P}^{-1}\boldsymbol{A}\boldsymbol{P}=\begin{pmatrix}-1 & 0 & 0\\ 0 & -1 & 0\\ 0 & 0 & 1\end{pmatrix}.$$

题型 6　矩阵对角化的应用

解题思路　1. 求矩阵 $\boldsymbol{A}$ 的高次幂. 可按如下思路进行：

(1) 将矩阵 $\boldsymbol{A}$ 对角化，若存在可逆矩阵 $\boldsymbol{P}$，使

$$\boldsymbol{P}^{-1}\boldsymbol{A}\boldsymbol{P}=\boldsymbol{\Lambda}\Rightarrow\boldsymbol{A}=\boldsymbol{P}\boldsymbol{\Lambda}\boldsymbol{P}^{-1}\Rightarrow\boldsymbol{A}^m=\boldsymbol{P}\boldsymbol{\Lambda}^m\boldsymbol{P}^{-1},$$

其中 $\boldsymbol{\Lambda}$ 为对角矩阵，从而可方便求出矩阵的幂 $\boldsymbol{A}^m$.

(2) 利用矩阵特征值的定义式 $\boldsymbol{A}\boldsymbol{x}=\lambda\boldsymbol{x}$，则

$$\boldsymbol{A}^m\boldsymbol{x}=\boldsymbol{A}^{m-1}(\boldsymbol{A}\boldsymbol{x})=\lambda\boldsymbol{A}^{m-1}\boldsymbol{x}=\cdots=\lambda^m\boldsymbol{x},$$

若 $\boldsymbol{x}$ 不是特征向量，可将其表示为特征向量的线性组合，从而方便地计算出 $\boldsymbol{A}^m\boldsymbol{x}$（如例 1，又见总习题四题 21～题 24).

2. 求方阵的行列式.

(1) 利用特征多项式. 设 $\lambda_1,\ \lambda_2,\ \cdots,\ \lambda_n$ 是 $\boldsymbol{A}$ 的特征值，则 $|\lambda\boldsymbol{E}-\boldsymbol{A}|=(\lambda-\lambda_1)\cdots(\lambda-\lambda_n)$，$|\boldsymbol{A}|=\lambda_1\cdot\lambda_2\cdot\cdots\cdot\lambda_n$，而 $|a\boldsymbol{E}+b\boldsymbol{A}|=|(-b)[(-a/b)\boldsymbol{E}-\boldsymbol{A}]|=(-b)^n|[(-a/b)\boldsymbol{E}-\boldsymbol{A}]|$.

(2) 利用相似矩阵的性质计算行列式. 相似矩阵有相同的特征值和相同的特征多项式（见总习题四题 18).

例 1　设 $\boldsymbol{A}=\begin{pmatrix}3 & 1 & 1\\ 1 & 2 & 0\\ 1 & 0 & 2\end{pmatrix}$，

(1) 求 $\boldsymbol{A}$ 的所有特征值与特征向量.

解　因为

$$|\lambda\boldsymbol{E}-\boldsymbol{A}|=\begin{vmatrix}\lambda-3&-1&-1\\-1&\lambda-2&0\\-1&0&\lambda-2\end{vmatrix}=\begin{vmatrix}\lambda-3&-1&-1\\-1&\lambda-2&0\\0&-(\lambda-2)&\lambda-2\end{vmatrix}$$

$$=(\lambda-2)\begin{vmatrix}\lambda-3&-1&-1\\-1&\lambda-2&0\\0&-1&1\end{vmatrix}=(\lambda-1)(\lambda-2)(\lambda-4)=0,$$

得 $\boldsymbol{A}$ 的特征值为 $\lambda_1=1$, $\lambda_2=2$, $\lambda_3=4$.

对应 $\lambda_1=1$, 解方程 $(\boldsymbol{E}-\boldsymbol{A})\boldsymbol{x}=\boldsymbol{0}$, 得 $\boldsymbol{\xi}_1=(1,-1,-1)^{\mathrm{T}}$.

对应 $\lambda_2=2$, 解方程 $(2\boldsymbol{E}-\boldsymbol{A})\boldsymbol{x}=\boldsymbol{0}$, 得 $\boldsymbol{\xi}_2=(0,1,-1)^{\mathrm{T}}$.

对应 $\lambda_3=4$, 解方程 $(4\boldsymbol{E}-\boldsymbol{A})\boldsymbol{x}=\boldsymbol{0}$, 得 $\boldsymbol{\xi}_3=(2,1,1)^{\mathrm{T}}$.

(2) 判断 $\boldsymbol{A}$ 能否对角化? 若能对角化，则求出相似变换矩阵 $\boldsymbol{P}$, 使 $\boldsymbol{A}$ 化为对角矩阵.

解　$\boldsymbol{A}$ 有三个不同特征值，对应的特征向量 $\boldsymbol{\xi}_1$, $\boldsymbol{\xi}_2$, $\boldsymbol{\xi}_3$ 一定线性无关，因此，$\boldsymbol{A}$ 可以对角化，令

$$\boldsymbol{P}=(\boldsymbol{\xi}_1,\boldsymbol{\xi}_2,\boldsymbol{\xi}_3)=\begin{pmatrix}1&0&2\\-1&1&1\\-1&-1&1\end{pmatrix}\Rightarrow\boldsymbol{P}^{-1}\boldsymbol{A}\boldsymbol{P}=\begin{pmatrix}1&0&0\\0&2&0\\0&0&4\end{pmatrix}.$$

(3) 计算 $\boldsymbol{A}^{100}\begin{pmatrix}1\\-1\\-1\end{pmatrix}$, $\boldsymbol{A}^{100}\begin{pmatrix}1\\2\\2\end{pmatrix}$, $\boldsymbol{A}^m$.

解　方法一　因 $\boldsymbol{P}=\begin{pmatrix}1&0&2\\-1&1&1\\-1&-1&1\end{pmatrix}$, 则 $\boldsymbol{P}^{-1}=\begin{pmatrix}1/3&-1/3&-1/3\\0&1/2&-1/2\\1/3&1/6&1/6\end{pmatrix}$,

由 $\boldsymbol{P}^{-1}\boldsymbol{A}\boldsymbol{P}=\begin{pmatrix}1&0&0\\0&2&0\\0&0&4\end{pmatrix}$, 有 $\boldsymbol{A}=\boldsymbol{P}\begin{pmatrix}1&0&0\\0&2&0\\0&0&4\end{pmatrix}\boldsymbol{P}^{-1}$,

$$故\ \boldsymbol{A}^m=\boldsymbol{P}\begin{pmatrix}1&0&0\\0&2&0\\0&0&4\end{pmatrix}^m\boldsymbol{P}^{-1}=\begin{pmatrix}1&0&2\\-1&1&1\\-1&-1&1\end{pmatrix}\begin{pmatrix}1&0&0\\0&2^m&0\\0&0&4^m\end{pmatrix}\begin{pmatrix}1/3&-1/3&-1/3\\0&1/2&-1/2\\1/3&1/6&1/6\end{pmatrix}$$

$$=\frac{1}{6}\begin{pmatrix}2+2^{2m+2}&-2+2^{2m+1}&-2+2^{2m+1}\\-2+2^{2m+1}&2+3\cdot2^m+2^{2m}&2-3\cdot2^m+2^{2m}\\-2+2^{2m+1}&2-3\cdot2^m+2^{2m}&2+3\cdot2^m+2^{2m}\end{pmatrix}.$$

于是 $\boldsymbol{A}^{100}\begin{pmatrix}1\\-1\\-1\end{pmatrix}=\begin{pmatrix}1\\-1\\-1\end{pmatrix}$, $\boldsymbol{A}^{100}\begin{pmatrix}1\\2\\2\end{pmatrix}=\begin{pmatrix}-1+2^{201}\\1+2^{200}\\1+2^{200}\end{pmatrix}$.

方法二　根据 $\boldsymbol{A}\boldsymbol{\xi}_i=\lambda_i\boldsymbol{\xi}_i$，$i=1$，2，3，将

$$\boldsymbol{\varepsilon}_1=\begin{pmatrix}1\\0\\0\end{pmatrix},\ \boldsymbol{\varepsilon}_2=\begin{pmatrix}0\\1\\0\end{pmatrix},\ \boldsymbol{\varepsilon}_3=\begin{pmatrix}0\\0\\1\end{pmatrix}\text{及}\ \boldsymbol{\beta}=\begin{pmatrix}1\\2\\2\end{pmatrix}$$

分别用 $\boldsymbol{\xi}_1$，$\boldsymbol{\xi}_2$，$\boldsymbol{\xi}_3$ 表示，得

$$\boldsymbol{\varepsilon}_1=\frac{1}{3}\boldsymbol{\xi}_1+\frac{1}{3}\boldsymbol{\xi}_3,$$

$$\boldsymbol{\varepsilon}_2=\frac{1}{3}\boldsymbol{\xi}_1+\frac{1}{2}\boldsymbol{\xi}_2+\frac{1}{6}\boldsymbol{\xi}_3,$$

$$\boldsymbol{\varepsilon}_3=\frac{1}{3}\boldsymbol{\xi}_1-\frac{1}{2}\boldsymbol{\xi}_2+\frac{1}{6}\boldsymbol{\xi}_3,$$

$$\boldsymbol{\beta}=-\boldsymbol{\xi}_1+0\cdot\boldsymbol{\xi}_2+1\cdot\boldsymbol{\xi}_3,$$

故

$$\begin{aligned}\boldsymbol{A}^m&=\boldsymbol{A}^m(\boldsymbol{\varepsilon}_1,\boldsymbol{\varepsilon}_2,\boldsymbol{\varepsilon}_3)=(\boldsymbol{A}^m\boldsymbol{\varepsilon}_1,\boldsymbol{A}^m\boldsymbol{\varepsilon}_2,\boldsymbol{A}^m\boldsymbol{\varepsilon}_3)\\&=\Big(\frac{1}{3}\lambda_1^m\boldsymbol{\xi}_1+\frac{1}{3}\lambda_3^m\boldsymbol{\xi}_3,\ -\frac{1}{3}\lambda_1^m\boldsymbol{\xi}_1+\frac{1}{2}\lambda_2^m\boldsymbol{\xi}_2+\frac{1}{6}\lambda_3^m\boldsymbol{\xi}_3,\\&\quad-\frac{1}{3}\lambda_1^m\boldsymbol{\xi}_1-\frac{1}{2}\lambda_2^m\boldsymbol{\xi}_2+\frac{1}{6}\lambda_3^m\boldsymbol{\xi}_3\Big)\\&=\frac{1}{6}\begin{pmatrix}2+2^{2m+2}&-2+2^{2m+1}&-2+2^{2m+1}\\-2+2^{2m+1}&2+3\cdot2^m+2^{2m}&2-3\cdot2^m+2^{2m}\\-2+2^{2m+1}&2-3\cdot2^m+2^{2m}&2+3\cdot2^m+2^{2m}\end{pmatrix}.\end{aligned}$$

因为 $\boldsymbol{\xi}_1=\begin{pmatrix}1\\-1\\-1\end{pmatrix}$，所以

$$\boldsymbol{A}^{100}\boldsymbol{\xi}_1=\lambda_1^{100}\begin{pmatrix}1\\-1\\-1\end{pmatrix}=1^{100}\cdot\begin{pmatrix}1\\-1\\-1\end{pmatrix}=\begin{pmatrix}1\\-1\\-1\end{pmatrix}.$$

$$\begin{aligned}\boldsymbol{A}^{100}\boldsymbol{\beta}&=\boldsymbol{A}^{100}\begin{pmatrix}1\\2\\2\end{pmatrix}=-\boldsymbol{A}^{100}\boldsymbol{\xi}_1+\boldsymbol{A}^{100}\boldsymbol{\xi}_3=-\lambda_1^{100}\boldsymbol{\xi}_1+\lambda_3^{100}\boldsymbol{\xi}_3\\&=\begin{pmatrix}-1+2^{201}\\1+2^{200}\\1+2^{200}\end{pmatrix}.\end{aligned}$$

三、总习题四解答

1. 已知 $\boldsymbol{\alpha}_1=\begin{pmatrix}1\\1\\2\\3\end{pmatrix}$，$\boldsymbol{\alpha}_2=\begin{pmatrix}-1\\1\\4\\-1\end{pmatrix}$，求与 $\boldsymbol{\alpha}_1$，$\boldsymbol{\alpha}_2$ 都正交的向量.

解题思路　利用向量组正交的概念解题：若两向量 $\boldsymbol{\alpha}$ 与 $\boldsymbol{\beta}$ 的内积 $[\boldsymbol{\alpha},\boldsymbol{\beta}]=0$，则称向量 $\boldsymbol{\alpha}$ 与 $\boldsymbol{\beta}$ 相互正交.

解　设 $\boldsymbol{\beta}=(x_1,x_2,x_3,x_4)^{\mathrm{T}}$ 与 $\boldsymbol{\alpha}_1$，$\boldsymbol{\alpha}_2$ 都正交，则内积

$$[\boldsymbol{\beta},\boldsymbol{\alpha}_1]=0,\ [\boldsymbol{\beta},\boldsymbol{\alpha}_2]=0,$$

即

$$\begin{cases}x_1+x_2+2x_3+3x_4=0\\-x_1+x_2+4x_3-x_4=0\end{cases},$$

求出其基础解系为

$$\boldsymbol{\eta}_1=(1,-3,1,0)^{\mathrm{T}},\ \boldsymbol{\eta}_2=(-2,-1,0,1)^{\mathrm{T}}.$$

所以与 $\boldsymbol{\alpha}_1$，$\boldsymbol{\alpha}_2$ 都正交的向量是

$$k_1\boldsymbol{\eta}_1+k_2\boldsymbol{\eta}_2,\ k_1,k_2\text{ 是任意常数}.$$

2. 设 $\boldsymbol{x}$ 为 n 维列向量，$\boldsymbol{x}^{\mathrm{T}}\boldsymbol{x}=1$，令 $\boldsymbol{H}=\boldsymbol{E}-2\boldsymbol{x}\boldsymbol{x}^{\mathrm{T}}$，证明 $\boldsymbol{H}$ 是对称的正交矩阵.

证　对称性：

$$\boldsymbol{H}^{\mathrm{T}}=(\boldsymbol{E}-2\boldsymbol{x}\boldsymbol{x}^{\mathrm{T}})^{\mathrm{T}}=\boldsymbol{E}-2\boldsymbol{x}\boldsymbol{x}^{\mathrm{T}}=\boldsymbol{H}.$$

正交性：

$$\begin{aligned}\boldsymbol{H}^{\mathrm{T}}\boldsymbol{H}&=\boldsymbol{H}^2\ (\text{由 }\boldsymbol{H}\text{ 的对称性})\\&=(\boldsymbol{E}-2\boldsymbol{x}\boldsymbol{x}^{\mathrm{T}})(\boldsymbol{E}-2\boldsymbol{x}\boldsymbol{x}^{\mathrm{T}})=\boldsymbol{E}-4\boldsymbol{x}\boldsymbol{x}^{\mathrm{T}}+4(\boldsymbol{x}\boldsymbol{x}^{\mathrm{T}})(\boldsymbol{x}\boldsymbol{x}^{\mathrm{T}})\\&=\boldsymbol{E}-4\boldsymbol{x}\boldsymbol{x}^{\mathrm{T}}+4\boldsymbol{x}(\boldsymbol{x}^{\mathrm{T}}\boldsymbol{x})\boldsymbol{x}^{\mathrm{T}}\ (\text{矩阵乘法结合律})\\&=\boldsymbol{E}\ (\boldsymbol{x}^{\mathrm{T}}\boldsymbol{x}=1).\end{aligned}$$

3. 若 $\boldsymbol{\alpha}_1,\cdots,\boldsymbol{\alpha}_n$ 是 $\boldsymbol{R}^n$ 的一组标准正交基，$\boldsymbol{A}$ 是 n 阶正交矩阵，证明：$\boldsymbol{A}\boldsymbol{\alpha}_1$，$\boldsymbol{A}\boldsymbol{\alpha}_2,\cdots,\boldsymbol{A}\boldsymbol{\alpha}_n$ 是 $\boldsymbol{R}^n$ 的一组标准正交基.

证明思路　结合正交矩阵的性质，利用标准正交基的概念证明.

证　因为

$$[\boldsymbol{A}\boldsymbol{\alpha}_i,\boldsymbol{A}\boldsymbol{\alpha}_j]=[\boldsymbol{\alpha}_i,\boldsymbol{\alpha}_j]=\begin{cases}1,&i=j\\0,&i\neq j\end{cases}$$

$\Rightarrow \boldsymbol{A\alpha}_1, \cdots, \boldsymbol{A\alpha}_n$ 标准正交且个数等于 $\boldsymbol{R}^n$ 的维数.

故 $\boldsymbol{A\alpha}_1, \cdots, \boldsymbol{A\alpha}_n$ 是 $\boldsymbol{R}^n$ 的一组标准正交基.

4. 设 $\boldsymbol{\alpha}_1, \boldsymbol{\alpha}_2, \boldsymbol{\alpha}_3$ 与 $\boldsymbol{\beta}_1, \boldsymbol{\beta}_2$ 是两个线性无关的向量组，且

$$[\boldsymbol{\alpha}_i, \boldsymbol{\beta}_j]=0 \quad (i=1, 2, 3;\ j=1, 2),$$

证明 $\boldsymbol{\alpha}_1, \boldsymbol{\alpha}_2, \boldsymbol{\alpha}_3$ 与 $\boldsymbol{\beta}_1, \boldsymbol{\beta}_2$ 线性无关.

证明思路 利用正交性证明向量组线性无关.

证 设有 $\lambda_1, \lambda_2, \lambda_3$ 与 k_1, k_2，使

$$\lambda_1\boldsymbol{\alpha}_1+\lambda_2\boldsymbol{\alpha}_2+\lambda_3\boldsymbol{\alpha}_3+k_1\boldsymbol{\beta}_1+k_2\boldsymbol{\beta}_2=\boldsymbol{0}, \qquad ①$$

即 $\quad \lambda_1\boldsymbol{\alpha}_1+\lambda_2\boldsymbol{\alpha}_2+\lambda_3\boldsymbol{\alpha}_3=-k_1\boldsymbol{\beta}_1-k_2\boldsymbol{\beta}_2.$

因为 $\quad [\boldsymbol{\alpha}_i, \boldsymbol{\beta}_j]=0 \quad (i=1, 2, 3;\ j=1, 2),$

所以

$$\begin{aligned}&[\lambda_1\boldsymbol{\alpha}_1+\lambda_2\boldsymbol{\alpha}_2+\lambda_3\boldsymbol{\alpha}_3, \lambda_1\boldsymbol{\alpha}_1+\lambda_2\boldsymbol{\alpha}_2+\lambda_3\boldsymbol{\alpha}_3]\\ =&[\lambda_1\boldsymbol{\alpha}_1+\lambda_2\boldsymbol{\alpha}_2+\lambda_3\boldsymbol{\alpha}_3, -k_1\boldsymbol{\beta}_1-k_2\boldsymbol{\beta}_2]\\ =&-\lambda_1k_1[\boldsymbol{\alpha}_1, \boldsymbol{\beta}_1]-\lambda_2k_1[\boldsymbol{\alpha}_2, \boldsymbol{\beta}_1]-\lambda_3k_1[\boldsymbol{\alpha}_3, \boldsymbol{\beta}_1]\\ &-\lambda_1k_2[\boldsymbol{\alpha}_1, \boldsymbol{\beta}_2]-\lambda_2k_2[\boldsymbol{\alpha}_2, \boldsymbol{\beta}_2]-\lambda_3k_2[\boldsymbol{\alpha}_3, \boldsymbol{\beta}_2]\\ =&0.\end{aligned}$$

从而 $\lambda_1\boldsymbol{\alpha}_1+\lambda_2\boldsymbol{\alpha}_2+\lambda_3\boldsymbol{\alpha}_3=\boldsymbol{0}$，
又因 $\boldsymbol{\alpha}_1, \boldsymbol{\alpha}_2, \boldsymbol{\alpha}_3$ 线性无关，故有

$$\lambda_1=\lambda_2=\lambda_3=0.$$

代入①式，得 $k_1\boldsymbol{\beta}_1+k_2\boldsymbol{\beta}_2=\boldsymbol{0}$.

由于 $\boldsymbol{\beta}_1, \boldsymbol{\beta}_2$ 线性无关，故有

$$k_1=k_2=0,$$

于是有

$$\lambda_1=\lambda_2=\lambda_3=k_1=k_2=0,$$

因此 $\boldsymbol{\alpha}_1, \boldsymbol{\alpha}_2, \boldsymbol{\alpha}_3, \boldsymbol{\beta}_1, \boldsymbol{\beta}_2$ 线性无关.

5. 已知 $\boldsymbol{A}=\begin{pmatrix}1&1&1&1\\1&1&1&1\\1&1&1&1\\1&1&1&1\end{pmatrix}$，则 $\boldsymbol{A}$ 的非零特征值是________.

解题思路 一般可由特征方程 $|\lambda\boldsymbol{E}-\boldsymbol{A}|=0$ 直接解出特征值 $\lambda_i(i=1, 2, \cdots, n)$，其特征方程的求解，一般先利用行列式的运算性质，通过提出公因式等化简特征方程的方法化简特征方程的求解；对三阶以上矩阵的特征值，除对部分较特殊的矩阵（如上（下）三角矩阵，可分块为上（下）三角矩阵的矩阵等）外，一般

不作特别要求.

解　应填 4.

可用特征多项式直接计算：

$$|\lambda\boldsymbol{E}-\boldsymbol{A}|=\begin{vmatrix}\lambda-1 & -1 & -1 & -1\\ -1 & \lambda-1 & -1 & -1\\ -1 & -1 & \lambda-1 & -1\\ -1 & -1 & -1 & \lambda-1\end{vmatrix}=\begin{vmatrix}\lambda-4 & \lambda-4 & \lambda-4 & \lambda-4\\ -1 & \lambda-1 & -1 & -1\\ -1 & -1 & \lambda-1 & -1\\ -1 & -1 & -1 & \lambda-1\end{vmatrix}$$

$$=(\lambda-4)\begin{vmatrix}1 & 1 & 1 & 1\\ -1 & \lambda-1 & -1 & -1\\ -1 & -1 & \lambda-1 & -1\\ -1 & -1 & -1 & \lambda-1\end{vmatrix}=(\lambda-4)\begin{vmatrix}1 & 1 & 1 & 1\\ 0 & \lambda & 0 & 0\\ 0 & 0 & \lambda & 0\\ 0 & 0 & 0 & \lambda\end{vmatrix}$$

$$=(\lambda-4)\lambda^3.$$

也可如下推导：由于 $\boldsymbol{A}=\begin{pmatrix}1\\1\\1\\1\end{pmatrix}(1,\ 1,\ 1,\ 1)$，知 $\boldsymbol{A}^2=4\boldsymbol{A}$，所以 $\boldsymbol{A}$ 的特征值只能取值是 0 与 4.

又因 $\sum\limits_{i=1}^{4}\lambda_i=\sum\limits_{i=1}^{4}a_{ii}=4$，因此，$\lambda=4$ 必是 $\boldsymbol{A}$ 的特征值.

6. 设矩阵 $\boldsymbol{A}=\begin{pmatrix}1 & -3 & 3\\ 3 & a & 3\\ 6 & -6 & b\end{pmatrix}$ 有特征值 $\lambda_1=-2$，$\lambda_2=4$，试求参数 a，b 的值.

解题思路　结合线性方程组解的结构，可用特征方程 $|\lambda\boldsymbol{E}-\boldsymbol{A}|=0$ 求参数的值.

解　题设中无已知特征向量，故由 $|\lambda\boldsymbol{E}-\boldsymbol{A}|=0$ 求参数 a，b 的值.

$\because\ \lambda_1=-2$，$\lambda_2=4$ 均为 $\boldsymbol{A}$ 的特征值.

$\therefore\ |\lambda_1\boldsymbol{E}-\boldsymbol{A}|=0$，$|\lambda_2\boldsymbol{E}-\boldsymbol{A}|=0$，

即
$$|\lambda_1\boldsymbol{E}-\boldsymbol{A}|=\begin{vmatrix}\lambda_1-1 & 3 & -3\\ -3 & \lambda_1-a & -3\\ -6 & 6 & \lambda_1-b\end{vmatrix}=\begin{vmatrix}-3 & 3 & -3\\ -3 & -2-a & -3\\ -6 & 6 & -2-b\end{vmatrix}$$

$$=3(5+a)(4-b)=0.$$

$$|\lambda_2\boldsymbol{E}-\boldsymbol{A}|=\begin{vmatrix}3 & 3 & -3\\ -3 & 4-a & -3\\ -6 & 6 & 4-b\end{vmatrix}=3[-(7-a)(2+b)+72]=0,$$

解得 $a=-5, b=4$.

7. 已知 $\boldsymbol{A}=\begin{pmatrix}0&0&1\\x&1&0\\1&0&0\end{pmatrix}$ 有三个线性无关的特征向量，求 x.

解题思路 结合线性方程组解的结构，利用特征方程 $|\lambda\boldsymbol{E}-\boldsymbol{A}|=0$ 反求矩阵中的参数.

解 由 $\boldsymbol{A}$ 的特征方程

$$|\lambda\boldsymbol{E}-\boldsymbol{A}|=\begin{vmatrix}\lambda&0&-1\\-x&\lambda-1&0\\-1&0&\lambda\end{vmatrix}=(\lambda-1)(\lambda^2-1)=0,$$

得到特征值 $\lambda=1$（二重），$\lambda=-1$.

因为 $\boldsymbol{A}$ 有 3 个线性无关的特征向量，故 $\lambda=1$ 必须有 2 个线性无关的特征向量.

那么，必有 $\mathrm{r}(\boldsymbol{E}-\boldsymbol{A})=3-2=1$. 于是

$$\boldsymbol{E}-\boldsymbol{A}=\begin{pmatrix}1&0&-1\\-x&0&0\\-1&0&1\end{pmatrix}\Rightarrow\begin{pmatrix}1&0&-1\\-x&0&0\\0&0&0\end{pmatrix},$$

得 $x=0$.

8. 设矩阵 $\boldsymbol{A}$ 与 $\boldsymbol{B}$ 相似，且

$$\boldsymbol{A}=\begin{pmatrix}1&-1&1\\2&4&-2\\-3&-3&a\end{pmatrix},\ \boldsymbol{B}=\begin{pmatrix}2&0&0\\0&2&0\\0&0&b\end{pmatrix},$$

(1) 求 a，b 的值；

(2) 求可逆矩阵 $\boldsymbol{P}$，使 $\boldsymbol{P}^{-1}\boldsymbol{A}\boldsymbol{P}=\boldsymbol{B}$.

解题思路 根据有关矩阵特征值、特征向量以及矩阵相似等结论确定矩阵中的待定参数，由特征方程 $|\lambda\boldsymbol{E}-\boldsymbol{A}|=0$ 直接解出特征值 λ_i $(i=1, 2, \cdots, n)$，再由线性方程组 $(\lambda_i\boldsymbol{E}-\boldsymbol{A})\boldsymbol{x}=\boldsymbol{0}$ 求出相应的特征向量.

解 $\boldsymbol{A}\sim\boldsymbol{B}$ 且 $\boldsymbol{B}$ 是对角矩阵，可见 $\boldsymbol{P}$ 由 $\boldsymbol{A}$ 的线性无关的特征向量所构成，而确定 a，b 可利用相似的必要条件.

由 $\boldsymbol{A}\sim\boldsymbol{B}$ 可知，$\boldsymbol{A}$ 与 $\boldsymbol{B}$ 有相同的特征值，于是 $\lambda_1=\lambda_2=2$，$\lambda_3=b$ 是 $\boldsymbol{A}$ 的特征值.

(1) $\boldsymbol{A}$ 的特征多项式为

$$|\lambda E - A| = \begin{vmatrix} \lambda-1 & 1 & -1 \\ -2 & \lambda-4 & 2 \\ 3 & 3 & \lambda-a \end{vmatrix} = \begin{vmatrix} \lambda-2 & 1 & -1 \\ 2-\lambda & \lambda-4 & 2 \\ 0 & 3 & \lambda-a \end{vmatrix}$$
$$=(\lambda-2)[\lambda^2-(a+3)\lambda+3(a-1)].$$

由于 2 是 A 的二重特征值. 因此，2 是方程 $\lambda^2-(a+3)\lambda+3(a-1)=0$ 的根，把 $\lambda_1=2$ 代入上式，得

$$a=5.$$

又因相似矩阵有相同的迹，故

$$1+4+a=2+2+b.$$

于是 $b=\lambda_2=6$.

(2) 当 $\lambda=2$ 时，求解齐次线性方程组 $(2E-A)x=0$，其基础解系为

$$\alpha_1=(1,\ -1,\ 0)^T,\ \alpha_2=(1,\ 0,\ 1)^T.$$

当 $\lambda=6$ 时，求解齐次线性方程组 $(6E-A)x=0$，其基础解系为

$$\alpha_3=(1,\ -2,\ 3)^T.$$

令 $P=(\alpha_1,\alpha_2,\alpha_3)=\begin{pmatrix} 1 & 1 & 1 \\ -1 & 0 & -2 \\ 0 & 1 & 3 \end{pmatrix}$，则有 $P^{-1}AP=B$.

9. 已知 $\xi=\begin{pmatrix} 1 \\ 1 \\ -1 \end{pmatrix}$ 是 $A=\begin{pmatrix} a & -1 & 2 \\ 5 & b & 3 \\ -1 & 0 & -2 \end{pmatrix}$ 的特征向量，求 a，b 的值，并证明 A 的任一特征向量均能由 ξ 线性表出.

解题思路　利用 $A\xi=\lambda\xi$ 确定矩阵中的待定参数，由特征方程 $|\lambda E-A|=0$ 直接解出特征值 $\lambda_i(i=1,2,\cdots,n)$，再由线性方程组 $(\lambda_i E-A)x=0$ 解的结构证明.

解　设 ξ 是 λ 所对应的特征向量，则 $A\xi=\lambda\xi$，即

$$\begin{pmatrix} a & -1 & 2 \\ 5 & b & 3 \\ -1 & 0 & -2 \end{pmatrix}\begin{pmatrix} 1 \\ 1 \\ -1 \end{pmatrix}=\lambda\begin{pmatrix} 1 \\ 1 \\ -1 \end{pmatrix},$$

即
$$\begin{cases} a-1-2=\lambda \\ 5+b-3=\lambda \\ -1+2=-\lambda \end{cases} \Rightarrow \lambda=-1,\ a=2,\ b=-3.$$

故 $$A=\begin{pmatrix}2&-1&2\\5&-3&3\\-1&0&-2\end{pmatrix}.$$

由 $|\lambda E-A|=\lambda^3-(2+(-3)+(-2))\lambda^2+(-1+6-2)\lambda-(-1)=(\lambda+1)^3$，知 $\lambda=-1$ 是 A 的三重特征值.

又因 $r(-E-E)=r\begin{pmatrix}-3&1&-2\\-5&2&-3\\1&0&1\end{pmatrix}=2$，从而 $\lambda=-1$ 对应的线性无关的特征向量只有一个，所以 A 的特征向量均可由 ξ 线性表示.

10. 已知三阶矩阵 A 的特征值是 1，-2，3，则 $(2A)^{-1}$ 的特征值是________.

解题思路 利用特征值的性质解题.

解 应填 1/2，$-1/4$，1/6.

若 λ 是 A 的特征值，X 是属于 λ 的特征向量，即

$$AX=\lambda X,$$

那么，用 A^{-1} 左乘两端，有 $\lambda A^{-1}X=X$.

因为 A 可逆$\Leftrightarrow A$ 的特征值全不为 0，故 $A^{-1}X=\frac{1}{\lambda}X$.

可见 λ 是 A 的特征值$\Leftrightarrow\frac{1}{\lambda}$是 A^{-1} 的特征值.

类似地，由 $AX=\lambda X$ 知 $(kA)X=k\lambda X$，即 kA 的特征值是 $k\lambda$，那么从 $(2A)^{-1}=\frac{1}{2}A^{-1}$ 知其特征值为 1/2，$-1/4$，1/6.

11. 已知可逆矩阵 A 的特征值为 1，2，-2，则 A^* 的三个特征值分别是________；则 $|A|$ 的代数余子式 $A_{11}+A_{22}+A_{33}$ 之和是________.

解 应填 -4，2，-2；-4. 因为 $|A|=\lambda_1\cdot\lambda_2\cdot\lambda_3=-4$，故 $A^*=|A|A^{-1}$.

又因 1，$-\frac{1}{2}$，$\frac{1}{2}$是 A^{-1} 的特征值，所以 A^* 的特征值是

$$(-4)\cdot1=-4,\ (-4)\cdot\left(-\frac{1}{2}\right)=2,\ (-4)\cdot\frac{1}{2}=-2.$$

因为 $\lambda_1+\lambda_2+\lambda_3=a_{11}+a_{22}+a_{33}$，所以

$$A_{11}+A_{22}+A_{33}=-4+2-2=-4.$$

12. A 为 n 阶方阵，$|A|=3$，$2A+E$ 不可逆，求伴随矩阵 A^* 的一个特征值.

解　因为 $A\alpha=\lambda\alpha$，所以 $A^{-1}\alpha=\frac{1}{\lambda}\alpha$，即

$$\frac{1}{|A|}A^*\alpha=\frac{1}{\lambda}\alpha\Rightarrow A^*\alpha=\frac{|A|}{\lambda}\alpha,$$

由 $2A+E$ 不可逆 $\Rightarrow|2A+E|=0$

$$\Rightarrow\left|A-\left(-\frac{1}{2}\right)E\right|=0\Rightarrow\lambda=-\frac{1}{2}.$$

又 $|A|=3$，所以 A^* 有一个特征值为 $\frac{|A|}{\lambda}=-6$.

13. 设 A 为三阶实对称矩阵，A 的特征值为 1，2，3. 若 A 属于 1，2 的特征向量分别为 $\alpha_1=(-1,\ -1,\ 1)^{\mathrm{T}}$，$\alpha_2=(1,\ -2,\ -1)^{\mathrm{T}}$，则 A 属于特征值 3 的特征向量为________.

解题思路　实对称矩阵的属于不同特征值的特征向量相互正交.

解　应填 $k(1,\ 0,\ 1)^{\mathrm{T}}$，$k\neq0$.

设 A 的属于 $\lambda=3$ 的特征向量是 $\alpha_3=(x_1,\ x_2,\ x_3)^{\mathrm{T}}$，于是 α_1，α_2 都与 α_3 正交，即

$$\alpha_1^{\mathrm{T}}\alpha_3=0,\ \alpha_2^{\mathrm{T}}\alpha_3=0,$$

那么
$$\begin{cases}-x_1-x_2+x_3=0\\x_1-2x_2-x_3=0\end{cases}.$$

高斯消元，有 $\begin{pmatrix}-1&-1&1\\1&-2&-1\end{pmatrix}\Rightarrow\begin{pmatrix}1&1&-1\\0&3&0\end{pmatrix}$，从而得基础解系 $(1,\ 0,\ 1)^{\mathrm{T}}$，即属于 $\lambda=3$ 的特征向量全体为

$$k(1,\ 0,\ 1)^{\mathrm{T}},\quad k\neq0.$$

14. 假设 A 满足方程 $A^2-5A+6E=0$，其中 E 为单位矩阵，试求 A 的特征值.

解题思路　利用矩阵特征值的定义式 $Ax=\lambda x$，$x\neq0$，满足该定义式的值 λ 即为矩阵 A 的特征值，由此求解抽象矩阵特征值.

解　用定义式求解.

设 λ 是 A 的特征值，对应特征向量设为 $x\neq0$，则

$$Ax=\lambda x.$$

由已知 $A^2-5A+6E=O$，得

$$(A^2-5A+6E)x=A^2x-5Ax+6x=\lambda^2x-5\lambda x+6x$$

$$=(\lambda^2-5\lambda+6)\boldsymbol{x}=\boldsymbol{0},$$

因为 $\boldsymbol{x}\neq\boldsymbol{0}$，故 $\lambda^2-5\lambda+6=(\lambda-2)(\lambda-3)=0$，即有 $\lambda=2$ 或 $\lambda=3$.

15. $\boldsymbol{A}$ 是三阶实对称矩阵，$\boldsymbol{A}$ 的特征值是 1，-1，0，其中属于特征值 $\lambda=1$ 与 $\lambda=0$ 的特征向量分别是 $(1, a, 1)^{\mathrm{T}}$ 及 $(a, a+1, 1)^{\mathrm{T}}$，求矩阵 $\boldsymbol{A}$.

解题思路 任意实对称矩阵均与以特征值为对角元素的对角矩阵相似.

解 因为 $\boldsymbol{A}$ 是实对称矩阵，属于不同特征值的特征向量相互正交，所以

$$1\times a+a(a+1)+1\times 1=0.$$

解出 $a=-1$.

设属于 $\lambda=-1$ 的特征向量是 $(x_1, x_2, x_3)^{\mathrm{T}}$，它与 $\lambda=1$，$\lambda=0$ 的特征向量均正交，于是

$$\begin{cases} x_1-x_2+x_3=0 \\ -x_1+\qquad x_3=0 \end{cases},$$

解得 $(1, 2, 1)^{\mathrm{T}}$ 是 $\lambda=-1$ 的特征向量.

那么 $$\boldsymbol{A}\sim\boldsymbol{\Lambda}=\begin{pmatrix}1 & & \\ & -1 & \\ & & 0\end{pmatrix},\ \boldsymbol{P}=\begin{pmatrix}1 & 1 & -1 \\ -1 & 2 & 0 \\ 1 & 1 & 1\end{pmatrix}$$

$$\Rightarrow \boldsymbol{P}^{-1}\boldsymbol{A}\boldsymbol{P}=\boldsymbol{\Lambda},$$

故 $$\boldsymbol{A}=\boldsymbol{P}\boldsymbol{\Lambda}\boldsymbol{P}^{-1}=\frac{1}{6}\begin{pmatrix}1 & -4 & -1 \\ -4 & -2 & -4 \\ 1 & -4 & 1\end{pmatrix}.$$

16. 设三阶实对称矩阵 $\boldsymbol{A}$ 的特征值为 $\lambda_1=-1$，$\lambda_2=\lambda_3=1$，对应于 λ_1 的特征向量为 $\boldsymbol{\alpha}_1=\begin{pmatrix}0\\1\\1\end{pmatrix}$，求属于特征值 $\lambda_2=\lambda_3=1$ 的特征向量及矩阵 $\boldsymbol{A}$.

解题思路 利用实对称矩阵的性质反求矩阵 $\boldsymbol{A}$.

解 设属于特征值 $\lambda_2=\lambda_3=1$ 的特征向量为

$$\boldsymbol{\alpha}=(x_1, x_2, x_3)^{\mathrm{T}}.$$

因为 $\boldsymbol{A}$ 为实对称矩阵，所以不同特征值对应的特征向量相互正交，于是有 $\boldsymbol{\alpha}^{\mathrm{T}}\boldsymbol{\alpha}_1=0$，即 $x_2+x_3=0$，由此解得

$$\boldsymbol{\alpha}_2=\begin{pmatrix}1\\0\\0\end{pmatrix},\ \boldsymbol{\alpha}_3=\begin{pmatrix}0\\-1\\1\end{pmatrix}.$$

又由 $\boldsymbol{A}(\boldsymbol{\alpha}_1, \boldsymbol{\alpha}_2, \boldsymbol{\alpha}_3)=(\boldsymbol{A\alpha}_1, \boldsymbol{A\alpha}_2, \boldsymbol{A\alpha}_3)=(-\boldsymbol{\alpha}_1, \boldsymbol{\alpha}_2, \boldsymbol{\alpha}_3)$，知

$$\begin{aligned}\boldsymbol{A}&=(-\boldsymbol{\alpha}_1, \boldsymbol{\alpha}_2, \boldsymbol{\alpha}_3)(\boldsymbol{\alpha}_1, \boldsymbol{\alpha}_2, \boldsymbol{\alpha}_3)^{-1}\\&=\begin{pmatrix}0&1&0\\-1&0&-1\\-1&0&1\end{pmatrix}\begin{pmatrix}0&1&0\\1&0&-1\\1&0&1\end{pmatrix}^{-1}=\begin{pmatrix}0&1&0\\-1&0&-1\\-1&0&1\end{pmatrix}\begin{pmatrix}0&1/2&1/2\\1&0&0\\0&-1/2&1/2\end{pmatrix}\\&=\begin{pmatrix}1&0&0\\0&0&-1\\0&-1&0\end{pmatrix}.\end{aligned}$$

17. 判断矩阵 $\boldsymbol{A}=\begin{pmatrix}2&-1&2\\5&-3&3\\-1&0&-2\end{pmatrix}$ 能否对角化，若能的话，求出对角形.

解题思路　判断矩阵 $\boldsymbol{A}$ 是否可对角化，在可对角化的情况下，求出相似变换矩阵，基本步骤如下：

(1) 求出矩阵 $\boldsymbol{A}$ 的全部特征值；

(2) 求出对应于每一特征值的特征向量；

(3) 判断：若每个特征值的重数与属于该特征值的线性无关的特征向量的个数相同，则该矩阵可对角化；

(4) 在矩阵可对角化的情况下，把它的 n 个线性无关的特征向量作为新矩阵 $\boldsymbol{P}$ 的列向量，则 $\boldsymbol{P}$ 就是所求相似变换矩阵，它使 $\boldsymbol{P}^{-1}\boldsymbol{AP}$ 为对角矩阵.

解　$\boldsymbol{A}$ 的特征多项式为

$$|\boldsymbol{A}-\lambda\boldsymbol{E}|=\begin{vmatrix}2-\lambda&-1&2\\5&-3-\lambda&3\\-1&0&-2-\lambda\end{vmatrix}=-(1+\lambda)^3,$$

故特征值　$\lambda_1=\lambda_2=\lambda_3=-1$.

解方程 $(\boldsymbol{A}+\boldsymbol{E})\boldsymbol{x}=\boldsymbol{0}$，由

$$\boldsymbol{A}+\boldsymbol{E}=\begin{pmatrix}3&-1&2\\5&-2&3\\-1&0&-1\end{pmatrix}\to\begin{pmatrix}1&0&1\\0&1&1\\0&0&0\end{pmatrix},$$

得基础解系　$\boldsymbol{\xi}=(1, 1, -1)^{\mathrm{T}}$，即矩阵 $\boldsymbol{A}$ 只有一个线性无关的特征向量，故 $\boldsymbol{A}$ 不能化为对角形.

18. 已知矩阵 $\boldsymbol{A}=\begin{pmatrix}2&0&0\\0&0&1\\0&1&x\end{pmatrix}$，$\boldsymbol{B}=\begin{pmatrix}2&0&0\\0&y&0\\0&0&-1\end{pmatrix}$ 相似，则 $y=$________.

解题思路 由已知矩阵 $\boldsymbol{A}$, $\boldsymbol{B}$ 相似，反求矩阵中的参数. 此类问题一般均从

$$|\lambda \boldsymbol{E}-\boldsymbol{A}|=|\lambda \boldsymbol{E}-\boldsymbol{B}|$$

着手进行分析.

解 应填 1.

因为 $\boldsymbol{A}$ 与 $\boldsymbol{B}$ 相似，所以 $|\lambda \boldsymbol{E}-\boldsymbol{A}|=|\lambda \boldsymbol{E}-\boldsymbol{B}|$，即

$$\begin{vmatrix} \lambda-2 & 0 & 0 \\ 0 & \lambda & -1 \\ 0 & -1 & \lambda-x \end{vmatrix}=\begin{vmatrix} \lambda-2 & 0 & 0 \\ 0 & \lambda-y & 0 \\ 0 & 0 & \lambda+1 \end{vmatrix},$$

亦即 $$(\lambda-2)(\lambda^2-x\lambda-1)=(\lambda-2)(\lambda^2+(1-y)\lambda-y).$$

比较系数可知 $x=0$, $y=1$.

19. 试判断下列矩阵 $\boldsymbol{A}$, $\boldsymbol{B}$ 是否相似，若相似，求出可逆矩阵 $\boldsymbol{M}$，使得 $\boldsymbol{B}=\boldsymbol{M}^{-1}\boldsymbol{A}\boldsymbol{M}$，

$$\boldsymbol{A}=\begin{pmatrix} 2 & 0 & 0 \\ 0 & 3 & 5 \\ 0 & 1 & 2 \end{pmatrix};\boldsymbol{B}=\begin{pmatrix} 3 & 1 & 0 \\ 7 & 3 & 0 \\ 0 & 0 & 1 \end{pmatrix}.$$

解题思路 判断两个同阶方阵的相似性：若 $\boldsymbol{A}\sim\boldsymbol{B}$，则这两个矩阵的特征多项式、行列式、秩及迹等均相等，其逆命题常用来判断两矩阵不相似.

解 显然有 $|\boldsymbol{A}|=|\boldsymbol{B}|$，$\mathrm{r}(\boldsymbol{A})=\mathrm{r}(\boldsymbol{B})$ 且 $\mathrm{tr}\boldsymbol{A}=\mathrm{tr}\boldsymbol{B}$.

因 $$|\lambda \boldsymbol{E}-\boldsymbol{A}|=\begin{vmatrix} \lambda-2 & 0 & 0 \\ 0 & \lambda-3 & -5 \\ 0 & -1 & \lambda-2 \end{vmatrix}$$
$$=(\lambda-2)(\lambda^2-5\lambda+1)=\lambda^3-7\lambda^2+11\lambda-2,$$
$$|\lambda \boldsymbol{E}-\boldsymbol{B}|=\begin{vmatrix} \lambda-3 & -1 & 0 \\ -7 & \lambda-3 & 0 \\ 0 & 0 & \lambda-1 \end{vmatrix}=(\lambda-1)(\lambda^2-6\lambda+2)=\lambda^3-7\lambda^2+8\lambda-2,$$

可见 $|\lambda \boldsymbol{E}-\boldsymbol{A}|\neq|\lambda \boldsymbol{E}-\boldsymbol{B}|$，所以 $\boldsymbol{A}$ 与 $\boldsymbol{B}$ 不相似.

20. 设矩阵 $\boldsymbol{A}=\begin{pmatrix} 1 & -1 & 1 \\ x & 4 & y \\ -3 & -3 & 5 \end{pmatrix}$，已知 $\boldsymbol{A}$ 有 3 个线性无关的特征向量，$\lambda=2$ 是 $\boldsymbol{A}$ 的二重特征值，试求可逆矩阵 $\boldsymbol{P}$，使得 $\boldsymbol{P}^{-1}\boldsymbol{A}\boldsymbol{P}$ 为对角矩阵.

解题思路 根据 $\lambda=2$ 是矩阵 $\boldsymbol{A}$ 的二重特征值，由线性方程组 $(\lambda \boldsymbol{E}-\boldsymbol{A})\boldsymbol{x}=\boldsymbol{0}$ 解的结构，求得矩阵 $\boldsymbol{A}$ 中的参数，进而求出相似变换矩阵.

解　因为 $\boldsymbol{A}$ 有三个线性无关的特征向量，$\lambda=2$ 是 $\boldsymbol{A}$ 的二重特征值，所以 $\boldsymbol{A}$ 的对应于 $\lambda=2$ 的线性无关的特征向量有两个，故秩 $\mathrm{r}(2\boldsymbol{E}-\boldsymbol{A})=1$，经过行的初等变换.

$$2\boldsymbol{E}-\boldsymbol{A}=\begin{pmatrix}1 & 1 & -1\\ -x & -2 & -y\\ 3 & 3 & -3\end{pmatrix}\Rightarrow\begin{pmatrix}1 & 1 & -1\\ 0 & x-2 & -x-y\\ 0 & 0 & 0\end{pmatrix}.$$

于是，解得 $x=2$，$y=-2$.

矩阵 $\boldsymbol{A}=\begin{pmatrix}1 & -1 & 1\\ 2 & 4 & -2\\ -3 & -3 & 5\end{pmatrix}$ 的特征多项式为

$$|\lambda\boldsymbol{E}-\boldsymbol{A}|=\begin{vmatrix}\lambda-1 & 1 & -1\\ -2 & \lambda-4 & 2\\ 3 & 3 & \lambda-5\end{vmatrix}=(\lambda-2)^2(\lambda-6).$$

由此得特征值　$\lambda_1=\lambda_2=2$，$\lambda_3=6$.

对于特征值 $\lambda_1=\lambda_2=2$，解线性方程组 $(2\boldsymbol{E}-\boldsymbol{A})\boldsymbol{x}=\boldsymbol{0}$，有

$$2\boldsymbol{E}-\boldsymbol{A}=\begin{pmatrix}1 & 1 & -1\\ -2 & -2 & 2\\ 3 & 3 & -3\end{pmatrix}\Rightarrow\begin{pmatrix}1 & 1 & -1\\ 0 & 0 & 0\\ 0 & 0 & 0\end{pmatrix}.$$

对于特征值为　$\lambda_1=\lambda_2=2$，
对应的特征向量为　$\boldsymbol{\alpha}_1=(1,\ -1,\ 0)^{\mathrm{T}}$，$\boldsymbol{\alpha}_2=(1,\ 0,\ 1)^{\mathrm{T}}$.

对于特征值 $\lambda_3=6$，解线性方程组 $(6\boldsymbol{E}-\boldsymbol{A})\boldsymbol{x}=\boldsymbol{0}$，有

$$6\boldsymbol{E}-\boldsymbol{A}=\begin{pmatrix}5 & 1 & -1\\ -2 & 2 & 2\\ 3 & 3 & 1\end{pmatrix}\Rightarrow\begin{pmatrix}1 & 0 & -1/3\\ 0 & 1 & 2/3\\ 0 & 0 & 0\end{pmatrix}.$$

对应的特征向量为 $\boldsymbol{\alpha}_3=(1,\ -2,\ 3)^{\mathrm{T}}$.

令 $\boldsymbol{P}=(\boldsymbol{\alpha}_1\ \boldsymbol{\alpha}_2\ \boldsymbol{\alpha}_3)=\begin{pmatrix}1 & 1 & 1\\ -1 & 0 & -2\\ 0 & 1 & 3\end{pmatrix}$，则有

$$\boldsymbol{P}^{-1}\boldsymbol{A}\boldsymbol{P}=\mathrm{diag}\{2,\ 2,\ 6\}.$$

注：本题的另一种叙述可以是：已知 $\lambda=2$ 是 $\boldsymbol{A}$ 的二重特征值，且 $\boldsymbol{A}$ 可以对角化，求 $\boldsymbol{P}$. 要注意有 n 个线性无关的特征向量与可对角化及秩 $\mathrm{r}(\lambda\boldsymbol{E}-\boldsymbol{A})$ 之间的联系.

21. 某试验性生产线每年一月份进行熟练工与非熟练工的人数统计，然后将1/6 熟练工支援其它生产部门，其缺额由新招收的非熟练工补齐. 新、老非熟练工经过培训及实践后，在年终考核时有 2/5 成为熟练工. 将第 n 年一月份统计的熟练工和非熟练工所占百分比分别记为 x_n 和 y_n，记成向量 $\begin{pmatrix} x_n \\ y_n \end{pmatrix}$.

解题思路 利用矩阵特征值的定义式 $\boldsymbol{Ax}=\lambda\boldsymbol{x}$，通过 $\boldsymbol{\eta}_1$，$\boldsymbol{\eta}_2$ 可求相应的特征值，进而可求矩阵 $\boldsymbol{A}$ 的高次幂：将矩阵 $\boldsymbol{A}$ 对角化，若存在可逆矩阵 $\boldsymbol{P}$，使

$$\boldsymbol{P}^{-1}\boldsymbol{AP}=\boldsymbol{\Lambda}\Rightarrow\boldsymbol{A}=\boldsymbol{P\Lambda P}^{-1}\Rightarrow\boldsymbol{A}^n=\boldsymbol{P\Lambda}^n\boldsymbol{P}^{-1}$$

其中 $\boldsymbol{\Lambda}$ 为对角矩阵，从而可方便地求出矩阵的幂 A^n.

(1) 求 $\begin{pmatrix} x_{n+1} \\ y_{n+1} \end{pmatrix}$ 与 $\begin{pmatrix} x_n \\ y_n \end{pmatrix}$ 的关系式并写成矩阵形式：

$$\begin{pmatrix} x_{n+1} \\ y_{n+1} \end{pmatrix}=\boldsymbol{A}\begin{pmatrix} x_n \\ y_n \end{pmatrix}.$$

解 据题意，有 $\begin{cases} x_{n+1}=\dfrac{5}{6}x_n+\dfrac{2}{5}\left(\dfrac{1}{6}x_n+y_n\right) \\ y_{n+1}=\dfrac{3}{5}\left(\dfrac{1}{6}x_n+y_n\right) \end{cases}$，

化简得 $\begin{cases} x_{n+1}=\dfrac{9}{10}x_n+\dfrac{2}{5}y_n \\ y_{n+1}=\dfrac{1}{10}x_n+\dfrac{3}{5}y_n \end{cases}$，

即 $\begin{pmatrix} x_{n+1} \\ y_{n+1} \end{pmatrix}=\begin{pmatrix} 9/10 & 2/5 \\ 1/10 & 3/5 \end{pmatrix}\begin{pmatrix} x_n \\ y_n \end{pmatrix}$，

于是 $\boldsymbol{A}=\begin{pmatrix} 9/10 & 2/5 \\ 1/10 & 3/5 \end{pmatrix}$.

(2) 验证 $\boldsymbol{\eta}_1=\begin{pmatrix} 4 \\ 1 \end{pmatrix}$，$\boldsymbol{\eta}_2=\begin{pmatrix} -1 \\ 1 \end{pmatrix}$ 是 $\boldsymbol{A}$ 的两个线性无关的特征向量，并求出相应的特征值.

解 令 $\boldsymbol{P}=(\boldsymbol{\eta}_1,\boldsymbol{\eta}_2)=\begin{pmatrix} 4 & -1 \\ 1 & 1 \end{pmatrix}$.

由于 $|\boldsymbol{P}|=5\neq0$，则 $\boldsymbol{\eta}_1$，$\boldsymbol{\eta}_2$ 线性无关. 又因

$$\boldsymbol{A\eta}_1=\begin{pmatrix} 9/10 & 2/5 \\ 1/10 & 3/5 \end{pmatrix}\begin{pmatrix} 4 \\ 1 \end{pmatrix}=\begin{pmatrix} 4 \\ 1 \end{pmatrix}=\boldsymbol{\eta}_1,$$

故 $\boldsymbol{\eta}_1$ 是 $\boldsymbol{A}$ 的特征向量，且属于特征值 $\lambda_1=1$.

$$\boldsymbol{A}\boldsymbol{\eta}_2=\begin{pmatrix}9/10 & 2/5\\ 1/10 & 3/5\end{pmatrix}\begin{pmatrix}-1\\ 1\end{pmatrix}=\begin{pmatrix}-1/2\\ 1/2\end{pmatrix}=\frac{1}{2}\boldsymbol{\eta}_2,$$

故 $\boldsymbol{\eta}_2$ 是 $\boldsymbol{A}$ 的特征向量，且属于特征值 $\lambda_2=1/2$.

(3) 当 $\begin{pmatrix}x_1\\ y_1\end{pmatrix}=\begin{pmatrix}1/2\\ 1/2\end{pmatrix}$ 时，求 $\begin{pmatrix}x_{n+1}\\ y_{n+1}\end{pmatrix}$.

解　因为 $\begin{pmatrix}x_{n+1}\\ y_{n+1}\end{pmatrix}=\boldsymbol{A}\begin{pmatrix}x_n\\ y_n\end{pmatrix}=\boldsymbol{A}^2\begin{pmatrix}x_{n-1}\\ y_{n-1}\end{pmatrix}=\cdots=\boldsymbol{A}^n\begin{pmatrix}x_1\\ y_1\end{pmatrix}$，又据 (2) 知 $\boldsymbol{A}$ 可对角化，由

$$\boldsymbol{P}^{-1}\boldsymbol{A}\boldsymbol{P}=\begin{pmatrix}\lambda_1 & \\ & \lambda_2\end{pmatrix},$$

有
$$\boldsymbol{A}=\boldsymbol{P}\begin{pmatrix}\lambda_1 & \\ & \lambda_2\end{pmatrix}\boldsymbol{P}^{-1}.$$

从而
$$\boldsymbol{A}^n=\boldsymbol{P}\begin{pmatrix}\lambda_1 & \\ & \lambda_2\end{pmatrix}^n\boldsymbol{P}^{-1}=\boldsymbol{P}\begin{pmatrix}\lambda_1^n & \\ & \lambda_2^n\end{pmatrix}\boldsymbol{P}^{-1}$$
$$=\frac{1}{5}\begin{pmatrix}4 & -1\\ 1 & 1\end{pmatrix}\begin{pmatrix}1 & \\ & 1/2^n\end{pmatrix}\begin{pmatrix}1 & 1\\ -1 & 4\end{pmatrix}$$
$$=\frac{1}{5}\begin{pmatrix}4+\frac{1}{2^n} & 4-\frac{1}{2^{n-2}}\\ 1-\frac{1}{2^n} & 1+\frac{1}{2^{n-2}}\end{pmatrix},$$

因此
$$\begin{pmatrix}x_{n+1}\\ y_{n+1}\end{pmatrix}=\boldsymbol{A}^n\begin{pmatrix}1/2\\ 1/2\end{pmatrix}=\frac{1}{10}\begin{pmatrix}8-\frac{3}{2^n}\\ 2+\frac{3}{2^n}\end{pmatrix}.$$

22. 已知 $\boldsymbol{A}=\begin{pmatrix}-1 & 1 & 0\\ -2 & 2 & 0\\ 4 & x & 1\end{pmatrix}$ 能对角化，求 $\boldsymbol{A}^n$.

解　因为 $\boldsymbol{A}$ 能对角化，$\boldsymbol{A}$ 必有三个线性无关的特征向量，由于

$$|\lambda\boldsymbol{E}-\boldsymbol{A}|=\begin{vmatrix}\lambda+1 & -1 & 0\\ 2 & \lambda-2 & 0\\ -4 & -x & \lambda-1\end{vmatrix}=\lambda(\lambda-1)^2.$$

$\lambda=1$ 是二重特征值，必有两个线性无关的特征向量，因此 $r(\boldsymbol{E}-\boldsymbol{A})=1$，得 $x=-2$.

求出 $\lambda=1$ 的特征向量 $\boldsymbol{X}_1=(1,2,0)^{\mathrm{T}}$，$\boldsymbol{X}_2=(0,0,1)^{\mathrm{T}}$ 及 $\lambda=0$ 的特征向量 $\boldsymbol{X}_3=(1,1,-2)^{\mathrm{T}}$.

令 $\boldsymbol{P}=(\boldsymbol{X}_1,\boldsymbol{X}_2,\boldsymbol{X}_3)=\begin{pmatrix}1&0&1\\2&0&1\\0&1&-2\end{pmatrix}$，有 $\boldsymbol{P}^{-1}=\begin{pmatrix}-1&1&0\\4&-2&1\\2&-1&0\end{pmatrix}$.

于是 $\boldsymbol{P}^{-1}\boldsymbol{A}\boldsymbol{P}=\boldsymbol{\Lambda}=\begin{pmatrix}1&&\\&1&\\&&0\end{pmatrix}$，得 $\boldsymbol{A}=\boldsymbol{P}\boldsymbol{\Lambda}\boldsymbol{P}^{-1}$，则

$$\boldsymbol{A}^n=\boldsymbol{P}\boldsymbol{\Lambda}^n\boldsymbol{P}^{-1}=\begin{pmatrix}1&0&1\\2&0&1\\0&1&-2\end{pmatrix}\begin{pmatrix}1&&\\&1&\\&&0\end{pmatrix}\begin{pmatrix}-1&1&0\\4&-2&1\\2&-1&0\end{pmatrix}$$
$$=\begin{pmatrix}-1&1&0\\-2&2&0\\4&-2&1\end{pmatrix}.$$

23. 设 $\boldsymbol{\alpha}=(1,0,-1)^{\mathrm{T}}$，矩阵 $\boldsymbol{A}=\boldsymbol{\alpha}\boldsymbol{\alpha}^{\mathrm{T}}$，$n$ 为正整数，则行列式

$|a\boldsymbol{E}-\boldsymbol{A}^n|=$________(其中 a 为常数).

解题思路 利用特征多项式求方阵的行列式. 设 $\lambda_1,\lambda_2,\cdots,\lambda_n$ 是 $\boldsymbol{A}$ 的特征值，则

$$|\lambda\boldsymbol{E}-\boldsymbol{A}|=(\lambda-\lambda_1)\cdots(\lambda-\lambda_n),\ |\boldsymbol{A}|=\lambda_1\cdot\lambda_2\cdot\cdots\cdot\lambda_n,$$

而 $$|a\boldsymbol{E}+b\boldsymbol{A}|=|(-b)[(-a/b)\boldsymbol{E}-\boldsymbol{A}]|=(-b)^n|[(-a/b)\boldsymbol{E}-\boldsymbol{A}]|.$$

解 应填 $a^2(a-2^n)$.

由于 $\boldsymbol{\alpha}^{\mathrm{T}}\boldsymbol{\alpha}=2$，有 $\boldsymbol{A}^2=(\boldsymbol{\alpha}\boldsymbol{\alpha}^{\mathrm{T}})(\boldsymbol{\alpha}\boldsymbol{\alpha}^{\mathrm{T}})=\boldsymbol{\alpha}(\boldsymbol{\alpha}^{\mathrm{T}}\boldsymbol{\alpha})\boldsymbol{\alpha}^{\mathrm{T}}=2\boldsymbol{A}$.

由此知 $\boldsymbol{A}$ 的特征值是 0 或 2. 由于 $r(\boldsymbol{A})=1$，故 $\boldsymbol{A}$ 的特征值是 2，0，0，那么 $\boldsymbol{A}^n$ 的特征值是 2^n，0，0，从而 $a\boldsymbol{E}-\boldsymbol{A}^n$ 的特征值是 $a-2^n$，a，a.

因此 $|a\boldsymbol{E}-\boldsymbol{A}^n|=a^2(a-2^n)$.

说明 公式 $|\boldsymbol{A}|=\prod\limits_{i=1}^{n}\lambda_i$ 是计算行列式值的一个重要方法，应很好掌握.

本题求矩阵 $\boldsymbol{A}$ 的特征值的方法有多种，例如可由 $\boldsymbol{A}=\boldsymbol{\alpha}\boldsymbol{\alpha}^{\mathrm{T}}=\begin{pmatrix}1&0&-1\\0&0&0\\-1&0&1\end{pmatrix}$ 直接计算.

24. 设三阶矩阵 $\boldsymbol{A}$ 的特征值分别为

$$\lambda_1=-1,\ \lambda_2=1,\ \lambda_3=3,$$

对应的特征向量依次为

$$\boldsymbol{\xi}_1=(1,\ -1,\ 0)^{\mathrm{T}},\ \boldsymbol{\xi}_2=(1,\ -1,\ 1)^{\mathrm{T}},\ \boldsymbol{\xi}_3=(0,\ 1,\ -1)^{\mathrm{T}},$$

又向量 $\boldsymbol{\beta}=(3,\ -2,\ 0)^{\mathrm{T}}$.

(1) 将 $\boldsymbol{\beta}$ 用 $\boldsymbol{\xi}_1$, $\boldsymbol{\xi}_2$, $\boldsymbol{\xi}_3$ 线性表示.

(2) 求 $\boldsymbol{A}^n\boldsymbol{\beta}$ (n 为自然数).

解题思路　求矩阵 $\boldsymbol{A}$ 的高次幂，可按如下思路进行：

① 将矩阵 $\boldsymbol{A}$ 对角化，若存在可逆矩阵 $\boldsymbol{P}$，使

$$\boldsymbol{P}^{-1}\boldsymbol{A}\boldsymbol{P}=\boldsymbol{\Lambda}\Rightarrow\boldsymbol{A}=\boldsymbol{P}\boldsymbol{\Lambda}\boldsymbol{P}^{-1}\Rightarrow\boldsymbol{A}^m=\boldsymbol{P}\boldsymbol{\Lambda}^m\boldsymbol{P}^{-1}$$

其中 $\boldsymbol{\Lambda}$ 为对角矩阵，从而可方便地求出矩阵的幂 $\boldsymbol{A}^m$；

② 利用矩阵特征值的定义式 $\boldsymbol{A}\boldsymbol{x}=\lambda\boldsymbol{x}$，则

$$\boldsymbol{A}^m\boldsymbol{x}=\boldsymbol{A}^{m-1}(\boldsymbol{A}\boldsymbol{x})=\lambda\boldsymbol{A}^{m-1}\boldsymbol{x}=\cdots=\lambda^m\boldsymbol{x},$$

若 $\boldsymbol{x}$ 不是特征向量，可将其表示为特征向量的线性组合，从而方便地计算出 $\boldsymbol{A}^m\boldsymbol{x}$.

解　(1) 本题的关键在于求 $\boldsymbol{\beta}=x_1\boldsymbol{\xi}_1+x_2\boldsymbol{\xi}_2+x_3\boldsymbol{\xi}_3$，利用 $\boldsymbol{A}^n\boldsymbol{\xi}_i=\lambda_i^n\boldsymbol{\xi}_i\,(i=1,\ 2,\ 3)$，有

$$\boldsymbol{A}^n\boldsymbol{\beta}=x_1\lambda_1^n\boldsymbol{\xi}_1+x_2\lambda_2^n\boldsymbol{\xi}_2+x_3\lambda_3^n\boldsymbol{\xi}_3,$$

达到简化计算的目的.

当然，也可先计算 $\boldsymbol{A}^n$，再求 $\boldsymbol{A}^n\boldsymbol{\beta}$.

设 $\boldsymbol{\beta}=x_1\boldsymbol{\xi}_1+x_2\boldsymbol{\xi}_2+x_3\boldsymbol{\xi}_3$，得方程

$$\begin{pmatrix}1&1&0\\-1&-1&1\\0&1&-1\end{pmatrix}\begin{pmatrix}x_1\\x_2\\x_3\end{pmatrix}=\begin{pmatrix}3\\-2\\0\end{pmatrix},$$

由于

$$\begin{pmatrix}1&1&0&3\\-1&-1&1&-2\\0&1&-1&0\end{pmatrix}\Rightarrow\begin{pmatrix}1&1&0&3\\0&0&1&1\\0&1&-1&0\end{pmatrix}\Rightarrow\begin{pmatrix}1&1&0&3\\0&1&-1&0\\0&0&1&1\end{pmatrix}\Rightarrow$$

$$\begin{pmatrix}1&1&0&3\\0&1&0&1\\0&0&1&1\end{pmatrix}$$

的解为　$x_1=2,\ x_2=1,\ x_3=1$,

故　　$\boldsymbol{\beta}=2\boldsymbol{\xi}_1+\boldsymbol{\xi}_2+\boldsymbol{\xi}_3$.

(2) 方法一　利用 $\boldsymbol{A\xi}_i=\lambda_i\boldsymbol{\xi}_i$，$\boldsymbol{A}^n\boldsymbol{\xi}_i=\lambda_i^n\boldsymbol{\xi}_i\,(i=1, 2, 3)$，有

$$\begin{aligned}\boldsymbol{A}^n\boldsymbol{\beta}&=\boldsymbol{A}^n(2\boldsymbol{\xi}_1+\boldsymbol{\xi}_2+\boldsymbol{\xi}_3)\\&=2\boldsymbol{A}^n\boldsymbol{\xi}_1+\boldsymbol{A}^n\boldsymbol{\xi}_2+\boldsymbol{A}^n\boldsymbol{\xi}_3=2\lambda_1^n\boldsymbol{\xi}_1+\lambda_2^n\boldsymbol{\xi}_2+\lambda_3^n\boldsymbol{\xi}_3\\&=2(-1)^n\begin{pmatrix}1\\-1\\0\end{pmatrix}+1^n\begin{pmatrix}1\\-1\\1\end{pmatrix}+3^n\begin{pmatrix}0\\1\\-1\end{pmatrix}\\&=\begin{pmatrix}2(-1)^n+1\\2(-1)^{n+1}+3^n-1\\1-3^n\end{pmatrix}.\end{aligned}$$

方法二　令 $\boldsymbol{P}=(\boldsymbol{\xi}_1, \boldsymbol{\xi}_2, \boldsymbol{\xi}_3)=\begin{pmatrix}1&1&0\\-1&-1&1\\0&1&-1\end{pmatrix}$，则 $\boldsymbol{P}^{-1}\boldsymbol{AP}=\begin{pmatrix}-1&&\\&1&\\&&3\end{pmatrix}$，于是

$$\boldsymbol{A}=\boldsymbol{P}\begin{pmatrix}-1&&\\&1&\\&&3\end{pmatrix}\boldsymbol{P}^{-1},\ \boldsymbol{A}^n=\boldsymbol{P}\begin{pmatrix}-1&&\\&1&\\&&3\end{pmatrix}^n\boldsymbol{P}^{-1},$$

从而　$$\begin{aligned}\boldsymbol{A}^n\boldsymbol{\beta}=\boldsymbol{P}\begin{pmatrix}-1&&\\&1&\\&&3\end{pmatrix}^n\boldsymbol{P}^{-1}\boldsymbol{\beta}&=\begin{pmatrix}1&1&0\\-1&-1&1\\0&1&-1\end{pmatrix}\begin{pmatrix}(-1)^n&&\\&1^n&\\&&3^n\end{pmatrix}\begin{pmatrix}2\\1\\1\end{pmatrix}\\&=\begin{pmatrix}2(-1)^n+1\\2(-1)^{n+1}+3^n-1\\1-3^n\end{pmatrix}.\end{aligned}$$

这里利用了 (1) 的结果　$\boldsymbol{P}^{-1}\boldsymbol{\beta}=\begin{pmatrix}x_1\\x_2\\x_3\end{pmatrix}=\begin{pmatrix}2\\1\\1\end{pmatrix}$.

25. 设 $\boldsymbol{A}$ 是三阶矩阵，它的 3 个特征值为

$$\lambda_1=1,\ \lambda_2=-1,\ \lambda_3=2,$$

设 $\boldsymbol{B}=\boldsymbol{A}^3-5\boldsymbol{A}^2$，求 $|\boldsymbol{B}|$，$|\boldsymbol{A}-5\boldsymbol{E}|$.

解题思路　求方阵的行列式有如下方法：

(1) 利用特征多项式. 设 $\lambda_1, \lambda_2, \cdots, \lambda_n$ 是 $\boldsymbol{A}$ 的特征值，则

$$|\lambda\boldsymbol{E}-\boldsymbol{A}|=(\lambda-\lambda_1)\cdots(\lambda-\lambda_n),\ |\boldsymbol{A}|=\lambda_1\cdot\lambda_2\cdot\cdots\cdot\lambda_n,$$

而　$$|a\boldsymbol{E}+b\boldsymbol{A}|=|(-b)[(-a/b)\boldsymbol{E}-\boldsymbol{A}]|=(-b)^n|[(-a/b)\boldsymbol{E}-\boldsymbol{A}]|.$$

(2) 利用相似矩阵的性质计算行列式. 相似矩阵有相同的特征值和相同的特

征多项式.

解　利用 $\boldsymbol{A}$ 的行列式与特征值的重要关系 $|\boldsymbol{A}|=\lambda_1\lambda_2\cdots\lambda_n$ 来计算 $|\boldsymbol{A}|$.

令 $f(x)=x^3-5x^2$，λ_1，λ_2，λ_3 是 $\boldsymbol{A}$ 的全部特征值，所以 $f(\lambda_i)$ $(1\leqslant i\leqslant 3)$ 是

$$f(\boldsymbol{A})=\boldsymbol{A}^3-5\boldsymbol{A}^2=\boldsymbol{B}$$

的全部特征值，故

$$\begin{aligned}|\boldsymbol{B}|=|f(\boldsymbol{A})|&=f(\lambda_1)f(\lambda_2)f(\lambda_3)\\&=(-4)(-6)(-12)=-288.\end{aligned}$$

下面求 $|\boldsymbol{A}-5\boldsymbol{E}|$.

方法一　令 $g(\boldsymbol{A})=\boldsymbol{A}-5\boldsymbol{E}$，因 $\boldsymbol{A}$ 的所有特征值为

$$\lambda_1=1,\ \lambda_2=-1,\ \lambda_3=2,$$

所以 $g(\boldsymbol{A})$ 的所有特征值为 $g(\lambda_1)$，$g(\lambda_2)$，$g(\lambda_3)$，

$$|\boldsymbol{A}-5\boldsymbol{E}|=|g(\boldsymbol{A})|=g(1)g(-1)g(2)=-72.$$

方法二　因 $\boldsymbol{A}$ 的所有特征值为

$$\lambda_1=1,\ \lambda_2=-1,\ \lambda_3=2,$$

故　$$|\boldsymbol{A}|=1\times(-1)\times 2=-2.$$

又　$\boldsymbol{B}=\boldsymbol{A}^3-5\boldsymbol{A}^2=\boldsymbol{A}^2(\boldsymbol{A}-5\boldsymbol{E})$，$|\boldsymbol{B}|=|\boldsymbol{A}|^2\cdot|\boldsymbol{A}-5\boldsymbol{E}|$，

因为 $|\boldsymbol{B}|=-288$，

$$|\boldsymbol{A}-5\boldsymbol{E}|=|\boldsymbol{B}|/|\boldsymbol{A}|^2=-288/4=-72.$$

方法三　因 $\boldsymbol{A}$ 的所有特征值为

$$\lambda_1=1,\ \lambda_2=-1,\ \lambda_3=2,$$

所以
$$\begin{aligned}&f_A(\lambda)=|\lambda\boldsymbol{E}-\boldsymbol{A}|=(\lambda-1)(\lambda+1)(\lambda-2),\\&|5\boldsymbol{E}-\boldsymbol{A}|=f_A(5)=(5-1)(5+1)(5-2)=72,\\&|\boldsymbol{A}-5\boldsymbol{E}|=(-1)^3|5\boldsymbol{E}-\boldsymbol{A}|=-72.\end{aligned}$$

图书在版编目（CIP）数据

《线性代数》学习辅导与习题解答（医药类）/吴赣昌主编．—北京：中国人民大学出版社，2010

21世纪数学教育信息化精品教材．大学数学立体化教材

ISBN 978-7-300-13160-3

Ⅰ．①线… Ⅱ．①吴… Ⅲ．①线性代数-高等学校-教学参考资料 Ⅳ．①O151.2

中国版本图书馆CIP数据核字（2010）第247969号

21世纪数学教育信息化精品教材

大学数学立体化教材

《线性代数》学习辅导与习题解答

（医药类）

吴赣昌 主编

Xianxing Daishu Xuexi Fudao yu Xiti Jieda

出版发行	中国人民大学出版社		
社　　址	北京中关村大街31号	**邮政编码**	100080
电　　话	010－62511242（总编室）		010－62511398（质管部）
	010－82501766（邮购部）		010－62514148（门市部）
	010－62515195（发行公司）		010－62515275（盗版举报）
网　　址	http：//www.crup.com.cn		
	http：//www.ttrnet.com(人大教研网)		
经　　销	新华书店		
印　　刷	北京鑫霸印务有限公司		
规　　格	148 mm×210 mm　32开本	**版　　次**	2011年1月第1版
印　　张	11.125	**印　　次**	2011年1月第1次印刷
字　　数	412 000	**定　　价**	19.00元
